ERPÉTOLOGIE

GÉNÉRALE

OU

HISTOIRE NATURELLE

COMPLÈTE

DES REPTILES.

TOME NEUVIÈME.

ERPÉTOLOGIE
GÉNÉRALE
OU
HISTOIRE NATURELLE
COMPLÈTE
DES REPTILES,

PAR A.-M.-C. DUMÉRIL,

MEMBRE DE L'INSTITUT, PROFESSEUR DE LA FACULTÉ DE MÉDECINE,
PROFESSEUR ET ADMINISTRATEUR DU MUSÉUM D'HISTOIRE NATURELLE, ETC.

EN COLLABORATION AVEC SES AIDES NATURALISTES AU MUSÉUM,

FEU G. BIBRON,

PROFESSEUR D'HISTOIRE NATURELLE A L'ÉCOLE PRIMAIRE SUPÉRIEURE DE LA VILLE
DE PARIS;

ET A. DUMÉRIL.

PROFESSEUR AGRÉGÉ DE LA FACULTÉ DE MÉDECINE POUR L'ANATOMIE ET LA PHYSIOLOGIE.

TOME NEUVIÈME.

COMPRENANT L'HISTOIRE DES BATRACIENS URODÈLES.
PLUS, UN RÉPERTOIRE OU CATALOGUE MÉTHODIQUE DE TOUS LES REPTILES
DÉCRITS DANS LES NEUF VOLUMES;
AVEC DES TABLES GÉNÉRALES POUR LE TEXTE ET POUR LES FIGURES.

OUVRAGE ACCOMPAGNÉ DE PLANCHES.

PARIS.
LIBRAIRIE ENCYCLOPÉDIQUE DE RORET
RUE HAUTEFEUILLE, 12.

1854.

AVERTISSEMENT.

Après de longs retards, indépendants de notre volonté, nous terminons enfin la publication de l'*Histoire générale des Reptiles*, par la description des Urodèles. Cette dernière division de l'Erpétologie était rédigée, dès l'année **1841**, lorsqu'a paru le huitième volume qui commençait l'Histoire du quatrième Ordre, celui des Batraciens.

Nous déclarions alors que nous nous trouvions arrêtés par les grandes difficultés que nous présentait l'ordre très-nombreux des Serpents. Les caractères extérieurs de ces Reptiles sont en effet tellement semblables, chez la plupart des espèces, que nous ne trouvions plus, dans l'ensemble de leur conformation, des particularités suffisantes et nécessaires pour établir des distinctions même de premier ordre et telles qu'en avaient fournies aux Naturalistes les différentes classes des autres animaux plus faciles à subdiviser en Sous-Ordres, en Familles, en Genres et même en Espèces.

Nous croyions avoir heureusement surmonté cette difficulté et notre travail était terminé, lorsque sont survenus les embarras du commerce de la librairie. Dès que ces obstacles ont été levés, comme notre manuscrit était rédigé depuis plusieurs années, le texte, malgré l'étendue des détails qu'il renferme, a pu être livré de suite à l'impression, et les trois derniers volumes ont été ainsi publiés en quelques mois.

Nous ne donnerons pas comme supplément, ainsi que nous nous l'étions proposé, l'indication des espèces de Reptiles parvenues à notre connaissance depuis la publication des divers volumes de cet ouvrage, parce que celles de ces espèces qui étaient les plus importantes à indiquer, se trouvent maintenant signalées et pour la plupart classées ou consignées à la place qu'elles doivent occuper, dans le Répertoire général par lequel nous terminons cette Erpétologie. Quelques autres, qui nous manquaient, et sur l'existence desquelles il nous restait des doutes, auraient pu nous entraîner à des déterminations incertaines que nous avons cru devoir éviter.

Au surplus, une Table alphabétique génerale est destinée à faire retrouver, dans les neuf volumes, les pages où sont inscrits les noms de tous les Ordres, Sous-Ordres, Familles, Tribus et Genres des espèces de Reptiles qui y sont décrits. Chaque volume, d'ailleurs, contient à part des tables méthodiques et alphabétiques des noms adoptés et même de ceux qui ont été proposés par d'autres auteurs, mais avec les renvois nécessaires pour les faire retrouver au besoin.

On trouvera constamment dans cet ouvrage l'*étymologie* des noms employés pour désigner les Ordres, les Familles et les Genres, soit qu'ils aient été proposés par nos devanciers, soit qu'il nous ait paru nécessaire d'en produire de nouveaux.

Quant à la *synonymie*, nous avons pris un soin très particulier, surtout dans les derniers volumes et pour chaque espèce, de disposer les noms des Auteurs cités, d'après leur série chronologique, parce que cette disposition en fait connaître l'ordre successif et de plus en plus perfectionné par les Naturalistes. A chacun des articles principaux de nos dix volumes, on trouve tous les détails bibliographiques nécessaires et une appréciation des travaux de nos devanciers.

C'est avec confiance que nous livrons aujourd'hui cet ouvrage sur l'Histoire naturelle des Reptiles, aux progrès ultérieurs que cette branche de la zoologie est appelée à obtenir. Nous avons l'espoir que nos travaux pourront beaucoup faciliter les études comparatives, qui seules doivent servir à l'avancement de la science. Ce sera la récompense la plus flatteuse du travail ardu et consciencieux auquel nous avons dû nous livrer, pour répondre à la confiance du Gouvernement, pendant les cinquante-quatre années que nous avons été appelé à professer au milieu et à l'aide de la collection erpétologique la plus nombreuse qui existe actuellement dans le monde entier.

Au Muséum d'Histoire naturelle de Paris,
le 30 Mai 1854.

TABLE MÉTHODIQUE

DES MATIÈRES

CONTENUES DANS CE NEUVIÈME VOLUME.

SUITE DU LIVRE SIXIÈME,

DE L'ORDRE DES BATRACIENS.

CHAPITRE VI.

TROISIÈME SOUS-ORDRE DES BATRACIENS.

LES URODÈLES.

CHAPITRE VII.

PREMIÈRE SECTION. LES ATRÉTODÈRES.

UNE SEULE FAMILLE : LES SALAMANDRIDES.

I.re FAMILLE. LES ATRÉTODÈRES ou SALAMANDRIDES.

CHAPITRE VIII.

SECONDE SECTION. LES TRÉMATODÈRES.

DEUX FAMILLES : LES PROTÉÏDES ET LES AMPHIUMIDES.

II.e FAMILLE. LES PROTÉIDES OU PHANÉROBRANCHES.

CHAPITRE IX.

III.e FAMILLE. LES AMPHIUMIDES OU PÉROBRANCHES.

DEUXIÈME ORDRE.

TROISIÈME ORDRE DES REPTILES.

Premier Sous-Ordre ou Tribus des Ophidiens.

Deuxième Sous-Ordre ou Tribu des Ophidiens.

Troisième Sous-Ordre ou Tribu des Ophidiens.

Quatrième Sous-Ordre ou Tribu des Ophidiens.

Cinquième Sous-Ordre ou Tribu des Ophidieus.

QUATRIÈME ORDRE DES REPTILES.

Premier Sous-Ordre.

Deuxième Sous-Ordre.

Troisième Sous-Ordre.

HISTOIRE NATURELLE

DES

REPTILES.

SUITE DU LIVRE SIXIÈME

DE L'ORDRE DES BATRACIENS.

CHAPITRE VI.

TROISIÈME SOUS-ORDRE DES BATRACIENS.

LES URODÈLES.

§. I. CONSIDÉRATIONS GÉNÉRALES SUR LES REPTILES COMPRIS DANS CE SOUS-ORDRE.

Le premier, parmi les Naturalistes, j'ai cru devoir rapprocher, réunir et caractériser, d'une manière absolue, d'après un caractère évident, exprimé par le nom même, toutes les espèces de Reptiles Batraciens qui constituent aujourd'hui le sous-ordre des URODÈLES (1). Cette dénomination m'ayant paru très-convenable pour exprimer, en un seul mot, une

---

(1) De Ουρα, queue, *cauda*, et de Δηλος, manifeste, *evidens*. — *Caudatus*, dénomination et distinction établies par moi : 1.° en 1804, *Traité élément. d'Hist. nat.*, t. II ; 2.° en 1805, *Zoologie analytique ;* 3.° en 1807, *Magasin encyclopédique*, *Mém. de Zoologie et d'Anatomie.*

particularité fort importante, puisqu'elle indique la conformation et, par suite, la structure et les habitudes des animaux de cet ordre qui, *seuls*, conservent la queue pendant toute la durée de leur existence, laquelle est cependant soumise aux transformations ou à la métamorphose complète que subissent tous les autres Batraciens.

Ce caractère extérieur si manifeste, emprunté à la présence d'une queue persistante pendant toute la durée de la vie chez les Urodèles, est réellement en opposition directe avec l'absence de ce même appendice qui distingue les deux autres sections de cet ordre de Reptiles, dont la colonne vertébrale est constamment tronquée au-dessus de la terminaison du tube intestinal.

Ainsi, dans les Anoures, sous leur dernière forme, le corps est plat, court et large, lorsque les quatre pattes se sont entièrement développées. Ces Reptiles sont alors privés de cette portion de la colonne osseuse centrale, destinée primitivement à leur servir de rame pour se mouvoir dans l'eau avec l'agilité des Poissons, dont ils avaient les formes, dès les premiers temps de leur existence, qui commence toujours dans un fluide liquide.

Ce défaut de la queue sert également à distinguer les espèces comprises dans le premier sous-ordre des Batraciens Péromèles qui, par la forme arrondie et l'allongement considérable du tronc, ressemblent à des Serpents sans queue, dont le corps cylindrique, sans membres articulés, n'a pour support qu'une très-longue échine qui peut seule faciliter leur progression réduite par cela même à une sorte de ramper.

Après avoir ainsi énoncé, d'une manière générale, les particularités importantes que présentent ces Reptiles puisqu'elles étaient nécessaires pour les faire distinguer de tous les autres Batraciens, j'exposerai avec détails les modifications de structure qui sont propres à confirmer les avantages de la méthode rationnelle d'arrangement ou de la classification que nous avons adoptée et qui a été admise par la plupart des Naturalistes de notre temps. Je terminerai ces considérations préliminaires par l'indication des familles, des genres et des espèces comprises dans ce sous-ordre, subdivisé lui même en trois groupes, ayant chacun pour type et comme dénominateur, l'un des genres principaux qu'il renferme.

Rappelons d'abord les caractères essentiels des Batraciens Urodèles :

Leur corps est étroit, allongé, le plus souvent arrondi, terminé par une grosse queue persistante et fort longue. Ils sont munis au moins d'une, ou le plus ordinairement, de deux paires de pattes courtes, grêles, très-distantes entre elles, à peu près de mêmes longueur et grosseur ; leur peau est nue, gluante, lisse, ou comme verruqueuse, sans écailles; leur ventre présente, sous l'origine de la queue, l'orifice d'un cloaque saillant, ayant la forme d'une fente longitudinale à bords épais.

Maintenant, si nous comparons les Reptiles Batraciens de ce troisième sous-ordre avec ceux que nous avons rangés dans les deux qui précèdent, nous voyons d'abord qu'ils se rapprochent des *Péromèles* (1) par la forme arrondie et prolongée du corps, ceux-ci s'en éloignent par deux circonstances importantes à noter. C'est d'abord la privation absolue des membres et de la queue, ensuite la forme et la situation du cloaque, dont l'orifice est arrondi, tout à fait placé à l'extrémité du tronc ou de l'échine, de sorte que les Péromèles, que nous avons aussi nommés des Ophiosomes, n'ont réellement pas de queue, puisque leur échine ne se prolonge pas au delà du ventre.

Quant à la distinction à établir entre les *Urodèles* et les

(1) De Πηρός, qui manque, et de Μέλη, membres. Πηρομελής. *Privatus pedibus, corpore mutilo.*

1.*

Anoures (2) ; il suffit de comparer cette même forme étroite et le plus souvent cylindrique du tronc chez les uns, avec la largeur, la dépression, la brièveté et l'apparence trapue des autres; mais il y a de plus à noter, chez ces derniers, la privation de la queue, la faiblesse et l'inégale longueur des membres, ainsi que la forme arrondie de l'ouverture commune aux résidus des aliments et des organes génito-urinaires, toujours située chez les Anoures à l'extrémité de l'échine.

Au reste, voici les caractères essentiels des Batraciens Urodèles :

Corps anguiforme, nu, légèrement déprimé sous le ventre.

Peau sans écailles, souvent humide, verruqueuse et muqueuse, adhérente de toutes parts aux organes sous-jacents par des fibres tendineuses.

Tête aplatie, étroite, à bouche généralement peu fendue, le plus souvent munie de dents grêles, courtes, pointues, implantées dans les deux mâchoires, et presque toujours sur le palais.

Tronc arrondi en dessus, allongé, un peu déprimé en dessous, quelquefois plus gros dans la région moyenne, soutenu par des côtes très-courtes, non réunies à un sternum médian et toujours compris entre les membres et le cloaque.

Queue allongée, conique ou décroissante de la base à la pointe libre; mais confondue à son origine avec le tronc; le plus ordinairement comprimée en travers, élargie dans le sens de sa hauteur, pour agir sur l'eau à la manière d'une rame dirigée de droite à gauche ou réciproquement.

Pattes faibles et grêles; à bras, avant-bras, cuisses et jambes peu développés, à peu près d'égale longueur, d'une même grosseur et non renflés; mains et pieds trapus, courts, à doigts obtus, déprimés, à peu près égaux, variables dans

---

(1) De A, privatif, et de Οὐρά, queue. Ανουρος, *ecaudatus*, privé de la queue.

leur nombre, et souvent à peine indiqués, constamment privés d'ongles crochus.

Langue charnue, de forme variable, courte, presque entière, et constamment adhérente en dessous ou du moins non exsertile, ou ne pouvant sortir de la bouche.

Point de *tympan* apparent, de conduit auditif externe, souvent pas de trompe gutturale ; pas de voix ni de coassement sensibles.

Orifice du *cloaque* longitudinal, situé constamment à l'origine et sous la base de la queue, se gonflant dans les deux sexes, se tuméfiant par ses bords ou dans l'épaisseur de ses lèvres, à l'époque de la fécondation.

Ponte sans l'assistance active des mâles ; œufs distincts, isolés ou séparés les uns des autres, soit qu'ils sortent avant soit après la fécondation ; à moins qu'ils n'éclosent dans le ventre de la mère, dite alors ovo-vivipare.

Métamorphoses peu évidentes ; les embryons, ou les jeunes larves, ayant toujours des branchies apparentes au dehors sur les côtés du cou, formant des sortes de panaches divisés en lames frangées ou en laciniures arrondies, arborisées, fixées sur trois ou quatre paires de fentes, entre la tête et les épaules, dont les marques, dites des cicatrices, s'oblitèrent ou persistent pendant toute la durée de la vie chez quelques uns des genres.

Nous avons pensé qu'il devenait inutile de reproduire ici tous les détails relatifs à la structure générale et aux fonctions des Batraciens urodèles, car nous aurions été obligé de répéter ce que nous avons exposé d'une manière à peu près complète, dans le second chapitre du volume précédent. Nous ne rappellerons ici que les circonstances principales et les faits les plus curieux de leur Histoire ; mais dans un ordre méthodique en indiquant en notes les pages dans lesquelles le lecteur trouvera les renseignements les plus importants à consulter sur l'organisation les facultés singulières dont jouissent ces Reptiles, en étudiant chacune de leurs fonctions.

Organes du mouvement (1). Quoique tous les Urodèles soient pourvus de pattes, leurs membres sont généralement fort mal organisés pour communiquer au corps des mouvements généraux et rapides de translation sur la terre. En effet, quand ces Batraciens en ont deux paires, ce qui est le cas le plus ordinaire, ces membres se trouvent tellement distancés entre eux, si faibles et si courts, qu'ils ne sont plus aptes à supporter la région moyenne du tronc. Le ventre traîne péniblement sur le sol, car les pattes n'ont pas assez de force ni de longueur pour soulever et soutenir long-temps le poids de la tête et surtout celui de la queue. Dans l'etat de repos, ces régions restent constamment appuyées sur le terrain. Aussi, peut-on reconnaître que la plupart des Urodèles sont très-lents ; qu'ils ne grimpent pas ; leur corps arrondi, fort lourd, et leurs doigts courts et mal conformés, quelquefois réduits au nombre de deux ou trois, n'ayant jamais d'ongles crochus. Généralement, leurs pattes sont à peine ébauchées ; les bras, les jambes, les cuisses sont grêles, arrondies, maigres mal articulées sur le tronc ; souvent leurs doigts sont à peine indiqués, au nombre de deux, de trois, tout à fait mousses, obtus et sans ongles.

Dans l'eau, les Urodèles peuvent se mouvoir avec beaucoup de prestesse et de facilité, à l'aide des inflexions rapides qu'ils impriment à leur tronc dont la longue échine est composée de vertèbres nombreuses, surtout dans la région qui la termine. Chez la plupart, la queue est comprimée de manière à remplir l'office d'une longue nageoire très-puissante, qui frappe le liquide comme l'uroptère verticale ou nageoire caudale des Poissons. Il y a même une observation très-curieuse à faire connaître ici ; c'est que chez les espèces qui ne se rendent dans

(1) *Erpétologie générale*, t. VIII, pages 57, 58, 61, 91 et 98.

les eaux qu'à l'époque de la fécondation, la queue, surtout dans les mâles, se garnit de membranes verticales frangées et coloriées, sortes de vêtements de noces, qui s'oblitèrent aussitôt que les individus retournent sur le terrain humide qu'ils habitent pendant l'été.

Quant aux *organes de la sensibilité* (1), nous rappellerons que les Urodèles ont l'intérieur ou la cavité du crâne modelée sur la saillie du cerveau, qui est aplati, allongé et peu volumineux ; mais son prolongement rachidien, ainsi que les nerfs qui en proviennent, sont beaucoup plus développés et plus nombreux que les cordons nerveux dont l'origine est dans l'encéphale et qui sont destinés aux organes des sens. Aussi leur irritabilité générale et passive est-elle beaucoup plus manifeste, et persiste-t-elle plus longtemps, même après que la tête a été séparée du tronc.

Le toucher, la peau et la mue (2). Les téguments sont constamment adhérents aux parties qu'ils recouvrent, ce qui est tout à fait différent de ce qui a lieu chez les Batraciens Anoures. La couche du pigment coloré offre souvent les teintes les plus brillantes, et quelquefois aussi les plus ternes, suivant l'âge, les sexes et certaines époques qui varient comme les saisons, et cela chez les individus d'une même espèce. L'épiderme se détache le plus souvent en totalité en une seule pièce, sorte de dépouille générale ou d'enveloppe membraneuse, qui se trouve alors retournée et entraînée comme une ombre au bout de la queue, simulant un spectre qui, flottant dans l'eau, semble être poursuivi, mais en sens inverse, par l'animal dont il a toutes les formes et les dimensions.

La peau des Urodèles, toujours nue et muqueuse, est percée de pores nombreux, dont les orifices communiquent dans

(1) *Erpét. génér.*, tom. VIII, page 183.

(2) *Ibid.* tom. VIII, p. 111.

la cavité des glandes mucipares et odoriférantes, distribuées sur toute la périphérie, ou réunies dans quelques régions, comme dans celles des parotides, des flancs et des diverses articulations (1). Cette peau absorbe et exhale facilement l'eau soit liquide, soit en vapeurs, et peut-être quelques portions du gaz de l'atmosphère dans laquelle l'animal est plongé, ce qui supplée alors à la fonction respiratoire. Cette faculté servirait à expliquer comment ces Reptiles peuvent résister pendant long-temps à l'action d'un air vicié, à celle d'une grande chaleur, sans que leur température propre s'élève ou se mette en équilibre avec celle de l'atmosphère ambiante.

Quelquefois des replis longitudinaux règnent sur le dos où ils se développent comme des crêtes; il y en a le long des flancs, et dans la région des membres. Ce sont parfois des lobes cutanés qui dilatent les avant-bras, les jambes et surtout les doigts et les orteils, de manière à les réunir en une sorte de palmure qui disparaît souvent après la saison des amours (2).

L'odorat (3). Les fosses nasales ont en général un trajet très-court et pénètrent un peu obliquement du bord externe du museau à la partie antérieure et latérale du palais, dans l'espace non osseux qui correspond au plancher de l'orbite par des orifices sur lesquels la langue peut s'appliquer. Leur entrée est munie d'une sorte de soupape membraneuse, qui ne se retrouve pas à la sortie : la cavité de ces narines internes est peu développée et sans sinus; c'est un simple tuyau, qui semble même s'oblitérer dans les derniers genres de ce sous-ordre des Urodèles, comme dans les Protées et les Sirènes, qui conservent leurs branchies pendant toute la durée de leur existence. Il est vraisemblable que les Reptiles de cet ordre

(1) *Erpét., génér.*, tom. VIII, p. 183.

(2) *Ibidem*, p. 175.

(3) *Ibidem*, p. 118

n'avaient pas en effet grand besoin du secours du sens de l'odorat ; peut-être même leur devenait-il inutile, l'animal restant constamment plongé dans un milieu liquide où les odeurs, étant dissoutes et non gazeuses, ne pouvaient pas être appréciées autrement que par la saveur. D'ailleurs, lorsque ces espèces d'Urodèles à branchies persistantes recherchent leur nourriture, qui est toujours un petit animal vivant, cette proie est principalement indiquée par ses mouvements, si elle ne s'est pas fait distinguer d'abord par la vue.

Le goût. (1). La langue est toujours complétement charnue, située entre les branches et en avant de la mâchoire inférieure; elle est plus ou moins mobile; sa surface molle est recouverte de papilles, le plus souvent elle est gluante ou visqueuse; en général elle est très-contractile. Les nombreuses modifications qu'elle présente nous ont servi pour établir et caractériser quelques genres d'après ses formes et ses attaches ou ses connexions, diverses particularités dont nous avons même fait dériver les noms. Comme les aliments passent rapidement par la bouche, la langue paraît cependant être plutôt ici un instrument de préhension qu'un organe appelé à discerner les saveurs.

L'ouïe (2). Jamais il n'y a de tympan apparent, ni d'oreilles visibles à l'extérieur chez les Urodèles, cependant on trouve les organes internes de l'audition dans l'intérieur des os du crâne qui correspondent aux temporaux chez la plupart, excepté dans les dernières espèces qui sont à pen près appelées à vivre, comme les Poissons, où il n'y a plus de trompe gutturale, ni de gaz dans la caisse pour répéter ou reproduire les vibrations communiquées par l'atmosphère aërienne, mais bien par un fluide liquide.

La vue (3). Presque tous les Urodèles ont des yeux ; mais

(1) *Erpét. génér.* tom. VIII, p. 119.
(2) *Ibidem*, p. 121.
(3) *Ibidem*, p. 123.

ces organes n'existent plus, ou plutôt on n'en retrouve que les rudiments sous la peau, dans les Protées qui vivent dans des cavernes où la lumière ne pénètre pas. Ces yeux, comme chez les Poissons, n'ont pas de paupières dans les Amphiumes et les Sirènes. Chez les Salamandrides, ces organes sont généralement bien constitués avec des paupières mobiles et même avec des glandes lacrymales.

Organes de la nutrition. (1). Le canal intestinal est relativement plus long et même plus ample dans les têtards, parce que, sous cette forme, ces jeunes animaux s'alimentent de matières végétales. Généralement les Urodèles recherchent des animaux vivants ou qui donnent encore quelques signes de vie ou de mouvement. Cependant, comme la bouche des Urodèles n'est pas très-dilatable et que la plupart n'ont pas les dents tranchantes, il était nécessaire que l'orifice destiné à l'introduction de la proie fut calibré, ou au moins d'une largeur égale au plus grand diamètre de la victime ou à l'évasement que permet la disjonction de la symphyse un peu mobile des branches de la mâchoire inférieure, car elles ne sont maintenues en contact que par un court ligament élastique. Comme les muscles temporaux et les autres organes destinés au rapprochement des mâchoires ont généralement peu de puissance, parce qu'ils sont grêles et très-courts, leur action se trouve, par cela même, très-bornée.

La plupart offrent sur le palais de petites dents pointues, recourbées, sur lesquelles la langue fait frotter la surface de la proie, comme sur une râpe. On peut croire que les dents des mâchoires ne remplissent l'office que de crochets analogues aux pointes nombreuses des fils métalliques dont on arme les plaques de cuir pour former les cardes destinées à séparer, redresser et démêler les brins de matières qui doivent être employées dans la filature. La distribution des cro-

(1) *Erpét. génér.*, tom. VIII, p. 21.

chets palatins, leur mode d'implantation symétrique en travers et en long sur des lignes régulières et diversement courbées, nous ont fourni, comme à M. de Tschudi, de très-bons caractères pour l'établissement de certains genres.

Ces dents sont donc destinées uniquement à saisir, pincer et retenir la proie dont une portion est déjà introduite dans la bouche.

Il n'y a dans cette cavité buccale ni épiglotte, ni voile du palais, ni de grosses glandes salivaires, mais des cryptes qui fournissent une sorte de bave visqueuse destinée à engluer la surface de la proie pour la faire glisser plus facilement dans l'œsophage ou à l'entrée du tube alimentaire.

Cette sorte de trémie musculaire courbe, plissée, extensible se prête, ainsi que la gorge, à une assez grande expansion. Ce gosier, ou ce pharynx, est soutenu dans l'épaisseur de son tissu musculeux par les cornes osseuses et cartilagineuses de l'hyoïde dont les moyennes font l'office de lames thyroïdiennes. Ces parties restant ainsi fort développées, puisqu'à l'époque première de la vie, chez les Urodèles, le mode de la respiration était uniquement aquatique, s'opérant en dehors sur des branches semblables à celle des Poissons. Ces pièces, ou cornes de l'os hyoïde, sont surtout très-prolongées chez les grandes espèces d'Urodèles qui conservent, pendant toute la durée de leur existence, les longues branchies, flottantes comme des panaches rutilants, tels qu'on les voit dans les Protées, les Sirènes et les Axolotls, lesquels restent constamment dans les eaux qui les ont vus naître.

L'estomac des Urodèles est un sac dilatable, qui fait pour ainsi dire portion continue de l'œsophage; on y voit une sorte de rétrécissement pylorique; mais le reste du tube intestinal, abstraction faite de sa forme allongée, correspondante à celle de la cavité abdominale, offre les plus grands rapports avec ce qu'on observe dans les Batraciens Anoures. Il se termine par un cloaque en fente longitudinale, dont les bords portent des replis de la peau renflée, qui se gonflent, se colorent diversement et qui restent tuméfiés, comme les grandes lèvres d'une sorte de vulve, surtout à l'époque où a lieu la fécondation dans l'un et dans l'autre sexe. Cette fente génito-urinaire, à laquelle aboutit également l'extrémité du tube intestinal, se présentant toujours dans le sens de la longueur du corps, est, comme nous le disions, tout à fait caractéristique, puisque dans la plupart des Sauriens, les Crocodiles exceptés, et chez tous les Ophidiens, l'orifice du cloaque est constamment transversal.

Le foie, le pancréas, la rate, les reins, les épiploons n'offrent que de légères différences avec ce qu'on observe dans les autres Batraciens ; seulement, comme ces organes sont logés dans une cavité oblongue, ils y ont été pour ainsi dire moulés, et diffèrent ainsi de ceux des Anoures.

Les organes destinés à la *circulation* (1) sont successivement modifiés par les circonstances variables de la respiration, fonction animale qui peut être impunément, pour la vie du Reptile, suspendue, accélérée ou retardée dans ses phénomènes chimiques et organiques, et même suivant la volonté et le séjour différent de ces Batraciens aux deux époques principales de leur existence.

Nous avons donné beaucoup de détails sur ce sujet d'après les descriptions exactes et les belles figures de MM. Funck, Owen et Rusconi, et pour les vaisseaux lymphatiques d'aprés MM. Meckel et Paniza. Ces habiles naturalistes nous ont appris comment cet acte de la circulation se trouve modifié diversement dans ses détails, suivant les circonstances que nous venons d'indiquer.

Ainsi l'*acte respiratoire* (2) est analogue à celui qu'exécutent les Poissons. A l'état parfait, l'inspiration du gaz atmos-

(1) *Erpét. génér.*, t. VIII, p. 151.
(2) *Ibidem*, p. 155-158.

phérique s'opère à l'aide d'un emprunt fait à l'appareil digestif, par une véritable déglutition du fluide élastique, qui est rejeté par régurgitation lorsqu'il a abandonné une partie de l'oxygène qui entrait dans sa composition.

Quant à la *voix* (1), on peut dire que les Urodèles sont à peu près muets, comme les Poissons ; ils ne coassent pas comme les Anoures.

On ne connait au reste des sons produits par ces Reptiles que ceux qui résultent d'un souffle bruyant, quand s'opère chez eux l'acte de l'expiration pulmonaire par une régurgitation de l'air précédemment avalé ou lorsque, voulant se rendre spécifiquement plus lourds, ils se submergent dans le danger en s'enfonçant dans l'eau ou dans la vase liquide.

L'un des phénomènes que l'observation a fait connaître chez les Urodèles, comme étant des plus remarquables, c'est la faculté dont sont doués ces animaux de résister jusqu'à un certain point à une forte chaleur, et même à un froid très-intense, au point que, saisis par la glace, leur corps étant solidifié, congelé et devenu sonore comme le serait un morceau de bois sec, la vie persiste, toutefois, lorsqu'on fluidifie de nouveau leurs humeurs, à l'aide d'une température modérée (2).

Sous le rapport de la fonction générative, les Urodèles offrent aux naturalistes des particularités fort importantes à rappeler, car elles ont fourni aux physiologistes, surtout après les recherches et les belles observations de Bonnet, de Spallanzani, de Rusconi, de Funck et de Schreibers, des faits curieux, et qui ont jeté un grand jour sur l'histoire de la

(1) *Erpét. génér.*, tom. VIII, p. 168.

(2) *Erpét. génér.*, t. VIII, p. 168, et t. I, p. 189. Voyez des observations analogues chez les Grenouilles, dans un Mémoire publié par mon fils dans les Ann. des Sciences naturelles et relatif aux modifications de la température chez les Rept. 3.e série, t. XVII, p. 1.

fécondation en général, et sur le développement des germes (1).

Ainsi généralement, chez les Urodèles, il n'y a pas de conjonction intime entre les mâles et les femelles, c'est-à-dire une intromission immédiate et réelle de l'organe générateur masculin, dont aucune partie ne fait extérieurement saillie, pour pénétrer dans le cloaque de l'individu de l'autre sexe. Cependant, à l'époque de la fécondation, ces Batraciens se rapprochent par paires; ils restent ainsi réunis, le mâle poursuivant la femelle dans tous ses mouvements; et c'est au dehors que l'acte de la vivification des œufs a lieu.

Cette *fécondation* s'opère presque constamment dans l'eau, laquelle sert de véhicule à la liqueur spermatique, comme l'air atmosphérique devient l'intermède obligé qui, chez les plantes, est chargé de transmettre, sur les stigmates des fleurs femelles, le pollen ou la poussière fécondante contenue d'abord dans les anthères des espèces mâles unisexuelles.

C'est à cette époque de la fécondation que les différences chez les deux sexes peuvent être plus facilement saisies. Les mâles, plus sveltes, ont généralement l'abdomen moins gros, et les couleurs d'une teinte remarquable par une plus grande vivacité dans leurs nuances. En outre, ces individus mâles présentent, assez ordinairement, des expansions de membranes ou des prolongements de la peau dans les régions du dos et de la queue. Plusieurs sont ornés de lobes membraneux qui garnissent leurs membres et surtout leurs doigts. Ces sortes de panaches, de crinières régulièrement festonnées et découpées, ne sont que des parures de nôces, toujours passagères, qui correspondent à d'autres modifications de quelques régions du corps. L'animal les fait flotter dans l'eau et onduler activement avec une grace, une rapidité

(1) *Erpét. génér.*, tom. VIII, p. 190-234-242 et dans le présent volume, les détails relatifs au genre Triton.

qui se ralentit ou s'accroît comme le simulacre effectif de ses jouissances. Les téguments du cou, des flancs et de la partie inférieure du ventre se colorent également des teintes les plus vives, plus ou moins foncées, dégradées, affaiblies, ou limitées d'une manière à peu près constante chez tous les mâles d'une même espéce; mais cet appareil brillant de la saison des amours, qui se prolonge rarement au-delà d'un ou deux mois, s'efface, s'oblitère et disparait, et les individus des deux sexes peuvent êtres confondus. Ils sont alors dépouillés de leurs ornements comme certaines plantes qui perdent avec leurs fleurs, leurs feuilles radicales et ordinairement toute leur parure.

Le plus souvent le mâle est placé en travers ou obliquement dans le voisinage du corps de la femelle, vers l'époque où elle est disposée à pondre. Il épie tous ses mouvements, la poursuit, s'en approche, l'excite, la stimule et l'agace en relevant et en faisant flotter les dentelures de la crête colorée dont son dos est orné, et en agitant légérement la queue dont il dirige adroitement la pointe, à la manière d'un fouet, sur les flancs de la femelle, comme pour l'engager à pondre. Lorsqu'il s'aperçoit qu'un œuf sort du cloaque, ou quand il est près d'en franchir l'orifice, on voit jaillir de la fente longitudinale de ses organes génitaux externes, dont à cette époque les bords ou les lèvres sont, comme nous l'avons dit, toujours gonflés et diversement colorés, une petite quantité de son humeur séminale, qui suspendue et mêlée à l'eau la trouble et la blanchit, comme le ferait un peu de lait. Ce véhicule du sperme vient envelopper l'œuf et le vivifier, très-certainement de la même manière que la laitance des Poissons osseux sert à la fécondation des germes; car ils resteraient stériles et seraient bientôt décomposés sans cette inter-vention de la liqueur prolifique dont le mâle vient les inonder.

Il paraît cependant que chez quelques espèces en particulier, et dans certaines circonstances obligées, mais prévues par la nature, la spermatisation des œufs se réalise à l'intérieur, soit que les individus, de sexes divers, se soient mis réciproquement en contact intime; soit que le mâle ait laissé sortir sa semence dans l'eau où la femelle était baignée, et que cette liqueur prolifique ait été absorbée par les organes extérieurs. Dans ces deux cas, qui paraissent avoir eu lieu, on a expliqué comment quelques espèces étaient véritablement ovo-vivipares, puisque les œufs se sont développés à l'intérieur, et que ces femelles ont produit des individus vivants, plus ou moins avancés dans leur développement.

La plupart des Batraciens Urodèles, à quelques exceptions près, sont donc physiologiquement, sous le rapport de la génération, analogues au plus grand nombre des poissons; de même que, par leurs organes internes, ils sont à peu près semblables aux Anoures.

La forme oblongue de l'abdomen des Urodèles et son étroitessse relative, ont tout-à-fait modifié la configuration des parties, et c'est surtout en cela que les animaux de ces deux sous-ordres diffèrent dès la première apparence. Dailleurs, leurs changements successifs sont à peu près les mêmes. Les têtards présentent cependant quelques différences dans le mode de leurs développements ultérieurs. Ainsi, chez les Urodèles, qui ne perdent jamais leur queue, ce ne sont pas les pattes postérieures qui se développent les premières. Le nom de *têtards*, qui semblerait indiquer une très-grosse tête, leur convient moins cependant sous cette première forme, car leur ventre n'est pas aussi gros, et il n'est pas arrondi ni confondu avec la partie antérieure; ils ont la forme d'un petit poisson ordinaire, mais avec des branchies visibles ou apparentes au dehors. Leur bouche est, comme dans les têtards de grenouilles, munie d'un bec corné, et leurs yeux ne sont pas distincts. Plus tard, ces larves diffèrent aussi suivant les groupes; quelques-unes conservent, pendant toute la durée de leur existence, les branchies extérieures, avec ou sans yeux; constamment les pattes antérieures se développent les premières, et les postérieures, si elles doivent se manifester, ne sont bien distinctes que sous la dernière forme, et plusieurs n'en n'ont jamais. Le plus ordinairement, les branchies semblent s'oblitérer peu à peu. Par suite de ce changement, le mode de la respiration devient tout autre, et suit en cela les altérations nécessaires des organes de la circulation, ce qui ne se réalise pas chez les espèces qui restent semblables aux larves pisciformes et primitives de tous les Batraciens.

Au reste, nous ne relatons ces diverses circonstances que pour les lier aux faits exposés dans l'histoire générale des Batraciens.

Nous rappellerons enfin une autre observation non moins importante pour la physiologie; c'est la propriété dont jouissent les Urodèles, de reproduire leurs membres et quelques autres parties du corps, lorqu'ils les ont perdus par accident, par maladie, ou même quand ils leur ont été retranchés par les expérimentateurs. C'est un fait important que nous avons vérifié et constaté plusieurs fois de la manière la plus authentique (1).

Telle est l'histoire abrégée de l'organisation générale et des mœurs des Batraciens. Leur structure, successivement modifiée, semble établir une sorte de transition naturelle à la dernière classe des vertébrés respirant uniquement par des branchies, qui est celle des Poissons.

Nous allons présenter dans le paragraphe suivant l'historique des études zoologiques entreprises sur ces mêmes Batraciens, en indiquant dans un ordre chronologique les diverses classifications destinées à faciliter la détermination et les distinctions des genres et des espèces, et nous suivrons dans le reste du volume celle que nous avons proposée et dont les bases ont été publiées en 1841 (2).

---

(1) *Erpét.*, t. VIII, p. 184. Bonnet (Charles), *Jour. de Phys.*

(2) *Erpét.*, t. VIII, p. 51 et 52.

§ II. Historique de la Classification des Urodèles.

D'après le tableau synoptique et la courte analyse de la classification que nous avons exposée dans le volume précédent où elle est insérée aux pages 51 et 52, nous avons vu que tous les Batraciens ayant des pattes et une queue persistante pendant toute la durée de leur existence pouvaient être réunis et former un sous-ordre très-naturel. C'est celui des Urodèles partagé lui-même en deux grands groupes, suivant que les espèces, ou ce qui revient au même, que les individus parvenus à leur dernier état de développement, celui pendant lequel ils doivent reproduire leur race, n'offrent plus de fentes branchiales, ou des trous sur les côtés du cou, ce qui nous les a fait désigner sous le nom d'Atrétodères ou *Salamandrides.*

Quand au contraire, ces Batraciens conservent au dehors, entre la tête et les épaules, et pendant toute leur vie, ces ouvertures latérales qui communiquent avec le pharynx, qu'on observe aussi chez toutes les espèces du premier sous-ordre, mais où elles ne persistent que durant le premier âge, c'est-à-dire pendant que ces Reptiles sont sous l'état de larves ou de têtards, ils forment un autre groupe, que nous nommons les Trématodères.

Ce second groupe se partage lui-même en deux familles, selon que les branchies disparaissent complétement, comme chez les *Amphiumides*, ou quand elles restent apparentes sous forme de franges plus ou moins découpées, ainsi qu'on peut les observer constamment dans les genres réunis sous le nom de *Protéïdes.*

Ces divisions sont donc à peu près les mêmes que celles qui avaient été proposées par M. Fitzinger, excepté que nous n'avons pas laissé les *Atrétodères* ou *Salamandrides* avec les *Anoures*, c'est-à-dire dans l'ordre que cet auteur désigne sous le nom de *Dipnoa*, comme une cinquième tribu qu'il appelle *Mutabilia*. (1)

Ainsi, il y aura trois familles dans le sous-ordre des Batraciens Urodèles.

Nous allons présenter une analyse des travaux de classification des zoologistes. Nous la ferons suivre d'un exposé plus étendu de celle que nous adoptons et nous la résumerons sous forme de tableau synoptique.

En commençant ce chapitre, nous avons rappelé que le nom et la division des *Batraciens urodèles* avait été d'abord proposé par nous (2) et que la plupart des Naturalistes avaient adopté depuis cette dénomination destinée par son étymologie à dénoter une circonstance très-visible, c'est-à-dire la présence de la queue, caractère que l'on retrouve constamment et uniquement dans toutes les espèces de ce grand sous-ordre.

En faisant, dans le volume précédent, l'historique de l'ordre des Batraciens (pages 26 à 47) et dans le chapitre troisième (pages 45 à 59) nous avons fait connaître les auteurs principaux que nous aurons occasion de citer par la suite. Cependant, il en est quelques-uns que nous devons plus particulièrement indiquer, parce qu'ils sont entrés dans plus de détails. Voici leurs noms : *Merrem*, De *Blainville*, *Latreille*, *Cuvier* G., *Fitzinger* et surtout M. *Tschudi* et le prince Ch. *Bonaparte*; en 1850, M. *Gray*.

Oppel, dès l'année 1811, avait adopté notre dénomination et la distinction qu'elle comporte et maintenant nous la retrouvons chez presque tous les auteurs, surtout parmi ceux qui se sont occupés de recherches sur l'organisation de ces Reptiles.

Cependant en 1820, Merrem, quoique se conformant, pour les détails, à peu près à la classification d'Oppel, a préféré désigner le grand groupe des Urodèles sous le nom de *Mar-*

---

(1) Voyez t. I.er du présent ouvrage, p. 282.

(2) Voyez la note de la p. 1.

2.*

cheurs (Gradientia) par opposition à celui des Anoures qu'il avait appelés des *Sauteurs (Salientia)* faisant ainsi une section toute particulière des Cécilies qu'il nomme *Apodes* ainsi qu'Oppel avait hasardé de le proposer, mais par anticipation, d'après les données qu'il avait reçues de nous.

Au reste nous avons présenté l'analyse de cette partie de l'ouvrage de Merrem à la page 26 du VIII.e volume de cette Erpétologie.

M. De BLAINVILLE, en établissant en 1816 (1) une classe distincte et séparée pour réunir les animaux qui constituent notre ordre des Batraciens, ne les appelle plus des Reptiles, mais des *Amphibiens Ichthyoïdes ou Nudipellifères*. Il partage cette sous-classe (ainsi qu'il la nomme) en quatre ordres distincts. Il désigne le premier, qui comprend les genres privés de la queue sous le nom spécial de *Batraciens*. Ce sont nos *Anoures*.

Les *Salamandres* forment pour lui un second ordre, qu'il nomme les *Pseudo-sauriens*.

Les *Protées* et les *Sirènes* sont rangés dans son troisième ordre, qu'il appelle les *Amphibiens* et enfin les *Cécilies* sont réunies dans un quatrième ordre sous la dénomination de *Pseudophydiens*. (*sic.*) On voit par cet exposé fidèle que les noms seuls sont ici changés, car la distribution reste absolument la même.

LATREILLE dans ses *familles naturelles du règne animal*, c'est le titre de son dernier ouvrage publié en 1825, a suivi à peu près la même marche. Il laisse, comme nous l'avons dit (p. 28 du tome VIII), les Cécilies avec les Serpents, sous le nom de *Batrachophides* ou de *Gymnophides* qui constituent pour lui une famille distincte; puis il fait une classe séparée des autres Batraciens qu'il persiste à nommer des Amphibies. Il en forme deux ordres, qu'il appelle les uns *Caducibranches*

(1) Nouveau bulletin des sciences juillet 1816 p. 111.

et les autres *Pérennibranches*. Les premiers sont nos Anoures avec le plus grand nombre de nos Urodèles; les seconds, comme les Protées et les Sirènes, sont réunis en une famille qu'il désigne sous le nom d'*Ichtyoïdes*.

Plus tard en 1829, G. Cuvier se servit à peu près des mêmes moyens de distinction en laissant encore les Cécilies, sous le nom de Serpents nus, avec les Ophidiens, et en partageant, comme nous l'avions fait, les autres Batraciens en deux groupes; mais sans leur donner de noms particuliers, noms qui cependant avaient été déjà proposés et adoptés comme nous l'avons vu : 1.° pour ceux qui ne conservent pas la queue, nos Anoures; 2.° pour ceux chez lesquels cette partie du tronc reste allongée et persistante pendant toute la vie, nos Urodèles.

M. Fitzinger reprend à peu près les mêmes errements en 1843.

Il divise, avec Leuckart, les Reptiles Batraciens en *Monopnés* et en *Dipnés*, c'est-à-dire suivant qu'ils n'ont pendant toute leur vie qu'une même manière de respirer, qui a lieu seulement à l'aide de branchies; ou, suivant qu'ils ont deux modes de respiration: des branchies d'abord et uniquement des poumons par la suite.

Les Cécilies forment, pour cet auteur, une quatrième tribu, celle des *Monopnés nus*, tandis que les autres Batraciens doivent être rangés dans l'ordre des *Dipnés*, qu'il partage en deux tribus. 1.° Les espèces à métamorphoses (*Mutabilia*) ce sont nos Anoures; plus les Salamandrides; 2.° Ceux qui ne se transforment pas entièrement, ou les non changeants (*Immutabilia*).

Dans cet arrangement méthodique, la seule famille des Salamandrides appartient à la première tribu. M. Fitzinger y rapporte les Salamandrides et les Tritons.

Toutes les autres espèces de nos Urodèles sont rangées dans

la seconde tribu des Dipnés. Elles sont distribuées dans deux familles.

1.° Les *Cryptobranchoïdes*, suivant que leurs branchies ne sont pas apparentes au dehors ; ce qui comprend les genres *Cryptobranche* et *Amphiume ;* et 2.° Les *Phanérobranchoïdes*, dont les branchies sont évidentes et auxquels sont rapportés les quatre genres : Phanérobranche, Hypochthon, Sirène et Pseudobranche, (voir les détails dans le tome VIII à la page 31).

Nous avons donné également l'indication et les caractères des genres adoptés ou créés par Wagler. Nous noterons ici seulement que cet auteur range, comme M. Fitzinger, les Salamandres et les Tritons qui ont une queue, dans la seconde division de l'ordre des *Ranæ*, sous le nom de *Caudatæ* ; tandis qu'il établit et constitue comme un ordre distinct, tous nos autres Urodèles sous le nom d'*Ichthyoïdes*, lesquels sont caractérisés par la présence des fentes sur les côtés du cou et par des branchies caduques ou persistantes. Les genres qui ne conservent pas leurs branchies sont les *Salamandrops* avec les *Amphiumes*, et ceux qui les ont manifestement au dehors pendant toute la durée de leur existence sont les *Sirédons*, les *Hypochthons*, les *Nectures* et les *Sirènes*.

Comme dans les généralités qui font le sujet du premier chapitre du sixième livre de cette Erpétologie tome VIII, qui est consacré à l'histoire littéraire de l'ordre des Batraciens, nous avons fait connaître en détail les caractères d'après lesquels les auteurs ont cru devoir distribuer en groupes et en genres distincts les espèces qui conservent la queue, il serait inutile de reproduire ici l'analyse de leurs travaux. Nous citerons donc seulement leurs noms, mais dans l'ordre chronologique, suivant les dates, ou les époques auxquelles ont paru leurs ouvrages.

La table méthodique fera connaître les pages où le lecteur pourra trouver les renseignements dont il aurait besoin, voici les noms des auteurs que nous citons plus particulièrement.

Laurenti. (1768). Lacépède. (1778). Linné. (1788). Alex. Brongniart. (1799). Schneider. (1799). Latreille. (1801-1825). Daudin. (1803). Duméril. (1805). Oppel. 1811). de Blainville. (1816). Merrem. (1820). Gray. (1825). Harlan. (1825). Green. (1826). Cuvier. (1829). Wagler. (1830). Charles Bonaparte. (1831). J. Muller. (1831). Schlegel. (1838). Tschudi. (1838). Holbrook. (1842). Gray. (1850).

Les 18 premières feuilles de notre huitième volume du présent ouvrage étaient imprimées lorsque nous avons connu le travail spécial de classification de M. Tschudi ; nous n'avons pas pu en faire connaître les détails, mais nous allons réparer cette omission involontaire. Cet ouvrage est écrit en allemand ; les caractères essentiels sont indiqués en latin. Il a été publié dans le tome II. des *Nouveaux actes de la Société Helvétique des sciences naturelles* in-4.°, avec six planches lithographiées, sous le titre de *Classification der Batrachier* novembre 1838. Pour combler cette lacune, nous allons en presenter l'analyse détaillée, d'autant plus que l'ouvrage renfermant presque toutes les généralités en langue Allemande, il sera utile de les faire connaître. Cependant nous ne parlerons ici que de l'ordre des Urodèles.

L'auteur annonce, dans une sorte de préface, qu'il avait déjà préparé son travail lorsqu'il vint visiter le Musée de Paris dans lequel nous avions disposé ces Reptiles en établissant leurs caractères d'après les mâchoires et la langue comme base de la classification et que justement il reconnut que nous nous étions à peu près accordés sur les plus grandes difficultés, sans nous être réciproquement communiqué nos travaux, de sorte que plusieurs des genres nouvellement établis l'ont été de part et d'autre, sans que nous nous les fussions fait connaître d'avance. C'est au reste ce que nous aurons soin de reproduire quand nous ferons l'histoire des genres, en indiquant les noms de notre collection.

Les premières considérations sont relatives aux dents, dont

il indique les formes et la distribution ; particularités qui lui ont servi, ainsi qu'à nous mêmes, pour établir les caractères distinctifs de certains genres, ainsi que Wagler en avait fait l'utile application aux *Ménopomes*, aux *Ménobranches* et aux autres Trématodères.

Il en est de même de la langue, dont l'examen a offert des particularités qui sont également très-propres à permettre la réunion ou le rapprochement des espèces en genres fort distincts.

Quelques aperçus sur la distribution géographique des Batraciens n'offrent pas beaucoup d'applications au sous-ordre des Urodèles qui nous occupe.

Un autre chapitre sur les Batraciens fossiles est principalement relatif au squelette du *Tritomégas*, sur lequel nous donnerons nous mêmes les renseignements nécessaires, lorsque nous traiterons de ce genre.

Vient ensuite la classification des Batraciens. Après avoir indiqué celle de Müller, que nous avons également citée (1), M. Tschudi en propose une autre : nous n'en extrairons ici que ce qui est relatif aux Urodèles.

Au reste, ce mémoire ne donne que les caractères des genres avec la simple indication nominative ou l'énumération des espèces qu'il croit devoir rapporter à chacun de ces genres.

L'auteur divise notre sous-ordre des Urodèles en deux sections : Les SALAMANDRINES et les PROTÉIDES. Ces derniers ne forment même qu'une seule et dernière famille, avec une dénomination semblable.

La première section se partage en quatre groupes, savoir : I. Les *Pleurodèles*, II. Les *Salamandres*, III. Les *Tritons*, IV. Les *Tritonides*.

§. I. Les PLEURODÈLES ne comprennent que deux genres qui ont des côtes plus longues.

1. Genre *Pleurodèles* (Michaelles, isis 1830 pag. 195).

---

(1) Isis 1832 pag. 504. Tome VIII. du présent ouvrage page 16.

Tête arrondie, très-déprimée; un croissant saillant sur l'os frontal postérieur au dessus des orbites; les deux paupières égales, pattes antérieures à quatre doigts, les postérieures à cinq, tous sans ongles; de très-petites dents pointues au bord interne de la mâchoire supérieure, de l'inférieure et sur les os palatins. — quatorze paires de côtes bien distinctes.

C'est une espèce rapportée d'Espagne par Waltl dont elle porte le nom.

2. Genre *Bradybate.* (Tschudi). Il en a donné un dessin tab. II figure 2. Tête petite; museau arrondi; front enfoncé; peu de dents au palais; langue petite, ressemblant à une papille adhérente de toutes parts; narines externes à orifice presque sous les yeux en arrière; point de parotides; pattes courtes, à doigts libres; queue courte, arrondie; de véritables côtes.

L'auteur ajoute dans le texte, que le sommet de la tête est voûté; que les yeux sont petits, très-écartés; que le corps est court et large; que la queue est plus courte que le tronc, large à sa base, anguleuse à son extrémité; qu'il y a une sorte de renflement à la partie large des pattes; que le corps est couvert de tubercules; que les mœurs en sont inconnues; qu'on le croit provenir de l'Espagne et qu'un exemplaire se trouve déposé dans le Musée de Neuchâtel en Suisse.

§. II. Les Salamandres. L'auteur ne leur assigne point de caractères, et il y rapporte les huit genres qui suivent; ils ont le pourtour de la queue arrondie, mais les côtes ne sont pas bien apparentes.

1. Genre *Salamandre.* Tête grosse, à bouche très-fendue; yeux grands; dents du palais distribuées sur deux longues rangées; de grosses parotides; peau parsemée de beaucoup de petites glandes; doigts libres; queue arrondie.

L'auteur ne rapporte à ce genre que les deux espèces dites, l'une la tachetée et l'autre la noire.

2. Genre *Pseudosalamandre.* (Tschudi.)

Tête de la Salamandre; de grosses parotides déprimées; langue grande; dents palatines formant deux longues séries; pattes courtes, trapues; un grand pli de la peau en forme de collier; queue épaisse, arrondie, un peu comprimée à son extrémité libre; peau très-lisse.

C'est notre genre *Ellipsoglosse*, dont M. Schlegel a donné la figure dans la Faune du Japon, pl. 4 et 5, que cite M. Tschudi.

3. Genre *Ambystoma.* (Tschudi.) L'auteur y rapporte plusieurs espèces de l'Amérique du Nord; les *Salam. violacea* et *venenosa* de Barton, *punctata* de Gmelin, *fasciata* de Harlan, *variolata* de Gillams, *argus* de Müller.

Tête forte et convexe; pas de parotides; langue médiocre; dents du palais nombreuses, en série transversale interrompue; doigts libres, queue ronde, oblongue. Nous avions désigné ce genre, dans nos collections, sous le nom de *Plagiodons.*

4. Genre *Onychodactyle.* (Tschudi.) D'après la Salamandre onguiculée, figurée dans la Faune du Japon de Schlegel, *Japonaise* de Schneider. Nous l'avions nommée *Dactylonys.*

Tête large, arrondie, à sommet plat, sans parotides, pointue; dents du palais formant une ligne ondulée, transverse, un pli sous la gorge et d'autres sur les flancs; pattes longues, grosses; doigts libres, munis d'ongles à leur extrémité; queue longue, arrondie.

5. Genre *Plethodon.* (Tschudi.) Ce sont encore des espèces de l'Amérique du Nord, décrites sous les noms de *Glutinosa.* (Green.) *Cinerea, Erythronota.* (Harlan.)

Tête de la Salamandre, mais sans parotides; langue grosse, adhérente seulement en avant, et un peu libre en arrière; beaucoup de petites dents en brosse sur le palais; peau lisse, à plis latéraux; queue ronde.

L'auteur a fait figurer la tête vue en dessous et de profil, pl. 2, fig. 4, *a b.*

6. Genre *Cylindrosoma.* (Tschudi) d'après des espèces de Salamandres du Nord de l'Amérique. *Longicauda* de Harlan, *flavissima?* et *tigrina.*

Tête d'une Salamandre; pas de parotides; langue grosse; des dents palatines et sphénoïdales formant deux longues rangées de chaque côté; des plis latéraux; pattes grêles, longues; corps allongé, arrondi; queue longue, un peu comprimée; peau lisse.

7. Genre *OEdipus.* (Tschudi.) D'après la *Salamandra platydactyla* de Cuvier.

Tête plate, à museau tronqué; dents sphénoïdales en grand nombre; langue petite, ovale, attachée seulement par son milieu; pattes grêles à doigts peu distincts, étroits, arrondis, palmés; queue ronde; peau très-lisse.

8. Genre *Salamandrina.* (Fitzinger.) Correspondant à la *Salamandre à trois doigts* de Lacépède, *à lunettes* de Savi, et au genre *Seironata condylura* de Barnes.

Tête anguleuse; yeux gros; narines latérales; langue en forme de cœur; dents du palais en grand nombre; quatre doigts à toutes les pattes; queue longue, arrondie; une crête osseuse sur le dos et sur la queue; peau fortement granulée.

§. III. Les Tritons qui ont la queue comprimée et qui n'ont pas de fentes au cou.

1. Genre *Géotriton.* (Ch. Bonaparte.) C'est la Salamandre de Gené ou de Rusconi.

Tête ronde à museau relevé, tronqué; yeux gros, saillants; point de parotides; langue grosse, fixée par son milieu et très-mobile; pas de dents au palais; des plis latéraux; corps arrondi, pattes grêles, allongées; queue un peu arrondie; toutes les pattes palmées.

2. Genre *Hemidactylium.* (Tschudi.) C'est la *Salamandra scutata* décrite par Schlegel, d'après un individu de l'Amérique du Nord.

Tête petite, arrondie, tronquée; corps court, arrondi; plusieurs rangées de dents sur le sphénoïde; langue très-longue, pointue en avant, adhérente, plus large en arrière; pattes grêles, toutes à quatre doigts palmés seulement à la base; queue comprimée, mais ronde à son origine; corps et queue divisés par écussons réguliers; peau presque lisse.

3. Genre *Cynops.* (Tschudi.) D'après une espèce du Japon figurée par Schlegel et indiquée par Boié. *Molge Pyrrhogastra.*

Tête longue à sommet plat, museau saillant; parotides et glandes sur les côtés du cou; dents au palais petites, distribuées sur deux longues rangées; langue petite, adhérente de toutes parts; corps court; queue comprimée; pattes petites, fortes; peau granuleuse.

4. Genre *Hynobius.* (Tschudi.) Espèce de la Faune du Japon figurée par Schlegel, pl. 4, fig. 7-8-9. *Salamandra nebulosa.*

Tête déprimée à sommet convexe; museau arrondi; langue entière, très-grande, fixée de toute part; des rangées obliques de dents palatines; parotides peu distinctes; des plis latéraux; cuisses courtes, grosses; queue ronde à la base, tranchante dans le reste et courte. Voyez notre genre *Ellipsoglosse.*

5. Genre *Pseudotriton.* (Tschudi.) L'auteur y rapporte deux espèces de l'Amérique du Nord. *Ruber* de Milbert, et une autre, *Niger.*

Port du Triton; corps allongé, cylindrique; langue ronde, petite, à bords très-entiers, fixée par son milieu; quatre rangées de dents sur le sphénoïde; pattes courtes, fortes; queue courte, comprimée; beaucoup de plis sur la longueur du corps. C'est, comme on le verra par la suite, notre genre *Bolitoglosse.*

6. Genre *Triton.* (Laurenti.) C'est le genre où l'auteur a groupé le plus grand nombre des espèces connues.

Tête arrondie, convexe, aplatie sur le sommet; langue

petite; beaucoup de dents palatines distribuées sur deux rangs; peau granuleuse; pas de parotides; queue comprimée, de la longueur du tronc.

Espèces. *Cristatus, Alpestris, Palmatus, Lobatus, Marmoratus, Ermanni, Symetricus, Nyctimerus.*

7. Genre *Xiphonura.* (Tschudi.) Une seule espèce de l'Amérique du Nord, décrite par Green. *Salamandra Jeffersoniana.*

Tête grosse, arrondie, à sommet convexe; dents du palais formant une bande transversale; langue grosse, à bords libres; pattes grosses et fortes; queue très-comprimée, ensiforme, longue; peau à granules serrées, rapprochées.

§. IV. LES TRITONIDES. Qui ont la queue comprimée et des traces de branchies.

1. Genre *Megalobatrachus.* (Tschudi.) Qui ne comprend que la *Grande Salamandre du Japon*, décrite et figurée par Schlegel.

Tête grande, en triangle, arrondie, à bec avancé, à sommet convexe, à front concave; narines rapprochées sur le bord de la mâchoire supérieure; yeux très-petits, à peine visibles; pas de parotides; langue peu distincte, fixée à tout le plancher de la bouche; grand nombre de dents au palais; une crête au bord antérieur du vomer, des rebords de peau aux pattes de derrière; doigts courts, libres, déprimés, avec des lobes cutanés; queue ronde à la base et déprimée vers le milieu et arrière; tête couverte de glandes serrées; corps aplati, à plis en travers; un long appendice de peau épaisse sur l'un et l'autre flanc. Nous lui avons donné le nom de *Tritomégas.*

2. Genre *Andrias.* (Tschudi.) Sans autre caractère que l'indication du squelette fossille de l'*homo diluvii testis.* (Scheuchzer), c'est notre *Tritomegas fossilis.*

3. Genre *Menopoma.* (Harlan.) Pour y placer le *Protonopsis* de Barton. Salamandre des monts Alléghanys de Cuvier, originaire de l'Amérique du Nord.

Tête, dents et langue du premier genre; un trou de chaque côté du cou; pattes courtes; pattes postérieures à doigts un peu palmés; corps granuleux, queue comprimée.

§. V. Les Protéides. Qui ont la queue comprimée et des branchies.

1. Genre *Siredon*. (Wagler.) C'est le genre *Axolotl* du Mexique.

Tête grosse; museau tronqué; yeux médiocres; de grandes branchies et un grand pli sous le cou; beaucoup de dents au palais formant des rangées obliques; langue à peine distincte; quatre pattes; queue comprimée.

2. Genre *Amphiuma*. (Garden.) Deux espèces de l'Amérique du Nord.

Tête oblongue, presque triangulaire; museau tronqué; ouverture de la bouche étroite; deux longues rangées de dents au palais; langue non distincte; un trou de chaque côté du cou; quatre pattes si courtes, qu'elles ne peuvent servir à la marche.

3. Genre *Menobranhus*. (Harlan.) Une seule espèce de l'Amérique du Nord.

Tête déprimée; yeux petits; deux longues rangées de dents au palais; quelques-unes sur les os ptérygoïdiens; langue non distincte; de grandes branchies; quatre doigts à chaque patte; corps presque lisse.

4. Genre *Hypochthon*. (Merrem.) C'est le *Protée anguillard* de Laurenti.

Tête oblongue, à museau tronqué; yeux très-petits; pas de dents maxillaires; les palatines sur deux longues rangées; langue peu distincte; de grandes branchies; quatre pattes, les antérieures à trois doigts, les postérieures à deux; queue courte; peau lisse.

5. Genre *Siren*. (Linné.)

Tête oblongue, presque carrée; yeux très-petits; point de

dents aux mâchoires, ni aux os inter-maxillaires ; un grand nombre au palais, distribuées par rangées obliques ; langue à peine distincte ; branchies petites ; pas de pattes postérieures, les antérieures courtes ; peau presque lisse.

Les noms de chacun de ces genres anciens, ou nouvellement proposés, qu'ils soient adoptés ou non par nous, seront relevés dans la table placée à la fin de ce volume, car, nous le répétons, l'auteur n'a fait que nommer, sans les décrire, les espèces qu'il a reconnues dans les Musées de Paris, de Vienne et de Leyde, qu'il a successivement visités. Il ne fait que citer ces espèces sous les noms imposés par les auteurs qui les ont décrites, et il en est de même pour celles qui ont été indiquées par les savants naturalistes de l'Amérique du Nord.

Enfin, M. le prince Ch. BONAPARTE, à la fin du tableau analytique des poissons plagiostomes, qu'il nomme *Sélaches*, publié à Rome au mois d'août 1838, a présenté une classification systématique des amphibies. Il adopte la division proposée par Leuckart et par M. Fitzinger et celle des Ichthyodes de Wagler ; de sorte qu'il divise nos Urodèles en Salamandrides et en Ichthyodes qui entrent dans la classe particulière des DIPNÉS. Puis dans un nouveau prodrome d'un système Erpétologique, publié en italien en 1845, à Milan, persistant dans la même opinion, il partage les Batraciens en trois ordres et en cinq familles. L'ordre des BATRACHOPHIDES, famille des *Cécilidées*. L'ordre des GRENOUILLES, divisé en deux familles ; les *Ranides* et les *Salamandrides*, et enfin l'ordre des ICHTHYOÏDES partagés en *Amphiumides* et en *Sirénides*.

En 1841, dans la Faune italienne, in-folio 131 le même auteur est entré dans beaucoup plus de détails sur cette famille dite *Salamandrini*, dont il sépare, sous le nom d'*Andriadini*, la Salamandre géante du Japon et le squelette figuré par Scheuchzer d'après la grande Salamandre Fossile. Profitant des travaux publiés par Tschudi, Gené, Savi, des siens et de ceux qui lui avaient été communiqués par l'un de nous, comme il l'a fait connaître, l'auteur adopte la plupart des genres (17); trois indiqués par des étoiles, sont nouveaux ou établis par lui. Voici les noms de ces genres : 1. *Seiranote*, de Barnes. 2. *Salamandre*. 3. *Molge* * ou *Pseudo-Salamandre* de M. de Tschudi. 4. *Ambystome*. 5. *Onychodactyle*. 6. *Plethodon*. 7. *Cylindrosome*. 8. *OEdipe*. 9. *Batra-choseps* * d'après la *Salamandra attenuata* d'Eschscholtz. 10. *Hemidactylium*. 11. *Cynops*. 12. *Hynobie*. 13. *Mycétoglosse*. 14. *Geotriton** d'après une espèce de Sardaigne. 15, *Euprocte* de Gené ou *Mégapterne* de Savi. 16. *Triton*. 17. *Xiphonure*.

Nous aurons soin d'indiquer la correspondance synonymique dans la description des espèces.

Enfin, au mois de mars 1850, le prince a publié comme *Conspectus systematûm Herpetologiæ* et *Amphibiologiæ* un grand tableau in-folio, dans lequel il désigne tous les Batraciens sous le nom de AMPHIBIA, partagé en six ordres appartenant à deux sous-classes, sous le titre de BATRACHIA.

La première comprend quatre ordres, savoir : 1.° RANÆ. 2.° SALAMANDRÆ comme les *Pleurodelidæ* et les *Salamandridæ*, les *Geotritonidæ*. 3.° les PSEUDO-SALAMANDRÆ tels que les *Andriantidæ* (fossiles), les *Sieboldiidæ*, les *Protonopseidæ* et les *Amphiumidæ*. 4.° Les PROTEI, comme les *Hypochthonidæ*, les *Sirenidæ*, les *Necturidæ* et les *Siredontidæ*.

La seconde sous-classe sous le nom de PEROMELA comprend deux ordres, les BATRACHOSAURII, les *Batrachosauridæ* (fossiles), et les *Batrachosaurii* comme les *Ceciliinæ*, les *Epicriinæ* et les *Siphonopinæ*.

M. J. E. GRAY, dans la seconde partie du catalogue des espèces d'Amphibies du *British museum* publié en juin 1850, désigne le sous-ordre des Urodèles sous le nom de GRADIENTIA d'après Merrem, et il partage ce sous-ordre en trois familles sous les noms de *Salamandrides*, de *Molgides* et de *Plethodontides*.

I. La première famille, celle des Salamandrides comprend onze genres, dont voici les noms. 1. *Salamandre*. 2. *Pleurodèle*. 3. *Triton*. 4. *Notophthalme*. 5. *Euprocte*. 6. *Cynops*. 7. *Tariche*. 8. *Bradybate*. 9. *Lophin*. 10. *Ommatotriton*. 11. *Seiranote*.

Les *Notophthalmes* sont nos *Tritons symétrique et dorsal.*

Le *Cynops* est le *Triton subcristatus* de Tschudi.

Les *Tariches* correspondent à deux espèces d'*Amérique* et de *Californie*.

Les *Lophins*, d'après Rafinesque, sont deux Tritons des environs de Paris.

L'*Ommatotriton* est notre *Triton Vittatus.*

Enfin, le *Seiranote* est la *Salamandrine*.

II. La deuxième famille, celle des Molgides, comprend les deux genres *Hynobius* de Tschudi et le *Molge striata* qui sont des *Ellipsoglosses*.

III. La troisième famille, sous le nom de Plethodontides comprend douze genres. 1. *Onychodactyle*. 2. *Hétérotriton*. 3. *Xiphonure*. 4. *Ambystome*. 5. *Plethodon*. 6. *Desmognathe*. 7. *Hemidactyle*. 8. *Batrachoseps*. 9. *Spelerpes*. 10. *Géotriton*. 11. *OEdipe*. 12. *Ensatine*.

Nous aurons soin d'indiquer par la suite les espèces correspondantes ou comprises dans ces différents genres.

Ce même Catalogue présente nos divisions des Amphiumes et des Protées, sous le nom de *Pseudosauriens*, que M. Gray partage en deux familles les *Protonopsides* et les *Amphiumides*.

Vient ensuite un troisième ordre, celui qu'il nomme les PSEUDOPHIDIENS, qui font partie de notre première division des Batraciens celle des *Péromèles*.

DIVISION DE CE SOUS-ORDRE EN TROIS FAMILLES PRINCIPALES.

Voici maintenant la classification que nous proposons.

Nous avons indiqué comme l'un des caractères essentiels des Batraciens Urodèles, d'avoir constamment des pattes sous leur dernière forme et de plus, une queue persistante pendant toute la durée de leur existence.

Lorsqu'on observe ces Reptiles dans leur état complet de développement, ou quand ils sont parvenus à l'époque où ils sont aptes à reproduire leur race, on reconnait qu'ils peuvent être naturellement partagés en deux groupes bien distincts, d'après la différence du mode suivant lequel s'opère chez eux, l'acte de la respiration.

En effet, les uns conservent, sur les parties latérales du cou, les traces du mode primitif de la respiration qu'ils offraient au sortir de l'œuf. Ce sont des fentes par lesquelles peut s'opérer le passage de l'eau nécessaire à la revivification du sang, en passant sur des lames flottantes ou sur les larges surfaces des membranes frangées et vasculaires qui remplissent l'office de véritables branchies, organes à la surface desquels le sang de l'animal est soumis à l'action du liquide ambiant.

Chez les autres, au contraire, ces organes sont transitoires, destinés uniquement à la respiration aquatique, et ils s'oblitèrent complétement, en ne laissant plus apercevoir sur les côtés du cou que les simples traces, ou les indices cicatrisés des orifices branchiaux, de sorte que leur cou n'est plus troué; ce qui nous les a fait désigner sous le nom d'Atrétodères, ou à cou sans fentes.

Le second groupe comprend les Batraciens à queue permanente; mais qui conservent en dehors sur la peau, entre la tête et les épaules, des ouvertures latérales et des communications directes et constantes avec la gorge. Par opposition, nous avons pu nommer ceux-ci les Trématodères, ou à cou troué. Ils restent, pour ainsi dire, soumis au mode primitif de la respiration branchiale, car l'existence de ces fentes collaires apparentes devient un caractère, une note particulière inscrite, une preuve de leur genre de vie obligé, nécessairement lié à leur immersion constante dans les eaux qu'ils ne peuvent quitter que pour un espace de temps très-limité; aussi forment-ils une section séparée.

Cependant cette division réunit des genres qui doivent être rangés dans deux familles distinctes. Tantôt les branchies extérieures tombent et s'oblitèrent complétement, en ne laissant apparentes que les fentes, ou les ouvertures sur le bord desquelles étaient fixées les lames vasculaires. Nous avons profité de cette circonstance notable pour imposer à la réunion des genres ainsi conformés, un nom destiné à rappeler que chez eux les branchies n'existent plus. Ils constituent pour nous la Famille des *Pérobranches*.

Lorsque ces branchies persistent pendant toute la durée de la vie, mais dans un état de développement plus ou moins marqué par l'étendue des franges, nous rapprochons certains genres ainsi conformés, sous un nom collectif de Famille qui indique l'apparence de ces branchies et ce sont pour nous des *Phanérobranches*, c'est-à-dire à branchies visibles au dehors.

Chacune de ces trois Familles peut être facilement distinguée par la différence extérieure que présentent les organes respiratoires et les modifications auxquelles ils sont sujets.

Quoique les genres appartenant à ce sous-ordre soient assez nombreux, ils se rapportent tous à trois Familles principales et ils se trouvent très-naturellement groupés, car ils offrent des types qu'il est facile de reconnaître et de désigner au premier aspect comme formant trois sortes de modèles rapprochés des trois genres principaux bien connus, qui sont les *Salamandres*, les *Amphiumes* et les *Protées* auxquels nous avons donné une désinence en IDES qui indique leur forme et leur analogie, comme on le voit dans le tableau synoptique que voici.

TROISIÈME SOUS-ORDRE DES BATRACIENS. — *LES URODÈLES.*

CARACTÈRES ESSENTIELS. *Batraciens à corps allongé, avec une ou deux paires de pattes grêles, égales en longueur et plus ou moins développées; avec une queue persistante, au-delà d'un cloaque dont la fente extérieure est longitudinale.*

			Familles.
à cou	percé de trous. TRÉMATODÈRES ou à branchies	visibles en dehors *Phanérobranches*.	III. PROTÉIDES.
		nulles ou cachées *Pérobranches*. .	II. AMPHIUMIDES.
	non troué. ATRÉTODÈRES, avec de simples cicatrices		I. SALAMANDRIDES.

CHAPITRE VII.

TROISIÈME SOUS-ORDRE DES BATRACIENS.

LES URODÈLES ATRÉTODÈRES.

PREMIÈRE FAMILLE. LES ATRÉTODÈRES (1) OU SALAMANDRIDES.

Nous avons eu occasion de faire connaître les motifs qui nous ont engagé à considérer les espèces de Batraciens qui conservent leur queue pendant toute la durée de leur existence, comme devant constituer un sous-ordre distinct, par opposition aux deux autres groupes que, par une désignation également caractéristique, nous avons précédemment étudiés sous les noms de PÉROMÈLES, parce qu'ils n'ont pas de membres, et d'ANOURES, parce que ceux-ci perdent constamment la queue. Ces deux premiers sous-ordres n'offrent plus dans leur état parfait, ou lorsqu'ils sont adultes, ce prolongement de l'échine au-delà de l'orifice externe du cloaque qui, sous la forme arrondie, termine toujours la cavité de leur abdomen.

Ainsi que nous l'avons établi dans les considérations générales qui précèdent, les URODÈLES peuvent être partagés en deux sections principales.

L'une réunit les espèces qui, sous leur dernière forme, celle sous laquelle les individus sont appelés à propager leur race, sont obligés de vivre ou de rester constamment dans l'eau.

Dans l'autre section, les espèces, par leur mode de respiration, peuvent vivre très-long temps hors d'un milieu liquide.

(1) Ἄτρητος. *Sine foramine, imperfossus*. Sans trou, non perforé, et de Δέρη *collum*, *cervix*. La région du cou.

Chez les premiers, on observe, sur les côtés du cou, entre la tête et les épaules, des fentes, des trous qui livrent un passage libre, une voie destinée à la sortie de l'eau. Quand ce liquide a été introduit par l'animal dans sa bouche comme pour être avalé par gorgées, il se trouve là contenu dans une capacité membraneuse percée de trous, orifices par lesquels l'eau peut s'échapper au dehors. Dans cette circonstance, le liquide passe nécessairement sur les branchies. On désigne ainsi les organes formés par l'expansion des vaisseaux sanguins plus ou moins étalés qui prennent l'apparence de panaches, de franges ou de plumes membraneuses et ramifiées toujours visibles au dehors. Comme ces fentes ou ces orifices sont faciles à distinguer, ces Batraciens ont pu, par cela même, être désignés par le nom qui rappelle qu'ils ont le *cou troué*, *Trématodères*. C'est une section qui peut elle-même être partagée en deux familles que nous étudierons par la suite.

La première section, au contraire, ne constitue qu'une seule famille naturelle, quoique les genres qui s'y rapportent, et surtout les espèces, soient en très-grand nombre.

Ces Urodèles ont entre eux et surtout avec la Salamandre, la plus grande analogie, de sorte qu'on a considéré cette espèce comme le type ou le modèle de la race en modifiant seulement la terminaison du mot qui sert à la désigner. C'est pour nous la section des *Atrétodères* ou la famille des *Salamandrides*.

Nous avions cru d'abord pouvoir, avec les naturalistes qui nous ont précédé, partager cette famille en deux tribus, suivant que les espèces vivent habituellement sur la terre, quoique dans des lieux constamment humides, ou bien qu'on ne les rencontre dans l'eau qu'à certaines époques déterminées de leur existence, comme l'est celle de la ponte ou dans le premier âge. En effet, leur queue conique est à peu près arrondie, ou également et transversalement épaisse dans toute son étendue, au moins n'est-elle pas fortement comprimée de droite à gauche, de sorte que sa tranche, ou une troncature qui y serait opérée, présenterait, dans la ligne verticale, un diamètre plus considérable que celui qui résulterait de sa coupe transversale.

Cette simple et première observation nous aurait permis de réunir les genres qui se servent pour nager plus facilement, d'une queue comprimée, comme agissant avec une rame dont les mouvements peuvent être fort actifs. Ordinairement, cette portion postérieure du corps est très-allongée, souvent plus étendue que le tronc, et se trouve encore augmentée, dans le sens de sa hauteur, par une sorte d'expansion membraneuse de la peau qui est prolongée et amincie. Cette sorte d'excroissance fait suite à une pareille crête frangée de la peau du dos qui orne la région supérieure et moyenne du tronc et simule, en arrière de la tête, un panache agréablement coloré et nuancé par des taches ou par des dégradations de teintes qui produisent un effet très-remarquable, lorsque ces franges flottent, ou lorsqu'elles sont agitées et mises convulsivement en action par les passions de l'animal. C'est principalement chez les mâles, que cette sorte de crinière se développe le plus souvent dans la saison des amours.

Certainement, si cette queue était constamment arrondie chez les individus des deux sexes tandis qu'elle resterait comprimée chez d'autres, les Urodèles Atrétodères auraient pu être rapportés à deux groupes naturels de genres. Les *Compressicaudes* ou *Cathétures* d'une part, comme nous avions proposé autrefois de les désigner; et de l'autre, les *Rotondicaudes* ou *Gongylures*.

Les premiers correspondraient aux Tritons, ou Salamandres aquatiques, et les derniers aux véritables Salamandres terrestres. La nature cependant ne paraît pas s'être complétement soumise à cette règle. Il y a des genres, bien naturels d'ailleurs, par d'autres analogies plus constantes qui doivent nous porter à rapprocher entre elles certaines espèces, quoique la forme de la queue reste assez ambiguë, étant tout-à-fait arrondie à la base et légèrement comprimée dans une autre partie de son étendue et même suivant les saisons.

Il en est d'autres chez lesquelles cette extrémité du tronc est comme à quatre pans, ou tétragone, à angles arrondis. Enfin la plupart des espèces, à l'époque de la fécondation, ou de la ponte qui a presque toujours lieu dans l'eau, ont une queue comprimée et plus tard, quand l'animal est resté quelque temps sur la terre, cette même queue s'arrondit tout-à-fait. Alors, les expansions membraneuses de la peau s'oblitèrent, comme n'étant plus destinées à faciliter la natation.

Nous ne pouvons donc pas nous servir de cette indication qui aurait si clairement dénoté les habitudes principales. Néanmoins, en faisant usage d'un autre procédé dans l'analyse, nous sommes parvenus à séparer, par des caractères assez évidents, la plupart des genres que nous proposons aux observateurs.

Un tableau analytique général résumera les détails dans lesquels nous devons entrer pour faire apprécier les différences importantes que présentent un certain nombre d'espèces, afin d'arriver, par l'observation comparée et synoptique, à la connaissance des faits principaux dont les modifications ont servi de base rationelle à la classification que nous exposons ici.

La première observation, celle qui est la plus facile à faire, c'est que parmi les Atrétodères ou Salamandrides, deux genres seulement présentent une singularité caractéristique dans le nombre des doigts aux pattes de derrière qui ont constamment quatre orteils. Au contraire, on en rencontre toujours cinq dans les autres genres de la même famille. Ces deux genres sont donc anomaux. A la vérité, nous ne pouvons en expliquer ni la cause, ni le but ou le motif; mais par cette particularité, ils diffèrent évidemment d'abord de tous les autres genres de cette famille et ensuite, on peut aisément les distinguer entre eux d'après la forme de la queue, qui dénoterait d'avance leurs habitudes diverses; en effet, cette partie de l'échine est arrondie dans les *Salamandrines,* qui habitent presque constamment un sol éloigné de l'eau. De plus, elles ont la peau rugueuse, avec de petites granulations ou de légères saillies rondes et poreuses et d'ailleurs leurs doigts sont très-peu développés.

Dans l'autre genre les espèces ont quatre orteils; elles vivent le plus souvent dans l'eau, leur queue est un peu comprimée et peut leur servir de rame; en même temps, les doigts sont membraneux et comme palmés à la base. C'est ce qui les a fait désigner sous le nom de *Desmodactyles.* En outre, par opposition aux espèces du genre Salamandrine, il est facile de constater que la surface de leurs téguments est lisse, polie ou sans aspérités.

Tous les autres genres ont les pattes munies de cinq doigts en arrière et de quatre seulement en avant. Parmi le très-grand nombre d'espèces qui se trouvent rapportées à cette catégorie, il en est quelques-unes qui se distinguent par une particularité; c'est que la peau de leurs flancs, ou plutôt les côtés du tronc, forment un repli libre tout à fait menbraneux et festonné. C'est la conformation bizarre que présente une très-grosse Salamandre de la Chine que nous avons nommée *Tritomégas,* laquelle, ainsi que nous le verrons par la suite, semble lier cette famille des Salamandrides à celle des Protéides par le genre *Ménopome.*

Ce pli cutané, ou ce rebord saillant et froncé de la peau, n'est pas constitué uniquement par une menbrane molle dans les deux autres genres chez lesquels on l'observe également et que l'on nomme *Pleurodèle* et *Bradybate.* Ces genres ne comprennent chacun qu'une seule espèce. Le premier est caractérisé par la saillie que font les côtes osseuses courtes, sortes de prolongements des apophyses transverses des vertèbres, dont les pointes ou les extrémités libres percent la peau et deviennent perceptibles au toucher. Le second genre se distingue par la briéveté comparée des pattes et de la queue. Cependant, il y aurait quelque raison de croire que l'individu observé, qui a servi de type à M. Tschudi pour établir ce dernier genre, appartenait à une espèce qui n'était pas adulte.

Les autres Salamandrides se rapportent à un grand nombre de genres, qui peuvent être artificiellement rapprochés entre eux, si l'on porte l'attention sur la forme de la queue. Si elle est ronde à la base ou dans une assez grande étendue après son origine[1], en conservant à peu près les mêmes diamètres dans tous les sens, cela indique que ces espèces en général vivent le plus ordinairement sur la terre. On est, au contraire, porté à penser que cette queue doit être comprimée latéralement dans presque la totalité de sa longueur chez les espèces qu'on trouve en effet le plus habituellement dans l'eau où cette sorte de rame facilite et rend plus actif ce mode de progression ou de nager au fond et au milieu des eaux tranquilles qui sont leur séjour ordinaire.

Parmi les genres dont la queue est ronde, celui où elle a toujours cette forme conique, allongée dans toute son étendue de la base à son extrémité, porte le nom de *Salamandre*.

Chez les autres, cette partie prolongée de l'échine s'amincit constamment dans son dernier tiers et même au delà de la moitié de sa longueur et cinq genres sont dans ce cas. D'ailleurs, toutes les espèces qui se rapprochent, d'après cette conformation, ont généralement la partie moyenne du tronc ou le ventre cylindrique et les paires de pattes fort écartées entre elles.

Il y a bien encore de grandes analogies et pour les distinguer nettement, il a fallu avoir recours à la manière dont sont distribuées sur la partie moyenne du palais, les rangées de petites dents dites palatines, sphénoïdales ou vomériennes.

Ces modifications ont, en outre, mis en parallèle plusieurs autres dispositions comparées de la conformation et des habitudes, comme nous allons l'indiquer.

Ainsi, le genre *Cylindrosome* est caractérisé parce qu'il n'a au palais qu'une seule série longitudinale de dents. Dans les espèces rapportées aux autres genres de cette même catégorie, les dents palatines sont situées en travers. On ne trouve cette seule distribution que dans les *Plagiodontes* qui en ont emprunté leur nom qui sert ainsi à les caractériser. Il en est de même dans les *Xiphonures;* mais ces derniers ont, en outre, la surface de la peau garnie de tubercules saillants, et elle est comme granuleuse, tandis que les téguments sont lisses et polis chez les *Plagiodontes*.

Sur le palais des autres espèces appartenant aux deux derniers genres à queue comprimée seulement à sa base, on peut observer des rangées tranversales et longitudinales de dents; l'étendue de ces rangées et le nombre des dents varient selon les genres nommés, l'un *Pléthodonte* et l'autre *Géotriton*. Chez le premier, ainsi que l'indique l'étymologie du nom, ces dents remplissent toute la région moyenne et longitudinale du palais, où elles sont courtes et serrées comme les crins ou les poils rudes d'une brosse, tandis que ces pointes osseuses forment deux rangées distinctes dans les Géotritons.

Les cinq genres de cette famille, qu'il nous reste à énumérer, ont été rapprochés par cette particularité que leur queue est comprimée suivant toute sa longueur.

Parmi les Urodèles rangés dans ces cinq genres, il en est dont le ventre s'aplatit, surtout dans la région inférieure. Tels sont les *Tritons* et les *Euproctes*, lesquels diffèrent entre eux par la manière dont leur langue est attachée ou adhère au plancher de la bouche. C'est en arrière que cette adhé-

PREMIÈRE FAMILLE DES BATRACIENS URODÈLES.

LES ATRÉTODÈRES (1) OU SALAMANDRIDES.

CARACTÈRES. *Point de trous ou de fentes branchiales sur le cou.*

- Nombre des orteils
  - quatre seulement ; à queue
    - ronde ; peau rugueuse à pores granuleux . . . . . 2. SALAMANDRINE.
    - plate et comprimée ; peau lisse, luisante, comme polie . . . . . 12. DESMODACTYLE.
  - cinq ; à flancs
    - saillants, proéminents ; dont les bords sont
      - mous, menbraneux, festonnés . . . . . 16. TRITOMÉGAS.
      - rudes, costiformes ; à doigts
        - longs. . . . . . 3. PLEURODÈLES.
        - courts. . . . . . 4. BRADYBATE.
    - arrondis ; queue à base
      - ronde
        - dans toute son étendue et terminée en pointe conique . . . . . 1. SALAMANDRE.
        - seulement à la base, et dents du palais en
          - longueur uniquement . . . . . 5. CYLINDROSOME.
          - travers
            - seulement à peau
              - lisse . . . . . 9. PLAGIODONTE.
              - granuleuse . . . . . 15. XIPHONURE.
            - et en long, par série
              - simple . . . . . 6. PLÉTHODONTE.
              - double . . . . . 10. GÉOTRITON.
      - comprimée ; ventre
        - plat ; langue fixée en
          - arrière seulement . . . . . 13. TRITON.
          - avant uniquement . . . . . 14. EUPROCTE.
        - arrondi ; doigts
          - à ongles mousses, en sabots. . . . . . 11. ONYCHODACTYLE.
          - mous, obtus ; langue
            - en champignon . . . . . 7. BOLITOGLOSSE.
            - libre de côté . . . . . 8. ELLIPSOGLOSSE.

(1) De Ατρητος. Sans trous, non troué, IMPERFOSSUS et de Δερης. Cou - *cervix. Collum.*

(En regard de la page 43).

rence a lieu chez les Tritons, et en avant chez les Euproctes. Ces genres offrent, en outre, d'autres caractères distinctifs.

Dans les trois autres genres de cette subdivision basée sur la forme comprimée de la queue, la partie inférieure du ventre est cylindrique ou régulièrement arrondie. Il en est un, celui qu'on a nommé *Onychodactyle*, dont l'extrémité des doigts semble garnie ou en quelque sorte enveloppée, au moins à certaines époques de l'année, d'un mince étui d'une peau noirâtre, comme cornée, ce qui l'a fait désigner par ce nom qui indique une sorte de sabot ou d'ongle. L'absence de cette portion cornée chez les autres qui ont les extrémités des phalanges molles et obtuses, puis la forme de la langue, ont fourni un moyen certain de faire distinguer les genres. En effet, dans les *Bolitoglosses*, la langue est supportée par un pédicule placé au centre d'un disque charnu, simulant la tête d'un champignon qui se trouverait arrondi et libre de toutes parts; et dans les *Ellipsoglosses*, cette langue est ovale et adhérente par toute sa région moyenne et inférieure.

Le résumé synoptique de cet arrangement est présenté dans le tableau analytique que nous plaçons en regard et qui fournit un moyen commode pour distinguer les genres, lesquels nous paraissent cependant réunir assez naturellement les espèces entre elles.

Nous l'avouons cependant, il serait assez difficile d'arriver constamment à l'aide de ce système, à la détermination certaine et bien précise des genres nombreux dont se compose la famille des Salamandrides. Cette simple analyse ne doit servir en effet qu'à mettre le naturaliste sur la voie des recherches ultérieures qui lui resteront à faire pour connaître plus complètement les caractères qui doivent être joints à ces moyens de distinction propres à rapprocher les espèces entre elles. Ainsi, il est utile pour le classement des Atrétodères, d'offrir un moyen accessoire ou secondaire, en présentant un résumé général de nos observations, qui peuvent conduire à des arrangements divers, d'après la conformation variable de quelques organes spécialement comparés et dont les modifications se trouvent en rapport avec les caractères assignés aux genres.

I. D'abord, quant à la *forme générale du tronc,* nous devons faire observer que dans la plupart des genres, le tronc est excessivement long relativement à sa grosseur, et que le seul *Bradybate* a le corps large et court et qu'il diffère par cela même de tous les autres Atrétodères.

Puis parmi ceux-ci, il en est dont le corps est cylindrique ou tout à fait rond, même sous le ventre, tels sont les *Cylindrosomes*, *Ellipsoglosses*, *Bolitoglosses*, *Euproctes*, *Plagiodontes*, *Onychodactyles*, *Salamandres*, *Salamandrines.*

D'autres ont l'abdomen sensiblement plat en dessous, comme on le voit dans les genres *Tritomégas*, *Triton*, *Géotriton*, *Desmodactyle*, *Pleurodère* et *Bradybate.*

II. Ensuite, les uns ont la *peau* lisse, sans tubercules bien apparents, comme on le remarque chez la plupart des espèces qui se rencontrent aux États-Unis et au nord de l'Amérique, en particulier, les *Plagiodontes, Bolitoglosses, Ellipsoglosses, Pléthodontes*, *Desmodactyles*, *Geotritons*, *Onychodactyles.*

Au contraire, les téguments sont généralement rugueux, verruqueux, ou tuberculeux dans les *Tritomégas*, *Salamandres*, *Pleurodèles*, *Xiphonures* et même plusieurs *Tritons.*

III. La queue a fourni aux zoologistes plusieurs observations, quant à sa forme générale.

Pour les espèces qui ne sont pas habituellement, ou constamment dans l'eau, cette portion prolongée de l'échine est ronde et conique dans la *Salamandrine,* le *Bradybate* et même chez quelques individus, par exception, dans le genre *Pléthodonte.*

Elle est plate ou comprimée de gauche à droite, soit complètement, comme dans les *Tritons*, le *Tritomégas*, le *Xipho-*

nure, les *Ellipsoglosses;* soit en partie dans les *Cylindrosomes Plagiodontes*, et dans l'*Euprocte*, l'*Onychodactyle*, le *Pleurodèle* et le *Desmodactyle.*

IV. Les *glandes* de la peau ou les grosses verrues, qui se voient sur les parties latérales et postérieures de la tête et qu'on a nommées les Parotides, sont fort grosses et très-apparentes dans le genre *Salamandre*; on les retrouve encore, mais aplaties dans les *Ellipsoglosses*, *Plagiodontes*, *Onychodactyles* et *Pleurodèles.*

Il n'y en a pas dans les genres *Triton*, *Géotriton*, *Bolitoglosse*, *Desmodactyle* et *Salamandrine.*

Nous avons eu occasion de faire connaître les glandes de la peau de la Salamandre, en traitant des excrétions cutanées dans les Batraciens (1). Depuis, il a été publié un mémoire très-intéressant par MM. Gratiolet et Cloez, sur la propriété vénéneuse de l'humeur fournie par les pustules de la *Salamandre terrestre* et du *Crapaud commun.* Nous allons présenter ici l'analyse de ce travail, qu'on retrouvera inséré, par extrait, dans les Comptes rendus de l'Institut, tom. XXXII, n.° 10, p. 592 et tom. XXXIV, p. 729.

On a souvent parlé du venin subtil de la Salamandre et de la grande acreté de l'humeur lactescente, produite par les pustules de la peau de ce Reptile. Plusieurs grenouilles ayant été déposées dans un tonneau avec des Salamandres terrestres, la plupart furent trouvées mortes au bout de huit jours. Ce fait donna lieu à tenter quelques expériences.

Cette humeur, d'un blanc jaunâtre, obtenue par la compression des glandes, a une odeur vireuse et nauséabonde; sa consistance est celle d'un lait épaissi, se coagulant à l'air et surtout par l'action de l'alcool et paraissant douée d'une réaction acide.

Elle fut inoculée dans une petite plaie pratiquée sous l'aile

(1) Tom. I, pag. 203-205; tom. VIII, pag. 183.

d'un oiseau, cet animal n'en parut pas d'abord très-affecté; mais au bout de deux ou trois minutes, il se manifesta chez lui un grand trouble; ses plumes se hérissèrent; il chancela sur ses pattes. Il paraissait éprouver en apparence de fortes angoisses. Son bec restait entr'ouvert et il le faisait claquer convulsivement. Bientôt, il se renversa sur le dos, jeta un cri plaintif, tourna sur lui-même et mourut.

Un Bruant mourut de même, en moins de trois minutes; plusieurs autres petits oiseaux, en six ou sept minutes. Un pinson ne périt qu'après vingt-cinq minutes, à la suite de plusieurs accès convulsifs épileptiformes. La mort semblait être d'autant plus rapide, que l'oiseau avait perdu moins de sang par la plaie. Une tourterelle ne mourut qu'au bout de vingt minutes. Tous les oiseaux ainsi inoculés éprouvèrent des convulsions.

De petits mammifères, comme des Cabiais, soumis à cette épreuve, manifestèrent d'assez vives souffrances; leur respiration devenait haletante, puis ils cédèrent à une sorte de sommeil, interrompu par des secousses comme électriques; mais ces accidents ne furent pas mortels.

La même humeur, extraite des glandes du Crapaud commun, produisit des effets semblables. Une petite Tortue mauritanique inoculée sous la peau d'une patte, resta paralysée de ce membre pendant huit mois, mais elle survécut.

Ce venin recueilli le 25 avril 1851, fut inoculé sur un Chardonneret le 14 mars 1852 : l'humeur avait été liquéfiée ou dissoute dans un peu d'eau; elle amena la mort avec les mêmes symptômes.

Ces habiles expérimentateurs ont constaté que ce poison est soluble dans l'alcool et conserve son activité.

V. La distribution des *dents* sus-maxillaires, surtout de celles qui occupent le palais a été souvent employée et avec avantage, pour distinguer les genres entre eux. Ainsi, tantôt on n'observe qu'une rangée transversale de ces dents et alors elles occupent une bande qui se voit en arrière des orifices internes des narines, comme dans le *Tritomégas*, les *Plagiodontes*, et l'*Onychodactyle*. Tantôt, outre cette rangée transversale, il en existe deux séries dans le sens longitudinal. Quelquefois la rangée est simple, plus ou moins courbée, mais régulière à droite et à gauche. C'est le cas des *Plethodontes*; tandis que les séries sont distinctes et séparées l'une de l'autre par la ligne médiane, qui est lisse, comme dans les *Bolitoglosses* et le *Géotriton*.

Il n'y a que des dents palatines en long et point de transversales dans certaines espèces. Elles sont en rang simple ou sphénoïdales dans les *Ellipsoglosses*, *Tritons*, *Euprocte*, *Salamandrine*, *Desmodactyle*; ou bien elles forment deux lignes longitudinales, plus ou moins courbées, mais distinctes dans les *Salamandres* et les *Pleurodèles*.

VI. La forme et les attaches de la *langue* ont servi non seulement à caractériser certains genres, mais même à leur dénomination. Ainsi, cet organe est adhérent de toutes parts et par cela même peu mobile dans le Tritomégas, chez lequel il a pris beaucoup de volume; tandis que par opposition, il est petit dans le Bradybate et le Desmodactyle. La langue est libre partout, excepté en avant, dans l'Euprocte, en arrière dans les Pleurodèles; elle est libre sur les côtés dans les Ellipsoglosses, Pléthodontes, Plagiodontes, Tritons, Euproctes, Xiphonures. Elle est complètement dégagée dans son pourtour et soutenue en dessous, vers son centre, comme le chapiteau d'un champignon sur son stipe, à base étroite, dans les Bolitoglosses, Géotriton et Œdipe; cette même base est plus large dans l'Onychodactyle, le Bradybate et le Pleurodèle.

VII. Enfin, les *doigts* ou les orteils, dont le nombre, la forme, la longueur générale, les proportions et les connexions varient beaucoup, ont été, par cela même, utilement considérés comme fournissant d'assez bons caractères. D'abord, toutes les espèces n'ont que quatre doigts aux pattes antérieures; mais les orteils, le plus souvent sont au nombre de cinq, ne se retrouvent ici que de quatre dans les deux genres Salamandrine et Desmodactyle.

Chez les autres, ces doigts sont libres et ronds un peu allongés dans le Xiphonure et l'Euprocte. Ils sont courts, plats et obtus dans le Géotriton. Il est vrai qu'à l'époque de la fécondation, on voit souvent les pattes ainsi modifiées parce qu'elles sont destinées à favoriser et à venir en aide à l'action de la queue, qui trouve un peu plus de résistance sur l'eau en agissant avec trois systèmes divers de points d'appui fournis au corps immergé de l'animal qui s'y meut. C'est au reste une particularité chez les mâles de plusieurs espèces de Tritons dont les doigts et surtout les orteils se dilatent et deviennent comme lobés, par l'excroissance de membranes, véritables prolongements de la peau qui borde chacun, ou quelques-uns des doigts; et même ces expansions sont telles que les pattes deviennent tout-à-fait palmées comme celles des canards dits Palmipèdes; mais cette conformation ne dure souvent que pendant l'époque de la fécondation; on ne l'a observée que chez les mâles et l'on s'est assuré que ces individus redeviennent semblables aux femelles, ainsi que nous le disons dans la description des espèces. Ces mâles ont été parfois considérés comme constituant des espèces distinctes, auxquelles on avait donné, par cela même, des noms différents de ceux qui servaient à désigner les femelles.

Malgré le grand nombre d'individus que le Muséum d'histoire naturelle de Paris possède, nous sommes certains que cette famille ne tardera pas à s'enrichir d'une très-grande quantité d'espèces qui ont été confondues, parce qu'on n'avait pu les étudier comparativement. Dans le genre Triton en particulier, les formes et les couleurs varient considérablement et ont donné lieu à l'indication d'un très-grand nombre d'espèces nominales, qui n'étaient que des variétés dont l'histoire n'a pas été suivie. Nous déplorerons, comme l'a fait

Schneider, que le grand travail de description, d'observations et de peintures admirables exécutées par le célèbre naturaliste Roësel n'ait pas été publié. Le Professeur J. Hermann de Strasbourg (1) a eu occasion de voir ce bel ouvrage sur l'histoire des Salamandres: il le compare à celui que le même auteur a publié sur les grenouilles ou Anoures, dont les formes, les organes principaux sont décrits et figurés d'après des observations et des dessins qui peuvent être considérés comme des modèles pour la zoologie.

I.er GENRE. SALAMANDRE. — *SALAMANDRA*. Wurfbain. Laurenti.

Caractères. *Le plus souvent, des parotides ou des tumeurs glandulaires situées derrière et en dehors de l'occiput; quatre doigts et cinq orteils aux pattes; queue arrondie, conique.*

Langue disco-ovalaire, libre sur ses bords et légèrement en arrière, au moins quand elle est rétractée; palais garni, sur sa ligne médiane, de deux séries longitudinales de dents plus ou moins arquées (2).

Ce genre Salamandre a été le type ou le point de départ de toutes les connaissances acquises sur les Reptiles Batraciens urodèles et principalement sur la famille qui en a emprunté le nom sous lequel nous la désignons ici.

Nous ne reviendrons pas sur les notions que nous avons déjà données, relativement à cette première division des

(1) J. Hermann. 1789. Dissertatio de Amphibiorûm virtutibus p. 25 et 30.

(2) Nous avons fait représenter la bouche de la Salamandre terrestre ou tachetée sous le n.° 3 de la pl. 93 pour faire voir la langue et les dents palatines. Une représentation plus exacte des dents se trouve sur la planche 101, figure 1; celles de la Salamandre de Corse se voient pl. 103, fig. 2.

Urodèles, dans les considérations générales qui précèdent l'histoire des Salamandrides; mais nous pensons qu'il est utile de rappeler quelques détails qui s'y rattachent.

Le nom de Salamandre (employé par Aristote Hist. des Anim. liv. V, chap. 19) a fourni à Wurfbain le sujet d'un chapitre si érudit sur l'origine de ce mot et sur son étymologie, que nous ne pouvons mieux faire que d'en présenter ici une courte analyse.

Cette dénomination est tout à fait grecque. Σαλαμάνδρα.

Gesner, Aldrovandi, disent qu'elle provient du préjugé que cet animal avait la faculté d'éteindre le feu et d'après l'opinion émise par S.t Isidore de Séville, ces auteurs lui donnent pour synonymie, celui de *Valincendra*; *quod valet ad incendia;* mais Wurfbain se moque, avec ironie, de cette étymologie; il est porté à adopter plutôt celle qui indiquerait les lieux humides où l'on trouve ces Reptiles parce qu'en grec le mot Σάλος indique un endroit humide; ou ce serait Σαυλὰ μανδραν c'est-à-dire que l'animal reste tranquille et immobile dans sa cachette, *Quieta in spelunca.*

Quant à l'homonymie, le même auteur cite beaucoup de passages tirés des écrivains les plus anciens, d'après lesquels il est évident que le nom de Salamandre a été donné par les pretendus philosophes ou par les alchimistes à un grand nombre de matières simples ou composées, qu'on supposait inaltérables par le feu, quoique de natures très-diverses et il en cite vingt exemples qui ne sont maintenant d'aucun intérêt.

Enfin, dans un article qui a pour titre la synonymie et qui prouve sa grande érudition, Wurfbain cite toutes les désignations correspondantes au nom de Salamandre dans la plupart des langues (Hébraïque, Grecque, Latine, etc.) avec les passages et les explications, ou les motifs qui ont pu faire employer ces dénominations. Il en est de même pour les langues vivantes, telles que l'Arabe, l'Italien, l'Espagnol, l'Anglais et les noms donnés par les Grisons, les Suisses; en Savoie,

Hongrie, Pologne, Bohême, Belgique ; enfin ceux que cet animal porte dans les diverses provinces de France tels que *Alebren, Arrasade, Sourd, Salamandre, Mouron, Pluvine, Laverne, Blande* ou *Blende, Mirtil, Salimandre, Lézardiau* ou *Lézard d'eau*. Au reste, ces noms n'ont pas été appliqués seulement à la Salamandre terrestre, mais aussi à la plupart des espèces du groupe des Atrétodères et surtout aux Tritons, qui sont répandus dans beaucoup de localités où la Salamandre terrestre est à peine connue.

Nous répétons ici que, le principal caractère du genre qui nous occupe, réside surtout dans la forme de la queue, car chez les individus adultes et surtout chez ceux qui ont perdu leurs branchies, cette partie prolongée du tronc est constamment ronde et conique dans toute son étendue. De plus, les flancs offrent des plis circulaires, correspondant à peu près aux apophyses transverses des vertèbres.

Quant au nombre des doigts et des orteils, il est le même que dans la plupart des autres genres, à l'exception cependant des *Salamandrines*, qui ont aussi la queue cylindrique, mais avec quatre orteils aux pattes postérieures et des *Desmodactyles* qui, étant dans le même cas que ces dernières pour le nombre des orteils, ont néanmoins la queue comprimée des *Tritons*.

Nous n'avons inscrit que quatre espèces dans le genre Salamandre et même, nous n'y avons admis qu'avec doute et d'après M. Gravenhorst celle qui a été appelée opaque, qui n'a pas de glandes parotides, mais nous n'avons pu observer nous mêmes cette espèce. L'histoire particulière de ce genre sera rapportée en décrivant les deux espèces principales dites l'une *Terrestre* ou *tachetée* et l'autre la *Salamandre noire*.

TABLEAU SYNOPTIQUE DES ESPÈCES DU GENRE SALAMANDRE.

A parotides			
distinctes ; peau	toute noire, sans taches		3. S. Noire.
	à taches jaunes ; dents du palais sur deux lignes	parallèles	2. S. de Corse.
		arquées	1. S. Terrestre.
nulles ; pas de verrues, ni de tubercules			4. S. Opaque.

1. SALAMANDRE TERRESTRE OU TACHETÉE.

Salamandra maculosa. Laurenti.

Corps noir, verruqueux, à grandes taches jaunes, irrégulières, réparties sur la tête, le dos, les flancs, les pattes et la queue; de grosses glandes parotides, jaunes en grande partie, percées de pores très-distincts ; flancs garnis de tubérosités crypteuses.

Synonymie. Ce nom de Salamandre se trouve dans les plus anciens ouvrages grecs et latins, Aristote, Ælien, Nicander, Pline, etc. Voici à peu près, dans l'ordre chronologique, les titres des ouvrages qui ont décrit ou mentionné cette espèce, qui est le type des Batraciens de cette famille.

1569. Matthioli. Comment. in lib. II. Dioscorid. Cap. 56, pag. 197, fig.

1599. Imperati (Ferrante). Hist. natur., n.° 918, lib. XXVIII, fig.

1605. Schenckfeldt. Therio-trophium Silesiæ. Rept., pag. 163.

1620. Gesner (Conrad). Hist. animal. lib. II, p. 80. Edition de Francfort.

1637. Aldrovandi (Ulysses). De quadrip. oviparis, lib. I, cap 1, p. 39.

1667. Charleton (Gualter.) Exercitation., pag. 28.

1674. Olearius (Adam). Hunts-Kemmer, tab. 8, fig. 4.

1683. Wurfbain (J.-P.) Salamandrologia, p. 52, tab. 1 et 3 et tab. 2, fig. 2.

1694. Ray Synopsis anim. pag. 273.

1699, Perrault (Claude.) Mém. de l'Acad. Roy. Sciences Paris. T. III, pag. 73, pl. 15 et 16.

1699. Jacobæus (Oliger). Acta Hafniensia, vol. IV, pag. 5. fig.

1718. Jonston (Johan.) Quad. ovip. cute tectis, p. 194, pl. 17, fig. 10.

1720. Valentini (M. B.) Amphith. zootomicum, tab. 192, d'après Jacobæus.

1727. Maupertuis (P. L.) Mém. Acad. Roy. Sc. Paris, pag. 45.

1729. Dufay (Ch. F.) Mém. Acad. Roy. Sc. Paris, p. 153. pl. 1.

1735. Scheuchzer (Joh.) Physica sacra, tab. 262, t. III, p. 109, fig. E.

1740. Séba (Albert). Thes. rerum natural., t. II, p. 15, pl. 12, n° 5.

1742. Owen (Charles). Hist. of Rept. p. 92, pl. 5, fig. 1.

1748. Meyer (Joh. D.) Angenehmer, tom. I, pl. 54.

1749. Linné (Car.) Amœnit. Acad. tom. I, pag. 545.

1754. Linné Mus. Adolph. Frid. tom. I, p. 45, n.° 17.

1757. Zinn. Anatome Salamandræ. Eph. Litt. Gotting. p. 1201.

1758. Roësel. Hist. ranar. nostrat. fig. in frontispicio.

1768. Laurenti. (Jos. Nic.) Synopsis Rept. p. 33, n.° 51. *Salamandra Maculosa.*

1784. Daubenton (L. J. M.) Encyclop. méthod., tom. III, p. 681.

1788. Lacépède (B. G.) Hist. nat. quad., ovip. *Salam. terrestre.*

1789. Razoumowski. Hist. natur. du Jorat. I, pag. 384.

1790. Bonnaterre. Encycloped., Rept. pl. XI, p. 62, fig. 3, Décrit les Parotides comme des oreilles.

1790. Linné (Gmelin). System. nat., p. 1066, n.° 47. *Lacerta Salam.*

1792. Shaw. (Georges), Naturalists miscellany, pl. XLV. fig. col.

1797. Schneider (J. Gottl.) Hist. amphib. litt., fasc. I, p. 54.

1798. Bechstein (J. M.) Naturgeschichte der amphib. Lacépède, p. 215.

1798. Schranck (F. P.) Fauna Boica. t I, pag. 42.

1800. Latreille (P. A.) Hist. nat. Sal. de France, p. 32, fig. col.

1803. Daudin (F. M.) Hist. nat. Rept., t. VIII, p. 221, fig. 1, pl. 221.

1809. Shaw (G.) Gener. zoology., t. III, p. 291, pl. 82. Cop. de Roësel.

1810. Sturm (Wolfs.) Deutsch. Faun. III. Hest 2, tab. 1-2.

1811. Oppel (M.) Die ord. Fam. Gatt., pag. 82.

1820. Merrem (Blas.) Tentam. syst. Amph., p. 185. *Salam. maculata.*

1820. Goldfuss (G. A.) Handbuch der zool. 2. Schubert, n.° 2.

1826. Fitzinger. Neue classification, p. 41 et 66. *Salam. maculosa.*

1827. Funk (Ad. Fred.) De Salamandra terrestri, vita, in-f.° tab. 1, 2 et 3.

1827. Cloquet. (Hipp.) Dict. des Sc. nat., tom. 47, p. 50, pl. 36, *Salamandra vulgaris.*

1828. Siebold (Ch. T.) déjà cité t. VIII, p. 256. Observ. de Salamandris p. 98, fig. 1-2.

1829. Altena (von). Batrach. species comm. p. 8.

1829. Gravenhorst. (Jh. Ch.). Del. mus. Vratislaw., p. 74, n.º 2.

1830. Wagler (J. G.) Syst. der. Amph., pag. 208.

1831. Griffith (Ed.) The animal Kingdon, tom. IX.

1833. Gachet. Déjà cité t. VIII, p. 250 Bullet. Soc. Linn. Bordeaux tom. II, pag. 161.

1833. Bory de St.-Vincent. Résumé d'Erpét. p. 235 pl. 48, mauv.

1833. Schreibers (Ch.) Isis, p. 524, art. 4. cité t. VIII, p. 242.

1835. Dugès (Ant.) Rech. sur les Batraciens, pag. 155, fig. anatom. *Salamandre terrestre.*

1837. Bonaparte (Ch.) Fauna italica. fol. 95. Batrach. p. 15 S. Pezzata.

1838. Tschudi (J. J.) Classificat. der Batrachier, pag. 91.

1850. Gray (J. L.) Catal. of the British mus, part. 2. Batrach. pag. 16.

1852. Dugès (Alfr.) Ann. des sc. natur. 3.ᵉ série, t. XVII, p. 259; le crâne, pl. 1 B. fig. 6 et 7.

DESCRIPTION.

FORMES. Cette Salamandre, comme on vient de l'indiquer, a été connue de toute antiquité; elle est devenue le type du genre et de la famille. Au premier aspect, elle a tout à fait les formes et l'apparence d'un Lézard, dont la peau serait nue ou sans écailles. Elle ressemble encore à quelques espèces de Geckos: aussi les auteurs anciens avaient ils rapproché ces Sauriens et Linné lui même avait placé ce Reptile dans le genre *Lacerta* ou Lézard, mais c'est un véritable Batracien, comme le démontre toute son organisation, principalement son mode de fécondation, son origine et ses métamorphoses, qui ont été étudiées avec le plus grand soin, surtout par MM. Funk et Gravenhorst.

Les individus de cette espèce varient beaucoup, d'abord par la taille, le poids et le volume; puis suivant l'âge et le sexe, à diverses époques de l'année. Les mâles sont généralement moins gros que les femelles, et les taches d'un jaune plus ou moins foncé sont diversement distribuées, ou parsemées sur la tête, le tronc, la queue et les membres. Aussi, avec des formes semblables, trouve-t-on rarement deux individus chez lesquels les taches soient analogues et disposées absolument de la même manière; ce qui a pu faire distinguer plusieurs variétés d'après ces diverses particularités.

La tête, à peu près de la même largeur que le tronc, est arrondie en avant; quoique déprimée, elle n'est réellement plate qu'en dessous, dans la région de la gorge. Le crâne est légèrement élevé latéralement, depuis la hauteur des yeux, jusqu'à la nuque qui semble se prolonger au delà de l'occiput osseux, à cause des grosses glandes ou des verrues saillantes et poreuses, nommées parotides, analogues à celles des Crapauds communs. Cet élargissement produit l'apparence d'un léger étranglement du cou. Le milieu de l'occiput est presque plat et le front est déclive.

Le pourtour de la bouche décrit une courbe très-arrondie, se prolongeant par deux lignes parallèles ou paraboliques. Les narines extérieures sont très-petites et situées près du museau, percées dans une peau très-lisse. Les yeux sont distincts, globuleux, garnis de deux paupières fort mobiles, à fentes parallèles à la bouche. La mâchoire inférieure est plus courte, reçue dans une raînure correspondante de la supérieure, comme dans les Grenouilles.

Les téguments qui recouvrent le crâne, à la hauteur des yeux, sont semblables à ceux du reste du corps. C'est une peau verruqueuse, étendue sur les os et les muscles auxquels elle adhère fortement. Le dos, depuis la nuque jusqu'à l'origine de la queue, offre le plus ordinairement une raînure peu profonde. Chacune des vertèbres semble y être indiquée par de légères saillies et des enfoncements, surtout chez les individus qui ont été soumis à l'abstinence. On y voit, en outre, de petits trous réguliers ou des pores distribués assez régulièrement par paires correspondantes à chacune des pièces osseuses qui forment l'échine. Des lignes transversales à la longueur du tronc, mais inégales en largeur, offrent, dans les intervalles qu'elles limitent, d'autres petites saillies ou enfoncements quadrillés, légèrement arrondis, simulant, jusqu'à un certain point, et comme en miniature, l'apparence de la peau de l'éléphant par ses ruguosités. Sur les tubercules les plus saillants, ont voit encore des pores nombreux, distribués inégalement, excepté sur les flancs, où ils sont placés sur une ligne correspondante à la terminaison des côtes lesquelles sont très-courtes et ressemblent à des apophyses transverses, qui seraient articulées sur les vertèbres. C'est surtout par ces pores que l'on voit suinter une humeur visqueuse, blanchâtre ou émulsionée, d'une odeur fade et vireuse qui en sort pendant la vie de l'animal, lorsqu'il craint le danger, ou lorsqu'on la fait jaillir par le contact et par la plus légère pression. (1)

---

(1) Voyez sur la disposition des Cryptes et des pores muqueux de la Salamandre les détails donnés par M. J. Müller qui les prend comme le type des orifices et de la structure des glandes cutanées dans l'homme et dans les mammifères. On trouve ces faits dans les ouvrages suivants :

Joh. Müller, *de glandularûm secernentiûm structura penitiore*, Lipsiæ 1830 in-f.°, page 35, § I, et tab. 1, fig. 1. Nous avons donné quelques détails sur cette humeur venimeuse dans les considérations générales sur les Atrétodères. Ils sont extraits des observations et des recherches de MM. Gachet, Gratiolet et Cloez. (Voyez dans ce volume page 45).

Le fond de la couleur de la peau est ici d'un noir opaque assez foncé, surtout dans les régions supérieures. Comme cette peau est le plus souvent humide, cette teinte n'est pas matte; mais elle le devient par la dessication, ou quand l'animal est resté assez longtemps exposé à l'action de l'air sec et chaud.

Les taches jaunes varient, comme nous l'avons dit, pour la forme, l'étendue, l'intensité et le mode de répartition; quelquefois elles sont arrondies, plus ou moins distinctes, ou séparées entre elles. Dans quelques Variétés, les taches jaunes se touchent et forment même sur les flancs deux bandes ou raies longitudinales. Il n'y a rien de constant, à cet égard, dans l'arrangement réciproque de ces deux couleurs noire et jaune. Il varie même suivant les époques de l'année et les diverses localités. Tantôt ces maculatures sont d'une teinte de soufre pâle, tantôt d'une nuance jaune beaucoup plus vive, telles que celles du citron ou de la jonquille. Cette coloration cependant s'altère et faiblit beaucoup sur les individus conservés dans l'alcool et qui ont été exposés à l'action de la lumière.

Presque constamment, la peau qui recouvre les tumeurs glanduleuses des parties latérales et postérieures de la tête est tout à fait jaune, et cette couleur se prolonge en avant pour se diriger vers l'œil. Souvent elle s'arrête ou s'arrondit en arrière; plus rarement, elle se confond chez quelques individus avec des taches ou des lignes qui se prolongent sur le cou. Les pores qui se voient dans cette région sont beaucoup plus apparents que dans les autres parties du corps. Quand on les comprime, on en exprime une humeur qui souvent jaillit et qui se projette à quelques centimètres de distance; elle est venimeuse, voyez plus haut, page 45; les chiens auxquels on la fait flairer en éprouvent une grande répugnance, et leur salive devient aussitôt abondante et écumeuse. Elle porte une odeur nauséabonde.

On voit constamment sous la gorge, dont la peau est noire, chagrinée, à points saillants, marquée de taches jaunes, courbes ou transverses, un pli cutané, en forme de collier, qui se dirige et remonte à droite et à gauche derrière les parotides; au-delà de ce pli, la peau du cou est comparativement beaucoup moins verruqueuse.

Les flancs, un peu remplis et convexes vers la partie moyenne du ventre, offrent une série longitudinale de douze papilles, peu saillantes, arrondies, s'étendant depuis les aisselles jusqu'au bassin, et là encore, au sommet de ces tubercules, les pores crypteux, qui fournissent l'humeur visqueuse, odorante et comme laiteuse, sont très-faciles à distinguer.

Les pattes, comme dans tous les Urodèles, sont courtes et en apparence mal construites; les bras, les avant-bras, les cuisses et les jambes sont arrondies et de même grosseur dans leurs diverses régions. On ne peut les distinguer que par les plis de leurs articulations ; les doigts au nombre de quatre, et les cinq orteils, sont épais et mal développés; ils sont très-courts, surtout les deux extrêmes en dedans et en dehors. La peau qui recouvre ces membres est noire et irrégulièrement tachetée de jaune.

La queue se confond avec l'origine des cuisses à la base ; elle est véritablement conique ; sa longueur est un peu moindre que celle du tronc, à partir du cou. Son pourtour est à peu près cylindrique, quand l'animal n'est pas trop amaigri par l'abstinence, car, dans le cas contraire, on remarque surtout dans la longueur inférieure, une légère ligne saillante médiane. C'est au-delà du bassin que se voit la fente longitudinale, ou l'espèce de vulve extérieure, servant d'entrée ou de sortie au cloaque.

Coloration. Nous avons déjà dit que la peau est généralement d'une couleur noire assez foncée, avec des taches jaunes, irrégulièrement distribuées; mais par leur disposition, ces maculatures présentent trois Variétés principales que nous indiquerons de la manière suivante.

Variété A. C'est celle que la plupart des auteurs ont figurée, et entre autres Roësel, Funk, Latreille, quoiqu'aucune de ces représentations ne soit absolument semblable ou identique ; mais elles se rapprochent, en cela que la grande tache jaune de la parotide est arrondie ou terminée vers la nuque. Quant aux autres taches du dos, du tronc et des membres, elles sont irrégulières et même souvent, elles n'offrent pas de symétrie à droite et à gauche, de sorte que nous n'avons pu réunir deux individus absolument identiques l'un à l'autre.

Variété B. Celle-ci se distingue principalement en ce que la grande tache jaune de la parotide se continue le long des parties latérales du dos en deux longues bandes jaunes, quelquefois prolongées jusque sur la queue, plus souvent interrompues et même ne s'unissant à la grande tache jaune parotidienne que d'un seul côté.

Le Muséum a reçu de M. le Docteur Bailly, qui l'avait recueilli dans les environs de Rome, un individu de cette variété d'un aspect bien particulier encore parce que le fond de la peau est tout-à-fait jaune et qu'on ne distingue qu'une longue bande étroite, noire, sur la ligne médiane dorsale, et une autre de chaque côte des flancs, depuis l'épaule jusqu'au delà de l'origine de la queue. Cette Salamandre porte également une tache noire sur chaque parotide dans la région moyenne, s'étendant jusques et au delà de l'œil ; il y a aussi quelques petites taches noires sur les membres, mais le dessous du corps est d'un jaune pâle, excepté une petite tache noire vers la jonction des clavicules.

Variété C. Celle-ci est très-remarquable parce que les taches jaunes sont rares, arrondies sur leur pourtour, distribuées presque symétriquement sur les parties supérieures du tronc et de la queue. Les taches jaunes des parontides sont également isolées par derrière. Parmi les individus que le Musée de Paris possède, il y en a trois appartenant à cette variété : l'une vient de Turquie et a été donnée en 1837 par M. Bone. L'autre est indiquée comme venant de Zurich, par M. le Duc de Rivoli. Les taches jaunes sont peut-être altérées par l'action de la lumière ou de l'alcool dans le premier individu, car elles sont à peu près blanches.

La troisième variété provient aussi de l'Algérie d'où elle a été rapportée par M. Guichenot ; elle est remarquable d'abord par sa grande taille et ensuite par la distribution des taches. Ainsi, les glandes parotides ne sont pas jaunes, mais tout-à-fait noires. Il y a deux taches arrondies au dessus des yeux, puis deux bandes allongées sur les régions de la nuque et du cou ; les autres taches jaunes sont disséminées sur le dos. Les flancs et le dessous du corps sont noirs, sans taches ; cependant l'un des individus offre là quelques maculatures grises et comme marbrées et sinueuses.

Dimensions. Sur un des plus grands individus d'un double décimètre de longueur, la *tête* a du bout du museau au delà des parotides, 0^m,028 ; le *tronc*, entre les pattes, 0,^{m}08 ; les *membres* à peu près égaux, 0^m,05 ; la *queue*, 0^m.09.

Patrie. On a observé cette Salamandre dans presque toute l'Europe méridionale et septentrionale suivant les élévations : car elle recherche les régions froides et tempérées et elle vit aussi en Algérie. Elle n'est pas très-commune aux environs de Paris. On l'a trouvée cependant au Plessis Piquet dans des conduits souterrains par lesquels les eaux ne passaient plus depuis longtemps. On l'a aussi rencontrée dans des caves, dans Paris même où probablement elle avait été transportée. Elle est très-commune aux environs de Rouen, c'est là que nous avons eu souvent occasion de l'observer, mais en particulier, j'en ai trouvé des quantités innombrables aux environs de Vannes en Bretagne, vers le mois de septembre. Cependant, ces animaux ne quittent leurs retraites obscures que pendant la nuit, peut-être de grand matin et encore quand l'air est humide ou lorsque le temps est tout-à-fait à la pluie. Ces Salamandres terrestres se réunissent en grand nombre dans les mêmes lieux.

On en a observé en Allemagne, en Hongrie, en Autriche, en Turquie, en Espagne, en Italie.

Moeurs. La Salamandre terrestre ne va guère à l'eau que vers l'époque de la fécondation. Tout fait présumer que c'est même dans cette circonstance qu'on en observe un si grand nombre appelées comme les Crapauds à accomplir cette importante fonction dans un milieu si différent de celui qu'elles habitent pendant la plus grande partie de leur vie, et souvent à une distance assez considérable des eaux où l'instinct les dirige toutes à la fois.

On sait maintenant, comme nous l'avons déjà dit (1), que les Salamandres terrestres sont ovovivipares ; que leurs œufs sont fécondés dans l'intérieur du corps et que par conséquent, l'humeur prolifique a dû y pénétrer. Comme il n'y a pas, chez le mâle, d'organe extérieur, propre à s'introduire dans le cloaque de la femelle, on suppose que dans le rapprochement des sexes, les lèvres gonflées du cloaque, qui sont très-saillantes à cette époque dans les mâles et les femelles, s'appliquent les unes contre les autres. Peut-être aussi la liqueur séminale du mâle abandonnée dans l'eau, qui lui servirait de véhicule, est-elle absorbée par l'espèce de vulve gonflée de la femelle. Cette fécondation aurait donc beaucoup de rapports avec celle des plantes dites dioïques, chez lesquelles le stygmate reçoit et transmet aux ovaires, par l'intermède de l'air, le pollen ou la poussière des organes mâles.

Comme les Salamandres terrestres n'ont qu'une seule époque pour la fécondation, et que les femelles pondent successivement et pendant plus de vingt jours, non pas des œufs, mais des petits vivants, munis de leurs branchies déjà fort développées, on est porté à croire qu'il s'opère chez ces Reptiles une sorte de superfétation ou que la liqueur séminale, conservée à l'intérieur, ne vivifie les œufs que successivement ou quand les germes arrivent dans les oviductes. Telle est l'opinion de Rathke que nous avions nous-même professée ou adoptée depuis longtemps.

L'histoire du développement des Salamandres a été complétement suivie et représentée par Funk (2) et par Gravenhorst, qui, de son côté, a donné plus de détails sous les points de vue historique et physiologique (3). D'après un grand nombre d'observations, citées par ce dernier auteur, il conclut que, comme on a constamment trouvé dans une même femelle des œufs non fécondés, d'autres dans un état de développement plus ou moins avancé, et enfin de petits têtards prêts à naître avec leurs branchies, il a fallu que la liqueur prolifique introduite, se fut conservée à l'intérieur afin de féconder successivement les germes, et qu'il en est résulté, comme nous venons de le dire, une sorte de superfétation.

Blumenbach a reconnu qu'une femelle séparée du mâle depuis cinq

---

(1) Tome VIII, page 235 et 236.

(2) *Historia Salamandrae terrestris evolutiva*. Loco citato, p. 32.

(3) *Deliciæ musei zoologici*, *Propagatio Salamandrarum*, p. 103, 1829.

mois avait produit trente et un petits vivants. De Maupertuis (loc. cit.) avait trouvé 42 fœtus dans les oviductes d'une femelle et 54 chez une autre.

Le plus ordinairement, la femelle fécondée en automne et imprégnée pendant l'hiver, ne produit ses petits vivants qu'à la fin du mois de février ou en mars. Cependant, on en a trouvé encore de vivants dans le corps d'une femelle au mois de juin. Ces petites Salamandres sont des têtards, c'est-à-dire qu'elles ont des branchies, et sous cette première forme, elles ont la plus grande analogie par la structure et le genre de vie avec les Tritons, ainsi que nous l'avons indiqué déjà dans cet ouvrage, tom. VIII, p. 244, et comme nous aurons d'ailleurs occasion d'y revenir en traitant de ces Urodèles.

Les Salamandres se nourrissent d'insectes, de petits mollusques et d'annelides. On a dit qu'elles pouvaient s'alimenter aussi d'humus ou de terre végétale, probablement parce qu'on en avait trouvé dans la cavité de leur estomac; mais comme ces Reptiles mangent très-souvent des Lombrics, à la recherche desquels elles vont pendant la nuit, il est probable que cette terre provenait de celle que les Lombrics avaient eux-mêmes avalée pour en extraire les sucs organiques qui s'y trouvent ordinairement mêlés et qui proviennent des corps organisés, végétaux et animaux dont cette terre contient les *détritus*. Ces Batraciens peuvent supporter l'abstinence pendant des mois entiers dans des lieux humides, sans maigrir en apparence. On les trouve engourdis pendant l'hiver dans des souterrains, dans des cavernes et les caves de nos habitations champêtres. Les Salamandres sont généralement lentes dans leurs mouvements. Quand elles sont restées exposées à l'action d'un air chaud et sec, ce qu'elles craignent et évitent, elles perdent beaucoup de leur poids; mais comme les autres Batraciens, elles récupèrent bientôt l'eau par l'absortion cutanée, lorsqu'on les replace dans un air humide. On a trouvé des Salamandres gelées au milieu de glaçons solides : leur corps était dur et inflexible, mais déposé avec soin dans la neige, qu'on a fait fondre lentement, on s'est assuré que ces animaux pouvaient continuer de vivre, de sorte que c'est un fait curieux observé positivement par nous, que ce même animal, cette Salamandre, qu'on avait supposée pouvoir vivre dans le feu, jouissait au contraire de la faculté de résister, plus que tout autre, aux effets de la congélation.

Quant au préjugé vulgaire que les Salamandres peuvent vivre dans le feu, il provient d'un fait mal observé. Placées en effet au milieu de charbons de bois en pleine ignition, ces victimes d'une si cruelle curiosité mises en expérience, ont à l'instant même laissé exsuder des pores nombreux dont leur peau est criblée, une humeur gluante, assez abondante pour former une couche visqueuse sur la portion du charbon incandescent avec laquelle l'animal était en contact, et comme cette surface à l'instant même est redevenue tout à fait noire, n'étant plus en rapport avec l'air, on a cru qu'elle était éteinte; mais l'animal en a éprouvé des brûlures telles qu'il ne tarde pas à succomber.

2. SALAMANDRE DE CORSE. *Salamandra Corsica.* Savi.

(Atlas, pl. 103, fig. 2, l'intérieur de la bouche.)

Caractères. Corps noir, à grandes taches jaunes irrégulières; à dents palatines formant deux séries longitudinales droites, parallèles, rapprochées et légèrement excavées en avant où elles circonscrivent un petit espace circulaire.

Synonymie. 1839. *Salamandra Corsica.* Savi. Descrizione d'alcune nuove specie di Rettilli. Giornal. de Letterati Pise n°. 102, p. 208. *Salamandra Moncherina.* Bonaparte Faun. Ital. fol. 131, pl. 85, n.° 1.

1852. *Salamandra Corsica.* Dugès. (Alfr.) Ann. des scien. nat. 3.e série t. XVII, pag. 258; le crâne pl. 1, B. fig. 4 et 5.

DESCRIPTION.

Formes. Ce n'est qu'avec le plus grand doute que nous inscririons cette espèce comme tout à fait distincte de la Salamandre terrestre avec laquelle elle a une très-grande analogie de formes, de couleur et d'apparence, si l'on ne reconnaissait une différence fort notable dans la disposition des dents qui occupent la partie moyenne de la voûte palatine. En effet, dans la *Salamandra maculosa*, cette série de dents forme deux arcs concaves qui, sans se joindre complétement en avant, laissent entre eux un espace concave ovalaire; tandis que par derrière, cette ligne, qui porte les dents, est tout à fait courbe en dehors, rapprochée dans un point seulement. Il en résulte, comme le dit M. le prince Ch. Bonaparte qu'elles circonscrivent un espace campaniforme, ou bien en forme de spatule. Dans la *Salamandre de Corse*, au contraire, l'individu qui a servi à la description et d'après la figure qu'en a donnée le prince Bonaparte, et c'est ce qui est très-bien indiqué dans le texte de ce savant Zoologiste et sur le dessin qui l'accompagne, les dents forment comme nous l'avons indiqué dans les caractères ci-dessus, deux séries longitudinales parallèles l'une à l'autre dans plus des deux tiers de leur longueur, pour s'écarter seulement un peu en avant où elles laissent entre elles un espace légèrement arrondi; puis en arrière, elles se relèvent brusquement en travers.

Les descriptions données par MM. Savi et Bonaparte sont comparatives avec celle de la Salamandre terrestre et montrent, comme nous nous en sommes assurés sur les exemplaires du Musée de Paris, que les différences autres que celles qui viennent d'être signalées ne sont pas fort tranchées. Nous ne sommes pas très-frappés du caractère tiré par le prince Bonaparte du peu de développement des orteils qui terminent la rangée en dehors et en dedans.

Nous devons faire remarquer que nous trouvons beaucoup de rapports dans la disposition de la rangée des dents palatines, avec ce qu'on voit chez la *Salamandre noire ;* seulement dans cette dernière, les lignes parallèles sont beaucoup plus écartés entre elles; ce Reptile lui-même a le crâne plus large à la base, ce qui peut avoir produit cette notable différence.

Dimensions. L'individu décrit et figuré dans la Faune italienne, avait les dimensions suivantes :

Longueur totale 0m,16, la *tête*, 0m,017; longueur des membres 0m,32; la *queue*, 0m,08; distance des membres en long 0m,06.

Moeurs et Habitation. On ne sait rien de positif à cet égard. L'individu dont le Docteur Tito Chiesi a fait présent à M. Savi avait été trouvé en Corse dans une localité humide. La ressemblance est si grande pour toute l'habitude avec la Salamandre terrestre, que les deux représentations de la Faune Italienne sont presque absolument les mêmes.

Le Muséum d'histoire naturelle de Paris a reçu deux beaux individus de cette espèce: l'un venant de la Corse, a été donné par M.lle Renard; le second provient de l'Algérie d'où il a été rapporté par M. Guichenot.

3. SALAMANDRE NOIRE. *Salamandra atra.* Laurenti.

Caractères. Toute noire sans aucune tache; une série de tubercules, ou de papilles, allongés, ovales et poreux sur les flancs, correspondant aux extrémités des côtes ou des apophyses transverses des vertèbres.

Synonymie. 1768. *Salamandra atra.* Laurenti. Synops. Rept., pag. 41, n.° 50, et Hist., pag. 149, tab. 1, fig. 2.

1788. *Lacerta Salamandra.* Var. B. Gmelin, Linné. Syst. nat. pag. 1067. Spec. n.° 47.

1796. *Schwarze Molche.* Schrank. Epist. Phys. Austriac. t. I, pag. 310.

1798. *Schwarzer Salamander.* Schrank. Fauna Boica. 1, page 280.

1799. *Salamandra atra.* Schneider. Hist. Litt. et litt. Amph., pag. 6 et 56.

1801. *Salamandre noire.* Latreille. Hist. Rept. I, in-18, tom. II, pag. 218.

1803. *Salamandre noire.* Daudin. Rept. VIII, pag. 225.

1807. *Lacerta atra.* Sturm. Deutschl. Faun. III. Wolf. Var. B. G. Salamandra.

1811. *Salamandra atra.* Oppel. Dic. Ord. Fam. G., pag. 82.

1815. Vélin du Muséum, par M. Huet.

1820. *Salamandra atra* Merrem. Tentamen Syst. Amph., page 185, n.° 8.

1825. *Salamandra atra.* Gravenhorst. Del. Mus. Vratisl., pag. 73, n.° 1.

1826. *Salamandra atra.* Fitzinger. Neue classif., page 66, sp. 1.

1826. *Salamandra atra.* Risso. Hist. nat. Tom. III, pag. 94, sp. 38.

1828. *Salamandra atra.* Bory de Saint-Vincent. Résumé d'Erpét. pag. 225.

1829. Gistal (Jean). Bemerkungen uber einige Lurche. Isis, pag. 1069.

1829. Cuvier. Règne animal, 2.e édit., tom. II, pag. 115, et Iconographie de Guérin, Méneville Rept., pl. 28.

1830. *Salamandra atra.* Wagler. Syst. des Amph., pag. 208, G. 27.

1832. Hoëven (J. Van der.) Fragm. Zool. Acad. Bruxelles, fig. 1.

1832. Schwarze Erd-Salamander. Schreibers (von) Naturwissen chaft. Tom. II, pag. 54.

1833. Schwarze Erd-Salamander. Idem. Isis. 1833. Rept. Tom. IV, p. 527. (Voyez dans cet ouvrage, vol. VIII, pag. 242.)

1838. *Salamandra nera.* Bonaparte. Icon. Faun. ital. Tom. II, fol. 95 *** pl. 84, n.° 2.

1850. *Salamandra nigra.* Gray. Catal. of British Mus., page 16, n.° 1.

1852. *Salamandre noire.* Dugès (Alfr.) Ann. des Sc. nat., 3.e série, tom. XVII, pag. 260; le crâne, pl. 1, fig. 8 et 9.

DESCRIPTION.

FORMES. Cette espèce nous paraît tout-à-fait distincte de la précédente, dont on l'a regardée d'abord comme une variété ; mais elle est constante, absolument la même, dans les lieux élevés des montagnes couvertes de neiges qu'elle habite de préférence ; enfin, elle présente des caractères très-particuliers dans l'apparence de ses tégumens et surtout par son mode de propagation.

Elle est généralement d'un tiers au moins plus petite que la première espèce, sous le double rapport de la longueur et de la largeur, de sorte qu'elle est plus grêle en totalité ; mais elle lui ressemble beaucoup pour la forme. La couleur de la peau est, comme nous l'avons dit, tout-à-fait noire. La tête est plane et lisse, mais les parotides, bien développées, plus rapprochées et arrondies en arrière, semblent rendre l'intervalle qu'elles laissent entre elles un peu creux. Le corps présente en dessus douze ou treize enfoncements transverses, que séparent sur les flancs autant de mamelons verruqueux, percés de pores. La queue, légèrement comprimée, mais arrondie en dessus et en dessous dans la longueur, est marquée dans toute son étendue de plis transversaux, qui forment comme autant d'anneaux au nombre de 27 lesquels vont peu à peu en diminuant de diamètre et de longueur. Le dessous du corps est recouvert d'une peau lisse ; le pli du cou forme un véritable collier qui s'efface sur la nuque, mais qui rend la tête tout-à-fait distincte du tronc, car ensuite le cou est un peu plus étroit.

DIMENSIONS. Nous avons pris les mesures sur un individu des plus grands de la collection. Sa longueur totale est de $0^m,12$. La *Tête*, $0^m,02$. Le *Tronc*, dans l'espace compris entre les aiselles, $0^m,04$. Le plus grand diamètre du ventre un peu affaissé, $0^m,012$. Les *Membres*, étendus, à peu près égaux, $0,^m,02$. La *Queue*, $0^m,06$.

PATRIE. On n'a encore rencontré cette Salamandre que dans les montagnes principalement sur les Alpes, dans le voisinage des neiges ; en Autriche, dans la Carinthie et la Carniole ; on l'a trouvée également dans les Alpes de la Suisse. Elle se retire dans des cavités souterraines. Il est probable qu'elle ne recherche sa nourriture que pendant la nuit. Les individus que le Musée de Paris possède proviennent de ces diverses contrées et ils ont été donnés par M. de Schreibers, M. de Joannis, M. le comte de Castelnau et M. le duc de Rivoli. Nous les avons fait figurer d'après des individus vivants, femelles qui avaient été remises par M. de Schreibers.

Le vélin qui représente l'animal sous trois aspects a été fait en août 1815 sous nos yeux, par Huet.

Une jeune Salamandre noire qui a conservé ses branchies, quoiqu'elle ait près de quatre centimètres de long a été rapportée des Alpes par M. Buckland d'Oxford.

MOEURS. Nous avons déjà eu occassion de parler par anticipation, dans le volume qui précède, en traitant de la fonction reproductive (Tome VIII, page 242), de la particularité la plus curieuse que présente cette espèce de Salamandre dans son mode de génération (1).

M. de Schreibers s'est beaucoup occupé de ces animaux, dont il a étudié les habitudes et l'organisation. Pendant un court séjour que ce savant a fait à Paris, il a bien voulu nous communiquer les beaux dessins qu'il en a fait éxécuter. Pour éviter des répétitions nous renverrons le lecteur aux articles que nous venons d'indiquer et que probablement M. Rusconi ne connaissait pas lorsqu'il a présenté plus que des doutes sur des faits observés avec tant de soin, parce qu'en effet le mode de fécondation et le développement des germes est différent chez ces Urodèles de la plupart des circonstances si bien étudiées, décrites et representées par l'auteur des *Amours des Salamandres* ou plutôt des Tritons. Cette particularité n'en était pas moins importante à constater.

Si M. Rusconi, dont les travaux consciencieux ont acquis à cet auteur une si grande autorité dans la science, avait mieux connu le fait, il n'aurait pas à regretter aujourd'hui les railleries peu obligeantes qu'il s'est permises à notre égard, en exprimant son incrédulité, dans une lettre imprimée que nous n'avons jamais reçue en original, mais dont nous avons pris connaissance à la Bibliothèque de l'Institut (2).

Je n'ai pas dit, comme l'auteur l'a imprimé, que l'histoire générale de la propagation dans les Reptiles Batraciens est loin d'être complète, mais que l'histoire de leur génération n'avait point été publiée d'une manière complète et la preuve c'est que sans y comprendre le fait observé par M. de Schreibers, nous ajouterons encore celui-ci extrait du tome II, des Comptes-rendus de l'Institut page 332: M. Gay, voyageur au Chili, a constamment trouvé des œufs fécondés ou des têtards vivants dans une femelle de Batracien anoure voisine du genre Rhinelle de Fitzinger et que nous croyons être notre *Rhinoderme de Darwin* ou du *Chili* (Tome VIII, pag. 659).

L'auteur m'a encore prêté gratuitement une locution, dont il se moque:

---

(1) J'ai fait connaître à l'Académie des Sciences le 27 août 1838 les observations de M. de Schreibers Comptes-rendus des séances tome VII, page 469. Voir, en particulier, les détails observés tome VIII, p. 243.

(2) Lettre adressée à M. Duméril: dans un journal de Pavie en 1839, 8.° Delle scienze medico chirurgiche tome X. fasc. LV.

il suppose que j'ai écrit en parlant du mâle de la *Salamandre noire*, qu'il se place *sur* la femelle ventre à ventre !! mais partout j'ai fait imprimer (sous) voir page 469. Il blâme encore ces mots, où en parlant de l'œuf, j'ai annoncé que le germe n'offrait d'abord, *qu'une tache noirâtre* qui semblait augmenter de volume pour envelopper le vitellus, mais j'avais pris cette description chez MM. Prévost et Dumas qui ont dit ; *on voit sur les œufs fécondés un petit sillon partant d'un point brun, qu'ils regardent comme le rudiment du fœtus.*

Toute la suite de cette lettre ironique est relative à la critique de l'observation de M. de Schreibers que ce dernier auteur nous avait communiquée verbalement et qui se trouve aujourd'hui imprimée comme nous l'avons indiqué et cité dans le huitième volume du présent ouvrage page 256, à l'article Schreibers.

Les circonstances principales qui ont fait distinguer la *Salamandre noire* de l'espèce qu'on est convenu d'appeler la *terrestre*, quoiqu'elle ne le soit pas davantage que celle dont nous nous occupons, c'est qu'elle n'a jamais de taches jaunes ; qu'elle est constamment plus petite et que ses téguments sont plus papillaires, plus ridés, surtout sur les flancs ; qu'elle ne se trouve que sur les hautes Alpes ou sur les montagnes sub-Alpines ; qu'elle ne se rencontre jamais avec la Salamandre tachetée laquelle n'habite pas des régions aussi élevées ; qu'elle ne produit que deux petits seulement quoique toutes les deux soient vivipares. A la vérité, par la dissection, l'on a constaté la présence de plus de vingt œufs dans les ovaires ou les oviductes de chaque côté ; mais ces œufs, à une certaine époque, sont flétris et confondus en une masse que l'on suppose être destinée à la nourriture ou au développement du seul embryon qui persiste à s'accroître de manière à naître avec ses poumons déjà susceptibles d'entrer en fonctions. Ces deux têtards, en effet, qui avaient d'abord des branchies les perdent le plus souvent, à ce qu'il paraît, avant d'être expulsés du corps de leur mère, de sorte que pour les observer dans ce premier état, il faut que le Zootomiste pratique l'opération de la gastrotomie ou du part Césarien. Cette organisation particulière permet à la mère de déposer immédiatement ses petits sur la terre et non dans l'eau, qui est ordinairement fort éloignée par les circonstances obligées de son séjour habituel sur des très-hautes montagnes.

4. SALAMANDRE OPAQUE ? *Salamandra Opaca.* Gravenhorst.

Caractères. Corps lisse, noir, avec des taches plus pâles en dessous ; la queue atteignant les trois quarts de la longueur du tronc.

SYNONYMIE. 1807. Salamandra opaca. Gravenhorst. Sammlungen der Zoologichen verzeichnisse pag. 43.

1826. *Salamandra Gravenhorstii.* Fitzinger. nov. Syst. Rept.

1827. *Salamandra fasciata?* Green. Account of new species Salamand. n.° 1.

1829. *Salamandra opaca.* Gravenhorst. Deliciæ mus. Vatrislav. p. 75, tab. X.

1843. *Salamandra fasciata?* Dekay. Rept. New-York pl. XVII, Rept. t. III.

1843. *Salamandra fasciata?* Holbrook. North. Amer. Herpet. p. 71, pl. 23.

1849. *Ambystoma opaca.* Baird Amer. Batrach. p. 280.

1850. *Ambystoma opacum.* Gray. British. mus. pars 2, amphib. pag. 36. n.° 4.

DESCRIPTION.

Nous n'inscrivons cette espèce dans le genre Salamandre qu'avec le plus grand doute ; mais M. Gravenhorst est pour nous une autorité d'une très-haute valeur. C'est de lui que nous empruntons les détails qui vont suivre. Cette Salamandre reçue de New-York en 1817 avait été inscrite dans le catalogue de sa collection Zoologique, mais il l'a fait figurer et publier en 1829 comme nous l'avons dit.

Elle a plus d'un décimètre de longueur dont près de 0m,08, pour la queue seulement; on ne distingue sur les flancs, même à l'aide de la loupe, aucune trace de verrues ni de granulations poreuses. On n'en voit pas davantage sur le dos. Les parotides semblent aussi manquer; cependant leur place paraît indiquée par une trace linéaire.

Le tronc présente douze lignes enfoncées transversales entre les pattes et ces plis semblent s'effacer du côté du dos et du ventre. Les flancs présentent aussi quelques lignes ou stries longitudinales qui croisent les premières. La queue est arrondie, très-légèrement comprimée vers la pointe avec quelques rugosités en travers. Les pattes sont comme dans les autres Salamandres, mais avec les doigts un peu plus grêles; le second orteil est formé de quatre articulations distinctes.

La couleur est en dessus d'un noir brunâtre, avec des taches transversales irrégulières d'un glauque sale ou d'un brun jaunâtre sur la queue. Le dessous du corps et les côtés paraissent d'un gris plombé.

Le défaut des parotides et des verrues, ainsi que les quatre articulations distinctes du second orteil semblent indiquer que cette espèce diffère de celles du même genre, ainsi que par l'étranglement de la tête.

Est-ce un Triton, se demande M. Gravenhorst? Mais toute son habitude élargie et épaisse, les plis annelés du tronc, la queue moins comprimée éloignent cette espèce du genre des Tritons.

Peut-être que si l'auteur avait observé les dents du palais, les aurait-il vues autrement disposées, car ce Reptile paraît avoir les plus grands rapports de formes avec notre *Plagiodonte à bandes* qui vient aussi du Nord des Etats Unis de l'Amérique. C'est ce que la synonymie placée en tête de cette description exprime sous forme de doute.

Nous croyons devoir rapporter à cette même espèce celle que M. Holbrook a nommée *Granulata* et qu'il a décrite et figurée pag. 63, pl. XX à laquelle il donne comme diagnose: corps allongé, cylindrique, à tête aplatie; queue ronde, déliée, presque aussi longue que le reste du corps, la tête comprise. Peau granuleuse d'une couleur ardoisée, verdâtre en dessus, plus pâle en dessous, et piquetée de points noirs rougeâtres. Cette espèce ne paraît point non plus avoir de glandes parotides.

Elle a été décrite par M. Dekay dans la Faune de New-York vol. II, pag. 78, pl. 22, fig. 66.

II.e GENRE. SALAMANDRINE.—*SALAMANDRINA*. Fitzinger.

(*Seiranota*. Barnes).

CARACTÈRES. *Langue oblongue, entière, rétrécie, arrondie en avant, élargie et coupée presque carrément en arrière, libre dans sa moitié postérieure. Palais garni de petites dents, disposées sur deux lignes longitudinales se touchant en avant dans la première moitié et puis s'écartant en Y renversé ⅄ ou fourchu en arrière. Point de parotides saillantes. Quatre doigts et quatre orteils libres. Queue longue, arrondie, présentant cependant une légère saillie sur la ligne dorsale ou médiane.*

Ce genre, dont le nom est un diminutif de celui de la Salamandre, a été établi par M. Fitzinger pour y ranger une petite espèce déjà indiquée, plutôt que décrite, par Lacépède, comme n'ayant que trois doigts, ainsi qu'il avait cru l'observer d'après un individu desséché, trouvé dans les laves du Vésuve par M. le marquis de Nesle, exemplaire que nous avons reconnu, comme le type original, dans les collections du Muséum; mais ce Reptile ayant été recueilli depuis par M. le professeur Savi, ce Naturaliste en a donné une description d'après plusieurs individus vivants chez lesquels il a réellement reconnu quatre doigts à chaque patte, tandis qu'il y a constamment cinq orteils dans toutes les Salamandres dont cet Urodèle se rapproche, surtout par la forme arrondie de la queue.

Le nom et la distinction génériques ont été adoptés depuis par MM. Gravenhorst, Tschudi, Bonaparte, et même par M. Barnes, quoiqu'il lui ait donné le nom de *Seiranota* (1), voulant ainsi désigner l'apparence que l'échine, qui fait saillie, présente du côté du dos, où toutes les vertèbres se dessinent comme une chaîne à anneaux distincts.

On n'a encore rapporté qu'une seule espèce à ce genre, c'est celle dont nous allons présenter l'histoire et la description.

Espèce unique.

SALAMANDRINE A LUNETTES. *Salamandrina perspicillata.* Fitzinger.

(Atlas. de cet ouvrage pl. 94, n° 2 et 2 *a*.)

Caractères. Corps tout noir en dessus, excepté sur la tête où se voit une ligne courbée, en fer à cheval, d'un jaune roux dont la convexité est en arrière et les deux extrémités élargies, qui sont dirigées vers les yeux. Le dessous du ventre est blanchâtre avec des taches noires; le dessous des pattes et de la queue est d'un rouge de sanguine.

Synonymie. 1790. *Les trois doigts.* Lacèpède. Hoistoire nat. des quadr. ovip. t. II in-12, pl. 11, fig. 2, in-4°, t. I, p. 496, pl. 56.

(1) de Σείρον σειρως Desséché, *desiccatum;* et de Νοτον, dos, *Dorsum*.

1790. *Salamandre tridactyle.* Bonnaterre planches de l'encyclopédie pl. 12, fig. 2.

1803. *Salamandra tridactyla.* Daudin. Hist nat. Rept. tome VIII, p. 261.

1820. *Molge tridactylus.* Merrem. Tentam. Amph. p. 183.

1822. Férussac. Bullet. des sciences t. IV, n.° 336, p. 209.

1823. *Salamandra perspicillata.* Savi. Giornal de litt. n.° 102 gen. 1, 17, vol. VII, p. 104.

1823. *Tartalina.* Bibl. ital n.° 65.

1826. *Salamandrina perspicillata.* Fitzinger. neue classif. der Rept. p. 66, 1.

1829. *Salamandre à lunettes.* Cuvier. Règne animal tom. II, page 15.

1829. *Seiranota condylura.* Barnes Silliman's jour. 11, page 278, n.° 18.

1829. *Salamandrina perspicillata.* Gravenhorst. Mus. Vratis. delic. p. 88, g. 11.

1833. Schlegel Faun. Japon. p. 110.

1838. Tschudi Classif des Rept. Batrach. p. 58 et 93.

1839. *Salamandrina perspicillata.* Bonaparte (Ch.) Faun. ital. p. 84, n° 3, fol. 95, 4. Amph. Eur. 66.

1850. *Seiranota perspicillata.* Gray. Catal. of British Mus. p. 29, n° 1.

DESCRIPTION.

Cette petite espèce est très-allongée, relativement à son peu de largeur; le fond de sa couleur se trouve indiqué déjà par le caractère spécifique. La tête est assez distincte du tronc qui, dans sa partie moyenne, n'a guère en épaisseur que la dixième partie de la longueur totale. La queue est fort étendue et se termine en pointe: elle est plus longue que le tronc, au moins dans l'exemplaire le mieux conservé parmi ceux que le Muséum possède et qui provient de la Sardaigne. Dans la plupart de ces individus, soit par l'amaigrissement, soit par l'effet d'un alcool trop rectifié les vertébres se dessinent sur toute la longueur de l'échine qui paraît ainsi comme noueuse et indiquerait les grains d'un chapelet.

Le plus grand de ces exemplaires, que nous avons sous les yeux, a en longueur totale 0m,080. La tête 0m,001. La distance entre les membres est de 0m,020. La queue est de 0m,055 ; les pattes étendues et mesurées ainsi toutes les deux ensemble en travers, 0m,021.

Tous les individus que possède le Musée de Paris proviennent de l'Italie, où on les désigne sous le nom de *Toraletolina*. Quatre ont été recueillis en Toscane, et ils ont été donnés par M. Savi. Un très-bel exemplaire venant de Sardaigne par M. Boié. Nous avons retrouvé dans la Collection le type desséché envoyé par M. le marquis de Nesle à M. de Lacépède, qui en a fait le premier la description.

M. le prince Bonaparte dit que les paysans de la Tarantaise craignent ce Reptile, auquel ils attribuent l'antique préjugé de faire mourir les bestiaux quand ils l'avalent avec leurs aliments. Il y a une très-bonne figure de cette Salamandrine vue en dessus et en dessous, dans la Faune d'Italie, que nous avons citée.

Nous avons pu remarquer que la plupart des auteurs ont fait copier la figure donnée d'abord par M. de Lacépède dont le dessin avait été exécuté d'après l'animal desséché, chez lequel par conséquent, le corps était très-plat et les côtes fort apparentes par la contraction et les plis saillants de la peau. Cette particularité a encore été exagérée pour cette Salamandre à trois doigts dont le ventre, au lieu d'être plat, est au contraire cylindrique et peu déprimé.

III.e GENRE. PLEURODÈLE. — *PLEURODELES*. (Michahelles) (1).

CARACTÈRES. *Langue petite, arrondie, papilleuse, tout-à-fait libre en arrière et sur les côtés, mais adhérente en avant; dents ptérygo-palatines sur deux rangées, à peu près longitudinales et parallèles, mais également distantes et ne s'écartant point devant ni derrière; des côtes courtes, mais apparentes en dehors sur les flancs, leurs extrémités libres perçant souvent la peau. Queue longue, comprimée.*

Ce genre, comme nous allons le dire dans la Synonymie de

(1) De πλευραὶ les côtes et de Δηλος apparentes, manifestes; à cause de la saillie de l'extrémité libre des côtes.

l'espèce unique qu'on y a rapportée jusqu'ici, a été observé et décrit pour la première fois par Michahelles. Il avait été recueilli en Espagne par M. le docteur Waltl aux environs de Chiclana, de sorte que tout ce qu'on en savait doit se rapporter à cette seule espèce, dont notre Musée national possède d'ancienne date un individu qui aura été trouvé très-probablement en Portugal, car il provient du cabinet d'Ajuda. Nous ignorons ses mœurs. L'individu décrit par Michahelles avait été pris comme nous venons de le dire, au midi de l'Espagne. Il y en a d'autres maintenant dans la collection.

Espèce unique.

PLEURODÈLE DE WALTL. *Pleurodeles Watlii.* Michahelles.

(Atlas, pl. 103, fig. 1.)

Synonymie. 1830. *Pleurodeles Watlii* Michahelles *Isis*. P. 190.

1838. *Idem*. Tschudi. Classif. Batr., p. 56 et 91, pl. 2, fig. 1.

1839. *Idem*. C. Bonaparte. Faun. ital., pl. 85, n.° 5.

1832. *Salamandra Pleurodeles* Schlegel. Fauna Japonica, p. 117, n.° 3.

1834. *Idem*. Du même. Abbildungen, pl. 39, n.° 2, 3, p. 122.

1850. *Idem*. Gray. Catal. British. Mus., p. 17, G. 2.

DESCRIPTION.

Cette espèce paraît devenir aussi volumineuse et même plus grande que la *Salamandre terrestre* ; il nous serait difficile d'indiquer la couleur de la peau; dans l'individu que nous avons sous les yeux, elle paraît brune ou d'un gris noirâtre avec des marbrures jaunâtres, surtout en dessous. Elle est légèrement granuleuse partout, excepté sous le ventre, où elle est beaucoup plus lisse et présente un grand nombre de petites taches noires très-rapprochées et peu croisées, entre lesquelles on distingue à la loupe beaucoup de pores sur un fond jaunâtre ou tacheté de jaune.

Ce qui rend ce Reptile fort remarquable, ce sont les côtes au nombre de dix ou de quatorze paires, dirigées obliquement vers la queue et dont l'extrémité libre soulève la peau des flancs et la perce même, de manière à faire sentir les pointes osseuses comme de petites épines saillantes à distances à peu près égales et qui arrêtent les doigts lorsqu'on les reporte vers la tête.

La tête paraît un peu plus large que le cou en raison du pli collaire qui remonte derrière l'occiput à une assez grande distance de la commissure des mâchoires, en faisant saillir ainsi près de la moitié de la longueur de la tête qui ressemble à celle d'un crapaud.

Les yeux ont deux paupières bien distinctes ; ils sont saillants et placés entre eux à une distance semblable à celle qui les éloigne du milieu du museau. Les narines beaucoup plus rapprochées ont les orifices très-petits munis cependant d'une sorte de soupape en croissant, dont le conduit se trouve ainsi dirigé en arrière, car cette soupape, ou bord libre, est concave en avant. Ces narines s'ouvrent au dedans de la bouche vers son tiers antérieur, en avant et au dehors de la rangée longitudinale des dents palatines. Les bords des mâchoires sont revêtus d'une peau très-lisse.

Le corps est en tout semblable à celui d'un *Triton*, et nous croyons que la longueur des côtes est la cause qui a engagé M. Tschudi à séparer ce genre et celui des *Bradybates* du groupe des *Salamandres* et des *Tritons*. La figure lithographiée qu'il en a donnée n'est pas celle qu'on trouve dans la Faune italienne, et n'a pas la moindre ressemblance avec l'un des individus de grande taille que nous avons sous les yeux.

Dimensions. Nous avons reçu en janvier 1852, de la part de M. le professeur Graells, de Madrid, deux individus de ce même *Pleurodèle de Waltl*, dont l'un était mort, mais l'autre vivant. Leurs dimensions nous ont offert celles que nous indiquons. La longueur totale pour l'un des échantillons est de $0^m,19$ et pour l'autre de $0^m,24$, dont la queue est de près de $0^m,10$ et $0^m,14$. La largeur du tronc dans la région moyenne est considérable, de $0^m,03$ et $0^m,04$. La tête est large de $0^m,02$ et de $0^m,03$ et d'une longueur presque égale. Les pattes étendues ont, des extrémités des doigts à ceux du côté opposé $0^m,050$. Les doigts et les orteils sont très-distincts et séparés jusqu'à leur base ; le plus long orteil qui est le pénultième en dehors est de $0^m,01$.

Nous ne pouvons rien dire des habitudes de cette espèce qu'aucun auteur ne paraît avoir observé vivante.

Le Muséum possède un Pleurodèle que nous aurions été tentés de considérer comme le type d'une espèce particulière à laquelle le nom de Pleurodèle chagriné (*Pleurodeles exasperatus*) conviendrait; mais il ne présente pas de caractère essentiellement distinctif autre que celui qui est fourni par l'aspect des téguments.

Nous ignorons son origine.

C'est le plus grand individu de la famille des Salamandrides après le

Tritomegas, que nous ayons eu sous les yeux, car l'individu que nous possédons dans un parfait état de conservation, est beaucoup plus gros et plus long que la grande Salamandre terrestre.

Les téguments ressemblent tout à fait à ceux du Crapaud commun. Le dessus du corps est rendu très-rugueux par les saillies qu'y produisent une énorme quantité de points saillants noirs, disséminés irrégulièrement sur un fond gris. Les flancs sont marqués d'une douzaine de tubercules saillants jaunâtres, correspondant à ceux qui s'observent dans les individus que nous avons eu plus spécialement en vue dans notre description du Pleurodèle de Waltl; mais ces tubercules ne sont pas percés ou perforés par l'extrémité libre des côtes.

Le dessous du corps est très-rugueux, d'un cendré uniforme, sans points noirs saillants; ces tubercules nombreux, arrondis, qui garnissent la peau, s'y trouvent distribués par bandes transversales irrégulières.

La queue est très-comprimée et fort longue; elle est marquée sur les côtés de taches marbrées noires, irrégulièrement distribuées. Les deux tranches supérieure et inférieure sont très-minces. La supérieure est carénée et la ligne saillante commence dès son origine; elle porte aussi des points noirs rugueux; la tranche inférieure de la queue est lisse et colorée en jaune dans toute son étendue.

La tête de ce Pleurodèle est surtout remarquable par la brièveté de son museau, comparé à la largeur de la nuque, car il n'a guère que la moitié de son diamètre transversal. Cette tête courte et large paraît être implantée sur les épaules et séparée du tronc par un pli profond, à une très-petite distance de la naissance des bras. Les yeux sont saillants au-dessus de la commissure des mâchoires, de sorte que la bouche a son ouverture très-petite. Le museau est arrondi et tout à fait lisse. Les points saillants noirs s'arrêtant en arcade à une certaine distance.

DIMENSIONS. L'individu que nous décrivons a plus de 0m,24 de longueur et son tronc arrondi offre près de 0m,03 de largeur et de hauteur. C'est à peu près celle de la largeur et de la longueur de la tête qui est très-déprimée, surtout dans ses deux tiers antérieurs.

Nous ignorons, comme nous l'avons dit, qu'elle est la patrie de ce Reptile. Il est entré par échange dans la Collection du Muséum. Il provient du cabinet de la faculté de médecine de Paris, et il est parfaitement conservé dans la liqueur.

Un autre jeune individu provient du même échange. Il n'a pas le corps aussi rugueux que dans les adultes décrits d'abord. D'autre part, il ne porte pas les points noirs saillants qui semblent caractériser le Pleurodèle d'origine inconnue dont nous venons de parler.

Serait-ce un Bradybate, nous ne le pensons pas, car d'après la figure que M. Tschudi a donnée de cette espèce, sa queue paraît ronde et très-courte, à peine du tiers de la longueur du tronc; tandis que dans l'Urodèle que nous avons sous les yeux, la queue est très-comprimée et égale au moins, si elle ne la dépasse pas, à toute la longueur du reste du corps.

IV.e GENRE. BRADYBATE. — *BRADYBATES* (1). Tschudi.

CARACTÈRES. *Tête petite; museau arrondi, front excavé; dents palatines en petit nombre; langue très-petite, fixée de toutes parts, semblable à une simple papille; narines externes à orifice presque sous les yeux, un peu en arrière; pattes courtes à doigts libres; queue courte, arrondie; des côtes apparentes.*

Tels sont les caractères assignés par M. Tschudi à l'espèce unique qu'il a considérée comme devant former un genre distinct, très-voisin, d'après ce qu'il énonce, de celui des Pleurodèles, parce qu'il lui assigne de véritables côtes. Nous avons déjà traduit le texte de l'auteur, car il l'a décrit avec assez de détails à la p. 56 et à la p. 91 de son travail sur la classification des Batraciens.

ESPÈCE UNIQUE.

BRADYBATE VENTRU. *Bradybates ventricosus.* Tschudi.

SYNONYMIE. 1838. *Bradybates ventricosus.* Ouvrage cité, p. 91, n.o 2, tab. 2, fig. 1.

1839. *Bradybates ventricosus.* Amphibia Europ., p. 66. Bonaparte. Faun. Ital., pl. 85, n.o 4, d'après un individu qu'il aurait possédé à Rome.

1843. Fitzinger. Syst. Rept., p. 33.

1850. *Idem.* Gray. Catalogue du Musée Britannique, p. 26, genre 8.

---

(1) De Βραδυς lentement, difficilement et de Βατης marcheur.

DESCRIPTION.

L'exemplaire original provenant de l'Espagne est conservé dans le Musée de la ville de Neuchâtel en Suisse. Peut-être, si les côtes sont aussi distinctes que l'auteur l'annonce, cette espèce serait-elle un jeune individu de Pleurodèle, car elle paraît provenir du même pays.

Au reste, ce Batracien étant inconnu au Musée de Paris, nous devons nécessairement nous borner à renvoyer à l'extrait que nous avons donné plus haut du passage de l'ouvrage de M. Tschudi. Cet extrait ou plutôt cette traduction de la description se trouve ici, pag. 25.

Les mœurs de cet Urodèle sont inconnues.

L'individu a été rapporté par M. Waltl, le même qui a recueilli en Espagne le Pleurodèle, ce qui pourrait faire penser qu'il provient du même pays et que l'animal dont il s'agit ne serait qu'un jeune sujet appartenant à la même espèce que celle du genre précédent dont les côtes ne seraient pas aussi saillantes.

Dimensions de l'exemplaire décrit et figuré par M. Tschudi. Longueur totale 0m,075, celle de la tête 0m,014, la largeur de la tête 0m,011 ; la queue est plus courte que le tronc.

V.e GENRE. CYLINDROSOME. — *CYLINDROSOMA*. Tschudi (1).

CARACTÈRES. *Tête aplatie, un peu plus large que le cou ; dents palatines et sphénoïdales formant, de chaque côté de la mâchoire supérieure, deux lignes allongées ; corps fort long, cylindrique, à peau lisse; queue excessivement longue, confondue dès son origine avec le tronc et se terminant par une pointe très-grêle.*

Presque tous ces caractères ont été empruntés au travail de

(1) De Κυλινδρος, allongé en cylindre et de Σῶμα. Corps.

Nous avions déjà employé ce nom en 1805, dans la zoologie analytique pour désigner une famille de poissons osseux abdominaux, tels que les Loches ou *Cobitis*. Peut-être ce genre d'Urodèle ne sera-t-il pas conservé, les espèces qu'il renferme pouvant être rapportées à d'autres groupes, soit par la distribution des dents, soit par la forme de la langue.

M. Tschudi, n'ayant point eu occasion d'observer nous mêmes la plupart des espèces décrites par les Naturalistes anglo-américains; tandis que l'auteur suisse paraît en avoir eu plusieurs sous les yeux. Nous connaissons cependant les figures que M. Holbrook a données de la plupart de ces Salamandres, car c'est sous ce nom que M. Harlan et lui les ont décrites.

Il faut avouer que ces Reptiles ont une forme très-particulière; ils ressemblent tout à fait à des lézards, dont le corps serait à peu près arrondi, et de même grosseur, depuis la tête jusqu'au delà de l'origine de la queue.

Les pattes sont bien plus distantes entre elles que celles de notre lézard agile; mais ces pattes sont beaucoup plus courtes, surtout dans la région des doigts, qui sont à peine distincts par leur brièveté et en outre par le défaut d'ongles à leur extrémité. La queue est souvent deux fois plus longue que le corps.

D'après la figure et la description que M. Holbrook a données du *Triton tigrinus* de Green, nous nous sommes assurés que c'est à tort que cette espèce a été indiquée comme un Cylindrosome par M. Tschudi. Cet auteur n'a réuni dans sa citation les deux espèces indiquées par M. Harlan sous les noms de *longicauda* et de *flavissima*; dénominations spécifiques que M. Holbrook a conservées, comme nous le verrons.

Il est probable que ces espèces, très-voisines des Tritons, en ont aussi les mœurs et les habitudes.

Nous n'avons pu réunir jusqu'ici dans ce genre que quatre petites espèces Américaines, dont la forme est svelte et le corps excessivement allongé, avec une queue très-grêle dépassant le plus souvent, et de beaucoup, la longueur du reste du corps. Ce sont les suivantes qui peuvent être facilement distinguées les unes des autres, comme on va le voir par le tableau analytique que nous en avons dressé.

TABLEAU SYNOPTIQUE DES ESPÈCES DU GENRE CYLINDROSOME.

Dos	noir ; flancs à taches	blanches.	3. Glutineux.
		rouges.	4. a Oreilles.
	jaune ou fauve et à	taches noires.	1. Longue-queue.
		raies brunes.	2. Rubanné.

1. CYLINDROSOME LONGUE-QUEUE.

Cylindrosoma longicaudatum. Tschudi.

(*Salamandra longicauda*, Green).

Caractères. Le dessus du corps d'un jaune soufré, avec des points et des taches noires qui prennent sur les côtés de la queue, l'apparence des bandes transverses; le dessus du corps d'un jaune très-pâle et sans aucune tache.

Synonymie. 1818. *Salamandra longicauda.* Green Jour. Acad. Sc. Philad., t. I, p. 351.

1832. *Spelerpes lucifuga.* Rafinesque Atlant. journ., p. 22.

1835. *Salamandra longicaudata.* Harlan. Med. and. phis. Ressearch., p. 96.

1838. *Cylindrosoma longicauda.* Tschudi. Classif. der Batrach. p. 93, n.° 6.

1842. *Salamandra longicauda.* Holbrook. North. Amer. Herp. p. 61, pl. 19.

1842. *Salamandra longicauda.* Dekay. Nat. Rept. Newyork. p. 78, pl. 17, n.° 41.

1843. *Saurocercus longicauda.* Fitzinger. Syst. Rept., p. 34.

1849. *Spelerpes longicauda.* Baird. Journ. Acad. Sc. nat. phil. p. 287.

1850. *Spelerpes longicauda.* Gray. Catal. British. Museum, p. 43, genre 9, n.° 1.

DESCRIPTION.

La diagnose présente les particularités les plus remarquables de cette espèce sur laquelle nous ne pouvons ajouter aucun détail, car malheureusement elle n'a pas été soumise à notre observation. Nous ne la faisons connaître ici que d'après les auteurs cités qui semblent même présenter entre eux quelques contradictions.

Il faut noter cependant la brièveté de la tête, la disposition des dents palatines qui forment un rang transversal, puis deux rangs longitudinaux écartés en arrière. Le corps est cylindrique, mince et délicat. La queue égale deux fois la longueur du corps, est comprimée, très-mince, et effilée.

Cette petite espèce a été recueillie à New-Jersey dans un marais, et M. Harlan l'a reconnue dans un individu qui est conservé dans le cabinet de Philadelphie. M. le docteur Pickering l'a observée également dans les environs de Pittsburg à l'ouest des Monts Alleghanys. La figure lithographiée et coloriée publiée par M. Holbrook semble donner une idée très-exacte de ce petit Reptile qui manque à notre Collection.

2. CYLINDROSOME RUBANNÉ.

Cylindrosoma gutto-lineatum. Nobis.

(*Salamandra gutto-lineata.* Holbrook).

Caractères. Tête courte, de même largeur que le tronc; tout le dessus du corps d'une teinte jaune de paille, marqué le long du dos d'une ligne noire qui se divise en deux en avant sur la nuque pour se terminer en dedans des paupières. Une large bande noire sur les flancs formée de petites taches carrées, marquées chacune d'un point blanc et bordée en dessous d'une ligne blanche. Queue ayant près de deux fois la longueur du tronc ; la région inférieure blanchâtre, parsemée de très-petits points noirs.

La Synonymie n'est pas très-certaine.

M. Holbrook l'a fait connaître, comme nous l'avons indiqué, dans le North Amer. Herpetology, p. 29, pl. 7. Mais M. Harlan, qui l'a fait figurer p. 35, pl. 9, les regarde comme représentant de très-jeunes individus de la Salamandra flavissima.

M. Gray, en publiant, en 1850, le Catal. des Amph. du british Muséum, l'a inscrit, p. 45, sous le n.° 4, comme un Spelerpes, d'après M. Baird, p. 287.

La planche lithographiée et coloriée de M. Holbrook montre évidemment que la queue, très-longue et conique, se termine par une pointe fort allongée et serait, dans certains cas, comme arrondie à l'extrémité; cela s'observe dans quelques Tritons qui ont fait sur la terre un séjour un peu prolongé. Ce serait le cas des individus qui avaient été recueillis en Caroline près des Montagnes, où elle se rencontre assez communément.

M. Holbrook lui-même reconnaît que cette espèce a quelques rapports avec celle qu'il a désignée sous le nom de *Cerrigère*, d'après M. Green. Nouvel embarras et incertitude. Cependant les lignes latérales ne se trouvent pas dans cette espèce, qui serait en outre distinguée par de petits barbillons ou prolongements de la peau de la lèvre supérieure simulant des palpes qui ne seraient peut-être apparentes qu'à l'époque de la fécondation.

Le même auteur ne semble pas éloigné encore de regarder l'espèce de Salamandre qu'il a décrite et figurée d'après M. Green, sous le nom de *S. bilineata*, p. 35, n.° 16, qui est la même que celle dont M. Harlan a fait une espèce sous le nom de ***Flavissima***, comme de jeunes individus de ce Cylindrosome gutto-rubanné. Nous pourrions ajouter beaucoup d'autres citations à cette Synonymie fort embarrassée.

3. CYLINDROSOME GLUTINEUX. *Cylindrosoma glutinosum*. Tschudi.

Caractères. Corps d'un brun foncé ou d'un bleu noirâtre, à peau très-lisse, pointillée sur les flancs et les côtés de la queue de petites écailles blanches, arrondies, fort rapprochées vers le ventre et sur le dessus des pattes postérieures; le dessous du corps plus foncé et sans taches.

Synonymie. 1818. *Salamandra glutinosa*. Green. Journ. Acad. Philad. vol. 1, p. 357.

1818. *Salamandra variolata*. Gilliams. Ibid, pl. 18, p. 460.

1835. *Salamandra cylindracea*. Harlan. Med. and phys. Res. pag. 94.

1839. *Salamandra glutinosa*. Storer. Massachusetts. Rept. page 253.

1842. *Salamandra glutinosa.* Holbrook. Herpet. north. Amer. p. 39, pl. 10, et *Salamandra granulata,* p. 63, pl. 20. Peut-être, dit l'auteur qui n'a jamais vu cette dernière, n'est-elle qu'une variété de la précédente mais sans points blancs, quoique les granulations de la peau, ajoute-t-il, puissent être un motif de considérer les deux espèces comme distinctes.

1843. *Salamandra glutinosa.* Dekay. New-York. Rept. Hist. nat. p. 85, pl. 17-4, et *Salamandra granulata*, variété du *Plethodon glutinosum ?*

1849. *Plethodon glutinosum.* Tschudi. Batrachier, p. 92.

1850. *Plethodon glutinosum.* Gray. British. Museum, p. 39, n.° 1 et 2, et *Plethodon granulatum.* Variété du précédent.

DESCRIPTION.

Cette espèce, en raison de son nom trivial de glutineuse, a pu être confondue avec les Salamandres vénéneuse et violâtre, mais elle en diffère beaucoup dans toute l'apparence extérieure. Ces dernières appartiennent au genre Pléthodon ou à celui des Ambystomes de M. de Tschudi; car leur corps est gros, large, aplati, et la queue à peine de la longueur du corps. M. de Tschudi dans la figure qu'il a donnée de ce Reptile pl. 2, fig. 4 Pléthodon glutineux représente une Salamandre tout-à-fait différente de celle de M. Holbrook. Ce que prouve la simple inspection.

Les individus que nous possédons sont adultes; ils nous ont été adressés les uns par M. Milbert, d'autres en février 1842 de Savanah, par M. Harpert. M. Valenciennes qui les a fait figurer dans les vélins du Muséum pl. 92 C, n.° 1, les avait nommés pointillés de blanc *albopunctata.* Ce dessin represente peut-être le Triton symétrique.

4. CYLINDROSOME A OREILLES.

Cylindrosoma auriculatum. (Nobis).

Caractéres. Tête très-déprimée; tout le dessus du corps d'un brun foncé, avec une tache d'un rouge brun à la place des oreilles et une rangée de taches arrondies de même couleur le long des flancs; tout le dessous du tronc cylindrique, d'une teinte ardoisée, marqueté de petits points rouges irréguliers.

Synomymie. 1838. *Salamandra auriculata.* Holbrook. Herpet. north. Am. t. V, p. 47, fig. 12.

1849. *Desmognathus auriculatus.* Baird. Acad. sc. philad. page 286.

1850. *Desmognathus auriculatus.* Gray. British Museum Cat. pag. 41, n.° 3.

DESCRIPTION.

Holbrook dit dans son livre qu'il ne connait rien des habitudes de cette espèce qui a été recueillie en Georgie, et dont la diagnose est très-caractéristique. C'est peut-être un Bolitoglosse, car la langue est pédiculée d'après M. Holbrook. Le Musée de Paris ne possène pas cet Urodèle.

VI.ᵉ GENRE. PLÉTHODONTE.—*PLETHODON.* (1) Tschudi.

Caractères. *Langue ovale, large, entière, libre sur les côtés et un peu en arrière; une rangée de dents palatines en travers ou légèrement oblique, interrompue au milieu; un grand triangle allongé de dents sphénoïdales très-serrées, beaucoup plus large en arrière vers la gorge* (2); *orifices internes des narines au devant de la rangée transversale des dents palatines, qui manque quelquefois; peau lisse; queue tout à fait arrondie, conique jusqu'à la pointe; quatre doigts; cinq orteils.*

Ce genre, dont le nom exprime d'une façon heureuse le caractère essentiel, a été établi par M. Tschudi. Il ne comprenait que deux espèces de l'Amérique du nord; nous avons dû y rapporter un autre Urodèle provenant du même pays; mais il nous manque des renseignements sur les mœurs de ces espèces qui probablement vivent très-peu dans l'eau, leur queue étant tout à fait arrondie à la base, terminée en pointe

(1) De Πληθος, *copia, abundantia.* multitude infinie Οδους-οδοντος, de dents.

(2) Voyez dans les planches de M. Tschudi la pl. 2, fig. 4 et pl. 94, fig. 4 de notre Atlas, mais surtout pl. 101, fig. 3.

grêle et fort allongée, ce qui leur donne une fort grande analogie de formes et d'habitudes avec les véritables Salamandres, qui sont presque entièrement terrestres.

Quoique leurs téguments soient lisses, ils paraissent cependant percés de pores nombreux par lesquels suinte une humeur glaireuse. Il est très-probable que ces espèces ne se trouvent que dans des lieux humides et qu'elles recherchent l'obscurité, en se mettant à l'abri de la trop grande chaleur et de la lumière du jour, vivant ainsi dans les mousses, ou sous les écorces, comme nos espèces Européennes.

Nous n'avons pu jusqu'ici rapporter à ce genre que trois espèces, qui sont originaires de l'Amérique du nord. Ce sont les suivantes.

TABLEAU SYNOPTIQUE DES ESPÈCES DU GENRE PLÉTHODONTE.

Raie du dos	très-marquée		3. P. Dos-rouge.
	nulle ; flancs	lisses	2. P. Brun.
		plissés	1. P. Varioleux.

1. PLÉTHODONTE VARIOLEUX. *Plethodon variolosum*. Tschudi.

Caractères. Dessus du corps noir, ou d'un gris très-foncé, marqué de petits point blancs comme effacés et très-irréguliers ; les flancs et la queue marqués de plus grandes taches blanches, le dessous du ventre d'un gris plus clair uniforme, excepté sous la gorge où l'on voit des taches blanches ; le dessous de la queue blanchâtre.

Synonymie. 1827. *Salamandra porphyritica*. Green. Maclurian Lyc. of Massachusetts. vol I, p. 3, Tab. I, fig. 3.

1835. Harlan. Medic. and physic. Researches. 98, *eadem*.

1842. ***Triton porphyriticus.*** **Dekay. Rept. New-York. p. 85, pl. 16, fig. 37.**

1842. ***Triton porphyriticus.*** **Holbrook. North. Amer. Herp. t. V, pag. 83, pl. 28.**

Salamandra elongata. Nom donné au dessin exécuté par Redouté pour les velins du Muséum 90, c. n.° 4, par M. Valenciennes.

1850. *Spelerpes? porphyritica.* Gray. Catal. Bristish. mus. pag. 46, n.° 8.

DESCRIPTION.

Cette espèce, dont nous avons reçu, par diverses voies, un assez grand nombre d'individus d'après lesquels nous avons établi les caractères énoncés ci-dessus, provient tous de l'Amérique septentrionale, de New-York par M. Milbert et de la Caroline par MM. Harlan et Holbrook. Nous en avons de toutes les tailles et entr'autres quelques uns très-grands. Nous ne décrivons pas les particularités de la distribution des taches parce qu'elles varient trop, d'ailleurs ce que nous en avons exprimé, dans le caractère spécifique, pourra très-bien les faire reconnaître. La forme générale du corps est arrondie; la tête est à peu près de la largeur du tronc, c'est la seule région qui soit aplatie. Les yeux sont très-saillants; la région des parotides un peu déprimée, avec un sillon qui s'étend de la commissure des mâchoires au pli du collier qui semble embrasser toute la tête, au dessus de la nuque. La figure que nous avons donnée de l'intérieur de la bouche dans ce présent ouvrage pl. 94 n.° 4, donne bien une idée de la langue; mais n'a pas permis de faire voir la grande étendue de la plaque sphénoïdale qui est garnie d'un si grand nombre de petites dents que cette portion de la voûte postérieure du palais peut faire l'office d'une rape.

M. Tschudi en a donné une représentation fort exacte qui fait voir le crâne en dessus et en dessous tab. 2, fig. 4, *a* et *b* cependant comme la figure a été très-grossie les dents paraissent plus grandes qu'elles ne le sont dans la réalité.

D'après cette phrase rapportée par M. Tschudi, nous sommes portés à croire qu'il s'agit de l'espèce indiquée par M. Green sous le nom de Porphyritique. *Corpora suprà maculis albidis*; *subtùs albidus.* Cependant la queue n'est pas médiocre en longueur.

« Voici, au reste, la description plus complète telle qu'elle est traduite « dans le Bulletin des sciences naturelles tome 16 n.° 96, queue conique, « de la longueur du corps, très-comprimée et carénée en dessus et en « dessous; corps d'un brun clair ou sombre parsemé d'un grand nombre

« de taches blanchâtres, irrégulières, distribuées sur deux ou trois rangs
« le long des flancs. Le jeune est blanchâtre avec quelques marques bru-
« nâtres et une ligne rougeâtre, étendue des pattes antérieures aux
« postérieures.

Cette espèce a été recueillie dans l'Amérique sept. (Etats-Unis).

Les doigts et les orteils sont distincts peu allongés et dans le nombre ordinaire c'est-à-dire $\frac{4}{5}$ voici les mesures proportionnelles que nous fournit l'un des individus qui n'est pas le plus grand.

DIMENSIONS. Longueur totale, 0^m,165; celle de la tête et du cou 0^m,025; du tronc entre les pattes, 0^m,05; de la queue, 0^m, 09; diamètre du tronc 0^m,01.

2. PLETHODONTE BRUN. *Plethodon fuscum*. Green.

(ATLAS. Système dentaire, pl. 101, fig. 3.)

CARACTÈRES. Le dessus du corps brun ardoisé souvent piqueté de brun surtout sur les flancs, où le fond est plus clair et les lignes costales obliques sont très-marquées au nombre de 13 ou 14. Le ventre est blanchâtre, rarement piqueté de brun; les doigts sont grêles courts et coniques, non aplatis, la queue très-allongée en pointe est un peu plus épaisse dans le sens vertical ce qui la fait paraître comprimée; pas de dents en travers sur le palais.

DESCRIPTION.

Nous ne trouvons pas ces individus décrits sous ce nom. Serait-ce le *Plethodon glutinosum* de Tschudi, Batrach. 92, d'après la *Salamandra glutinosa* de Green qui est pour nous un Cylindrosome, et qu'il avait fait connaître en 1818 et 1827 comme une variété d'un aspect argenté. (Bulletin des sciences Férussac t. XVI, n.° 96, pag. 130), ext. du *Lyceum of the arts* de Maclure t. I, pag. 357, ou la *Salamandra cinerea* du même et de Harlan, tom. V, part. 2, p. 330. C'est ce qu'il nous est difficile de déterminer. N'ayant aucun renseignement sur cette espèce dont nous avons eu sept individus sous les yeux, nous nous contenterons de donner les dimensions de l'un d'eux. Ceux que nous avons reçus sont tous de l'Amérique septentrionale et ils proviennent de MM. Milbert, Holbrook et Harlan, si c'est sous ce nom qu'il a été donné par ce dernier c'est probablement la *Salamandra fusca* de Green, Jour. Acad. des sc. nat. tome I, part. 2, page 356, qu'il a indiquée dans le même journal tom. V, part. 2, p. 330, 5. Voir aussi le *Desmognathus fuscus* de Baird décrit par M. Gray Bristish. mus. Catal. p. 40, n.° 2, et le *Spelerpes rubra* du même ibid. pag 45, n.° 5.

Longueur totale 0m,105; de la tête et du cou 0m,01, du tronc entre les pattes 0m,035, de la queue 0m,06; diamètre du tronc et de la tête 0m,01.

M. Holbrook, dans son Erpétologie de l'Amérique du Nord page 35, dans la synonymie de la *Salamandra rubra* rapporte à cette espèce comme des variétés, les espèces décrites par ses predécesseurs, qu'il désigne sous les noms de *Rubriventris*, *sub-fusca* et *maculata* de M. Green. Lui seul habitant sur les lieux, pouvait reconnaître cette concordance; pour nous ce serait un Bolitoglosse.

Nous trouvons deux figures de cette espèce de Pléthodon sur le velin n.° 92, de la collection du Muséum fig. 4 et 5, l'un sous le nom de *Molge brunneus* et l'autre de *Molge arenatus*, Valenciennes.

3. PLÉTHODONTE DOS-ROUGE. *Plethodon erythronotum.* Tschudi.

Caractères. Corps brun, grêle, cylindrique, très-allongé; une large raie rougeâtre sur le dos, s'étendant depuis la nuque jusqu'à l'extrémité de la queue; cette raie piquetée de noir, est bordée de brun foncé sur les flancs; le dessous du corps d'un gris blanchâtre piqueté de noir.

Synonymie. 1818. *Salamandra erythronota* et *cinerea*. Green. Journ. Acad. s. Philadelph. tome I, pag. 356.

1833. *Salamandra cinerea.* Schlegel. Faun. Japon. page 118, n.° 3.

1835. *Salamandra cinerea.* Harlan. medic. and. phys. researches pag. 95.

1838. *Plethodon cinereum.* Tschudi. Class. Batr. pag. 92.

1839. *Salamandra erythronota.* Storer. Rept. Reports ou the of Massachusetts p. 245.

1842. *Salamandra erythronota.* Dekay. Erp. New-York 175, pl. 16, n.° 38.

1842. *Salamandra erythronota.* Holbrook. t. V, p. 43, pl. 11.

1843. *Saurophis.* Fitzinger. syst. Rep. 33.

1850. *Ambystoma erythronotum.* Gray. Cat. Brit. Mus. p. 37, n.° 9.

DESCRIPTION.

Nous avons parfaitement reconnu dans cette petite espèce le caractère du genre tiré de la disposition des dents sphénoïdales. Les individus que nous avons eus à notre disposition sont très-bien conservés.

Parmi ceux que le neveu de l'un de nous, M. Henry Delaroche négociant au Hâvre, a rapportés de New-York, et qui sont conservés dans l'alcool, il en est un, qui a sur le dos une large raie d'une teinte rouge vineuse très-remarquable, fort apparente aussi sur d'autres échantillons reçus plus récemment encore.

La figure de l'Erpétologie du Nord de l'Amérique représente très-bien cette petite espèce; on voit parfaitement la couleur rouge briquetée du dos, avec une ligne moyenne noire; tout le côté est brun foncé, presque noir; le dessous du ventre et de la queue est blanchâtre piqueté de noir.

La forme allongée et cylindrique du corps fait ressembler cette espèce à un petit Lézard. Nous en avons reçu un grand nombre de M. Lesueur, de M. Harlan et de M. Milbert. Le plus grand est celui qui provient de M. Delaroche.

Nous croyons que la figure n.° 1 du velin 90 du Muséum appartient à cette espèce. L'individu qu'elle représente a été inscrit par M. Valenciennes sous le nom de *Salamandra puncticulata*.

Dimensions. Longueur totale 0m,08, du cou et de la tête 0m,01, du tronc entre les pattes 0m025, de la queue 0m,045, le diamètre du ventre n'est guère de plus de 0m,005.

Le Docteur Green, qui a le premier décrit la *Salamandre cendrée* a, dans ses recherches ultérieures, reconnu son identité avec la *S. à dos rouge*. En cela, il est d'accord avec le Docteur Pickering et avec M. Holbrook. Cette espèce est peut-être la plus commune des Etats du Nord. Elle est abondante au voisinage de Boston et de Philadelphie et si elle est identique avec la *Cendrée*, ce qui ne paraît pas douteux, sa zône est très-étendue car le Docteur Blanding l'a trouvée jusqu'à Camden (Caroline du Sud) et Say l'a rencontrée à l'Ouest jusqu'à Louisville dans le Kentucky.

VII.e GENRE. BOLITOGLOSSE. — *BOLITOGLOSSA.* (1) Nobis.

Mycetoides (2) *Mycetoglossus.* Etiq. de la collection.

Pseudotriton (3). Tschudi. *OEdipus.*

Mycetoglossus. Bibron, (Faune de M. le Prince Ch. Bonaparte).

CARACTÈRES. *Langue formant un disque arrondi, libre dans son pourtour, supportée en dessous et au centre par un pédicule grêle, musculeux et protractile, simulant ainsi une sorte de champignon ; deux rangées de dents palatines ; l'une en avant et transversale, l'autre en longueur. Narines s'ouvrant en dedans au devant de la première rangée des dents palatines, offrant souvent au bas de leur orifice externe un léger trait ou sillon qui descend vers la bouche.*

Le corps est allongé, cylindrique et lacertiforme; la queue est longue, conique; la peau est lisse et semblable à celle des Cylindrosomes; pas de parotides bien évidentes; les doigts et les orteils courts dans quelques espèces, mais jamais palmés.

Ce genre a, par la forme de la langue, un certain rapport avec celui que M. le professeur Gené a cru devoir établir sous le nom de *Géotriton*, mais il nous est difficile de croire que l'espèce recueillie dans les Alpes puisse avoir une parfaite analogie avec les quatre espèces qui n'ont été jusqu'ici observées qu'en Amérique. Voici le tableau synoptique qui servira à distinguer facilement les unes des autres les espèces rapportées à ce genre.

(1) De Βωλίτης *fungus, boletus*, champignon et de Γλῶσσα, la langue.
(2) Μυκης-ῆτος idem.
(3) Pseudo ψεῦδος *fallax* et de Τρίτων.

TABLEAU SYNOPTIQUE DES ESPÈCES DU GENRE BOLITOGLOSSE.

A doigts	libres arrondis; dos à	très-petits points noirs	1. B. Rouge.
		deux lignes latérales	2. B. Deux Raies.
	élargis, trapus et très-courts	....	3. B. Mexicain.

1. BOLITOGLOSSE ROUGE. *Bolitoglossa rubra.* Nobis.

(*Salamandre rouge* de Latreille et Daudin.)

Caractères. Corps rouge ou jaune fauve en dessus, couvert d'un grand nombre de très-petits points noirs sur le dos et sur les flancs. Le dessous du corps à points comme effacés et pulvérulents, les doigts et les orteils allongés, distincts.

Synonymie. 1796. *Salamandre rouge.* Palissot Beauvois.

1802. *Idem.* Latreille. Hist. nat. Rept. Tom. IV, p. 305.

1803. *Idem.* Daudin. Hist. nat. Rept. Tom. VIII, p. 227, pl. 92, fig. 2.

1818. *Salamandra rubriventris.* Green. Journ. Acad. nat. Sc. Philad., t. I, p. 383.

1835. *Sal. fusca.* Harlan. Med. and Phys. Resarches, p. 97, et *Salamandra maculata.* Id. Ibid. p. 96.

1838. *Pseudotriton subfuscus.* Tschudi. Classif. der Batrachier, p. 95.

1839. *Salamandra maculata* Storer. Reports of Massachusetts. Rept., p. 252.

1840. *Mycetoglossus subfuscus.* Bonaparte. Fauna ital. II. 131.

1842. *Salamandra rubra.* Dekay. Rept. New-York, pl. 17, fig. 43.

1843. *Salamandra rubra.* Holbrook. Herpetology. Tom. V, p. 35, fig. 9.

1849. Baird. Batrach. North., Amer. p. 284.

1850. *Spelerpes rubra.* Gray. Bristish. Mus., p. 45, n.° 5.

DESCRIPTION.

Cette espèce que Latreille a d'abord fait connaître sous ce nom, lui avait été communiquée par Palissot de Beauvois, qui l'avait rapportée des Etats-Unis d'Amérique. Nous en avons maintenant un très-grand nombre d'individus qui ont été déposés au Muséum par nos compatriotes MM. Plée, Milbert, Lesueur et par MM. Holbrook et Harlan. Tous ces individus, tels qu'ils sont dans l'alcool, varient entre eux pour les couleurs. La plupart, dans l'état actuel de conservation, n'ont pas la peau rouge, mais d'une teinte jaune, plus ou moins foncée, piquetée de points nombreux noirs plus ou moins étoilés, quelquefois confondus dans la région du dos.

Chez la plupart, tout le dessous du corps est d'un jaune pâle, le plus souvent sans taches, car chez quelques-uns, on y distingue aussi des points noirs. M. Green dit que le dessous est rouge ou doré. C'est aussi avec une teinte jaune d'abricot que nous voyons le dessous du corps représenté dans la figure citée de M. Holbrook.

Chez aucun, quel que soit leur âge, car nous en avons de toutes les tailles, nous n'avons trouvé la bande ou raie noire qui, selon Latreille, s'étendait au moins dans l'exemplaire qu'il a décrit, depuis l'entre-deux des pattes de devant jusqu'aux postérieures. Nous n'avons observé non plus chez aucun la membrane qui réunissait, suivant le même auteur, les orteils à leur base. Au reste, Daudin, qui, comme nous l'avons indiqué, a donné une figure de cette espèce, n'a pas fait représenter cette sémi-palmure, et le dessin quoique médiocre et exécuté d'après un individu qu'il possédait, n'indique en aucune manière cette disposition, qu'il aura probablement copiée de Latreille.

Daudin parle encore de cette couleur rouge de sang plus claire et légèrement orangée sur les flancs, avec une bande longitudinale et comme brûlée, que M. Holbrook n'a pas fait représenter.

Parmi les individus rapportés par M. Lesueur, il en est un dont la couleur a tellement blanchi, que l'ensemble est en-dessous d'un blanc presque pur. En dessus, on voit encore quelques traces des points qui ont pris une légère teinte d'un jaune pâle, ou comme des taches de rousseur.

Ce Reptile a le tronc presque tout à fait cylindrique et d'une même venue ou d'un semblable diamètre depuis la tête jusqu'au premier quart de la queue, dont le reste va successivement en diminuant d'épaisseur en travers, et alors le dessus comme le dessous sont tranchants, mais sans membrane ou prolongement distinct, ce qui l'éloigne des Cylindrosomes qui ont ce prolongement de la queue beaucoup plus étendu et cylindrique.

Daudin annonce que cette espèce, ou plutôt l'individu qu'il décrit, a été découvert par Beauvois sous des écorces d'arbres dans des lieux ombragés, aux Etats-Unis.

Elle habite les Etats Atlantiques, depuis le Massachusetts jusqu'à la Floride inclusivement. M. Holbrook n'a jamais entendu dire que cet Urodèle ait été trouvé à l'ouest des Monts Alleghany.

Dimensions de l'un de nos plus grands individus. Sa longueur totale est de 0m,12 ; *Tête* et *Cou*, 0m,02 ; du *Tronc* entre les membres, 0m,045 ; la *Queue*, 0m,055 ; diamètre du tronc, 0m,01.

Nous avons parmi les vélins des Reptiles du Muséum exécutés par Redouté jeune et inscrit sous le n.° 88, deux dessins en couleur, mais d'après des individus conservés dans l'alcool qui appartiennent peut-être à cette espèce. On les avait regardés comme étant de deux espèces différentes et inscrits le n.° 1 sous le nom de *Sal. dorsata* et le n.° 2, qui a toutes les pattes palmées et nommé *Sal. togata*, a été probablement saisi à l'époque de la fécondation, ou bien c'est le *Bolit. mexicain.* Ils proviennent de l'Amér. du Nord et ont été inscrits sous ces noms par M. Valenciennes.

Nous avons vu par la synonymie, donnée principalement par M. Holbrook, que les variétés ont été inscrites dans la science sous un très-grand nombre de dénominations telles que *Rubriventris*, *Maculata*, *Fusca*, *Sub-fusca*, par MM. Green et Harlan. Nous sommes sur leur identité tout à fait d'accord avec MM. Holbrook et Pickering.

2. BOLITOGLOSSE DEUX-LIGNES. *Bolitoglossa bilineata.* Nobis.

(*Salamandra bilineata.* Green.)

Caractères. Dos brun, à deux larges raies longitudinales plus claires, se réunissant sur la queue ; le dessous du tronc bariolé de lignes et de taches noires. Doigts et orteils distincts, allongés.

Synonymie. 1818. *Salamandra bilineata.* Green. Journ. Acad. Sc. Nat. Philad., tome I, part. 2, p. 352.

1826. *Salamandra bilineata.* Harlan. Faun. Amer. Sillimans. Journal pl. 386.

1829. *Idem.* Cuvier. Règne animal. T. II, p. 115 (note).

1835. *Salamandra flavissima.* Harlan. Med. and Phys. Researches. p. 97.

1842. ***Idem.*** **Holbrook. Herpet. T. V, p. 55, pl. 16. et** ***Salamandra gutto-lineata.*** **Ibid., p. 29, pl. 7.**

1850. ***Spelerpes bilineata.*** **Gray. British. Mus., p. 44, n.º 3.**

DESCRIPTION.

Cette espèce, dont nous avons un assez grand nombre d'individus, a les plus grands rapports avec la précédente. Nous ignorerions qu'elle était sa couleur pendant la vie, si MM. Green et Harlan ne nous les avaient indiquées de la manière suivante : dessus du corps cendré avec deux et quelquefois trois raies plus foncées; dans ce dernier cas, celle du milieu se prolonge sur le dos; dessous d'un blanc bleuâtre ou jaunâtre.

Nous trouvons tant d'analogie entre cette espèce et celle que M. Holbrook a décrite et figurée, p. 29, pl. 27, sous le nom dé *Salamandra gutto-lineata* que nous les considérons comme identiques. Celle-ci semblerait être l'adulte, car les individus qui n'ont pas la ligne moyenne, comme cette dernière et qui n'ont que les lignes latérales sont de plus petite taille.

La *Salamandre barbue* (*Salamandra cirrigera*), nous est inconnue.

Green 1830. Journ. of the Acad of Nat. Sc. of Philadelphia, t. VI, p. 253.

Harlan 1835. Medic. and Phys. Researches, p. 99.

Holbrook 1842. T. v, p. 53, pl. 15 l'ont décrite et ce dernier l'a, en outre, représentée.

Nous n'en parlons ici que parce que M. Holbrook présente à l'occasion de cette Salamandre à barbillons les remarques suivantes.

Malgré la différence de taille, la Salamandre dite *gutto-lineata* étant trois fois plus grande, il se pourrait, dit-il, que ces deux Urodèles appartinssent à la même espèce, car parmi les quatre spécimens de la *Salamandra gutto-lineata* qu'il a vus, il s'en trouvait un à barbillons. Puisque ces appendices ne sont pas constants, ils ne fournissent donc pas un caractère d'une grande importance ; d'autant plus que pour l'espèce dite *Cirrigera*, la même particularité se présente. On pourrait regarder ces prolongements cutanés comme une sorte de parure de noces qui disparaîtrait à la fin de la saison des amours.

Cette dernière espèce enfin diffère plus de celle que M. Holbrook a nommée *gutto-lineata* par la présence de deux lignes noires seulement, une de chaque côté, mais en cela, elle se rapproche de la *Salamandre à deux raies* qui fait l'objet de cet article.

Laissant de côté cette digression sur la *Salamandre cirrigère* nous revenons à la *Salamandre bilineata*.

Les bocaux qui renferment nos exemplaires portent pour étiquettes, quatre de l'Amérique septentrionale par M. Harlan ; un de la Caroline du Sud par M. Holbrook. Deux sont de M. Plée avec un point de doute ? comme provenant de la Martinique.

Tous ces Bolitoglosses ont entre eux la plus grande ressemblance, mais trois autres individus envoyés de New-York par M. Milbert sont indiqués sous le même nom de *Bilineata;* ils sont très-jeunes, les raies du dos sont à peine indiquées et le dessous du tronc est d'un jaune uniforme sans aucune tache. Ils nous paraissent appartenir à l'espèce précédente avec laquelle il y a la plus grande analogie de forme et de structure surtout par la longueur des orteils qui sont grêles, arrondis, et bien séparés à leur base.

Cette espèce est fort remarquable par sa forme, qui est tout à fait celle de notre lézard gris des murailles ; sa queue est fort longue et grêle, quoique légèrement comprimée dans toute sa longueur. Elle se termine presque tout à fait en pointe et à elle seule elle constitue les deux tiers de la longueur totale du tronc de l'animal.

Comme la tête est étroite, la rangée transversale des dents palatines est peu marquée et ne semble être qu'un écartement en Y des rangs longitudinaux qui sont très-rapprochés. Le globe des yeux fait une grande saillie sur le palais et les orifices internes des narines, situés au-devant des premières dents palatines, sont des trous tout à fait arrondis.

Dimensions. Longueur totale, 0m,16. Longueur de la tête et du cou au-devant des bras, 0m,02. Longueur du tronc entre les pattes, 0m,035. Longueur de la queue, 0m,105. Diamètre du tronc, 0m,01.

On trouve cette espèce dans les eaux peu profondes qu'elle quitte la nuit pour venir sur les bords où on la trouve le matin et alors elle est peu active.

Observations. Nous croyons que la figure inscrite sous le n.° 5 du velin n.° 88 du Muséum et sur laquelle M. Valenciennes a inscrit le nom de *Salamandra bitaeniata* appartient à ce Bolitoglosse à deux lignes ; mais les détails manquent sur ce dessin. Ce n'est que l'ensemble général qui nous fait penser que cette espèce adressée des Etats-Unis est bien la même que celle qui a été décrite par MM. Green et Harlan.

Nous pensons aussi que la figure n.° 1, du velin 88 de la Bibliothèque du Muséum à laquelle M. Valenciennes a donné le nom de *Dorsata* est le *Bolitoglosse deux-lignes.*

3. BOLITOGLOSSE MEXICAIN. *Bolitoglossa Mexicana.* Nob.

(Atlas, pl. 104).

Caractères. Corps noir, marqué dans l'état adulte de grandes taches blanchâtres, ou peut-être rouges, dont la forme et la distribution varient ; queue très-grosse à la base, arrondie dans les quatre cinquièmes, marquée de grands plis en travers ; doigts et orteils courts et épatés.

SYNONYMIE. 1838. *Œdipus platydactylus ?* Tschudi. Class. Batrach. p. 93, n.º 7.

Salamandra Mexicana ? non supposé donné par Cuvier à un individu conservé dans la collection.

DESCRIPTION.

Voici une des plus grandes espèces du groupe des Salamandres, car nons avons sous les yeux plusieurs individus qui ont plus d'un double décimètre de longueur. Ces Reptiles ont une grande ressemblance, au premier aperçu, avec nos grandes Salamandres tachetées, mais la forme de leur langue en champignon, et la disposition des dents palatines, ainsi que la terminaison des orifices internes des narines au devant de la rangée antérieure de ces dents, les rapprochent du genre dans lequel nous les plaçons ici.

Nous avons des individus de toutes les tailles : les plus grands et ceux qui sont marqués de taches plus distinctes, sont dissemblables, ils ont été acquis et sont au nombre de quatre. Un autre nous a été donné par M. BELL. Quelques individus autrement colorés, comme nous le dirons plus tard, ont été recueillis dans la province d'Oaxaca au Mexique, par M. GHUISBREGHT ; enfin, quatre autres petits individus proviennent de la Vera-Crux.

M. Valenciennes a nommé cet Urodèle *Salamandra togata,* à la fig. 2 du vélin inscrit sous le n.º 88 de la Bibliothèque du Muséum. (Voir p. 91.)

Nous allons faire connaître successivement ces divers exemplaires. Les quatre premiers sont les plus grands et tous à peu près de même taille, mais les taches sont différentes. Ainsi sur deux individus, dont le corps est tout-à-fait noir, les taches sont distribuées par paires régulières le long du tronc et au nombre de quatorze tout-à-fait de forme arrondies. Chez un autre, ces taches sont en même nombre ; mais elles sont plus allongées en travers et même les dernières, du côté de la queue, sont en croissant dont la concavité est en devant et les premières sont confluentes, irrégulières. Dans les deux autres individus, ces taches également, ou à peu prés, au même nombre de quatorze, sont toujours distinctes et en croissant, mais la plupart se joignent vers la ligne médiane; elles se confondent à la hauteur du cou dans l'un des individus, lequel porte sur la tête une sorte de cercle irrégulier, de couleur fauve.

Quant à l'exemplaire qui a été donné par M. Bell, il est très-remarquable parce que toutes les taches blanches se touchent et se confondent tout-à-fait sur la ligne médiane et sur la nuque où elles forment une grande tache blanche qui touche les yeux et qui est échancrée au milieu. Ensuite les autres taches forment des demi-cercles qui se joignent et s'élarigssent en dehors, tandis qu'elles diminuent de largeur vers la ligne médiane. Il en résulte de petits triangles noirs au nombre de douze, dont la base est en arrière, de sorte que le dos, dans la ligne moyenne, semble comme écussonné.

Tous ces individus ont les doigts et les orteils courts, très-légérement palmés ou réunis à leur base par la peau.

Les cinq individus venant d'Oaxaca, appartiennent peut-être à une autre espèce, parce qu'ils ont les orteils beaucoup plus allongés et arrondis et qu'ils sont réellement autrement colorés. Leur teinte est plutôt d'un gris plombé que noir, leur queue est proportionnellement beaucoup plus courte et moins grosse, quoique tout-à-fait arrondie, comme dans les véritables Salamandres. Ils n'ont de taches blanchâtres que sur le côté des flancs et de la queue. Ces mêmes flancs présentent des plis profonds dans la peau qui simulent presque des incisions, toutes fort étendues et dirigées obliquement en arrière, mais parallèlement. Ces plis sont au nombre de dix de chaque côté.

Enfin, les quatre petits exemplaires provenant de M. Salé sont tout-à-fait noirs ; ce sont très-probablement de jeunes Bolitoglosses appartenant à la première variété que nous avons décrite, car ils ont la même forme du museau qui est court et comme tronqué, avec des yeux très-saillants.

Nous ne pouvons rien dire des mœurs de cette grande espèce : d'après la forme arrondie de la queue et sa longueur, on peut croire qu'elle ne se trouve pas habituellement dans l'eau. Il paraît évident que cette espèce se rencontre principalement au Mexique.

Dimensions de l'un des quatre premiers individus décrits dans cet article. Longueur totale $0^m,20$; longueur de la tête et du cou jusqu'à la naissance de la patte antérieure, $0^m,025$; du tronc, pris d'une patte à l'autre, $0^m,06$; longueur de la queue, $0^m,115$; de sorte que la queue est bien plus longue que le reste du tronc. La tête est beaucoup plus large que le tronc; elle a près de $0^m,02$, tandis que le diamètre du ventre est à peine de $0^m,014$, et c'est à peu près la même largeur de la queue à sa base.

Nous donnons exprès et comparativement les dimensions de la seconde Variété qui provient de Oaxaca et que nous croyons une espèce distincte, Nous les prenons sur le plus grand des quatre individus, semblables d'ailleurs et que nous avons sous les yeux,

Longueur totale 0,m145; de la tête et du cou, 0,m025; du tronc, ou d'une patte à l'autre, 0,m04. Longueur de la queue, 0m,08. Cette forme de la queue est d'ailleurs parfaitement semblable à celle de la grande espèce à dos tacheté. Comme dans cette dernière, elle est noueuse et un peu étranglée à la base, ce qui la fait rompre facilement. Ici, la tête est moins large; elle a, comme la partie moyenne du tronc, un diamètre de 0m,015.

Observations. Tout nous porte à croire que ces individus sont le type du genre *OEdipus* que M. Tschudi aura trouvé étiqueté par Cuvier dans la Collection du Muséum sous le nom de, *Salamandra platydactyla* du Mexique; car nous ne savons pas qu'il ait été décrit par Cuvier, comme semblerait l'annoncer M. Tschudi et, d'après lui, M. le prince Ch. Bonaparte. Voici, en effet, les caractères assignés par ces auteurs au genre OEdipe dont le nom signifierait pattes enflées (1). Dents sphénoïdales nombreuses comme chez les Pléthodons; langue petite, ovale, attachée ou fixée seulement par son milieu (c'est le caractère des Bolitoglosses); membres grêles, à doigts peu distincts, larges, arrondis au bout et palmés, ou réunis par une membrane natatoire. Queue ronde, peau très-lisse. Ce genre est établi sur la Salamandre platydactyle de Cuvier qui se trouve au Mexique.

Voilà tout ce qu'en dit M. Tschudi dans son texte allemand et latin. M. le prince Ch. Bonaparte l'a traduit en italien dans sa Faune, sous le n.° 8.

Depuis que cet article a été composé, le Musée national a reçu (avril 1849) de M. Morelet avec l'indication de *Dolorès peten* (Guatemala), accompagnant d'autres productions données par cet habile et zélé naturaliste, et étiquetées, comme provenant de la Vera-Paz, deux très-beaux échantillons de ce Bolitoglosse, que nous avons d'abord rapportés au genre *OEdipus* de M. de Tschudi.

Nous croyons devoir en donner ici une courte description.

Ils sont tous deux de la même longueur de 13 centimètres et demi 0m,135. Tout le dessous du corps est d'un noir violacé, ainsi que les pattes; mais le dessus, dans toute sa longueur jusqu'au bout de la queue, est d'une teinte grise rougeâtre qui peut-être était tout à fait rouge. Sur ce fond, dans l'un, se trouvent des taches irrégulières noires, surtout sur la tête; dans l'autre, ces taches sont réunies pour former deux bandes longitudinales noires sur le tronc, et entre ces bande sont distribuées beaucoup de taches de même couleur. Les pattes offrent cette particularité que les doigts, très-courts, sont tout à fait confondus en une véritable palette, sur les bords de laquelle on voit seulement quelques avances, au nombre de quatre seulement, indiquant les dernières phalanges des doigts et des or-

(1) Οἰδος, *tumidus*-enflé-gonflé, et de Πους, *pes pedis*, pattes.

teils. Nous avons reconnu la forme de la langue, l'absence des parotides, les pores nombreux de la peau qui est lisse cependant et les dix plis transversaux des flancs.

D'après ces observations, nous pensons que le genre OEdipus de M. de Tschudi est bien ce Bolitoglosse. Voilà pourquoi nous ne l'avons pas conservé.

VIIIe GENRE. ELLIPSOGLOSSE. *ELLIPSOGLOSSA*. Nobis (1).

Pseudo-Salamandra et *Hynobius*. Tschudi.

CARACTÈRES. *Langue oblongue, entière, un peu plus étroite et arrondie en avant, plus large et enfoncée vers la gorge, ayant ainsi une forme ovale, plissée longitudinalement, libre sur ses côtés seulement.*

Palais armé de dents petites, disposées sur deux rangées longitudinales, rapprochées en arrière, écartées en devant, en forme de V dont les extrémités libres sont recourbées en dehors. (2) *Deux parotides aplaties sur les côtés de la tête et du cou; flancs arrondis. Quatre doigts devant, cinq orteils tous libres, courts et sans ongles ou sans extrémités cornées. Queue courte, très-comprimée, surtout à son extrémité.*

Ce genre ne comprend que deux espèces qui ont été décrites et figurées dans la Faune du Japon sous le nom de Salamandre et que M. Tschudi a séparées en deux genres sous des noms nouveaux, comme nous l'indiquons dans le titre, ce que nous expliquerons en traitant de chacune d'elles.

(1) De Ελλεὶψις, ellipse, ovale et de Γλοσση, langue.

Nous n'avons pas dû conserver le nom de Pseudo-Salamandra d'après les principes établis par Linné; ni le nom Allemand de *Molge* donné par Merrem aux Tritons.

(2) Les mâchoires et les dents sont figurées par M. Schlegel dans sa Faune du Japon pl. 5 des Reptiles fig. 9 et 10. — Voyez notre ATLAS, pl. 101, fig. 5.

Le caractère particulier est véritablement déterminé par la forme et la structure de la langue qui est très-papilleuse et dont les adhérences, devant et derrière, doivent s'opposer à sa protraction, ou à sa sortie de la bouche. La disposition des dents palatines est absolument la même dans les deux espèces et telle que nous l'avons indiquée.

La longueur de la tête et du cou est généralement beaucoup plus marquée que dans la plupart des autres Atrétodères. Elle est d'autant plus notable que ces deux régions ont la même largeur. Une autre particularité consiste en ce que le pli de la gorge est très éloigné de la tête osseuse proprement dite ; ce qui fait que, vue par la partie inférieure, cette tête paraîtrait fort longue. Les parotides, d'ailleurs peu saillantes, sont beaucoup plus longues en totalité que dans la Salamandre terrestre. Il est vrai qu'elles semblent formées de deux parties, l'une antérieure plus petite, qui se voit au dessous de l'œil et qui semble séparée par une ligne enfoncée passant le long de la commissure des mâchoires et qui se voit encore par le bas sous la gorge, où elle forme un petit pli ou collier peu marqué ; tandis que le second collier, qui probablement correspond aux anciennes ouvertures des branchies, est beaucoup plus prononcé et remonte sur les côtés du cou, pour se terminer derrière les parotides postérieures, à une assez grande distance de la tête, ainsi qu'on peut le voir par les mesures que nous en avons prises sur les individus mêmes.

Comme les espèces rapportées à ce genre ont la queue très-comprimée, il est certain qu'elles vivent habituellement dans l'eau. M. Schlegel en a donné de bonnes figures et les descriptions qu'il nous a mis à portée de vérifier, car le Musée de Leyde a bien voulu gratifier celui de Paris, d'un individu des deux espèces que nous allons faire connaître sont très-exactes. Il est facile de les distinguer l'une de l'autre.

1. ELLIPSOGLOSSE A TACHES. *Ellipsoglossa nævia.* Schlegel.

(ATLAS, pl. 101, fig. 5, l'intérieur de la bouche.)

CARACTÈRES. Corps très-allongé, mince et arrondi dans toute la partie du tronc et du cou; queue comprimée fortement, d'un cinquième plus courte que le tronc; peau d'un gris ardoisé bleuâtre, avec de petites taches plus claires et comme marbrées sur les flancs; le dessous du corps lisse, ainsi que le dessus.

SYNONYMIE. 1833. *Salamandra nævia.* Schlegel. Faun. Japonica, pag. 122, pl. 4, fig. 4 à 6, et pl. 5, fig. 9 et 10, la tête osseuse.

1838. Le même dans ses Abbildungen, p. 122, pl. 39, n.o 4.

1838. *Pseudosalamandra nœvia.* Tschudi. Classif. der Batr., p. 56 et 91.

1842. *Molge*, n.o 3. Bonaparte. Faun. ital. fol. 131** ad finem, qui rapporte à tort cette espèce au *Molge striata* de Merrem, tentamen 186, lequel correspond à l'*Onychodactyle.*

1850. *Molge striata.* Gray. Catal. of British. Mus. p. 31, n.o 1.

DESCRIPTION.

On ne connaît véritablement cette espèce que par les individus rapportés du Japon au musée de Leyde, et c'est à M. Schlegel qu'est due la première description; voici ce qu'il en dit dans l'ouvrage cité.

Cette Salamandre tient le milieu entre les espèces terrestres et les aquatiques; ses formes sont élancées; la queue plus courte que le corps, devient insensiblement de plus en plus comprimée. La tête est à peine plus large que le cou et arrondie partout; les yeux sont très-saillants; les narines dirigées en avant, sont situées au devant du museau. La peau est lisse et comme polie, plus épaisse sur les côtés et sur la queue; on y voit des plis en travers et des pores muqueux; une rainure occupe la ligne médiane du dos; les deux plis en collier, sont très-distincts et semblent couper la parotide en deux portions inégales.

On a compté dix-huit vertèbres au tronc, les apophyses épineuses des vertèbres de la queue sont en dessous beaucoup plus longues.

M. Schlegel a observé que la langue était de même forme que dans l'espèce que nous allons décrire. Le nom de *Nævia* indique les taches que les Latins nommaient *Nævi* (1), quand elles venaient de naissance.

(1) Martial dans une de ses épigrammes, nomme *Nævia* une femme dont le nom, dans une libation, devait être célébré par six coupes de vin.

L'individu que nous avons sous les yeux est plus petit que celui qui a été figuré par M. Schlegel ; voici ses DIMENSIONS : longueur totale 0m,13 ; longueur de la tête et du cou qui sont de même largeur 0m,03; longueur du tronc entre les membres 0m,05 ; queue 0m,05; Diamètre du tronc 0m015; largeur de la tête 0m,01. Rapporté du Japon par M. de Siébold.

D'après les figures citées dans les Abbildungen, tab. 40, fig. 7 de M. Schlegel, les orteils seraient à gauche de quatre seulement, tandis qu'il y en a cinq à la patte postérieure droite ; (c'est une anomalie).

Le n.° 9 représente un jeune individu à quatre pattes dont le nombre des orteils est de cinq pour chaque patte ; il porte cependant encore trois branchies.

Le n.° 10 est un jeune Ellipsoglosse qui n'a pas de taches sous le ventre.

2. ELLIPSOGLOSSE NÉBULEUSE. *Ellipsoglossa nebulosa.* Nobis.

CARACTÈRES. Corps ramassé dans la région du tronc, d'un jaune brunâtre plus ou moins foncé avec des marbrures très-fines; queue fort comprimée, présentant en dessus et en dessous le plus souvent une ligne jaune.

SYNONYMIE. 1833. *Salamandra nebulosa.* Schlegel. Faun. Jap. p. 127, pl. 4, fig. 7 et 9. Abbildungen, tab. 40, fig. 7 à 10.

1838. *Hynobius nebulosus.* Tschudi. Class. der Batr. pag. 60 et 94, n.° 4.

1849. *Hynobius nebulosus.* Bonaparte. Faun. It. fol.131**, n°12.

1850. *Idem.* Gray. Catal. of British Mus. p. 30, n° 1.

DESCRIPTION.

Cette espèce est dans le même cas que la précédente; elle provient également du Japon, et l'auteur en a donné la courte description que nous allons analyser. Comme nous en avons reçu de Leyde un exemplaire, nous avons pu reconnaître la plupart des détails qui se retrouvent indiqués ici.

Ce Batracien est constamment destiné à vivre dans l'eau, car sa queue très-comprimée doit lui servir de nageoire; il est beaucoup plus trapu que le précédent. Cependant sa tête, par sa largeur, se confond avec le cou qui semble en faire partie dans près de la moitié de sa longueur. Le premier pli du cou est moins distinct que dans l'autre espèce. Il paraît que les taches marbrées varient beaucoup dans les individus de la même race, ainsi que la raie jaune qui se voit au-dessus et au-dessous de la queue. On n'a compté que dix-sept vertèbres au tronc.

On ne voit pas dans les caractères indiqués par M. Tschudi les motifs qui l'ont engagé à ranger ce Reptile dans un autre genre que le précédent.

Les premiers individus ont été rapportés du Japon par M. de Siébold, et depuis il en a été envoyé en grand nombre par M. Bürger. On dit qu'ils nagent avec beaucoup de facilité, de sorte qu'on pourrait les prendre pour de petits poissons.

DIMENSIONS. D'après l'individu que possède le Musée de Paris et qu'il a aussi reçu de Leyde, la longueur totale est d'un décimètre; la tête avec le cou 0m,020; le tronc, entre les pattes 0m,030; la queue 0m, 050; étendue d'une patte antérieure à l'autre 0m,030; largeur de la tête 0m,0120.

IX.e GENRE. AMBYSTOME. — *AMBYSTOMA*, Tschudi.

Plagiodon. Nobis. (1).

CARACTÈRES. *Langue arrondie, allongée, entière, libre seulement sur les bords; une seule rangée de dents en travers formant une série courbée en arc à flèches —— ou comme une accolade, aux extrémités de laquelle se voit l'orifice des narines; une parotide longue, peu saillante, mais parcourue dans sa longueur par un sillon qui suit la direction de la fente de la bouche. Tous les cinq doigts grêles, distincts, bien séparés, quoique courts. Peau le plus souvent lisse, avec des sillons transversaux sur les flancs qui sont arrondis; queue courte, grosse à la base, mais comprimée surtout vers son tiers terminal.* (Voyez notre ATLAS, pl. 101, fig. 6; pour les dents).

Ce genre, que nous avions distingué et bien établi dans les

---

(1) De Πλαγιος, transverse, en travers et de Οδους, Οδοντος, dents. Nous avions donné ce nom dans nos collections aux espèces réunies dans ce genre. Depuis, M. Tschudi l'a désigné sous un nom dont nous avons en vain recherché l'étymologie. Serait-ce Αμϐλυστομα, bouche faible ou effacée? Nous l'adoptons, car il y a des Ophidiens Plagiodontes (T. VII, p. 169).

collections du Muséum, d'après la disposition transversale des dents palatines et la forme générale du corps, ne comprend que des espèces du nord de l'Amérique. La plupart avaient été plutôt indiquées que décrites, par les auteurs, ainsi qu'on le verra par la synonymie des espèces que nous ferons connaître; mais M. Holbroock, dans son bel ouvrage sur l'Erpétologie de l'Amérique du nord, nous a donné d'excellentes figures qui ne laisseront aucun doute maintenant sur les noms divers et malheureusement trop nombreux attribués à une seule et même espèce.

Nous ne possédons pas de détails sur les mœurs de ces Batraciens; il est présumable qu'ils ont à peu près les habitudes de nos Tritons; peut-être sont-ils un peu plus terrestres, car la base de leur queue reste longtemps arrondie, pour ne devenir de forme comprimée que vers le tiers de l'extrémité libre et pointue. Toute leur organisation porte à croire que ces espèces se retirent à peu de distance du bord des eaux tranquilles dans lesquelles elles se rendent à certaines époques, surtout vers celle de la fécondation.

Nous en connaissons sept espèces, qui toutes ont été recueillies dans l'Amérique du nord; elles sont figurées par M. Holbrook, qui les a décrites sous le nom de Salamandres. Voici un tableau analytique qui pourra servir à leur détermination comparée.

TABLEAU SYNOPTIQUE DES ESPÈCES DU GENRE AMBYSTOME.

A dos	noir	sans taches; à flancs		plissés.	5. A. Taupe.
				lisses	2. A. Noir.
		à taches	arrondies,	irrégulières jaunes. .	4. A. Tigré.
				régulières, par paires.	1. A. Argus.
			anguleuses, transversales, grises .		3. A. Bandes.
	brun, à			bandes de taches rouges, carrées. . . .	6. A. Taches-carrées.
				raie large, foncée, sans taches. . . .	7. A Saumoné.

1. AMBYSTOME ARGUS. *Ambystome Argus.*

CARACTÈRES. Peau d'un noir plombé, ardoisé ou rougeâtre, lisse, marquée en dessus de goutelettes arrondies, distribuées presque symétriquement par paires de couleur jaune pâle ou blanchâtre qui deviennent tout à fait blanches dans l'alcool; d'un bleu ardoisé en dessous et sans taches; quelques-unes sur le dessus des pattes, dont les doigts sont beaucoup plus grêles et distincts que dans la plupart des Salamandres.

SYNONYMIE. Les noms employés pour désigner cette espèce sont tellement différents, que pour faire cesser l'incertitude, nous avons cru utile de les rejetter, en lui laissant celui d'*Argus* que nous lui avions donné dans nos collections; en effet, c'est toujours le même animal qui a été décrit, figuré ou indiqué sous les dénominations suivantes. M. Bell l'a inscrit sous le nom d'*Argus* dans le catalogue Musée de la Société Zoologique de Londres n.° 659.

1702. *Carolina Salamander.* Petiver. Gazophylac. decas VII, et VIII, tab. 79, n° 14, (suprà) et decas X, tab. 91, n.° 2, (infrà).

1754. *Stellio.* Catesby. History of Carol. t. III, pl. 10, fig. 10.

1789. *Lacerta punctata.* Linné. Gmelin. Syst. nat. pag. 1076, n.° 45.

1788. *La ponctuée.* Lacépède. Quad. ov. in-18, t. 2, p. 227.
1789. *Idem.* Daubenton. encyclop. pl. 12, n.° 1, p. 63.
1801. *Idem.* Latreille. Hist. nat. Rept. in-18, pag. 252.
} extrait de Catesby.

1802. *Salamandra venenosa.* Daudin. Hist. des Reptiles, t. VIII, pag. 229.

1802. *Lacerta maculata.* Shaw. Gener. Zoology. t. III. p. 304.

1803. *Salamandra subviolacea.* Barton. Philos. Transact. vol. VI, pag. 112, pl. 4, fig. 6.

1809. *Salamandra subviolacea.* Harlan. Med. and. phys. Res, pag. 93, journ. acad. nat. sc. of Philadelphie V, 317.

1818. *Salamandra maculata.* Green. journ. of Philadel. vol. I, p. 2, pag. 360.

1842. *Salamandra symmetrica.* Dekay. nat. History. pag. 73, pl. 15, fig. 32.

1842. *Salamandra venenosa.* Ejusd. pl. 16, fig. 36.

1830. *Salamandra punctata.* Wagler. Amph. syst. p.208, n.° 27.

1833. *Salamandra subviolacea.* Schlegel. Faun. japon p. 118, n.° 1. ?

1838. *Ambystoma subviolaceum.* Tschudi. Classif. der Batrachier. pag. 92, n.° 3.

1842. *Salamandra venenosa.* Holbrook. north. Amer. Herp. t. III, pag. 67, pl. 22.

1849. *Ambystoma punctata.* Baird. pag. 282.

1850. *Ambystoma Carolinae.* Gray. Cat. pag. 35.

DESCRIPTION.

Cette espèce, autant que nous pouvons en juger par trois individus de tailles différentes et que nous avons sous les yeux, serait très-facile à reconnaître à cause des taches arrondies, qui sont toutes si régulièrement distribuées sur le dos et sur la queue; mais d'après les Erpétologistes Américains et les collecteurs, les individus présentent beaucoup de variétés, d'abord par la couleur de ces taches, que les uns disent blanches, d'autres, jaunes, et même d'un bleu pâle. Sur ceux de notre Musée, la teinte de ces marques arrondies est blanche; mais cela tient peut-être à l'action de la liqueur conservatrice qui les renferme. Le nombre de ces maculatures, qui ont la forme de pois arrondis, varie comme leur position; ainsi pour le dessus de la tête, on en voit tantôt quatre principales, tantôt huit. Celles du dos forment deux séries de neuf, distantes entre elles; celles de la queue sont aussi en rangées doubles à la base, mais elles deviennent simples ensuite. Nous insistons sur ces particularités, parce que dans la figure donnée par Catesby, qui a été reproduite si souvent, on ne voit qu'une rangée unique de taches caudales et l'un de nos individus les présente en effet de cette manière.

Nous avons aussi d'autres exemplaires, pris dans les mêmes lieux et à peu près semblables pour la forme; ce sont peut-être ceux que Barton a désignés sous le nom de venimeux, ou de violâtres, mais nous croyons qu'ils appartiennent à une espèce tout à fait distincte.

Ces Ambystomes proviennent de l'Amérique septentrionale; l'un d'eux nous a été adressé par M. Milbert et il a été dessiné pour les velins du Muséum. Nous ignorons les particularités de leur séjour et de leurs habitudes; comme leur queue est fort grosse à la base et aplatie seulement vers le tiers postérieur, cela fait présumer qu'ils ne vivent pas habituellement dans l'eau.

Voici les dimensions de l'un des plus grands individus de notre collection.

Longueur totale 0m,17 ; la tête et le cou 0m,03 ; le tronc 0m,05 ; la queue 0m,09 ; le plus grand diamètre de la tête 0m,015, celui du tronc 0m,02 ; queue à la base 0m,01.

C'est, à ce qu'il paraît, à l'un des individus de cette espèce que le nom de *Salamandra margaritifera* a été donné sur le vélin n.° 90, fig. 2, de la collection du Muséum.

2. AMBYSTOME NOIR. *Ambystoma nigrum.* Nobis.

Caractères. Tout-à-fait noir en dessus et sans taches; plus pâle et teinté de rougeâtre en dessous, avec de petites marques blanchâtres sur les bords; queue grosse et ronde à la base, mais très-fortement comprimée dans le reste de son étendue.

Synonymie. 1818. *Salamandra nigra.* Green. Journ. Acad. Sci. Phil. vol. I, p. 352.

1820. *Triturus.* Rafinesque. Ann. of sc. nat. Philad.

1824. Bulletin des sciences. Férussac, t. XVI, n.° 96, p. 130.

1827. *Salamandra intermixta.* Green. Maclurian Lyceum, pag. 5.

1835. *Salamandra picta.* Harlan. Med. and Phys. Rep. p. 98.
Idem. — *nigra.* — idem. — ibid. — p. 97

1842. *Triton niger.* Holbrook. North. Amer. Herpet. pag. 81, pl. 27.

1842. *Triton niger.* Dekay. Nat. Hist. p. 85, pl. 15, fig. 35.

1849. *Desmognathus niger.* Baird. North. Amer. Acad. Ph. p. 285.

1850. *Desmognathus niger.* Gray. Cat. British. Mus. p. 40, n° 1. Serait-ce aussi l'*Hemidactylium scutatum* in eod. Catal. p. 41, n.° 1 ? Voir Desmodactyle.

DESCRIPTION.

Cette espèce, qui a été parfaitement décrite et figurée par M. Holbrook, a été recueillie dans tous les états de l'Union, jusqu'au 43.° de latitude, près du golfe du Mexique, mais aussi à la Louisiane, en Pensylvanie, en Géorgie et en Caroline. C'est une espèce évidemment destinée à vivre presque constamment dans l'eau, si la queue ne varie pas pour la compression, qui est très-considérable, au moins à en juger d'après la bonne figure que nous venons de rappeler; si elle ne vient pas à s'arrondir, comme on l'observe dans la plupart de nos Tritons lorsqu'ils ont séjourné longtemps hors des eaux tranquilles qu'ils préfèrent.

Nous ne connaissons cet Ambystôme que par les figures et les descriptions citées auxquels nous croyons devoir renvoyer les Naturalistes. Nous avons tout lieu de croire que le Desmodactyle écussonné, n.° 1 ou *Hemidactylium scutatum* de M. Tschudi doit venir se placer à la suite de celui-ci comme Ambystome. Nous en avons une figure dans les vélins du Muséum; mais d'après ce dessin, qui est d'ailleurs fort exact, il nous a été impossible de bien déterminer le genre auquel cette espèce appartient.

3. AMBYSTOME A BANDES. *Ambystoma fasciatum*. Nobis.

(Atlas, pl. 101, fig. 5 pour les dents et pl. 105, fig. 1, variété jaune et noire.)

Caractères. Corps d'un noir ou d'un bleu très-foncé en dessus avec de grandes taches ou bandes d'un gris blanc ou jaunâtre, presque transversales sur le dos et sur les flancs; queue très-grosse à la base et ensuite comprimée en décroissant avec des bandes ou des anneaux transverses.

Synonymie. 1807. *Salamandra opaca*. Gravenhorst. Collect., p. 43. Voir dans ce volume, p. 67.

1818. *Salamandra fasciata*. Green. Amphib. Journ. Ac. Sc. nat. Philad. Tom. I, part. 2, p. 350.

1825. *Salamandra fasciata*. Harlan. Faun. Amer. Boreal. Rept. North. Amer. p. 329.

1829. *Salamandra opaca*. Gravenhorst. Del. Mus. Vatislav., pl. x, p. 75.

Salamandra armigera? Valenciennes. Vélins du Muséum, n.° 88, n.° 4, et probablement aussi la fig. 3, n.° 90, sous le nom de *Salamandra semi-fasciata*. Si cette figure n'est pas celle d'une variété de l'Ambystome argus.

1830. *Salamandra fasciata*. Wagler. Amphib., p. 208, g. 27.

1835. *Salamandra fasciata*. Harlan. Med. Research, p. 94.

1842. *eadem*. Holbrook. North. Am. Herpet. t. V, p. 71, pl. 23.

1838. *Ambystoma subviolaceum*? Tschudi. Classif. der Batrach, p. 92.

1842. *Salamandra fasciata.* Dekay. Natur. Hist. New-York, p. 77, pl. 17, fig. 40.

1849. *Ambystoma opaca.* Baird. North. American. Tailed Batrachia, p. 283.

1850. *Ambystoma opacum.* Grãy. Catal. British. Mus., p. 36,

Voyez l'intérieur de la bouche, pl. 93, fig. 4. *(Ambystome à bandes.)*

DESCRIPTION.

Cette espèce, dont notre Musée national possède un grand nombre d'individus qui tous proviennent de l'Amérique septentrionale, présente beaucoup de variétés tant pour la taille que pour la distribution des taches. Cependant nous pouvons dire, d'une manière générale, qu'elle est trapue, courte et semblable jusqu'à un certain point à notre Salamandre terrestre. Son tronc très-gros, à peau fort lisse, se confond avec la base de la queue qui est évidemment comprimée dans ses deux tiers postérieurs qui diminuent beaucoup en travers. Le fond de la couleur de la peau est noir, ou d'un bleu foncé violâtre, avec des taches ou des bandes allongées, que l'on annonce être d'un gris bleu très-pâle dans l'état de vie, mais qui prennent une teinte jaune pâle, dans l'alcool. Ces taches sont très-distinctes. Les unes sont presque carrées sur le dos, plus allongées sur les flancs, quelques-unes placées sous le ventre, sont comme dilatées à l'une de leurs extrémités. Toutes ces taches se continuent sur la queue, celle-ci semble être annelée en dessus, car en dessous, la teinte est d'un gris noirâtre plus ou moins foncé, uniforme ou sans aucune tache.

Parmi les variétés que produisent les modifications des taches, nous avons remarqué quelques individus dont les taches dorsales sont contiguës et semblent former une grande plaque allongée. Les uns ont les pattes noires, sans taches, d'autres, d'un gris très-clair; quelques-uns ont des taches jaunes larges, qui s'étendent jusque sur les doigts. Les pattes postérieures courtes sont comme comprimées. Les individus varient beaucoup pour la taille.

Les figures qu'en a données M. Holbrook sont excellentes. Quand nous voyons celle de la Salamandre opaque qu'a publiée M. Gravenhorst, nous sommes portés à la regarder comme représentant l'Ambystome que nous décrivons ici, de sorte que ce serait un double emploi; cela peut nous arriver, car nous ne pouvons vérifier la disposition des dents palatines ne connaissant de cette Salamandre opaque que la figure citée.

Variété. (Atlas, pl. 105, fig. 1.) M. *Trécul* nous a remis un très-bel individu beaucoup plus grand que tous les autres; il a été recueilli dans les environs de la Nouvelle-Orléans. La plupart au contraire ont été pris dans les forêts du New-Jersey, sous des feuilles humides. On dit qu'on les a rencontrés aussi dans l'eau, probablement à l'époque de la fécondation. Cette variété est remarquable par ses bandes jaunes transverses.

Les dimensions varient considérablement, probablement suivant l'âge des individus. Le plus grand que nous ayons observé, pouvait avoir un double décimètre ou 0m,20. Un autre, que nous avons mesuré, n'avait de longueur que 0m,12 ; du museau aux épaules 0,03 ; du tronc entre les pattes 0,04; la queue 0,05; la distance entre les pattes antérieures étendue de 0,04 ; la largeur de la tête 0,01 et le diamètre du tronc 0,02. C'était à peu près la moitié des proportions de l'individu rapporté par M. *Trécul.*

4. AMBYSTOME TIGRÉ. *Ambystoma tigrinum.* Baird.

CARACTÈRES. Corps noir, avec de grandes taches jaunes nombreuses, irrégulières, comme flambées ; de pareilles taches allongées presque annelées sur la queue, qui est courte, très-grosse à la base; le dessous du tronc d'un gris bleuâtre foncé, sans taches, ainsi que le dessous des pattes.

SYNONYMIE. 1809. *Salamandra tigrina.* Harlan. Rept. amer., part. II, p. 328, extrait dans le bulletin des sciences, de Férussac, t. XIII, p. 436, n.° 324, idem 1835, Med. Res. t. V, p. 328.

1825. *Salamandra tigrina.* Green. Journal. Acad. cie. nat. Philadelphie, t. V, p. 116.

1838. *Cylindrosoma.* Tschudi. Classif. der Brachier. p. 93, n° 6.

1842. *Triton tigrinus.* Holbrook. Herpet. north. Amer. p. 79. pl. 26.

1842. *Triton tigrinus.* Dekay. Natur. Hist. p. 83, pl. 15, fig. 32.

1849. *Ambystoma tigrina.* Baird. Amer. Batrach., p. 284.

1850. *Ambystoma tigrinum.* Gray. Cat. p. 35, n.° 2.

DESCRIPTION.

Cette espèce a les plus grands rapports avec la précédente et aussi avons nous pensé qu'il fallait l'en rapprocher ; mais la description qu'en a donnée M. Green nous a prouvé que l'individu que nous avions sous les yeux montrait tous les caractères assignés par cet excellent observateur. Nous restons cependant dans l'incertitude pour assurer que ce n'est pas une simple variété.

Voici', au reste, ce qu'il en dit. Couleur des parties supérieures et des côtés noirâtre, avec de nombreuses taches irrégulières de couleur d'ochre pâle, qui sont moins confuses le long des flancs. Nous ne trouvons pas que la queue soit plus longue que le tronc, au contraire.

Telles sont les dimensions de notre exemplaire. Longueur totale 0m,13; la tête et le cou ensemble 0m,02; le tronc entre les pattes 0m,06; queue 0m,05; largeur de la tête 0m,01 ; du tronc 0m,02 dans son plus grand diamètre.

L'individu que posséde le Muséum provient de M. Milbert qui l'a rapporté de New-yorck. Celui qu'a décrit M. Green avait été trouvé dans le New-jersey près de Moor.

M. Valenciennes a donné le nom de *Salamandra tigrina* à la figure n.° 3 du vélin n.° 88 de la collection du Muséum, mais ce n'est pas la même espèce.

5. AMBYSTOME TAUPE. *Ambystoma Talpoideum*. Gray.

Caractères. Corps court, épais; d'un noir bleuâtre sans taches, plus pâle sous le ventre ; queue grosse à la base, courte, un peu comprimée et pointue.

Synonymie. 1842. *Salamandra talpoidea*. Holbrook. North. Am. Herp. t. V, pag. 73, pl. 24.

1850. *Ambystoma ? talpoideum*. Gray. Catal. of the British. Museum part. 2, page 36, n.° 3.

DESCRIPTION.

Cette espèce qui a été très-bien décrite et figurée par Holbrook a été observée dans la partie méridionale de la Caroline. On croit qu'elle reste constamment sur la terre. Nous ne la connaissons pas.

6. AMBYSTOME TACHES-CARRÉES.

Ambystome quadrimaculatum. Nobis.

Caractères. Le dessus du tronc brun, marqué sur le cou et sur le dos de taches rouges briquetées, distribuées par paires symétriques presque carrées, ne formant plus qu'une longue bande sur la queue qui se termine en pointe; les flancs verdâtres, tachetés de noir; tout le dessous du corps pâle, lavé d'une teinte rosée.

Synonymie. 1838. *Salamandra quadrimaculata*. Holbrook, North Amer. Herpet. V, p. 49, pl. 13.

Ce Zoologiste n'indique aucune Synonymie ; mais M. Gray dans son cat. du British Museum page 41, cite quelques concordances avec le *Desmognathus fuscus* auquel il rapporte l'espèce dont nous parlons, entre autres le Triturus fuscus de Rafinesque et la Salam. picta de Harlan, ainsi qne le Desmognathus de Baird. Cette espèce a été trouvée dans diverses contrées de la Caroline de la Géorgie, et de la Pensylvanie d'après M. Holbrook.

7. AMBYSTOME SAUMONÉ *Ambystoma Salmoneum.*

CARACTÈRES. Corps très-allongé, d'une teinte brune sur le dos, mais de couleur de chair pâle et successivement dégradé sur les flancs et tacheté ou pointillé de noirâtre; le dessous du corps blanchâtre, teinté de noir; pas de grandes taches.

SYNONYMIE. 1839. *Salamandra salmonea.* Storer. Rept. Massachusetts. pag. 248.

1842. *Salamandra salmonea.* Holbrook. t. III, p. 33, pl. 16.

1850. *Spelerpes ? salmonea.* Gray. Catal. British. mus. p. 46, n.° 7 ; cite Dekay. 1840. Rept. New-York. p. 76, t. XVI, f. 2, et Baird. 1849. p. 287, sous le titre de *Pseudotriton salmoneus.*

DESCRIPTION.

Cette espèce, d'abord recueillie dans l'état de Vermont, l'a été aussi dans le Massachusetts; elle se trouve dans les régions montueuses dans le comté d'Essex et de New-York.

Nous avons le regret de n'avoir pas sous les yeux les très-nombreuses espèces de cette famille des Salamandrides qui se trouvent dans l'Amérique septentrionale. Nous espérons que d'après l'excellent ouvrage de M. Holbrook et l'exactitude de ses dessins, les habiles Naturalistes de ce pays nous mettront à même de corriger les erreurs de Synonymie partie si essentielle de la science Zoologique. Nous regrettons que M. Holbrook ne nous ait pas donné plus de citations pour nous mettre en mesure de débrouiller cette sorte de confusion résultant d'une nomenclature qui nous a laissé dans une grande incertitude ne pouvant vérifier par nous-même que les notes rédigées d'après quelques unes des figures.

Nous trouvons dans les Proceedings of the Acad. of nat. sc. of Philad. octobre 1852, la description de deux espèces décrites par MM. Baird et Girard ; nous ne les connaissons pas. Elles portent les noms de *Amblystoma proserpine* et *A. tenebrosum.*

X.e GENRE. GÉOTRITON. — *GEOTRITON*. (1)

Gené.

Caractères. *Langue en champignon, formant un disque libre dans tout son pourtour, supportée au centre et en dessous par un pédicule grêle, protractile; ce disque est reçu dans une concavité du plancher de la bouche à bords saillants et demi-circulaires en avant; une série de dents palatines située en travers et en arrière des orifices internes des narines; plus deux autres séries de dents longitudinales en arrière; yeux saillants; pas de parotides apparentes; tous les doigts et les orteils légèrement palmés à leur base; peau lisse.*

Ce genre nous paraît avoir les plus grands rapports avec celui des *Bolitoglosses* et avec le genre *OEdipe* de M. de Tschudi que nous n'avons pas admis. C'est absolument la même forme de la langue et un semblable arrangement pour les dents palatines; M. le prince Bonaparte qui en a fait une description soignée et qui en a donné une figure, ne nous a pas fourni cependant assez de notes comparatives pour nous mettre à portée de lever nos doutes à cet égard. Nous avons bien eu trois individus sous les yeux; mais ces exemplaires sont racornis et desséchés, parce qu'ils ont été déposés dans un alcool trop rectifié. Au reste, ces petits individus étaient probablement fort jeunes; car ils paraissaient différer de celui dont le dessin que nous allons citer peut donner une idée; de sorte que nous nous voyons forcés de relever ici un extrait de la Faune italienne et d'une petite note que M. Gené a insérée dans son synopsis.

(1) De Γη-ῆς de terre et de Τρίτων nom mythologique emprunté par Laurenti pour désigner plus particulièrement les Salamandres aquatiques ou à queue plate.

ESPÈCE UNIQUE.

GÉOTRITON BRUN. *Geotriton fuscus.* Gené.

(ATLAS, pl. 102, fig. 1, pour les dents).

CARACTÈRES. Brun, avec des lignes rougeâtres presque effacées; cendré en dessous, avec de petits points blancs; queue un peu plus courte que le corps, grosse à la base et presque arrondie; doigts courts un peu palmés et déprimés.

SYNONYMIE. *Salamandra fusca.* Gesner. Quad. ovip. II, page 82. Aldrovandi lib. I, p. 640. Laurenti Synops. Rept. page 42, n.° 52.

1788. *Salamandre brune.* Bonnaterre. Encycl. p. 65, n.° 10.

1833. *Salamandra Genei.* Schlegel. Fauna Jap. p. 115, n.° 2.

1838. Schlegel. Abbild. p. 122, pl. 39, fig. 5, 6, 7.

1838. *Geotriton Genei.* Tschudi. Batr., p. 94, pl. 5, fig. 3.

1839. *Geotriton fuscus.* Gené synops. Rept. Sardiniæ, mém. Acad. Turin. série 2, p. 282 ; tom. I, 1839.

1841. *Geotriton fuscus.* Bonaparte Faun. ital. fol. 95*** pl. 84, n.° 4.

1850. *Geotriton fuscus.* Gray catal. British. mus. p. 47.

DESCRIPTION.

L'auteur fait remarquer que cette espèce a la plus grande affinité avec les deux genres Salamandre et Triton en indiquant que beaucoup d'espèces d'Amérique ont été selon lui capricieusement réparties entre ces deux genres, quoiqu'elles n'aient pas encore été complétement caractérisées; ce qui est très-vrai.

Le motif qui l'a engagé à isoler cet individu, c'est la singulière réunion des pattes palmées dans un animal terrestre] comme semble l'indiquer sa queue de forme cylindrique; nous avouerons que nous avons trouvé cette disposition dans beaucoup de Tritons surtout chez les mâles, lorsqu'ils ont été plusieurs mois hors de l'eau. Il est vrai qu'alors ils ne conservent pas long temps la palmure des pattes.

Puis vient l'historique indiqué plus haut dans la synonymie. Il annonce que c'est en vain qu'il a cherché la citation faite par Cuvier de l'espèce qu'il a désignée sous le nom de Savi donné par M. Gosse.

Ce Géotriton a été trouvé en Italie dans les Appenins et aussi en Sardaigne. Les individus que possède le Musée de Paris portent pour étiquette *Géotriton de Gené* venant de Toscane ; l'un donné par M. Savi et et les deux autres par M. Gené. Ce dernier auteur dit qu'il en a trouvé fréquemment, l'hiver, sous les pierres, au bas des montagnes, mais jamais dans l'eau. En ouvrant le ventre d'une couleuvre il lui en a trouvé un dans l'estomac.

L'auteur de la Faune Italienne est porté à croire que l'espèce indiquée sous le nom de *Salamandre funèbre* décrite d'abord par M. Bory de St.-Vincent, mais d'une manière trop abrégée dans le Dictionnaire classique d'histoire naturelle ; puis dans son résumé d'Erpétologie in-24 pag. 236 pourrait être la même. Il l'avait trouvée en Espagne.

Dimensions. Les individus très-petits que nous avons examinés ont en longueur totale 0,06 ; la tête et le cou pris ensemble 0,015 ; le tronc entre les pattes 0,02 ; longueur de la queue 0,025 ; largeur du tronc et de la tête 0,007.

XI.e GENRE. ONYCHODACTYLE. — *ONYCHODACTYLUS* (1). Tschudi.

Dactylonyx. Sur l'étiquette que nous avions inscrite sur le bocal du Musée.

Caractères. *Langue arrondie, entière, libre seulement sur les bords ; palais garni de dents formant une série continue sinueuse en travers en forme d'M majuscule, à angles arrondis ; peau lisse, poreuse, mais non tuberculeuse ; une parotide peu saillante de chaque côté, comme séparée en deux parties inégales par une ligne enfoncée partant de la commissure de la bouche ; queue arrondie, très-longue, mais comprimée dans son quart terminal ; les doigts libres, dégagés, terminés généralement par une tache noire, simulant tout-à-fait en dessus la forme d'un ongle.*

---

(1) De Ονυξ-Ονυχος ongle et Δακτυλον doigt. Nous avions en effet désigné d'abord ce genre sous le nom de *Dactylonyx* et même d'*Onychopus* plus court et plus expressif.

Ce genre ne comprend qu'une seule espèce qui a été depuis longtemps inscrite dans les fastes de la science. On savait qu'elle avait été rapportée d'abord du Japon par Thunberg; mais depuis, elle a été mieux étudiée et surtout par M. Schlegel, d'après de nombreux individus du Cabinet de Leyde, remis par M. de Siébold, et dont nous avons reçu un exemplaire.

Comme toute l'histoire de ce genre se rapporte à l'espèce que nous allons décrire, nous croyons inutile de présenter ici d'autres détails.

ESPÈCE UNIQUE.

ONYCHODACTYLE DE SCHLEGEL.

Onychodactylus Schlegeli. Tschudi.

(ATLAS, pl. 93, fig. 1, 1 A. la tête vue de profil. 1 B. bouche ouverte pour montrer la langue et les dents. 1 C. bout des doigts, on voit les ongles.)

SYNONYMIE. 1782. *Salamandra Japonica.* Houttuyn. Acta Vlissing. t. IX, p. 329, pl. 9, fig. 3 ?

1787. Thunberg. Nova act. Acad. Stockholm, t. VIII, p. 116, pl. 4, fig. 1 ?

Voir la note qui termine cet article et qui pourrait détruire cette Synonymie de M. Schlegel.

1802. Shaw. Gener. Zool. t. III, p. 248.

1833. *Salamandra unguiculata.* Schlegel. Faun. Jap. p. 123, pl. 5, n.° 1-6.

1838. *Onychodactylus Schlegeli.* Tschudi. Class. der Batr. p. 57 et 92, n.° 4.

1839. *Onychodactylus Japonicus.* Bonaparte. Faun. ital. p. 11, fol. 131**, n.° 5, où est mentionné le nom de *Dactylonyx* Nobis.

1850. *Onychodactylus Japonicus.* Gray. Catal. of British. Mus. p. 33, n.° 1.

DESCRIPTION.

A la première vue, cette espèce ressemble à l'Ellipsoglosse à taches, avec laquelle elle a été confondue à ce qu'il paraît et dont elle ne diffère réellement que par ces deux circonstances : 1.° que les dents palatines moyennes forment un chevron beaucoup plus court et dont la ligne est onduleuse transversalement quoiqu'ayant la forme d'un V très-évasé, mais dont l'angle rentrant est plus court ; 2.° parce que la tache noire des bouts de chaque doigt qui a la forme d'un ongle ou plutôt d'un petit sabot noir, ne se voit, dit-on, dans l'Ellipsoglosse, à aucune époque de l'existence ; tandis que d'après M. Schlegel, la Salamandre onguiculée, ou le Reptile dont nous faisons l'histoire, présente constamment cette disposition surtout dans la saison des amours et même on les voit, dit-il, dans les jeunes individus qui ont encore leurs branchies.

Comme M. Schlegel a eu sous les yeux beaucoup de Batraciens appartenant à cette espèce, c'est de cet auteur que nous emprunterons les faits suivants qu'il a consignés dans la Faune du Japon.

M. Schlegel remarque d'abord la grande analogie qui existe entre cette espèce et l'Ellipsoglosse qu'il a décrit lui-même sous le nom de Salamandre tachetée (nævia), tant pour le port que pour les formes ; mais ses pattes sont plus grêles et la queue moins robuste , moins large, beaucoup plus effilée , car elle dépasse la longueur du reste du tronc. D'ailleurs les plis de la peau, sur les flancs et sur la gorge, sont les mêmes, ainsi que les glandes dites parotides. L'œil est saillant.

La couleur est d'un brun grisâtre, foncée, plus claire en dessous et quelquefois marbrée de jaunâtre ou tout à fait grise chez les adultes ; il existe le long du dos une large raie d'un brun jaunâtre tirant au rouge, dont les contours sont irrégulièrement festonnés par des taches brunes. Cette raie se prolonge sur la queue ; mais sur la tête, elle se fourche et se dissémine sur le sommet, en marbrures fines, formées par les deux teintes principales.

A l'époque des amours, les individus ont les teintes plus claires ; il paraît qu'il suinte alors des cryptes qui se voient sur la queue, une humeur laiteuse abondante ; les pattes postérieures, chez les mâles, se gonflent considérablement et la peau, en dehors du tarse, forme une protubérance qui semblerait le rudiment d'un 6.e orteil. C'est alors aussi qu'on observe dans les deux sexes ces apparences des ongles que M. Schlegel compare au bec des Seiches, probablement pour la couleur ; car pour la consistance, nous les avons trouvés flexibles sur l'individu qui nous a été généreusement transmis par le cabinet de Leyde ; mais peut-être l'alcool a-t-il produit cet effet ou ce ramollissement.

Les têtards seraient presque de la taille des adultes et leurs doigts sont aussi comme ongulés ; mais leur queue est plus comprimée, garnie d'une membrane qui sert à la natation ; les membres sont aussi élargis par un léger repli menbraneux de la peau. Il y a trois arcs branchiaux ; mais les deux premiers seuls portent des filaments fins et touffus; leur tête est plus étroite que dans l'animal adulte et les yeux sont plus verticaux.

M. Schlegel a donné plusieurs détails sur la structure intérieure de cette espèce; nous allons en indiquer quelques uns.

Quand on enlève la peau du crâne, on voit un grand écartement entre les os inter-maxillaires; c'est dans cet intervalle médian que se trouve une glande ovale. Le crâne proprement dit est comme un cylindre, un peu boursouflé dans la région pariétale; les os sont minces et presque transparents. Il y a 34 vertèbres caudales et 19 dorsales, dont la première seule n'est pas munie de côtes.

Ce Reptile est désigné par les Japonais sous des noms dont la traduction serait *Poisson noir des sources en montagnes* ; il se rencontre dans les contrées montueuses des îles Niphon et Sikokf entre les 33 et 36 dégrés de latitude boréale, ceux qui proviennent des monts Facone sont très-recherchés et se vendent dans les pharmacies. On leur attribue des vertus aphrosidiaques et vermifuges. En les préparant pour les usages médicaux, on les fait sécher enfilés par la tête sur de petits bâtons de bambous sans leur retirer les intestins; ils forment alors des paquets de dix à vingt individus; quand ils sont ainsi préparés, leur couleur est d'un brun foncé; ils sont graisseux au toucher.

C'est à tort que quelques auteurs ont donné pour synonyme l'espèce que Houttuyn a décrite dans les actes de Flessingue, celle que Thunberg avait rapportée du Japon et qui a été nommée *Japonicus* par Gmelin, qui l'a inscrite pag. 1076, du *Systema naturæ* de Linné sous le n.° 70. Ce Reptile provenant du voyage de Riche est celui qui a été figuré par M. Brongniart dans le Bulletin de la Société philomat. n.° 36, pl. 6, fig. 3, et que nous avons fait connaître sous le nom de Platydactyle à bandes, tome III, pag. 331. C'est bien cette espèce que Schneider a introduite aussi dans le genre Salamandra fasc. I, de son histoire des Amphibies, pag. 73, n.° 9, et il le décrit parfaitement, c'est aussi ce Platydactyle que Merrem a nommé *Molge striata*. pag. 185, n.° 1.

XII.e GENRE. DESMODACTYLE.

DESMODACTYLUS. Nobis (1).

Hemidactylium. Tschudi.

CARACTÈRES. *Langue très-longue, pointue en avant, large derrière, adhérente de toutes parts ; dents palatines, médianes, nombreuses, formant plusieurs séries ; quatre doigts seulement à toutes les pattes, retenus entre eux, à la base, par une membrane ; peau sans verrues, à queue comprimée ; mais à base arrondie et étranglée.*

Nous ne connaissons pas ce genre en nature; il a été établi par M. Tschudi, d'après un seul individu provenant des Etats-Unis d'Amérique et adressé au cabinet de Leyde, où il est conservé et indiqué comme une Salamandre décrite sous ce nom par M. Schlegel, qui en a donné un dessin lithographié et colorié dans ses Abbildungen. C'est d'après ses descriptions et ses figures que nous en parlerons ici.

Nous ne voyons pas de caractères bien évidents outre celui du nombre des doigts des pattes postérieures. Il se pourrait que l'individu, le seul qui soit connu jusqu'ici, présentât une variété congéniale ou une mutilation accidentelle ; d'ailleurs dans les dessins de grandeur naturelle que nous indiquons, les pattes sont très-grêles et peu développées, à peine peut-on y distinguer les quatre doigts. Cependant s'il en est ainsi, ce genre doit être, au moins artificiellement, rapproché de celui de la Salamandrine, comme nous l'avons fait dans le tableau

(1) De Δεσμος *nexus-connexio*, union-jonction, lien, et de Δακτυλον doigts. Doigts réunis entre eux à la base.

Hémidactyle, c'est le nom d'un genre de Geckotien, de Ημισυς demi et de Δακτυλον. Voilà pourquoi nous n'avons pu adopter ce nom.

synoptique ; mais d'après la méthode naturelle, il devrait être placé près des Tritons ou des Pléthodontes.

Si nous avons changé la dénomination proposée par M. Tschudi c'est, qu'à son insu, il a employé un nom qui avait été précédemment donné par MM. Cuvier, Gray, Wagler, Wiegmann, à un genre de Sauriens de la famille des Geckotiens avec une autre terminaison latine, il est vrai ; mais qui serait la même en français. Voy. t. III de cette Erpét. p. 344.

Comme nous ne pouvons donner aucun detail sur les habitudes de ce Reptile, nous emprunterons aux deux Naturalistes qui ont pu l'examiner, la description que nous allons en reproduire et en suppléant pour quelques notes par l'examen des figures coloriées que nous avons sous les yeux.

1. DESMODACTYLE ÉCUSSONNÉ. *Desmodactylus Scutatus.* Nobis.

CARACTÈRES. Peau du dos comme partagée en compartimens, simulant des plaques ou des écussons ; d'un brun foncé en dessus ; de couleur jaune pâle en dessous, avec des taches noires irrégulières sous la gorge, les flancs et la queue.

SYNONYMIE. *Salamandra scutata.* Etiquette du Musée de Leyde.

1837. *Salamandra Nigra?* Schlegel Fauna Japonica, p. 119, n.° 5. Voir Ambystome noir.

1834. *La même?* du même Abbildungen, tab. 40, fig. 4-6, p. 123.

837. *Hemidactylium scutatum.* Tschudi. Classif., p. 59 et 94.

1850. *Idem.* Gray. Mus. British. Cat. p. 41, g. 7.

DESCRIPTION.

Ainsi que nous l'avons déjà dit, cette espèce par le nombre des orteils se rapproche du genre Salamandrine ; mais sa forme générale et surtout sa queue fort comprimée la placent dans la tribu des Cathétures. Son corps très-allongé, sa peau lisse et, probablement, la distribution ou l'arrangement de ses dents palatines, la rapprochent du genre Pléthodonte.

M. Schlegel l'aurait même prise pour la *Salamandre peinte* de Harlan, si celui-ci avait mentionné le nombre des doigts dans la description qu'il en a donnée dans le catalogue des Reptiles du Nord de l'Amérique que contient le journal de l'académie des sciences naturelles de Philadelphie, tome v, part. 2, p. 333, et dans ce même volume, p. 136. En voici la description, d'après cette citation : dessus du corps noirâtre, ou de couleur plus pâle ; dessous jaunâtre ou légèrement orangé ; un pli de la peau sous le cou ; tête large; queue de la longueur du corps environ, arrondie à la base, puis comprimée. Longueur quatre pouces anglais. Se trouve en Pensylvanie. D'un autre côté, M. J. Green suppose que l'espèce indiquée sous le nom de *picta* est la même que celle qu'il a décrite et nommée *intermixta* (1) à laquelle il donne pour caractères : *caudâ longiusculâ, corpore suprà fusco, maculis undulatis, subtus intermixto.* On voit que ces descriptions très-abrégées laissent les naturalistes dans la plus grande incertitude pour la détermination. Il faut consulter dans ce volume la synonymie de l'article sur l'Ambystome noir. L'individu figuré par M. Schlegel provenait de M. le professeur Troost à Nashville au Tennesee, il dit que son os sphénoïde était hérissé de nombreuses petites dents.

Nous ne savons rien sur ses mœurs ; mais la forme des doigts très-courts, à demi palmés et la queue comprimée, portent à croire que cette espèce vit habituellement dans l'eau, car, dit M. Schlegel, cette queue étranglée à la base et robuste, est subitement aplatie vers le bout, dans le sens qui lui permet d'agir comme une rame.

2. DESMODACTYLE TACHES NOIRES ?

Desmodactylus Melanostictus. Nobis.

Caractères. Quatre doigts à toutes les pattes ; dessous du ventre d'un blanc argenté avec des taches d'un noir de jais ; bout du museau jaune ; queue deux fois plus longue que le corps.

Synonymie. 1844. *Salamandra Melanosticta.* Gibbes. Journal d'hist. nat. de Boston, vol. v, n.º 1, p. 89, tab. 10.

1850. Gray dans son catalogue croit que c'est l'*Hemidactylium scutatum*, p. 42, d'après M. Baird.

(1) Contributions of the Maclurian Lyceum. Juillet 1827, p. 39, 1850.

DESCRIPTION.

Nous n'avons pas vu cette espèce, que nous rapportons avec doute au genre Desmodactyle, nous voyons seulement par la description que nous allons emprunter à l'auteur, professeur de mathématiques et de chimie au collége de Charleston, que ce Reptile n'a que quatre doigts aux pattes et qu'il a la queue comprimée, que par conséquent, d'après l'analyse, il ne peut être rangé avec la Salamandrine.

Au reste, voici la traduction de la description que l'auteur en a faite.

Tête large en proportion du tronc de l'animal, quoiqu'elle se prolonge en un groin obtus. Narines latérales internes ; iris étroit, doré ; pupille contractée, avec un repli de la peau en dessous. Corps cylindrique, queue ronde à la base, ayant un peu plus que deux fois la longueur du corps ; les membres sont grèles, tous sont terminés par quatre doigts.

Couleur. Museau d'un jaune légèrement brunâtre ; dessus du corps d'un brun cendré ; pattes et queue d'un brun orangé, avec des taches d'un noir de jais sur toute la surface. Dessous de la gorge, du tronc et de la queue d'un blanc argenté, parfaitement bien marqué de taches d'un noir de jais d'un 30.e de pouce de diamètre, semblable à une encre épaisse sur un fond blanc. C'est de cette particularité qu'est tiré le nom spécifique.

Dimensions. En partageant le corps, à partir du museau à la pointe de la queue, en trois portions, l'antérieure aurait trois dixièmes de pouce, celle du milieu sept et la postérieure un pouce et six dixièmes. Total de la longueur deux pouces et demi.

Habitudes. Trouvée dans le district d'Abbeville de la Caroline du sud, au commencement d'avril 1844, sur une souche de bois fendue. Elle est assez vive et active dans ses mouvements.

Remarques. Cette espèce est assez voisine de la Salamandre à quatre doigts de Holbrook ; mais elle en diffère par sa couleur et ses taches. La première est d'une couleur jaune pâle en dessus ; la nôtre est jaune au museau, mais brune sur le dos, d'un jaune orangé sous la queue et sur les côtés. L'une est d'un blanc bleuâtre argenté en dessous ; l'autre d'un blanc d'argent avec des taches noires. Ces deux espèces, dit l'auteur, sont, je crois, les seules connues qui se ressemblent par la disposition des quatre pattes, et qui pourraient constituer un sous-genre et même un genre tout à fait distinct.

XIIIe. GENRE. TRITON.—*TRITON* (1). Laurenti.

Salamandra des auteurs y compris Latreille, Daudin, Schneider, Cuvier.

Molge. Merrem (2). *Oiacurus* Leuckart (3).

Triturus. Rafinesque. *Lissotriton*. Bonaparte en partie.

CARACTÈRES. *Langue charnue, papilleuse, arrondie ou ovale, libre seulement sur ses bords; dents palatines formant deux séries longitudinales rapprochées et presque parallèles; pas de parotides très-saillantes; corps allongé, lisse ou verruqueux; à tête plus petite que la partie moyenne du ventre qui est légèrement aplatie en dessous; queue constamment comprimée, quand l'animal habite les eaux douces, à nageoires verticales, cutanées, au moins dans les mâles, surtout à l'époque de la fécondation.*

Voici le genre dont les espèces ont été le mieux observées parmi les Urodèles Atrétodères, parce que ces Batraciens sont très-communs en Europe; qu'ils sont très-vivaces et qu'on

(1) De Τριτων nom emprunté de la fable ou d'un dieu marin, fils de Neptune et d'Amphitrite.

(2) De Μολγης ou de Μολγος lent, tardif. Ce qui signifie aussi une bourse de cuir. Le nom Allemand *Molch* est celui de la Salamandre terrestre. Merrem qui a ainsi changé la dénomination de Triton donne pour motif que ce dernier nom avait été employé déja par Linné pour désigner un Mollusque cirrhipode, mais celui-ci était l'Anatif, dépouillé de sa coquille et figuré d'abord par Leuwenhoeck (*Arcana naturæ*. p. 455, fig. 7) et enfin, ce nom a été appliqué arbitrairement par Gmelin aux animaux Cirrhipodes qui construisent les coquilles du genre Lepas, comme les Balanes et les Anatifes.

(3) Οἰακος *Gubernacula*, rame, aviron et de Ουρα, *Cauda*, la queue.

peut les conserver en vie facilement. C'est ce qui fait qu'on a mieux étudié leurs habitudes , leur développement et les différences de formes aux diverses époques de leur existence; car ils présentent des modifications notables dans leur organisation tant interne qu'externe. Aussi, les Tritons, comme les Grenouilles, ont ils fourni à la physiologie comparée des sujets d'observations curieuses et de découvertes très-importantes, d'abord sur le mode de leur fécondation et de leur développement, suivis avec tant de patience et de succès par l'abbé Spallanzani, puis par M. Rusconi. La vivification des germes a été opérée artificiellement et la science a recueilli beaucoup d'autres particularités sur les changements qu'éprouvent naturellement et successivement les organes de la circulation, ainsi que les fonctions respiratoire et digestive. De plus, on a constaté la singulière faculté dont jouissent les Tritons de reproduire les parties enlevées soit par accident, soit dans l'intention de voir s'opérer cette réintégration des membres qui réussit presque constamment.

Nous ne reviendrons pas sur toutes ces circonstances que nous avons eu occasion de développer dans le huitième volume et dans celui-ci en parlant de la famille des Salamandrides. Elles ne sont pas d'ailleurs spécialement applicables au genre des Tritons chez lesquels, il est vrai, on les a d'abord observées; mais bien à la plupart des Urodèles.

Malheureusement et par une circonstance toute particulière, les Reptiles de ce genre sont fort difficiles à distinguer entre eux ou à déterminer comme espèces ; de sorte que les naturalistes ont pu commettre quelques erreurs dans leur dénomination. Quand il a été possible de suivre les individus d'une même race, depuis la sortie de l'œuf jusqu'à deux ou trois années, après cette époque, ces animaux ont offert dans quelques-uns de leurs organes extérieurs des changements de formes, des développements des parties et une diversité de coloration telles, qu'on a eu peine à les reconnaître comme étant semblables aux individus qui cependant proviennent de la même mère. Souvent, en effet, aux diverses époques de leur vie, de la saison et surtout avant ou après celle de la fécondation, le mâle et la femelle deviennent fort différents l'un de l'autre. Ces modifications sont dues aux changements extraordinaires d'abord de leurs teintes colorées, puis à l'augmentation de volume ou d'étendue dans certaines régions de leurs téguments, surtout des crêtes du dos et de la queue et à la forme de leurs pattes et même de leurs orteils. Aussi, quelques variétés, produites ainsi constamment à l'époque de la fécondation, venant à perdre ces particularités de formes, de couleurs et même des organes indiqués, et reprenant l'apparence et la conformation qu'elles ont le plus habituellement, il est arrivé que dans le premier cas, ces individus ont été faussement considérés comme appartenant à des espèces constantes, que l'on a désignées à tort par des noms spécifiques distincts. Cependant on doit, dans la synonymie, les considérer comme des espèces ou plutôt comme des variétés purement nominales. Il est résulté de ces erreurs beaucoup de doubles emplois, qu'il est difficile de débrouiller. En outre, ces animaux étant véritablement amphibies, les teintes générales de la peau, les taches qu'on y observe et même leur aspect général et leur conformation subissent aussi, par leur séjour sur la terre, une altération si évidente que lorsqu'il viennent à rester dans l'eau pendant quelques semaines, on peut à peine reconnaître leur identité.

Enfin, une dernière difficulté que l'on éprouve dans la détermination des espèces, c'est que leurs couleurs, souvent fort vives, brillantes et très-prononcées pendant la vie, et surtout à certaines époques, ne se conservent pas après la mort; elles sont effacées, altérées ou tellement changées par la nature des liquides où ces Reptiles ont été déposés dans nos collections, qu'au bout de quelques jours, elles ne sont plus reconnaissables, ni comparables aux très-beaux dessins faits d'après la nature vivante, tels que les auteurs les ont transmis dans l'intérêt de la science.

La plupart des espèces du genre Triton restent habituellement dans l'eau et même constamment et nécessairement tant qu'elles conservent leurs branchies, qui chez le plus grand nombre, persistent au moins pendant six mois après leur sortie de l'œuf. Alors elles sont plus vives; elles se meuvent avec plus de facilité et comme elles se nourrissent de petits animaux aquatiques, de larves et de mollusques, elles peuvent se diriger vers la proie et la saisir comme le feraient les poissons. Quand les Tritons sont hors de l'eau, ils sont encore plus agiles ou moins lents et tardifs dans leurs mouvements que les véritables Salamandres dites terrestres ou à queue arrondie; cependant, comme nous l'avons dit, lorsque ces Tritons sont restés longtemps hors de l'eau, leur queue s'arrondit et à peine peut-on reconnaître qu'elle avait été très-comprimée.

Comme c'est principalement sur les grandes espèces de ce genre que Spallanzani et M. Rusconi ont fait des observations très-suivies sur l'acte de la génération et surtout sur les fécondations artificielles, nous devons présenter ici une courte analyse des faits principaux qu'ils ont fait connaître.

On ne trouve jamais les deux sexes dans l'acte immédiat de l'accouplement proprement dit; car il n'y a pas de copulation réelle par intromission des organes mâles dans le cloaque de la femelle. L'époque déterminée par la nature pour l'acte de la fécondation, est ordinairement dans les premiers beaux jours de l'année, pour le climat de Paris par exemple, vers la fin de février, ou au commencement du mois de mars; presque aussitôt après la cessation de l'engourdissement que produit la saison de l'hiver, pendant laquelle les œufs se sont très-visiblement développés dans le corps de la femelle quand ils se sont détachés de l'ovaire et introduits dans les oviductes. Les individus de sexe différent cherchent à se rapprocher. Ce sont surtout les mâles, très-faciles à reconnaître par les crêtes dont leur dos est alors orné, qui se mettent à la poursuite des femelles qu'ils suivent dans tous leurs mouvements, de sorte qu'alors ces Tritons se trouvent constamment réunis par paires.

Pendant plusieurs jours, le mâle reste ainsi dans le voisinage de la femelle; il l'empêche de s'éloigner en faisant en sorte de lui barrer la route qu'elle veut prendre dans sa fuite, en se plaçant sans cesse en travers au devant de sa tête pour l'arrêter. Dans ce rapprochement, ces animaux se trouvent placés de manière que les deux troncs forment par leur position un angle très-ouvert qui correspond aux deux têtes. Pendant cette situation, on voit le mâle agiter vivement la queue par petites secousses comme convulsives, en se servant de son extrémité libre qu'il agite plus ou moins vivement comme un fouet, pour la diriger sur les parties latérales du ventre de la femelle. Celle-ci, comme fatiguée de cette sorte de caresses, commence alors à laisser entre-bâiller les lèvres très-gonflées de son orifice génital. Aussitôt que le mâle s'en aperçoit, il fait lui même écouler, par petits jets, son humeur spermatique dans l'eau dont la transparence se trouve alors légèrement troublée par la teinte blanchâtre de sa liqueur prolifique. On s'est assuré que cette humeur absorbeé par le cloaque vient féconder les œufs ou au moins ceux de ces œufs qui sont prêts à sortir et que la liqueur séminale du mâle arrive ainsi dans l'oviducte sur une assez grande étendue pour y vivifier les germes dans lesquels elle pénètre. Cette sorte d'éjaculation du sperme se répète à certains intervalles. Le plus souvent, quand cette opération est terminée, la femelle cherche à aller déposer ses œufs sur les feuilles submergées de quelques plantes aquatiques, telles que celles des potamogétons, de la berle, du cresson. Cette femelle plie avec ses pattes postérieures la feuille soit en travers, soit en longueur pour en former une sorte de gouttière, dans la rainure de laquelle, l'œuf déposé et enduit d'une sorte de glue visqueuse, se colle et adhère de manière à faire conserver le pli donné à cette portion de la feuille. Dans le cas dont nous parlons, ces œufs sont ainsi déposés un à un, ou deux à la fois et quatre au plus. Pour quelques espèces, les œufs fécondés sont déposés sur quelque corps solide, au fond des eaux. Telles sont au moins les particularités décrites avec beaucoup de soins et de détails par M. Rusconi, qui n'a d'ailleurs observé que deux espèces de Tritons dans son ouvrage ayant pour titre *Les Amours des Salamandres*. Mais d'autres auteurs et entre autres Spallanzani ont vu des œufs déposés isolément ou plusieurs à la suite les uns des autres (1), réunis et formant un cordon long de deux pouces et contenant une dizaine d'œufs sur lesquels il fit ses belles observations. Il a donné sur le développement de ces œufs des détails curieux que nous allons présenter d'une manière générale. Quand ces œufs sont dans l'eau, étant plus denses que le liquide, ils gagnent le fond. Si la saison est chaude, on aperçoit bientôt sur la glu, ou la matière viqueuse qui les recouvre, quelques bulles de gaz d'abord très-petites, mais qui grossissent peu après et qui, changeant la pesanteur spécifique, entraînent avec elles l'œuf vers la surface de l'eau. Ces bulles crèvent; alors les œufs qu'elles soutenaient, retombent au fond de l'eau d'où ils ne remontent plus, restant collés aux surfaces solides sur lesquelles ils restent déposés (2).

Spallanzani, Funk, Rusconi ont décrit et figuré les changements successifs que subissent les embryons dans l'œuf et les métamorphoses des têtards. Nous en avons présenté l'analyse dans le volume précédent en traitant d'une manière générale de la reproduction chez les Urodèles (3).

(1) Spallanzani expériences sur la génération traduites par Senebier. 8.° §. 84, page 62.

(2) Idem ibid. §. 87, pag. 64.

(3) Voyez en outre Tom. VIII du présent ouvrage, p. 237, *des changements que subissent les têtards des Salamandres.*

La plupart des espèces du genre Triton restent habituellement dans l'eau où la conformation particulière de leur longue queue comprimée faisant l'office d'une rame donne à ces Reptiles beaucoup de facilité pour se mouvoir et par conséquent pour poursuivre leur proie, qui consiste en animaux vivants, ce dont ils doivent s'assurer parce qu'ils jouissent du mouvement. C'est au reste une nécessité chez la plupart des Batraciens, ainsi que nous l'avons déjà dit pour les grenouilles et tous les Anoures. Cependant les Tritons, lorsqu'ils sont hors de l'eau et non engourdis par le froid, sont encore plus agiles que les véritables Salamandres dites terrestres; mais quand ils sont restés longtemps hors de l'eau, ces petits animaux éprouvent un changement très-notable tant pour les couleurs que pour la conformation des parties, telles que les crêtes, les lobes membraneux des orteils, les organes génitaux externes. C'est surtout dans la forme de la queue que cette altération devient si notable qu'elle peut mettre les naturalistes dans l'embarras pour savoir distinguer s'ils ont sous les yeux une Salamandre ou un Triton.

La plupart des espèces, quand elles se retirent sur la terre, cherchent pendant le jour l'obscurité la plus grande; elles craignent la chaleur et la sécheresse de l'atmosphère. On les trouve sous les pierres, les écorces des arbres, la mousse ou dans les lieux souterrains peu profonds, d'où elles sortent sans doute pendant la nuit pour chercher leur nourriture. Elles peuvent supporter le jeûne ou la privation de nourriture pendant des mois entiers. Cependant elles sont très-voraces. Souvent elles avalent des lombrics dont le diamètre égale à peu près celui de leur abdomen; la distension du ventre n'étant pas limitée par la présence des côtes, qui ne sont jamais attachées au sternum. Les Tritons, pressés par la faim, n'épargnent même pas leur propre espèce. Nous en avons été témoins un jour que nous avions été attirés par un grand mouvement qui agitait l'eau d'un vaste bocal dans lequel nous avions placé plusieurs Tritons à crête pour les observer et étudier leurs habitudes et leurs mœurs. Nous avons vu alors l'un d'eux, beaucoup plus long que les autres, qui nous représentait un animal à deux queues, avec six pattes portées sur un tronc unique; c'était l'un des individus qui en avait avalé un autre; ce dernier ne laissait même plus apercevoir que ses pattes de derrière. Nous le retirâmes avec quelque effort, il vivait encore; mais son corps déformé et réduit, était tellement comprimé et arrondi qu'il semblait avoir été comme passé à la filière. Cependant il jouissait encore de tous ses mouvements et il vécut ainsi plusieurs jours mais en restant tellement rétréci en tous sens qu'il était par cela même tout à fait distinct et reconnaissable parmi les autres individus de la même espèce que renfermait le vase où nous les observions pour nos études.

Les espèces de Tritons que nous avons vues vivantes sont au nombre de huit et nous avons pu les déterminer et les caractériser avec soin; mais nous avons trouvé dans la collection du Muséum un grand nombre d'individus dont les couleurs vives ont été altérées par l'effet des liqueurs conservatrices. Ces teintes sont malheureusement variables et très-fugaces et cependant les formes étant à peu près les mêmes chez presque toutes les espèces, c'est principalement par les nuances et la distribution des couleurs de la peau que la plupart ont pu être distinguées par les auteurs qui les ont nommées et décrites. Dans cet embarras, dont il était difficile de nous tirer, nous avons pris le parti de disposer systématiquement et par la méthode analytique ces espèces bien distinctes dont nous allons présenter le tableau. Nous inscrirons à la suite, et sous un simple numéro d'ordre, d'abord les espèces de France ou d'Europe, et ensuite celles qui proviennent de l'Amérique du nord; mais dans la crainte de faire de doubles emplois, nous n'avons pas dû admettre un certain nombre d'espèces dont nous avons des dessins parmi les vélins du

Muséum dont nous n'avons pu retrouver les mêmes individus qui avaient servi de modèles aux peintres; ceux auxquels M. Valenciennes avait cru devoir assigner des noms provisoires que nous transcrirons seulement pour mémoire, n'ayant pas voulu entreprendre de faire des descriptions sur des figures qui paraissent d'ailleurs fort exactes, mais qui n'offraient pas les détails que l'état de la science est en droit d'exiger aujourd'hui.

Quant aux espèces de France ou d'Europe, dont nous avons eu quelques exemplaires sous les yeux, nous les avons aussi indiquées provisoirement sous des noms spécifiques, avec une description succincte qui aura besoin d'être vérifiée avant que ces espèces soient définitivement adoptées par les observateurs qui auront occasion de les trouver vivantes. Pour les espèces Américaines, dont quelques individus nous ont été adressés, nous avons cru devoir nous borner à la citation des auteurs qui les ont fait connaître, en leur empruntant les notes caractéristiques, telles qu'elles nous ont été transmises.

Observations. Dans la crainte où nous sommes d'introduire parmi les espèces que nous croyons avoir bien déterminées parce que nous avons eu occasion de les observer vivantes avec toutes leurs couleurs, il y en a dix autres que nous indiquons d'après des exemplaires conservés dans nos collections, mais dont les teintes sont évidemment altérées par leur séjour prolongé dans l'alcool. Nous les inscrivons et les désignons sous les numéros suivants. N.° 9. Triton rugueux. 10. T. cendré. 11. T. recourbé. 12. T. poncticulé. 13. T. de Bibron. 14. T. multiponctué. 15. T. peint. 16. T. cylindracé. 17. T. à points latéraux. 18. T. symétrique.

Nous verrons par la suite, principalement à la fin de la description que nous avons faite du Triton des Pyrénées, page 140, qu'il nous reste beaucoup d'incertitudes sur la véritable existence de ces espèces.

TABLEAU SYNOPTIQUE DES ESPÈCES DU GENRE TRITON.

CARACTÈRES. *Point de trous ou de fentes branchiales sur le cou. Cinq orteils. Flancs arrondis : queue comprimée ; ventre plat ; langue fixée en arrière.*

dos à peau	rugueuse : ventre	à taches noires sur un fonds	orangé	1. T. CRÊTE.
			rouge	4. T. PETITE CRÊTE.
		sans taches ; dos	unicolore et à points blancs	2. T. MARBRÉ.
			à larges raies découpées	3. T. DES PYRÉNÉES.
	lisse : ventre	tacheté par des	taches noires rondes régulières	5. T. PONCTUÉ.
			points : une bande claire latérale	6. T. A BANDES.
		sans taches ; dos	fauve ; trois plis saillants	8. T. ABDOMINAL.
			gris cendré à points noirs	7. T. DES ALPES.

1. TRITON A CRÊTE. *Triton Cristatus.* Laurenti.

CARACTÈRES. Peau granuleuse d'un brun verdâtre, souvent très-foncée sur le dos et les flancs, parsemée de grandes taches noires et de petits points blancs saillants, surtout sur les côtés ; dessous du corps d'un jaune orangé avec des taches noires, irrégulières ; la tranche inférieure de la queue le plus souvent d'un jaune doré sans taches ; le dessous de la gorge brun avec quelques marques jaunes sans grandes taches noires mais de petites lignes brunes.

Le mâle porte sur le dos, surtout à l'époque de la fécondation, une grande crête membraneuse brune, dentelée qui nait sur le front et se prolonge sur l'échine jusqu'au bassin où elle s'abaisse; la queue très-plate, plus large au milieu porte aussi en dessus et même en dessous, une crête dont la supérieure est aussi légèrement dentelée ou festonnée.

La femelle n'a pas une crête aussi prononcée et le dessous de la queue offre constamment une ligne ou raie jaune plus ou moins marquée.

SYNONYMIE. 1675. *Salamandra aquatica.* Wurfbain. Salamandrol., p. 65, tab. II, fig. 3. *Batrachon vera.*

1677. *Lacertus aquaticus.* Gesner. Quad. Ovip., p. 27, fig.

1694. *Salamandra aquatica.* Ray. Synops. Quad., p. 273.

1695. *Idem.* Petiver. Museum 18, n.os 111 et 112. Mus. et Fam.

1713. *Idem.* Daleus. Pharmacol., p. 433, n.° 11.

1715. *Salamandra Batracon.* Camerarius (Rodolp.) cent. IV, emb. 70, p. 140.

1729. Grosse Salamandre noire. Dufay. Mém. Acad. Sc. Paris, p. 137, pl. 11, fig. 1.

1756. *Lacerta aquatica.* Gronovius. Muséum. Ichthyol. II, p. 77, n.° 51.

1766. *Lacerta palustris.* Linnæus. Systema naturæ, p. 370.

1768. *Triton cristatus.* Laurenti. Synopsis. Reptilium, p. 39, n.° 44.

1772. *Lacerta porosa.* Retzius. Faun. Suecica, t. I, p. 288. ♂

9.*

1774. *Salamandra platyura*. Daubenton. Encyclop. Méthod. La queue plate.

1781. *Salamandra laticauda*. Bonnaterre. Fig. Encycl. pl. 2, fig. 4.

1789. Salamandre à queue plate. Lacépède. Quad. Ovipares. T. I, pl. 471, pl. 34.

1797. *Salamandra cristata*. Schneider. Hist. Amph. Fasc. 1, p. 57, n.° 2 mâle.

Salamandra pruinata. Ibid., p. 69, n.° 5 femelle.

1800. *Lacerta lacustris*. Blumenbach. Hand., p. 248.

1800. *Salamandre crêtée*. Latreille. Hist. natur. des Salamandres, p. 43, n.° 3, pl. 3 et 4.

1802. *Salamandre aquatique*. Daudin. Hist. des Rept. T. VIII, p. 233.

1820. *Molge palustris*. Merrem. Tent. Syst. amph. p. 187.

1821. *Salamandra Platycauda*. Rusconi. Amours des Salamandres, p. 29, pl. 1 et 2.

1826. *Triton cristatus*. Fitzinger. Classif. Rept., p. 66, n.° 5.

1837. *Triton cristatus*. Bonaparte. Faun. Ital. fol, 4, pl. 83, n.° 1. 2.

1850. *Triton cristatus*. Gray. Cat. of British. Mus., p. 19, n.° 2.

1852. *Hemisalamandra*. A. Dugès. Ann. des Sc. Nat. 3.° série. T. XVII, p. 262.

DESCRIPTION.

Cette espèce est la plus commune en Europe où son existence a été constatée dans les régions les plus froides. Sa tête aplatie se confond par sa largeur avec le cou et elle est à peu près la même que celle du tronc, à la hauteur des épaules ; mais le ventre, proprement dit, s'élargit un peu dans la région moyenne. Les téguments sont rugueux et couverts de petites granulations ou de verrues molles et poreuses par lesquelles suinte une humeur d'une odeur désagréable qui s'attache aux doigts qui les touche. La teinte générale est d'un brun verdâtre qui devient presque noire dans quelques individus. On y voit, surtout sur les flancs, beaucoup de petits points blancs saillants.

La partie inférieure du ventre est le plus souvent d'une teinte jaune orangée ou safranée, avec des traits noirs irréguliers et cette teinte se prolonge souvent dans les deux sexes et presque constamment chez la femelle le long de la lame membraneuse du dessous de la queue, mais là les marques noires ne se voient plus.

Dans les mâles, surtout à l'époque des premiers beaux jours de l'année toute la partie supérieure du dos est ornée d'une véritable crête formée par une expansion membraneuse de la peau qui commence sur la ligne médiane du dessus de la tête et qui va en augmentantant de hauteur jusques vers la partie moyenne du dos pour s'abaisser ensuite du côté de l'origine de la queue ; le bord libre en est découpé, comme frangé ou festonné et l'animal peut lui imprimer un mouvement d'ondulation et qu'il peut faire, pour ainsi dire, trembloter en l'agitant par une sorte de frissonnement convulsif en la faisant mouvoir partiellement ou sur divers points de sa longueur par de fréquentes secousses, surtout au moment où il excite la femelle à déposer ses œufs. Le plus souvent aussi on observe sur les parties latérales de cette queue, très-élargie dans sa portion moyenne, et qui prend alors la forme d'une feuille allongée, une large raie ou bande moyenne blanchâtre qui correspond à la région vertébrale. Cette nuance est surtout très-distincte dans les deux tiers postérieurs.

Chez la femelle, dont la crête dorsale est moins haute, la queue n'est jamais non plus aussi comprimée ou dilatée dans le sens vertical et la portion membraneuse est moins distincte. Quelquefois même, surtout après l'époque de la fécondation, elle disparaît tout à fait, mais la ligne jaune inférieure est plus constante : alors aussi la crête dorsale s'est oblitérée à tel point qu'elle se trouve remplacée par un sillon.

Dans l'un et l'autre sexe l'orifice externe du cloaque, qui est très-allongé, offre une tuméfaction, un gonflement notable dans ses bords, qui forment comme des nymphes colorées en jaune, dont les pores et les verrues sont très-apparents.

Le dessous de la gorge varie un peu pour la teinte qui est d'un brun violâtre avec quelques traits jaunes comme effacées et d'autres noirâtres. Toute la surface est parsemée de points blancs.

Les pattes sont courtes, d'une teinte verdâtre foncée en dessus, avec quelques petites taches noires arrondies. En dessous, ou inférieurement elles participent de la couleur jaune du ventre; mais avec des taches noires comme annelées, ce qui est encore plus marqué sur tous les doigts qui sont assez allongés, mais non dilatés, un peu plus plat en dessous de sorte qu'ils paraissent le plus souvent comme mi-partis de jaune et de noir. Les paumes et les plantes sont élargies et également partagées par les mêmes teintes que celles des doigts ou des orteils.

Nous croyons devoir décrire trois variétés principales de cette espèce de Triton dite à crête, quoique la plupart des autres Tritons surtout les mâles aient aussi le dessus du corps orné de cette lame membraneuse à l'époque où la fécondation doit s'opérer.

Variété A. La première que nous appellerons la *très-grande* atteint ordinairement la taille de la Salamandre terrestre des plus grandes dimensions ou d'un double décimètre de longueur. Le mâle et la femelle se ressemblent tout à fait par les teintes générales. Ils sont d'une couleur noire terne en dessus et les petits points blancs ne se font apercevoir que sur les côtés. Le mâle est facile à reconnaître par sa crête dorsale festonnée et surtout par la hauteur de la queue qui est aplatie fortement et dont les dimensions sont telles que, vers la région moyenne, elle est près du tiers de sa longueur totale. Le plus souvent la portion gutturale ou inférieure du cou est comme gonflée et non rétrécie ainsi qu'on le remarque dans la femelle. On y voit aussi le plus souvent au dessous de la mâchoire inférieure quelques taches jaunes qui ne s'observent que bien rarement dans l'autre sexe. Les taches noires du ventre sont aussi plus distinctes, plus arrondies et plus foncées. Rarement la tranche inférieure de la queue est colorée en jaune dans toute son étendue c'est à peine si on retrouve quelques marques de cette teinte vers la base. Quant à la couleur blanche et brillante qui est étalée dans la région latérale moyenne et sur les deux tiers postérieurs de la queue, c'est un des caractères essentiel des mâles ; mais seulement dans la saison des amours.

Les femelles de cette première variété se distinguent par un moindre aplatissement de la queue et à peine par la présence des crêtes dorsale et caudale qui ne sont pour ainsi dire qu'indiquées, mais la couleur jaune du ventre, avec des taches moins foncées en teinte noire et moins arrondies que chez les mâles, se prolonge le plus ordinairement sous toute la longueur de la queue et il n'y a pas de taches. La gorge est moins gonflée et la teinte brune pointillée de blanc n'est pas tachetée de jaune comme chez les mâles.

Variété B. La seconde variété principale du Triton à crête, quoique recueillie à l'époque de la fécondation et réellement adulte, diffère considérablement par la taille qui n'est que d'un peu plus de moitié de la longueur qu'atteint la première. Les teintes sont aussi différentes ; en dessus elles sont brunes ou beaucoup moins noires; car chez les mâles elles sont grisâtres; mais on distingue dans les deux sexes des taches arrondies d'un brun foncé ou d'un bleu violâtre qui sont semées régulièrement sur toute la longueur des flancs et de la queue. Les crêtes du mâle sont, relativement à sa grosseur, à peu près les mêmes, et dans la femelle on a peine à en distinguer les rudiments. La couleur jaune du dessous du ventre est aussi beaucoup moins foncée dans les deux sexes, mais quant à celle de la tranche inférieure de la queue c'est absolument la même que dans la grande variété, puisque la femelle se reconnait à la ligne jaune sans taches qui règne dans toute la longueur du bord inférieur.

Ces variétés peuvent tenir à l'âge des individus; nous devons dire cependant que, dans les environs de Paris, la seconde race est beaucoup plus commune, car on pourrait dans une même journée en réunir une centaine d'individus; on la trouve dans les mares et dans les ruisseaux où l'eau n'est pas très-courante. La première semble habiter de préférence les grands étangs où même on n'en aperçoit qu'un petit nombre et par couples, tandis que les autres semblent se plaire à vivre en sociétés plus nombreuses. Mais en Normandie et dans les divers départements de la Bretagne, la première variété est presque la seule que nous y ayons observée.

La troisième variété est peut-être celle que les auteurs ont nommée le Triton bourreau ou *Carnifex* d'après Laurenti. Nous présumons que ce sont des femelles de petite taille. Aucun n'a de crête dorsale. Chez la plupart cette crête est remplacée par une ligne jaune-pâle qui se prolonge sur la queue; tantôt la peau des flancs est grise ou noirâtre avec des points blancs jaunâtres ou cendrés, peu distincts tantôt. Cette teinte générale est d'un brun plus ou moins foncé, avec des maculatures noires plus marquées; mais ce qui distingue surtout cette variété c'est que le dessous du ventre est d'une couleur jaune-pâle ou blanchâtre, rarement avec des taches dans la région moyenne, mais avec de grandes taches noires arrondies. Deux de ces individus nous ont été envoyés de Vienne sous le nom de Carnifex. Nous verrons dans l'article suivant que l'une des variétés du Triton marbré s'en rapproche beaucoup, mais elle n'a pas les taches arrondies qui se voient sur les côtés de l'abdomen. Ce qui les a fait peut-être regarder comme le Triton carnifex de Laurenti, c'est que la tranche inférieure de la queue est jaune, mais nous ne l'avons jamais vu de la belle couleur rouge qui se voit chez les Tritons marbrés, surtout dans les individus que nous rapportons à la première variété.

2. TRITON MARBRÉ. *Triton marmoratus.* Latreille.

(ATLAS, pl. 106, fig. 1).

CARACTÈRES. Corps rugueux ou verruqueux, tantôt d'un vert tendre ou plus ou moins foncé avec des taches marbrées noires plus ou moins confluentes ou avec des taches d'un brun rouge sur un fond plus brun; le plus souvent une ligne jaune ou d'un beau rouge carmin, s'étendant dans toute la longueur du dos, depuis la nuque jusqu'à la partie moyenne de la queue. Le dessous du corps varie, tantôt il est noir ou d'un rouge vineux avec des points blancs plus ou moins rares et grouppés ; tantôt il est très-pâle.

SYNONYMIE. 1768. *Triton Gesneri*. Laurenti. Synopsis. Rept., p. 38, n.° 37 ?

—— *Carnifex*. Laurenti. ibid. n.° 41, pl. 2, fig. 3 et p. 145.

1797. *Triton Gesneri*. Schneider. Hist. Nat. Amph. f. sc. 1, p. 19.

1800. La Salamandre marbrée. Latreille. Hist. des Salam. p. 33, pl. 3, fig. 3, le mâle.

1803. *Salamandre marbrée*. Daudin. Hist. Rept. Tom. VIII, p. 241. Gachet (H). sur le Triton marbré. Act. Soc. Lin. Bordeaux. T. V, p. 292. Ann. Sc. Nat. T. XXVIII, p. 291. Vélins du Muséum n.°

1837. *Tritone Carnifice* ? Bonaparte. Faun. Ital., pl. 83, n.° 5.

1841. *Triton marmoratus*. Bonaparte. Ibid., pl. 85 bis, n.° 4.

1850. *Triton marmoratus*. Gray. British. Mus. Cat., p. 20, n.° 3.

1852. *Hemisalamandra*. n.° 4. Alfr. Dugès. Ann. des Sc. Nat. 3.e série. T. XVII, p. 261.

DESCRIPTION.

Cette espèce de Triton est des plus remarquables pour les couleurs ; mais elle offre tant de variétés que la plupart des auteurs ne se sont pas accordés entr'eux pour en reconnaître l'identité et qu'ils l'ont désignée sous des noms différents parce qu'ils n'ont eu sous les yeux que quelques unes de ses modifications. Comme nous avons pu nous mêmes l'observer vivante bien des fois et qu'elle nous a présenté des apparences extrêmement variées nous devons avouer qu'il nous aurait été difficile de rapporter ces individus à une seule et même race, si nous n'avions été assez heureux pour suivre leur transformation aux diverses époques de leur existence et dans les diverses circonstances des localités où nous les avons recueillies.

Nous avons préféré la dénomination donnée par Latreille parce qu'il a très-bien fait figurer un mâle de cette espèce à l'époque du printemps qui est celle de la fécondation ; car plus tard, en automne, les formes de l'animal et ses couleurs sont très-différentes.

Ce mâle est comme ramassé dans sa taille, il a le ventre gros et plat. En dessous sa queue est plus courte que le reste du tronc. Sa couleur est d'un vert foncé ; il porte sur toute la longueur du dos et de la queue une très-grande crête comme plissée ou goudronnée, c'est-à-dire offrant des portions plus larges dans la portion libre que sur la ligne qui la soutient. Cette crête nait sur la nuque. Taut le fond de la peau en dessus et sur les flancs est vert, marbré de taches noires anguleuses libres ou réunies, mais irrégulières et non symétriques. Très souvent, sur la crête, la teinte noire est plus abondante et au lieu de vert on ne voit que des taches blanches espacées assez régulièrement. Le dessous du corps est à fond noir piqueté de points blancs distincts, groupés ou disséminés. Le milieu du plat de la queue est lavé d'une teinte blanche laiteuse comme dans le mâle du Triton crêté, ce qui peut être a fait souvent regarder comme une variété, l'espèce que nous décrivons.

Il est probable que les femelles n'ont pas cette crête ; car à cette même époque de la fécondation, cette place est indiquée par une ligne ou plutôt par une raie dorsale d'un jaune plus ou moins foncé et les taches marbrées sinueuses se dessinent sur un fond d'un vert terne ou peu brillant et elles prennent une teinte rouge brun qui varie par son intensité. Chez ces femelles le dessous de la queue est coloré en jaune pâle ou légèrement orangé.

Tels sont les individus qu'on trouve dans l'eau au printemps ; mais quand ce Triton a quelque temps séjourné sur la terre et qu'il s'est tapis dans des lieux humides, sous les pierres, les mousses et les écorces des arbres, il prend des couleurs tout autres et sa queue perd constamment la crête qui s'atrophie, ainsi qne celle du dos.

L'une des plus belles variétés, que nous avons rencontrée plusieurs fois et dont les individus sont presque constamment réunis par paires, est celle que nous allons indiquer sous la lettre **A.**

Variété **A.** Nous l'avons trouvée, nous-même, deux fois dans des lieux semblables sous les écorces du hêtre ou dans uue cavité creusée sur le tronc d'un chêne, sous un lit de mousse humide et on l'a rencontrée également dans l'une des caves du Muséum d'histoire et constamment par paires probablement un mâle et une femelle (1). Leur belle couleur verte, plus ou moins foncée en dessus, avec de grandes marbrures noires, irrégulières sur le dos, sur les flancs et sur les pattes se prolongent le long des parties latérales de la queue qui est trèspeu comprimée et sans crête membraneuse. Ce qui est très-remarquable ici c'est que toute la ligne médiane du dos et de la queue porte une ligne d'une belle couleur rouge presque carminée, qui se change quelquefois en jaune orangé dont le jaune seul se conserve chez les individus plongés

(1) Cette variété a été représentée en 1819 par Redouté et les figures vues en dessus de côté et inférieurement sont conservées parmi les velins des Reptiles de la Bibliothèque du Muséum.

dans l'esprit de vin. Le dessous du corps, dans toutes les régions de la gorge et de l'abdomen, est d'un rouge brun vineux pendant la vie, aspergé de petits points blancs distincts, dont le nombre est plus considérable dans tout le pourtour de l'arcade sous-maxillaire où ils forment une série presque continue comme un collier. La ligne inférieure ou la tranche sous-caudale, est également de la même couleur rouge. Si nous nous en rapportions à la simple indication donnée par Laurenti, comme l'ont fait quelques auteurs, en particulier Schneider, on serait porté à regarder cette variété comme l'espèce décrite sous le nom de Bourreau ou de *Carnifex* (1); mais plusieurs espèces et surtout les femelles du Triton à crête, ont ainsi la tranche inférieure de la queue rougeâtre. M. Bonaparte, dans sa Faune d'Italie, a donné la figure du *Triton carnifex*. Celui-ci porte sous le ventre des taches noires arrondies sur un fonds jaune, comme le dit Laurenti dans l'article cité dans la note qni précède : *Abdomine nigris croceisque maculis eleganter variis.* Nous avons quatre ou cinq individus qui ont tous ces caractères ; mais nous les croyons des Tritons à crêtes encore jeunes ou des femelles qui ont depuis longtemps quitté les eaux, ainsi que nous l'avons dit en traitant de la troisième variété. Ici les deux individus, probablement de sexe différent, ont la queue ornée en dessus, comme en dessous, d'une grande ligne rouge comme ensanglantée.

Variété B. Une seconde variété est moins brillante : son corps est brun en dessus, avec une ligne dorsale d'un jaune si pâle, qu'elle paraît blanche et qu'elle le devient tout à fait dans la liqueur conservatrice ; elle se rapproche de la première variété parce que le dessous du ventre n'offre pas de taches. Le dessous de la queue est rouge ou d'un jaune orangé ; on ne voit pas les points blancs d'une manière aussi distincte, il n'y en a même pas sur le pourtour de la mâchoire inférieure. L'un de ces individus a été trouvé dans une cave avec ceux dont nous avons parlé.

Enfin, une troisième variété qui probablement provient de son peu de développement, car l'animal n'a pas le quart du volume de l'espéce que nous avons indiquée comme type, a été recueilli à Rochefort par M. Lesson : il est en dessus d'une teinte verte légère avec une ligne dorsale jaune ; sur les côtés sont des marques noires, des taches arrondies ; les flancs sont d'un brun foncé uniforme ; le dessous du corps est rougeâtre et sans aucune tache ni points blancs bien distincts. Les pattes sont d'ailleurs assez semblables à celles de l'espèce principale.

---

(2) LAURENTI. Specimen Synops. Reptil., p. 145. *Nomen à caudâ ancipiti, cujus acies veluti cruenta.*

La plupart des auteurs ont regardé le Triton marbré comme une variété du Triton à crête.

M. Michahelles a décrit dans l'Isis en 1830, p. 806, une espèce de Triton recueillie en Italie dans la région méridionale aux environs de Monte-Sibillo, qu'il a décrite sous le nom de *Nycthemerus* que M. Charles Bonaparte a cru devoir rapporter à un Triton carnifex non adulte et qu'il a figuré dans son Iconographie de la Faune italienne, sous le n.° 5 de la planche 85 bis.

3. TRITON DES PYRÉNÉES. *Triton Pyrenæus.* Nobis.

Caractères. Corps verruqueux, ou très-rugueux, à points saillants, brun sur la tête et sur les flancs, avec une large raie dorsale jaune ou safranée, presque continue depuis la nuque jusqu'au bout de la queue, mais dentelée irrégulièrement de brun sur ses bords et marquée de points noirs isolés, saillants, en petit nombre sur toute la région dorsale. Le dessous du corps depuis et compris l'entre-deux de la mâchoire, le cou, le ventre et le dessous de la queue, ainsi que le dessous des membres, d'une teinte jaune ou safranée limitée régulièrement sur ses bords.

DESCRIPTION.

Cette espèce de Triton fort remarquable ne paraît pas avoir encore été décrite; elle a été rapportée et donnée au Muséum par M. Laurillard qui l'avait trouvée aux Pyrénées, mais qui n'a pas eu occasion de l'observer dans ses habitudes.

Ses téguments sont très-remarquables par leur rugosité, analogue à celle de la peau de certains Crapauds. Toute sa tête est en dessus d'un brun très-foncé, presque noir comme toutes les parties latérales du corps. Elle est parsemée de points saillants, très-distincts les uns des autres, un peu plus petits et plus rapprochés sur les sourcils ou plutôt sur la peau qui recouvre les yeux lesquels sont très-saillants. Les verrues des flancs sont comme taillés à facettes et rangées par lignes qui permettent à la peau de se froncer et de former des plis transversaux. On voit sur la raie large du dos qui maintenant est d'un jaune pâle, mais qui a pu être d'une autre couleur, de petits points noirs saillants, comme perlés et arrondis, disséminés irrégulièrement, mais qui sont infiniment plus rares sur la raie jaune de la tranche supérieure de la queue laquelle est fortement comprimée;

Le dessous du corps est d'une teinte jaune rougeâtre sans taches, ainsi limitée : tout l'intervalle compris entre les branches de la mâchoire inférieure, la gorge jusqu'à la naissance des bras, tout le dessous du ventre et la partie inférieure des membres et le bout des doigts, même en dessus tout le reste des pattes est d'un brun foncé comme les flancs et garni de gros tubercules. La tranche inférieure de la queue est jaune, elle paraît avoir été plus colorée, car il y reste une teinte rougeâtre.

Nous regrettons de n'avoir eu sous les yeux qu'un seul individu de cette espèce, et malheureusement encore, il a été déposé dans un alcool trop rectifié ce qui l'a privé d'eau et a réduit considérablement ses dimensions, en lui donnant beaucoup de roideur. C'est une petite race, à ce qu'il paraît ; ses os ayant cependant assez de solidité pour faire considérer comme adulte, celui que nous venons de décrire ; mais qui n'est peut-être qu'une femelle.

Dimensions. Longueur totale 0m,09, savoir de la tête aux pattes antérieures 0m,015 ; de la tête au bassin 0m,055 ; longueur de la queue 0m,035 ; largeur de la tête 0m,007 ; hauteur de la queue 0m,007.

Nous croyons devoir rapporter à cette même espèce comme des variétés de couleur, ou à une différence de sexe les Tritons qu'on a indiqués sous les noms de *Cinereus*. Plethodon, Tschudi, p. 92, *Bibroni*, Bell, Britan. Rep. 129, et les espèces décrites sous le nom d'*Hemitriton*, par M. A. Dugès. *Rugosus* de M. A. Dugès, mémoire cité, p. 264. *Repandus*, du même ouvrage, p. 265.

Les mâles et les femelles ont une raie jaune sur la ligne médiane du dos surtout dans les individus désignés sous le nom de *puncticulatus*. Hemitriton punctulatus. A. Dugès. Ann. Sc. nat. 3.e série, t. XVII, p. 265, n°8.

4. TRITON PETITE CRÊTE. *Triton sub-cristatus* Schlegel.

Caractères. Corps verruqueux, à tête large, plate et obtuse ; des tubercules latéraux à la naissance de la gorge ; le dessus du corps d'un brun plus ou moins foncé, avec une petite crête dorsale comme effacée ; le dessous du corps rouge avec des taches irrégulières noires très-foncées ; le dessous des pattes de la même couleur rouge, avec quelques petites taches ou des points noirs.

Synonymie. 1826. *Molge pyrrhogastra*. Boié. isis p. 215.

1833. *Salamandra sub-cristata*. Schlegel. Fauna Japonica, p. 135, pl. 4, fig. 1-3 et pl. 5, fig. 7 et 8 la tête osseuse.

1837. *Salamandra sub-cristata.* Schlegel. Abbil. tab. 40, fig. 1-2-3 colorata.

1838. *Cynops sub-cristatus.* Tschudi. (1) Clas. der Batrach. pag. 94 n.° 3 et pl. 2. Copiée de Schlegel.

1850. *Cynops pyrrhogaster.* Gray Cat. Brit. p. 25, n.° 1.

DESCRIPTION.

M. Tschudi a cru devoir faire un genre à part de cette espèce de Triton et il lui a donné un nom qui n'indique aucun caractère, en supposant que la langue était adhérente de toutes parts, car toutes les autres notes sont celles qui distinguent les Tritons.

L'espèce a été rapportée du Japon par MM. de Siébold et Bürger. Elle nous paraît avoir aussi quelques rapports avec l'Euprocte de MM. Gené et Bonaparte, reste seulement à savoir si la langue est bien adhérente de toutes parts et non libre sur les côtés. Comme nous n'avons pu avoir à notre disposition le Batracien qui a servi à constituer ce genre. Nous avons emprunté à l'auteur de la Faune du Japon ce que nous allons en dire ici car les caractères ont été extraits de cet ouvrage.

C'est le *Wimori* des Japonais ce qui signifie *garde des puits.* Il est commun dans les eaux stagnantes, dans les champs de riz inondés. Ses mœurs et ses habitudes sont celles de notre Triton à crête.

Les Japonais prétendent que cette espèce est souvent substitué dans les pharmacies à celle dite officinale, qui est notre genre Onychodactyle. Le nom chinois tire son origine d'un préjugé ou d'un conte populaire on l'appelle ché-i qui indiquerait que l'animal peut faire guérir les blessures faites par les Serpents.

Nous ne pourrions donner les dimensions que d'après les figures citées et tirées des deux ouvrages de M. Schlegel; nous dirons seulement que ce Triton est à peu près de la taille et de la même forme que celles de la seconde variété de l'espèce appelée crêtée.

5. TRITON PONCTUÉ. *Triton punctatus.* Latreille.

CARACTÈRES. Peau lisse, d'un brun cendré verdâtre ou jaunâtre en dessus avec des taches noires, arrondies, distinctes disposées très-régulièrement et par lignes; cinq lignes noires plus ou moins

(1) De Κυνοψ *oculus caninus*, œil de chien de Κυων et de Οψ apparence, visage; museau de chien.

distinctes, se joignant sur la partie supérieure de la tête dont une semble traverser l'œil pour se diriger sur les côtés du cou; le dessous du corps est d'un jaune plus ou moins foncé et même orangé avec de grandes taches noires arrondies, disposées assez régulièrement sur deux ou trois lignes de chaque côté.

Synonymie. 1729. *Petite Salamandre*. Dufay. mém. Acad. Siences Paris 1729, pag. 192.

1768. *Triton Parisinus*. Laurenti. Specimen medicum. p. 40, spec. 45, tab. 4, n.° 2.

1799. *Salamandra tæniata*. Schneider. Hist. amph. Litt. Fasc. 1, pag. 58, n.° 3. cette description est parfaite.

1800. *Salamandra punctata*. Latreille Hist. Salam. pag. 53, pl. 6, fig. 6, A.

1802. *Salamandra punctata*. Daudin. Rept. VIII, pag. 257.

1802. *S. Elegans*. Daudin. Rept. VIII, pag. 255, (mas).

1803. *Lacerta tæniata*. Wolf. Sturm. Faun. amph. Deutsch. Heff. 3, tab. 3.

1820. *Molge punctata*. Merrem. spec. syst. amph. pag. 186, spec. 4.

— *Molge cinerea*. idem. ibid. *cincta* ibid. pag. 259.

1825. *Molge tæniata*. Gravenhorst. conspect. collect. p. 431, et Deliciæ musei Vratislaviensis p. 76, tab. 11, fig. 4, mas 2, fæm.

1836. *Lissotriton punctatus*. P. Bonaparte. icon. Faun. ital. tome II, pag. 4. cah. 1, pl. 3, n.° 4.

1842. *Lissotriton punctatus*. Bonap. Faun. Ital. pl. 83, n.° 3 et 4.

1850. *Lophinus punctatus*. Gray. cat. of British p. 27, n.° 1.

DESCRIPTION.

Cette espèce se présente à l'observation sous tant de formes et d'apparences différentes suivant l'âge de l'animal, le sexe, la taille et surtout aux époques de la fécondation, que les individus examinés dans ces diverses circonstances ont été regardés comme appartenant à des espèces distinctes et décrites comme telles sous des noms particuliers. Ainsi qu'on vient de le voir par la synonymie.

Comme chez la plupart des Tritons, les mâles, surtout à l'époque des amours, sont faciles à reconnaître par une grande crête membraneuse découpée en festons et comme dentelée, avec de grandes taches noires arrondies. L'orifice du cloaque que M. Gravenhorst a décrit et figuré est au moment de la fécondation supporté sur une sorte d'éminence ou de gonflement hémisphérique d'une teinte jaune avec quelques points noirs. La fente longitudinale qu'on y voit est plus étroite en avant, on distingue en arrière, où elle est plus large, deux sortes de nymphes découpées blanchâtres. Cette même ouverture du cloaque est plus déprimée et ses lèvres sont moins lisses, car elles sont garnies de petits tubercules arrondis, distribués très-régulièrement en cercles concentriques, comme les a figuré l'auteur sur la planche XI, sous les n.os 1-3-4 et 5.

Les *mâles* adultes se présentent sous trois apparences principales. Les uns ont la crête très-distincte, tantôt avec les orteils palmés ou demi-palmés n.° 1, tantôt et plus tard ces mêmes orteils sont simples ou non lobés ou palmés n.° 2, et enfin la crête est à peine distincte et les doigts restent encore simples. C'est ainsi que M. Gravenhorst les a décrits.

N.° 1. En général le développement de la menbrane ou de la crête dorsale est en rapport avec la dilatation des doigts des pattes postérieures; il en est de même des prolongements de la peau qui forment les tranches verticales de la queue. Le bord postérieur de la bouche qui correspondrait à la lèvre supérieure recouvre la commissure et cache la mâchoire inférieure. Généralement la couleur de ce mâle est d'un brun cendré et le dessous d'un jaune pâle ou safrané et même rougeâtre et les grandes taches noires, qui y sont distribuées régulièrement, varient pour le nombre et surtout pour l'intensité de la couleur suivant que l'épiderme s'est renouvelé plus récemment. Tous les autres caractères sont spécifiquement les mêmes que ceux que nous avons indiqués. C'est principalement à ces mâles que le nom de *tæniatus* a été donné par Wolf Schneider, Gravenhorst; tandis que Latreille et Merrem en ont parlé sous le nom de *punctatus*. Daudin et Latreille l'ont aussi appelé *palmipes* et alors l'extrémité de la queue s'amincit tellement qu'elle semble terminée par un fil, ainsi que nous l'avons vue et qu'ils l'ont représentée (1).

Le n.° 2. Les mâles de la seconde variété représentent très-probablement une époque qui suit celle de la fécondation, leur crête dorsale existe encore, mais les orteils n'offrent plus cette dilatation qui changeait tout-à-fait leurs formes, l'orifice de leur cloaque est moins gonflé. M. Gravenhorst rapporte à ce type la Salamandre ponctuée telle que Daudin l'a décrite.

Le n.° 3 comprendrait les mâles chez lesquels la crête du dos et de la queue sont plus apparentes, ainsi que les membranes qui bordaient les orteils. A la place de la crête on voit cependant encore une ligne saillante

---

(1) Latreille Hist. des Salamandres de France pl. VI, fig. 7.

située dans une rainure du dos comme si l'animal avait beaucoup maigri; la lèvre de la mâchoire supérieure ne déborde plus la commissure pour en cacher la jonction avec la mâchoire inférieure. Les tubercules qui se voient sur la marge du cloaque sont moins saillants et blanchâtres. Les taches noires du dessous du ventre sont plus prononcées.

Les femelles adultes offrent aussi trois variétés. Les premières sont brunes eu dessus et portent sur le dos deux lignes longitudinales plus foncées et sont tachetées de noir en dessous. Leur dos est plat ou avec une ligne peu élevée. La queue est presque arrondie à la base. Le dessous du ventre présente des points noirs dans les intervalles que laissent les grandes taches arrondies, on en voit également sur les bords de la mâchoire inférieure. Le dessous de la queue offre une tranche d'un blanc jaunâtre. M. Gravenhorst regarde cette variété comme celle que Laurenti a figurée et décrite sous le nom de *Triton palustris*, ainsi que l'a fait Schneider.

La seconde variété des femelles est en dessus d'une teinte cendrée jaune ou blanchâtre, parsemée de taches plus obscures, avec deux lignes longitudinales brunes; les taches du dessous du ventre sont noirâtres ou cendrées. C'est celle que M. Gravenhorst a fait figurer, comme nous l'avons indiqué dans la Synonymie.

Enfin les femelles de la troisième variété ne diffèrent guère de la seconde que parce qu'elles ne portent pas de taches sous le ventre. L'auteur croit que c'est de ce Triton dont Sonnini a parlé dans le second volume de son histoire des Reptiles, page 243 du tome second, et qu'il y a fait figurer sous le nom de Salamandre des marais.

Les mâles et les femelles de ce Triton ponctué, lorsqu'ils sont encore jeunes, offrent des variétés, d'abord leur orifice cloacal est moins apparent, et puis ils n'ont pas de crête sur le dos ni sur la queue. C'est à cet état non adulte que M. Gravenhorst rappporte la *Salamandra exigua* de Laurenti et qu'il a figurée pl. 3, fig. 4, et celle de Wolf décrite, comme nous l'avons dit, dans la synonymie de l'espèce dont nous parlons, mais sous le nom de *Tæniata*.

On voit par les détails qui précèdent à combien de doubles emplois cette espèce de Triton a donné lieu.

6. TRITON A BANDES. *Triton vittatus*. Gray.

Caractères. Corps lisse, de couleur grise blanchâtre, à gros points noirs disposés par lignes longitudinales, une grande bande claire, jaune ou rougeâtre, bordée de noir en dessus et en dessous, s'étendant sur les flancs depuis les aisselles jusques sur les deux tiers des parties latérales de la queue le dessous du ventre jaune ou rouge marqué de points noirs plus ou moins nombreux.

Synonymie. 1820. *Molge vittatus.* Gray. British. Muséum. Guérin. Régn. anim. Icones 17, pl. 28, fig. 2.

1825. *Lissotriton palmipes.* Var. Bell. British. Rept., p. 141.

1850. *Ommatotriton vittatus.* Gray. British. Mus. part. 2, p. 29, n.º1.

DESCRIPTION.

Cette espèce est douteuse: elle tient le milieu entre le Triton des Alpes et le ponctué, ou plutôt elle participe de leurs caractères. Nous croyons que ce sont des mâles très-développés, comme nous le dirons dans la description. Deux de ces individus ont été étiquetés dans la collection du Muséum sous le nom que leur a donnés M. Valenciennes lorsqu'il en a fait peindre un sur vélin. Ces individus provenaient de M. de Férussac qui lui-même les avait reçus de Toul près Seydes, département de la Meurthe. Nous nous étions nous-mêmes procurés à Anvers plusieurs individus vivants que nous nous proposions d'étudier à loisir; mais ils ont été égarés dans la voiture et nous n'avons pu les examiner que très-rapidement.

Nous allons joindre quelques détails à ceux que fourniront les caractères indiqués ci-dessus.

La crête, quand elle est très-développée, forme le tiers à peu près de la hauteur du tronc: elle s'étend très-loin sur le dessus de la queue et il y en a une autre, presque aussi marquée, sous la tranche inférieure. Vers la région du dos cette membrane est très-régulièrement partagée par des bandes noires verticales larges presque égales aux divisions qui sont plus pâles ou transparentes, ce qui produit un effet très-agréable par la symétrie. Les pattes postérieures sont excessivement développées dans la région du tarse, et plus grosses au moins de moitié que les pattes antérieures.

Le dessous du ventre a la plus grande ressemblance avec ce qu'on voit dans le Triton des Alpes; c'est-à-dire que les limites qui séparent les flancs de l'abdomen sont indiquées par des lignes noires. Il est probable que cette région inférieure du ventre est très-rouge; au moins c'est ainsi que nous l'avons vue au mois de mai dans les individus que nous nous étions procurés vivants à Anvers; mais on y voit des points noirs assez gros, surtout dans la région de la gorge, tandis que dans le Triton des Alpes, ces taches noires n'existent pas et dans le Triton ponctué ces marques sont infiniment plus nombreuses et surtout beaucoup plus développées et toutes arrondies.

Ces deux individus que nous avions achetés en mai 1740 à Anvers étaient brillants de couleur et très-vifs dans leurs mouvements. Les gens du pays paraissent les rechercher pour les tenir en captivité dans leur demeure, car les marchands de poissons en avaient ainsi en exposition devant leurs boutiques, dans des bocaux de verre transparents, afin d'attirer les regards des passants, comme on le fait en France pour les poissons rouges ou les cyprins dorés.

On voit d'ailleurs une très-grande analogie entre ces trois espèces dont l'histoire aura besoin d'être suivie pendant plusieurs années de suite pour être bien connue. Nous devons encore faire remarquer que les trois individus de cette espèce dont nous venons de parler sont les plus grands de cette division qui constitue ainsi une sorte de groupe auquel M. *Bonaparte* a assigné le nom de *Lissotriton* ou *Léiotriton*.

M. Gray dans le Catal. du Musée d'Angleterre paraît désigner ce Triton sous le nom d'*Ommatotriton vittatus*, p. 29, n.° 1. Ce sont les dessins de notre Musée qui sont gravés dans le Règne animal illustré de Cuvier, pl. 28, fig. 2, par M. Guérin Menneville.

17. TRITON DES ALPES. *Triton Alpestris*. Laurenti.

Caractères. Corps lisse de couleur cendrée plus ou moins foncée en dessus; des points noirs très-marqués sur les flancs et sur le pourtour de la mâchoire inférieure, bordant ainsi toute le partie inférieure du ventre qui est d'une couleur variable, quelquefois orangée ou citron, mais sans taches, ni points noirs; d'une belle couleur rouge de cerise pendant la vie et à l'époque de la fécondation, mais devenant pâle ou d'un blanc jaunâtre dans la liqueur spiritueuse. Les pattes ponctuées de noir.

Synonymie. 1683. *Salamandra*. Wurffbain Salamandr. p. 64, tab. 11, fig. 4.

1768. *Triton Wurffbanii*. Laurenti. Synops. Rept., p. 38, tab. 11, n.° 4.

1797. *Triton Alpestris*. Schneider. Hist. Amph. Fasc. 1, p. 28.

1798. *Alpentriton*. Schrank. Fauna Boica I, p. 277.

1803. *Salamandra rubriventris*. Daudin. Hist. Rept. T. VIII, p. 239, pl. 98, fig. 1, femelle de la Palmipède.

1820. *Molge Alpestris*. Merrem. Syst. Amph., p. 187, n.° 7.

1837. *Lissotriton Alpestris.* Bonaparte. Faun ital., pl. 85 bis, n.° 2.

1837. *Lissotriton Apuanus.* Bonaparte. Faun. ital., pl. 85 bis, n.° 3, qui est peut-être un jeune. *Euproctus.*

1850. *Triton Alpestris.* Gray. Catal. British. Mus., p. 21. n.° 4.

DESCRIPTION.

Cette espèce et la suivante ne sont peut-être que des variétés de sexe, observées et décrites à diverses époques de leur vie ou des saisons. Cependant les sept à huit individus de toute taille que nous avons maintenant sous les yeux s'accordent parfaitement avec les citations de Laurenti et de Schneider que nous allons traduire au moins dans ce que nous trouverons de positif et facile à observer. Le corps est en dessus à peu près noir; mais la gorge, le ventre et les lèvres du cloaque sont d'un jaune rouge, ainsi que la tranche inférieure de la queue qui est cependant plus jaune et marquée d'espace en espace de taches brunes. Toutes ces parties sont très-lisses, tandis que le dessus est un peu rugueux. Entre la partie noire du dos et celle du ventre qui est rouge, on voit beaucoup de points noirs formant quelques rangées qui semblent ainsi séparer l'abdomen du dos. La queue est comprimée, large, presque transparente, surtout dans la partie inférieure où l'on voit aussi beaucoup de gros points noirs arrondis. Les pattes sont tachetéesde noir, par demi-anneaux, ainsi que les doigts qui sont grêles et aplatis, beaucoup plus pâles en dessous.

Il nous serait difficile d'ajouter à cette description qui est exacte en tous points; nous dirons seulement qu'aucun des individus que nous avons sous les yeux n'a de crête membraneuse sur le dos, ni sur la queue, ce qui pourrait faire penser que nous n'avons ainsi observé que des femelles; cependant l'orifice du cloaque qui chez tous est énormément gonflé, varie pour la couleur, dans les uns il n'est d'une teinte jaune qu'en avant et noir ou avec des taches noires en arrière, tandis que chez d'autres cette sorte de vulve est tout à fait jaune sans taches.

La figure citée de Laurenti et indiquée par la plupart des auteurs est très-mauvaise; on n'y voit pas le dessous du ventre; les seuls rapports qu'elle paraît avoir avec la description que nous avons traduite, est la transparence et les points noirs de la tranche inférieure de la queue, ainsi que les demi-anneaux des pattes. Le dessin qui en a été donné par Daudin en est une très-médiocre copie dans laquelle on ne distingue aucun des caractères. La meilleure se trouve dans la Faune d'Italie sous les n.os 2 et 3. Celle-ci porte le nom de *Tritone Apuanus*, pour indiquer probablement que le prince Bonaparte a reçue des environs de Gênes.

M. Gray, dans le catalogue du Musée d'Angleterre, cite un grand nombre d'autres synonymes dont il nous a été impossible de vérifier l'exactitude.

8. TRITON ABDOMINAL ou PALMIPÈDE. *Triton palmatus.*

Schneider (le mâle).

Salamandre abdominale. Latreillé (femelle).

Caractères. Peau peu granuleuse, d'un brun fauve en dessus avec deux lignes saillantes dorsales suivant parallèlement la ligne saillante de l'échine; le dessous du corps d'une belle couleur orangée foncée, plus jaune vers les flancs. Le mâle ayant au premier printemps les pattes postérieures d'un brun noirâtre, avec les cinq orteils presqu'entièrement palmés. La femelle d'une teinte plus claire, ayant la queue presque ronde surtout quand elle a été longtemps hors de l'eau.

Synonymie. 1768. *Salamandra exigua.* Laurenti. Sp. med. Synopsis, p. 148, n.° 48.

1789. *Salamandre suisse.* Razoumowski. Hist. nat. du Jorat, I, p. 3, pl. 2, fig. 5.

1797. *Salamandra palmata.* Schneider. Hist. nat. amphib. fasc. 1, p. 72, n.° 8.

1800. *Salamandre palmipède.* Latreille. Bulletin des sciences, thermidor an V.

1803. *Salamandre palmipède et abdominale.* Daudin. Hist. nat. des Rept., tome VIII, p. 253.

1803. *Salamandre palmipède* à ventre orangé, p. 239, pl. 98, n.° 2, le mâle; n.° 1, la femelle, p. 250.

1840. *Triton exiguus.* Bonaparte, pl. 83, fig. 5, très-jeune individu.

1820. *Salamandre abdominale jeune.* Hist. nat. des Salamandres, p. 55, n.° 7, fig. 7. A. pl. 6, pl. 5, fig. 4, B-C.

1820. *Molge palmata.* Merrem. Spec. syst. amphib. p. 186, n.° 5.

1821. *Salamandra exigua.* Rusconi. Amour des Salamandres, p. 28, pl. 1, fig. 1-2; d'après Laurenti, *Jeune âge.*

1850. *Lophinus palmatus.* Gray. Catal. of British. mus. p. 28, n.° 2.

DESCRIPTION.

Le mâle et la femelle ont été désignés sous des noms spécifiques différents, parce qu'en effet le mâle, à l'époque des amours, est tout autrement coloré que la femelle, et surtout parce que ses pattes postérieures sont terminées par des doigts tout à fait réunis en pattes d'oie par une membrane commune, d'ailleurs ses taches sont beaucoup plus vives, quoiqu'il n'ait pas le dos surmonté d'une crête ; la queue très-comprimée et très-mince à son extrémité libre, se termine par une sorte de fil qui peut atteindre jusqu'à cinq ou six millimètres de long. Au reste toutes ces particularités disparaissent et semblent s'oblitérer lorsque la saison de la reproduction est terminée. Quand l'été est arrivé, cette espèce quitte les eaux, et se retire pendant le jour sous les pierres. On la trouve alors avec la queue tout à fait arrondie et conique comme dans les Salamandres terrestres.

Schneider a parfaitement caractérisé le mâle par cette courte diagnose : cinq orteils palmés, queue lancéolée à deux tranchants, terminée par un fil.

La description qu'il en donne est également parfaite, comme on va le voir par cet extrait. L'animal a deux pouces et demi de long et vit dans l'eau : son corps est anguleux, le dos est plane avec une ligne saillante de chaque côté et paraissant se prolonger du bout du museau dans la direction de l'œil et s'étendant, comme dans les grenouilles, jusqu'à la naissance des pattes postérieures ; la couleur du tronc en dessus est d'un brun olivâtre ou verdâtre avec des taches noirâtres ; sur les côtés de la queue on voit une large bande d'un blanc jaunâtre, bordée de points noirs arrondis ; le dessous du ventre est jaune parsemé irrégulièrement de petits points noirs peu nombreux.

La femelle a été décrite et figurée par Latreille sous le nom de Salamandre abdominale, avec les pattes non palmées chez un mâle, probablement après l'époque de la fécondation. C'est en effet sous cette forme que le mâle et la femelle se trouvent pendant l'été avec la queue presque complétement arrondie. La Salamandre ceinturée n'est peut-être aussi que le même animal non adulte ; quoique l'auteur l'ait figurée comme un individu mâle.

Ce Triton est l'espèce la plus commune aux environs de Paris. Quand on la touche, sa peau laisse exhaler une odeur désagréable dépendante d'une humeur muqueuse qui s'attache aux doigts et y reste longtemps.

A la suite de ces huit espèces bien déterminées, nous allons en indiquer cinq autres que nous conservons au Muséum, mais sur lesquelles nous n'avons eu aucun renseignement. Ces Tritons sont inscrits sous les noms 9. *Rugueux*, 10. *Cendré*, 11. *Recourbé*, 12. *Poncticulé*, 13. *de Bibron*.

Nous ferons ensuite mention des espèces américaines dont nous possédons quelques iddividus tels que 14. *Très-ponctué*, 15. *Symétrique*. 16. *Dorsal*. 17. *de Haldeman*, et nous inscrirons les noms donnés aux espèces dont les dessins coloriés sont conservés dans les vélins de la bibliothèque du Muséum.

9. TRITON RUGÜEUX. *Triton rugosus*. Nobis.

Caractères. Peau couverte d'aspérités saillantes comme verruqueuses, d'une teinte foncée et presque noire sur toutes les parties supérieures et latérales du tronc, de la queue et des membres; dessous du tronc d'un gris parsemé de taches blanchâtres beaucoup plus clair, sous la gorge ou sous la mâchoire inférieure qui est souvent blanche et sans taches, ainsi que le dessous des pattes antérieures et postérieures.

DESCRIPTION.

Nous avons observé deux individus femelles de cette espèce que nous conservons au Musée National; mais sans en connaître l'origine. Leur queue, à son origine en dessous et vers l'ouverture du cloaque, est rétrécie et semble indiquer qu'elle reste ainsi un peu redressée. Il n'y a pas d'indice de l'existence d'une crête dorsale; quoique la queue soit évidemment comprimée, à peu prés de la longueur du reste du corps, la tranche inférieure présente une sorte de ligne blanche étroite. On voit de chaque côté du cou, entre les épaules et la tête de chaque côté un tubercule saillant, circonscrit, garni de petites verrues comme épineuses, semblables à celles qui se trouvent sur toute la superficie de l'animal.

M. Alfred Dugès qui a inscrit ce Triton sous le nom de *Hémitriton rugueux* dans ses recherches sur les Urodèles de France insérées dans le tome XVII de sa troisième série de Annales des Sciences Naturelles p. 264; il en a fait figurer le crâne et les dents pl. 1, fig. 16 et 17. Sa description a été reproduite d'après le manuscrit qui précède et qu'il lui avait été confié. Mais d'après M. Dugès, comme on le verra à l'article *Euprocte*, ce Batracien serait un jeune *Euprocte de Rusconi* ainsi que la plupart des individus recueillis par Bibron dans les Pyrénées et qu'il avait inscrits sous des noms provisoires, dans les collections du Muséum, se proposant de les mieux étudier par la suite.

10. TRITON CENDRÉ. *Triton cinereus.* Nobis.

Caractères. Corps rugueux, entièrement cendré ou d'un gris noirâtre, piqueté de blanc et sur les côtés de la queue qui est épaisse, mais comprimée ; le dessous du corps et la gorge blanchâtres, ainsi que le dessous de la queue. L'extrémité des doigts tachetée de noir.

DESCRIPTION.

Nous avons trouvé les deux individus qui sont indiqués ici dans le bocal qui contenait les Tritons poncticulés recueillis dans les Pyrénées par M. Bibron, nous avons donc quelques raisons de croire qu'ils proviennent également des environs des Eaux-Bonnes.

M. Alfr. Dugès dans le mémoire qui a pour titre Recherches sur les Urodèles de France a indiqué l'individu qui se rapporte à cet article sous le n.° 6 avec le nom d'Hémitriton cendré et il en a fait figurer le crâne et les dents sous les n.os 14 et 15.

Cette espèce n'est pas assez distincte de celles que nous avons déjà indiquées sous les n.os 3. *Pyrœneus*, n.° 10. *Cinereus*, n.° 11. *repandus*, n.° 12. *puncticulatus*, n.° 13. *Bibronii* qui ne sont peut-être que des variétés dont la bande jaune du dos est plus ou moins apparente et l'opinion de M. Gervais serait de les considérer comme des individus de la première espèce qui se trouve décrite dans le genre Euprocte.

11. TRITON RECOURBÉ. *Triton repandus.* Nobis.

(Atlas, pl. 106, fig. 2).

Caractères. Une grande bande sinueuse de couleur claire étendue sur la ligne dorsale comme par des ondulations depuis la nuque jusqu'à l'extrémité de la queue. Cette région est surtout remarquable par les points noirs saillants, qui y sont distribués irrégulièrement ; le corps d'un brun grisâtre, parsemé de taches et de points blancs ; toute la partie inférieure du corps d'une teinte jaune aurore sous le ventre et le dessous de la queue ; la gorge blanche sans taches.

SYNONYMIE. 1852. *Hemitriton asper.* Alf. Dugès. Ann. Sc. nat. t. XVII, p. 266, fig. 21 et 22 de la planche.

DESCRIPTION.

Nous possédons deux individus femelles de ce Triton. Ils ont été recueillis dans les Pyrénées, l'un en 1846 par M. Bibron, et l'autre par M. Laurillard. Leur peau est rugueuse ; le dessous des membres est pâle ; les doigts des pattes sont tachetés de noirâtre et surtout leur extrémité libre est d'un beau noir, qui simule un petit sabot, car il est aussi foncé en dessous que sur la partie supérieure ; la tête n'a aucune tache en dessus quoiqu'elle soit grise et que toute la partie inférieure soit blanche. Cette espèce est très-remarquable par ses couleurs quoique probablement elles aient été beaucoup altérées par le séjour dans la liqueur spiritueuse.

M. Alfred Dugès qui, à la suite de cet article, indique qu'il regarde ce Triton comme analogue aux différents individus inscrits sous les noms d'aprés lesquels ils se trouvent étiquetés au Muséum, savait déjà qu'ils y étaient placés provisoirement et qu'il nous restait des doutes à vérifier. C'est ce que portait notre manuscrit qu'il avait eu entre les mains. Au reste, comme on le verra à l'article du genre Euprocte, il paraît que cet Urodèle se rapporterait, d'après M. Gervais que nous avons cité à propos de ce genre, à l'*Euprocte de Rusconi.*

12. TRITON PONCTICULÉ *Triton puncticulatus.* Nobis.

(ATLAS, pl. 106, fig. 3 et pl. 102, fig. 4, le crâne vu en dessus.)

CARACTÈRES. Corps gris plus ou moins foncé en dessus, à peau lisse avec quelques rares aspérités ; le dessous du ventre jaune marqué de points nombreux le plus souvent distincts ; le prolongement du cloaque est un peu avancé ; dessous de la queue jaune.

SYNONYMIE. 1852. *Hémitriton poncticulé.* Alfr. Dugès. Ann. des sc. nat. tome XVII, pag. 265, pl. I. B. fig. 3.

DESCRIPTION.

Bibron a recueilli une vingtaine d'individus de cette espèce aux Eaux bonnes dans les Pyrénées; ils paraissent être tous des mâles et varient un peu pour la nuance du dessous du corps dont la teinte est plus ou moins jaune, ainsi que la ligne inférieure de la queue. Les pattes sont chez tous terminées par des doigts dont l'extrémité est tout à fait noire, le dessous de la gorge est quelquefois sans aucune tache et chez d'autres individus, on y distingue des points noirs.

Nous n'avons aucun renseignement sur ces Tritons qui, comme nous l'avons dit, paraissent être tous des mâles; les femelles seraient-elles différentes pour les couleurs? Nous n'en avons trouvé que trois, qui ont toutes sur le dos une ligne jaune étendue chez toutes sur la queue; mais tantôt cette bande dorsale est continue et chez d'autres elle est interrompue ou incomplète ne paraissant que sur le tiers inférieur du tronc. Au reste l'apparence sexuelle est manifeste par le gonflement des lèvres du cloaque et la fente longitudinale qui les caractérise. Les taches ou points noirs du dessous du ventre sont aussi moins nombreux, au moins chez l'une d'elles; l'extrémité libre des doigts est noire comme dans les mâles.

Le prolongement qui se voit au cloaque semble rapprocher ce Triton des espèces du genre Euprocte. Toutes ces particularités se trouvaient indiquées dans le manuscrit communiqué à M. Dugès et c'est l'opinion qu'a émise ce jeune Naturaliste, comme on le verra dans l'article consacré au genre Euprocte.

13. TRITON DE BIBRON. *Triton Bibroni.* Nobis.

Caractères. Corps d'un brun noirâtre en dessus et sur les côtés, avec une ligne dorsale étroite blanchâtre, mais élargie irrégulièrement d'espace en espace et plus marquée chez les femelles; le dessous du corps et la tranche inférieure de la queue d'une couleur jaune, souvent avec quelques taches noires ou des points arrondis irréguliers et variables surtout chez les femelles.

DESCRIPTION.

Cette espèce a été recueillie avec plusieurs autres dans les Pyrénées par notre ami Bibron, qui ne nous a laissé aucune note sur ces animaux. Les mâles sont faciles à reconnaître par le prolongement arrondi de l'extrémité de leur cloaque dirigée en arrière. Ce qui nous a permis de distinguer quatre mâles et deux femelles. Ces dernières ont mieux conservé la couleur jaune du ventre et de la queue, quoiqu'elles eussent été d'abord renfermées ensemble dans un même bocal.

M. Dugès a reproduit ces détails dans ses recherches sur les Urodèles, page 266, n.° 9, et il a fait figurer le crâne et la disposition des dents vomériennes sous les n.os 19 et 20 de la planche 1. Voir également le genre Euprocte.

Nous plaçons à la suite de ce genre plusieurs espèces que les auteurs avaient rangées parmi les Salamandres ; elles sont Américaines et les échantillons qui sont conservés dans nos collections sont trop altérés par leur long séjour dans la liqueur conservatrice, pour que nous soyons bien certains de leur identité qui ne nous a pas semblé en rapport complet avec les descriptions qui en ont été publiées, parce que nous n'avons pu les vérifier. Telles sont celles des espèces suivantes que nous inscrivons provisoirement et en continuant la série des numéros assignés aux espèces.

14. TRITON TRÈS-PONCTUÉ. *Triton punctatissimus.*

CARACTÈRES. D'un brun olive en dessus, recouvert de nombreux points noirs; membres longs et grêles ; le dessous du tronc d'un jaune orange, couvert de points noirs ; queue plus longue que le tronc, carénée en dessus, comme découpée en dessous.

SYNONYMIE. 1825. *Salamandra punctatissima.* By W. Wood. Journ. Acad. Sc. Phil. t. IV, part. II, p. 306.

1839. *Salamandra dorsalis.* Var. *millepunctata.* Storer. Reports of Rept. p. 250.

1843. *Triton millepunctata.* Dekay. Rept. New-York. p. 84, pl. 15, fig. 34.

1849. *Notophthalmus viridescens.* Baird. Batrach. Amer. pag. 284.

1850. *Notophthalmus viridescens.* Gray. Catal. of Britisch. Mus. p. 23, n.° 2.

DESCRIPTION.

Cette espèce n'est peut-être qu'une variété de celle dont la description va suivre — dont elle serait le jeune âge. — Tout son port, d'après les descriptions données, paraît correspondre aux formes des Cylindrosomes.

M. Harlan paraît penser que ce serait une variété de sa *Salamandre dorsale* et par conséquent aussi de la *symétrique.*

C'est un Reptile de l'Amérique septentrionale trouvé dans le Maine, la Pensylvanie et la Géorgie.

15. TRITON SYMÉTRIQUE. *Triton symetricus.* Harlan.

(ATLAS, pl. 107, fig. 2, le crâne vu en dessus).

CARACTÈRES. Peau lisse ; dos d'un brun rougeâtre, avec de petites taches œillées symétriques, formées de points rouges symétriquement distribués par paires, à droite et à gauche de l'épine du dos, au nombre de dix à seize; le plus souvent entourées d'un petit cercle noir; le dessous d'un jaune orangé, parsemé d'un très-grand nombre de petits points noirs séparés, bien distincts; queue comprimée, plus longue que le reste du corps.

SYNONYMIE. 1799. Schneider. Hist. lit. fasc. I, p. 71, 1.a alinéa; mais il ne l'a vue qu'a l'état de larve.

1820. *Triturus miniatus.* Rafinesque.

1820. *Salamandra stellio.* Say. Silliman's journ. t. I. p. 264.

1835. *Salamandra symmetrica.* Harlan. Medical and phys. Res. p. 182, n.° 2, et *Dorsalis*, ibid, p. 178.

1842. *Salamandra symetrica.* Holbrook. north. Amer. Herp. t. V, p. 57, pl. 7, et *Dorsalis*, ibid, p. 77, pl. 25.

1843. *Salamandra coccinea.* Dekay. Hist. nat. Newyork. p. 81, pl. 16, fig. 546.

1843. *Triton millepunctatus.* Dekay. Zool. Newyork. The crimson spotled.

1849. *Notophthalmus miniatus.* Baird's journ. acad sc. nat. Philad. 2.e série, p. 284.

1850. *Notophthalmus viridescens.* Gray. Catal. Britsh. Mus. p. 23.

DESCRIPTION.

Comme on le voit par cette synonymie, l'espèce dont il est ici question a été décrite sous des noms de genres et d'espèces assez différentes, parce qu'en effet elle présente un grand nombre de variétés. Il en sera de même de l'espèce suivante dont les dénominations se reproduisent diversement.

16. TRITON DORSAL. *Triton dorsalis.*

CARACTÈRES. Tout le dessus du corps d'un brun foncé avec de petites taches d'un jaune comme doré le long des flancs; le dessous du corps d'un jaune aurore, parsemé de petits points noirs; queue courte et arrondie.

SYNONYMIE. 1828 *Salamandra dorsalis.* Harlan. Journ. Acad. Sc. nat. Philad. vol. VI, p. 101, et med. and phys. Res. p. 99.

1838. *Salamandra millepunctata* et *Dorsalis.* Storer Reptiles. Massachusett, p. 250.

1843. *Triton millepunctatus.* Dekay. Rept., N.-York, p. 84, tab. 15, n.° 34.

1850. *Notophthalmus viridescens.* Gray. Catal. British. Mus. p. 23, n.° 2.

DESCRIPTION.

On reconnaît d'après cette sorte de rapport des noms déjà indiqués par les auteurs Américains, que cette espèce est à peu près la même que la précédente. Le nombre des taches varie; elles ne sont plus entourées d'un cercle noir. Les lignes brunes qui s'étendent parallèlement entre les yeux sont aussi plus marquées. Toutes les parties noires ou piquetées du ventre sont plus nombreuses et plus foncées; mais les proportions de toutes les parties du corps sont absolument les mêmes, de sorte que tout porte à croire que cette espèce n'est qu'une variété; la queue plus courte et dont la pointe est comme tronquée peut n'être que l'effet d'un plus long séjour sur la terre. Ces Reptiles se rencontrent dans les mêmes lieux.

17. TRITON DE HALDEMAN. *Triton Haldemani.* Holbrook.

Caractères. Tête très-plate, à museau arrondi, dépassant la mâchoire inférieure; le dessus du corps et de la queue sont d'un jaune pâle, avec des taches plus foncées qui se touchent et semblent former ainsi trois rangées longitudinales; le dessous du corps d'un vert olivâtre sale, piqueté de beaucoup de points noirs comme sablé et rougeâtre dans la ligne médiane.

1842. Holbrook. Herpetology north Amer. T. V, p. 59, pl. 18.

1850. Ambystoma, n.° 10. Gray. Catal. British. Mus. p. 33.

DESCRIPTION.

Cette espèce a été recueillie en Pensylvanie, par M. Haldeman, auquel l'a dédié M. Holbrook. Comme nous venons de l'indiquer, nous ne possédons pas ce Reptile. Il se rapproche beaucoup pour la forme des Cylindrosomes surtout par l'étendue relative du tronc entre les paires de pattes.

XIV.e GENRE. EUPROCTE. — *EUPROCTUS.* (1)

Gené.

Glossoliga. Bonaparte. *Megapterna.* Savi. *Geotriton.* Tschudi.

Caractères. *Langue arrondie, libre derrière et sur les côtés, adhérente seulement en devant; tête très-large à museau mousse arrondi; pas de parotides; dents palatines formant deux lignes longitudinales, presque parallèles; mais un peu plus écartées entre elles vers la gorge: peau rugueuse ou couverte de petites verrues; queue pointue, comprimée dans les quatre cinquièmes de sa longueur qui dépasse celle du reste du corps; doigts libres, allongés, arrondis.*

Ce genre, établi par M. Gené, comme on le verra dans la description de l'espèce qu'il avait cru devoir y rapporter jusqu'ici a été décrit et figuré une seconde fois avec beaucoup de détails par M. le prince Bonaparte. Il a les plus grands rapports avec les Tritons dont il diffère principalement par la langue qui est adhérente en arrière chez ces derniers. MM. Gené et Bonaparte ont en outre remarqué une disposition particulière dans les os de la tête qui consiste en un prolongement des frontaux qui vont se réunir aux mastoïdiens dits tympaniques ; de cette jonction il résulte une sorte d'arcade zygomatique qui ferme l'orbite en dessous. On retrouve la même structure dans la Salamandre à crête oblitérée que

(1) De Πρωκτος *Podex* ouverture du fondement et de Εὐ grand, large; cette particularité de la terminaison du cloaque est à peu près semblable dans tous les Atrétodères et certainement dans la plupart des Urodèles à l'époque de la fécondation.

M. Schlegel a décrite et figurée dans sa faune du Japon pl. 5 n°s 7 et 8 que M. Tschudi a reproduites pl, 2, fig. 5 *a*, *b*, *c*. C'est ce qu'on retrouve dans la figure citée pour cette espèce par M. Gené.

Quant au nom donné à ce genre, comme nous venons de le dire dans la note relative à l'étymologie, nous ne voyons pas que les bords du cloaque soient plus tuméfiés que ceux de la plupart des Salamandrides, à l'époque de la ponte. Quant au repli où à la saillie formée par la peau sur le tarse de la femelle et qui a fait proposer le nom de *Mégapterne* par M. Savi nous ferons la même observation.

Ce genre n'est donc pas établi sur des caractères bien positifs, excepté celui tiré de l'attache de la langue.

On avait cru d'abord que l'espèce décrite par M. Gené sous ce nom d'Euprocte et qu'il avait dédiée, comme on le verra, à son compatriote Rusconi, était le même Triton que Poiret avait recueilli en Barbarie et on avait substitué le nom de *Poireti* à celui de *Rusconii*. M. Gervais a reconnu que deux espèces distinctes avaient été confondues sous cette dénomination. L'une est propre à l'Europe et a été recueillie dans les Pyrénées, en Italie et même en Espagne; elle a été désignée sous des noms très-divers et en définitive il lui restera très-probablement celui de Rusconi et l'autre espèce, celle d'Afrique ou d'Algérie, conservera le nom de Poiret. C'est pour cette dernière espèce que M. le prince Bonaparte avai proposé d'établir un genre sous le nom de Glossoliga.

1. EUPROCTE DE RUSCONI. *Euproctus Rusconii*. Gené.

Caractères. Corps verruqueux, d'un brun olivâtre, à traits noirs en dessus; d'un gris blanchâtre en dessous, avec des points et des taches irrégulières d'un bleu noirâtre.

Synonymie. 1829. *Molge platycephala*. Otto. Gravenhorst. Del. mus. Wratisl. pag. 84, n.° 3.

1839. *Euproctus Rusconii.* Gené. Mém. Acad. Turin. tome I, 2.e série pag. 28, spec. 20, pl. 1, fig. 3. 4.

1839. *Megapterna montana.* Savi. nuovo Giorn.Toscano p. 234, (Femelle) Bonaparte. icon. ital. pl. 83, fig. 2.

1841. *Euproctus platycephalus.* Bonaparte. Iconogr. Faun. Ital. f.o 131*, pl. 85 bis, fig. 1, plus très-probablement les espèces de Tritons indiqués sous les noms d'*Apuanus* pl. 85 bis, n.o 3, *glacialis.* séances acad. de Montpellier 1847, pag. 20.

185 . *Hemitriton asper.* A. Dugès. Ann. sc. nat. 3.e série, tome XVII, p. 266, n.o 10, pl. 1, A. fig. 1 et 2. et *H. cinereus, rugosus, punctulatus, Bibroni*, collection du Muséum etc.

1850. *Euproctus platycephalus.* Gray. Cat. mus. Bristish, page 24, n.o 1.

DESCRIPTION.

Cette espèce a fait le sujet des recherches de M. Gené qui l'avait trouvée en Sardaigne avec M. Cantraine. M. Bonaparte l'a fait aussi connaître, comme nous venons de l'indiquer. C'est à l'aide de ces travaux et d'après beaucoup d'exemplaires renfermés dans la Collection que nous avons cherché à la caractériser.

Un très-grand individu de cet Euprocte, parfaitement conservé, vient de nous parvenir de Madrid par les soins de M. le Directeur général du Cabinet Royal (M. Graells).

C'est d'après ces divers renseignements que nous en parlons ici. Nous renvoyons pour les détails à la figure coloriée de la Faune italienne pl. 85 bis, n.o 1; les deux autres figures de la même planche sous les n.os 1 bis et 5, ou du moins bien certainement le n.o 1 bis, appartiennent au même, à différents âges; mais les deux figures n.o 3 de la planche précédente se rapportent à l'Euprocte de Poiret. Ceux que nous avons sous les yeux participent et correspondent à toutes ces figures. La représentation par M. Gené offre un jeune individu qui est d'un fond brun, avec des taches jaunes arrondies et une ligne dorsale ferrugineuse qui se voit aussi au dessus et au dessous de la queue comme dans nos exemplaires, mais celui-ci n'a pas les taches des orbites et du museau. Cette espèce paraît donc se trouver en Sardaigne, en France et en Espagne et non en Afrique.

2. EUPROCTE DE POIRET. *Euproctus Poireti.*

(*Glossoliga.* Bonaparte.)

(Atlas, pl. 107, fig. 1 et pl. 102, fig. 5 et 6, le crâne vu en dessous et en dessus.)

Caractères. Corps brun avec des taches noirâtres; plus pâle en dessous marqué de brun et de rouille; la queue grêle plus longue que le corps.

Synonymie. 1786. *Lacerta palustris.* Poiret. voyage en Barbarie 1.re partie pag. 290.

1837. *Triton Poireti.* P. Gervais. Ann. sc. nat., 3.e série, tome VII, p. 205, et 1849, tome X, p. 205.

1840. *Triton nebulosus. Euproctus Rusconii.* Guichenot. Planches de Zoologie de l'Algérie.

1841. *Glossoliga Poireti.* P. Ch. Bonaparte. icon. faun. Ital. f.o 131, n.o 3.

1841. Schlegel. Reisen inder Regent schoft. Algier tome II, pag. 137.

1850. *Triton Poireti.* Gray. Cat. mus. British. pag. 18, n.o 1.

1853. *Glossoliga Poireti.* P. Gervais. Ann. sc. natur. 3.e série tome XX, cah. 5, pag. 312.

DESCRIPTION.

M. Paul Gervais, dans les mémoires que nous avons cités, croit que cette espèce doit être séparée génériquement de la précédente et qu'elle s'éloigne des autres Tritons quoiqu'elle ait de l'analogie avec le palmipède. C'est surtout d'après les parties osseuses de la tête dont il a fait reproduire un dessin qu'il établit cette distinction et il en donne une description très-détaillée qui n'aurait d'intérêt qu'autant que la comparaison pourrait en être faite.

Jusqu'ici cette espèce parait être propre à l'Afrique.

Voici les dimensions des grands individus rapportés par M. Guichenot.

Longueur totale 0m,16; longueur de la tête avec le cou 0m,02; du tronc entre les pattes 0m,05; de la queue 0m,09 ; diamètre de la tête 0m,015 ; du tronc 0m,02; distances entre les pattes: pour les antérieures, 0m,05, pour les postérieures, 0m,06.

XV.e GENRE XIPHONURE. — *XIPHONURA.*

Tschudi (1).

CARACTÈRES. *Tête grosse ; à museau arrondi, dents palatines formant une rangée transversale ; langue large, libre sur les côtés ; peau peu granuleuse ; queue longue, comprimée, en forme de sabre ; pattes grosses et fortes, à doigts très-développés.*

Ce genre, auquel on n'a pu rapporter jusqu'ici qu'une seule espèce, a les plus grands rapports, par la disposition des dents palatines, avec celui des Ambystomes ; car il en diffère uniquement par la forme de la queue qui est comprimée et peut-être aussi par ses téguments qui, au lieu d'être lisses, sont au contraire comme granuleux. N'ayant pu examiner cette espèce, nous sommes obligés de nous en rapporter à ce qu'en a écrit M. Tschudi qui l'a eue sous les yeux, pour la décrire. Les dents sphénoïdales manquent-elles ? il le paraitrait puisque cet auteur n'en parle pas. C'est d'après M. Green que cette espèce a été introduite dans la science, nous lui avons emprunté les détails qui vont suivre.

ESPÈCE UNIQUE.

XIPHONURE DE JEFFERSON. *Xiphonura Jeffersoniana.*

SYNONYMIE. 1827. *Salamandra Jeffersoniana.* Green. Contrib. of Maclur. Lyceum, vol. I, p. 4, fig. 4.

1831. *Salamandra ingens.* Green. Journ. Amer. sc. nat., VI, p. 254.

1833. *Salamandra Jeffersoni.* Schlegel. Fauna Jap., p. 120.

1835. *Salamandra Jeffersoni.* Harlan. Med. and phys. res. p. 98. Bulletin des sciences, Férussac, tom. XVI, n.o 96, p. 129.

1842. *Triton Niger.* De Kay.

(1) de Ξίφιον. *Gladius*, sabre et de Ουρα, *Cauda*, la queue en sabre.

1842. *Salamandra Jeffersoniana.* Holbrook. Herpet. north Amer. p. 51, pl. 14, et ? *Triton ingens,* ibid. p. 85, pl. 29.

1848. *Xiphonura Jeffersoniana.* Tschudi. Bat. classif., p. 95, n.° 7.

1849. *Ambystoma Jeffersoniana.* Baird. North. Amer. Philad., p. 283.

1850. *Xiphonura Jeffersoniana.* Gray. Catal. British. Mus., p. 34.

DESCRIPTION.

M. Schlegel dit qu'un individu qui appartenait à cette espèce telle qu'elle a été décrite par M. Green, avait été adressé au Musée de Leyde par M. le professeur Troost de Nashville, comme provenant du Tennesee.

Parmi les individus envoyés, les plus grands atteignent au plus en longueur 9 pouces ou 0m,25, ce qui serait une taille plus considérable que celle de nos plus grands Ambystomes.

Voici en abrégé ce qu'en dit M. Green : *Salamandra caudâ mediocri, corpore suprà fusco maculis cœruleis, subtùs fusco.*

Longueur 7 pouces environ; queue de la longueur du corps, légèrement comprimée, pointue; couleur d'un brun clair plus sombre en dessus, avec des points bleus d'azur irrégulièrement disséminés ; les doigts sont très-allongés. L'auteur énonce positivement que ce Batracien n'est pas, comme le pense M. Harlan, une variété de la *Salamandra variolata* ou *Glutinosa* qui est notre Plethodon n.° 2.

Cette espèce de l'Amérique septentrionale a été recueillie en Canansbury, à l'ouest de la Pensylvanie. Elle a le tronc cylindrique et offre un grand intervalle compris entre les deux paires de pattes ; elle ressemble par cela même à un Cylindrosome, excepté qu'elle a la queue courte, qui n'a pas même tout à fait la longueur du corps; en outre, elle n'est pas ronde, mais fortement comprimée et tranchante comme une lame de sabre, ce qui lui a fait donner le nom sous lequel M. Tschudi a désigné ce genre.

La *Salamandra ingens* de Green, act. sc., vol. VI, pag. 254, citée par Holbrook, vol. V, paraît appartenir à ce genre. Suivant M. Schlegel, il en serait de même du *Triton ensatus*, décrit et figuré par Eschscholtz, pl. 22 de son Atlas zoologique.

Il nous parait que c'est cette même Xiphonure que M. Gray a indiquée sous le nom d'*Heterotriton ingens*, dans le catalogue du musée britannique, p. 53, n.° 2, et qui a été décrite et figurée par M. Holbrook, p. 85, pl. 29, sous le nom de *Triton ingens.*

GENRE TRITOMÉGAS. — *TRITOMEGAS* (1).
Nobis.

Sieboldia. 1837, Ch. Bonaparte. Proceed. Zool. Soc.

CARACTÈRES. *Corps très-grand, verruqueux, déprimé, bordé d'un repli membraneux, épais, festonné; tête plate, ovale, plus large que le tronc; langue peu distincte, adhérente et formant le plancher buccal; dents palatines nombreuses, serrées, disposées en une arcade continue et parallèle, en arrière de celles de la mâchoire; narines rapprochées sur le bord antérieur du museau; yeux petits, écartés, à paupières très-courtes ou nulles; queue courte, comprimée, à crête.*

Il n'y a qu'une seule espèce dans ce genre et nous devons, avec M. Tschudi, en faire un genre distinct, parce que ces caractères sont tout à fait différents de ceux que nous avons précédemment attribués aux espèces décrites et que nous trouvons en particulier, comme M. Schlegel, que ce Reptile, qui a beaucoup de rapports avec le genre Ménopome, lie les deux groupes des Atrétodères avec les Trématodères.

Ces analogies de forme générale avec le Ménopome de Harlan ou Cryptobranche des monts Alleghanys de la Famille des Amphiumides paraissent en effet fort évidentes, si l'on en juge d'après la figure du palais osseux de la *Salamandra maxima* que M. Schlegel a donnée et celle de la *Gr. Salam.* que Cuvier a représentée dans le tome V, part. 2, pl. 26,

(1) De Τριτων nom mythologique d'un dieu marin donné à la Salamandre aquatique et de Μεγας grand, très-grand, géant. Nous n'avons pas adopté ce nom de *Megalobatrachus,* parce qu'il signifie grosse grenouille et non pas dans le vain désir d'innover; nous rejetons aussi celui de *Sieboldia,* n'aimant pas à donner à un genre d'animal le nom d'un homme distingué.

fig. 4 et 5; il y a beaucoup de rapports par le repli que présente la peau sur les flancs. Il n'y aurait donc de différence que dans l'absence du trou collaire que M. Van der Hoeven a figuré (1); mais que M. Schlegel (2) dit positivement ne pas exister, même dans les jeunes individus.

Espèce unique.

TRITOMÉGAS DE SIEBOLD. *Tritomegas Sieboldii.* Tschudi.

Synonymie. 1833. *Salamandra maxima.* Schlegel. Faun. Jap.
1838. *Megalobatrachus. Sieboldii* Tschudi.
1838. *Cryptobranchus.* Van der Hoeven. P. Z. S. Tijdsch.
1850. *Sieboldia maxima.* Bonaparte (Ch.) et Gray. Catal. of British. mus. p. 52, n.° 1.

DESCRIPTION.

Nous n'assignons pas de caractères spécifiques à ce Batracien parce que jusqu'ici il est unique dans son genre. M. de Siebold en a rapporté du Japon plusieurs individus en 1829 et il en existe actuellement plusieurs qui vivent depuis longtemps à Leyde. M. Schlegel les a décrits dans la Faune Japonaise et il en a publié de très-bonnes figures sous le nom de *Salamandra Gigas.* Il nous serait difficile de donner une description plus exacte et plus détaillée de cet animal que celle qui en a été faite dans l'ouvrage que nous venons de citer et dont nous allons extraire les faits principaux, d'autant plus que le Musée de Paris ne possède qu'un individu desséché, quoique très-bien conservé, qu'il doit à la générosité de Messieurs les Conservateurs et Directeur du Musée de Leyde qui ont pu suivre les mœurs et les habitudes de cet énorme Batracien et faire connaître le squelette dans ses principaux détails.

Voici cet extrait: ce Batracien remarquable par ses dimensions véritablement colossales, l'est encore par son affinité dans la taille et pour les formes avec la grande Salamandre fossile dont le squelette a été trouvé parmi les Schistes d'OEningen décrite et figurée par Scheuchzer en 1726 et dont nous aurons occasion de parler à la fin de cette histoire des Urodèles.

(1) J. Van der Hoeven, jets over den grooten Zoogenoemden. Leiden 1838, 8.° pl. 2, fig. 8.

(2) Fauna Japonica. Reptil. pag. 128. *Cryptobranchus Japonicus.*

Comme ce Tritomégas vit habituellement dans l'eau, sa queue est très-comprimée et forme un large aviron; ses yeux sont petits et verticaux; ses narines se trouvent très-rapprochées du bout du museau; sa tête est fortement déprimée et très-large; ses flancs forment un rebord, comme pris sur l'épaisseur de la peau dont le pourtour est libre, festoné, et que les auteurs, dont nous empruntons ces détails, regardent comme destiné à faciliter la natation.

Cette grande espèce est très-robuste; ses pattes sont semblables à celles de la plupart des Urodèles: c'est-à-dire que les antérieures n'ont que quatre doigts; tandis qu'il y a derrière cinq orteils; mais ces doigts sont peu développés et sur les quatre membres, il y a une petite callosité à la base du pouce; la queue n'a guère que le tiers de la longueur totale et devient le principal agent de la locomotion.

On nourrissait ce Batracien dans le trajet du Japon à Java et de là en Europe avec de petits poissons d'eau douce vivants; mais la provision venant à manquer il supporta très-bien l'abstinence pendant deux mois, sans que cela parût lui être nuisible. Depuis qu'il est à Leyde, on lui fournit de petits cyprins et aussi des grenouilles. Il avale ordinairement une vingtaine de petits poissons de suite, puis il reste sans manger pendant huit ou quinze jours; il est si vorace que dans son voyage il a dévoré un individu de sa propre espèce. Pour prendre sa nourriture, il s'approche lentement de sa proie qu'il saisit avec les dents en donnant rapidement un mouvement latéral de la tête, tenant ainsi la gueule serrée pendant quelque temps et dans un second mouvement la proie est avalée.

Il n'y a aucune période fixe pour la mue; l'épiderme paraît se renouveler par lambeaux. Quand l'animal a été retiré de l'eau, sa peau se sèche et il suinte des pores une humeur fétide très-tenace, quoique peu abondante. Il supporte assez bien les températures froides et chaudes suivant les saisons. En janvier 1838, l'eau de sa cuve fut revêtue de glaçons et l'animal ne paraissait pas en souffrir; cependant il mange moins en hiver qu'en été. Il jouit, comme les autres Batraciens de sa race, de la faculté régénératrice des parties du corps qui sont enlevées par accident. Ici, les doigts et la pointe de la queue se trouvant détruits se sont reproduits en peu de temps.

Au moment où M. Schlegel écrivait ces détails le poids total de ce grand individu était de neuf kilogrammes.

Comme l'auteur de cette notice intéressante a fait la description fort détaillée du squelette d'un très-grand individu, nous croyons qu'il sera utile de le faire connaître par extrait, en renvoyant à l'ouvrage original et aux figures qui l'accompagnent.

La couleur générale est d'un brun ferrugineux, avec de larges taches noirâtres clair-semées; en dessus, elle est légèrement nuancée de verdâtre ou d'olivâtre; ces couleurs sont plus vives et comme rougeâtres après la mue. Le dessus du corps et surtout celui de la tête, présente beaucoup de rugosités formant des protubérances orbiculaires et de nombreuses inégalités qui se retrouvent également sur le dos et dans l'épaisseur des tégumens. On y distingue des pores nombreux par lesquels suinte une humeur muqueuse d'une odeur désagréable. La peau des parties inférieures est plus unie ou simplement ridée et les taches y sont d'une teinte moins foncée.

Les jeunes individus ont, en général, des couleurs plus claires et les protubérances de la peau y sont moins développées, ainsi que celles des flancs ou du rebord festonné qui s'y trouve à peine indiqué.

Quant aux mœurs et aux habitudes du Tritomégas, voici ce qu'on a observé à Leyde. Le plus grand individu, qui en 1829 avait en longueur à peu près un pied, a cru si rapidement qu'en 1835, il en avait trois. Depuis il n'a pas grandi et paraît avoir atteint le terme de sa croissance. C'est un animal inerte et stupide dont les mouvements sont très-lents. Il se tient habituellement au fond du réservoir et ne vient à la surface de l'eau que pour respirer l'air; à cet effet, il lui suffit de mettre le museau hors du liquide, puis il se retire lentement pour reprendre sa position accoutumée. Il fait souvent entendre un grognement sourd, produit par l'air atmosphérique qu'il chasse par les narines et quelquefois par la bouche. Ce qu'il réitère toutes les cinq à dix minutes, car il ne reste jamais plus d'une demi-heure au fond de l'eau, sans venir respirer à la surface. Plongé, pour ainsi dire, dans une apathie continuelle à son arrivée en Europe, il montrait un naturel assez doux et ne cherchait jamais à mordre, quand on le retirait de l'eau et même en le faisant passer longtemps d'une main à une autre; mais irrité par de nombreux visiteurs, il est devenu plus sauvage et il cherche à se défendre, quand on l'inquiète, en élançant la tête hors de l'eau et en s'efforçant de mordre.

Son squelette ressemble beaucoup, dit M. Schlegel, à ceux du Ménobranche et à celui de la Salamandre fossile dont nous avons précédemment parlé. Les vertèbres ont leur corps creusé devant et derrière par des cavités coniques, remplies d'une substance fibro-cartilagineuse comme chez les Poissons. Il y a vingt vertèbres au tronc et vingt-quatre à la queue; la première vertèbre, ou l'atlas offre deux cavités articulaires pour recevoir les deux condyles occipitaux. Toutes les autres vertèbres se ressemblent par leur conformation générale; leurs apophyses articulaires sont très-prononcées et leur plan cartilagineux est de forme ovale. Les apophyses transversales sont fort développées en longueur et dirigées en arrière et elles portent chacune un rudiment de côte comprimée et pointue qui diminue en longueur vers la queue où on les retrouve encore sur les dix premières vertèbres caudales. Les vertèbres du tronc sont toutes dépourvues d'apophyses épineuses inférieures; mais les supérieures forment une sorte de crête derrière laquelle on voit un trou, qui dans l'état frais se trouve fermé par une membrane.

Les vertèbres de la queue qui, comme nous l'avons dit, sont au nombre de vingt-quatre environ, diminuent successivement de volume vers l'extrémité libre; elles sont comprimées et leurs apophyses épineuses, tant en dessus qu'en dessous, deviennent plus marquées vers la pointe, tandis que les transversales très-prononcées vers la base, diminuent successivement vers le milieu et elles portent, ainsi que nous l'avons énoncé plus haut, de petits rudiments de côtes.

La tête osseuse a beaucoup de rapports, pour la forme, avec celle de la plupart des Urodèles ; mais elle présente des particularités dans la configuration et la disposition des os qui la composent. Ainsi, la grande largeur quelle offre en arrière, tient à la position horizontale des mastoïdiens et des ailes sphénoïdales. D'un autre côté, les os de la face, très-déprimés, sont bordés en avant par les inter-maxillaires et les sus-maxillaires. Ces derniers, par une branche montante très-courte, viennent s'enchasser comme un coin entre les nasaux, qui sont fourchus et dirigés en dehors. Ceux-ci se continuent avec les frontaux pour s'enchasser à leur tour sur les pariétaux et ces derniers reçoivent les temporaux dans lesquels se trouve l'organe de l'ouie. Les pièces de l'occipital sont doubles et portent ainsi les condyles. La base du crâne est en grande partie formée par le sphénoïde qui est très-large et encloué latéralement par deux ailes ptérygoïdiennes très-étalées et qui, se portant en arrière, s'épaissisent et forment la protubérance mastoïdienne destinée à recevoir la cavité condylienne de la mâchoire inférieure. Au devant du sphénoïde, qui forme la région postérieure du palais, on voit deux lames osseuses : ce sont les palatins sur le bord antérieur desquels sont fixées les dents, qui forment par leur série arquée et transversale une courbure analogue à celle de la mâchoire supérieure. Ces dents ont la forme de petits cylindres creux, ouverts seulement par leur base, probablement pour recevoir les vaisseaux nourriciers; tandis que leurs pointes un peu crochues sont émaillées; ces dents sont tellement serrées et rapprochées les unes des autres, que M. Schlegel les compare à des tuyaux d'orgue. La machoire inférieure n'offre d'autres particularités que celle de sa très-grande étendue, car d'ailleurs elle est semblable à ce qu'on observe chez les autres Salamandres.

Le bassin est suspendu à la vingt-unième vertèbre qui représente ainsi le sacrum. Ses apophyses transverses sont plus développées et portent d'une part deux petits os semblables aux côtes; mais en outre, deux os correspondants aux iléons qui sont grands, courbés, élargis et dirigés en dehors pour recevoir des ischions, des pubis et un cartilage de forme bizarre, allongé et fourchu, qui se porte en avant sur les muscles abdominaux.

L'épaule se compose d'un scapulum évasé en haut et surmonté d'un cartilage. Le sternum est formé de deux lames cartilagineuses larges, qui se recouvrent en partie étant comme superposées. Les articulations et les os des membres ne présentent pas de grandes différences avec ce qu'on retrouve dans les autres Urodèles. Il en est à peu près de même de l'appareil hyoïdien, qui a été parfaitement décrit par la plupart des anatomistes.

Ici se termine la partie descriptive de l'histoire des Batraciens Urodèles qui n'ont pas conservé, sur les parties latérales du cou, les orifices par lesquels, dans leur premier âge et avant le développement complet de leurs poumons, l'eau qu'ils avalaient dans l'acte de la respiration branchiale, devait être expulsée de leur gorge. Ces ouvertures sont complètement cicatrisées et voilà pourquoi nous les avons nommés *Atrétodères* (voyez plus haut page 36). La plupart de ces Reptiles ont été considérés comme des espèces de Salamandres et décrites sous ce nom, parce qu'ils en ont l'apparence. Il était important d'indiquer cette synonymie. Nous avons donc cru qu'il serait utile de présenter aux Naturalistes les deux listes suivantes, dans l'espoir que cette concordance leur viendra en aide dans leurs études; comme nous en avions nous-mêmes reconnu la nécessité.

1.° LISTE ALPHABÉTIQUE DES ESPÈCES DE SALAMANDRIDES DÉCRITES OU INDIQUÉES SOUS CE NOM PAR LES ANGLO-AMÉRICAINS.

Agilis.	SAGER. 1839. Silliman's journal, p. 822, n.° XXXVI.
Alleghaniensis.	MICHAUX. Harlan. Lyc. New-York, t. I, p. 221, pl. 1. Abranchus, 1825. Ménopome, pl. 94, 1.
Argus.	BELL'S. Mus. Soc. zool, n.° 659. Ambystome, n.° 1.
Articulata.	BAIRD. Batr. Amer. Desmognathus, p. 286.
Attenuata.	ESCHSHOLTZ. Bolitoglosse deux-raies. Zool. Atlas, pl. 21, fig. 1 à 14.
Auriculata.	HOLBROOK. Batrachoseps. BONAPARTE. Faune ital. 11, 131, n° 9. N. Amer. V. 47, t. II. Cylindrosome, n° 4.
Bilineata.	GREEN. Jour. Acad. Sc. Phil. p. 325. Bolitoglosse n° 2.
liforniæ.	(*Vide*), *Torosa*. Cylindrosome, n.° 2.
Carolinæ.	LINNÉ. Syst. Nat. Edit. 10. *Venenosa*. HARLAN. Ambystoma. TSCHUDI.
Cinerea.	GREEN. Jour. Acad. Sc. Philad. (1818), t. I, p. 356. Plethodon de TSCHUDI. Plethodon n.° 3.
Cirrhigera.	HARLAN. Spelerpes. Med. and Phys. res., p. 97.,

Coccinea.	DEKAY. Hist. nat. New-York, p. 81, pl. 21. Triton, n° 15.
Cylindracea.	HARLAN. 1825. J. Acad. Sc. nat., p. 156. Cylindrosoma, n.° 3.
Dorsalis.	HOLBROOK. N. Am. Herp., t. v, p. 77, pl. 25. Triton, n.° 16 HARLAN. J. Acad. Phil. t. VI, part. 1, 1828.
Ensatus.	ESCHSCHOLTZ. Zool. Atlas. 6, pl. 22. Triton.
Episcopus.	BAIRD. Journ. J. Nat. Sc, Phil. 292. Ambystoma. TSCHUDI.
Erythronota.	GREEN. J. Acad. Sc. nat. Phil., p. 356. Idem ac Cinerea. Plethodon, n.° 3.
Fasciata.	GREEN. Ibid, t. I, p. 350. 1818. Ambystome, n.° 3.
Flavissima.	HARLAN. Silliman's Jour. 1825, p. 286. Cylodrosoma, n.° 2 Var.
Frontalis.	GRAY. Griflith; An. King. IX, p. 107. Synciput albida.
Fusca.	GREEN. Jour. Acad. N. S. Phil. I, p. 357. Bolitoglosse, n.° 1.
Fuscus.	RAFINESQUE. Ann. of nat. 1820. Triturus. Triton, n° 16.
Gigantea.	BARTON. On Siren lacertina. Menopoma.
Glutinosa.	GREEN. Journ. Acad. Sc. nat. Phil. 1818, p. 357. Cylindrosome, n.° 2.
Granulata.	DEKAY, New-York. Faun., vol. II. Salamandra, n.° 4.
Gravenhorstii.	LEUCKART, d'après Fitzinger. N. Class. Rept. 1825. Salamandra, n.° 4.
Gutto-lineata.	HOLBROOK. Am. Herpet., t. v, p. 29, pl. 7. Cylindrosome, n.° 2.
Haldemani.	HOLBROOK, North. Am. Herp., p. 59, pl. 18. Triton. n.° 18.
Horrida.	BARTON. Protonopsis. Ambystoma de Tschudi. Abranchus. Harlan. Menopoma.
Hypoxanthus.	Rafinesque Annals. of nat. n.° 23. 1820.
Ingens.	GREEN. 1831. Journ. Acad. Sc., Phil. VI, p. 254. Hétérotriton.
Inter-mixta.	GREEN. Contrib. of the Macl. Lyc. 1827. 1. Ambystome, n.° 2.
Jeffersoniana.	GREEN. Maclur. Lyc. 1827. p. 4. Xiphonure.
Lateralis.	SAY. Long's exp. to Rock. Mont. p. 302, pl. 5. Ménobranche.
Longicauda.	GREEN. 1818. Jour. Acad. 1823, Phil. t. I, p. 35. Cylindrosome. 1.
Lugubris.	HALLIWELL. J. Acad. Nat. Soc. Ph. 1848, p. 126.
Lurida.	BAIRD North. Amer. 1849, p. 284.

Maculata. GREEN. 1818. Journ. Acad. Nat. Sc. Phil., p. 350. Bolitoglosse. 1.

Mavortia. BAIRD. Journ. A. Nat. Sc. Phil. 1849, p. 293. Ambystoma. Gray, n.° 9.

Melanosticta. GIBBES. Boston. Journ. Nat. Hist., p. 89, pl. 10. Cylindrosome.

Mille punctatus. STORER. Boston. Jour. Nat. Hist., n.° 11, p. 60, Triton de KAY, p. 84, pl. 15.

Nigra. GREEN. Jour. Acad. Sc. Nat. Phil. 1818., p. 352. Ambystome, n.° 2.

Opaca. GRAVENHORST. Del. Mus. Vrat. 1807, p. 75, pl. 10. Fasciata de GREEN. 1815. Ambystome, n.° 3.

Porphyritica. GREEN. Lyc. Maclurian. p. 3, pl. 1, fig. 2. Triton HOLBROOK, p. 83, pl. 28.

Punctata. BAIRD. Amer. Batrac., p. 283. Merrem., p. 86. Batrachoseps, n.° 9. BONAPARTE 1841.

Quadri-digitata. HOLBROOK. North. Amer. 1, p. 65, tab. 21.

Quadri-maculata. HOLBROOK. North. Amer., p. 49. Batrachoseps, BAIRD. 1849, p. 287.

Rubra. DEKAY. Rept. New-York. oct. 17, fig. 43. LATREILLE. Rept. IV, p. 305.

Rubri-ventris. GREEN. 1818. J. Acad. N. S. Phil., p. 383. Idem.

Salmonea. STORER. HOLBROOK. 1838. North. Amer. Erp. t. XXXIII pl. 22. Pseudo-Triton. BAIRD. 1849. Ambystome n° 7.

Scutata. SCHLEGEL. Mus. de Leyde. Abbildungen, tab. 40, fig. 6. Hemidactylium. Tschudi, p. 94. Cylindrosome n° 2.

Stellio. CATESBY. Carolin., pl. 10. SAY. Amer. Jour. 1825. Ambystoma Carolinæ n'est pas de celle de CATESBY. Ambystome n.° 1.

Sub-fusca. GREEN. Journ. Acad. Philad., p. 58. 1818. Spelerpes rubra. GRAY. Cat. British. Mus. 45, n.° 5.

Sub-violacea. HARLAN. Med. and Phys. Res. 93. BARTON. Trans. Amer. Phil. Soc., pl. 4. Ambystoma. Tschudi, p. 92. Plagiodonte, n.° 1.

Synciput-alba. GREEN. Journ. Acad. 1828, p. 352. Salamandra frontalis. GRAY. Animal. Kingd. 352. Ambystoma frontale ?

Symmetrica. HARLAN. 1825. Journ. Acad. Phil., p. 158. HOLBROOK. Herpet. III, p. 57. SCHLEGEL. Faun. Jap. 119.

Talpoidea. HOLBROOK. North. Amer. Erpet., p. 73, pl. 24. Ambystoma n.° 3. GRAY. Catal., p. 36. Ambystome n° 5.

Tigrina.	GREEN. J. Acad. Sc. Philad., p. 116. Triton HOLBROOK. Herp. III, p. 79, pl. 26. Ambystome, n.° 4.
Torosa.	ESCHSCHOLZ. Zool. Atlas. III, pl. 21. Notophthalmus. BAIRD. Amer. Batr., p. 284. Taricha. GRAY. Catal. Britsh Mus., p. 25, n.° 1. Pleurodèle, n.° 2.
Variolata.	GILLIAMS. Journ. Acad. Sc. Nat. Philad. 460. Plethodon. Glutinosum. Tschudi, 92. Cylindrosome n° 3.
Venenosa.	BARTON. Amer. Trans. Phil. VI, p. 112, pl. 4. GRAY. Cat. British. Mus., p. 35, n.° 1. Ambystome, n.° 1.

2.° LISTE, PAR ORDRE ALPHABÉTIQUE, DES ESPÈCES DE SALAMANDRIDES INDIQUÉES PAR LES AUTEURS EUROPÉENS.

Abdominalis.	LATREILLE. Hist. Nat. Salam. pl. VI, fig. 4. B. C. DAUDIN, p. 250. Triton ponctué, n.° 5.
Alpestris.	LAURENTI. Synops. Rept., p. 38, pl. II, fig. 4. Triton des Alpes, n.° 7.
Apuanus.	BONAPARTE. Fauna. Ital. pl. 85 bis, n.° 3. Triton des Alpes, n.° 7. Euprocte de Rusconi.
Aquatica.	GESNER. Gronovius. Dalæus. Petiver. Triton, n.° 1.
Atra.	LAURENTI. Synops. Rept., p. 42, n.° 50, tab. 1, fig. 2. Salamandra, n.° 3.
Batrachon.	WURFFBAIN. Salamand., p. 65, tab. II, fig. 3. Camerarius Centur. IV, emblem. 70, p. 140. Triton, n.° 1.
Bourreau.	BONNATERRE. Dictionn. encyclopéd. Voyez Carnifex, Marmoratus. Triton, n.° 2.
Carnifex.	LAURENTI. Specimen. Synopsis. Rept., p. 145, spec. 41, tab. 2, fig. 3. Triton marbré, n.° 2.
Cinctus.	DAUDIN. Rept. VIII, p. 259. Triton ponctué, n.° 5.
Ceinturée.	LATREILLE. Idem.
Cinerea.	MERREM. Syst. Amph., p. 185, n.° 3, tab. 4, fig. 2. Triton ponctué.
Condylurus.	BARNES. Silliman's Journ. XI, p. 278. Salamandrina.
Corsica.	SAVI. Descriz. d'alcune specie di Rettili, 1839, p. 208. Salamandra, n.° 1, maculosa.
Cortyphorus.	WAGLER. Isis, 1821, t. VIII, p. 341.
Cristatus.	LAURENTI, Synops. Reptil. p. 39, n.° 44. Triton, n.° 1.
Cynops.	TSCHUDI. Classif. der Batrachier, p. 94, n.° 3. Triton, n.° 4, Subcristatus.
Elegans.	DAUDIN. Rept. VIII, p. 255 (mas). Triton, n.° 5, ponctué.

Exiguus. — LAURENTI. Rept., p. 148, tab. 3, fig. 4. RUSCONI. Amours des Sal., tab. 1, fig. 2. Triton ponctué, n.° 5.

Fusca. — GESNER. Quad. Ovip. II, p. 82. Géotriton, 1.

Gigas. — SCHLEGEL. Faun. Japon. Tritomégas.

Igneus. — BESCHTEIN, p. 260, pl. 10, fig. 1 et 2. Triton Alpestris.

Japonica. — HOUTTHUYN. Act. Vlissing, t. IX, p. 329. Onychodactylus.

Lacustris. — BLUMENBACH. Handb., p. 248. Triton, n.° 1, Cristatus.

Laticauda. — BONNATERRE. Encyclop. méthod., pl. 2, fig. 4. Triton, n.° 1, Cristatus.

Lobatus. — OTTH. BONAPARTE. Faun. ital., pl. 85 bis, n.os 6 et 7. Triton ponctué, n.° 5.

Maculata. — MERREM. Tentamen. Syst. Amph., p. 185. Salamandra, n.° 1.

Maculosa, — LAURENTI. Synops. Reptil. p. 33, n.° 51. Salamandra, n.° 1.

Marmoratus. — LATREILLE. Hist. des Salamandres, p. 33, pl. 3, fig. 2. Triton, n.° 2.

Maxima. — SCHLEGEL. Faune du Japon, VII pl. 6-7-8. Tritomégas de Siébold.

Molge. — MERREM. Specimen System. Amph., p. 184. Triton.

Montana. — SAVI (Megapterna). BONAPARTE. Faun. ital. pl. 85, n.° 2, Euproctus.

Nebulosa. — SHLEGEL. Faun. Japon, p. 127. pl. IV, fig. 7-9. Elipsoglosse, n.° 2.

Noire. — DUFAY. 1729. Acad. des Sc. Paris, p. 19, pl. XV, fig. 1. Triton, n.° 1.

Nœvia. — SCHLEGEL. Faun. Jap. p. 122, pl. IV, fig. 4 et 6. Ellipsoglosse, n.° 1.

Nycthemerus. — MICHAHELLES. Isis. 1830, p. 806. Triton Carnifex?

Opaca. — GRAVENHORST. Del. Mus. Vratislas. p. 75, pl. 10.

Palmatus. — MERREM. Sturm. Faun. Amph.. Deutsch. Heft. 2, 72, Sp. 8. Triton ponctué, n.° 5.

Palmipes. — LATREILLE. DAUDIN. Rept. VIII, p. 253, pl. 190, fig. 2. Triton ponctué, n.° 5.

Parisinus. — LAURENTI. Specim. Med., p. 40, spec. 45, pl. IV, n° 2.

Palustris. — LINNÉ. Fauna suecica, p. 102. Spec. 281. Triton, n.° 1.

Platycephalus. — GRAVENHORST. Delic. Mus. Vratisl., p. 84, n.° 3. Euproctus Rusconi.

Platydactylus.	Cuvier. Genre OEdipus. Tschudi, p. 93, n.° 7.
Platyura.	Daubenton. Encycl. méthod. Rusconi. Amours des Sal. Triton, n.° 1.
Pleurodeles.	Schlegel. Abbildungen, pl. 39, n.° 2 et 3. Platycauda pl. II, fig. 3 et 4 et pl. II. Pleurodeles Valtlii.
Perspicillata.	Fitzinger. Neue Classif. Rept., p. 66, n.° 1. Salamandrina.
Porosa.	Retzius. Fauna. Suec., t. I, p. 288. (Mas.) Triton n° 1.
Poireti.	Gervais. Bull. de la Société des Sc. Nat. 1835, p. 113. Euproctus, n.° 2.
Pruinata.	Schneider. Hist. Amph. Fasc. 1, p. 69, n.° 5. Triton, n.° 1.
Punctatus.	Daudin. Rept. VIII, p. 257. Cuvier. Merrem. Triton ponctué, n.° 5.
Punctulatus.	Latreille. Ambystoma? Tschudi. Euprocte, n°. 1.
Pyrrhogaster.	Boïe. (H.) Isis 1826, p, 215. Cynops. Tschudi. Triton Sub-cristatus, n.° 4.
Rubri-ventris.	Daudin. Rep., t. VIII, p. 239, pl. 98, fig. 1. Triton Alpestris, n.° 7.
Rusconi.	Gené. Synops. Rept. Sardin., p. 282, tab. 1, fig. 3-4-5. Euproctus, n.° 1.
Savii.	Bonaparte. Faun. Ital. fol. 95, pl. 84, n.° 4. Geotriton.
Scutata.	Schlegel. Faun. Japon, p. 119, n° 5. Desmodactyle, 1.
Sub-Cristatus.	Schlegel. Cynops. Tschudi. du Japon. Wimari. Triton id., n.° 4.
Sub-fuscus.	Tschudi. Pseudo-Triton, 95. Schneider. Hist. Amph. Fasc. 1, p. 58, n.° 3. Gravenhorst. Conspectus Collect. Del. Mus. Vratisl., pl. XI, fig. 1. Triton ponctué.
Tœniatus.	Gistal. Isis. 1829, p. 1059, n.° 17.
Terrestris.	Wurffbain. Salamandrol., p. 52, pl. I, fig. 3. Salamandra n° 1.
Tridactyla.	Lacépède Merrem. Hist. Nat. Quad. Ovipares., t. II, p. 242. Salamandrina.
Tridigitata.	Daudin. Hist. Nat. Rept., t. VIII, p. 261. Salamandrina.
Valtlii.	Michahelles. Isis. 1832., p. 190. Pleurodèle.
Vittatus.	Valenciennes. Etiquette. Triton, n.° 6.
Vulgaris.	Cuvier. Règne animal., t. II, p. 114. Salamandra, n° 1.
Unguiculata.	Schlegel. Siebold. Rept. du Japon. Mai 1838. Onychodactylus.

CHAPITRE VIII.

TROISIÈME SOUS-ORDRE DES BATRACIENS.

SECONDE SECTION : LES TRÉMATODÈRES.

SECONDE FAMILLE. LES PROTÉIDES, OU PHANÉROBRANCHES.

Nous avons déjà dit que la seconde division des Batraciens, avait été désignée par nous sous le nom de TRÉMATODÈRES, parce que toutes les espèces offrent, sur les parties latérales du cou, des fentes par lesquelles sort l'eau que ces animaux sont obligés d'avaler pour servir à leur respiration. C'est ce qui a déterminé Wagler à les appeler des *Ichthyodes*, c'est-à-dire ressemblant aux poissons. De plus, le même auteur avait également distingué les genres de ce groupe, en deux sections : savoir, ceux dans lesquels les espèces ne conservent pas les branchies pendant toute la durée de leur existence et qui, sous ce rapport, ont plus d'analogie avec les Salamandrides, qu'il considérait comme appartenant à la grande division des Grenouilles ou *Ranæ*, mais qu'il en séparait, parce que tous gardent leur queue, en les désignant sous le nom de *Caudatæ*.

La famille où sont compris les genres qui conservent toujours des branchies et des fentes branchiales, avait été nommée *Pérenni-branches*, elle correspond donc à nos PROTÉIDES que nous désignons ainsi, avec M. de Tschudi. Ils ont tous la queue comprimée et des panaches membraneux vasculaires dans lesquels leur sang éprouve l'action de l'hématose ou de l'oxygénation. Il résulte de cette organisation un caractère extérieur très-évident. Nous en avons présenté l'histoire générale à la fin du sixième chapitre qui est à la tête de ce neuvième volume. Il ne nous reste qu'à faire connaître les genres, au nombre de quatre seulement, lesquels comprennent même peu d'espèces, la plupart étrangères à l'Europe, à l'exception du Protée. Leurs mœurs et leurs habitudes sont d'ailleurs absolument les mêmes que celles des Batraciens de la Famille précédente.

M. le prince Charles Bonaparte, dans le tableau de la classification des Amphibies qu'il a publié en 1850, a rapproché ces mêmes genres : seulement, il en fait quatre grands groupes, ou Familles sous les noms d'*Hypochthonidæ*, de *Sirenidæ*, de *Necturidæ*, qui correspond à celui de Ménobranche et de *Siredontidæ*. Il regarde ces derniers comme les larves d'un Batracien et qui est l'Axolotl ou le Sirédon de Humboldt.

TABLEAU SYNOPTIQUE DES GENRES DE LA 1.re SECTION DES TRÉMATODÈRES.

LES PROTÉÏDES OU PHANÉROBRANCHES.

CARACTÈRES. *Fentes collaires et branchies respiratoires apparentes au dehors.*

A tronc	très-allongé. Anguiformes : pattes au nombre de	quatre	3. PROTÉE.
		deux	4. SIRÈNE.
	court, ramassé. Tritoniformes : doigts des pattes postérieures	cinq .	1. SIRÉDON.
		quatre.	2. MÉNOBRANCHE.

I.er GENRE. SIRÉDON ou AXOLOTL (1). Wagler.

CARACTÈRES. *Corps arrondi, épais, ramassé, semblable à celui d'un Triton; à tronc court, gros, un peu comprimé; tête déprimée, à museau obtus; dents du palais nombreuses, petites, disposées obliquement sur les os palatins et ptérygoïdiens; langue peu apparente; queue comprimée, confondue avec le tronc à la base, qui est presque de la même grosseur que le corps; quatre pattes très-développées; les antérieures à quatre doigts libres, allongés, pointus; les postérieures à cinq; trois houppes branchiales externes, longues et pointues, en partie recouvertes à la base par une peau flottante, libre sous la gorge et dont les plis forment une sorte de collet, qui représente un opercule libre comme dans les poissons, mais avec des fentes séparées par des cloisons cartilagineuses sur lesquelles les branchies sont adhérentes.*

D'après ces nombreux caractères, les Sirédons ou Axolotls seraient des Protées, ayant quatre pattes et des branchies; mais leur tronc étant plus court, les pattes se trouvent ainsi moins distantes entre elles et sont moins imparfaites, plus propres à soutenir le tronc; en outre, la peau du cou, beaucoup plus longue et plus libre, devient, comme nous venons de le dire, une sorte d'opercule sur la base des branchies et sur les fentes qu'elle recouvre et masque en partie. Enfin, les dents sont autrement réparties ou distribuées sur le palais et sur les os des mâchoires.

Ce genre, qui ne comprenait jusqu'ici qu'une seule espèce

(1) Nous ignorons l'étymologie du nom de Sirédon donné pour remplacer celui d'Axototl qui est mexicain. La première espèce avait d'abord été regardée comme une larve de Triton, lorsque Shaw la rangea dans le genre *Siren*.

a été l'objet particulier de l'étude de G. Cuvier. C'est à lui que la science est redevable des notions les plus exactes sur ce Reptile qui avait été plutôt indiqué que décrit par les Naturalistes. Il a publié ses recherches dans un mémoire sur les Reptiles douteux, inséré dans le grand ouvrage de M. de Humboldt sur le Mexique. Il y a fait connaître les particularités de forme, et d'organisation qui ont éclairé beaucoup la science par la comparaison qu'il a faite de cet Urodèle avec les Reptiles des genres voisins et en donnant de très-bonnes figures.

Nous avions nous-mêmes recueilli sur l'historique de ce Reptile et communiqué à Cuvier et à nos auditeurs du Muséum dans nos cours publics, plusieurs des faits qu'il a publiés depuis; mais son travail ayant été beaucoup plus complet, nous en reproduirons l'analyse dans la description qui va suivre.

Aujourd'hui nous croyons devoir rapporter à ce genre une autre espèce voisine qui avait été, il est vrai, déjà indiquée par Schneider, comme provenant de l'Amérique du Nord. C'est un Batracien que nous avons reconnu dans la collection de notre Muséum à laquelle il avait été adressé, comme nous le voyons sur une étiquette, par le docteur Harlan, sous le nom duquel nous le décrirons; et la première recevra sa dénomination spécifique de celui de M. Humboldt qui a rapporté les individus parfaitement conservés, ceux qui ont été décrits et figurés dans ses observations d'anatomie et de zoologie publiées par Cuvier.

1. SIRÉDON DE HUMBOLDT. *S. Humboldtii.*

Caractères. Corps brun ou d'un gris foncé, piqueté de taches irrégulières, noires, étendues sur leurs bords par des lignes radiées même sous le ventre et sur la queue dont la nageoire membraneuse dorsale s'unit à la sus-caudale qui est plus large et courbe, tandis que celle qui se voit sous la queue est presque droite et moins développée.

Synonymie. 1600. Atolocalt. *Gyrinus edulis*. Hernandez. (F.) Histor. animal. et miner. novæ Hispaniæ Tract. V, Cap. IV, pag. 77.

1615. *Lusus aquarum*. Nieremberg. Hist. natur. maximè peregrinæ lib. 11, Cap. 45 et 13.

1648. Axolotl. *Piscis ludricus. Lusus aquarûm*. ejusdem. Ed. de Rechi. lib. 9, cap. 4, pag. 316.

1649. Axolotl. Jonston. *de Piscibus*. lib. IV, Tit. 3. Cap. 3.

1789. *Gyrinus mexicanus*. Shaw. naturalit's miscellany n.° 343.

1802. *Siren pisciformis*. Ejusdem. general Zoology. vol. III, part. 2, page 612, fig. pl. 140.

1803. Daudin. Hist. nat. des Reptiles tome VIII, page 237.

1807. Mém. sur les Reptiles douteux Cuvier. Humbolt recueil de Zool. pl. 12 et 14, fig. 1, 2, 3, 4.

1824. Home. Everard. Philos. transact. tome XXI, pag. 419, pl. 21, 22, 23.

1827. Mayer. Philos. transact. tome XXIII, pag. 87.

1829. *Hypochton pisciformis*. Gravenhorst. Deliciæ mus. Vratislav. pag. 89.

1830. Wagler. *Siredon*. Descriptiones et icones amphibiorûm. ejusdem. planche 20.

1830. Wagler. *Siredon*. natur. syst. amphibiorûm. pag. 209, et 210.

1844. *Axolotes guttatus*. Rich. Owen. ann. and. magaz. nat. hist. 14, pag. 23.

1850. *Axolotes maculata*. Gray. cat. mus. British. p. 49, n.° 1.

DESCRIPTION.

On voit par cette Synonymie chronologique que ce Batracien a été d'abord indiqué plutôt que décrit par les premiers voyageurs Naturalistes au Mexique (1), mais leurs récits, comme on le verra dans la note que nous

(1) Hernandez. (Franscico). *Histor. animaliûm novæ Hispaniæ. Romæ* 1651. a été copié dans la traduction espagnole de Ximenes. de la naturaleza y virtudes etc. mexico 1615, fol. 180, puis par Nieremberg par Jonston et Ruÿsch. Voici la copie de Nieremberg qui est fort curieuse par ses commentaires.

« *Illuvies menstrua et Lubricus gestus, undè nomen meruit Axolotl* croyons devoir transcrire au bas de cette page, ont été successivement copiés, mal traduits, ainsi que l'a déjà fait connaître G. Cuvier. On conçoit toutes les erreurs qui se sont ainsi glissées dans nos auteurs Français. C'est ce qu'on peut vérifier en lisant l'article Axolotl dans le Dictionnaire des animaux de Delachenaye Des Bois, dans la Zoologie universelle de l'abbé Ray au mot *atocolocalt*; et sous celui d'*Axoloti* du Dictionnaire d'Histoire Naturelle de Déterville indiqué par Bosc. Tous ont repété, et modifié à leur manière, les détails cités dans la note latine précédente ou dans d'autres de Ruysch, de Jonston, ils ont écrit que cet animal avait une matrice semblable à celle des femmes, un écoulement menstruel... ou en traduisant mal certains passages tel que celui-ci : il a quatre pattes à l'aide desquelles il nage ; ces pattes sont semblables à celles des grenouilles et non divisées, en quatre doigts. Ce qui, d'après ce que disent ces auteurs, est tout à fait erroné, puisque les pattes postérieures en ont cinq, bien séparés les uns des autres.

On a confondu aussi ce Reptile en le croyant de la même espèce que celui dont a parlé Schneider dans son Histoire des Amphibies page 50 lorsqu'il dit qu'il a vu à Brunswick dans le cabinet du professeur Helwig une grosse espèce de Salamandre ayant l'apparence d'une larve ou têtard, analogue à celle que Linné, Ellis et Camper ont décrite comme étant l'axolotl de l'Amérique ; mais que celle qu'il avait sous les yeux, provenait de l'Amérique du nord du lac Champlain qui sépare une portion du Canada de l'état de New-Yorck où les pêcheurs qui le prennent dans leurs filets, le regardent comme un animal venimeux ; il le décrit ensuite et c'est véritablement pour nous une espèce distincte de Sirédon, quoique Cuvier ait pensé que Schneider s'était trompé. Nous décrivons cette espèce sous le nom de M. Harlan qui a transmis un individu à notre musée, ce qui nous a permis de le comparer avec l'Axolotl et de reconnaître tous les détails dans lesquels Schneider était entré.

Shaw a figuré un individu envoyé du Mexique et conservé dans le musée

---

id est Lusus aquarûm. Genus quoddam est pisciûm lacustriûm, molli cute intectum, ac Lacertarûm more quadrupes, dodrantis longitudine, pollicem que crassum et si interdum cubitum exedat. Vulvam habet mulieri simillimam, ac venter ejus maculis fuscis distinguitur. Corpore medio ad caudam usquè, nempè prolixam et qua juxtà finem tenuissima sit, paulatim ac sensim gracilescit. Pro linguâ est Cartilago brevis ac lata. Quaternis natat pedibus, in totidem digitos persimiles Ranarûm fissis. Caput depressum et reliqui corporis proportione magnum. Hiscens rictus, aterque color. Huic menstrua singulis quibusque mensibus fluere observatum sæpè sæpiùs est, haud aliter ac mulieribus etc, etc.

Salubre et gratum præbet alimentum.... posteà de Condimentis.

12.*

Britannique. C'est bien certainement le même qu'il a fait connaître et dont il a donné des figures très-exactes sous le nom de larve de la Salamandre du Mexique, ou comme une sorte de Protée. Il le représente de grandeur naturelle sur la planche entière qu'il lui a consacrée; on le voit là en dessus et en dessous, puis la tête figurée séparément du côté de la gorge, pour indiquer la naissance des branchies et enfin l'animal ouvert après avoir soulevé la membrane operculaire, dépouillé sous la gorge et l'abdomen ouvert pour montrer la position de la plupart des viscères et entr'autres les intestins contenant des débris d'un crustacé voisin des écrevisses. Sur une autre planche se trouve représenté le squelette, une vertèbre et la tête osseuse dessus et dessous.

Dans ce premier mémoire dont nous venons de présenter l'analyse, d'après la structure ou la faible consistance des os du squelette et le peu de développement des organes génitaux qui indiquaient beaucoup de signes de jeunesse, Cuvier était porté à regarder cet Urodèle comme une véritable larve de gros Triton et il concluait que l'Axolotl des Américains pourrait bien n'être qu'un gros têtard; mais dans la seconde édition de son règne animàl, il ajoute en note, après la description, qu'il ne le place plus qu'avec doute parmi les genres à branchies permanentes; mais qu'il s'y voit obligé parce que beaucoup de témoins, bons observateurs, l'ont assuré que cet animal ne perd jamais ses organes respiratoires aquatiques.

L'Axolotl est en effet très-bien connu des Mexicains. En plusieurs circonstances, nous avons eu occasion d'en parler en le désignant sous ce nom à des hommes du pays, d'ailleurs fort peu instruits et ils nous parurent étonnés que nous connussions si bien *ce Poisson* comme ils le désignaient eux mêmes. Il est, à ce qu'il paraît, fort commun dans le lac qui entoure la ville de Mexico à 1160 toises d'élévation et dans les eaux des ruisseaux des montagnes qui y affluent. On le vend sur les marchés comme un poisson délicat.

Voici les particularités anatomiques les plus intéressantes observées par Cuvier (1). Le squelette a les plus grands rapports avec celui des Salamandres aquatiques ou Tritons; mais l'appareil branchial et les arcs hyoïdiens ont plus d'analogie avec ceux de la Sirène ; le cœur ne paraît avoir qu'une oreillette, peut-être cloisonnée; mais elle est précédée d'un sinus ou réservoir veineux comme dans les poissons. Les poumons sont deux longs sacs à mailles laches et saillantes à l'intérieur; mais ils n'offrent pas de véritables cellules. Les intestins contenaient des débris d'animaux vivants dans l'eau douce, ils étaient analogues à ceux des Salamandres; peut-être en raison

(1) Ossements fossiles seconde édition t. V, part. 2, p. 415 et figures pl. 27, fig. 24 et 25.

de la saison, qui n'était pas celle des amours, les organes de la génération offraient peu de développement.

2. SIRÉDON DE HARLAN. *Siredon Harlanii*. Nobis.

(ATLAS, pl. 95, fig. 1 et 1 a).

CARACTÈRES. Corps gris cendré, pasemé de taches noires, arrondies, bien distinctes ou séparées les unes des autres, plus nombreuses et plus rapprochées sur la tête et autour des yeux; nageoire, ou membrane dorsale, naissant presque sur la nuque; tout le dessous du ventre gris, sans aucune tache.

SYNONYMIE. 1823. The axolotl of Mexico. Say. Expedition to rochy montains by Edwin James, vol. I, p. 302.

1799. Schneider. Historiæ amphibiorum nat. et litt. fasc. I, pag. 50.

1844. *Axolotes maculatus*. Owen and magaz. nat. Hist. XIV, pag. 23.

1849. *Siredon maculatus*. Baird's. Journ. of the Acad. of nat. Sc. of philad. 1849. 2. Ser. p. 292.

DESCRIPTION.

Nous avons deux exemplaires parfaitement conservés de cette espèce qui a été adressée des États-Unis au Muséum par M. le Docteur Harlan. Il est évident, par les caractères que nous venons de lui assigner, que cet animal est tout-à-fait distinct de celui du Mexique, par ses couleurs et surtout par les taches noires tout-à-fait arrondies et très-distinctes les unes des autres sur un fond gris cendré; tandis que dans l'autre espèce, le fond de la couleur est d'un brun tanné avec des taches excessivement nombreuses et rapprochées, dont le contour est comme rayonné.

La taille de cet individu est à peu près la même que celle de l'Axolotl, mais sa grosseur est d'un tiers plus considérable; sa longueur est d'un double décimètre, et sa grosseur de cinq centimètres au milieu du tronc. La description qu'en a faite Schneider s'accorde parfaitement avec ce que nous observons dans l'individu que nous avons sous les yeux, comme on va le voir par la traduction que nous en donnons ici.

« Je puis donner un exemple aussi remarquable par un animal tout-à-
» fait semblable, provenant d'Amérique, que j'ai pu voir dernièrement
» et dessiner à Brunswick, dans le Musée du très-savant professeur Hel-
» wig. Il provenait du lac Champlain, en Amérique, où il avait été pris
» par des pêcheurs qui le craignent comme venimeux, quand ils le ren-

» contrent dans leurs filets. La longueur de son corps est de huit pouces ;
» son diamètre d'un pouce : il est gros, mou, comme spongieux, sa peau
» est percée d'un grand nombre de pores ; il porte sur les côtés trois sé-
» ries de taches noires, arrondies ; sa queue comprimée, tranchante, est
» également tachetée, courbée en dessus, droite en dessous et se termine
» par une pointe arrondie. La tête est large et plate ; les yeux petits ; les
» narines sont situées au bord antérieur de la lèvre supérieure ; les deux
» mâchoires portent des dents coniques, obtuses, assez longues ; la langue
» est large, entiere, libre en avant : l'ouverture de la bouche s'étend jus-
» qu'à la ligne verticale des yeux ; ses lèvres sont semblables à celles des
» Poissons. Il y a quatre pattes distinctes, portant toutes quatre doigts sé-
» parés, *tetradactyli omnes*, (les postérieures en ont cinq) sans ongles.
» La fente du cloaque est longitudinale. On voit, de chaque côté du cou,
» trois branchies prolongées, attachées sur des arcs cartilagineux, dont les
» bords internes, ou du côté de la gorge, portent des tubercules cartila-
» gineux, comme dans les Poissons ; il y a seulement deux ouvertures
» branchiales de chaque côté ; les deux arcs branchiaux, le supérieur et
» l'inférieur, semblent attachés à la peau. »

Messieurs Baird et Ch. Girard ont décrit et figuré sous le nom de *Siredon lichenoides*, dont nous trouvons le dessin lithographié à Newyork, dans l'ouvrage de M. Haward Stansbury, publié à Philadelphie en 1852. (Exploration and Survey of the valley of Great salt lake), page 336.

Ce Siredon lichénoïde a le dessus et les côtés du corps d'un brun lavé de taches blanchâtres, ce qui lui donne l'apparence d'être couvert de lichen ; le corps est plus arrondi que dans l'espèce précédente et n'a pas comme elle, des taches noires sur les flancs.

Cet Urodèle a été pris dans le Spring lake, dans le New-Mexico, bassin du Rio grande del norte. C'est certainement un Axolotl, qui a beaucoup de rapports avec celui dont nous avons présenté plus haut la description. Il se trouve dans les mêmes régions, et nous craindrions de faire un double emploi en l'établissant comme une espèce bien distincte.

II.e GENRE MÉNOBRANCHE. — *MENOBRANCHUS.*

(1) Harlan.

Necturus (2) de Rafinesque et de Wagler.

Phanerobranchus (3) de Fitzinger.

CARACTÈRES. *Tous ceux du genre Triton ; mais avec des branchies qui restent constamment apparentes ; quatre pattes à quatre doigts peu distincts ; mâchoires garnies de dents aux inter-maxillaires et aux sus-maxillaires.*

Le seule espèce de ce genre qui soit bien connue, a été cependant confondue avec celles du genre Ménopome par beaucoup d'auteurs, que M. Harlan avait d'abord désignées sous le nom d'Abranchus, adopté par M. Gray dans la traduction anglaise du règne animal de Cuvier par Griffith.

On verra par la synonymie qui va suivre que les citations de Mitchill se rapportent au Ménopome ou au genre qui précède. Il ne reste qu'un seul Ménobranche dans ce genre c'est :

ESPÈCE UNIQUE.

MÉNOBRANCHE LATÉRAL. ***Menobranchus lateralis.*** **Holbrook.**

(ATLAS, pl. 95, fig. 2, la tête avec les branchies, vue de profil.)

CARACTÈRES. Quatre doigts à chaque patte, une ligne noire partant des narines, passant sur les yeux et se prolongeant sur les côtés, en s'élargissant sur les flancs, se rétrécissant sur la queue ; la peau du cou formant un pli sur la partie supérieure de la nuque en avant des branchies.

---

(1) de Μηνη, lune, lunule. Croissant de la lune et de Βραγχια, branchie.

(2) de Νηκτης, nageuse, propre à la nage et de Ουρα, la queue.

(3) de Φανερος, apparente, évidente et de Βραγχια, branchie.

SYNONYMIE. 1799. *Salamandra.* Schneider. Hist. litt. nat. fascic. 1, p. 50.

1807. *Protée tétradactyle.* Lacépède. Ann. du mus. Paris. t. X, p. 330, pl. 17, regardé comme un *Axolotl* du Mexique.

1823. *Triton lateralis.* Say. Voyage aux montagnes rocheuses. Long. vol. I, p. 5. *Salamandra Alleghaniensis.* Du même, journ. acad. nat. sc. vol. I, d'après Harlan.

1823. *Proteus of lakes.* Mitchill. Sillimans. journ. vol. VII, p. 63. Du même, Amer. journ. of sc. and arts, vol. 4, p. 181.

1825. *Menobranchus lateralis.* Harlan. Ann. lyc. New-York, vol. pl. 16. Du même, med. Research. p. 323, t. V, part. 1.

1827. *Proteus maculatus.* Barnes. Sillimans. journ. p. 268, n.º 11.

1829. *Menobranchus lateralis.* Cuvier. Règne animal, 2.e édit. t. II, p. 119.

1833. *Menobranchus lateralis.* Mayer de Bonn. Analecten. anatomica, p. 85, pl. 7, fig. 6.

1842. *Menobranchus lateralis.* Dekay. nat. histor. p. 87, pl. 18, fig. 45.

1842. *Menobranchus lateralis.* Holbrook. North. Amer. Herpet. t. V, p. 115, pl. 38, color.

1850. *Necturus lateralis.* Gray. British. Mus. Catal. p. 67.

DESCRIPTION.

Cette espèce qui a beaucoup de rapports avec l'Axalotl ou Sirédon, a été recueillie dans les grands lacs de l'Amérique septentrionale, tels que l'Erié, le Senéca, etc. Elle acquiert une très-grande taille, car les auteurs américains disent qu'on a trouvé des individus longs de plus de deux pieds. Les premiers qu'on ait observés sont ceux qui ont été indiqués comme provenant du lac Champlain dont nous avons parlé comme d'un Sirédon indiqué par Schneider, mais celui-ci, dit de Harlan, avait cinq orteils et le corps tout autrement coloré et tacheté.

Comme nous l'avons indiqué dans la synonymie, M. Holbrook a donné des figures très-exactes et les descriptions de deux espèces. Celle qu'il désigne sous le nom de *Menobranchus maculatus*, pl. 37, pag. 111, et celle qu'il appelle *lateralis*, pl. 38, p. 115, sont en effet fort différentes pour les couleurs, la première a la tête beaucoup plus pâle sans bandes, elle est tachetée d'une manière très-irrégulière par de gros points arrondis d'une teinte rouge brunâtre. Ce serait de cette espèce dont Barnes aurait parlé le premier. Celle qui est généralement admise sous le nom de *lateralis*, a le dos brun avec deux bandes latérales beaucoup plus claires. Il ne serait pas étonnant que cette livrée dépendît du jeune âge. Nous avons fait connaître que c'était celle que M. Say avait décrite dans le voyage de Long aux montagnes rocheuses.

III.e GENRE. PROTÉE.—*PROTEUS* (1). Laurenti.

Hypochthon (2). Merrem et Wagler.
Catedon. Goldfuss. *Phanerobranchus*. Leuckart.

Caractères. *Corps allongé, grêle, arrondi, lisse avec de légers sillons transversaux sur les flancs. Tête allongée, déprimée en avant, à museau tronquée, yeux cachés; pas de langue distincte; narines externes, mais ne communiquant pas avec l'intérieur de la bouche; pas de dents aux mâchoires, mais deux longues lignes ou séries de dents palatines. Tronc près de deux fois aussi long que la queue qui est comprimée, très-mince à son extrémité et membraneuse sur ses tranches. Quatre pattes grêles, très distantes, avec les avant-bras et les jambes courtes; la paire antérieure à trois doigts et la postérieure à deux orteils seulement et à peine ébauchés.*

Ce genre ne comprend qu'une seule espèce qui diffère principalement, au premier aperçu, de celui qu'on a créé pour y ranger le Sirédon ou l'Axolotl à cause du nombre des doigts qui terminent chaque paire de membres, et en raison de leur distance réciproque, ainsi que par l'extrême longueur du

---

(1) Πρωτευς, nom d'un Dieu marin qui pouvait à volonté changer de formes. Merrem n'a pas voulu adopter cette dénomination parce que Linné avait donné le nom de Protée *Protea* à un genre de plantes et en outre parce que Muller avait employé ce même nom masculin pour un genre d'animaux microscopiques.

(2) Υποχθον *subterraneus*, qui vit sous terre.

tronc. En outre, le Protée a une toute autre conformation de la tête, des narines et des yeux; de plus, la disposition des branchies est différente et il y a absence de la couleur et d'une crête dorsale.

Quoique Laurenti ait le premier établi le genre Protée et qu'il en ait proposé le nom, il avait eu le tort d'y inscrire plusieurs autres Reptiles qu'il y rangeait, il est vrai, avec quelques doutes, tels qu'une larve de Triton ou de Salamandre aquatique et le Tétard de la Jackie (*Pseudis paradoxa*). La seule espèce rapportée à ce genre est celle dont nous allons faire l'histoire, c'est pourquoi nous ne devons pas nons étendre d'avantage sur ces généralités qui ne pourraient s'appliquer qu'aux individus sur lesquels plusieurs naturalistes ont donné des mémoires et des observations que nous aurons soin de relater dans la synonymie.

ESPÈCE UNIQUE.

1. PROTÉE ANGUILLARD. *Proteus anguinus.* Laurenti.

(ATLAS, pl. 96, fig. 2, tête avec les branchies vue de profil et 2 a.)

CARACTÈRES. On peut considérer comme propres à l'espèce, ceux qui ont été assignés au genre, en ajoutant que l'animal paraît aveugle, car à peine apperçoit-on, à la place que pourraient occuper les yeux, deux petits point noirs, à travers la peau qui n'est pas percée. Le museau est aplati, obtus. Les narines sont deux fentes, situées dans le sens de la longueur de la lèvre supérieure, qui se trouvent par cela même cachées sous un pli du museau et la cavité qui leur correspond est une sorte d'impasse ou de cupule comme dans les Poissons.

SYNONYMIE. 1768. Laurenti. synopsis Reptilium pag. 37, n.° 36, tab. 4, fig. 3.

1772. Scopoli. Annal. Hist. natur. tome V, pag. 70.

1783. Hermann. Tabulæ affinitatûm animaliûm. pag. 256.

1799. Schneider. Hist. nat. et Litt. amphib. fasc. 1, pag. 45.

1801. Schreiber. Philos. transact. cum. fig. part. 2, pag. 255.

1802. Latreille. Hist. nat. des Reptiles in-18, t. IV, p. 306.

1803. Daudin. Hist. nat. des Reptiles 8.° t. VIII, pag. 266, pag. 99.

1807. Cuvier. G. Sur les Reptiles douteux observ. de Zoologie de Humboldt. page 119, pl. 13, fig. 5.

1817. Olm. *de Proteo anguineo.* isis. n.° 81, pag. 642.

1819. Configliachi. et Rusconi. del Proteo anguino f.° pl. 1. à 5, color.

1819. Sul proteo. femin. notabil. journ. de Pavie t. XIX, p. 55.

1820. Rudolphi. Bliblioth. univ. de Genève. Lettre à M. Link.

1821. Wagler. isis. 1821. *Proteus Anguinus.*

1822. Blainville. de l'organisatian des animaux t. 1, pag. 549.

1824. Cuvier. G. ossemens fossiles tom. V, 2.e partie pag. 426, pl. 27, fig. 14-15.

1826. Rusconi. Descript. d'un Protée femelle. journal de Physique Paris.

1826. Cloquet. (Hipp.) Analysée dans l'isis 1827 pag. 94, tab. 2. Dictionnaire des Sciences Naturelles tom. XLIII, pag. 392.

1829. Cuvier. Règne animal. tome II, pag. 120.

1831. Michahelles. isis. tom. XX, pag. 499. et pag. 190 (1829).

1837. Viator. Magaz. Hist. nat. Charles Worh. vol. I, p. 625.

1838. Tschudi. (J. J.) Classification der Batrachier. 4.° p. 69, et 97.

1840. Delle Chiaie. Richerche anatom. biol. sul Proteo Serpentino. Nap. f.° 21, pag. pl. 5.

1850. Gray. Cat. of British. mus. pag. 65, n.° 1, pl. 4, n.° 16, cop. de Cuvier.

DESCRIPTION.

Le Protée atteint plus d'un pied (32 décimètre) de longueur et sa grosseur est celle d'un doigt moyen. Il a le corps lisse, blanchâtre ou d'un gris rosé couleur de chair, sa surface est muqueuse et absolument sans écailles. On distingue sur cette peau quelques pores ou cryptes qui simulent des points grisâtres, surtout lorsque l'animal a été exposé à l'action de la lumière pendant quelque temps, ses houppes branchiales au nombre de trois de chaque côté, sont frangées, subdivisées chacune en quatre cinq ou six branches supportées par un pédicule commun. Ces lames sont attachées sur le bord inférieur des arcs ou cornes de l'os hyoïde. Quand le Protée est resté longtemps sous l'eau et dans l'obscurité absolue, ces franges se prolongent beaucoup et prennent une belle couleur rouge carmin ; mais elles se flétrissent, se racourcissent et elles palissent, lorsque les ramifications vasculaires ne sont pas injectées par l'Hématose qui ne s'y produit plus de la même manière, probablement parce qu'alors l'animal respire l'air qu'il introduit dans ses poumons pour remplacer l'action des branchies.

On peut voir par la Synonymie qui précède que le Protée n'a été connu des Naturalistes que depuis l'indication qui en a été faite par Laurenti. C'est principalement d'après les belles recherches de MM. Schreiber, Cuvier, Configliochi, Rusconi et Delle Chiaie qu'on connait bien les mœurs de ce Reptile, ainsi que les formes et sa structure. Nous en avons nous mêmes observé et étudié à plusieurs reprises et pendant deux ou trois années de suite et avec soin deux individus auxquels nous n'inspirions aucune crainte. Nous leur donnions des vers de terre pour unique nourriture, ainsi que nous le dirons à la fin de cet article et dans ce moment (1844-1847) nous avons encore sous les yeux un individu vivant que nous conservons depuis le mois de septembre 1841, qui a été donné au Muséum par M. le Docteur Mandl.

Hermann, Schneider et Gmelin dans les articles cités avaient regardé ce Batracien comme une larve de Salamandre ; mais tous les autres auteurs sont restés convaincus qu'il en diffère complétement par son organisation.

M. Schreibers d'abord, Cuvier ensuite, dans un premier mémoire, puis MM. Configliachi et Rusconi, même G. Cuvier, dans un dernier mémoire, ont fait une anatomie très-détaillée de ce singulier Reptile, et cette anatomie a encore été illustrée dans un excellent mémoire publié en 1840, par M. Delle Chiaie de Naples.

On a cru longtemps que les lacs des environs de Sittich, dans la basse Carniole, étaient les seules eaux qui recevaient le Protée, dans lesquelles il était transporté à la suite des grandes pluies, entrainé par les eaux des inondations qui pénétraient dans des sortes de grottes souterraines où l'on en avait observé plusieurs fois. En effet, c'était de ces lieux là, que les premiers individus avaient été transmis à Laurenti et à Scopoli par M. de Zoïs qui habitait ce pays ; mais depuis on en a découvert en plus grand nombre dans les eaux d'une grotte profonde, sur la grande route de Trieste à Vienne, grotte qui porte le nom d'Adlelsberg ou Postoina.

Voici quelques-unes des habitudes et des mœurs du Protée. Hors de l'eau, il se traîne péniblement ; son corps étant très-long et muqueux, se colle sur le sol dont ses pattes, trop courtes et mal conformées, ne peuvent le détacher. Ses branchies et sa peau se dessèchent et l'animal ne tarde pas à périr.

Dans l'eau, cependant, il nage très-bien : il vient de temps à autre se porter à la surface pour y respirer, d'abord en repoussant l'air vicié, puis humant l'air atmosphérique pour en remplir de nouveau et rapidement ses poumons. Dans le premier cas il émet un petit cri ou produit un bruit qui provient du gargouillement des bulles qui passent de la glotte dans l'eau que contient sa bouche. Nous avons nourri avec des lombrics, pendant près de trois ans, ceux qu'on nous avait donnés. Ces lombrics, de moyenne grosseur, étaient avalés avec voracité et tout entiers : ils étaient complètement digérés en deux ou trois jours. Nous tenions ces Protées à la cave pendant l'hiver et dans les jours très-chauds de l'été, ils étaient contenus dans un compotier de porcelaine avec un couvercle de la même poterie; mais de manière que l'air pouvait s'y renouveler et la lumière y pénétrer un peu. Nous devons faire remarquer cette dernière circonstance car les téguments prenaient alors une teinte grise assez prononcée. Quand nous les laissions à la cave enfermés dans un grand vase de fayence épaisse, sorte de poterie de terre vernissée, de forme allongée, destiné dans nos cuisines à faire cuire des patés de chair, ces Protées reprenaient la teinte d'un jaune très-pâle, et c'est ainsi que reste constamment celui que nous conservons encore dans un grand sceau de zinc. On avait soin de renouveler l'eau tous les deux ou trois jours, suivant qu'elle était plus ou moins salie par les déjections de l'animal, ce qu'on pouvant reconnaître par la diminution de longueur de ses panaches ou de ses branchies. Ces animaux ont grossi et grandi considérablement, mais ils n'ont jamais changé de forme ; ce dont nous étions fort désireux de nous assurer. La seule modification notable que nous ayons observée est celle de la teinte de leur peau, comme nous l'avons dit, elle était analogue à celle que M. Rusconi a représentée sur la figure 5 de la seconde planche de sa belle monographie.

D'après les observations de G. Cuvier (1), la tête osseuse du Protée ressemble davantage à celle de la Sirène, qu'à celle de toute autre espèce d'Urodèle. Seulement elle est plus déprimée, munie d'os ptérygoïdiens; mais la disposition et la forme des dents ont plus de rapports avec ce qu'on retrouve chez les Salamandres. Au reste pour tous ces détails nous renvoyons le lecteur à la figure 14 et suivantes de la 27.e planche de la seconde partie du tome V des ossements fossiles de G. Cuvier.

L'anatomie des viscères a été donnée par M. Delle Chiaie de Naples dans la dissertation citée et la plupart des organes ont été étudiées et décrits dans les ouvrages d'anatomie comparée et surtout par MM. Duvernoy et Le

(1) Cuvier ossemens fossiles 2.e édit. Tome V, part. 2, pag. 428 et suiv. planche 27, fig.

Reboullet (1). Le système circulatoire a été le sujet principal de recherches intéressantes même pour l'appréciation des globules du sang obtenu à l'aide du microscope.

M. Michaelles a donné en 1830 dans l'Isis, cahiers 2 et 8 quelques observations curieuses sur le Protée. Les individus provenant des environs de Verb. sont différents de ceux de la Magdelen grotte. Les 1.ers ont la tête plus courte, le museau moins prolongé, la queue moins longue; mais plus haute et plus arrondie, vers le bout. Rusconi a donné la figure d'un individu de la grotte de la Madeleine; tandis que Schreibers et Oken ont figuré ceux de Verb. Les figures en cire faites à Vienne sont celles de cette dernière localité dont un exemplaire, que nous en avons reçu en don, est déposé dans les galeries de notre Musée national.

M. Delle Chiaie a publié à Naples en 1840 une dissertation très-intéressante en italien sous le titre de *Richerche anatomico-biologiche sul proteo serpentino* avec cinq pl. grand in-4.° destinées à faire connaître essentiellement la structure anatomique de ce Reptile dans tous ses détails. La première représente un Protée mâle, l'abdomen ouvert depuis la gorge jusqu'au cloaque. Les branchies et les trous qui leur correspondent sont étalés. Cette planche est principalement destinée à faire connaître le système circulatoire de Jacobson qui transporte le sang veineux de la queue et des membres au foie et aux reins.

La 2.e pl. fait voir la veine cave postérieure chez un Protée femelle.

La 3.e est consacré à l'appareil de la circulation des branchies, de la peau, des poumons, du pancréas et du tube intestinal.

La 4.e a pour objet de faire connaître le mode de circulation du sang qui, revenant des branchies avec le caractère artériel, va se porter dans toutes les régions internes et externes de la tête et fait l'office de l'aorte pour animer la totalité du système.

La 5e enfin représente les appareils génito-urinaires, le cerveau, la moëlle épinière et tous les nerfs, ainsi que ceux de l'oreille et de l'œil; mais ce beau travail, comme on le voit est essentiellement anatomique.

---

(1) Le Reboullet. Anatom. comparée de l'appar. respir. des anim. vertébrés, Strasbourg 4.° pag. 85, fig.

IVe GENRE. SIRÈNE. — *SIREN* (1). Linné.

Pseudobranchus. Gray.

Caractères. *Corps allongé, arrondi, anguilliforme, nu, gluant, à anneaux ou sillons transverses peu marqués; queue comprimée, amincie, en une nageoire verticale ; trois houppes de branchies persistantes, pédiculées, frangées, flottantes et fixées seulement sur les bords supérieurs de trois trous allongés ou fentes mobiles; une paire de pattes antérieures seulement, elles sont grêles, à quatre doigts distincts, isolés, inégaux, un peu cornés à leur extrémité libre ; tête arrondie, confondue avec le tronc, à museau peu avancé ; deux narines petites, distinctes, communiquant avec la bouche; yeux petits, sans paupières, mais recouverts d'une peau transparente ; langue adhérente par sa base, charnue, libre sur ses bords et à son extrémité antérieure ; gencives recouvertes en avant par une lame cornée; deux plaques osseuses au palais, hérissées de petites dents crochues, distribuées en quinconces sur plusieurs rangs ; bord interne de la mâchoire inférieure garni de dents grêles et disposées également en pointes de cardes.*

Dans l'état actuel de nos connaissances, le caractère essentiel de ce genre de Batraciens Urodèles, consisterait dans la présence d'une paire unique de pattes antérieures assez bien conformées. La Sirène est en effet le seul Reptile connu qui présente cette particularité dans l'ordre tout entier. D'ailleurs un grand nombre d'autres circonstances, tirées de l'organisation de cet animal, ont dû exiger la distinction éta-

(1) Du nom Grec Σείρην emprunté de la Mythologie, êtres fabuleux moitié femmes, moitié poissons, qui attiraient les voyageurs par leurs chants pour les dévorer.

blie d'abord par Linné et que tous les zoologistes ont adoptée.

La découverte ou l'indication première de l'animal qui fait le sujet de ce genre, doit être attribuée au docteur Garden de Charlestown, en Caroline, qui envoya au grand naturaliste Suédois quelques individus de cet être singulier, avec une description zoologique et anatomique dans laquelle il introduisit, malheureusement, quelques graves erreurs, qui se sont longtemps répétées. Ainsi on a regardé d'abord la Sirène comme un poisson voisin des anguilles; mais bientôt on lui reconnut des poumons et des narines qui s'ouvraient évidemment dans la bouche, Linné dut la ranger dans la classe des Amphibies. A cette occasion, il regarde comme nécessaire d'établir un ordre nouveau, en restant cependant dans une sorte de doute; car il avait conçu l'idée que cet animal pouvait être la larve de quelque Salamandre aquatique, destinée à rester dans cet état d'imperfection, ainsi que certaines espèces d'insectes, tels que les punaises des lits et beaucoup d'autres qui ne prennent jamais d'aîles. Il en fît cependant un genre à part qu'il caractérisa par ces mots: *Animal amphibie bipède*, car c'était à cette époque le seul Reptile à deux pattes que l'on avait observé. On ne connaissait alors ni les Chirotes, ni les Pygopes, ni les Histéropes. Pour le désigner, il emprunta à la Mythologie ce nom de SIRÈNE voulant indiquer un être à deux mains, avec une queue de poisson, produisant, comme on le lui avait annoncé, une sorte de voix ou de chant. Il associa au nom générique l'épithète de *Lacertina*, pour faire connaître son analogie avec les Salamandres qu'il plaçait aussi alors dans son genre *Lacerta* ou *Lézard*.

L'animal devint, dès ce moment, le sujet d'une dissertation ou d'une monographie particulière, faite au nom de l'un de ses élèves, à Upsal, et que l'on trouvera citée en tête de la synonymie. La description en est parfaite; il y est même noté, d'après le docteur Garden, que chacun des doigts était terminé ou emboîté par une sorte d'ongle ou de petit sabot.

Cuvier a consigné toute la partie historique de ce genre dans un mémoire sur les Reptiles douteux, dont nous avons déjà parlé en traitant de l'Axololt, mémoire qu'il avait lu à l'Académie des Sciences de l'Institut, en 1807, et qu'il a fait insérer depuis dans le Recueil des Observations de zoologie et d'anatomie comparée, qui font partie du grand Voyage de M. de Humboldt. Nous croyons inutile d'en présenter ici l'analyse, parce que nous relatons dans l'ordre chronologique les recherches faites à ce sujet. Ensuite, comme nous avons coopéré nous-mêmes à ce travail par nos investigations anatomiques, ainsi que Cuvier l'indique, nous ferons connaître en décrivant l'espèce, les faits principaux relatifs aux formes, à l'organisation et aux mœurs. La Sirène Lacertine étant peut être unique dans ce genre, quoiqu'on y ait inscrit deux autres petites espèces, sur lesquelles il nous reste encore quelques doutes.

Espèce unique.

LA SIRÈNE LACERTINE. *Siren Lacertina*. Linné.

(Atlas, pl. 96, fig. 1, *jeune âge*, sous le nom de S. Striée).

Caractères. Ce sont ceux du genre que nous croyons inutile de répéter, parce qu'il ne comprend qu'une espèce. En voici la synonymie, présentée dans l'ordre chronologique.

Synonymie. 1766. Linné. Acta academ Upsal. dissert. auct. Osterdam, p. 15, pl. 1.

1767. Ellis. Mud. Iguana. Transact. Philos. t. LVI, p. 189. icon. n.° 9.

1767. Hunter John. Acta soc. angliæ, t. LVI, p. 307.

1767. Hunter John. Anatomical description philos. transact. t. LVI, p. 307.

1769. Linnæus Amœnit academ, vol. VII, n.° 142, p. 311, fig.

1769. Beckmann. Promptuar. stonover. p. 358.

1774. Pallas. Nov. comment. Petropol. t. XXX, p. 438.

1783. Hermann. Comment. tabul. affinit. animal, p. 256.

1786. Camper. Schrist der Berlin natur for. VII, p. 480.

— Du même. Opuscules en français, t. II, p. 292.

1789. Schneider. Synon. pisciûm. Artedi, p. 273.

1799. Du même. Hist. amphib. nat. et litt. fasc. 1, p. 48.

1799. *Siren operculata*. Beauvois. Transact of Americ, Philad. society.

1800. Cuvier. G. Bulletin des scien. Soc. philom. 38, p. 106.

1800. Latreille. Hist. nat. des Rept. in-18, t. II, fig. 3, p. 252.

1800. Shaw. Naturalists miscellany, n.° 20, pl. 61.

1800. Daudin. Hist. nat. Rept., in-8.°, t. VIII, p. 272, pl. 99.

1807. Cuvier. Obs. de zool. et d'anat. Humbolt, p. 93.

1808. *Siren Lacertinæ*. Barton. N. S. some account of the, broch. in-8°.

1821. Smith. Garden. A selection of the correspondence, etc. Choix de correspondance de divers naturalistes avec Linné. — Lettres de Garden du 4 août 1766, du 20 juin 1771, t. I, p. 321-334-599.

1824. Cuvier. Ossem. fossiles, t. V, 2.e part., p. 417, pl. 27.

1825. Smith Aug. Lycée de New-York, t. II, p. 1, on the *Siren intermedia*.

1826. Leconte John. Ann. of a New-York, t. I, p. 52. — T. II, part. 1, p. 133. Traduit dans le Bulletin des sciences naturelles, t. VI, p. 431.

1830. Wagler. Nat. syst. der amphilien, p. 210.

1834. Owen (Richard). On the Struct, of the Heart. Transact. zool. 1, p. 213. Sur le cœur de la Sirène, pl. 31. Traduct. Ann. des sc. nat., 2.e série, t. IV, p. 169.

1842. Holbrook. North. Amer. Herpet. p. 101, pl. 34.

1850. Gray. Cat. of British Mus. p. 68, n.° 1.

DESCRIPTION.

La Sirène Lacertine ressemble à une grosse anguille, car souvent elle atteint en longueur au delà d'un demi-mètre. Sa queue comprimée et mince, se trouve étendue verticalement par des prolongements de la peau qui représentent des nâgeoires membraneuses, lesquelles ne sont cependant pas soutenues par des rayons osseux intérieurs. L'ouverture du cloaque qui se voit au dessous de l'origine de la queue, offre une fente longitudinale et non arrondie.

Sa couleur générale est d'un gris foncé, ou brun noirâtre; sa peau est gluante, à pores muqueux abondants, à peu près comme celle des Murènes, mais on n'y distingue pas d'écailles, même à l'aide de la loupe. On remarque au dehors des cannelures cerclées ou des sillons nombreux transversaux, qui paraissent correspondre aux intersections musculaires. Quoique la tête ne soit pas distincte du reste du corps, par une sorte de cou ou de rétrécissement marqué, elle est cependant légèrement renflée en arrière ce qui la fait paraître arrondie, tandis que la face ou le museau se rétrécit en avant, parce que la lèvre supérieure dépasse un peu l'inférieure. Les lèvres ne sont pas soutenues par des os particuliers comme dans les poissons; elles sont cependant assez résistantes, car les tégumens semblent être revêtus d'une sorte de lame épaisse, comme cornée. Les narines sont petites, perviables; elles communiquent avec la bouche, en perçant le palais, portées un peu plus vers la commissure des lèvres que vers la pointe du museau. Les yeux sont petits, entièrement sans paupières, ou recouverts immédiatement par la peau qui devient cependant translucide sur ces organes.

Le cou est percé de chaque côté par trois fentes inégales en longueur. La première du côté de la tête est la plus étroite et la plus courte et la troisième beaucoup plus étendue en largeur. Les branchies sont externes non cachées sous des opercules ni par des membranes. Elles représentent des sortes de languettes ou de pédicules charnus, frangés sur leurs bords et entièrement vasculaires. Examinées avec soin, on reconnait que ces franges se subdivisent chacune en trois parties; et on peut conjecturer, par analogie avec ce qu'on a observé dans d'autres espèces de Protéïdes, que la portion d'eau qui agit sur ces branchies est principalement celle que l'animal a avalée et qu'il a fait sortir par les trous de son gosier, peut-être pour la préparer à abandonner l'oxigène dont elle était imprégnée.

Les membres sont grêles, courts et de même grosseur dans les régions du bras et de l'avant-bras. Cependant l'angle formé par le coude est bien distinct par son articulation mobile. La patte se divise en quatre doigts courts, séparés les uns des autres dans toute leur étendue; ils sont inégaux en longueur: le second est le plus allongé, le pouce paraissant manquer. Il n'y a certainement pas d'ongles à leur extrémité; seulement, comme ils sont peu charnus, la peau se colle intimement à la dernière phalange, elle se dessèche facilement dans l'alcool, ce qui a pu donner lieu à l'erreur qui a été commise à ce sujet.

Cuvier a donné une figure du squelette de la Sirène sur la planche vingt-sept de la seconde partie du cinquième volume de son ouvrage sur les ossemens fossiles et il y a fait dessiner plusieurs des principales pièces osseuses. La structure de la tête et la composition des mâchoires sont des plus importantes à connaître ; car elles peuvent servir seules à la démonstration que cet animal est tout à fait différent de ceux auxquels on a cherché à le comparer, en supposant qu'il était encore à l'état de larve ou de non perfection. La colonne vertébrale est composée de quatre-vingt-sept pièces dont quarante-quatre font partie de la queue. Ces vertèbres sont tout à fait ossifiées, fort solides et jointes les unes aux autres à peu près comme dans les Poissons, c'est-à-dire que leur corps se trouve creusé de deux fosses coniques remplies de fibro-cartilages qui réunissent les pièces ainsi appliquées base à base. Il n'y a que huit vestiges de côtes de chaque côté ; mais c'est surtout la tête qui, par son mode d'articulation avec les vertèbres et la structure de l'os hyoïde, offre des particularités propres à faire distinguer de suite les Sirènes de la classe des Poissons. Cependant sous d'autres rapports, l'absence d'une arcade ou d'un tour osseux complet à la mâchoire supérieure et la présence au palais de plaques osseuses, hérissées de dents, offrent une notable différence avec ce qui s'observe chez les autres Batraciens Urodèles.

On manque de notions positives sur les habitudes de la Sirène dont on a vu plusieurs individus atteindre plus d'un mètre de longueur. Ce Reptile habite les marais fangeux de l'Amérique du Nord, de la Caroline et surtout les fossés pleins d'eau des terrains où l'on cultive le riz. Il s'enfonce dans la vase à plus d'un mètre de profondeur. On dit que sa nourriture principale consiste en Mollusques et en Annelides ; car c'est certainement par erreur qu'on croit dans le pays que la Sirène avale des Serpents. C'est aussi par préjugé très-probablement, qu'on l'accuse d'être venimeuse. Serait-il vrai qu'elle crie et que sa voix ressemble à celle d'un jeune canard? Ce serait un fait curieux à constater, car la plupart des Urodèles ne font entendre qu'une sorte de gargouillement quand ils expulsent rapidement l'air contenu dans leurs poumons. D'ailleurs Barton nie positivement ce fait avancé par le Docteur Garden dans sa lettre à Linné.

Nous avons conservé durant sept années, dans l'un des bassins de la Ménagerie des Reptiles, un individu vivant qui s'y est beaucoup développé. Il est très-vorace et il a mangé souvent des Tritons et surtout de petits poissons qui se trouvaient en quantité dans le même bassin où il se tient habituellement caché en partie sous des pierres qu'on y a placées, afin qu'il puisse s'y retirer. Il fuit la lumière ; souvent même, il s'enfonce si complétement dans la vase qu'on n'aperçoit que sa tête et surtout les panaches de ses branchies. Nous en avons fait faire un dessin colorié sur vélin en 1840 pour être déposé parmi les figures de Reptiles de la Bibliothèque du Muséum. L'animal était, au moment de sa mort, deux fois plus long qu'à l'époque où il avait été dessiné.

Le Muséum s'est procuré deux très-jeunes individus de la Sirène Lacertine, qui offrent tous les caractères assignés à l'espèce, mais ils ont tout au plus huit centimètres de longueur et à peine cinq millimètres d'épaisseur. Ils nous ont été procurés par une marchande d'objets d'histoire naturelle en 1846. Leur couleur est brune, moins foncée que dans les individus adultes, ils présentent des taches jaunes, irrégulières qui ne sont pas semblables dans les deux individus.

Wagler a rapporté à ce genre comme une seconde espèce, sous le nom de *Siren striata*, un petit individu qui est, peut-être, le même Reptile que Palissot Beauvois avait aussi décrit dans le tome IV des Transactions de Philadelphie, sous le nom de *Siren operculata*, et que M. Gray a fait connaître depuis dans les Annals of philosophy sous le nom de *Pseudobranchus*; mais l'individu de M. Palissot ayant été soumis à l'examen de G. Cuvier, celui-ci reconnut l'identité de la première espèce qui seulement se trouvait dans un état de développement beaucoup moins avancé (1). (Voir l'ATLAS, pl. 96, fig. 1.)

Il nous semble aussi que les prétendues espèces décrites par M. Leconte, en 1826, dans les annales du Lycée de Newyork, sous le nom de *Siren striata* et d'*intermedia* (2), d'abord dans le tome I, page 54, pl. 4, puis tome II, part. 1, page 134, pl. 1, seraient encore d'autres individus ou des variétés de la Sirène lacertine. La dernière qui ne paraissait pas devoir atteindre plus d'un tiers de mètre de longueur avait le même nombre de doigts; mais ses houppes branchiales étaient moins frangées. La première n'avait que trois doigts et deux raies longitudinales, jaunes, sur les parties latérales du corps. Elle était aussi plus petite en proportion, car elle avait un quart de longueur de moins.

Cependant Cuvier, d'apres les observations de M. Leconte, a été porté à regarder ces animaux comme des individus parfaits ou à les considérer comme des espèces. C'est ce que pourront seulement démontrer des observations ultérieures. Dailleurs, les mœurs et les eaux dans lesquelles on les a trouvés sont absolument les mêmes que celles de la Sirène lacertine.

Nous avons dans la collection du Muséum six individus de cette même variété, en très-jeune âge, dont la longueur est pour les uns comme pour les autres, de huit à seize centimètres. Mais chez tous, les lignes longitudinales ou les raies dorsales ne sont qu'au nombre de deux et varient pour la largeur. Tantôt elles sont égales et parallèles,

---

(1) 1825. Gray, ann. phil. *Pseudobranchus*.

(2) 1842. Holbrook, Herpet. north Amer. p. 107, pl. 35, *intermedia* et p. 109, pl. 36, *striata*.

(3) 1850. Gray, Catal. of British. Mus. p. 69, sous le nom de *Pseudobranchus*.

tantôt inégales, l'une d'elles venant aussi à s'effacer en se rapprochant de la queue. Les branchies sont moins frangées aussi que dans les deux individus indiqués ci-dessus, et surtout ce qui nous a paru digne d'être indiqué, les pattes n'avaient chacune que trois doigts. Le bocal qui les contenait portait pour étiquette: de New-york 1842. Les notes que nous venons de donner sont d'accord avec la citation de Wagler pour la *Siren striata*, à laquelle il assigne pour caractère *Branchiis vix fimbriatis*, ce que nous avons observé, mais en attribuant cette circonstance à l'action trop énergique de l'alcool qui avait servi à leur conservation. D'un autre côté, nous nous sommes assurés que ces six individus n'avaient que trois doigts. Les Naturalistes Américains pourront seuls reconnaître si ces particularités dépendent du plus jeune âge de l'animal, car dans la deuxième édition du Règne animal, Cuvier l'a inscrit comme une troisième espèce sous le nom de Rayée.

Nous croyons maintenant que ces individus ne sont que de jeunes Sirènes qui portent une livrée comme beaucoup de Reptiles tels que les jeunes Orvets, quelque Lézards et Tritons.

Description des organes de la circulation d'après le mémoire cité de M. Rich. Owen *Annales des sc. nat.* 2.e *série t. IV, p.* 167.

Le cœur, très-volumineux, est situé sur la région moyenne du corps ; il correspond à la hauteur des pièces osseuses qui supportent les membres en arrière des branchies. Il est enveloppé dans une poche fibreuse qui est fixée aux parties voisines, et logé là dans une poche fibreuse qui est un véritable péricarde. L'oreillette est en apparence unique, à parois charnues et frangées; mais la veine pulmonaire qui contient le sang artérialisé aboutit dans une petite oreillette, appliquée sur la poche qui s'ouvre dans le ventricule par un petit orifice oblong près de celui beaucoup plus large qui livre passage au sang veineux provenant de tout le reste du corps.

Du ventricule unique allongé, part l'aorte formant d'abord un bulbe allongé, mais analogue à celui qui se voit dans les poissons. Il y a deux valvules à la naissance de cet artère et deux autres à l'entrée du bulbe. Il provient de cette artère, six branches principales ; trois de chaque côté pour les branchies et la dernière de celles-ci, qui est la plus grosse, fournit deux grands rameaux aux sacs pulmonaires ; tandis que dans l'Amphiume, ces artères pulmonaires naissent de l'extrémité du bulbe et dans le même point, ces artères pulmonaires sont produites par les deux premiers troncs branchiaux.

Une des particularités de cette organisation est que le sang veineux, en beaucoup plus grande quantité que celui qui a été artérialisé, séjourne et semble s'épancher dans de grands sinus veineux avant d'aboutir à la grande oreillette qui en prend successivement une portion pour ainsi dire calibrée, qui pénètre dans le ventricule.

CHAPITRE IX.

TROISIÈME SOUS-ORDRE DES BATRACIENS.

SECONDE SECTION : LES TRÉMATODÈRES. (1)

TROISIÈME FAMILLE. LES AMPHIUMIDES OU PÉROBRANCHES.

Wagler a, le premier, réuni dans un ordre particulier toutes les espèces de Batraciens qui, ayant une queue, offrent aussi un ou plusieurs trous branchiaux sur l'un et l'autre côté du cou. Il leur avait donné le nom d'*Ichthyodes* (2) en les partageant en deux tribus, suivant que les espèces conservent ou perdent leurs branchies. Cette répartition correspond réellement aux deux Familles que nous avons cru devoir désigner sous d'autres noms, sans avoir eu l'intention d'innover, mais pour nous soumettre en tous points à une méthode régulière de classification et de nomenclature.

Ainsi, nos Amphiumides correspondent aux *Ichthyodes ebranchiales* de Wagler ; ils comprennent les deux mêmes genres qui sont ceux des *Amphiumes* et des *Ménopomes*, dont les noms ont été donnés par le Docteur Harlan.

---

(1) Ce nom, comme nous l'avons indiqué à la page 52 du huitième volume, signifie : dont le cou est troué. Celui de la Famille est dérivé du genre qu'il rappelle, et qui a été indiqué ou découvert le premier, mais dont l'étymologie est incertaine.

(2) Ἰχθυοίδης ayant la forme d'un Poisson. *Piscis formam gerens.*

Les caractères essentiels de cette Famille consistent dans les notes suivantes : *Batraciens qui ont une queue; dont le cou offre des fentes ou des trous latéraux, mais sans aucune apparence de branchies extérieures.*

Deux genres, comme nous venons de le dire, sont réunis par ce caractère, et ils diffèrent beaucoup l'un de l'autre. Les Ménopomes ressemblant un peu plus aux Salamandres par la forme trapue du corps et par celles des membres et des doigts. Les Amphiumes, au contraire, ont plus de rapports avec les Cécilies et les Sirènes, parce que leur corps est cylindrique, très-allongé, comme celui des Anguilles; mais avec des pattes grêles, informes, au nombre de quatre et à peine ébauchées.

On n'a d'ailleurs encore rapporté que très-peu d'espèces à ces deux genres. Ils proviennent de l'Amérique du nord, et leurs mœurs sont peu connues, ainsi qu'on le verra dans l'histoire des espèces que nous allons décrire.

TABLEAU SYNOPTIQUE DES GENRES DE LA FAMILLE DES AMPHIUMIDES.

CARACTÈRES. *Batraciens Urodèles à fentes collaires et respiratoires distinctes, mais sans branchies apparentes.*

A corps	très allongé, dont les pattes et les doigts sont très-développés .	AMPHIUME.
	court, ramassé, bordé d'un repli; membres bien développés. . .	MÉNOPOME.

M. le Prince Bonaparte, en publiant à Leyde, en 1850, le tableau de la classe, qu'il nomme celle des amphibies, a placé ces deux genres dans son ordre troisième, sous le nom de *Pseudosalamandres*, après la Salamandre fossile de Scheuchzer qu'il appelle Andriatine et celle du Japon ou Siéboldine, qu'il distingue sous les noms de *Protonopseïdes* et d'*Amphiumides*.

GENRE. AMPHIUME. (1) *AMPHIUMA*. Garden. *Chrysodonta*. (Mitchill) 1822.

[(ATLAS, pl. 108 et pl. 96, fig. 3).

CARACTÈRES. *Corps excessivement allongé, arrondi, lisse; vingt fois à peu près aussi long que large; queue comprimée, tranchante, du quart au plus de l'étendue totale; tête sessile, à museau obtus, à bouche de la moitié environ de la longueur du crâne. Langue triangulaire, adhérente, lisse; une double rangée de dents au palais; un seul orifice branchial collaire, formant une fente linéaire; quatre pattes rudimentaires, fort courtes, très-distantes entre elles, à doigts peu nombreux, à peine développés; des dents aux gencives des deux mâchoires; plus de deux rangées longitudinales de dents aux palais.*

D'après ces détails, on voit que les Batraciens dont il est ici question se rapprochent tout à fait, quant à la forme, de celle du Protée anguillard, excepté par l'absence ou le défaut des branchies; d'un autre côté cependant, ce genre présente la plus grande analogie avec celui des Salamandres, par la structure et la configuration de la bouche.

Cuvier, en 1826, a lu un mémoire sur ce genre, à l'Académie des Sciences et il a été imprimé l'année suivante dans le XIV volume des mémoires du Muséum d'Histoire Naturelle avec deux grandes planches in-fol. Comme c'est une description complète, nous en présenterons l'analyse, elle suffira pour faire bien connaître les deux espèces de ce genre, que nous décrivons d'après lui et telles que nous les avons sous les yeux. Elles sont parfaitement conservées dans la liqueur.

(1) Nous ignorons, ainsi que tous les auteurs que nous avons consultés, l'étymologie de ce nom: aussi Wagler se fait-il à lui-même cette question: *Was Sol Amphiuma heissen?* Cette dénomination viendrait-elle de Αμφὶ, double; et de Υμα, *pluvia*, ou de Υμην, *membrana*?

On avait cru d'abord que les Amphiumes étaient des Sirènes qui avaient perdu leurs branchies et chez lesquelles il s'était développé une paire de pattes postérieures. Cuvier rappelle, d'après M. Harlan, que Linné avait reçu dès 1771 ces animaux de la part du Docteur Garden de Philadelphie sous ce nom d'Amphiume; ce qui est authentique d'après les lettres adressées à Linné et publiées par M. Smith.

En 1822 le Docteur Mitchill fit connaître une autre espèce de ces Batraciens, sous le nom de *Chrysodonte*. Trois années plus tard M. le Docteur Harlan décrivit et fit figurer les deux espèces qui ont servi aux recherches de Cuvier, lequel ayant eu par la suite plusieurs autres exemplaires à sa disposition, a pu mieux encore en faire connaître toute leur structure.

Au reste, voici la partie historique et chronologique de ce genre.

1771. Des individus furent envoyés à Linné avec cette note *Sirenâ Simile.* et quelques remarques par le Docteur Garden (voir la correspondance publiée à Londres en 1821 par M. Smith.)

1773. D'autres exemplaires du même parvinrent à Ellis.

1808. Barton. Dans une lettre sur la Sirène en Anglais, parle de la *Siren quadrupeda.*

1822. Le Docteur Mitchill. medical. recorder, j.[let] n.° 19, pag. 529, décrit une de ces espèces sous le nom de *Chrysodonta Larvæformis.* vulgò, Congo-Snake p. 85.

1823. Le Docteur R. Harlan a fait connaître les deux espèces, la 1.re Journal. Acad. Sc. Philad. tome VI, page 147. L'autre, en 1825, dans les Annal. du Lycée d'Hist. Nat. New-Yorck, tome I, n.° 9, page 269, puis en 1826 dans le tome V, Journ. Acad. Philadeph. part. 2 page 119, les deux espèces y sont figurées pl. 22. Enfin en 1835, North. American Reptilia.

1826. Le mémoire de Cuvier cité plus haut. Annal. du Muséum Tom. XIV, pl. 4.

1826. Barnes. Silliman's journal tome XIII, pag. 66.

1829. Cuvier Règne animal, 2.e édit., tome II, page 118.

Fitzinger sous le nom de *Murænopsis*, Wagler, Tschudi ont

adopté ce genre et la plupart des auteurs systématiques ont reproduit les figures publiées par leurs devanciers.

1833. Wagler. Descriptiones et icones Amphibiorûm pl. 19, fig. 1-2.

1. AMPHIUME PÉNÉTRANTE. *Amphiuma means.*

AMPHIUME A DEUX DOIGTS. *Amphiuma didactylum.*

Cuvier 1828.

(Atlas, pl. 108 et pl. 96, fig. 3. — La bouche.).

Caractères. Deux doigts à chacune des pattes distinguent cette espèce. D'ailleurs, elle ne diffère de la suivante que par les proportions.

Synonymie. Elle se trouve en grande partie relatée dans celle du genre.

1833. Wagler. Descript. et icon. pl. 19, fig. 2.

1842. *Amphiuma means.* Holbrook. North. Amer. Herpet. vol. V, p. 89, fig. 30.

1850. Gray. British. Mus. Catal. p. 55.

2. AMPHIUME A TROIS DOIGTS. *Amphiuma tridactylum.*

1809. Harlan. Med. and phys. Res. p. 86.

1826. Cuvier. Mémoires du Muséum, t. XIV, pl. 4, fig. 1.

1842. Holbrook. North. Amer. t. XXXI, p. 93. *A. tridactyla.*

DESCRIPTION.

Nous réunissons dans un même article la description de ces deux espèces parce qu'elles ont entre elles les plus grands rapports. Leur peau est molle, lisse, à pores muqueux, d'une teinte grise uniforme, foncée, sans taches, avec des plis transverses plus visibles sur les flancs. Leur corps est cylindrique, légèrement déprimé sous le ventre. Leur tête allongée, sessile, se termine en avant par une sorte de museau, sur le bord antérieur duquel on voit les orifices externes des narines très-rapprochés entre eux. Sur les côtés et un peu en avant de la commissure des lèvres, on aperçoit des points noirs qui sont les yeux; mais ils sont très-petits et recouverts de la peau c'est-à-dire sans paupières mobiles comme dans les anguilles. La bouche n'occupe guère que la moitié de la longueur de la tête; la mâchoire supérieure est plus longue et cache les bords de l'inférieure. Les gencives sont garnies d'une rangée simple de petites dents coniques rapprochées, légèrement arquées ou courbées en arrière; celles de la mâchoire supérieure sont un peu plus nombreuses; mais, sur l'une et sur l'autre, la ligne sur laquelle ces dents sont implantées est à peu près parabolique. En outre, il y a sur le palais une autre série de dents semblables formant deux lignes écartées en arrière, mais qui tendent à se rapprocher en avant pour se rencontrer et se joindre sous un angle beaucoup plus aigu. La langue, l'intervalle qui occupe les deux branches de la mâchoire inférieure, est à peine distincte parce qu'elle est attachée de toutes parts et ne forme qu'une saillie charnue. Le cou est percé de chaque côté, en arrière de la tête, d'un trou ovale un peu oblique sorte de fente au fond de laquelle ou aperçoit comme deux lèvres qui peuvent s'écarter ou se rapprocher et dont les bords libres sont comme un peu dentelés.

Les pattes sont de simples appendices ou des ébauches de membres, car dans la première espèce, à peine ont ils en longueur le quart du diamètre de la portion du tronc à laquelle ils sont fixés; tandis que dans l'espèce à trois doigts, leur proportion est à peu près double, surtout dans la région de l'avant-bras.

Ces Reptiles, qui au premier aspect ressemblent beaucoup à nos anguilles, atteignent jusqu'à 0m,6 ou 0m,9 (deux ou trois pieds de longueur). Cependant on a recueilli quelques individus qui n'avaient que 8 centimètres (trois pouces). Quelle que soit leur taille, on les a constamment trouvés privés de branchies et toute leur organisation fait supposer qu'ils n'en ont pas, ou peut-être uniquement dans leur très-jeune âge.

On n'a encore trouvé ces Batraciens que dans les étangs de la Nouvelle-Orléans, de la Floride, de la Géorgie et de la Carolide du sud. Leur manière de vivre est à peu près celle des Sirènes: ils se tiennent habituellement enfoncés ou cachés dans la vase, à la profondeur de deux ou trois pieds, surtout pendant l'hiver. On en a ainsi recueilli dans les environs de Pensacola. Ils peuvent vivre longtemps hors de l'eau, car Cuvier dit qu'un individu qui s'était échappé du vase dans lequel on le tenait enfermé pour l'observer, fut retrouvé bien portant et plein de vie sur le sol quelques jours après. Il ajoute que les nègres du pays l'appellent, on ne sait pourquoi, Serpent du Congo; qu'ils l'ont en horreur et qu'ils le regardent comme venimeux; ce qui est un préjugé.

Cuvier, dans le mémoire que nous avons cité, a donné et figuré beaucoup de détails anatomiques sur ces deux espèces qu'il avait disséquées. Il a été porté à conclure que les Amphiumes paraissent plus voisins des Tritons que de tous les autres Batraciens Urodèles; qu'ils n'en diffèrent guère que par le grand nombre de vertèbres, puisqu'il en a compté quatre-vingt-dix-neuf dans le Tridactyle et cent douze dans le Didactyle. Les autres différences tiennent au peu de développement des membres et surtout au nombre des doigts ; enfin par les ouvertures du cou que ces Reptiles paraissent conserver pendant toute la durée de leur existence.

Le mémoire de Cuvier, que nous venons d'analyser, est terminé par ces réflexions. Les deux espèces d'Amphiumes qui ont été découvertes en peu de temps et dans le même pays font prévoir qu'on en trouvera encore d'autres, surtout lorsque l'horreur que ces animaux inspirent sans sujet, aura été dissipée par l'observation et par l'expérience. Leur grande dimension les rendra alors intéressants et peut-être finira-t-on par reconnaître qu'ils peuvent servir comme aliment. Dans ce cas, il serait très-facile de les transporter dans nos climats où ils pourraient facilement se propager. On ne voit pas en effet pourquoi, si le goût de leur chair est agréable dans leur pays natal, on les rejetterait de nos tables, plus qu'on n'a fait chez nous pour les Grenouilles, et au Mexique pour les Axolotls.

GENRE MÉNOPOME. *MENOPOMA* (1) Harlan 1825.

(ATLAS, pl. 94, fig. 1 et 1 a, la bouche).

1825. Abranchus (2) du même.

1812. Protonopsis (3) Barton.

1821. Cryptobranchus (4) Leukart.

1824. Salamandra. Cuvier. Ossements fossiles. Tome V, part. 2, pl. 36.

1830. Salamandrops (5) Wagler.

1830. Salamandrops. Wagler. Syst., fig. 4, 5, 6, pour la tête osseuse, p. 209. Voyez dans l'Atlas de cet ouvrage atlas, planche 94, n.os 1 et 1 *a*.

1832. Kattewagoë. Eurycea. Rafinesque (1832.) Atlant. Journ. n.o 3, p. 121.

---

(1) De Μηνη lunule, croissant de lune et de Πωμα couvercle-opercule.

(2) Αβραγχος sans branchies.

(3) Προτονοψις première vue, première apparence.

(4) Κρυπτοβραγχος à branchies cachées.

(1) Σαλαμανδροψ apparence de Salamandre.

CARACTÈRES. *Corps allongé, à quatre pattes courtes ; peau nue ; occiput sans parotides. Une saillie formée par des lignes irrégulières sur les flancs, depuis la commissure des lèvres jusqu'à l'aine. Queue comprimée, du tiers à peuprès de la longueur du corps. Tête déprimée. Bouche petite, deux rangées de dents palatines formant deux courbes paraboliques parallèles à celle de la mâchoire supérieure et au palais, la plus large, arrondie, libre en avant. Narines situées vers le bout du museau, s'ouvrant dans la bouche sur la ligne et vers la terminaison des dents palatines. Yeux petits. Joues et bords de la lèvre supérieure à pores muqueux. Une fente ou trou allongé sur les parties latérales et au-dessous du pli saillant du cou. Les pattes bien conformées, mais trapues ; les antérieures à quatre doigts distincts ; les postérieures élargies et membraneuses en arrière et à cinq doigts plus courts.*

M. Harlan en établissant ce genre avait employé pour le distinguer le nom d'*Abranchus* qui indiquait le défaut de branchies; mais il a dû le changer, ayant reconnu que cette dénomination avait été déjà assignée par Van Hasselt (Bulletin des sciences naturelles 1824) à un genre de Mollusques de Java. Cet auteur américain n'a donné d'ailleurs aucun autre détail que ceux qu'il avait précédemment publiés dans le premier volume des Annales du Lycée de New-York, page 222.

Voici la synonymie.

1801. Latreille. Hist. Nat. des Rept. in-18, pag. 253, fig. 1.

1802. Shaw. General Zool. Amphib, p. 363, Leveriani Water nent. Comme Salamandre des Monts Alleghanys de Michaux.

1803. Daudin Hist. des Rept. vol. 8, p. 231.

1812. *Protonopsis Horrida.* Barton. Memoir concerning on animal ofthe classe of Reptiles Hellbender broch. 8.° Philadelphy.

1812. *Abranchus Alleghanensis.* Harlan (Richard). Annals of the Lyceum of Natural History of New-Yorck. T. Ier, pl. 17, pl. 233 puis *Menopoma.* Ibidem, p. 271 et t. V, part. 1. 1825, p. 320.

1821. *Cryptobranchus Salamandroides.* Leuckart. Isis, p. 257, tab. 5.

1823. Cuvier. (G.) Ossements fossiles tome V, pag. 409.

1826. *Protonophis horrida.* Barnes. Simillan's journal t. XIII, page 69.

1826. Fitzinger. N. Classif. der Reptilien pag. 41.

1830. Wagler. System. amphib. *Salamandrops.* pag. 209.

1832. *Eurycea macronata.* Rafinesque. Atlant. journ. n.° 3, pag. 121.

1838. Hoeven. (Van der.) Genus *Menopoma.* Proceedings zoolog. society pag. 25.

1820. *Molge gigantea.* pag. 187, Merrem. mais confondu avec le Ménobranche le Proteus of the lakes. Say j. of Ann. vol. I, et Mitchill. Sillimanss. journal vol IV et VII.

1842. *Menopoma Alleghanensis.* Holbrook. North. amer. Herp. pag. 95, fig. 32.

1842. *Menopoma fusca.* Holbrook. nommé par les Américains *Hellbender. Mud-devil.* tome V, pag. 99, pl. 33.

DESCRIPTION.

Le Ménopome a la tête large, la bouche ample, le córps d'un teinte ardoisée, parsemée de taches obscures. On remarque une raie noire, qui passe sur les yeux et qui est surmontée de petits points noirs.

Ce Reptile est carnivore et très-vorace. Il se trouve habituellement dans l'eau douce où il se nourrit de vers, de crustacés et de petits poissons. On l'a trouvé dans l'Ohio et dans la rivière des Alleghanis, en général dans toutes les eaux des petits ruisseaux des divers affluents de ce grand fleuve de l'Ohio. M. Holbrook a décrit et figuré une autre espèce qui diffère essentiellement par sa couleur qui est en dessus d'un brun rouge. Elle est appelée *Fusca*, p. 99, pl. 38. Herpet. 2, édit. 1845, t. V, p. 99, pl. 33.

APPENDICE. — LÉPIDOSIREN.

Il nous reste à traiter d'un animal qui a été considéré comme très-voisin des Sirènes, d'abord par M. Fitzinger, qui en parla dans la réunion des naturalistes à Prague en 1837, d'après deux individus découverts et recueillis au Brésil par M. Natterer. Il leur avait donné le nom de *Lépidosirène*, les regardant comme des Reptiles Batraciens et Dérotrêmes analogues aux sirènes, mais ayant des écailles (1).

M. Jean Natterer en donna, la même année, une description plus particulière (2) et il les rapporta à un genre sous ce même nom de *Lepidosiren paradoxa* de la famille des Ichthyodes de Wagler et de Latreille. Ces animaux avaient été pêchés, l'un dans l'eau douce d'un canal non loin de Barba sur le Madeira ; l'autre dans un marais sur la rive gauche de l'Amazone. Le nom donné par les habitants était *Caramuru*. Ils avaient la forme d'une grosse anguille, et M. Natterer les considéra comme des espèces de poissons. Voici comment il en exprimait brièvement les caractères : *Corpus anguillare totum squamatum; pedes quatuor, valdè distantes adactyli.* Avec cette description abrégée : ils ressemblent aux Murènes; leur queue est surmontée d'une nageoire; ils ont quatre appendices, sortes de membres en rudiments, sans doigts.

Leur bouche est petite, on voit d'abord en avant deux petites dents inter-maxillaires grêles, mobiles, puis de vérita-

(1) Plus tard en 1843, le même auteur, dans le premier fascicule de son système des amphibies, dans une note 34, crut devoir placer ce Reptile dans la classe des Poissons, déterminé par les recherches anatomiques de M. Bischoff, dont il avait pris connaissance.

(2) Annalen der Weiner museum der Naturgeschicht 1837, in-4.° p. 67, pl. 10, fig. réduite d'un tiers.

bles maxillaires soudées à l'os, celles-ci sont tranchantes et présentent trois pointes; les inférieures sont semblables aux supérieures; elles sont larges, grandes, en forme d'incisives; il n'y a pas de dents palatines. Leur corps est recouvert d'écailles rondes entuilées; les lèvres sont épaisses, charnues. La langue est charnue, attachée en avant, à bords latéraux et postérieur libres; les yeux sont petits, arrondis, couverts par la peau. Les fentes branchiales sont allongées, couvertes d'un opercule, il y a au fond quatre arcs branchiaux, laissant sortir de chaque côté un filet conique, considéré comme le rudiment des pattes antérieures. Pas de cou; tronc presque cylindrique, un peu comprimé; queue du tiers de la longueur totale. Ouverture du cloaque arrondie; ligne latérale garnie de pores muqueux, comme dans les poissons. Dans les intestins, une valvule en spirale, qui forme un repli, comme dans les Squales.

A cette époque, on n'avait pas vu le squelette; mais on annonçait que l'anatomie serait faite et décrite par M. Théodore Bischoff de Heidelberg. Nous-même, nous avions reçu un individu de cet animal, fort bien conservé dans l'alcool; nous nous proposions d'en faire l'anatomie lorsque nous avons pris connaissance de la dissertation de M. Owen (1).

(1) Lu, le 2 août 1838, à la Société Linnéenne de Londres, sous le titre d'observations sur l'organisation d'une seconde espèce du genre Lépidosirène. Ce mémoire a été traduit en français dans les Annales des sciences naturelles, 2.e série, tom. XI, p. 371, comme un extrait des comptes-rendus des séances de la Société; mais depuis le mémoire même, beaucoup plus détaillé, a été inséré dans le dix-huitième volume in-4.°, part. III, p. 327, avec cinq planches qui font connaître beaucoup de faits sur l'organisation de cet animal. En 1839, M. Viegmann, dans le quatrième cahier de ses Archives, adopta l'opinion de M. Owen ainsi que M. Froriep dans le n.° 222 de ses Notices sur l'histoire naturelle. En 1840, M. le Professeur Bischoff de Heidelberg donna une description très-détaillée avec figures de l'animal et de quelques particularités anatomiques, qui ont également été traduites dans le quatorzième volume de la 2.e série des Annales des

L'auteur annonce que, dès 1837, il avait reconnu que cet animal devait former un genre distinct parmi les poissons et qu'il lui avait donné le nom de *Protopterus* dans la collection et dans le catalogue du Musée des chirurgiens de Londres, déterminé surtout à le considérer comme un poisson, par la présence des écailles, la structure et la disposition des fosses nasales et qu'il l'avait rangé parmi les abdominaux malacoptérygiens. C'était évidemment une autre espèce voisine de la première. M. Owen l'avait nommée *Lepidosiren annectens.* L'individu qu'il a observé provenait de la rivière Gambie en Afrique.

Voici les motifs qu'il apporte pour ranger cet animal dans la classe des poissons. Le corps est entièrement couvert de larges écailles arrondies, placées en recouvrement les unes sur les autres; la tête et la ligne latérale sont garnies d'un petit repli saillant, percé de pores muqueux; les rudiments des prétendus membres sont des nageoires pectorales et ventrales composées de rayons nombreux à leur base. Il y a un

---

sciences naturelles, page 116, avec quatre planches. L'auteur termine sa belle et bonne description par déclarer qu'il n'hésite pas à ranger la Lépidosirène parmi les Amphibies, près de l'Amphiuma et du Ménopome. Dans ce même cahier des Annales, M. Milne Edwards, p. 159, d'après plusieurs observations d'anatomie comparée, adopte l'opinion de M. Bischoff. On verra plus bas que nous avons une opinion contraire. Au reste, pour donner à cette discussion tout l'intérêt qu'elle mérite, nous devons citer la belle monographie de la Lépidosiren paradoxa publiée à Prague en 1845, par M. le Professeur Joseph Hyrtl, grand in-4.° avec cinq planches gravées qui sont consacrées entièrement à l'anatomie.

A ces différentes indications, il faut ajouter celle d'une revue très-détaillée de l'anatomie de la Lépidosirène et du Protopterus présentée par M. Duvernoy à ses auditeurs du Collége de France. On la trouve insérée dans les 3.e et 4.e fascicules de ses *Leçons sur l'hist. natur. des corps organisés*, p. 55-67. (Extrait de la Revue et Mag. de Zool. 1847-1851). Les deux genres forment pour cet anatomiste, une famille, celle des Ichthyoptères qu'il place à la fin de la sous-classe des Amphibies, tout en tenant ompte des analogies remarquables de ces animaux avec les Poissons.

cordon gélatineux qui tient lieu de colonne vertébrale; la partie de l'occipital qui s'y joint n'offre qu'une seule surface et non pas deux condyles comme cela a lieu chez tous les Batraciens; il y a sur les branchies une lame operculaire; les os inter-maxillaires sont mobiles et la mâchoire inférieure offre après la pièce post-mandibulaire une portion qui supporte des dents. On voit, tant au-dessus qu'au dessous du canal ou du tube vertébral, un double rang d'apophyses épineuses. Les parties les plus solides de cette sorte de squelette cartilagineux sont de couleur verdâtre. Le gros intestin présente dans son intérieur une valvule spirale; il n'y a ni pancréas, ni rate. La situation de l'anus, l'oreillette unique du cœur, le nombre des arcs branchiaux et la position cachée de leurs lames, l'existence du long nerf sous-cutané latéral, les larges otolithes du labyrinthe de l'oreille, les sacs nasaux ou olfactifs qui n'ont qu'un seul orifice et externe: tout prouve à M. Owen que la Lépidosirène est un poisson véritable et non un Reptile Pérennibranche.

Nous adoptons entièrement cette opinion qui s'est fortifiée par l'examen que nous avons pu faire nous même et qui, dès la première inspection, nous avait frappé. Cependant, nous croyons devoir faire connaître, au moins en abrégé, le travail de M. Bischoff (1). Dans cette description anatomique faite, nous devons le reconnaître, avec beaucoup de soins et d'exactitude, nous ne voyons, comme anatomiste nous même, que des détails propres à nous confirmer dans l'opinion que ces

(1) Description anatomique de la Lépidosirène paradoxale. Anomisch untersucht und Beschreiben. De Th. Lud. Bischoff, prof. à Heidelberg. Leipsick 1840, in-4°. fig. On en trouve une traduction par M. Huboser. Annales des sciences naturelles, zoologie, tom. XIV, p. 116 et suivantes. Pl. 7, 8, 9 et 10, sous le nom de Caramuru.

A la suite de ce mémoire même volume, p. 159, M. Milne Edwards a ajouté un article sur les affinités naturelles de la Lépidosirène et il adopte l'opinion que l'animal est un Reptile.

14.*

animaux sont des poissons analogues aux Cyclostomes, à la Chimère ou à quelques autres cartilagineux que nous rapprocherions des Sturioniens, si leurs opercules étaient libres comme nous l'indiquions en les nommant Eleuthéropomes. Il n'y a réellement que deux particularités qui les rapprocheraient des Batraciens, voisins des Cécilies ou des Sirènes. C'est, d'une part, la cellulosité de la vessie natatoire, qui est double comme dans les Tétraodons et le canal aërophore qui aboutit à l'œsophage. Mais cette cellulosité de la tunique interne de la vessie natatoire se retrouve dans les Lépisostées et les Amies, comme l'a fait connaître Cuvier, et jusqu'ici, il n'est pour nous aucun Reptile dont la glotte ne soit pas dans la cavité buccale et composée d'une sorte de fente dont les bords sont susceptibles de se mouvoir à l'aide de muscles qui ne se retrouvent pas ici.

Au reste, et pour en finir sur ce sujet, après avoir donné notre opinion, nous la résumerons dans les considérations suivantes:

1.° Toutes les parties du squelette sont celles d'un poisson cartilagineux. Elles ont la plus grande analogie avec celles des Lamproies, des Chimères et du Polyodon ou *Spatularia.* La tête ou l'occiput ne s'articule pas par deux condyles comme dans les Batraciens ; les épiptères et les hypoptères membraneuses sont soutenues par des rayons cartilagineux articulés, ce qui ne se voit que dans les poissons ; les dents sont analogues à celles de la Chimère.

2.° Le corps est couvert d'écailles placées sous un épithelium ; elles ont leurs bords postérieurs libres et en recouvrement. Il y a une ligne latérale poreuse, qui se ramifie sur les côtés de la tête, comme dans la Chimère. On trouve des opercules qui recouvrent les lames des branchies, lesquelles sont au nombre de cinq, mais cachées, comme dans les Mormyres. Le sac branchial est grand, quoique son ouverture extérieure soit petite, comme cela se voit dans beaucoup de poissons de vase (les Loches) ou les Cobites.

3.° Les narines sont organisées comme celles des Lamproies; la membrane pituitaire forme des rayons qui se joignent sur une ligne médiane comme dans beaucoup de poissons, et en particulier, dans les Plagiostomes. Peut-être comme le remarque M. Bischoff, quoiqu'il insiste sur cette particularité, l'eau y pénêtre-t-elle par un orifice distinct de celui qui sert à la sortie; mais cela se retrouve dans un grand nombre de poissons, spécialement dans le genre Murène.

4.° Les rudiments des nageoires thoraciques et abdominales, ou les pleuropes et les catopes, comme nous les nommons, ne sont pas des pattes; ils ressemblent à ce qu'on voit dans plusieurs poissons, dans les Pégases ou Dragons de mer. D'ailleurs, on retrouve dans la partie solide que recouvre la membrane, plusieurs rayons cartilagineux réunis et formant un faisceau.

5.° L'organe de l'ouïe est en tout semblable à celui des poissons cartilagineux: il n'y a ni cavité tympanique, ni trompe gutturale de l'oreille, comme il y en a toujours dans toutes les espèces qui ont un organe répétiteur acoustique gazeux.

6.° La valvule spirale des intestins n'a été observée jusqu'ici que dans un assez grand nombre de Poissons cartilagineux et chez quelques Annelides.

Voilà pourquoi nous n'avons pas dû inscrire les Lépidosirènes parmi les Batraciens. En supposant même qu'elles dussent être rapportées à cet ordre de Reptiles, ce serait plutôt au groupe des Amphiumides qu'a celui des Protéides qu'elles appartiendraient, car leurs branchies ne sont pas visibles ou apparentes.

RÉPERTOIRE

OU

RÉSUMÉ SYSTÉMATIQUE ET MÉTHODIQUE

DES ORDRES, FAMILLES, GENRES ET ESPÈCES

DE LA

CLASSE DES REPTILES

DONT L'HISTOIRE ET LES DESCRIPTIONS SONT COMPRISES
DANS L'ERPÉTOLOGIE GÉNÉRALE,

POUVANT SERVIR DE CATALOGUE POUR CETTE PARTIE
DES COLLECTIONS DU MUSÉUM.

RÉPERTOIRE

ET

CLASSIFICATION DES REPTILES.

LES REPTILES.

ANIMAUX VERTÉBRÉS; A POUMONS, ET A TEMPÉRATURE VARIABLE OU INCONSTANTE; SANS POILS, NI PLUMES, NI MAMELLES; LE PLUS SOUVENT OVIPARES.

CETTE CLASSE EST DIVISÉE EN QUATRE ORDRES.

I. LES CHÉLONIENS OU TORTUES.

Corps à carapace et plastron en dehors; quatre pattes; pas de dents; des paupières; tête, cou et queue mobiles; vertèbres du dos, des lombes et du bassin soudées entre elles et avec les côtes; organes génitaux mâles simples.

II. LES SAURIENS OU LÉZARDS.

Corps sans carapace, le plus souvent écailleux et avec des membres, une queue, des côtes et un sternum; des paupières, ou un canal auditif externe; des dents.

III. LES OPHIDIENS OU SERPENTS.

Corps très-allongé et sans pattes, souvent écailleux; pas de paupières, ni de tympan; côtes très-nombreuses, pas de sternum; mâchoire inférieure à branches séparées.

IV. LES BATRACIENS OU GRENOUILLES.

Corps nu, ou sans carapace, ni écailles apparentes, de formes variables; tête osseuse, à deux condyles occipitaux; sternum non uni aux côtes qui sont courtes ou nulles; œufs à coque molle, non calcaire; espèces soumises à des métamorphoses.

PREMIER ORDRE DE LA CLASSE DES REPTILES.

LES CHÉLONIENS OU TORTUES.

CARACTÈRES ESSENTIELS. Corps court, ovale, bombé, couvert d'une carapace et d'un plastron ou sternum osseux; constamment quatre pattes et pas dents.

LES CHÉLONIENS OU LES TORTUES,

DIVISÉS EN QUATRE FAMILLES.

A doigts	réunis en	moignons; des sabots. .	I. CHERSITES. .	*Terrestres.*
		nageoires; des palettes. .	IV. THALASSITES.	*Marines.*
	distincts, à ongles	trois au plus . .	III. POTAMITES. .	*Fluviales.*
		plus de trois . .	II. ÉLODITES . .	*Paludines.*

PREMIÈRE FAMILLE DES CHÉLONIENS.

LES CHERSITES OU TORTUES TERRESTRES.

CARACTÈRES ESSENTIELS. Pattes courtes, informes, tronquées, à doigts non distincts, réunis en un moignon arrondi, bordé d'ongles droits ou de sabots de corne; la carapace très bombée; les membres égaux en longueur, charnus, trapus, calleux, à doigts indiqués seulement par la présence des ongles.

Cette famille réunit quatre genres: Dans l'un CYNIXIS (4) la carapace est mobile en arrière sur le dos; dans les trois autres genres, cette carapace est d'une seule pièce. Les HOMOPODES (2) n'ont que quatre ongles ou sabots à chaque patte; il y en a cinq chez les autres. Les TORTUES (1) n'ont pas le plastron mobile ou articulé en devant, tandis qu'il forme un battant chez les PYXIDES (3).

I.er GENRE. TORTUE. *TESTUDO*. (Erp. II, p. 35.) A. Brongniart.

CARACTÈRES. Pattes antérieures à cinq ongles ou sabots; carapace d'une seule pièce; sternum ou plastron non mobile en devant.

A. *Plastron à 12 plaques de deux pièces, la postérieure mobile.*

1. T. Bordée. T. *Marginata.* (II, 37.) Carapace noire, oblongue, étalée ou élargie en arrière, à aréoles jaunes. *Morée*, *Egypte*, *Alger.*

2. T. Moresque. T. *Mauritanica.* (II, 44.) Carapace olivâtre, tachetée de brun, à bords inclinés; tubercule conique ou ergot à la base des cuisses. *Afrique.*

B. *Plastron à 12 plaques d'une seule pièce immobile en arrière.*

3. T. Grecque. T. *Græca.* (II, 49.) Carapace verdâtre,

taches noires, de forme triangulaire sur les bords; plaques sus-caudales doubles. *Europe méridionale.*

4. T. Géométrique. *T. Geometrica.* (II, 57.) Carapace à plaques noires avec des lignes jaunes comme géométriques, à aréoles déprimées; une plaque nuchale; la sus-caudale simple. *Cap de Bonne-Espérance, Madagascar.*

4. bis. T. mi-dentelée. *T. semi-serrata.* Smith. A. Duméril. Catal. p. 3. Carapace dentelée devant et derrière et non sur les côtés; plaque caudale inclinée directement; le dessus rouge ou brun, bigarré de jaune; plastron jaune, à bandes ondulées brunâtres. *Afrique.*

5. T. Actinode. *T. Actinodes.* (II, 66.) Semblable à la précédente, à aréoles bombées et à lignes jaunes plus distinctes; pas de plaque nuchale. *Pondichéry.*

6. T. Panthère. *T. Pardalis.* (II, 71.) Carapace et plastron jaunes, tachetés de noir; pas de plaque nuchale. *Afrique australe.*

7. T. Sillonée. *T. Sulcata.* (II, 74.) Carapace fauve ou brune sans plaque nuchale, déprimée dentelée devant et derrière; plaques à stries concentriques; bras à gros tubercules. *Sénégal. Abyssinie.* (Pl. XIII, fig. 1).

7. *bis.* T. Emydoide, Catal. A. Duméril p. 4.) Carapace large un peu déprimée et même déprimée sur la ligne médiane; membres recouverts d'écaillles fortes épineuses; queue épineuse. *De Sumatra.*

8. T. Nègre. *T. Nigrita.* (II, 80.) Carapace noire, échancrée en devant; plastron échancré en arrière; bras à tubercules plats, arrondis. *Indes ?*

9. T. rayonnée. *T. Radiata.* (II, 83.) Carapace noire, à aréoles jaunes rayonnantes; plaque nuchale courte, large. *Madagascar.*

10. T. marquetée. *T. Tabulata.* (II, 89.) Carapace brune, allongée, non échancrée en devant; à aréoles jaunes; flancs convexes; pattes à taches jaunes. *Amér. mér.*

11. T. Charbonnière. *T. Carbonaria* (II, 99.) Carapace noire, à taches aréolaires, carrées, jaunes; taches rouges aux tempes, aux talons, à la queue. *Brésil. Cayenne.*

12. T. Polyphème. *T. Polyphemus* (II, 102). Carapace d'un

brun fauve, très-déprimée; plaques nuchale et sus-caudale simples. *Amér. Sept.*

13. T. De Schweigger. *T. Schweiggerii.* (II, 108.) Carapace fauve, semée de taches brunes en rayons, un peu déprimée; pas de plaque nuchale; la sus-caudale simple. *Patrie?*

14. T. Eléphantine. *T. Elephantina* (II, 110.) Carapace allongée, bombée, à plaques unicolores; un étui corné, plat au bout de la queue. *Iles du Canal de Mosambique.*

15. T. Noire. *T. Nigra.* (II. 115.) Carapace noire, bombée, échancrée en devant; queue courte, pointue. *Iles Sandwich.*

16. T. Géante. *T. Gigantea* (II. 120.) Carapace brune, oblongue, bombée, à plaques lisses; la plaque sus-nuchale simple, la sus-caudale double. *Patrie?*

17. T. De Daudin. *T. Daudinii* (II. 123.) Carapace brune, oblongue, déprimée, à bords festonnés; queue très-longue. *Indes Orientales.*

18. T. De Perrault *T. Perraultii* (II. 126.) Carapace noire, oblongue, à bord antérieur relevé, festonné; dos horizontal, plat; queue longue, onguiculée. *Indes Orientales.*

C. *Plastron à 11 plaques seulement et non mobile.*

19. T. Anguleuse. *T. Angulata.* (II, 130.) Carapace convexe, encadrée, oblongue, à plaques du disque jaunâtres, bordées de noir; plastron plus long que le test en avant. *Afriq. austr. Cap.*

20. T. de Gray. *T. Grayi.* (II, 135.) Carapace brune, ovale, oblongue, déprimée, à bords festonnés, à plaques striées, les inférieures noires, bordées de blanc. *Afrique.*

21. T. Peltaste. *T. Peltastes.* (II, 138.) Carapace mince, fauve, inclinée devant et derrière; plastron court, non échancré. *Patrie?*

22. T. de Vosmaer. *T. Vosmaeri.* (II, 140.) Carapace noire, allongée, relevée et comprimée en avant; élargie et en pente postérieurement. *Cap de Bonne-Espérance.*

II.e GENRE. HOMOPODE. *HOMOPUS.* (t. II, p. 145). Nobis.

CARACTÈRES. Quatre doigts onguiculés à chaque patte; carapace et plastron d'une seule pièce.

1. H. Aréolé. *H. Areolatus* (II. 146). Carapace brun-marron, à aréoles enfoncées, striées concentriquement, à limbes relevés en gouttière. *Afrique australe.* (Pl. XIV, fig. 1.)

2. H. Marqué. *H. Signatus* (II. 152). Carapace quadrilatère, à bords inclinés; plaques du disque fauves, à taches brunes. *Afrique australe.*

III.e GENRE. PYXIDE. *PYXIS.* (t. II, p. 155). Bell.

CARACTÈRES. Pattes à cinq doigts, mais à quatre ongles seulement aux postérieures; carapace simple; plastron mobile en devant.

I. P. Arachnoïde. *P. Arachnoides* (II, 156). Carapace brune, ovale, très-convexe, échancrée en devant; plaques du disque jaunâtres, à taches triangulaires noires, disposées en rayons. *Iles de l'Archipel Indien.* (Pl. XIII, fig. 2).

IV.e GENRE. CINIXYS. *CINIXYS.* (t. II, p. 159). Bell.

CARACTÈRES. Pattes à cinq doigts, les postérieures à quatre ongles; carapace mobile en arrière; plastron d'une seule pièce.

1. C. De Home. *C. Homeana* (II, 161. Pl. XIV. fig. 2). Carapace ovale, oblongue, à dos plat, à flancs carénés; aréoles du disque déprimées; plastron aussi long que la carapace. *Guadeloupe.*

2. C. Rongée. *C. Erosa.* (II, 165.) Carapace ovale, oblongue, à dos courbé; flancs carénés, élargis, dentelés. *Patrie ?*

3. C. De Bell. *C. Belliana.* (II, 168.) Carapace ovale, oblongue, à dos incliné en avant; bords non dentelés, à plastron plus court; queue onguiculée. *Patrie ?*

SECONDE FAMILLE DES CHÉLONIENS.

LES ÉLODITES OU TORTUES PALUDINES.

CARACTÈRES ESSENTIELS. Pattes égales en longueur, à doigts distincts et mobiles, à plus de trois ongles; mâchoires nues.

CARACTÈRES NATURELS. Carapace déprimée, membres inégaux en grosseur, à doigts palmés, surtout aux pattes postérieures; à ongles pointus, souvent courbés.

DEUX SOUS-FAMILLES: (Erp. t. II, pag. 172.)

1.re Tête épaisse, rétractile entre les pattes; peau du cou libre engaînante. Les CRYPTODÈRES. (t. II, 201.)

2.e Tête déprimée, non rétractile; cou long, déprimé, flexible latéralement. Les PLEURODÈRES. (t. II, 372.)

PREMIÈRE SOUS-FAMILLE DES ÉLODITES.

OU TORTUES PALUDINES. — LES CRYPTODÈRES.

	Genres.
Pattes antérieures à quatre ongles seulement.	7. *Tétronyx.* pl. 16. 1.
A cinq ongles en devant; queue très-longue; plastron étroit, en croix. .	9. *Emysaure.* pl. 17. 1.
Queue longue; plastron soudé au test.	8. *Platysterne* pl. 16. 2.
Queue courte; menton à barbillons; plastron mobile	5. *Cistude.* pl. 15. 2.
Idem; plastron; non mobile. . . .	6. *Emyde.* pl. 15. 1.
Id.; menton sans barbillons; plastron large en croix, mobile en devant seulement.	10. *Staurotype.* pl. 17. 2.
Idem, idem; plastron large, mobile devant et derrière	11. *Cinosterne.* pl. 18. 1.

V.e GENRE CISTUDE. — *CISTUDO.*

(Erp. t. II, pag. 207, pl. 15. 2.) Fleming.

CARACTÈRES. Pattes postérieures à quatre ongles seulement; plastron mobile devant et derrière, sur une charnière moyenne et à douze plaques; queue courte; menton sans palpes ou barbillons.

1. Cistude de la Caroline. *C. Carolina.* (II, 210.) Plastron clausile; carapace brune, ovale, tachetée de jaune, carénée, à bord postérieur en gouttière. *Amér. sept.*

2. C. d'Amboine. *C. Amboinensis.* (II, 215, pl. 15, 2.) Plastron clausile; carapace carénée; plaques sternales jaunes; chacune à une tache noire, ronde. *Java.*

3. C. Trifasciée. *C. Trifasciata.* (II, 219.) Plastron clausile, noir, bordé de jaune; carapace très-carénée, à trois bandes longitudinales noires. *Amboine?*

4. C. Européenne, ou Commune. *C. Europœa.* (II, 220.) Plastron baillant; carapace noire, déprimée, à taches jaunes rayonnées; queue longue. *Europe.*

5. C. De Diard. *C. Diardii.* (II, 227.) Plastron baillant; carapace noirâtre, arrondie, à carène obtuse; bord postérieur dentelé. *Bengale. Java.*

VI.e GENRE. ÉMYDE. *EMYS.*

(Erp. II, p. 232, pl. 15, fig. 1.) Nobis.

Caractères. Pattes antérieures à cinq doigts, les postérieures à quatre ongles; plastron non mobile, à douze plaques; queue longue; menton sans barbillons.

1. Émyde Caspienne. *E. Caspica* (II. 235.) Carapace olivâtre, à lignes flexueuses d'un jaune souci, tricarénée chez les jeunes, lisse chez les adultes, à bords relevés sur eux-mêmes; plastron noir à taches jaunes. *Morée.*

1. *bis.* É. Japonaise *E. Japonica.* Catal. A. Duméril page 8. Carapace à trois carènes; tête plus épaisse et museau plus court que dans la précédente; brune avec des bandes et des taches jaunes sur les joues, le cou et la gorge. Voisine de la précédente.

2. É. Sigriz. *E. Sigris* (II. 240.) Carapace olivâtre, à taches

orangées, cerclées de noir; plastron brun, bordé ou mélangé de jaune sale; une tache oblongue noire sur les prolongements latéraux. *Espagne.*

3. E. Ponctulaire. *E. Punctularia* (II. 243.) Carapace brune, ovale, entière, carénée; plastron noir, bordé de jaune; raies et taches jaunes ou rouges sur la tête. *Brésil. Guyane.*

4. E. Marbrée. *E. Marmorea.* (II. 248.) Carapace d'un brun verdâtre, nuancée de jaune, sans carène; sternum échancré en arrière; queue longue. *Brésil.*

5. E. Gentille. *E. pulchella* (II. 250.) Carapace brune à petites raies jaunes, rayonnées; aréoles à stries concentriques; une carène; plastron jaune à taches noires. *Amér. mérid.*

6. E. Géographique. *E. Geographica* (II. 256.) Carapace olivâtre, déprimée, lisse, dentelée en arrière, à petites lignes jaunes confluentes; une petite carène en arrière. *Amér. Sept.*

6. *bis.* E. Pseudogéographique. Lesueur. Catal. A. Duméril, pag. 9. Tubercules médians des plaques vertébrales saillants; mâchoire supérieure échancrée; l'inférieure terminée par un croc. Carapace dentelée en arrière. *Amér. du Nord.*

7. E. Concentrique. *E. Concentrica* (II. 261.) Carapace à plaques marquées de lignes circulaires, noires, concentriques sur un fond verdâtre; petite carène postérieure. *Amér. Sept.*

7. *bis.* E. Aréolée. *E. Areolata.* Catal. A. Duméril. pag. 10. Carapace relevée d'un vert uniforme; tête petite; brune, à lignes jaunes se prolongeant sur le cou; pattes d'un jaune-verdâtre, ponctuées de noir, queue courte. *Amér. cent., Peten.*

8. E. Bords en scie. *E. Serrata* (II. 267.) Carapace bombée, carénée, rugueuse, dentelée en arrière; dessous jaune; plaques limbaire à taches noires, rondes. *Amér. Sept.*

8. *bis.* E. de Troost. E. *Troostii.* de Holbrook. Cat. A. Duméril, pag. 10. M. Mitchell. Carapace déprimée rugueuse, peu carénée, dentelée en arriére; très-voisine de l'E. Serrata. *Amér. Septentrionale.*

9. E. de Dorbigny. *E. Dorbignyi.* (II, 272.) Carapace d'un brun marron, lisse, à taches triangulaires noires sur les bords, une

raie dorsale noire; plastron noir, bordé de jaune; mâchoire supérieure échancrée. *Buenos-Ayres.*

9. *bis.* E. de Bérard. *E. Berardii.* Catal. A. Duméril. p. 11. Carapace à vermicules saillants, étroite et inclinée en avant, plus large et relevée en arrière; queue longue, robuste; bords des mâchoires dentelés. *Amér. mér.* et *Vera-Cruz.*

10. E. Arrosée. *E. Irrigata.* (II, 276.) Carapace ovale, rugueuse, sans carènes, brune à raies irrégulières jaunâtres; mâchoire supérieure bidentée, l'inférieure à trois dents. *Amér. sept.*

11. E. Croisée. *E. Decussata.* (II, 279.) Carapace fauve un peu carénée; plaques du disque à rugosités concentriques, coupées par des lignes saillantes. *Saint-Domingue.*

12. E. Ventre rouge. *E. Rubriventris* (II, 281.) Carapace brune, à rugosités en long; des raies verticales et des taches confluentes rougeâtres; plastron rouge à taches brunes. *Am. sept.*

12. *bis.* E. de Mobile. *E. Mobilensis.* Holbrook. Cat. A. Duméril, pag. 11. Carapace bombée en avant et relevée, sans carènes, large et déprimée en arrière où elle est échancrée et un peu dentelée; bords des mâchoires finement dentelés. *Amér. septentrionale.*

13. E. Rugueuse. *E. Rugosa.* (II, 284.) Carapace brune, convexe, tachetée de fauve, striée en long; une faible carène en arriére. *Amér. sept.*

14. E. des Florides. *E. Floridana.* (II, 285.) Carapace d'un brun noir, marquée de lignes jaunes irrégulières sans carènes et à stries en long. *Amér. sept.*

15. E. Ornée. *E. Ornata.* (II, 286.) Carapace très-bombée, rugueuse sur sa longueur; plaques costales avec un anneau jaunâtre noir, au centre. *Amér. mér.*

16. E. Concinne. *E. Concinna* (II, 289.) Carapace très-dilatée au-dessus des cuisses, échancrée en devant, dentelée derrière, sans carène, à bords réticulés de jaune. *Caroline, États-Unis.*

17. E. Réticulaire. *E. Reticulata* (II, 291.) Carapace d'un brun olivâtre, sans carène, avec des lignes jaunes formant un réseau. *Amer. sept.*

18. E. Tachetée. *E. Guttata* (II, 295.) Carapace ovale, basse, lisse, sans carène ; noire, tachetée de jaune. *Am. sept.*

19. E. Peinte. *E. Picta.* (II, 297.) Carapace d'un brun olivâtre, avec un ruban jaune autour de chaque plaque; plastron jaune, tronqué. *Amér. sept.*

20. E. De Bell. *E. Bellii.* (II, 302.) Carapace olivâtre, à gouttière dorsale; plaques liserées de jaune; plastron jaune, à petites lignes brunes au devant. *Amér. sept.*

21. E. Cinosternoïde. *E. Cinosternoides* (II, 303.) Carapace déprimée, d'un brun pâle, à arête dorsale jaune; plaques à bandes blanches, bordées de noir; plastron arrondi devant et derrière. *Amér. mérid ?*

22. E. De Muhlemberg. *E. Muhlembergii* (II, 304.) Carapace presque carrée, avec une légère carène et des aréoles jaunâtres ; occiput à deux taches orangées. *Pensylvanie.*

22. *bis.* E. Hiéroglyphique. *E. Hieroglyphica.* Holbrook. Cat. A. Duméril, pag. 12. Carapace ovale, allongée, terminée en pointe incomplétement dentelée ; tête petite, étroite, à museau pointu, avec des lignes jaunes prolongées sur le cou. *Caroline du Sud.*

22. *ter.* E. Labyrinthique. *E. Labyrinthica.* Lesueur. Catal. A. Duméril, p. 13. Carapace ovale élevée sur la ligne du disque ; mais sans carène ; beaucoup de lignes jaunes enroulées; plastron échancré en arrière; tête volumineuse, à bec échancré. *États-Unis.*

22. *quater.* E. de Cumberland. *E. Cumberlandensis.* Holbrook. Catal. ibid. Carapace comme quadrangulaire, allongée et à angles arrondis ; une faible carène; une tache temporale jaune ou rouge chez les jeunes sujets et plus large en arrière. *Amer. du Nord.*

23. E. De Spengler. *E. Splengeri.* (II, 307.) Carapace d'un fauve pâle à trois carènes, à bords profondément dentelés en arrière. *Ile de France. Bourbon.*

24. E. Trois arêtes *E. Trijuga.* (II, 310.) Carapace brune à trois carènes, à bords non dentelés ; plastron brun, bordé de jaunâtre. *Pondichéry.*

15.*

25. E. De Reeves. *E. Reevesii.* (II, 313.) Carapace fauve, étroite ; plaque, du disque carénée, au milieu; plastron caréné sur les bords; cou rayé de jaune. *Chine.*

26.*E. D'Hamilton. *E. Hamiltonii.* (II, 315.) Carapace dentelée en arrière; des raies jaunes sur les plaques carénées du disque; plastron échancré. *Indes-Orientales.*

27. E. De Thurgy. *E. Thurgii.* (II, 318.) Carapace brune bordée de jaune, dentelée en arrière; mâchoires denticulées; queue très-courte. *Indes-Orientales.*

28. E. bords-en-toît. *E. Tecta.* (II, 321.) Carapace haute, tectiforme, olivâtre; les trois premières plaques vertébrales en pointe; jaune tachetée de noir dessous. *Indes-Orientales.*

29. E. de Beale. *E. Bealii.* (II, 323.) Carapace d'un jaune sale, sub carénée; tête et cou noirs, rayés de jaune; occiput à quatre taches œillées. *Chine.*

30. E. Crassicolle. *E. Crassicollis.* (II, 325.) Carapace brune; plaques du centre carénées; cou épais; tête très-grosse. *Java, Batavia.*

31. E. Epineuse. *E. Spinosa.* (II, 327.) Carapace déprimée, d'un brun roux, carénée; plaques du disque à tubercule crochu au milieu; les limbaires terminées en pointe. *Indes-Orientales.*

32. E. Ocellée. *E. Ocellata.* (II, 329. pl. xv, fig. 1.) Carapace brune à plaques du disque portant au centre une tache noire cerclée de fauve; queue courte. *Bengale.*

33. E. Trois bandes. *E. Tri-vittata.* (II, 331.) Carapace subcordiforme, bombée, verdâtre, avec trois larges bandes noires en long. *Bengale.*

34. E. de Duvaucel. *E. Duvaucelii.* (II, 334.) Carapace grisâtre, tectiforme; plaques vertébrales carénées derrière; trois raies dorsales noires. *Bengale.*

35. E. Rayée. *E. Lineata.* (II, 335.) Carapace jaunâtre, convexe; tubercules dorsaux caréniformes ; queue longue, grosse, conique. Cou rayé de rouge. *Indes-Orientales.*

VII.e GENRE. TÉTRONYX. *TETRAONYX.*

(Atlas, pl. xvi, fig. 1). Lesson.

Caractères. Quatre ongles seulement à toutes les pattes; plastron solide, large, à douze plaques; vingt-cinq écailles marginales.

1. T. de Lesson. *T. Lessonii.* (II. 338.) Carapace fauve, lisse, ovoïde, peu bombée, à bord postérieur mince, horizontal. *Indes-Orient.*

2. T. Baska. *T. Baska.* (II. 341.) Carapace sub-orbiculaire, convexe, carénée; écailles brunes, striées concentriquement. *Indes-Orientales.*

VIII.e GENRE PLATYSTERNE. *PLATYSTERNON.*

(Atlas, pl. xvi, fig. 2). Gray.

Caractères. Tête très-grosse, ne pouvant rentrer sous la carapace et comme cuirassée en dessus; plastron large, non mobile; queue longue, écailleuse, sans crête; cinq ongles devant, quatre derrière.

1. P. Mégacéphale. *P. Megacephala.* (II. 344.) Carapace aplatie, carénée, arrondie derrière, coupée en croissant antérieurement. *Chine.*

IX.e GENRE. ÉMYSAURE. *EMYSAURUS.*

(Atlas, pl. xvii, fig. 1.) Nobis.

Caractères. Carapace large; plastron non mobile, étroit, cruciforme; mâchoires crochues à deux barbillons sous-mentonniers; queue très-longue, à crète écailleuse.

1. E. Serpentine. *E. Serpentina.* (II, 350.) Test oblong, large, déprimé tri-caréné, avec une échancrure et trois pointes de chaque côté en arrière. *Am. Sept.*

1 *bis.* E. de Temminck. *E. Temmincki.* Troost *Lacertina.* Duméril. Cat. A. D., p. 16. Tête énorme, couverte de plaques en dessus et sur les côtés; bec de vautour; cou très-volumineux, à peau granulée et excroissances verruqueuses cornées; carapace à trois carènes. *Amér. du Nord.*

X.e GENRE. STAUROTYPE. *STAUROTYPUS.*

(Atlas, pl. XVII, fig. 2.) Wagler.

Caractères. Tête pyramidale, à mâchoires crochues; des barbillons sous le menton; plastron en croix, mobile en avant; cinq ongles aux pattes de devant, quatre derrière.

1. S. Tricaréné. *S. Tricarinatus.* (II, 356.) Carapace ovale tricarénée; huit plaques au plastron, arrondi devant, pointu derrière. *Mexique.*

2. S. Musqué. *S. Odoratus.* (II, 358.) Carapace ovale unie; onze plaques au plastron. *Amér. Sept.*

XI.e GENRE. CINOSTERNE. *CINOSTERNON.*

(Atlas, pl. XVIII, fig. 1.) Wagler.

Caractères. Des barbillons sous le menton; carapace à écailles légèrement imbriquées; plastron mobile devant et derrière sur une pièce moyenne fixe.

1. C. Scorpioïde. *C. Scorpioides.* (II, 363.) Test ovale, oblong, à trois carènes; plastron en pointe, arrondi devant et derrière. *Amér. mér.*

1 *bis.* C. Ensanglanté. *C, Cruentatum.* Nobis. Catal. A. Duméril, p. 17, Carapace d'un brun rougeâtre, à trois carènes

fortement inclinée vers les lombes ; sternum non échancré ; taches rouges nombreuses sur le cou et sur les membres. *Amér. Septentr.*

2. C. de Pensylvanie. *C. Pensylvanica.* (II, 367.) Carapace ovale, à dos déprimé ; plastron échancré derrière. *Amér. sept.*

2 *bis*. C. Bouche-blanche. *C. Leucostomum.* Nobis. Carapace d'un brun rougeâtre, faiblement carénée ; sternum non échancré, mâchoires blanches ou d'un jaune pâle ; sternum non échancré en arrière. *Nouvelle-Orléans.*

3. C. Hirtipède. *Hirtipes.* (II. 370.) Carapace unie, convexe, légèrement déprimée, échancrée devant et derrière. *Mexique.*

SECONDE SOUS-FAMILLE DES ÉLODITES.

OU TORTUES PALUDINES. — LES PLEURODÈRES. (Erp. II, p. 372.)

Sept genres. Deux ont la tête épaisse, protégée par des plaques.

1. A mandibule crochue recourbée, front plat. 12. *Peltocéphale.*
2. A mandibule presque droite ; front silloné en long. . . . . 13. *Podocnémide.*

Cinq ont la tête plate.

3. Narines prolongées en trompe . . . . . 18. *Chélyde.*
4. Narines simples ; quatre ongles à toutes les pattes. . . . . 17. *Chélodine.*
5. Idem. Cinq ongles devant, quatre derrière. 16. *Platémyde.*
6. Idem. Cinq ongles partout ; plastron fixe. 14. *Pentonyx.*
7. Idem. Plastron mobile . . . . 15. *Sternothère.*

XIIe GENRE. PELTOCÉPHALE. *PELTOCEPHALUS.*

(ATLAS, pl. XVIII, fig. 2.) Nobis.

CARACTÈRES. Tête grosse, presque carrée, couverte de grandes plaques un peu imbriquées ; mâchoires crochues ;

pattes peu palmées, à ongles droits et forts; queue onguiculée.

1. P. Tracaxa. *P. Tracaxa.* (II, 378.) Carapace noirâtre presque hémisphérique; queue médiocre. *Amér. mér. Cayenne.*

XIII.e GENRE. PODOCNÉMIDE. *PODOCNEMIS.*

(Atlas, pl. xix, fig. 1.) Wagler.

Caractères. Tête un peu déprimée, couverte de plaques; front sillonné; mâchoires peu arquées; pattes largement palmées; queue courte, non terminée par un ongle.

1. P. Élargie. *P. Expansa.* (II, 383.) Carapace peu élevée, fort élargie et horizontale au dessus des cuisses. *Amér. mérid.*

2. P. de Duméril. *P. Dumeriliana.* (II, 387.) Carapace ovale, bombée, échancrée en avant au dessus du cou. *Amér. mérid.*

2 *bis*. P. de Lewy. *P. Lewyana.* A. Duméril. (Arch. du Museum. T. VI, pag. 242, pl. xviii et xix.) Carapace très-fortement déprimée; une plaque syncipitale supplémentaire; queue longue. *Colombie.*

XIV.e GENRE. PENTONYX. *PENTONYX.*

(Atlas, pl. xix, fig. 2.) Nobis.

Caractères. Tête large, déprimée, couverte de plaques; deux barbillons sous-mentonniers; plastron non mobile; cinq ongles aux pattes.

1. P. du Cap. *P. Capensis.* (II, 390.) Carapace olivâtre, à deux sillons dorsaux; ongles droits, forts et pointus. *Cap. Madagascar.*

1 *bis*. P. Gehafie. *P. Gehafiæ.* Ruppel. Cat. A. Duméril, pag. 18. Carapace d'un brun verdâtre régulièrement ovalaire, un peu déprimée, sans gouttière médiane et munie d'une très-légère carène. *Abyssinie.*

2. P. d'Adanson. *P. Adansonii.* (II, 394.) Carapace fauve, piquetée de brun; dos fortement caréné. *Cap. vert.* C'est le Sternothère n.° 3. *ter. Madagascar.*

XV.e GENRE. STERNOTHÈRE. *STERNOTHERUS.*

(Atlas, pl. xx, fig. 1.) Bell.

Caractères. Tête déprimée, couverte de plaques; narines simples; cinq ongles à toutes les pattes; plastron mobile ou à charnière en devant.

1. S. Noir. *S. Niger.* (II, 397.) Carapace noire, bombée, plus étroite en devant; museau conique; mandibule crochue. *Madagascar ?*

2. S. Noirâtre. *S. Nigricans.* (II, 399.) Carapace noire; museau court, rond; plastron contracté ou rétréci après la soudure. *Madagascar.*

3. S. Marron. *S. Castaneus.* (II, 401.) Carapace marron; museau court, rond; bords postérieurs du plastron rectilignes. *Madagascar.*

3 *bis.* S. Sinueux. *S. Sinuatus.* Smith. Cat. A. Duméril, p. 19. Carapace d'un brun verdâtre foncé; les trois plaques vertébrales moyennes un peu en saillie, bordées d'un sillon; sternum rectiligne en arrière des aîles; museau court. *Afrique, Cap.*

3 *ter.* S. d'Adanson. *S. Adansonii.* (Voir *Pentonyx,* tom. II, pag. 394.) Cat. A. Duméril pag. 20. Plastron mobile en avant, tête plate et large, couverte de lignes jaunâtres vermiculées; cinq ongles devant et derrière. *du Cap vert, des bords du Nil Blanc.* M. d'Arnaud.

XVI.e GENRE. PLATÉMYDE. *PLATEMYS.*

(Atlas, pl. xx, fig. 2.) Wagler.

Caractères. Tête plate, avec une grande écaille mince et d'autres petites; deux barbillons mentonniers; carapace déprimée; plastron fixe; cinq ongles devant, quatre derrière.

1. P. Martinelle. P. *Martinella.* (II, 407.) carapace fauve

quadrangulaire, à deux grandes taches noires; cou à écailles pointues; plastron noir, bordé de jaune. *Brésil. Cayenne.*

2. P. de Spix. *P. Spixii.* (II, 409.) Carapace brune, arrondie en avant; dos canaliculé; cou à écailles pointues; plastron tout noir. *Brésil.*

3. P. Radiolée. *P. Radiolata.* (II, 412.) Carapace brun-roussâtre, rétrécie et arrondie en arrière; dos non caréné; cou tuberculeux. *Brésil.*

4. P. Bossue. *P. Gibba.* (II, 416.) Carapace noire, ovoïde; plaques du disque faiblement striées, les trois dernières vertébrales carénées; tête couverte d'un grand nombre de petites plaques. *Patrie ?*

5. P. de Geoffroy. *P. Geoffreana.* (II, 418.) Carapace d'un brun olivâtre, à dos caréné; plastron et dessous du corps jaune pâle sans taches. *Amér. mér.*

6. P. de Wagler. *P. Wagleri.* (II, 422.) Carapace ovale, très allongée, rétrécie devant et derrière; dos sans carène; plastron jaune. *Brésil.*

7. P. de Neuwied. *P. Neuwiedii.* (II, 425.) Carapace oblongue; dos sans carène; cou tuberculeux; plastron jaune. *Brésil.*

8. P. de Gaudichaud. *P. Gaudichaudii.* (II, 427.) Carapace brune, marbrée de noirâtre; sternum noir au milieu, à bords orangés. *Brésil.*

9. P. de Saint Hilaire. *P. Hilarii.* (II, 428.) Carapace courte, ovale, rétrécie aux deux bouts, basse et convexe, à dos caréné; plastron jaune tacheté. *Brésil.*

10. P. de Milius. *P. Miliusii.* (II, 431.) Carapace ovale, noir-marron; dos sans carène; plastron brun, lavé de jaune au milieu et sur ses bords. *Cayenne.*

11. P. à Pieds rouges. *P. Rufipes.* (II, 433.) Carapace brune, tronquée en devant, anguleuse derrière; dos caréné; cou et membres rougeâtres *Brésil.*

12. P. de Schweigger. *P. Schweiggeri* (II, 435.) Test très-déprimé, fauve, à bord postérieur jaune; dos caréné; plastron jaune à ses deux bouts. *Am. mér.*

13. P. de Macquarie. *P. Macquaria.* (II, 438.) Carapace brune, déprimée ; dos à sillon étroit; plastron jaune, étroit, arqué, à prolongements élargis et relevés. *Nouv. Hollande.*

XVII.e GENRE. CHÉLODINE. *CHELODINA.*

(Atlas, pl. xxi, fig. 2.) Fitzinger.

Caractères. Tête longue et très-plate, couverte de peau; museau court; bouche très-fendue; pas de barbillons; quatre ongles à chaque patte; cou très-long.

1. C. De la Nouvelle-Hollande. *C. Novæ Hollandiæ.* (II. 443.) Test d'un brun marron. ovale, rétréci en avant; plastron à plaques jaunes, bordées de brun. *Nouv. Hollande.*

2. C. A Bouche jaune. *C. Flavilabris.* (II, 446.) Carapace allongée, olivâtre, à taches brunes; front convexe; mâchoires d'un brun jaune. *Brésil.*

3. C. De Maximilien. *C. Maximiliani* (II, 449.) Carapace d'un brun clair; front plat; mâchoires jaunâtres, marbrées de brun ; pattes très-palmées, à bords dentelés. *Amér. mérid.*

XVII.e GENRE. CHÉLYDE. *CHELYS.* pl. 21.

(Atlas, pl. xxi, fig. 1.) Nobis.

Caractères. Tête très-fortement déprimée, large, triangulaire ; narines prolongées en trompe ; bouche très fendue ; mâchoires plates ; deux barbillons au menton.

1. C. Matamata, *C. Matamata,* (II, 455.) Carapace déprimée couverte d'écailles à stries concentriques, imbriquées. *Cayenne.*

TROISIÈME FAMILLE DES CHÉLONIENS.

Les Potamites ou Tortues Fluviales.

Caractères essentiels. Carapace très-déprimée, couverte d'une peau molle ; pattes à doigts distincts, mobiles, à trois ongles seulement ; mâchoires osseuses, garnies d'une peau libre comme des lèvres.

Caractères naturels. Pattes très-déprimées, élargies, à doigts palmés, réunis jusqu'à leurs extrémités ; plastron et test osseux incomplets ; tête grosse ; cou très-long ; nez prolongé en petite trompe.

Deux genres:
- Pattes rentrant sous le plastron prolongé devant et derrière . . . . 2. Cryptopode.
- Pattes tout-à-fait libres ; plastron très-étroit . . . . 2. Gymnopode.

XIX.e GENRE. GYMNOPODE. *GYMNOPUS.*

(Atlas, pl. xxii, fig. 1.) Nobis.

Caractères. Carapace à bords flottants, mous, surtout en arrière ; plastron trop étroit pour couvrir les pattes.

1. G. Spinifère. *G. Spiniferus.* (II, 477.) Sept callosités costales ; carapace très-plate, garnie d'une rangée d'épines sur son bord antérieur ; queue épaisse, prolongée. *Amér. sept.*

2. G. Mutique. *G. Muticus.* (II. 482.) Sept callosités costales ; le bord antérieur de la carapace non garni d'épines ; queue très-courte. *Amér. sept.*

3. G. D'Égypte. *G. Ægyptiacus.* (II. 484.) Huit callosités costales, quatre sternales ; carapace vermiculée à sa surface ; cou non rayé. *Egypte.*

4. G. De Duvaucel. *G. Duvaucelii.* (II. 487.) Huit callosités

costales, quatre sternales; carapace à enfoncements arrondis ou polygones; cou non rayé. *Du Gange. Indes.*

5. G. Ocellé. *G. Ocellatus.* (II, 489.) Carapace sub-carénée, réticulée de noir, ornée de quatre ou cinq grandes taches œillées. *Du Gange.*

6. G. Cou-rayé. *G. Lineatus.* (II, 491.) Carapace à goutière dorsale; tête plate à museau court; cou rayé sur sa longueur. *Du Gange.*

7. G. De Java. *G. Javanicus.* (II, 493.) carapace un peu en toit, à tubercules devant et derrière; tête épaisse, front convexe. *Java.*

8. G. Aplati. *G. Subplanus.* (II, 496.) Carapace très-plate, lisse au pourtour, verte, marbrée de jaune; pas de callosités sternales. *Gange.*

9. G. De l'Euphrate. *G. Euphraticus.* (II, 498.) Carapace d'un vert obscur; pas de callosités sternales; queue dépassant la carapace dans un tiers de sa longueur. *Dans le Tigre et l'Euphrate.*

XX.e GENRE. CRYPTOPODE. *CRYPTOPUS.*

(Atlas, pl. xxii, fig. 2.) Nobis.

Caractères. Carapace à bords étroits, garnie de pièces osseuses sur les régions du cou et des cuisses; plastron large à battants mobiles. (II. 499.)

1. C. Chagriné. *C. Granosus.* (II, 501.) Carapace ovale, bombée, granuleuse; un os nuchal; sept calosités sternales. *Pondich.*

2. C. Du Sénégal. *C. Senegalensis.* (II, 504.) Tête et cou marqués d'un grand nombre de petits points blanchâtres; plastron noir, bordé de blanc. *Sénégal.*

QUATRIÈME FAMILLE DES CHÉLONIENS.

LES THALASSITES OU TORTUES MARINES.

Caractères essentiels. Carapace large, déprimée, en cœur; pattes inégales, aplaties, à doigts réunis, confondus en une sorte de rame ou de nageoire. (T. II, p. 506.)

Caractères naturels. Pas de doigts distincts, mais seulement quelques ongles aplatis, qui correspondent aux dernières phalanges; les pattes antérieures très-longues, les postérieures plus courtes de moitié et proportionnellement plus larges.

Deux genres d'après les téguments de la carapace qui est couverte d'écailles cornées dans les. . . . . . . 1. *Chélonées.*
qui est revêtue d'une peau coriace dans les. . 2. *Sphargides.*

XXI.e GENRE CHÉLONÉE. *CHELONIA.* Brongniart.

(Atlas, pl. XXIII, fig. 1 et 2, et pl. XXIV, fig. 1.)

Caractères essentiels. Carapace recouverte d'écailles cornées; un ou deux ongles à chaque patte.

Trois sous-genres, d'après le nombre et la disposition des écailles.

A. *Plaques du disque, treize non imbriquées. Chélonées franches.*

1. C. Franche. *C. Midas.* (II, 539.) Test à dos arrondi; écailles vertébrales à six pans presque égaux. *Océan Atlantique.*

2. C. Vergetée. *C. Virgata.* (II, 541.) Test un peu en toit; écailles vertébrales aussi larges que longues, à angles aigus allongés. *Mers du Sud. Rio de Janeiro. Côtes du Malabar.*

3. C. Tachetée. *C. Maculosa.* (II, 544). Test allongé, à bord antérieur arqué, non dentelé en arrière; plaques dorsales plus longues que larges. *Côtes du Malabar.*

4. C. Marbrée. *C. Marmorata.* (II, 546.) Test allongé, à dos plat, brun, marbré de jaunâtre; pattes postérieures jaunes en dehors. *Iles de l'Ascension.*

B. *Plaques du disque, treize imbriquées.*

5. C. imbriquée ou tuilée. *C. Imbricata.* (II, 547). De fortes dentelures au test, en arrière. *Ile Bourbon, Amboine, Seychelles.*

C. *Plaques du disque au nombre de quinze non entuilées.*

6. C. Caouane. C. *Caouna* (II, 552.) Test en cœur, très-large; deux ongles à chaque patte. Vingt-cinq plaques marginales. *Méditerranée.*

7. C. de Dussumier. C. *Dussumierii.* Carapace large; un seul ongle à chaque patte; vingt-sept plaques au limbe du test. *Mers de la Chine. Côte du Malabar.*

XXII.e GENRE. SPHARGIDE. *SPHARGIS.*

(Atlas, pl. xxiv, fig. 2.) Merrem.

Caractères. Test couvert d'une peau coriace; pattes sans ongles.

1. S. Luth. S. *coriacea.* (II, 560.) Carapace en forme de cœur, prolongée en pointe en arrière, surmontée de sept carènes longitudinales. *Méditerranée. Océan Atlantique.*

DEUZIÈME ORDRE DES REPTILES.

LES SAURIENS ou LÉZARDS.

(Erpét. génér., tom. II, page 571.)

CARACTÈRES ESSENTIELS. Reptiles à corps allongé, écailleux ou chagriné sans carapace; le plus souvent des pattes à doigts onguiculés; à queue prolongée avec un cloaque transversal à la base; des paupières mobiles; un tympan apparent; des côtes et un sternum; des mâchoires à branches soudées et garnies de dents; pas de métamorphoses; œufs à coque dure.

Huit sous-ordres partagent ces Sauriens en autant de familles. Dans les trois premières, la tête est recouverte de plaques symétriques et les écailles sont distribuées, tantôt par anneaux transverses: tels sont les CYCLOSAURES ou CHALCIDIENS (VII); tantôt les écailles sont entuilées, soit avec des plaques carrées sous le ventre, les AUTOSAURES ou LACERTIENS (VI); soit avec des écailles ordinaires sous le ventre; ce sont les LÉPIDOSOMES ou SCINCOÏDIENS (VIII).

Dans les cinq autres familles, deux ont la peau lisse ou avec des tubercules isolés. La première est celle des CHÉLOPODES ou CAMÉLÉONIENS (II), dont le corps est comprimé et dont les doigts sont réunis en deux paquets; puis viennent les ASCALABOTES ou GECKOTIENS (III), dont le corps est déprimé et qui ont les doigts distincts et aplatis. Les trois sous-ordres ou familles qui suivent ont le crâne revêtu d'une peau sans plaques distinctes. Les espèces dont les orteils sont palmés et le corps protégé par de grands écussons sur le dos sont les ASPIDIOTES ou CROCODILIENS (I); celles qui n'ont pas d'écussons sur le dos, mais des tubercules saillants, comme sertis dans l'épaisseur de la peau, sont les PLATYNOTES ou VARANIENS (IV); et enfin les Sauriens dont toutes les écailles sont entuilées et qui ont le dos saillant, le plus souvent surmonté d'une crête, ont été nommés EUNOTES ou IGUANIENS (V).

Voici un tableau synoptique de cette classification.

SECOND ORDRE DE LA CLASSE DES REPTILES. — LES SAURIENS.

Dessus de la tête				Sous-Ordres.	
à lames cornées; corps à écailles	entuilées; celles du ventre	partout semblables		VIII.	SCINCOÏDIENS.
		carrées, plus grandes		VI	LACERTIENS.
	verticillées par anneaux; pli latéral			VII.	CHALCIDIENS.
sans plaques; peau	presque lisse ou tuberculeuse; doigts	réunis en deux paquets		II.	CAMÉLÉONIENS
		libres, plats; corps déprimé		III.	GECKOTIENS.
	à écailles cornées; doigts postérieurs	demi-palmés; dos à écussons		I.	CROCODILIENS.
		libres à la base; écailles	en tubercules enchassés	IV.	VARANIENS.
			libres, au moins en partie	V.	IGUANIENS.

PREMIER SOUS-ORDRE.

PREMIÈRE FAMILLE DES SAURIENS.

LES CROCODILIENS OU ASPIDIOTES. (T. III, page 1.)

Caractères essentiels. Corps déprimé, à pattes courtes, dont les postérieures ont les doigts réunis par une membrane natatoire ; dos protégé par des écussons solides, carénés; queue grosse à la base, comprimée, crêtée; tête rugueuse et osseuse, à crâne déprimé; narines au bout du museau, s'ouvrant dans la gorge; dents coniques, isolées, inégales, sur un seul rang; langue adhérente; fente du cloaque en longueur.

TROIS SOUS-GENRES.

1. Caïman. *Alligator.* Museau court, plat, large, non échancré.

2. Crocodile. *Crocodilus.* Museau échancré sur les côtés, plat et large.

3. Gavial. *Gavialis.* Museau étroit, arrondi, dilaté au bout.

PREMIER SOUS-GENRE. CAÏMAN, ALLIGATOR.

(Erpét. tom. III, pag. 63.) Cuvier.

Caractères essentiels. Quatrièmes dents d'en bas reçues dans des fosses ou trous de la mandibule.

1. Caïman à paupières osseuses. *Alligator palpebrosus.* (III, 67.) à paupières supérieures complétement osseuses, 19 dents supérieures, 21 inférieures. *Amér. mérid.*

2. C. Brochet. *A. Lucius.* (Atlas, pl. xxv et xxvi.) Une arête en longueur sur le front; nuque à deux écussons. *Amér. sept.*

3. C. à lunettes. *A. Sclerops.* (III, 79.) Nuque sans écusson, mais à quatre rangs de petites écailles ovales, élevées, très-comprimées; noir en dessus, bandes jaunes en travers. *Amér. mérid.*

4. C. Cynocéphale. *A. Cynocephalus.* (III, 86.) Une crête transversale sur le front; une autre en long devant chaque œil; deux rangs d'écussons nuchaux. *Amér. mérid.*

5. C. à Points noirs. *A. Punctulatus.* (III, 91.) Une seule arête en travers du front; deux rangs d'écussons sur la nuque; dos tout à fait plat. *Martinique, Brésil.*

DEUXIÈME SOUS-GENRE. CROCODILE. *CROCODILUS.*

(Erp. III, pag. 93.) Cuvier.

Caractères. Quatrièmes dents d'en bas reçues dans des échancrures de la mandibule, lorsque la bouche est fermée.

1. C. Rhombifere. *C. Rhombifer.* (III, 97.) Crâne sans arête; deux carènes formant un rhombe sur le front; pattes à demi ou incomplétement palmées. *Antilles.*

2. C. de Graves. *C. Gravesii.* (III, 101.) Pattes postérieures entièrement palmées, mais sans crêtes dentelées au bord postérieur; crâne sans arêtes. *Afrique ?*

3. C. Vulgaire. *C. Vulgaris.* (III, 104.) Crâne sans arètes; pattes postérieures palmées; museau en triangle isocèle; six écailles cervicales. Quatre variétés. *Egypte. Indes Orient.*

4. C. à Casque. *C. Galeatus.* (III, 113.) Crâne surmonté de deux fortes arêtes triangulaires à la suite l'une de l'autre. *Siam.*

5. C. à Deux arêtes. *C. Biporcatus* (III, 115.) Pas de plaques nuchales ou deux seulement, deux arètes raboteuses sur la mandibule. *Indes Orient.*

5 *bis*. C. de Morelet. *C. Moreleti.* A. Duméril, catal. pag. 28. Quatre écussons sur la nuque; six sur le cou dont quatre en travers; une crête dentelée en dehors des pattes postérieures. *Yucatan.*

6. C. Museau effilé. *C. Acutus.* (III, 119.) Museau effilé,

chanfrein bombé; carènes dorsales externes plus élevées que celles du milieu. *St.-Domingue.*

7. C. Nuque cuirassée. *C. Cataphractus.* (III, 126.) Mâchoires allongées, plates; quatre ou cinq paires d'écussons cervicaux touchant celles du dos. *Sierra Leone.*

7 *bis.* C. bec étroit. *C. Leptorhyncus.* A. Duméril, catal. p. 29. Museau allongé; quatre paires de plaques cervicales; bouclier dorsal faisant suite à celui du cou. *Afrique Occident.*

8. C. de Journu. *C. Journui.* (Tom. III, p. 129.) Mâchoires allongées, un peu arrondies; quatre écussons sur la nuque; six plaques formant un bouclier cervical. *Patrie?*

TROISIÈME SOUS-GENRE. GAVIAL. *GAVIALIS.*

(Erp. III, pag. 132.) Geoffroy.

Caractères. Les deux mâchoires prolongées, très-étroites, presque cylindriques; quatre échancrures à la mandibule pour recevoir les dents première et quatrième d'en bas.

1. G. Du Gange. *G. Gangeticus.* (III, 134. Atlas, pl. xxvi, fig. 4.) Deux écussons sur la nuque. *Fleuves des Indes.*

DEUXIÈME SOUS-ORDRE.

DEUXIÈME FAMILLE DES SAURIENS.

LES CAMÉLÉONIENS OU CHÉLOPODES. (T.III, p. 153.)

CARACTÈRES ESSENTIELS. Corps comprimé, peau chagrinée sans écailles; queue conique et prenante; cinq doigts à chaque patte, réunis jusqu'aux ongles en deux paquets inégaux; langue protractile, vermiforme, avec un tubercule terminal.

CAMÉLÉON. *CHAMELEO.*

Un seul genre divisé d'après les formes de la tête, du museau et les crêtes du dos et du ventre dentelées ou non.

1. C. Ordinaire. *C. Vulgaris.* (III, 204.) Occiput pointu et relevé en arrière avec une carène curviligne; peau à grains égaux, une crête dentelée en dessus et en dessous. *Afr. Sept.* et une variété des *Indes orientales.*

1 *bis.* C. à Cape. *C. Calyptratus.* A. Duméril. cat. p. 31. Saillie du dos dentelée, ainsi que celle du ventre; casque très-élevé, à carène fort saillante; peau parsemée de tubercules.

2. C. Verruqueux. *C. Verrucosus.* (III, 210. ATLAS, pl. XXVII, fig. 1.) Semblable au précédent; mais peau à grains arrondis inégaux; un rang de tubercules circulaires le long des flancs. *Madag.*

3. C. Tigre. *C. Tigris.* (III, 212.) Point de crête dentelée sous le ventre; un appendice cutané au menton; casque fourchu en avant et dentelé; grains cutanés carénés. *Des Iles Seychelles.*

3 *bis.* C. Namaquois. *C. Namaquensis.* Treize grands tubercules pointus sur le dos; ligne médiane du ventre non dentelée; museau court; ligne médiane du casque dentelée. *Afrique austr.*

4. C. Nasu. *C. Nasutus.* (III, 216.) museau terminé par un petit lambeau de peau comprimée; dos des mâles à quelques pointes molles, isolées. *Madagascar.*

5. C. Nain. *C. Pumilus.* (III, 217.) Casque triangulaire,

étroit, à carène basse ; crête dorsale et ventrale ; des lambeaux de peau sous la gorge. *Cap de bonne Espérance.*

6. C. à bandes latérales. *C. Lateralis.* (III, 220.) Casque fort bas, à carène arquée ; dos et ventre sans crête ; museau simple ; sourcils arqués. *Ile Bourbon et de Madagascar.*

6 *bis.* C. à Baudrier. *C. Balteatus.* A. Duméril. cat. p. 32. Casque plat sans carène ; à bords saillants arrondis et réunis derrière. Grains de la peau petits, nombreux et égaux. *Madagascar.*

7. C. du Sénégal. *C. Senegalensis.* (III, 221. ATLAS, pl. XXVII, fig. 2.) Casque plat, rond derrière ; sourcils ne se prolongeant pas jusqu'au museau ; dentelures aux crêtes. *Sénégal.*

8. C. Bilobé. *C. Dilepis.* (III, 225.) Casque plat ; appendice de peau de chaque côté de l'occiput ; crête en dessus et dessous du corps ; museau simple. *Tiflis, Sénégal.*

9. C. à Capuchon. *C. cucullatus.* (III, 227.) Casque comprimé, à deux lobes cutanés ; museau allongé, simple ; sourcils arqués. *Madagascar.*

10. C. à trois Cornes. *C. Tricornis.* (III, page 227.) Casque plat, tête courte, armée de trois cornes, une devant chaque œil et une autre au bout du museau. *Fernando-Po.*

11. C. Panthère. *C. Pardalis.* (III, 228.) Casque plat à carène au milieu ; bouche à rebords saillants ; dos et ventre dentelés en scie. *Ile de France. Madagascar.*

12. C. de Parson. *C. Parsonii.* (III, 231.) Saillie du dos non dentelée ; tête plane, inclinée en devant ; museau à deux lobes courts et redressés. *Madagascar.*

13. C. Nez fourchu. *C. Bifidus.* (III, 233. ATLAS, pl. XXVII, fig. 3.) Casque plat, semi-circulaire ; museau à deux branches droites, comprimé ; crête dorsale dentelée en avant. *Bourbon, Molluques. Nouv. Hol.*

14. C. de Brookes. *C. Brookesii.* (III, 235.) Tête cubique fourchue en avant ; point de carène ; queue courte, grosse à la base. *Madagascar.*

TROISIÈME SOUS-ORDRE.

TROISIÈME FAMILLE DES SAURIENS.

LES GECKOTIENS OU ASCALABOTES. (T. III, p. 237.)

Caractères essentiels. Corps trapu, déprimé, bas sur jambes, plat en dessous; dos sans crête; tête large plate, à bouche très-fendue; yeux gros, à paupières courtes; dents petites, comprimées, tranchantes; langue courte, plate; queue variable; doigts courts égaux, plats en dessous et garnis de lames transversales; peau granuleuse ou tuberculeuse.

Sept genres établis d'après la forme des doigts élargis ou non et la disposition des lames sous digitales. (Erpét. t. III, p. 289.)

1. Les *Platydactyles* ont les doigts élargis dans toute leur longueur (19 espèces).
2. Les *Hémidactyles*, doigts élargis à la base seulement (15).
3. Les *Ptyodactyles*, bouts des doigts élargis en disque échancré, à stries en éventail (4).
4. Les *Phyllodactyles*, semblables aux précédents; mais deux plaques à leur extrémité (8).
5. Les *Sphériodactyles*, ont le bout des doigts en disque entier, simple, lisse (3).
6. Les *Gymnodactyles* n'ont pas les doigts élargis, mais striés en travers et en dessous (16).
7. Les *Sténodactyles*, les doigts sont étroits, plats à dessous granuleux (4).

I.er GENRE. PLATYDACTYLE. *PLATYDACTYLUS.* Cuvier.

Caractères essentiels. Doigts élargis sur toute leur longueur, garnis en dessous de lamelles transversales, imbriquées, simples ou doubles. Ils sont divisés en deux groupes d'après la disposition des grains de la peau qui sont égaux ou de même grosseur dans les *Homolépidotes*, et inégaux ou entremêlés de gros et de petits. Les *Hétérolépidotes*.

Homolépidotes espèces de 1 à 7 (ATLAS, pl. XXVIII, fig. 1, 2, 3, 4, 5, 6.), pour les doigts des Platydactyles.

1. P. Ocellé. *P. Ocellatus*. (III, 298.) Peau à grains égaux; doigts sans ongles ; museau court, une bande noire derrière l'œil; dos brun à taches blanches. *Afrique Australe*.

2. P. Cépédien. *P. Cepedianus*. (III, 301. ATLAS, XXVIII, 2,) Museau court, déprimé; dos brun violacé, uniforme ou à taches rouges ou aurores; pouce en rudiment; pas d'ongles. *Maurice. Madag.*

3. P. Demi deuil. *P. Lugubris*. (III, 304.) Pouces sans ongles ; des lamelles en chevron sous tous les doigts; dessus du corps blanc à taches noires. *Otaïti*.

4. P. Théconyx. *P. Theconyx*. (III, 306. ATLAS, pl. XXXIII, fig. 2.) Doigts larges, sillonés en dessous au milieu des lames pour recevoir l'ongle; pas de pores fémoraux. *Antilles*.

5. P. des Seychelles. *P. Seychellensis*. (III, 310. ATLAS, pl. XXVII, XVIII, fig. 1.) Tête pyramido-triangulaire; un sillon le long du dos qui est fauve avec deux séries de taches marron. *Seychelles*.

5 *bis*. P. Ventre rude. *P. Trachygaster*. A. Duméril. Catal. p. 35. Pas de sillon dorsal; grains de la peau arrondis, ceux du ventre plus saillants; un pli latéral depuis l'angle de la mâchoire jusqu'à l'aine. *Madagascar*.

6. P. de Duvaucel. *P. Duvaucelii*. (III, 312.) Doigts peu dilatés jusqu'à l'avant dernière phalange; peau finement granulée; gris, ondé de brun. *Bengale*.

6 *bis*. Plat. de l'Océan Pacifique. *P. Pacificus*. A. Duméril. Catal., p. 35. Cinq ongles à chaque patte ; doigts peu dilatés jusqu'à l'avant dernière phalange sans sillon à la face inférieure.

7. P. de Leach. *P. Leachianus*. (II, 315. ATLAS, pl. XXVIII, fig. 6.) Corps bordé d'une membrane. Doigts palmés à la base, onguiculés ; peau à grains lisses et égaux. *Patrie?*

8. P. des murailles. *P. Muralis*. (III, 319.) Peau entremêlée de grains et de tubercules. Doigts séparés; le 3.e et le 4.e seulement garnis d'ongles. *Bords de la Méditerranée*.

9. P. d'Egypte. *P. Ægyptiacus*. (III, 322. ATLAS, pl. XXVIII, fig. 3,) Semblable au précédent; mais des tubercules isolés sur les flancs; le devant du trou auditif dentelé. *Egypte*.

10. P. de Delalande. *P. Delalandii.* (III, 324.) Tubercules de la peau inégaux ; deux ongles seulement ; bords auditifs non dentelés. *Ténériffe.*

11. P. de Milbert. *P. Milbertii.* (III, 325.) Tubercules de la peau inégaux, ovales, convexes, sans carène ; trous auditifs à bords dentelés ; queue annelée de noir. *New-Yorck.*

12. P. à gouttelettes. *P. Guttatus.* (III, 328.) Tubercules inégaux, entremêlés d'écailles ; quatre ongles aux pattes ; des gouttelettes blanches sur un fond gris. *l'Archipel Indien.*

12 *bis.* P. de Reeves. *P. Reevesii.* A. Duméril. Catal., p. 37. Très-voisin du précédent, dont il diffère par l'étendue des tubercules du dos et du ventre et parce que les taches transversales irrégulières sont plus blanches. *De la Chine.*

13. P. à bandes. *P. Vittatus.* (III, 331.) Tubercules inégaux ; quatre ongles ; une longue bande blanche, fourchue en avant sur le milieu du dos. *Amboine.*

14. P. à deux bandes. *P. Bivittatus.* (III, 334.) Semblable au précédent, mais deux bandes brunes sur le fond violacé du reste du dos. *Nouvelle Guinée.*

15. P. Monarque. *P. Monarchus.* (III, 335.) Tubercules inégaux ; quatre ongles ; une série de six ou sept paires de taches noires sur le dos qui est brun. *Amboine.*

16. P. du Japon. *P. Japonicus.* (III, 337.) Ecailles arrondies, granuleuses, irrégulières, avec d'autres très-fines ; six ou sept plaques hexagones sous le menton. *Japon.*

17. P. Homalocéphale. *P. Homalocephalus.* (III, 339. ATLAS, pl. XXIX, n.os 1, 2.) Doigts réunis entre eux par une membrane ; tout le corps bordé également d'une membrane. *Java.*

II.e GENRE. HÉMIDACTYLE. *HEMIDACTYLUS.* (ATLAS, pl. XXX. fig. 1. 2). Cuvier.

CARACTÈRES ESSENTIELS. Base des doigts élargie, portant deux phalanges grêles ; les lames de la portion large entuilées en chevron ; queue garnie de grandes plaques en dessous

Les espèces peuvent être rapportées à deux sous-genres.

1. Chez les unes les pouces semblent être tronqués. . . DACTYLOPÈRES.
2. Les autres ont les doigts tous semblables . . . . . DACTYLOTÈLES.

A. *Espèces à pouces comme tronqués.*

1. **H.** De L'Oualan. *H. Oualensis.* (III, 350. Atlas, pl. xxviii, fig. 7.) Six scutelles sous le menton ; lames sous-digitales entières; queue forte, arrondie. *Taïti. Vanicoro.*

2. H. De Péron. *H. Peronii.* (III, 352. Atlas, pl. xxx, fig 1.) Semblable au précédent, mais queue déprimée; lames sous-digitales échancrées. *Ile de France.*

3. H. Varié. *H. Variegatus.* (III, 353.) Quatre scutelles sous-mentonnières ; dos fauve ou brun, varié de marron ou de noirâtre. *Van-Diemen.*

4. H. Mutilé. *H. Mutilatus.* (III, 354.) Queue déprimée, à bords tranchants denticulés ; écailles dorsales plus petites que les latérales. *Manille.*

4 *bis.* H. Taches rousses. *H. Baliolus.* A. Duméril, Catal. pag. 38. Lames sous-digitales échancrées en chevron ; orteils médians réunis à la base ; queue déprimée et très-légèrement denticulée. *Nouvelle Guinée.*

B. *Espèces à cinq doigts complets tous rétrécis à la pointe.*

5. H. Trièdre. *H. Triedrus.* (III, 356. Atlas, pl. xxviii, n° 8.) Doigts libres, à pouces allongés; queue ronde; dos à taches blanches couvert de tubercules trièdres, irréguliers. *Ceylan.*

6. H. Tacheté. *H. Maculatus.* (III, 358.) Dos gris, à taches noires; dos garni aussi de tubercules trièdres en séries longitudinales. *Philippines.*

7. H. Verruculeux. *H. Verruculatus.* (III, 359.) Gris, marbré de brun; écailles crypteuses en chevron au devant de l'orifice du cloaque. *Bords de la Méditerranée.*

8. H. Mabouia. *H. Mabouia.* (III, 362.) Dos de couleur fauve claire, avec des taches pentagones, brunes en travers. *Antilles.*

9. H. De Leschenault. *H. Leschenaultii.* (III, 364.) Dos à tubercules arrondis, mousses et rares, avec des cercles sub-rhomboïdaux ; queue un peu déprimée. *Ceylan.*

10. H. De Cocteau. *H. Coctæi.* (III, 365.) Pouce bien déve-

loppé; écailles à peu près semblables entre elles; queue élargie, épaisse, un peu déprimée à la base. *Bengale.*

11. H. Bridé. *H. Frenatus.* (III, 366.) Ecailles du dos semées de tubercules; queue garnie de rangs transversaux de petites épines; pouce court; une raie brune de l'œil à l'épaule, de chaque côté. *Afrique Australe.*

12. H. De Garnot. *H. Garnotii.* (III, 368.) Queue aplatie à bords minces; un carré sous le menton formé de quatre plaques. *Taïti.*

13. H. Péruvien. *H. Peruvianus.* (III, 369.) Ecailles du dos égales, arrondies; queue déprimée, à tranchants arrondis, garnie de quelques épines. *Pérou.*

14. H. Bordé. *H. Marginatus.* (III, 370. Atl., pl. xxx, fig. 2.) Pattes à doigts palmés; flancs et cuisses garnis d'une membrane flottante; queue plate à bords minces, *Bengale.*

15. H. De Séba. *H. Sebæ.* (III, 373.) Pattes à doigts palmés; pas de plis sur les flancs et les membres; queue très-longue à bords minces, frangés ou festonnés. *Patrie?*

III.e GENRE. PTYODACTYLE. *PTYODACTYLUS.*

(Atlas, pl. xxxi.) Cuvier.

Caractères essentiels. Bouts des doigts en disque échancré en avant; cinq ongles à toutes les pattes dans la fissure moyenne de l'épatement; lamelles sous-digitales entuilées et disposées comme les touches d'un éventail ouvert.

1. P. D'Hasselquitz. *P. Hasselquistii.* (III, 378. Atlas, pl. xxxiii, fig. 3.) Queue arrondie; doigts libres; dos d'un brun roussâtre, tacheté de blanc. *Egypte.*

2. P. Frangé. *P. Fimbriatus.* (III, 381.) Pattes demi-palmées; corps à bordure membraneuse déchiquetée; queue déprimée, bordée, arrondie au bout. *Madagascar.*

3. P. Rayé. *P. Lineatus.* (III, 384. Atlas, pl. xxxi, fig 1 à 4.) Pattes demi-palmées; un simple pli de la peau sur les flancs; queue pointue, bordée d'une membrane. *Patrie?*

4. P. De Feuillée. *P. Feuillæi.* (III, 386.) Pattes demi-palmées ; flancs non membraneux ; queue avec une membrane latérale, festonnée, surmontée, ainsi que le dos, d'une crête médiane. *Chili.*

IV.ᵉ GENRE. PHYLLODACTYLE.

PHYLLODACTYLUS. Gray.

Caractères essentiels. Tous les doigts onguiculés, terminés par des plaques triangulaires sans lames entuilées en dessous, mais logeant l'ongle dans un sillon médian. (Atlas, pl. xxxii, fig. 1.)

1. P. de Le Sueur. *P. Le Sueurii.* (III, 392.) Lames sous-digitales en chevrons ; une suite de taches rhomboïdales sur le dos. *Nouvelle Guinée. Nouv. Hollande.*

2. P. Porphyré. *P. Porphyreus.* (III, 393. Atlas, pl. xxxiii, fig. 5.) Lames sous-digitales en rectangles transversaux; dos fauve, marbré ou piqueté de brun; écailles granuleuses. *Cap. Madag.*

2. *bis.* P. d'Europe. *P. Europœus.* Gené. (Catal., p. 41.) D'un brun noirâtre; avec de petites lignes ou taches cendrées, d'un blanc jaunâtre en dessous; de Sardaigne. Seul de ce genre en Europe.

3. P. Gymnopyge. *P. Gymnopygus.* (III, 394.) Doigts grêles, à plaques sous-digitales rectangulaires, une plaque en triangle lisse au-devant du cloaque. *Chili.*

4. P. Tuberculeux. *P. Tuberculosus.* (III, 396.) Dos à douze ou quatorze rangs longitudinaux de tubercules ovales carénés ; plaque mentonnière à cinq angles. *Californie.*

5. P. Gentil. *P. Pulcher.* (III, 397.) Dos garni de tubercules à trois angles. Lames sous-digitales entières; extrémité de la queue droite. *Patrie ?*

6. P. Strophure. *P. Strophurus.* (Atlas, pl. 32, n.° 1.) Tubercules blancs sur un fonds gris ; queue arrondie, enroulée en dessous vers la pointe. *Australasie. Nouv. Hollande.*

6. *bis.* P. Spinigère. *Spinigerus.* (Cat., p. 41.) Ecailles inégales; une série de tubercules pointus sur les côtés du dos et de la queue, surtout sur cette dernière région. *Nouvelle-Hollande.*

7. P. Gerrhopyge. *P. Gerrhopygus.* (III, 399.) Deux petites pelottes ovales au bout de chaque doigt; une plaque cordiforme préanale. *Pérou.*

8. P. à bandes. *P. Vittatus.* (III, 400.) Brun à bande dorsale plus foncée; des taches jaunes sur les membres et la queue. *Nouvelle-Hollande.*

V.e GENRE. SPHÉRIODACTYLE. *SPHÆRIODACTYLUS.* (Atlas, pl. XXXII, fig. 2.) Cuvier.

Caractères essentiels. Doigts arrondis, sans ongles, un disque circulaire entier terminal.

1. S. Sputateur. *S. Sputator.* (III, 402.) Museau pointu; dos à bandes transversales brunes ou noires, fauves ou blanchâtres. *Antilles, Saint-Domingue.*

2. S. à très-petits points. *S. Punctatissimus.* (III, 405.) Dessus du corps roux piqueté de blanc; écailles médianes semblables aux autres. *Saint-Domingue.*

3. S. Bizarre. *S. Fantasticus.* (III, 406.) Corps fauve, tête noire, vermiculée de blanc; écailles rachidiennes plus petites que les autres. *Martinique.*

VI.e GENRE. GYMNODACTYLE. *GYMNODACTYLUS.* (Atlas, pl. XXXIII, fig. 1.) Spix.

Caractères essentiels. Cinq ongles non rétractiles à toutes les pattes; doigts non élargis ni dentelés, mais striés en travers; le cinquième doigt des pattes postérieures versatile, pouvant s'écarter à angle droit.

Les douze espèces de ce genre diffèrent entre elles par les écailles du dos.

A. *Les Homonotes, dont le dos porte des écailles de mêmes formes.*

1. G. de Timor. *G. Timorensis.* (III, 411.) Queue ronde; six plaques seulement à la lèvre inférieure et une autre médiane antérieure. *Timor.*

2. G. de Gaudichaud. *G. Gaudichaudii.* (III, 413.) Dix plaques labiales et une mentonnière impaire médiocrement dilatée. *Chili.*

3. G. Mauritanique. *G. Mauritanicus.* (III, 414.) Douze plaques labiales iuférieures et une mentonnière en losange. *Alger.*

4. G. Gorge blanche. *G. Albigularis.* (III, 415.) Gorge blanche à huit plaques labiales, dont deux petites ; une très-grande au menton. *Martinique.*

5. G. à points jaunes. *G. Flavipunctatus.* (III, 417.) Dos surmonté d'une petite crête dentelée, même sur la queue aplatie ; points jaunes en dessous. *Abyssinie.*

5. *bis.* G. Elégant. *G. Elegans.* (Catal. A. Duméril., p. 43.) D'un beau vert-pré en dessus ; plus pâle en dessous ; une ligne arquée sur les côtés de la tête ; des taches oblongues sur le dos et sur les membres. *Van-Diémen.*

B. *Les Hétéronotes, dont le dos porte des écailles dissemblables.*

6. G. de Dorbigny. *G. Dorbignyi.* (III, 418.) Queue arrondie, courte, effilée; pas de pores aux cuisses ; peau à tubercules lenticulaires mêlés à de petits grains. *Chili.*

6. *bis.* Gymnodactyle d'Arnoux. *G. Arnouxii.* (A. Dum. Cat., p. 44.) Petits tubercules sans carène, par séries en long au nombre de seize ; queue à verticilles ; point de pores fémoraux. *Nouvelle Zélande.*

7. G. à bandes. *G. Fasciatus.* (III, 420.) Semblable au G. n.° 6, mais des tubercules triangulaires ; doigts arrondis, un peu arqués. *Martinique.*

8. G. Rude. *G. Scaber.* (III, 421. Atlas, pl. xxxiii, n.° 6). Tubercules trièdres ; doigts comprimés, brisés à angles droits. Un rang en travers de pores pré-anaux. *Afrique Septentrionale.*

8. *bis.* G. Caspien. *G. Caspicus.* (Catal. ib., p. 45.) Corps couvert de granules et de tubercules carénés, formant huit ou dix séries longitudinales; pores fémoraux. De *Russie.* M. Ménestriés.

8. *ter.* G. à Scapulaire. *G. Scapularis.* (Catal. A. Dumér. p. 45.) Trois bandes noires larges sur le dessus du tronc; une tache noire

en fer à cheval sur le cou et une autre tache noire à la base de la queue. De Peten. *Guatimala.*

9. G. gentil. *G. Pulchellus.* (III, 423.) Trois larges bandes rougeâtres ou marron en travers du dos et une figure de fer à cheval sur les épaules et sur l'occiput. (Atlas, pl. xxxiii, fig. 7.) *Bengale.*

10. G. marbré. *G. Marmoratus.* (III, 426.) De larges marbrures noirâtres sur le dos; queue arrondie; pores sous les cuisses. *Java.*

11. G. Phyllure. *G. Phyllurus.* (III, 428.) Queue applatie en forme de feuille; dessus du corps hérissé de petites épines. *Nouvelle Hollande.*

12. G. de Milius. *G. Miliusii.* (III, 430. Atlas, pl. xxxiii, n° 1). Queue déprimée mais épaisse; point de pores fémoraux ni préanaux. *Nouv. Hollande.*

VII.e GENRE. STÉNODACTYLE.

STENODACTYLUS. Fitzinger.

Caractères essentiels. Doigts cylindriques, pointus à leur extrémité, à bords dentelés et à face inférieure granuleuse. (Pl. 34, n.° 2.)

1. S. Tacheté. *S. Guttatus.* (III, 434.) Dos gris, tacheté de blanc par gouttelettes. *Egypte.*

Trois autres espèces ont été inscrites dans le genre Sténodactyle. (A. Duméril, catal. pages 47 et 48.)

1. Sténodactyle Mauritanique. *S. Mauritanicus.* (Guichenot). Il ne diffère du S. tacheté que par les couleurs : le dessus de la tête est gris-ardoisé avec des traits et des points plus pâles; de larges taches brunes sur la queue et des gouttelettes jaunes.

2. Sténodactyle Babillard. *S. Garrulus.* Smith. D'une couleur jaune orange pâle, avec des lignes étroites ondulées, brunes sur le dos et le cou; le dessous du ventre d'un blanc jaunâtre. *Afr. Aust.*

3. Sténodactyle queue cerclée. *S. Caudicinctus.* A. Duméril. Catal. p. 48. Tubercules ovalaires, réunis trois à trois; un gros et deux petits; queue robuste, à anneaux réguliers de tubercules coniques à sommet obtus. *Sénégal.*

QUATRIÈME SOUS-ORDRE.

QUATRIÈME FAMILLE DES SAURIENS.

LES VARANIENS OU PLATYNOTES. (T. III, p. 437.)

GENRE VARAN. *VARANUS*. Merrem.

CARACTÈRES ESSENTIELS. Corps fort allongé, arrondi, sans crête dorsale; queue légèrement comprimée, deux fois plus longue que le tronc; peau à écailles semblables, tuberculeuses, enchassées, disposées par verticilles ou anneaux, même sous le ventre; langue protractile, rentrant dans un fourreau, profondément divisée en deux pointes qui s'écartent.

Un seul genre, dit Tupinambis, auquel on rapporte treize espèces. Deux ont la queue arrondie; chez les autres, elle est comprimée.

1. V. du Désert. *Varanus Arenarius.* (III, 471.) Queue presque ronde, conique, non carénée; narines en fentes obliques près des yeux; une ligne noire s'étendant sur le cou. *Egypte.*

2. V. de Timor. *V. Timoriensis.* (III, 473.) Queue ronde sans crête; narines arrondies; dos brun, semé d'ocelles jaunes. *Timor.*

2. *bis.* V. Ponctué. *V. Punctatus.* Catal. A. Duméril, p. 49. Queue ronde un peu comprimée, à verticilles épineux, à crête faible simple; d'un vert olive avec des lignes noires réticulées et des taches hexagonales. *De Tasmanie. Nouv. Zélande.*

3. V. du Nil. *V. Niloticus.* (III, 476. ATLAS, pl. XXXV, n.° 4.) Queue comprimée à carène élevée; narines ovales; chevrons jaunâtres sur la nuque; des bandes d'ocelles jaunâtres en travers du dos. *Afrique.*

4. V. du Bengale. *V. Bengalensis.* (III, 480.) Queue à carène dentelée; narines en fentes obliques; un trait noir derrière chaque œil. *Pondichéry. Bengale.*

5. V. Nébuleux. *V. Nebulosus.* (III, 483. Atlas, pl. xxxv, n.os 2 et 3). Museau très-allongé; narines en fentes; une rangée de plaques sus-orbitaires hexagones. *Indes Orientales.*

6. V. de Picquot. *V. Picquotii.* (III, 485.) Museau obtus, à narines ovales, oblongues; écailles sus-orbitaires plus dilatées; peau à tubercules carénés. *Bengale.*

7. V. à deux bandes. *V. Bivittatus.* (III, 486.) Un ruban noir sur chaque tempe; dos à ocelles jaunes, distribués par bandes transversales. *Java.*

8. V. Chlorostigme. *V. Chlorostigma.* (III, 489.) Narines rondes; dessus du corps noir, semé de points jaunes, dents tranchantes dentelées. *Nouv. Guinée. Terre des Papous. Nouvelle Irlande.*

9. V. Bigarré. *V. Varius.* (III, 491.) Comme le précédent; mais des bandes noires sur le dos, alternant avec des séries de taches jaunes. *Nouv. Hollande.*

10. V. de Bell. *V. Bellii.* (III, 493.) Corps et membres coupés en travers par de larges bandes noires, alternant avec d'autres jaunâtres. *Nouv. Hollande.* (Atlas, pl. xxxv, n.o 1.)

11. V. Gorge-blanche. *V. Albigularis.* (III, 495.) Narines en fentes; doigts courts et gros; dos brun fauve, à bandes en zig-zag d'ocelles et d'anneaux jaunâtres. *Patrie ?*

12. V. Ocellé. *V. Ocellatus.* (III, 496.) Tête courte, doigts peu allongés, de grandes écailles sur le corps, surtout sur le cou; crâne à tubercules. *Afrique.*

II.e GENRE. HÉLODERME. *HELODERMA*. Wiegm.

(Atlas, pl. xxxvi.)

Caractères essentiels. Tubercules non entourés de grains squammeux; queue arrondie ; cinquième orteil inséré sur la même ligne que les autres.

1. H. Hérissé. *H. Horridum.* (III, 499.) Brun, à taches rousses semées de points jaunâtres; cinq anneaux jaunes autour de la queue. *Mexique.*

CINQUIÈME SOUS-ORDRE.

CINQUIÈME FAMILLE DES SAURIENS.

LES IGUANIENS OU EUNOTES.

Caractères essentiels. Corps allongé, couvert de lames ou d'écailles entuilées, sans écussons ni tubercules; sans plaques carrées sous le ventre; une crête saillante sur le dos et sur la queue le plus souvent; tête sans plaques polygones; langue plate, libre à la pointe; doigts libres, longs, tous onguiculés. (Erpétologie, tome IV, pag. 1.)

Peuvent être divisés en deux sous-familles d'après les dents insérées sur le bord interne d'un sillon maxillaire . . . . 1. Pleurodontes.
ou fixées sur le bord supérieur des mâchoires. 2. Acrodontes.

NEUF TRIBUS.

Pleurodontes.	1. A doigts non élargis; corps comprimé; dos sans crête.	Polychriens.
	2. A doigts élargis sous l'avant-dernière phalange	Anoliens.
	3. A doigts non dilatés; corps comprimé; crêté sur le dos.	Iguaniens.
	4. A doigts non élargis; corps déprimé; queue sans épines; un tympan	Tropidolépidiens.
	5. A doigts non élargis; corps déprimé; queue à épines verticillées.	Opluriens.
Acrodontes.	6. A doigts non élargis; corps comprimé. . .	Galéotiens.
	7. A doigts non élargis; corps déprimé; queue sans épines; tympan	Agamiens.
	8. Semblables aux précédents; tympan caché.	Phrynocéphaliens.
	9. Semblables aux précédents; queue épineuse .	Stellioniens.

PREMIÈRE SOUS-FAMILLE. PLEURODONTES.

I.er GENRE. POLYCHRE. *POLYCHRUS*. Cuvier.

Caractères essentiels. Corps à écailles entuilées et carénées, sans crête; un petit fanon ou pli saillant guttural, dentelé en avant; des dents palatines; des pores aux cuisses, quatrièmes doigts de même longueur que les troisièmes.

1. P. Marbré. *P. Marmoratus*. (IV, 65.) Ecailles médianes du dos plus grandes que les latérales ; corps d'un brun marron ; tête et pattes vertes. *Amér. mér.*

2. P. Anomal. *P. Anomalus*. (IV, 69.) Ecailles médianes du dos plus petites que les latérales; d'un vert pâle avec trois paires de taches sur le tronc. *Brésil.*

II.e GENRE. LAIMANCTE. *LAIMANCTUS*. Wiegm.

Caractères essentiels. Un pli transversal sous la gorge au devant de la poitrine; ni dents palatines, ni pores fémoraux; quatrièmes doigts plus longs que les troisièmes; écailles imbriquées et carénées ; point de crête.

1. L. Longipède. *L. Longipes*. (IV, 72.) Membres postérieurs et queue très-allongés; occiput incliné en avant, élargi en arrière; écailles des flancs en bandes transversales. *Mexique.*

2. L. de Fitzinger. *L. Fitzingeri*. (IV, 74.) Museau en triangle obtus ; roux en dessus, avec un double rang de taches noires; écailles des flancs irrégulières. *Mexique.*

3. L. Ondulé. *L. Undulatus*. (IV, 75.) Pareil au précédent; dos olive cendré, avec deux bandes noires bordées de blanc en dessous, ondulées et latérales. *Mexique.*

4. L. Museau-obtus. *L. Obtusirostris*. (IV, 75.) Museau large comme tronqué; dessus tacheté de brun sur un fond cendré *Mexique.*

5. L. Museau-pointu. *L. Acutirostris*. (IV, ibid.) Tête longue, pointue en avant; écailles du dos plates, élargies; dos olive blanchâtre; jaune d'ocre en dessous. *Brésil.*

17.*

III.e GENRE. UROSTROPHE. *UROSTROPHUS*.

(T. IV, p. 77. Atlas, pl. xxxvii, fig. 1.) Nobis.

Caractères essentiels. Un pli transversal sous le cou; dents palatines; pas de pores fémoraux; quatrième doigt plus long; queue préhensile,

1. U. de Vautier. *U. Vautierii.* (IV, 78.) Museau court, obtus; couvert d'un pavé de plaques polygones, lisses; des bandes transversales brunes dorsales. *Brésil.*

IV.e GENRE. NOROPS. *NOROPS.*

(T. IV, p. 78. Atlas, pl. xxxvii, fig. 2.) Wagler.

Caractères essentiels. Un petit fanon non dentelé sur le cou; mais pas de pli, ni de dents palatines, ni pores fémoraux; quatrième doigt plus long que le troisième; écailles du dos carénées; point de crête dorsale.

1. N. Doré. *N. Auratus.* (IV, 82.) Tête couverte de plaques multicarénées; corps d'un brun doré. *Am. mérid.*

V.e GENRE. ANOLIS. *ANOLIS.* Daudin.

(T. IV, p. 90. Atlas, pl. xliii, fig. 2-3-4.)

Caractères essentiels. Doigts dilatés sous l'avant-dernière phalange, garnis en dessous de lames imbriquées; un goître formant un fanon. Des dents palatines; pas de pores aux cuisses.

A. *Espèces à doigts peu dilatés; queue très-longue et grêle.*

1. A. Resplendissant. *A. Refulgens.* (IV, 91.) De petites écailles carénées sur le museau; deux rangées d'écailles plus grandes sur le dos, trois taches blanches sur le crâne. *Surinam.*

2. A. Chrysolépide. *A. Chrysolepis.* (IV, 94.) Ecailles du mu-

seau et du front égales, à six pans et tricarénées; des points noirs et une raie brune sur le dos. *Cayenne.*

B. *A doigts distinctement dilatés.*

3. A. Gentil. *A. Pulchellus.* (IV, 97.) Ecailles des flancs plus petites que celles du dos qui sont carénées, ainsi que celles du ventre ; queue un peu comprimée. *Martinique.*

4. A. Loysiana. *A. Loysiana.* (IV, 100.) Ecailles des flancs et du dos entremêlées de tubercules ; celles du ventre embriquées, lisses, d'un blanc bleuâtre ; à taches triangulaires brunes. De *Cuba.*

5. A. Museau-de-Brochet. *A. Lucius.* (IV, 105.) Tête courte à museau large ; trous auditifs grands ; point de crête ni de carène dorsale. Quatre bandes blanches croisées par quatre noires. *Cuba.*

6. A. de Goudot. *A. Goudotii.* (IV, 108.) Tête longue, front concave ; écailles du dos carénées, celles du ventre carrées, lisses, entuilées ; brun, avec une bande dorsale plus claire. *Martinique.*

7. A. Brun-doré. *A. Fusco-Auratus.* (IV, 110.) Tête allongée, museau large, rond ; écailles du crâne carénées ; dessus d'un brun-doré ; ventre blanc nuagé de brun. *Chili.*

8. A. Ponctué. *A. Punctatus.* (IV, 112.) Tête allongée, à écailles du crâne renflées, lisses ; bleu ardoisé, avec une série de taches noires sur le dos ; des points noirs semés partout. Du *Brésil.*

9. A. Nasique. *A. Nasicus.* (IV, 115.) Museau dépassant le menton ; un grand fanon jaune ; un pli le long du cou et du dos ; dos brun, parsemé de points blancs. Du *Brésil.*

10. A. Vertubleu. *A. Chloro-Cyaneus.* (IV, 117.) Tête quadrangulaire à vertex plat ; corps d'un bleu verdâtre ; oreilles petites. *Martinique.*

11. A. De la Caroline. *A. Carolinensis.* (IV, 127.) Ecailles du dos et des flancs non imbriquées, carénées, ainsi que les plaques céphaliques ; une tache noire sur la tempe. *Amér. sept.*

12. A. Vermiculé. *A. Vermiculatus.* (IV, 128). Ecailles en grains tuberculeux égaux ; un gros pli au cou ; dos vermiculé de brun. *Cuba.*

13. A. De Valenciennes. *A. Valenciennii.* (IV, 131.) Un fanon;

écailles du ventre sub-quadrilatères, mais de moitié plus petites que toutes les autres. Queue dentelée en dessus. *Patrie ?*

14. A. Tête-de-Caïman. *A. Alligator.* (IV, 134.) Un grand fanon ; une tache noire sous l'aisselle ; queue crêtée ; dos brun avec des chevrons plus pâles. *Martinique.*

14 *bis.* A. Transversal. *A. Transversalis.* A. Duméril. Cat. p. 57. Ecailles ventrales embriquées, plus grandes que celles des flancs ; de longues bandes brunes en travers du tronc et de la queue. *Amérique méridionale.*

15. A. Tête marbrée. *A. Marmoratus.* (IV, 139.) Un fanon ; un pli étendu de la nuque à la queue qui est comprimée ; tête et cou marbrés de fauve. *Martinique.*

16. A. De Richard. *A. Richardii.* (IV, 141.) Un fanon ; une petite crête sur le cou ; squames ventrales carénées ; d'un gris violacé ; coude et genoux noirs. *Antilles.*

17. A. Petite-Crête. *A. Cristatellus.* (IV, 143.) Ecailles très-fines ; à peau comme soyeuse, grenue ; écailles en squames plates sous le cou et le ventre ; gris à fanon brun. *Martinique.*

18. A. Rayé. *A. Lineatus.* (IV, 146.) Ecailles carénées ; un grand fanon avec une tache noire ; un pli sur le cou et le long du dos ; deux raies noires de chaque côté. *Martinique.*

19. A. De la Sagra. *A. Sagræi.* (IV. 149.) Ecailles supérieures à six pans un peu carénées, avec d'autres arrondies. Squames gulaires. *Cuba.*

20. A. De Leach. *A. Leachi.* (IV, 152.) Tête portant deux carènes en long, en avant des yeux ; machoire inférieure renflée en arrière. *Antilles.*

21. A. à Echarpe. *Equestris.* (IV, 157.) Tête en pyramide à quatre faces, rugueuse ; trous auditifs petits, enfoncés ; un grand fanon ; une bande oblique au-dessus des épaules. *Antilles.*

22. A. D'Edwards. *Edwardsii.* (IV, 161.) Tête un peu déprimée, à plaques carénées ; cou, dos et queue carénés et dentelés, bleuâtre en-dessus, à bandes obliques brunes. *Cayenne.*

22 *bis.* A. Hétéroderme. *A. Heterodermus.* Catal. A. Duméril, p. 59. Ecailles du ventre lisses ; une petite carène gutturale crénelée sur le dos et sur la queue ; de grandes écailles bombées sur le crâne. *Nouvelle-Grenade.*

23. A. à Crête. *A. Velifer.* (IV, 164.) Tête quadrangulaire; fanon triangulaire très-long; une petite crête collaire et dorsale dentelée. *Antilles.*

24. A. De Ricord. *A. Ricordii.* (IV, 168.) D'un blanc bleuâtre avec un grand ruban noir de l'épaule à la hanche de chaque côté, et un point noir au cou des deux côtés. *Saint-Domingue.*

C. *Espèces à écailles ventrales granuleuses.*

25. A. Caméléonide. *A. Chamæleonides.* (IV, 168.) Une crête dentelée en-dessus, sur le cou et sur le dos; une double dentelure écailleuse sous le menton; ventre à grains fins. *Cuba.*

VI.e GENRE. CORYTHOPHANE. *CORYTHOPHANUS.* Boié.

Caractères essentiels. Pleurodonte à doigts non élargis, sans pores aux cuisses; une crête depuis la tête jusqu'à la queue; une sorte de casque; un pli transversal sur le cou et un petit fanon.

1. C. à crête. *C. Cristatus.* (IV, 174.) Crête du cou et du dos continue; à écailles du dos égales entre elles; pas de pli au-dessus des cuisses. *Mexique.*

2. C. Caméléopside. *C. Chamæleopsis.* (IV, 176.) Crête du dos interrompue au cou; écailles dorsales, inégales, les unes lisses, les autres carénées et disposées en travers. *Mexique.*

VII.e GENRE. BASILIC. *BASILISCUS.* Laurenti.

Caractères essentiels. Un lambeau de peau en triangle au dessus de l'occiput; doigts postérieurs bordés en dehors d'une frange écailleuse; sous le cou un rudiment de fanon; mâles ayant le dos et la queue surmontés d'une crête élevée, soutenue par les épines des vertèbres.

1. B. à capuchon. *B. Mitratus.* (IV, 181.) écailles du ventre lisses; pas de bandes noires en travers du dos. *Guyane.*

1 *bis.* Basilic à bonnet. *B. Galeritus.* Catal. A. Duméril, p. 61. Ecailles du ventre lisses ; un capuchon aussi large à la base qu'il est long ; une crête dorsale, dentelée, peu élevée ; gorge blanche. *Nouvelle-Grenade.*

2. B. à bandes. *B. Vittatus.* (IV, 187.) Une simple crête dentelée sur le dos et la queue, des bandes noires en travers du dos. *Mexique.*

VIII.e GENRE. ALOPONOTE. *ALOPONOTUS.*

(T. IV, p. 190. Atlas, pl. xxxviii.) Nobis.

Caractères essentiels. Tronc privé d'écailles en dessus ; un petit fanon sans dentelures ; queue comprimée, garnie de grandes écailles carénées, verticillées; crêtes dorsale et caudale basses ; dents trilobées.

1. A. de Ricord. *A. Ricordi.* (IV, 190.) Un grand nombre de taches carrées fauves, sur un fond noirâtre. *Saint Domingue.*

IX.e GENRE. AMBLYRHINQUE. *AMBLYRHINCUS.*

Bell.

Caractères essentiels. Dos couvert d'écailles tuberculeuses; une crête de lames écailleuses sur le dos et sur la queue, à écailles verticillées ; tête couverte de plaques tuberculeuses inégales ; doigts courts et gros.

1. A. à crête. *A. Cristatus.* (IV, 194.) Crête plus basse au dessus des épaules et des reins, qu'ailleurs; doigts formant l'éventail; ongles forts. *Mexique.*

2. A. Noir. *A. Ater.* (IV, 196.) Crête de même hauteur partout; de grandes taches noires sur un fond gris. *Iles de Galapagos.*

3. A. de Demarle. *A. Demarlii.* (IV, 197.) Crête cervicale plus élevée que la dorsale qui est dentelée et entremêlée de tubercules. *Patrie inconnue?*

X.e GENRE. IGUANE. *IGUANA*. Laurenti.

Caractères essentiels. Un très-grand fanon sous le cou ; une crête sur le dos et la queue ; de grandes plaques polygones sur les côtés de la tête ; doigts longs, inégaux ; queue très-longue.

1. I. Tuberculeux. *I. Tuberculata.* (IV, 203.) Cotés du cou semés de tubercules; une grande écaille circulaire sur le tympan. *Amérique méridionale.*

2. I. Rinolophe. *I. Rhinolopha.* (IV, 207.) trois ou quatre tubercules carrés en série sur le museau ; une plaque temporale arrondie. *Mexique.*

3. I. à Cou-Nu. *I. Nudicollis.* (IV, 209.) Point de grandes plaques circulaires sous le tympan, ni de tubercules sur le cou; de grandes plaques sur les branches maxillaires inférieures. *Martinique et Guadeloupe.*

XI.e GENRE. MÉTOPOCÉROS. *METOPOCEROS*. Wagler.

Caractères essentiels. Gorge dilatable, sans fanon; des plaques tuberculeuses sur le museau ; dents maxillaires à trois pointes ; un double rang de pores fémoraux.

1. M. Cornu. *M. Cornutus.* (IV, 211). Un gros tubercule conique sur le front ; deux autres plaques bombées derrière les narines; crête dorsale à peine apparente entre les épaules, interrompue sur les reins. *St.-Domingue ?*

XII.e GENRE. CYCLURE. *CYCLURA*. Harlan.

Caractères essentiels. Peau de la gorge lâche, plissée en travers ; queue comprimée à verticilles écailleux, alternant avec des anneaux d'épines ; un seul rang de pores sur les cuisses.

1. C. De Harlan. *C. Harlani.* (IV, 218.) Plaques du museau dilatées en travers, une autre carénée sur le milieu du front. *Amérique mérid. et sept.*

2. C. Pectinée. *C. Pectinata.* (IV, 221.) Plaques du museau arrondies ; cinq pores seulement sur chaque cuisse. *Mexique.*

3. C. Acanthure. *C. Acanthura.* (IV, 222.) Tête quadrangulaire, à pans égaux ; six à huit pores sous chaque cuisse. *Californie.*

XIII.e GENRE. BRACHYLOPHE. *BRACHYLOPHUS.* Cuvier.

Caractères essentiels. Peau de la gorge lâche, un peu pendante ; écailles du dos granuleuses ; dents maxillaires dentelées ; des dents palatines ; une crête courte et fort basse le long du dos.

1. A bandes. *B. Fasciatus.* (IV, 266.) Dessus du corps à bandes transversales, d'un bleu clair sur un fond brun-bleuâtre. *Indes orientales.*

XIV.e GENRE. ENYALE. *ENYALUS.* Wagler.

Caractères essentiels. Tête courte, couverte de petites plaques polygones égales ; une crête dorsale ; des dents palatines ; pas de pores fémoraux ; queue arrondie sans crête.

1. E. Rhombifère. *E. Rhombifer.* (IV, 231.) Ecailles du ventre lisses ; des rhombes bruns sur le dos, bordés de blanc. *Amér. mér.*

2. E. Deux raies. *B. Bilineatus.* (IV, 234.) Ecailles ventrales carénées ; une raie blanche de chaque côté du dos. *Du Brésil.*

XV.e GENRE. OPHRYESSE. *OPHRYŒSSA.* Boié.

Caractères essentiels. Une crête dentelée sur le dos et sur la queue qui est comprimée ; gorge ayant un petit pli en longueur et un autre plus marqué en travers ; pas de pores fémoraux ; écailles imbriquées carénées.

1. O. Surcilleux. *O. Superciliosa.* (IV, 238.) Dos fauve, nuagé de brun, une large bande jaune à bords anguleux sur les flancs. *Amériq. mérid.*

XV.ᵉ GENRE *bis*. OPHRYESSOIDE. *OPHRYOESSOIDES.*

(A. Duméril. Catal., pag. 66.)

CARACTÈRES. Tête petite, en pyramide quadrangulaire, couverte d'écailles semblables entre elles; une crête surciliaire; pas de pli sous la gorge; les doigts finement dentelés sur leurs bords. Uue seule espèce dite à trois crêtes.

1. O. Trois-Crêtes. *O. Tricristatus*. Pas d'autres caractères que ceux du genre. *Brésil.*

XVI.ᵉ GENRE. LÉIOSAURE. *LEIOSAURUS*. Nobis.

(ATLAS, pl. XXXIX, fig. 1.)

CARACTÈRES ESSENTIELS. Corps déprimé, à queue courte, arrondie; pas de crête dorsale; doigts antérieurs courts, gros, arrondis, mais garnis d'une rangée d'écailles en dessous; dents palatines; pas de pores fémoraux.

1. De Bell. *L. Bellii*. (IV, 242.) Une suite de taches anguleuses, noires sur le dos qui est d'un gris cendré. *Méxique.*

2. L. A bandes. *L. Fasciatus*. (IV, 244.) De larges bandes noires en travers du dos. *Ameriq. mérid.*

XVI.ᵉ GENRE *bis*. DIPLOLÈME. *DIPLOLÆMUS.*

(A. Duméril, Catal., p. 67.) Bell.

CARACTÈRES. Tête large, presque triangulaire, à trois écailles sus-orbitaires réunies; pas de dents au palais.

1. Une seule espèce, dite de Bibron. *Bibronii. Patagonie.*

XVII.ᵉ GENRE. UPÉRANODONTE. *UPERANODON.* Nobis.

CARACTÈRES ESSENTIELS. Tronc subtriangulaire, avec une petite crête garnie d'écailles imbriquées, carénées; queue sans crête; pas de pores aux cuisses; pas de dents palatines.

1. U. à collier. *U. Ochrocollare*. (IV, 248.) Ecailles du corps

carénées ; sept bandes brunâtres en travers du dos ; douze sur la queue. *Brésil.*

2. U. peint. *U. Pictum.* (IV, 251.) Ecailles du corps lisses ; cinq bandes noirâtres en travers. *Brésil.*

XVIII.e GENRE. HYPSIBATE. *HYPSIBATUS.* Wagler.

Caractères essentiels. Des dents palatines; des pinceaux ou bouquets d'épines sur la nuque et les oreilles ; une crête dorsale; écailles du corps carénées, entuilèes.

1. H. Agamoïde. *H. Agamoides.* (IV, 254.) Queue arrondie; dos fauve, avec des bandes brunes en travers. *Guyane.*

2. H. à Gouttelettes. *H. Punctatus.* (IV, 258.) Queue comprimée ; dos ardoisé, ponctué de blanchâtre.

XIXe GENRE. HOLOTROPIDE. *HOLOTROPIS.* Nob. (T. IV, p. 26. Atlas; pl. xliv.)

Caractères essentiels. Crête dentelée, étendue de la nuque au bout de la queue ; tronc subtrièdre, à écailles imbriquées, à carènes en pointes formant des lignes convergentes vers le dos ; pas de pores au cloaque, ni aux cuisses.

1. H. de l'Herminier. *H. Herminieri.* (IV, 261.) Crète dorsale bien développée ; écailles ventrales carénées ; queue comprimée. *Martinique.*

2. H. petite crète. *H. Microlophus.* (IV, 264.) Crète dorsale fort petite; écailles ventrales non carénées ; queue à peine comprimée. *Saint Domingue.*

2. *bis.* de Gray. (Catal. A. Duméril, page 70). *Iles Calapagos.*

2. *ter.* Tête rude. *Trachycephalus.* (Catal., ibid.) *Santa fc.*

XX.e GENRE. PROCTOTRÈTE. *PROCTOTRETUS.* (T. IV, p. 261. Atlas, pl. xxxix. 2.) Nobis.

Caractères essentiels. Point de crête caudale, ni dorsale; des pores sur la lèvre antérieure du cloaque chez les mâles ;

des dents aux palais; écailles supérieures carénées, les inférieures lisses; pas de pores aux cuisses.

A. *Léiodères, espèces à peau du cou unie ou parfaitement tendue.*

1. P. du Chili. *P. Chilensis.* (IV, 269.) Bord antérieur de l'oreille dentelé; de grandes écailles rhomboïdales, carénées en pointe sur les côtés du cou. *Chili.*

1. *bis.* P. Mosaïque. Cat. p. 72. Hombron et Jacquinot. *Chili.*

B. *Ptychodères, à cou plissé de chaque côté.*

2. P. Ventre-Bleu. *P. Cyanogaster.* (IV, 273.) D'un brun vert jaunâtre de chaque côté; squames carénées en pointes sur le dos et en losanges; fesses granuleuses. *Chili.*

3. P. Peint. *P. Pictus.* (IV, 276.) Brun, piqueté de jaune, à taches noires; d'ailleurs semblable au précédent. *Chili.*

4. P. Svelte. *P. Tenuis.* (IV, 279.) Plaques céphaliques sans carène et non imbriquées; narines percées dans une seule écaille. *Chili.*

4. *bis.* P. Grèle, Catalogue, page 73. *Chili.*

5. P. à Taches-Noires. *P. Nigromaculatus.* (IV, 281.) Dos gris fauve, à deux séries de taches anguleuses noires; une grande tache noire sur les épaules. *Coquimbo. Chili*

6. P. de Wiegmann. *Wiegmannii.* (IV, 284.) Dos grisâtre avec deux séries de taches anguleuses noires, séparées par une bande fauve; fesses avec une linéole noire, bordée de blanc. *Chili.*

7. P. de Fitzinger. *P. Fitzingeri.* (IV, 286.) Corps trapu; tubercule conique au bord de l'oreille; côtés du cou granuleux. *Chili.*

8. P. Signifére. *P. Signifer.* (IV, 288.) Quatre séries de lignes imitant des caractères arabes sur le dos qui est d'un gris fauve. *Chili.*

8. *bis.* P. Magellanique. Catalogue, pag. 75. *Hâvre-Pecket*

9. P. à Taches nombreuses. *P. Multimaculatus.* Dessus du corps gris, avec de petites taches noires rapprochées; le derrière des cuisses complètement granuleux. *Chili.*

10. P. Pectiné. *P. Pectinatus.* (IV, 292.) Une crête pectinée le long du dos; trois lignes jaunâtres en travers de la tête. *Chili.*

XXI.e GENRE. TROPIDOLÉPIDE. *TROPIDOLEPIS.* Cuvier.

Caractères essentiels. Corps déprimé; queue sans épines; tympan visible; écailles homogènes ; cou sans fanon, mais à pli latéral; pas de dents au palais; pores fémoraux.

A. *Espèces dont la tête est couverte de plaques lisses.*

1. T. Ondulé. *T. Undulatus.* (IV, 298.) Dessus d'un brun cuivreux, avec des bandes ondulées noirâtres en travers ; écailles dorsales petites non dentelées. *Amér. Septent.*

2. T. à Collier. *T. Torquatus.* (IV, 301.) Ecailles dorsales dentelées ; un collier noir, bordé de blanc jaunâtre, au dessus des épaules. *Mexique.*

3. T. le Beau. *T. Formosus.* (IV, 303.) Pareil au précédent ; un triangle creusé sur la région inter orbitaire ; écailles du dos épineuses en arrière. *Mexique.*

4. T. Epineux. *T. Spinosus.* (IV, 304.) Point de collier noir ; quatre séries de taches brunes sur le dos; écailles du dos carénées, pointues derrière. *Mexique.*

5.o T. Hérissé. *T. Horridus.* (IV, 306.) Des chevrons noirs sur le dos sur un fonds olivâtre bordé de jaune ; tête à plaques lisses; écailles dentelées. *Mexique.*

6. T. Linéolé. *T. Grammicus.* (IV, ibid.) Ecailles dorsales grandes, épineuses, dentelées; avec des bandes en chevron; noir-brun sur un fonds olivâtre. *Mexique.*

7. T. petites écailles. *A. Microlepidotus.* (IV. 308.) D'un vert cendré avec des taches et des bandes d'un noir brun ; écailles très-petites à pointes courtes. *Mexique.*

B. *Espèces dont la tête est revêtue de plaques rugueuses.*

8. T. changeant. *T. Variabilis.* (IV. 308.) Ecailles du dos dentelées, les moyennes deux fois plus grandes que les latérales; tête olivâtre. *Mexique.*

9. T. cuivreux. *T. Æneus.* (IV, 309.) Dos cuivreux brillant à écailles non dentelées; mais fortement carénées. *Mexique.*

10. T. à échelons. *T. Scalaris.* (IV, 310.) Dos à bandes transversales brunâtres, bordées de blanc, simulant des barreaux d'échelle; une tache bleue sur chaque épaule. *Mexique.*

XXII.e GENRE. PHRYNOSOME. *PHRYNOSOMA.* Wiegmann.

Caractères essentiels. Corps trapu, déprimé, ovale, à queue courte, aplatie et large à la base; pas de dents palatines, ni de pores fémoraux; de grandes écailles piquantes à l'occiput; cou court, sans fanon.

1. P. de Harlan. *P. Harlanii.* (IV, 314.) Epines osseuses à la mâchoire inférieure; écailles ventrales carénées. *Am. Sud.*

2. P. couronné. *P. Coronatum.* (IV, 318.) Epines molles à la mâchoire inférieure; quatre séries d'écailles pointues sous la gorge. *Californie.*

3. P. orbiculaire. *P. Orbiculare.* (IV, 321.) Des scutelles et non des épines à la mâchoire inférieure; oreilles ayant en bas un tubercule conique. *Mexique.*

3. *bis.* P. de Douglas, *P. Douglassii.* Bell. (Catal. A. Duméril, pag. 78). Tête couverte de tubercules sans épines; corps ovale, aplati. *Californie.*

XXIII.e GENRE. CALLISAURE. *CALLISAURUS.* Blainville.

Caractères essentiels. Corps et queue aplatis, mais grêle allongé; cou plissé sur les côtés; écailles unies; pas de crête; membres bien développés; une série de pores sous les cuisses.

1. E. Dragonoïde. *E. Draconoides.* (IV, 326.) Gris avec des bandes festonnées, brunâtres; flancs avec trois grandes taches d'un noir bleuâtre et quatre ou cinq autres sous la queue. *Californie.*

XXIV.e GENRE TROPIDOGASTRE. *TROPIDOGASTER.* (T. IV, p. 330. Atlas, pl. xxxix *bis* 1.) Nobis.

Caractères essentiels. Tronc déprimé; un pli le long de chaque flanc; écailles du ventre à trois carènes; une petite crête dentelée, étendue de la tête au bout de la queue; pas de pores fémoraux.

1. T. de Blainville. *T. Blainvillii.* (IV, 330.) Dos avec une bande grisâtre de chaque côté; fond fauve ondulé de noir. *Patrie?*

XXV.e GENRE. MICROLOPHE. *MICROLOPHUS.* Nobis.

Caractères essentiels. Une petite crête sur toute la longueur de l'échine; écailles de la queue non épineuses; occiput simple, avec une plaque très-grande; plis longitudinaux sur les flancs et un autre au-devant des épaules.

1. M. de Lesson. *M. Lessonii.* (IV, 336.) Bord antérieur du trou auditif dentelé; des raies noires en chevron sous la gorge. *Pérou.*

XXVI.e GENRE ECPHYMOTE. *ECPHYMOTES.*

Caractères essentiels. Point de crête dorsale; queue sans épine, courte et conique; écailles du dos carénées; point de fanon, mais des plis en travers du cou.

1. E. à collier. *E. Torquatus.* (IV, 344.) Une bande verticale noire de chaque côté du cou, tout près de l'épaule. *Amér. mérid.*

XXVII.e GENRE. STÉNOCERQUE. *STENOCERCUS.* Nobis.

Caractères essentiels. Une crête sur toute la longueur de l'échine; de grandes écailles épineuses verticillées le long de la queue qui est comprimée; une petite plaque sur l'occiput; pas de plis au cou.

1. S. Ventre-Rose. *S. Roseiventris.* (IV, 350.) Bord de l'oreille non dentelé; dessus du corps d'un brun foncé; ventre rose. *Bolivie.*

XXVIII.e GENRE. STROBILURE. *STROBILURUS.* Wiegmann.

Caractères essentiels. Semblable aux Sténocerques, mais la plaque de l'occiput très-développée et point de dents palatines.

1. S. à Collier. *S. Torquatus.* (IV, 354.) Parties supérieures d'un gris olivâtre; cou entouré d'un collier noir. *Brésil.*

XXIX.e GENRE. TRACHYCYCLE. *TRACHYCYCLUS.* (Atlas, pl. xxxix bis, n.o 2.) Nobis.

Caractères essentiels. Queue à épines verticillées; cou sans plis; pas de pores aux cuisses; pas de crête dorsale, ni de dents au palais.

1. T. Marbré. *T. Marmoratus.* (IV, 356.) Dos largement marbré de brun sur un fond fauve; deux tubercules pré-auriculaires; cuisses épineuses. *Am. méri.*

XXX.e GENRE. OPLURE. *OPLURUS.* Cuvier.

Caractères essentiels. Une crête sur le cou seulement; point de pores fémoraux; queue très-èpineuse; dents palatines; plis en travers du cou.

1. O. de Séba. *O. Sebæ.* (IV, 361.) Écailles dorsales carénées; bord antérieur de l'oreille dentelé; une bande scapulaire transversale noire. *Brésil.*

2. O. de Maximilien. *O. Maximiliani.* (IV, 365.) Écailles du dos lisses, convexes ; oreilles non dentelées en devant; une bande scapulaire oblique, noire. *Brésil.*

2. *bis.* O. Quatre-Taches. *O. Quadrimaculatus.* Catal. p. 83. Deux taches noires arrondies derrière chaque épaule. *Madagasc.*

2. *ter.* O. de Bibron, p. 84. Pas de crête dorsale; écailles granuleuses; pas de taches, ni bandes. *Chili.*

XXXI.e GENRE. DORYPHORE. *DORYPHORUS.*

(Atlas, pl. xlii, fig. 2.) Cuvier.

Caractères essentiels. Queue à épines verticillées ; le dessous du cou à un double pli; point de crête médiane, ni de pores aux cuisses; pas de dents au palais; un pli le long des flancs.

1. D. Azuré. *D. Azureus.* (IV, 371.) D'un beau bleu d'azur avec des bandes noires en travers et un réseau de la même couleur sur les membres. *Brésil.*

SECONDE SOUS-FAMILLE. ACRODONTES.

OU A DENTS FIXÉES SUR LE BORD DES MACHOIRES.

XXXII.e GENRE. ISTIURE. *ISTIURUS.* Cuvier.

(Atlas, pl. xl, fig. 1-2.)

Caractères essentiels. Une très-longue crête dorsale ; tympan et pores aux cuisses distincts; un fanon peu développé; un pli en V sous le cou; corps comprimé, ainsi que la base de la queue.

1. I. D'Amboine. *I. Amboinensis.* (IV, 380.) Vert, avec des vermiculations noires ; écailles de diverses grosseurs. *Amboine.*

2. I. De Lesueur. *I. Sueurii.* (IV, 384.) Dos gris-brun avec des bandes plus foncées en travers; écailles dissemblables. *Nouv. Hollande.*

3. I. Physignathe. *I. Physignathus.* (IV, 387). Ecailles du

corps semblables les unes aux autres ; de gros tubercules en arrière des joues. *Cochinchine.*

XXXIII.[e] GENRE. GALÉOTES. *CALOTES.* Cuvier.

Caractères essentiels. Dos tranchant, à bandes obliques d'écailles carénées sur les côtés de la crète ; pas de pores aux cuisses, ni de pli transversal sous le cou.

1. G. Cristatelle. *C. Cristatellus.* (IV, 395.) Pointes des écailles dirigées vers le ventre ; deux écailles plates surciliaires ; crète du col abaissée brusquement. *Indes Orient.*

2. G. A Crinière. *C. Jubatus.* (IV, 397.) Crête s'abaissant graduellement ; bleu roussâtre ou ardoisé ; une bande jaune sous l'oreille. *Indes Orient.*

3. G. Tympan-Strié. *G. Tympanistriga.* (IV, 399.) Un tubercule derrière le bord surcilier ; pas de pli sur le cou ; écailles lisses sur les flancs. *Java.*

4. G. Ophiomaque. *G. Ophiomachus.* (IV, 400.) Bords libres des écailles dirigées vers le dos ; une rangée d'épines sur les côtés de la nuque ; bleu ou vert, avec des bandes blanches transverses. *De l'Inde, Ceylan, Philippines.*

5. G. Versicolore. *G. Versicolor.* (IV, 405.) Deux épines isolées à la nuque ; pas de pli devant l'épaule ; fauve, roussâtre, à bandes brunes en travers. *De l'Inde.*

6. G. De Roux. *G. Rouxii.* (IV, 407.) Base de la queue garnie de grandes écailles en dessus ; un pli devant l'épaule ; deux épines à la nuque. *Indes Orientales.*

7. G. A moustaches. *G. Mystaceus.* (IV, 408.) Semblable au prècédent dont il diffère par les écailles de la base de la queue et les pattes plus courtes. *Indes Orientales.*

XXXIV.[e] GENRE. LOPHYRE. *LOPHYRUS.*

(Atlas, pl. xlvi.) Nobis.

Caractères essentiels. Corps comprimé, sans aucun pore ; écailles de la queue entuilées ; un pli sous le cou ; membrane tympanique superficielle ; une très-longue crête plus élevée au dessus de la nuque.

1. L. Armé. *L. Armatus.* (IV, 413.) Une épine en arrière du sourcil ; un faisceau d'épines derrière la nuque ; un petit fanon sans dentelures. *Cochinchine.*

1 *bis.* L. Spinipède. Cat. p. 90. *Nouvelle-Hollande.*

1. *ter.* L. Épineux, p. 31. *Samboangan, Philippines.*

2. L. De Bell. *L. Bellii.* (IV, 416.) Point d'épines à la nuque ; écailles lancéolées sur le cou, formant une crête touffue qui se prolonge sur le dos. *Bengale.*

3. L. Dilophe. *L. Dilophus* vel *Tiaris.* (Atlas, pl. XLVI, 1. IV, 419.) Queue comprimée, fortement tranchante ; un grand fanon ; pas d'épines à la nuque. *Nouvelle-Guynée.*

4. L. Tigré. *L. Tigrinus.* (IV, 421.) Bord surcilier anguleux, sans épines ; tête fourchue en arrière. *Amboine. Java.*

XXXV.e GENRE. LYRIOCÉPHALE.

LYRIOCEPHALUS. Merrem.

Caractères essentiels. Museau terminé dans un renflement hémisphérique ; tympan caché ; pas de pores aux cuisses ; un petit fanon et un pli en V sous le cou.

1. L. Perlé. *L. Margaritaceus.* (IV, 427.) Dessus du corps d'un blanc bleuâtre ; tête d'un gris jaunâtre. *Indes Orientales.*

XXXVI.e GENRE. OTOCRYPTE. *OTOCRYPTIS.* Wiegmann.

Caractères essentiels. Tympan caché, museau arrondi, court ; une crête sur la ligne dorsale ; langue plate, amincie, non échancrée à son extrémité libre ; goître ou fanon dilatable.

1. O. à Deux-Bandes. *O. Bivittata.* (IV, 432.) Ecailles surciliaires carénées, ovales ; écailles du vertex petites, tuberculeuses, les moyennes grandes, ovales en travers. *Patrie ?*

XXXVII.e GENRE. CÉRATOPHORE.

CERATOPHORA. Gray.

Caractères essentiels. Museau prolongé en une sorte de corne molle écailleuse; tympan caché; un petit fanon; une crête sur le cou et les épaules; des bandes obliques de grandes écailles sur le corps.

1. C. de Stodart. *C. Stodartii.* (IV, 434.) Tête d'un brun olive; dessus brun et fauve; queue annelée de brun. *Ceylan.*

XXXVIII.e GENRE. SITANE. *SITANA*. Cuvier.

Caractères essentiels. Tympan distinct; point de pores fémoraux; quatre doigts postérieurs seulement; un très-grand fanon sous la gorge.

1. S. de Pondichéry. *S. Ponticeriana.* (IV, 437.) Dos fauve à taches rhomboïdales noires; les mâles ayant un long fanon tricolor bleu, noir et rouge. *Indes orient.*

XXXIX.e GENRE. CHLAMYDOSAURE.

CHLAMYDOSAURUS. (Atlas, pl. 45.) Gray.

Caractères essentiels. Pores fémoraux; cinq orteils; deux larges membranes écailleuses, à peau plissée et dentelée, en forme collerette; point de crête dorsale; écailles du tronc imbriquées, carénées.

1. C. de King. *C. Kingii.* (IV, 441.) Fauve en dessus, marqué de bandes transverses plus claires; dessus des pattes postérieures et de la base de la queue reticulé de brun. *Nouvelle Hollande.*

XL.e GENRE. DRAGON. *DRACO.* Linné.

Caractères essentiels. Peau des flancs prolongée en forme d'aile, ou de parachute soutenue dans son épaisseur par les six premières fausses côtes; un fanon sous le cou; une petite crête cervicale.

1. D. Frangé. *D. Fimbriatus.* (IV, 448.) Tympan visible; narines latérales; membranes aliformes à lignes blanches en longueur. *Java.*

2. D. de Daudin. *D. Daudinii.* (IV, 451.) Ecailles dorsales dilatées; membranes d'un gris fauve, marbrées ou tachetées de noir. *Java.*

3. D. de Timor. *D. Timoriensis.* (V, 454.) Dos ayant au milieu une rangée d'écailles carénées plus grandes; ailes tachetées de brun sur un fond roussâtre. *Timor.*

4. D. Cinq-Bandes. *D. Quinquefasciatus.* (IV, 455.) Cinq bandes brunes en travers des ailes et du dos. *Ind. Orient.*

5. D. de Dussumier. *D. Dussumierii.* (V, 456.) Narines verticales; une bande noire en travers sous le cou; base du fanon peint de noir bleuâtre. *Côte du Malabar.*

6. D. Barbe-Rouge. *D. Hæmatopogon.* (IV, 458.) Une petite pointe osseuse en arrière des orbites; pas de crête sur le cou; une tache noire à la base du fanon. *Java.*

7. D. Spiloptère. *D. Spilopterus.* (V, 461.) Ailes à taches brunes sur un fond rouge près du corps et jaunes au bord externe; gorge jaune piquetée de noir. *Manille.*

8. D. Rayé. *D. Lineatus.* (IV, 459.) Ailes à petites lignes longitudinales blanches; côtés et dessous du cou à gros points blancs sur un fond bleuâtre. *Amboine.*

XLI.e GENRE. LÉIOLÉPIDE. *LEIOLEPIS.*

(Atlas, pl. XLIII,) Cuvier.

Caractères essentiels. Cou à simple pli; queue sans épines, très-longue; pores fémoraux; tympan un peu enfoncé; langue en fer de flèche.

1. L. à Gouttelettes. *L. Guttatus.* (IV, 465.) Dos, gorge et dessus des membres à taches ou gouttelettes jaunes et quatre ou cinq raies semblables sur le dos. *Cochinchine.*

XLII.e GENRE. GRAMMATOPHORE. *GRAMMATOPHORUS.* Kaup.

(T. IV, p. 468. ATLAS. pl. XLI bis, fig. 1.)

CARACTÈRES ESSENTIELS. Semblables aux Leiolépides, mais à langue large, fongueuse; écailles des parties supérieures du tronc imbriquées, carénées, parfois hérissées d'épines; celles de la queue non verticillées.

1. G. de Gaimard. *G. Gaimardii.* (IV, 470.) Ecailles dorsales semblables; un triangle noir sous la gorge qui est blanchâtre; dos tacheté de noir et queue rayée de noir. *Nouv.-Hollande.*

2. G. de Decrès. *G. Decresii.* (V, 472.) Ecailles du milieu du dos tectiforme, d'un brun olivâtre; gorge vermiculée de jaunâtre. *Australasie.*

2 *bis.* G. Orné. *G. Ornatus.* (Cat. A. Duméril, p. 99.) Toutes les écailles semblables; la crête nuchale faible; la dorsale écailleuse; des groupes épineux et d'autres tuberculeux sur le cou. *Nouv.-Hollande.*

3. G. Muriqué. *G. Muricatus.* (IV, 475.) Ecailles dorsales différentes entre elles; occiput épineux; une crête dorsale écailleuse; flancs à écailles redressées. *Nouv.-Hollande.*

4. G. Barbu. *G. Barbatus.* (IV, 478.) Occiput garni d'une rangée circulaire d'épines; écailles de la gorge longues, effilées, tombantes; queue épineuse. *Nouv.-Hollande.*

XLIII.e GENRE. AGAME. — *AGAMA.* Daudin.

(ATLAS, pl. XLI *bis*, fig. 2.)

CARACTÈRES ESSENTIELS. Corps déprimé; des pores au cloaque et point aux cuisses; tête courte, triangulaire, renflée en arrière de la bouche; nuque le plus souvent hérissée d'épines,

1. A. Dos-à-Bande. *A. Dorsalis.* (IV, 486.) Une large bande fauve sur le dos ; queue comprimée ; un petit bouquet d'épines derrière l'oreille. *Ind.-Orient.*

2. A. Tuberculeux. *A. Tuberculata.* (IV, 488.) Un grand carré d'écailles poreuses, saillantes, sur la région préanale ; cuisses à tubercules épineux. *Bengale.*

3. A. Des Colons. *A. Colonorùm.* (IV, 489.) Dos uniformément brun ; queue comprimée, longue et forte ; cou crêté avec des bouquets d'épines. *Sénégal.*

4. A. Sombre. *A. Atra.* (IV, 493.) Une longue crête dorsale avec une large bande orangée ; le reste d'un noir uniforme ou piqueté de jaunâtre. *Afriq. aust.*

5. A. Agile. *A. Agilis.* (IV, 496.) Dos à écailles semblables, mais pas de crête ; nuque et trous auriculaires garnis d'épines. *Bagdad.*

6. A. Aiguillonné. *A. Aculeata.* (IV, 499.) Dos hérissé d'épines; une crête de la nuque à la moitié de la queue qui est très-longue ; gorge noirâtre. *Afriq. austr.*

7. A. Epineux. *A. Spinosa.* (IV, 502.) Dos crêté, à écailles semées d'épines à trois faces ; écailles du ventre carénées ; queue courte. *Cap de Bonne-Espérance.*

8. A. Variable ou changeant. *A. Mutabilis.* (V, 505.) Dos sans crête ; queue conique, médiocre ; tronc déprimé, élargi sur les flancs et tuberculeux. *Egypte.*

9. A. de Savigni. *A. Savignii.* (IV, 508.) Dos à taches rousseâtres sur un fond fauve ; queue comprimée, alongée. *Egypte.*

10. A. de Sinaï. *A. Sinaita.* (IV, 509.) Dos à écailles semblables, sans crête ; quatrième doigt postérieur plus court que le troisième. *Syrie.*

XLIV.e GENRE. PHRYNOCÉPHALE. *PHRYNOCEPHALUS.* (Atlas, pl. XLII fig. 1.) Kaup.

Caractères essentiels. Tympan caché, museau simple ; dos lisse ou sans crête ; langue non échancrée ; corps déprimé, cou étranglé, plissé en travers en dessous.

1. P. d'Olivier. *P. Olivieri.* (IV, 517,) Dos à écailles dissemblables ; brun avec les côtés du cou et les flancs noirs; queue non préhensile. *Perse.*

2. P. Hélioscope. *P. Helioscopus.* (IV, 519.) Dos à écailles et tubercules ; queue légèrement prennante, noire à la pointe. *Sibérie mérid. Bucharie.*

3. P. Roule-queue. *P. Caudivolvulus.* (IV, 522.) Queue préhensile, annelée de noir avec une ligne jaune ; dos ondulé de brun. *Tartarie.*

4. A. à Oreilles. *P. Auritus.* (IV, 524.) Angles de la bouche garnis d'une membrane à bord libre, courbée, dentelée. *Tartarie.*

XLV.e GENRE. STELLION. *STELLIO.* Daudin.

Caractères essentiels. Queue garnie de verticilles d'anneaux épineux ; point de pores fémoraux, mais des écailles poreuses préanales ; écailles du dos inégales ; un pli de chaque côté.

1. S. Commun. *S. Vulgaris.* (IV, 528.) Pas de crête cervicale : écailles caudales espacées régulièrement ; ventre jaunâtre. *Du Levant.*

1 *bis.* S. du Caucase. *S. Caucasius.* (Catal. A. Duméril, p. 105.) Pas de crête sur le cou ; toutes les écailles semblables entremêlées de tubercules : carène dorsale peu saillante ; verticilles épineux à la queue. *De l'Albanie.*

1 *ter.* S. du Cap. *S. Capensis.* (Catal. A. Duméril p. 106.) Une petite crête sur le cou ; écailles carénées en séries transversales ; écailles caudales en verticilles imbriquées. *Du cap de bonne Espérance.*

2. S. Ventre bleu. *S. Cyanogaster.* (V, 532.) une petite crête cervicale : écailles caudales en verticilles imbriqués. Ventre bleu. *Arabie.*

2 *bis.* S. caréné. *S. Carinatus.* (Catal. A. Duméril. p. 107.) Une petite crête au cou ; écailles sans tubercules entremêlés ; une crête dorsale. Verticilles de la queue imbriqués. *De la Perse.*

XLVI. GENRE. FOUETTE-QUEUE. *UROMASTYX.* Merrem.

Caractères essentiels. Tête déprimée, triangulaire, à museau court; tronc allongé, déprimé, sans crête, à petites écailles unies; queue aplatie, garnie d'épines; des pores aux cuisses.

1. F. Orné. *U. Ornatus.* (IV, 538.) Vert, vermiculé de brun avec des bandes onduleuses en travers ; jaunâtre en dessous. *Afr.*

2. F. Spinipède. *U. Spinipes.* (IV, 541.) épines des cuisses séparées les unes des autres; des tubercules coniques sur les flancs. *Egypte.*

3. F. Acanthinure. *U. Acanthinurus.* (IV, 543.) Dos gris fauve, ponctué de noir ; pas de tubercules sur les flancs; *du nord de l'Afrique.*

4. F. de Hardwich. *U. Hardwichii.* (IV, 546.) Corps comme granuleux et écailles ventrales carrées lisses : queue très-déprimée; une tache noire à la base des cuisses. *Indes-Orientales.*

5. F. Gris. *U. Griseus.* (IV, 548.) Dos d'un gris uniforme; dessus de la queue en forme de toit. *Nouvelle Hollande.*

SIXIÈME SOUS-ORDRE.

SIXIÈME FAMILLE DES SAURIENS.

LES LACERTIENS OU AUTOSAURES.

Caractères essentiels. Corps très-long, surtout dans la région de la queue ; quatre pattes fortes, à doigts distincts, alongés, coniques, inégaux, onguiculés ; tête amincie en avant, couverte de plaques polygones, à tympan visible, bouche très-fendue, bordée de grandes écailles ; langue libre, plate, échancrée à la pointe ; dos écailleux, sans crête ; point de goître, ni de fanon, mais le plus souvent un pli transverse et une sorte de collier de grandes écailles ; le dessous du ventre à grandes plaques carrées. (Erpétologie. T. V, p. 4.)

Les genres au nombre de dix-neuf peuvent être divisés en deux sous-familles.

D'abord en ceux qui ont les dents pleines. . . I. les pléodontes.
Ensuite en ceux qui les ont creuses . . . . . II. les coelodontes.

Puis chacune de ses deux sous-familles en deux tribus.

Pour la première, ceux qui ont la queue comprimée. A. cathétures.
Et ceux qui l'ont arrondie conique. . . . . . B. strongitures.
Pour la seconde, en ceux qui ont les doigts lisses. C. leiodactyles.
Et en ceux qui les ont carénés, ou dentelés. . . *D*. pristidactyles.

I. A. PLÉODONTES COMPRESSICAUDES OU CATHÉTURES.

I.er GENRE. CROCODILURE. *CROCODILURUS*. Cuvier.

Caractères essentiels. Langue profondément divisée à la pointe, mais non engainante ; tympan superficiel : deux plis transversaux sous le cou ; narines en croissant, bordées de trois plaques.

1. C. Lézardet. *C Lacertinus.* (V, 46.) Brun en dessus, à taches noires; gorge et ventre jaunes (adulte); flancs noirs avec des ocelles blancs roussâtres; le dessous blanc tacheté de noir (jeune). *Am. mér. Brésil, Guyane.*

II.e GENRE. THORICTE. *THORICTES.* Wagler.

CARACTÈRES ESSENTIELS. Dos à écussons carénés, entremêlés de petites écailles imbriquées; narines rondes entre deux plaques; cinq doigts à toutes les pattes, comprimés, non carénés; dents maxillaires tuberculeuses, arrondies chez les adultes.

1. T. Dragonne. *T. Dracœna.* (V. 56.) D'un vert olivâtre, en dessus; jaune, nuancé de vert obscur en dessous. *Am. mér.*

III.e GENRE. NEUSTICURE. *NEUSTICURUS.* (T. V. p. 61. ATLAS. pl. XLIX.) Nobis.

CARACTÈRES ESSENTIELS. Pléodontes, cathétures; écailles du dos dissemblables; un collier de grandes écailles; narines au milieu d'une plaque unique; dents maxillaires comprimées à trois pointes.

1. N. à deux carènes. *N. Bicarinatus.* (V. 64.) Dos brun clair, avec des bandes plus claires en travers; dessous jaunâtre. *Am. mér.*

I. B. PLÉODONTES CONICICAUDES OU STRONGYLURES.

IV.e GENRE. APOROMÈRE. *APOROMERA.* Nobis. (ATLAS, pl. LI.)

CARACTÈRES ESSENTIELS. Point de pores aux cuisses; deux plis simples en travers du cou; dents maxillaires comprimées, pointues et arquées; queue quadrangulaire.

1. A. Piqueté. *A. Flavipunctata.* (V. 72.) Dos brun piqueté de jaune. *Am. mér.*

2. A. Orné. *A. Ornata.* (V. 76.) Dos olivâtre, à quatre séries de taches noires, liserées de blanc. *Chili.*

V.e GENRE. SAUVEGARDE. *SALVATOR*. Nobis.

Caractères essentiels. Des pores fémoraux; de petites plaques égales sur les jambes; dents maxillaires en crocs, puis tranchantes, ou tuberculeuses, quand elles sont usées; cinq doigts derrière.

1. S. de Mérian. *S. Meriani.* (V, 85.) Cinq ou six plaques sur le bord supérieur de la tempe; plaque naso-frénale suivie de deux autres. *Amérique méridionale.*

2. S. Ponctué. *S. Nigropunctatus.* (V, 90.) Quatre plaques temporales, une seule en arrière de la naso-frénale; le dessous du corps à taches et points noirs. *Amérique méridionale.*

VI.e GENRE. AMÉIVA. *AMEIVA*. Cuvier. (Atlas, pl. lii.)

Caractères essentiels. Queue conique, ronde; pores fémoraux; écailles ventrales quadrilatères; cinq orteils; langue à base engainée; dents à trois pointes; écailles des jambes inégales.

1. A. Commun. *A. Vulgaris.* (V, 100.) Ecailles caudales carénées, carrées, alongées; plaques ventrales dix au plus; talons simples, plaques sous-cubitales cyclo-hexagones. *Brésil. Guyane.*

1. *bis.* A. Ondulé. *A. Undulata.* A. Duméril. Catalogue, p. 113. Ecailles médianes de la gorge très-grandes, formant un écusson en triangle; trois scutelles sur chaque région sus-oculaire. *De Peten. Amé. centr.*

1. *ter.* A. Sept Raies. *A. Septem-Lineata.* A. Duméril, Catal., p. 114. Pas de tubercules aux talons; écailles de la queue carénées; six rangées de plaques ventrales sur la longueur; deux plaques sus-oculaires; des lignes jaunâtres dont une médiane impaire. *Amé. mér.*

2. A. de Sloane. *A. Sloani.* (V. 107.) Talons tuberculeux; tempes à bords granuleux. *Antilles. Jamaïque?*

3. A. d'Auber. *A. Auberi* (V, 111.) Talons hérissés de tuber-

cules ; des plaques sur la tempe; une bande noire sur les flancs. *Cuba.*

4. A. de Plée. *A. Plei.* (V, 114.) Talons simples; écailles caudales carrées, carénées; scutelles sous-cubitales dilatées en travers. *Amérique méridionale.*

5. A. Legrand. *A. Major.* (V, 117.) Seize ou dix-huit séries de plaques sous le ventre ; talons simples. *Cayenne.*

6. A. Linéolé. *A. Lineolata.* (V, 119.) Écailles de la queue rhomboïdales, lisses ; talons non tuberculeux ; sept grandes plaques sur les bras ; dos noir , à neuf raies blanches parallèles. *St.-Domingue.*

VII.e GENRE. CNÉMIDOPHORE. *CNEMIDOPHORUS.* Wagler.

Caractères essentiels. Semblables aux Améivas ; mais la base de la langue non engainante, à pointe fourchue, à papilles écailleuses ; des dents palatines.

1. C. Murin. *C. Murinus.* (V, 126.) Narines ouvertes entre deux plaques; haut du bras à petites écailles rhomboïdales; dix-huit séries de plaques ventrales. *Guyane.*

2. C. Galonné. *C. Lemniscatus.* (V, 128.) Une série de plaques dilatées en travers au haut du bras. Huit séries de plaques ventrales. *Cayenne.*

3. C. Six raies. *C. Sex-lineatus.* (V, 131.) Narines dans une seule plaque; la première labiale supérieure triangulaire ; dos à six raies jaunes. *Amérique Septentrionale.*

4. C. Lacertoide. *C. Lacertoides.* (V, 134.) Une plaque labiale supérieure à quatre côtés ; deux raies jaunes entre lesquelles une série de taches noires. *Montevideo.*

VIII.e GENRE. DICRODONTE. *DICRODON.* Nobis.

Caractères essentiels. Dents maxillaires à deux pointes mousses ; pores fémoraux ; écailles ventrales carrées, non imbriquées ; jambes couvertes de grandes écailles élargies.

1. D. à Gouttelettes. *D. Guttulatum.* (V. 138.) Dos olivâtre, semé de gouttelettes blanchâtres ; deux raies blanches en longueur. *Pérou.*

IX.e GENRE. ACRANTE. *ACRANTUS.* Wagler.

CARACTÈRES ESSENTIELS. Quatre doigts seulement en arrière; les dernières dents seulement à deux tubercules ; des pores fémoraux; écailles ventrales carrées, distribuées en quinconce.

1. A. Vert. *A. Viridis.* (V, 143.) Dos vert avec deux raies jaunes de chaque côté ; une série de taches noires entre ces raies. *Amérique méridionale.*

X.e GENRE. CENTROPYX. *CENTROPYX.* Spix.

CARACTÈRES ESSENTIELS. Ecailles du ventre rhomboïdales, entuilées, carénées ; des pores fémoraux ; langue un peu engainée à la base ; queue cyclotétragone ; les dernières dents maxillaires tricuspides.

1. C. Éperonné. *C. Calcaratus.* (V, 149.) Quarante-une séries d'écailles dorsales ; écailles du pli sous-collaire non saillantes. *Amérique méridionale.*

2. C. Strié. *C. Striatus.* (V, 151.) Vingt-cinq séries au plus d'écailles dorsales; les écailles qui bordent le pli sous-collaire saillantes, dentelées. *Surinam.*

II. C. CŒLODONTES A DOIGTS LISSES OU LÉIODACTYLES.

XI.e GENRE. TACHYDROME. *TACHYDROMUS.* Daudin.

CARACTÈRES ESSENTIELS. Queue très-longue ; des pores inguinaux et point de fémoraux ; langue garnie de plis papilleux en chevron ; un collier peu marqué.

1. T. A six raies. *T. Sexlineatus.* (V, 158.) Dos à quatre séries de grandes squammes presque carrées, carénées. *Chine. Cochinchine. Java.*

2. T. Japonais. *T. Japonicus.* (V, 161.) Six séries d'écailles

rhomboïdales carénées entuilées sur le dos ; une raie fauve latérale. *Japon.*

XIIe GENRE. TROPIDOSAURE. *TROPIDOSAURA.* Boié.

Caractères essentiels. Pores fémoraux ; pas de pli sous la gorge, ni de collier formé par des écailles plus grandes : écailles ventrales entuilées.

1. T. Algire. *T. Algira.* (V, 168.) Six séries de plaques ventrales ; quinze pores fémoraux au moins ; quatre raies jaunâtres sur le dos. *Algérie.*

2. T. Du Cap. *T. Capensis.* (V, 171.) Dix séries de plaques ventrales ; dix à treize pores fémoraux ; trois rangées de taches sur le dos. *Cap de Bonne-Espérance.*

3. T. Montagnard. *T. Montana.* (V, 172.) Six ou sept pores seulement aux cuisses; une raie longitudinale noire sur le dos. *Java.*

XIIIe GENRE. LÉZARD. *LACERTA.* Linné. (Atlas, pl. xlviii.)

Caractères essentiels. Un collier de grandes écailles sous le cou ; des pores aux cuisses ; les doigts simples, légèrement comprimés, inégaux en longueur ; plaques ventrales quadrilatères, distribuées en quinconce.

Trois sous-divisions d'après la forme des écailles dorsales :

1. Grandes, rhomboïdales carénées entuilées . . . . 1—3.
2. Etroites, hexagones, bombées non embriquées. . . . . 4—6.
3. Granuleuses, juxta apposées . . . . 7—16.

1. L. Ponctué de noir. *L. Nigro punctata.* (V, 190.) Ecailles des flancs plus petites que celles du dos qui est olivâtre, ponctué de noir. *Corfou.*

2. L. Moréotique. *L. Moreotica.* (V, 192.) Ecailles du dos et des flancs semblables; une raie jaune de chaque côté ; flancs noirs, ponctués de blanc. *Morée.*

3. L. De Fitzinger. *L. Fitzingeri.* (V, 194.) Semblable au précédent ; mais les flancs olivâtres comme le dos. *Sardaigne.*

4. L. Des Souches. *L. Stirpiûm.* (V, 196.) Ecailles du dos

hexagones en toit, non imbriquées, d'un brun rougeâtre tacheté ou ocellé de noirâtre ; flancs verdâtres. *Europe.*

5. L. Vivipare. *L. Vivipara.* (V, 204.) Dos brun à ligne médiane noire; ventre orangé, tacheté de noir; flancs avec une bande noire, liserée de blanc. *Europe.*

6. L. Vert. *L. Viridis.* (V, 210.) Vert ou brun verdâtre piqueté de jaune ; ventre jaune ; flancs avec ou sans raies blanches liserées de noir. *Europe.*

7. L. Ocellé. *L. Ocellata.* (V, 218.) Vert, varié, tacheté, réticulé ou ocellé de noir ; taches bleues arrondies sur les flancs. *Europe méridionale. Afrique.*

8. L. Du Taurus. *L. Taurica.* (V, 225.) Une écaille plate arrondie sur les tempes ; olivâtre, avec deux raies blanchâtres sur le dos. *Du Péloponèse. Crimée.*

9. L. Des Murailles. *L. Muralis.* (V, 228.) Six ou huit séries de plaques ventrales, un sillon sous la gorge. (Un très-grand nombre de variétés.) *Europe. Asie.*

10. L. Oxycéphale. *L. Oxycephala.* (V, 235.) Six séries de plaques ventrales ; tête déprimée, à museau pointu, d'un blanc verdâtre en dessous. *Corse.*

11. L. de Dugès. *L. Dugesii.* (V, 236.) Cou plus gros que la tête qui est comme encapuchonnée par la peau ; un demi-collier non dentelé ; dos gris ; ventre verdâtre. *Madère.*

12. L. de Gallot. *L. Galloti.* (V, 238.) Quatorze séries de plaques sous le ventre; dos gris-olivâtre, avec quatre séries de taches carrées noires. *Ténériffe, Madère.*

13. L. de Delalande. *L. Delalandii.* (V, 241.) Jambes extrêmement courtes; tête quadrangulaire; huit séries de plaques ventrales. *Afrique Australe, Cap.*

14. L. Marqueté. *L. Tesselata.* (V, 244.) Semblable au précédent, mais à pattes longues ; varié pour les couleurs. *Du Cap.*

15. L. à Bandelettes. *L. Taeniolata.* (V, 247.) Une seule plaque naso-frénale ; pas de dents au palais ; neuf squammes au collier. *Du Cap.*

16. L. à Lunettes. *L. Perspicillata.* (V, 249.) Paupière inférieure cornée, transparente; écailles de la queue bleues, marquées d'un point noir. *Alger.*

II. D. CŒLODONTES A DOIGTS CARÉNÉS OU DENTELÉS. PRISTIDACTYLES.

XIV.e GENRE PSAMMODROME. *PSAMMODROMUS*. Fitzinger.

Caractères essentiels. Une seule plaque non renflée pour les narines; pas de pli sous le cou; doigts légèrement comprimés, carénés en dessous, mais non dentelés; écailles rhomboïdales carénées, entuilées.

1. P. d'Edwards. *P. Edwardsii.* (V, 253.) Dos semé de petites taches noires sur un fond vert grisâtre; deux raies blanches latérales. *Espagne*, *Midi de la France.*

XV.e GENRE. OPHIOPS. *OPHIOPS*. Ménestriés. (Atlas, pl. liii.)

Caractères essentiels. Point de paupières; pattes à cinq doigts comprimés, carénés, non dentelés.

1. O. Élégant. *G. Elegans.* (V, 259.) Vert olive, bronzé; deux lignes jaunes, latérales, séparées par deux séries de taches noires. *Smyrne.*

XVI.e GENRE. CALOSAURE. *CALOSAURA*. Nobis.

Caractères essentiels. Narines percées entre deux plaques renflées; pas de collier, mais un pli scapulaire; doigts non dentelés, mais carénés, comprimés; des paupières.

1. C. de Leschenault. *C. Leschenaultii.* (V, 262.) Écailles du dos entuilées, carénées; six séries de plaques ventrales. *Indes-Orientales.*

XVII.e GENRE. ACANTHODACTYLE. *ACANTHODACTYLUS*. Fitzinger.

Caractères essentiels. Narines percées dans trois plaques, dont une labiale; pattes à doigts comprimés, carénés, dentelés sur les bords; un collier écailleux; des paupières.

1. A. Commun. *A. Vulgaris.* (V, 268.) Écailles du dos égales, lisses; bord antérieur de l'oreille granuleux ; dix séries de lames ventrales. *Midi de l'Europe.*

1 *bis.* A. du Cap. *A. Capensis.* (A. Duméril. Catal., p. 127.) Écailles du dos et des flancs petites, circulaires, non carénées ; vingt-huit séries de lamelles ventrales ; des écailles épineuses au devant de l'oreille.

2. A. Pommelé. *A. Scutellatus.* (V, 272.) Bords des oreilles denticulés ; quatorze séries de lames ventrales. *Egypte.*

3. A. de Savigny. *A. Savignyi.* (V, 273.) Écailles du dos renflées en longueur ; collier en chevron ; quatorze séries de lames abdominales. *Barbarie*, *Egypte.*

4. A. Linéo-ponctué. *A. Lineo-maculatus.* (V, 276.) Un collier transversal, légèrement courbé, formé de neuf scutelles ; dix séries de lames ventrales. *Maroc.*

5. A. Bosquien. *A. Boscianus.* (V, 278.) Écailles du dos plus grandes derrière que devant, carénées, imbriquées. *Egypte.*

XVIII.e GENRE. SCAPTEIRE. *SCAPTEIRA.* Fitzing.

(T. V, p. 293. ATLAS, pl. LIV, fig. 1.)

CARACTÈRES ESSENTIELS. Doigts aplatis, lisses en dessous, dentelés sur les bords, sans carène inférieure; pli antépectoral.

1. S. Grammique. *S. Grammica.* (V, 283.) Gros, grisâtre, semé de points et de linéoles noires ; les régions inférieures blanches. *Nubie.*

XIX.e GENRE. ÉRÉMIAS. *EREMIAS.* Fitzinger.

CARACTÈRES ESSENTIELS. Doigts arrondis ou peu comprimés; un repli sous le cou en avant de la poitrine; narines au dessus d'un renflement hémisphérique ; plaques ventrales en bandes transversales droites, (t. 5, p. 286.)

1. E. Variable. *E. Variabilis.* (V, 292.) Queue courte, élargie à la base ; corps trapu ; bord de l'oreille non dentelé, pli pré-pectoral en travers. *Tartarie*, *Crimée.*

19.*

2. E. A Ocelles bleus. *E. Cæruleo-ocellata.* (V, 295.) Queue longue, très-effilée; écailles de la queue carénées; taches bleues cerclées de noir, le long des flancs. *Crimée.*

3. E. A points rouges. *E. Rubropunctata.* (V, 297.) Pli pré-pectoral en chevron; écailles du dos arrondies, convexes, non imbriquées; points rouges sur un fond fauve. *Egypte.*

4. E. De Knox. *E. Knoxii.* (V, 299.) Pli pré-pectoral transverse, droit; bord de l'oreille denticulé devant; bandes noires sur sur le cou et sur le tronc. *Cap de Bonne Espérance.*

5. E. Du Cap. *E. Capensis.* (V, 302.) Ecailles du dos en losange un peu aplaties; bord de l'oreille non dentelé. *Du Cap de Bonne Espérance.*

6. E. De Burchell. *E. Burchelli.* (V, 303.) Ecailles dorsales ovales, convexes, non entuilées; des anneaux d'un brun noirâtre sur les côtés du dos. *Afrique Australe.*

7. E. Dos rayé. *E. Dorsalis.* (V, 305.) Disque palpébral arrondi, entouré de granules; une bande blanche sur toute la longueur du dos, fourchue en devant. *Cap.*

8. E. Namaquois. *E. Namaquensis.* (V, 307.) Queue très-longue et très-grêle; cinq rubans bruns ou noirs, alternant avec six raies blanches. *Cap de Bonne Espérance.*

9. E. Lugubre. *E. Lugubris.* (V, 309.) Six séries seulement de lames ventrales; brun nuancé de noir avec trois raies d'un jaune doré. *Du Cap.*

10. E. A gouttelettes. *E. Guttulata.* (V, 310.) Pli anti-pectoral légèrement arqué, gris-ardoisé, avec quatre rangs de gouttelettes mi-parties de noir et de blanc. *Egypte.*

11. E. Panthère. *E. Pardalis.* (V, 312.) Paupière inférieure transparente; pli pré-pectoral en chevron, à pointe sur la poitrine; des séries de taches noires sur le dos. *Egypte.*

12. E. Linéo-ocellé. *E. Lineo-ocellata.* (V. 314.) Pli prépectoral droit, libre; des dents palatines; paupière inférieure vitrée. *Afrique Australe.*

13. E. Ondé. *E. Undata.* (V, 316.) Palais sans dents; bord antérieur du trou auditif granulé; lamelles ventrales losangiques. *Cap.*

SEPTIÈME SOUS-ORDRE.

SEPTIÈME FAMILLE DES SAURIENS.

LES CHALCIDIENS OU CYCLOSAURES.

CARACTÈRES ESSENTIELS. Corps arrondi, nu ou couvert d'écailles en anneaux; le plus souvent un sillon sur les flancs; tête couverte de plaques polygones; à langue libre, plate, courte, échancrée à la pointe; pattes courtes variables par le nombre et la présence des doigts. (Erpétologie tom. V, pag. 518.)

SEIZE GENRES DIVISÉS EN DEUX SOUS-FAMILLES OU TRIBUS.

I. Espèces de 1 à 12, à écailles et yeux a paupières . . PTYCHOPLEURES.
II. Espèces de 12 à 16, à peau nue et sans paupières. . GLYPTODERMES.

PREMIÈRE TRIBU. LES PTYCHOPLEURES.

Peau écailleuse par verticilles; des paupières; pattes variables par leur présence, leur nombre ou leur absence.

I.er GENRE. ZONURE. *ZONURUS*. Merrem.

CARARTÈRES ESSENTIELS. Queue à anneaux et épineuse; quatre pattes toutes à cinq doigts; un sillon ou pli le long des flancs, tête plus large que le cou; tronc court, déprimé.

1. Z. Gris. *Griseus.* (V, 350.) Ecailles du dos toutes semblables serrées, carénées; cou épineux; lamelles ventrales carrées. *Du Cap.*

2. Z. Cataphracte. *Z. Cataphractus.* (V, 355.) Plaques du nez renflées; jaunâtre en dessus; des raies noires sous le ventre; un chevron sous le cou. *Du Cap.*

3. Z. Polyzone. *Z. Polyzonus.* (V, 357.) Ecailles du dos non carénées, striées et poreuses; queue déprimée à la base; une tache noire latérale au cou. *Du Cap.*

4. Z. du Cap. *Z. Capensis.* (V, 360.) Ecailles du dos carénées; celles des flancs granuleuses; couleur générale d'un noir sale. *Du Cap.*

5. Z. Microlépidote. *Z. Microlepidotus.* (V, 361.) Toutes les écailles semblables, relevées en dos d'âne et en séries séparées par des granules. *Du Cap.*

GENRE. I. *bis.* PLATYSAURE. (Smith.) du CAP. *P. Capensis.* (Cat. A. Duméril. p. 133.) Tête plate et tronc très-déprimé; écailles petites en dessus; de grandes plaques carrées régulières sous le ventre; pores fémoraux. *Afrique australe.*

GENRE. I. *ter.* LÉPIDOPHYME. L. TACHES JAUNES. *L. Flavimaculatus.* (Cat. A. Duméril. p. 137.) Ecailles petites entremêlées de tubercules coniques; plaques du ventre quadrilatères. *De Peten. Amérique centrale.*

II.e GENRE. TRIBOLONOTE. *TRIBOLONOTUS.* Nob.

(T. V, p. 364. ATLAS, pl. LVI, fig. 1, *a* et *b*.)

CARACTÈRES ESSENTIELS. Dos hérissé de fortes épines osseuses; point de sillons latéraux; quatre pattes; pas de pores aux cuisses; de petits plis confluents sous la gorge; narines percées dans une seule plaque.

1. T. de la Nouvelle Guinée. *T. Novæ-Guineæ.* (V, 366.) Derrière du crâne et haut des tempes garnis de pointes; écailles du ventre carénées, entuilées. *Guinée.*

III.e GENRE. GERRHOSAURE. *GERRHOSAURUS.*

(ATLAS, pl. XLVII.) Wiegmann.

CARACTÈRES ESSENTIELS. Pattes courtes; queue non épineuse; un sillon latéral; narines entre trois plaques; dos écailleux; des pores aux cuisses; des dents au palais.

1. G. à deux bandes. *G. Bifasciatus.* (V, 375.) Corps fusiforme trapu; queue grosse, déprimée à la base; écailles du dos striées, un peu carénées. *Madagascar.*

1 *bis*. G. Grand. *G. Major*. (Cat. A. Duméril. p. 139.) écailles finement striées avec une petite carène ; d'un brun foncé uniforme, avec des taches noires quadrilatères. *Afrique occidentale.*

2. G. Rayé. *G. Lineatus*. (V, 378.) Onze raies, six noires et cinq jaunes sur le cou et le dos; une raie noire sur la tempe *Madagascar.*

3. G. Gorge jaune. *G. Flavigularis*. (V, 379.) Queue des deux tiers plus longue que le tronc ; le dessous de la gorge jaune. *du Cap de Bonne-Espérance.*

3 *bis*. G. de Bibron. *G. Bibroni*. (Cat. A. Duméril. p. 141.) Vingt-trois séries longitudinales d'écailles striées dont les médianes sont carénées; huit séries de lamelles ventrales. *Afrique.*

4. G. Type. *G. Typicus*. (V, 383.) Lobe de l'oreille fort grand; dos brun, avec une raie noire et une blanche en dehors. *Afrique mérid.*

5. G. Sépiforme. *G. Sepiformis*. (V, 384.) D'un brun jaunâtre avec une douzaine de lignes longitudinales brunes et onze noires. *Cap.*

IV.e GENRE. SAUROPHIDE. *SAUROPHIS*. Fitzinger.

Caractères essentiels. Quatre doigts à toutes les pattes qui sont courtes; le corps excessivement allongé; pas de dents au palais; sillon latéral très-profond.

1. S. de Lacépède. *S. Lacepedii*. (V, 389.) Écailles du dos striées et légèrement carénées ; six rangées d'écailles abdominales. *Afrique Australe.*

V.e GENRE. GERRHONOTE. *GERRHONOTUS*. Wiegmann.

Caractères essentiels. Quatre pattes à cinq doigts; un sillon latéral; pas de pores aux cuisses; langue veloutée en arrière, comme écailleuse en devant; des dents au palais.

1. G. de Deppe. *G. Deppii*. (V, 398.) Ecailles du dos lisses, de

même que celle des flancs; noir avec des taches plus noires en travers. *Mexique.*

2. G. à Bandes. *G. Taeniatus.* (V, 400.) Quinze demi-anneaux noirs à la queue; dessus blanchâtre avec huit bandes noires en travers. *Mexique.*

3. G. Multibandes. *G. Multifasciatus.* (V, 401.) Quinze bandes brunes piquetées de blanc en travers du corps; six à huit demi-anneaux à la queue. *Mexique.*

4. G. Multicaréné. *G. Multicarinatus.* (V, 404.) Ecailles du dos et des flancs carénées; dix bandes brunes marquées de points blancs sur le cou et le dos. *Californie.*

5. G. Marqueté. *G. Tesselatus.* (V, 405.) Des taches carrées, noires sur le pli latéral; écailles du dos carénées, celles des flancs lisses. *Mexique.*

6. G. Entuilé. *G. Imbricatus.* (V, 407.) Ecailles du dos à carène prolongée en pointe; fond gris tacheté d'olivâtre, blanc-bleuâtre en dessous. *Amér. nord ?*

7. G. Lichénigére. *G. Licheniger.* (V, 408.) Dos olivâtre avec des taches et une bande d'un vert blanchâtre; écailles supérieures carénées, sans pointes. *Mexique.*

VI.e GENRE. PSEUDOPE. *PSEUDOPUS.* Merrem.

CARACTÈRES ESSENTIELS. Rudiments d'une seule paire de pattes en arrière; corps serpentiforme; deux sillons latéraux profonds; écailles régulières homogènes, verticillées.

1. P. de Pallas. *P. Pallasii.* (V, 417.) Le dessus du corps d'un brun-marron piqueté de noirâtre; le cou et le dos rayés en travers. *Dalmatie, Morée, Afr. mér., Crimée, Sibérie.*

VII.e GENRE. OPHISAURE. *OPHISAURUS.* Daudin.

CARACTÈRES ESSENTIELS. Point de pattes du tout; des paupières; un tympan; écailles disposées par bandes transversales.

1. O. Ventral. *O. Ventralis.* (V, 423.) Dos rayé de bandes longitudinales jaunes ou piqueté de jaune. *Caroline.*

VIII.e GENRE. PANTODACTYLE. *PANTODACTYLUS*. Nobis.

Caractères essentiels. Quatre pattes à cinq doigts inégaux ; écailles du dos lisses ; pas de sillon latéral ; pas de dents au palais ; des pores aux cuisses ; un tympan ; langue en fer de flèche, échancrée en devant.

1. P. de Dorbigny. *P. Dorbignyi.* (V, 431.) Ecailles du dos étroites, carénées ; lamelles ventrales carrées, formant six séries en lougueur. *Buénos-Ayres.*

IX.e GENRE. ECPLÉOPE. *ECPLEOPUS*. Nobis.

Caractères essentiels. Quatre pattes à cinq doigts inégaux ; ni sillons latéraux, ni pores aux cuisses, ni dents au palais ; écailles quadrilatères formant des anneaux qui paraissent entuilés, surtout à la queue.

1. E. de Gaudichaud. *E. Gaudichaudii.* (V, 436.) Dessus du corps d'un brun fauve, marqué de chaque côté d'une ou deux raies blanchâtres. *Brésil.*

X.e GENRE. CHAMÉSAURE. *CHAMŒSAURA*. Fitzinger.

Caractères essentiels. Quatre pattes très-courtes en stylet, terminées par un seul doigt onguiculé ; pas de sillon latéral ; un petit trou auriculaire.

1. C. Serpentin. *C. Anguina.* (V, 441.) Corps brun en dessus avec une bande longitudinale fauve. *Afr. aust.*

XI.e GENRE. HÉTÉRODACTYLE. *HETERODACTYLUS*. Spix.

Caractères essentiels. Le pouce des pattes antérieures n'étant qu'un simple tubercule dépourvu d'ongle ; pas de dents au palais, ni d'oreilles extérieures; pas de sillon latéral; des pores fémoraux.

1. H. Imbriqué. *H. Imbricatus.* (V. 447.) Écailles dorsales carénées; six rangées de plaques ventrales; trois pré-anales; deux bandes dorsales plus claires. *Brésil.*

XII.e GENRE. CHALCIDE, *CHALCIDES.* Daudin.

Caractères essentiels. Quatre pattes très-courtes, à trois ou quatre doigts chacune; pas de pores aux cuisses; un léger sillon latéral; pas d'oreilles externes, ni de dents au palais; queue à verticilles d'écailles hexagones.

1. C. de Cuvier. *C. Cuvieri.* (V. 453.) Quatre doigts onguiculés; écailles du dos à six pans, étroites, plates et unies; six rangées de plaques ventrales. *Colombie.*

2. C. de Schlegel. *C. Schlegelii.* (V. 457.) Pattes à doigts représentés par trois tubercules égaux; le tout à peine de la longueur de la tête. *Calcuta.*

3. C. Cophias. *C. Cophias.* (V. 459.) Pattes postérieures en simples stylets; les antérieures à trois tubercules digitaux; écailles du dos rectangulaires. *Guyane.*

4. C. de Dorbigny. *C. Dorbignyi.* (V. 462.) pareil au précédent, mais les écailles dorsales et des flancs hexagones, étroites, lisses, distribuées sur dix-neuf rangs. *Chili.*

SECONDE TRIBU. LES GLYPTODERMES.

Peau nue ou sans écailles, verticillée et divisée par petits compartiments carrés, pas de paupières.

XIII.e GENRE. TROGONOPHIDE. *TROGONOPHIS.* Kaup.

Caractères essentiels. Point de pattes, ni de pores à la lèvre antérieure du cloaque; sternum sans plaques; toutes les dents presque réunies par leur base. (Erpét. t. V, p. 464.)

1. T. de Wiegmann. *T. Wiegmanni.* (V. 469.) Plaque rostrale emboitant le museau, yeux distincts; queue courte, conique; des taches carrées noires ou roussâtres en damier. *Alger.*

XIV.e GENRE. CHIROTE. *CHIROTES.* Nobis.

Caractères essentiels. Une paire de pattes antérieures seulement, à cinq doigts bien distincts; corps cylindrique, de même grosseur partout; des pores avant le cloaque.

1. C. Cannelé. *C. Canaliculatus.* (V. 474.) Parties supérieures tachetées de marron sur un fond fauve; blanchâtre en dessous. *Mexique.*

XV. GENRE. AMPHISBÈNE. *AMPHISBÆNA.* Linné.

Caractères essentiels. Point de pattes du tout; des pores au devant du cloaque; point de plaques plus grandes sur la région pectorale.

1. A. Enfumée. *A. Fuliginosa.* (V. 480.) Queue tronquée, à vingt-six anneaux; museau large, arrondi; tête déprimée. *Amé. mér.* Guyane, *Cayenne.*

2. A. Blanche. *A. Alba.* (V. 484.) Toute blanche, moins de vingt anneaux à la queue. *Brésil.*

3. A. de Prêtre. *A. Pretrei.* (V. 486.) Museau étroit, obtus; dix ou douze plaques pré-anales. *Brésil.*

4. A. Vermiculaire. *A. Vermicularis.* (V. 487.) Six plaques pré-anales seulement. *Brésil.*

5. A. de Darwin. *A. Darwinii.* (V, 490.) Six plaques pré-anales, à pores peu distincts au nombre de quatre. *Montevideo.*

6. A. Aveugle. *A. Cœca.* (V. 492.) Museau étroit aigu; plaques rostrales doubles. *Martinique.*

7. A. Ponctuée. *A. punctata.* (V. 494.) Plaque rostrale simple; corps ponctué de fauve. *Cuba.*

8. A. de King. *A. Kingii.* (V. 496.) Tête comprimée, crête arquée. *Am. mér.*

9. A. Queue blanche. *A. Leucura.* (V. 498.) De grandes plaques sur les tempes ; vingt pores pré-anaux. *Côte de Guinée.*

10. A. Cendrée. *A. Cinerea.* (V. 500.) Tête déprimée à museau large, queue conique. *Europe mér. Afrique.*

XVI.e GENRE. LÉPIDOSTERNE. *LEPIDOSTERNON.* Wagler.

Caractères essentiels. Les dents isolées les unes des autres; des plaques sternales.

1. Lepidosterne Microcéphale. *L. Microcephalum.* Dix plaques sur le vertex. *Du Brésil. Rio-Janeiro.*

2. L. Marsouin. *L. Phocœna.* Douze plaques sur le vertex. *Brésil.*

2. *bis.* Polystège. *L. Polystegum.* (Catal. A. Duméril, p. 149.) Seize plaques sus-craniennes ; compartiments pectoraux médiocres, en losange ; seize verticilles autour de la queue. *Bahia.*

3. L. Scutigèrn. *L. Scutigerum.* Deux grandes plaques céphaliquesseulement. *Brésil.*

3. *bis.* L. Octostège *L. Octostegum.* (Catal. A. Duméril, p. 150.) Huit plaques sus-craniennes ; douze plaques pectorales ; douze verticilles à la queue. *Brésil.*

HUITIÈME SOUS-ORDRE.

HUITIÈME FAMILLE DES SAURIENS.

LES SCINCOÏDIENS OU LÉPIDOSAURES. (V, 511.)

CARACTÈRES ESSENTIELS. Tête couverte de plaques polygones régulières; cou peu distinct du tronc; écailles du corps et des membres entuilées, disposées en quinconce, sans crêtes ni épines; ventre arrondi, sans rainure ou sillon latéral; langue libre, plate, sans fourreau, un peu échancrée et papilleuse.

Trente-deux genres divisés en trois sous-familles d'après les yeux distincts ou nuls, c'est-à-dire cachés sous la peau. Les SAUROPHTHALMES qui ont deux paupières comme les lézards. Les OPHIOPHTHALMES qui n'ont qu'une paupière ou qui ont l'œil couvert comme les Serpents, et enfin les TYPHLOPHTHALMES qui n'ont pas d'yeux visibles ou apparents.

PREMIÈRE SOUS-FAMILLE. — LES SAUROPHTHALMES.

CARACTERES ESSENTIELS. Les yeux munis de deux paupières mobiles; point de pores sous les cuisses, ni sur les bords du cloaque. (T. V, p. 533.)

(ATLAS, pl. LVII, n.° 1 à 16.)

I.er GENRE. TROPIDOPHORE. *TROPIDOPHORUS*. Nobis.

CARACTÈRES ESSENTIELS. Quatre pattes, à cinq doigts; queue aplatie, comprimée, surmontée de quatre carènes; écailles du dos carénées.

1. T. de la Cochinchine. *T. Cocincinensis*. Seule espèce de la famille qui ait la queue comprimée de droite à gauche.

II.e GENRE. SCINQUE. *SCINCUS.* Fitzinger.

CARACTERES ESSENTIELS. Queue conique, à museau en coin; dents pointues; doigts plats dentelés. (T. V, page 559.)

1. Scinque des Boutiques. *S. Officinalis.* D'Egypte. *Afrique.*

III.e GENRE. SPHÉNOPS. *SPHENOS.*

(ATLAS, pl. LVII, n.o 3. La tête.) Wagler.

CARACTÈRES ESSENTIELS. Semblable au précédent, mais les doigts arrondis, non dentelés; pas de dents palatines.

1. S. Bridé. *S. Capistratus.* Corps allongé, surtout dans la région de la queue. *Egypte.*

IV.e GENRE. DIPLOGLOSSE. *DIPLOGOSSUS.*

(ATLAS, pl. LVII, n.o 2. Tête.) Wiegmann.

CARACTÈRES ESSENTIELS. Semblable aux précédents pour les membres, la queue, les dents; mais la langue n'étant écailleuse qu'en avant. (T. V, page 585).

1. D. de Shaw. *D. Shawi.* La queue un peu comprimée, cannelée; écailles légèrement carénées et striées. *Jamaïque.*

2. D. d'Owen. *D. Owenii.* Semblable au précédent; mais pas de plaque fronto-nasale. *Amérique ?*

3. D. de Clift. *D. Cliftii.* Queue aussi un peu comprimée; mais les écailles sans carène médiane. *Hab ?*

4. D. d'Houttuyn. *D. Houttuynii.* Queue arrondie, deux plaques fronto-nasales. *Brésil.*

5. D. de la Sagra. *D. Sagraei.* Queue arrondie un peu quadragulaire ; corps cylindrique, à membres et doigts courts. *Cuba.*

6. D. de Plée. *D. Plei.* Semblable au précédent, mais le conduit auditif plus large et huit ou dix séries au plus d'écailles sur le dos. *Martinique.*

V.e GENRE. AMPHIGLOSSE. *AMPHIGLOSSUS.*

(Erpét. gén. Tome V, p. 608.) Nobis.

Caractères essentiels. Semblables à ceux du Diploglosse, mais la langue ne porte de papilles qu'en arrière et non en devant ; les écailles sont lisses.

1. A. de l'Astrolabe. *A. Astrolabii.* Corps cylindrique très-allongé ; à pattes courtes. *Madagascar.*

VI.e GENRE. GONGYLE. *GONGYLUS.* Wiegmann.

Caractères essentiels. Quatre pattes, toutes à cinq doigts; queue arrondie pointue ; museau conique ; toute la surface de la langue écailleuse. Sept sous genres. (T. V, page 610).

1.o Gongyle. Narines percées dans deux plaques ; les écailles lisses ; palais non denté.

1. G. Ocellé. *G. Ocellatus.* Conduit auditif sub-triangulaire à bords simples. *Sicile. Malte.*

2. G. de Boié. *G. Boiei.* Ouverture de l'oreille, longue, operculée, dentelée en bas. *Ile de France.*

Tous les sous genres qui suivent ont les narines percées dans une seule plaque.

2.o Eumèces. La plaque nasale percée en arrière : écailles lisses ; palais non dentè. (Wiegmann.) (V., 629.)

1. E. Ponctué. *E. Punctatus.* Paupière inférieure transparente ; orifice de l'oreille petit, à un seul lobe. *Malabar.*

2. E. de Sloane. *E. Sloani.* Comme le précédent ; mais l'oreille non lobulée ; la plaque inter-nasale hémidiscoïde. *Jamaïque.*

3. E. de Spix. *E. Spixii.* Comme le précédent ; mais l'inter-nasale losangique et la plaque frontale à deux pans en devant. *Amérique mér.*

4. E. Mabouia. La plaque frontale à trois pans. *Antilles.*

5. E. de Freycinet. La plaque fronto pariétale unique; l'inter-pariétale distincte; écailles sous digitales élargies. *Archipel des Carolines.*

6. E. de Carteret. Comme le précédent; mais les écailles des doigts étroites. *Nouvelle Irlande.*

7. E. de Baudin. Point de plaque inter-pariétale; dessus du corps bronzé, à flancs noirs. *Nouvelle Guinée.*

8. E. de Lesson. Comme le précédent; corps noir, raié de jaune. *Océanie.*

8. *bis.* E. de Samoa. (Cat. A. Duméril, p. 157.) Paupière d'en bas transparente; oreilles médiocres à dentelures antérieures; tête plus large que le cou; museau plat en triangle. *Océanie.*

9. E. d'Oppel. Paupière inférieure opaque, écailleuse; la plaque fronto-pariétale double. *Nouvelle Guinée.*

10. E. Microlépide. Caractère du précédent; mais une seule plaque fronto-pariétale. *Tongatabou. Ile des Amis.*

5.° EUPRÉPES. Caractères des Eumèces; mais les écailles carénées et le palais garni de dents sur les os ptérygoïdiens. Treize espèces. (V, 663.) Wagler.

1. E. de Cocteau. Paupière transparente; oreille lobulée, deux carénes aux écailles dorsales. *Afrique?*

2. E. de Perrotet. Comme le précédent; mais trois carênes sur le dos qui est tacheté. *Sénégal.*

2. *bis.* E. Tacheté. (Catal. A. Duméril, p. 159.) Paupière inférieure transparente; écailles à trois dents et très carénés; base de la queue à trois pans. *Démérary. Guyane Anglaise.*

3. E. de Merrem. Comme les précédents; mais pas de lobule aux oreilles qui sont un peu couvertes par les écailles des tempes. *Cap.*

4. E. d'Olivier. Trois carénes dorsales; les lobules des oreilles longs effilés; les paupières transparentes. *Egypte.*

5. E. de Bibron. Six carénes dorsales; d'ailleurs comme les précédents. *Afrique Australe?*

6. E. de Savigny. Trois carènes sur le dos qui est rayé ; les lobules de l'oreille courts ; les paupières transparentes. *Egypte.*

6. *bis.* E. de Smith. (Catal. A. Duméril, p. 160.) Paupière inférieure transparente ; écailles à trois carènes ; six bandes longitudinales brunes. *Du Cap de Bonne-Espérance.*

6. *ter.* E. Très-ponctué. (Catal. A. Duméril, p. 160.) Carènes des écailles peu distinctes; dos couvert de points jaunes avec une bande claire de chaque côté. *Cap de Bonne-Espérance.*

7. E. à Sept Bandes. Deux carènes dorsales à peine saillantes; sept bandes longitudinales fauves. *Abyssinie.*

8. E. des Seychelles. Six ou sept carènes dorsales; lobules auriculaires courts ; paupières transparentes.

9. E. de Gravenhorst. Plaque fronto-pariétale unique et une inter-pariétale; deux raies blanches sur le tronc. *Madagascar.*

9. *bis.* E. Concolore. (Cat. A. Duméril, p. 162.) Les six rangées médianes du dos relevées de cinq petites carènes ; les latérales n'en ayant que trois ; teinte d'un brun uniforme. *Origine?*

10. E. de la Physicienne. *E. Physicæ.* Une seule plaque inter-pariétale, ainsi que la fronto-pariétale. *Nouvelle Guinée.*

11. E. de Delalande. Une seule plaque pariétale et point d'inter-pariétale. Corps lacertiforme à longue queue. *Cap de B.-Esp.*

12. E. de Séba. Paupières écailleuses; oreille découverte. *Bengale.*

13. E. de Van-Ernest. Paupières écailleuses couvertes par celles des tempes ; carènes des écailles peu évidentes. *Java.*

IV.e SOUS-GENRE. PLESTIODONTE. *PLESTIODON.*

(Tome V, p. 697.) Nobis.

CARACTÈRES. Narines percées dans une seule plaque, la nasale intermédiaire ; les écailles lisses ; le palais denté.

1. P. d'Aldrovandi. Les oreilles garnies de plusieurs lobules bien développés. *Egypte. Algérie.*

2. P. de Chine. *P. Sinensis.* Oreilles à petits tubercules; point de plaque fréno-nasale ; dos fauve glacé de vert.

3. P. à Tête large. *P. Laticeps.* Oreilles sans lobes ; tempes renflées, tête rougeâtre ; dessus du corps fauve. *Nouv.-Orléans.*

4. P. à Cinq-raies. *P. Quinque-lineatum.* Quelques tubercules petits autour de l'oreille ; dos noir à cinq raies blanches. *Amérique du Nord.*

5. P. le Beau. *P. Pulchrum.* Oreilles sans tubercules ; corps noir rayé de blanc. *Chine.*

V.e SOUS-GENRE. LYGOSOME. *LYGOSOMA.* Gray.

Caractères. Narines percées dans une seule plaque; écailles lisses; palais non denté; pas de plaques supéro-nasales comme dans les Eumèces. (Tome V, page 711).

1. L. De Guichenot. Paupière inférieure transparente ; une seule fronto-pariétale; frontale en triangle équilatéral. *Nouvelle-Hollande.*

1 *bis.* L. Hiéroglyphique. (Catal. cité p. 166.) Un grand nombre de petits traits noirs sur le dos et sur les flancs ; une série de taches noires bordées de brun jaunâtre. *Nouv. Hollande.*

2. L. De Duperrey. Comme le précédent ; plaque frontale losangique. *Nouvelle-Hollande.*

3. L. De Bourgainville. Plaque fronto-pariétale double ; oreille très-petite, couverte par les écailles. *Nouvelle-Hollande.*

4. L. D'Entrecasteaux. Comme le précédent, mais le disque palpébral très-grand. *Nouvelle-Hollande.*

5. L. Moco. Comme les précédents; mais les paupières médiocres et les écailles pré-anales égales entre elles. *Nouvelle-Zélande.*

5 *bis.* L. Linéo-ocellé. (Même Catal., p. 169.) Le dessus du dos couvert d'écailles noires, marquées d'un petit trait blanchâtre; fond de-la peau d'un brun verdâtre. *De la Tasmanie.*

6. L. Bandes-latérales. *P. Lateralis.* Comme le précédent, mais les écailles pré-anales inégales. *Amér. du Nord.*

7. L. Pattes-courtes. *P. Brachypodum.* Paupière inférieure non transparente; fronto-pariétale unique. *Java.*

8. L. Barbe noire. *L. Melanopogon.* Sept plaques sus-oculaires; pas de glande au talon; fronto-pariétale double, nasales latérales. *Timor*, *Nouv.-Guinée.*

9. L. De Dussumier. Quatre plaques sus-oculaires; pattes longues; vingt-neuf séries d'écailles au tronc; nasale latérale. *Malabar.*

10. L. Chenillé. *L. Erucatum.* Semblable au précédent, mais trente-huit séries d'écailles sur le tronc. *Nouvelle-Hollande.*

11. L. De Temminck. Pattes courtes; quatre plaques sus-oculaires; nasales latérales; pas de glande au talon. *Habitation?*

11 *bis*. L. Transversal. (Même Catal., p. 171.) Écailles du dos régulières, à six pans, mais plus larges que longues; pattes courtes. *De Java.*

12. L. De Quoy. Nasales contigues; oreilles non denticulées; fronto-pariétale double. *Nouvelle-Hollande.*

13. L. Sacré. *L. Sanctum.* Cinq plaques sus-oculaires; pas de glande au talon; nasales latérales et fronto-pariétales doubles. *Jav.*

14. L. De la Billardière. Plaques fronto-nasales séparées; oreilles denticulées; dos bronzé piqueté de noir. *Nouv.-Holland.*

15. L. De Lesueur. Quatre séries d'écailles dorsales; plaques frontso-nasales et nasales contigues; fronto-pariétales doubles. *Nouvelle-Hollande.*

16. L. à Bandelettes. *L. Taeniolatum.* Dos brun, rayé de blanc; plaques fronto-nasales séparées; oreilles denticulées. *Nouv.-Holl.*

17. L. Porte-collier. *L. Moniligerum.* Huit séries d'écailles sur le dos; oreilles denticulées; plaques fronto-nasales contigues. *Nouv.-Hollande.*

18. L. Eméraudin. *L. Smaragdinum.* Une grosse glande au talon, nasales latérales; fronto-pariétale double. *Java.*

19. L. De Muller. Plaque frontale aussi large que longue en losange; paupière inférieure opaque. *Nouvelle-Guinée.*

VI.e SOUS-GENRE. LÉIOLOPISME. *LEIOLEPISMA.* Nobis.

CARACTÈRES. Narines dans une seule plaque; écailles lisses; palais denté.

1. L. De Telfair. *L. Telfairii.* Comme il n'y a qu'une seule espèce, le caractère du genre suffit. *De Manille.*

20.*

VII.e SOUS-GENRE. TROPIDOLÉPISME. *TROPIDOLEPISMA*. Nobis.

(T. V, p. 745. Atlas, pl. L, sous le nom de Scinque).

Caractères. Narines dans une seule plaque ; pas de dents au palais; écailles carénées.

1. T. de Duméril. Paupière inférieure écailleuse; oreilles en partie cachées par un rebord en avant. *Nouvelle-Hollande.*

1 *bis*. T. Très-grand. *T. Major.* (Catal. A. Duméril, p. 176.) Huit rangées de grandes écailles sur le dos, sur lesquelles on voit de petites carènes ; écailles de la queue striées. *Nouv.-Hollande.*

1 *ter*. T. de Cunningham. (Même Catal., p. 177.) Toutes les écailles grandes, carénées, terminées en pointe, formant une série d'épines sur la queue. *Nouvelle-Hollande.*

VII.e GENRE. CYCLODE. *CYCLODUS*. Wagler.

Caractères essentiels. Cinq doigts aux pattes; queue conique; dents tuberculeuses hémisphériques.

1. C. de la Casuarine. Oreilles non dentelées. *Nouv.-Hollande.*

2.* C. Noir-jaune. *C. Nigro-luteus.* Oreilles dentelées, un sillon creusé dans les plaques nasales. *Nouvelle-Hollande.*

3. C. de Boddaert. Oreilles dentelées ; plaques temporales beaucoup plus longues que les autres. *Nouvelle-Hollande.*

VIII.e GENRE. TRACHYSAURE. *TACHYSAURUS*. Gray.

Caractères essentiels. Quatre pattes à cinq doigts chaque; queue déprimée, courte, épaisse, comme tronquée; écailles osseuses, rugueuses. (T. V, p. 754).

1. T. Rugueux. Tête grosse, aplatie, triangulaire. *Nouvelle-Hollande.*

1 *bis*. T. Rude. *T. Asper.* (Catal. A. Duméril, p. 179.) Écailles inégales et très-rugueuses; queue très-courte, confondue avec le tronc; des taches d'un jaune vif, disposées régulièrement. *Austral.*

VIII.e GENRE. *bis*. SILUBOSAURE. Gray.

1. S. de Stokes. *S. Stokesii*. Cat. A. Duméril, 180. Queue déprimée épineuse ; écailles du dos à deux carènes; celles des flancs et du ventre lisses ; tête quadrangulaire conique. *Australie*.

IX.e GENRE. HÉTÉROPE. *HETEROPUS*. Fitzing.

Caractères essentiels. Quatre pattes à quatre doigts en devant et cinq derrière ; écailles carénées ; flancs arrondis.

1. H. Brun. Ecailles du dos à trois carènes, celles du cou lisses; trente-six séries d'écailles au tronc. *Iles de Waigiou*.

2. H. de Péron. Ecailles dorsales à deux carènes et celles du cou tricarénées au lieu d'être lisses. *Ile de France*.

2 *bis*. H. Deux-bandes. *H. Bifasciatus*. Cat. A. Duméril, pag. 182. Des lignes carénées sur le tronc et sur la queue. *Nouv.-Gren*.

X.e GENRE. CAMPSODACTYLE. *CAMPSODACTYLUS*. (Erpét. génér. T. V, p. 762.) Nobis.

Caracteres essentiels. Cinq doigts aux pattes antérieures et quatre aux postérieures ; écailles lisses.

1. C. de Lamarrepicot. *C. Lamarrei*. Semblable à un petit orvet à pattes très-courtes. Du *Bengale*.

XI.e GENRE. TÉTRADACTYLE. *TETRADACTYLUS*. (Tome V, p. 764.) Perron.

Caractères essentiels. Quatre doigts à toutes les pattes ; écailles lisses.

1. T. de Decrès. De l'île Decrès. *Nouvelle-Hollande*.

XII.e GENRE. HÉMIERGIS. Wagler.

Caractères essentiels. Quatre pattes, chacune terminée par trois doigts inégaux et imparfaits ; plaque rostrale petite ; narines percées dans la plaque nasale.

1 H. de Decrès. Ne diffère du genre précédent que par le nombre des doigts. *Nouvelle-Hollande.*

XIII.e GENRE. SEPS. (V, 768.) Daudin.

CARACTÈRES ESSENTIELS. Quatre pattes à trois doigts chacune, des conduits auditifs distincts; les narines entre deux plaques; palais non denté.

1. S. Chalcide. *S. Chalcides.* Membres courts; corps très-allongé. *Italie, France méridionale, Espagne.*

XIV.e GENRE. HÉTÉROMÉLE. *HETEROMELES.* Nobis.

CARACTÈRES ESSENTIELS. Deux doigts aux pattes de devant; trois derrière.

1. H. Mauritanique. *H. Mauritanicus.* Semblable au Seps pour la forme et même les couleurs. *Alger.*

XV.e GENRE. CHÉLOMÈLE. *CHELOMELES.* Nobis.

CARACTÈRES ESSENTIELS. Quatre pattes chacune à deux doigts; pas de rainure au palais. Narines percées dans une seule plaque. (T. V, p. 774).

1. C. à Quatre-raies. *C. Quadrilineatus.* Quatre lignes noires sur un fond fauve. *Nouv.-Hollande.*

XV.e GENRE *bis*. ANOMALOPE. *ANOMALOPUS.* Nobis.

A. de Verreaux. (Cat. A. Duméril. Genre XIV *bis*, pag. 185.) Quatre membres courts; les antérieurs à trois doigts; les postérieurs non divisés. Palais non denté; écailles lisses; corps d'un gris uniforme; un collier jaune. *Tasmanie.*

XVI.e GENRE. BRACHYMÈLE. (V, 776.) Nobis.

CARACTÈRES ESSENTIELS. Quatre pattes, deux doigts devant; un seul derrière.

1. B. de la Bonite. Forme d'un Typhlops; la queue étant de moitié de la longueur du corps; d'un brun d'acier poli. *Iles Philippines, Manille.*

XVII.e GENRE. BRACHYSTOPE. *BRACHYSTOPUS.* Nobis.

CARACTÈRES ESSENTIELS. Quatre pattes un seul doigt devant; deux derrière. (T. V, p. 778).

1. B. Linéo-Ponctué. *B. Lineo-punctulatus.* Smith. Des bandes longitudinales de points noirs bordés de blanc. *Afr. Austr.*

XVIII.e GENRE. NESSIE. *NESSIA* Gray.

CARACTÈRES ESSENTIELS. Quatre pattes chacune à trois doigts; la plaque rostrale grande emboitant le museau qui est conique; corps anguiforme. (T. V, p. 781).

1. N. de Burton. *Habitation* ?

XIX.e GENRE. ÉVÉSIE. *EVESIA.* Gray.

CARACTÈRES ESSENTIELS. Quatre pattes, chacune à un seul doigt et réduites en moignons ou en stylets très-courts. (V, 782).

1. E. Monodactyle ou de Bell. *E. Monodactyla. Indes-Orient.*

XX.e GENRE. SCÉLOTE. *SCELOTES.* (V, 785.) Fitzinger.

CARACTÈRES ESSENTIELS. Deux pattes postérieures seulement; divisées en deux doigts; écailles lisses.

1. S. de Linné. *S. Linnaei. Cap de Bonne-Espérance.*

XXI.e GENRE. PRÉPÉDITE. *PRÆPEDITUS.* Nobis.

CARACTÈRES ESSENTIELS. Deux pattes derrière en moignons postérieurs sans doigts, ou en stylets; museau plat, en coin. (T. V, p. 787).

1. P. Raié. *P. Lineatus.* Corps argenté avec une ligne noire le long des flancs. *Cap? Nouvelle-Hollande?*

XXII.e GENRE OPHIODE. *OPHIODES.* Wagler.

CARACTÈRES ESSENTIELS. Deux pattes postérieures seulement courtes et aplaties; écailles striées; museau conique arrondi. (T. V, p. 788).

1. O. Strié. Semblable à un orvet mais avec une queue très-longue des trois cinquièmes du corps. *Cayenne, Amériq. Mérid.*

XXIII.e GENRE ORVET. *ANGUIS.* Linné.

CARACTÈRES ESSENTIELS. Point de pattes du tout; une petite plaque rostrale; narines percées dans la nasale; corps serpentiforme; écailles lisses. (T. V, p. 791).

1. O. Fragile. Beaucoup de variétés. *Europe.*

XXIV.e GENRE. OPHIOMORE. *OPHIOMORUS.* Nobis.

CARACTÈRES ESSENTIELS. Semblable aux orvets, mais les narines ouvertes entre deux plaques et la langue écailleuse; dents droites coniques, obtuses. (T. V, p. 799).

1. O. à Petits points. *O. Miliaris.* Des séries longitudinales de points noirs. *Algérie.*

XXV.e GENRE. ACONTIAS. Cuvier.

(ATLAS, pl. LVIII, t. V, p. 801.)

CARACTÈRES ESSENTIELS. Une grande plaque rostrale enveloppant le museau; une seule paupière, l'inférieure; pas de trous auditifs, pas de membres.

1. A. Peintade. *A. Meleagris.* Des taches brunes entourées de fauve ou de blanchâtre sur chaque écailles du dessus du corps. *Afrique Australe.*

SECONDE SOUS-FAMILLE. LES OPHIOPHTHALMES.

Caractères essentiels. Les yeux distincts mais à une seule paupière à peine mobile ; les uns ont quatre pattes et les autres deux seulement ; ils sont distribués en cinq genres. (T. V. p. 805.)

XXVI.e GENRE. ABLÉPHARE. *ABLEPHARUS*. Fitzinger.

Caractères essentiels. Quatre pattes ; toutes à cinq doigts.

1. A. de Kitaibel. Plaque fronto-pariétale double ; un demi cercle palpébral. *Morée, Hongrie, Bucharie.* (T. V, p. 806).

2. A. de Ménestriès. Semblable au précédent, mais un véritable cercle palpébral entier. *Russie.*

3. A. de Péron. Seule plaque fronto-pariétale ; les écailles supérieures du cercle palpébral plus grandes. *Nouv.-Hollande.*

4. A. Rayé et ocellé. *A. Lineo-ocellatus.* Toutes les écailles du cercle palpébral, petites, égales entre elles. *Nouvelle-Hollande.*

XXVII.e GENRE. GYMNOPHTHALME. Merrem.

Caracteres essentiels. Quatre pattes, les antérieures à quatre doigts, les postérieures à cinq ; des trous auditifs ; paupières non distinctes.

1. G. à Quatre raies. *G. Quadrilineatus.* Corps comme bronzé avec deux lignes longitudinales jaunes de chaque côté. *Brésil.*

XXVIII.e GENRE. LÉRISTE. *LERISTA*. Bell.

Caractères essentiels. Quatre pattes : les antérieures à deux doigts ; les postérieures à trois. (T. V, p. 823).

1. L. à Quatre raies. *L. Lineata.* Corps serpentiforme, pattes courtes d'un gris argenté verdâtre avec deux bandes noires. *Nouvelle-Hollande.*

XXIX.e GENRE. HYSTÉROPE. *HISTEROPUS*. Nob.
(T. V, p. 826. Atlas, pl. lv.)

Caractères essentiels. Deux pattes seulement aplaties rémiformes sans doigts, corps serpentiforme; écailles carénées.

1. H. de la Nouvelle-Hollande. Des pores transversaux au-dessus du cloaque.

XXX.e GENRE. LIALIS. *LIALIS*. (V. 830.) Gray.

Caractères essentiels. Deux pattes en arrière seulement pointues et écailleuses à la base; des pores pré-anaux; écailles lisses.

1. L. de Burton. *L. Burtoni.* Un rudiment de paupière, huit pores au-dessus du cloaque. *Nouv. Holl.*

TROISIÈME SOUS-FAMILLE. LES TYPHLOPHTHALMES.

Caractères essentiels. Les yeux nuls ou entièrement cachés.

Deux genres seulement, l'un avec des pattes postérieures ou deux appendices non divisés en doigts ; l'autre sans pattes.

XXXI.e GENRE. DIBAME. *DIBAMUS*. Nobis.

Caractères essentiels. Deux appendices postérieurs courts, aplatis en forme de rames ; pas de trous auditifs ; queue courte, tronquée ; écailles lisses. (T. V, p. 833).

1. D. De la Nouvelle Guinée. *D. Acontias subcæcus.* Pas de plaques mais des écailles sur le crâne.

XXXII.e GENRE. TYPHLINE. *TYPHLINE*.
Wiegmann.

Caractères essentiels. Point de pattes du tout ; pas d'orifices ou de conduits auriculaires. (T. V, p. 833).

1. T. de Cuvier. *T. Cuvierii.* Quatorze séries longitudinales d'écailles lisses, fauves, avec un liseret violet. *Afrique australe. Cap.*

TROISIÈME ORDRE DES REPTILES.

LES SERPENTS OU OPHIDIENS.

Caractères essentiels. Corps allongé étroit, sans pattes, ni nageoires paires; bouche garnie de dents rondes, pointues, recourbées; mâchoire inférieure à branches séparées ou désunies, plus longues que le crâne; tête à un seul condyle arrondi, sans cou distinct; pas de conque ou de conduit auditif externe; pas de paupières mobiles: peau extensible recouverte de granulations ou d'écailles et d'un épiderme caduc, se détachant d'une seule pièce. (Erp. générale, t. VI p. 71, et VII page 4.)

CINQ SOUS-ORDRES D'APRÈS LES DENTS.

I. Les OPOTÉRODONTES ou VERMIFORMES. (Tome VI, pag. 233 et VII, pag. 15.)

Des dents lisses à l'une des mâchoires uniquement.

II. Les AGLYPHODONTES ou COLUBRIFORMES. (Tome VI, p. 357 et VII, p. 19.)

Des dents lisses, ou non sillonnées, aux deux mâchoires.

III. Les OPISTHOGLYPHES. (Tome VII, p. 781.)

Des dents cannelées, en arrière de la série des crochets lisses.

IV. Les PROTÉROGLYPHES. (Tome VII, p. 1178.)

Des dents canelées et non perforées au-devant des crochets de la mâchoire supérieure.

V. Les SOLÉNOGLYPHES. (Tome VII, p. 1359.)

De longues dents cannelées et perforées dans leur base à la mâchoire supérieure sans autres crochets.

PREMIER SOUS-ORDRE.

LES OPOTÉRODONTES. (T. VI, p. 253).

CARACTÈRES. Serpents à corps arrondi; vermiformes, couverts d'écailles toutes semblables entre elles; n'ayant de dents ou de crochets qu'à l'une de leurs deux mâchoires. (Deux familles: huit genres.)

PREMIÈRE FAMILLE DES OPOTÉRODONTES.

LES ÉPANODONTIENS.

CARACTÈRES ESSENTIELS. Serpents qui n'ont des crochets lisses qu'à la mâchoire supérieure seulement. (T. VI, p. 256.)

I.er GENRE. PILIDION.

CARACTÈRES. Tête revêtue de plaques; narines en dessous; bout du museau arrondi; pas de plaques pré-oculaires. (p. 259.)

1. Pil. Rayé. *P. Lineatum.* De longues raies brunes sur un fond jaune-verdatre. *De Java.*

II.e GENRE. OPHTHALMIDION.

CARACTÈRES. Semblables aux précédents pour les plaques de la tête, les narines, et le museau; mais avec des plaques pré-oculaires. (Tome VI, pag. 262.)

1. O. Très-long. *O. Longissimum.* Yeux à peine distincts; pointe de la queue épineuse. *Amér. sept.*

1. *bis.* O. Épais. *O. Crassum.* Corps deux fois plus court en arrière que devant. (A. Duméril, Catal. p. 202.) *De Java.*

2. O. d'Eschrit. *O. Eschritii.* Yeux très-distincts, dos à raies brunes et séries de points jaunes. (T. VI, p. 265.) *Côtes de Guinée.*

2. *bis.* O. Brun. *O. Fuscum.* Queue conique; corps à peine plus gros en arrière. (Catal. cité p. 203.) *Java.*

III.ᵉ GENRE CATHÉTORHINE. *CATHETORHINUS.* Nobis.

CARACTÈRES. Tête couverte de plaques; narines latérales; bout du museau tranchant. (Tome VI, pag. 268.)

1. C. Mélanocéphale. *C. Melanocephalum.* Tête noire, tronc fauve. (p. 270. *Voyage de Péron.*)

IV.ᵉ GENRE. ONYCHOCÉPHALE. *ONYCHOCEPHALUS.* Nobis.

CARACTÈRES. Tête couverte de plaques; narines en dessous d'un museau tranchant; yeux distincts. (Tome VI, p. 272.)

1. O. De Dalalande. *O. Lalandii.* Plaque rostrale plus large en avant; queue terminée par une épine. *Cap.*

2. O. Multiraié *O. Multilineatus.* Plaque rostrale plus étroite en avant. Corps rayé de blanc sur un fond gris. *Nouv.-Guinée.*

3. O. Uni-rayé. *O. Uni-lineatus.* Corps d'un brun olivâtre avec une ligne dorsale noire. *Cayenne.*

4. O. Museau-pointu. *O. Acutus.* Plaque rostrale formant une grande calotte à six pans. Corps gris. *Habitation ?*

5. O. Trapu. *O. Congestus.* Museau large, curviligne, aminci mais mousse. Taches jaunes sur du noir. *Habitation?*

6. O. de Bibron. *O. Bibroni.* Smith. (Pl. 51 et 54, t. VII, page 18.)

7. O. du Cap. *O. Capensis.* Smith. (Pl. 51, fig. 3 et 54 fig. A.)

8. O. Vertical. Smith. *O. Verticalis.* Smith. (Pl. 54, fig. 17 à 20.) Ces trois dernières espèces ne sont connues que d'après M. Smith.

V.e GENRE. TYPHLOPS.

(ATLAS, pl. LXXV, n.o 1 et 1 *a*. Tête osseuse.)

CARACTÈRES ESSENTIELS. Tête revêtue de plaques; narines latérales; bout du museau arrondi. (T. VI, p. 281.)

1. T. Réticulé. *T. Reticulatus.* (VII, 18.) Queue conique, plus grosse que la tête; plaque fronto-nasale échancrée derrière; yeux distincts; écailles à centre foncé, à bords plus clairs, formant comme un réseau sur le dessus du corps. *Amér. mérid.*

2. T. Lombric. *T. Lumbricalis.* Corps plus grêle en avant, d'un brun marron ou rousseâtre; queue obtuse, deux fois plus longue que la largeur de la tête. *Antilles.*

3. T. De Richard. *T. Richardii.* Plaque rostrale en forme de bandelette; bord postérieur des plaques fronto-nasales en angle rentrant. *Antilles.*

4. T. Platycéphale. *T. Platycephalus.* Plaque rostrale en bandelettes; pariétales plus grandes que les sus-oculaires. *Martiniq.*

5. T. Noir et blanc. *T. Nigro-albus.* Noir foncé en dessus, mais chaque écaille ayant un petit liseré blanc; bout du museau et dessous du corps d'un blanc sale. *Sumatra.*

6. T. de Muller. T. *Mulleri.* Noir en dessus; bout du museau, de la queue et le dessous du corps jaunâtre. *Padang à Sumatra.*

7. T. De Diard. *T. Diardii.* Corps d'un brun rouge en dessus; d'un blanc grisâtre en dessous; bord postérieur des plaques fronto-nasales formant une courbe rentrante. *Indes orient.*

8. T. A lignes nombreuses. *T. Polygrammicus.* Vingt-deux rangées longitudinales de petits points noirâtres sur un fond jaunâtre. *De Timor.*

9. T. Vermiculaire. *T. Vermicularis.* Museau très-convexe; plaques sus-oculaires transversales; corps de couleur fauve, lavé de brun très-clair; dernière écaille de la queue emboitante, terminée en pointe. *Morée, Ile de Chypre.*

10. T. Filiforme. *T. Filiformis.* Corps très-grêle, d'un brun roussâtre, plus pâle en dessous; extrémité de la queue arrondie; écailles héxagones presque aussi grandes en avant que celles de la tête. *Patrie inconnue.*

11. T. Brame. *T. Braminus.* Plaques nasales et pré-oculaires unies entre elles à leur base et au dessous des fronto-nasales; corps grisâtre, blanchâtre à ses deux extrémités. *Bengale. Coromandel, Malabar.*

12. T. Noir. *T. Ater.* Corps noir en dessus, rougeâtre en dessous; dessous de la tête et pourtour des yeux blanc; tronc à peu près de même grosseur aux deux extrémités. *Java.*

VI.e GENRE. CÉPHALOLÉPIDE.

(Tom. VI, pag. 314. Tom. VII, pag. 18.) Nobis.

Caractères essentiels. Tête couverte d'écailles de la même dimension que celles du reste du corps; yeux distincts; une plaque au bout du museau.

1. C. Leucocéphale. *C. Leucocephalus.* Tête blanche; corps brun en dessus; jaunâtre eu dessous. *Guyane.*

DEUXIÈME FAMILLE DES OPOTÉRODONTES.

LES CATODONTIENS.

CARACTÈRES. A mâchoire supérieure sans dents ; les maxillaires inférieurs, d'ailleurs très-forts, sont garnis de six à dix dents grosses et arrondies sur chaque branche osseuse. (T. VI, pag. 317 et VII, p. 18.)

I.er GENRE CATODONTE. *CATODON*. Nobis.

CARACTÈRES. Yeux très-petits; queue fort courte; tête très-plate, déprimée, tronquée, à museau large. (T. VI, p. 318.)

1. C A sept raies. *C. Septemlineatam*. Queue conique, courbée, sans épine terminale; corps jaunâtre avec des raies brunes longitudinales. *Patrie inconnue.*

II.e GENRE. STÉNOSTOME. Nobis.

(ATLAS, pl. LXXV, n.o 2 et 2 *a*. Tête osseuse.)

CARACTÈRES. Yeux latéraux, bien distints; queue deux ou trois fois plus longue que la tête. (T. VI, p. 322.)

1. S. Du Caire. *S. Cairi*. Plaque oculaire descendant sur la lèvre ; la nasale excessivement courte, blanchâtre en dessous, rousseâtre en dessus. *Du Caire.*

2. S. Noirâtre. *S. Nigricans*. Queue très-longue; plaque oculaire descendant sur la lèvre ; très-petite espèce. *De l'Afrique australe, du Cap.*

3. S. Front blanc. *S. Albifrons*. Queue deux fois plus longue que la tête ; plaque labiale s'élevant au dessus de l'œil; le museau et le bout de la queue blancs. *Du Brésil.*

4. S. De Goudot. *S. Goudotii*. Queue de moitié plus longue que la tête ; plaque pré-oculaire descendant sur la lèvre ; écaille sus-labiale n'atteignant pas l'œil ; une tache noire sur chaque écaille. (T. VI, p. 330.) *Nouvelle-Grenade.*

5. S. Deux-raies. *S. Bilineatum*. Quatre squammes sus-labiales ; narines au dessous et au devant des yeux ; la seconde plaque sus-labiale touchant l'œil.

DEUXIÈME SOUS-ORDRE.

LES AGLYPHODONTES.

CARACTÈRES. Serpents à dents arrondies; coniques, pleines, lisses et sans cannelure, implantées sur les deux mâchoires. (Tome VI, pag. 337. VII, pag. 19.)

DOUZE FAMILLES. Suivant que les dents sont à peu près toutes de même longueur ou qu'elles sont inégales. (Table analytique des Familles, tom. VII, pag. 25.)

PREMIÈRE FAMILLE DES AGLYPHODONTES.

LES HOLODONTIENS.

CARACTÈRES ESSENTIELS. Qui ont des dents en avant sur les os incisifs ou inter-maxillaires, six genres. (tom. VI, p. 358. VII, p. 26.)

I.er GENRE. MORÉLIE. *MORELIA*. Gray.

CARACTÈRES. Qui n'a de plaques que sur le bout du museau; les gastrostèges en double rang; des enfoncements sur les deux lèvres. (Tome VI, p. 383, VII, p. 27.)

1. *Argus. M. De la nouvelle Hollande.* 3 variétés. (Cat. A. Duméril, p. 210.

II.e GENRE. PYTHON. Nobis.

(ATLAS, pl. LXI et pl. LXXV, fig. 3, tête osseuse.)

CARACTÈRES. Plaques frontales prolongées jusqu'au dessus des yeux. (p. 392.)

1. P. de Séba. *P. Sebæ.* Narines latérales, deux fossettes à la plaque rostrale. d'*Afrique.*

2. P. de Natal. *P. Natalensis.* Trois petites plaques sus-oculaires. *Afrique du Sud.*

3. P. Royal. *P. Regius.* Une seule plaque sus oculaire. *Sénégal.*

4. P. Molure. *P. Molurus.* Narines verticales; un sillon sur la petite plaque nasale. *Indes.*

5. P. Réticulé. *P. Reticulatus.* Pas de sillon sur la nasale; frontale simple. *Java. Sumatra.*

III.e GENRE. LIASIS. Gray.

Caractères. Fossettes aux deux lèvres; plaques syncipitales symétriques; trous des narines dans une seule plaque (VI, p. 431. VII, p. 28.)

1. L. Améthyste. *L. Amethystinus*. Deux fossettes profondes sur la plaque rostrale. *Amboine*.

2. L. de Children. *L. Childreni*. Les fossettrs peu distinctes; deux plaques frénales.

3. L. de Macklot. *L. Mackloti*. Pas de fossettes; une seule frénale. *Timor*.

4. L. Olivâtre. *L. Olivaceus*. Ecailles granuliformes au dessus de la frénale. *Nouvelle Hollande*.

IV.e GENRE. NARDOA. Gray.

Caractères. N'ayant de fossettes qu'à la lèvre inférieure (p. 444. VII, p. 28.)

1. N. de Schlegel. *N. Schlegeli*. Corps annelé de noir et de blanc. *Nouvelle Irlande*.

2. N. de Gilbert. *N. Gilberti*. Une raie étroite longitudinale. *Australie*. VII, p. 28.

V.e GENRE. ROULEAU. *TORTRIX*. Oppel.

Caractères. Yeux recouverts par une écaille; narines dans une plaque; queue ronde très-courte, avec scissure latérale. (VI, p. 584, t. VII, p. 28.)

1. S. *R. Scytale*. Reinwardt. Gastrostèges en rang simple, écailles lisses par anneaux rouges et noirs. *Guyane*.

VI.e GENRE. XENOPELTIS.

Caractères. Deux écussons au milieu du vertex; les gastrostéges à six pans; queue conique, allongée. (t. VI, p. 586. VII, p. 28.)

1. X. Unicolore. *X. Unicolor*. Schlegel t. II, p. 20. Tortrix, nº 6.

2. X. Leucocéphale. *X. Leucocephalus*. Schlegel le regarde comme non adulte.

SECONDE FAMILLE DES AGLYPHODONTES.

LES APROTÉRODONTIENS.

CARACTÈRES ESSENTIELS. Les dents irrégulières, inégales; pas de crochets inter-maxillaires dans les os incisifs; les premières dents plus longues que les autres. Les urostéges simples.

(Erpétologie générale tom. VI, pag. 450. VII, p. 29.)

Deux tributs suivant que la queue n'est pas enroulante ou qu'elle se recourbe et devient préhensile. Les *Erycides* et les *Boëides*.

PREMIÈRE TRIBU.

LES ÉRYCIDES.

CARACTÈRES ESSENTIELS. Queue non prennante; museau prolongé en boutoir.

I.er GENRE. ERYX. Oppel.
(T. VI, p. 454 et t. VII, p. 30.)

CARACTÈRES. Tête couverte d'écailles saillantes ou carénées, excepté au museau.

1. E. de John. *E. Johnii*. Sillon gulaire; museau en coin; queue courte, terminée par une écaille trièdre. *Coromandel*. (T. VI, pag. 458.)

2. E. Javelot. *E. Jaculus*. Varié de gris et de noir; écaille terminale de la queue hémisphérique. *Midi d'Europe*. (tom. VI, pag. 463.)

3. E. de la Thébaïde. *E. Thebaicus*. Pas de sillon gulaire; queue conique, terminée en cône pointu. (Tom. VI, pag. 468.)

4. E. Queue conique. *E. Conicus*. Pas de sillon gulaire museau tronqué carrément; écailles quadrangulaires. *Pondichéry*. (T. VI, pag. 470.)

21.*

II.e GENRE. CYLINDROPHIDE. *CYLINDROPHIS*. Wagler.

CARACTÈRES. Semblables aux Tortrix ou Rouleaux; mais pas de dents incisives; pas de scissure dans la plaque nasale; yeux grands, à découvert. (tom. VI, p. 591. VII, p. 30.)

1. C. Dos-noir. *C. Melanota.* Dos noir, ventre blanc à bandes noires; queue triangulaire. *des Célèbes.* (VI, 592.)

2. C. Roux. *C. Rufa.* Tête et pointe de la queue noires; une tache blanche double sur le front. *Java.* (VI, 595.)

3. C. Tacheté. *C. Maculata.* Corps réticulé de noir sur un fonds brun; ventre blanchâtre. *Ceylan.* (VI, 597.)

SFCONDE TRIBU.

LES APROTÉRODONTIENS.

LES BOÆIDES. (IV, p. 474. VII, 30.)

CETTE TRIBU COMPREND DIX GENRES.

CARACTÈRES ESSENTIELS. Les uns ont la queue prennante et tantôt le ventre comprimé, plus étroit que le dos; d'autre sont le ventre large et le corps peu comprimé, de sorte que les uns vivent sur les arbres et les autres sont souvent dans l'eau. Ils n'ont pas de crochets au cloaque.

III.e GENRE. ÉNYGRE. *ENYGRUS*. Wagler.

CARACTÈRES. Ecailles carénées; tête couverte de petites écailles ou de squammes irrégulières; pas de fossettes aux lévres; plaques sous-caudales entières. (VI, p. 476.)

1. E. Caréné. *E. Carinatus.* Ecailles du front aussi petites que celles du crâne; à bords des régions frénales anguleux : pas de lignes noires sur les flancs. Deux ou trois grandes taches blanches sous la queue. (T. VI, 479.) *De Java, d'Amboine.*

2. E. de Bibron. VI, 483. *E. Bibronii.* Pas de lignes saillantes sur les régions frénales ; écailles du front plus grandes que celles du crâne. *Ile Viti ou de With, terre de Vandiemen.*

IV.e GENRE. LEPTOBOA. Nobis. (VI, p. 485. VII, 30.)

CARACTÈRES. Ecailles du corps carénées; de grandes plaques symétriques sur le museau seulement; pas de fossettes aux lèvres; plaques sous-caudales entières.

1. L. de Dussumier. *L. Dussumierii.* Queue tachetée de noir en travers. *Ile Ronde près l'île Maurice.*

V.e GENRE. TROPIDOPHIDE. *TROPIDOPHIS.* Nobis. (VI, p. 488. VII, 30.)

CARACTÈRES. Ecailles du corps carénées ; de grandes plaques sur le crâne, jusqu'auprès de l'occiput; ouvertures des narines entre deux plaques.

1. T. Mélanure. *T. Mélanurus.* Dessus d'un gris violâtre ou roussâtre; queue toute noire dans son tiers postérieur. *Ile de Cuba.* (VI, p. 491.)

2. T. Tacheté. *T. Maculatus.* Corps et queue d'une teinte brune, fauve ou roussâtre, avec des taches noires. *Cuba.* (VI, 494.)

VI.e GENRE. PLATYGASTRE. *PLATYGASTER.* Nobis. (T. VI, p. 496. VII, p. 30.)

CARACTÈRES. Ecailles du corps en carène : de grandes plaques sur la tête jusques près de l'occiput; narines percées au milieu d'une plaque.

1. P. Multicaréné. *P. Multicarinatus.* Ecailles du dos hexagones à trois carènes. *Port Jakson, Nouvelle-Hollande.*

VII.e GENRE. BOA. (T., VI p. 500. VII, p. 31.) Wagler.

CARACTÈRES. Ecailles sans carène; pas de plaques; mais des écailles sur la tête; point de fossettes labiales; trous des narines entre deux plaques.

1. B. Constricteur. *B. Constrictor.* De petites écailles au nombre d'une trentaine, formant autour de l'œil un cercle complet; couleur brillante surtout vers la queue où des taches noires foncées se détachent sur un fonds rouge de brique, avec des bordures blanches. (VI, p. 500.) *Amérique méridionale et orientale.*

2. B. Prédiseur. *B. diviniloquax.* Museau coupé un peu obliquement; cercle d'environ seize écailles seulement autour de l'œil. (VI, p. 513.) *Des Antilles.*

3. B. Empereur. *B. Imperator.* Museau tronqué perpendiculairement ; plaque rostrale faiblement échancrée, à peine plus étroite que son sommet. (VI, 519.) *Mexique.*

4. B. Chevalier. *B. Eques.* Plaque rostrale beaucoup plus étroite à sa base qu'à son sommet ; la mentonnière en triangle, ayant ses deux grands côtés concaves. (VI, p. 521.) *Païta au Pérou.*

VIII.e GENRE. PÉLOPHILE. *PELOPHILUS.* Nobis.

Caractères. Ecailles lisses; point de fossettes labiales; tête couverte en partie de plaques irrégulières ; narines latérales s'ouvrant entre deux plaques. (VI, p. 523 ; VII, p. 31.)

1. P. de Madagascar. *P. Madagascariensis.* D'un brun fauve; un trait noir foncé, formant un carré long sur la lèvre supérieure au dessous de l'orbite. *Madagascar.*

IX.e GENRE. EUNECTE. *EUNECTES.* Wagler.

Caractères. Ecailles lisses ; pas d'excavations labiales ; crâne recouvert de plaques irrégulières; narines verticales s'ouvrant entre trois plaques pouvant se clore hermétiquement. (VI, p. 527; VII, p. 31.)

1. E. Rativore. *B. Murinus.* Brun avec deux séries dorsales de grandes taches noires arrondies et d'autres latérales ayant un disque jaunâtre. *Brésil, Guyane.*

X.e GENRE. XIPHOSOME. *XIPHOSOMA.* Wagler.

(Atlas, pl. lxxv, fig. 4, tête osseuse.)

Caractères. Ecailles lisses ; des fossettes labiales, des plaques symétriques sur le museau seulement ; narines s'ouvrant entre deux plaques ; corps comprimé de droite à gauche, plus étroit et moins long du côté du ventre. (VI, p. 536.)

1. X. Canin. *X. Caninum.* Plaque rostrale à neuf angles ; des excavations le long des deux lèvres supérieure et inférieure ; cercle écailleux de l'orbite complet; corps bleu ou vert en dessus, jaunâtre pâle en dessous. *Surinam*, *Cayenne*, *Rio de Janeiro.*

2. X. Partère. *X. Hortulanum.* Plaque du museau en triangle isocèle ; des excavations labiales n'occupant que les trois quarts ou la moitié des bords de la bouche. Corps gris avec des taches sinueuses noires bordées de blanc, surtout sur la tête. *Brésil.*

3. X. Madécasse, de Madagascar. *X. Madagascariensis.* Des plaques en forme de prismes triangulaires le long des lèvres ; une bande noire sur la tempe, étendue obliquement sur la commissure des lèvres. *Iles orient. de l'Afr.*

XI.e GENRE. EPICRATE. *EPICRATES*. Wagler. (T. VI, p. 552.)

CARACTÈRES. Ecailles lisses ; des fossettes labiales ; des plaques symétriques jusqu'en arrière du front ; narines latérales, s'ouvrant entre trois plaques.

1. E. Cenchris. *E. Cenchris.* Cercle des écailles de l'orbite incomplet ; cinq raies foncées sur la longueur de la tête. *Guyane*, *Brésil*, *Colombie.*

2. E. Angulifère. *E. Angulifer.* Cercle des écailles de l'orbite complet, point de raies sur la tête. *Cuba.*

XII.e GENRE. CHILABOTHRE. *CHILABOTHRUS.* Nobis.

CARACTÈRES. Ecailles lisses ; pas d'excavations labiales ; plaques symétriques et régulières sur la tête. (VI, p. 562 ; VII, p. 31.)

1. Ch. Inorné. *Ch. Inornatus.* Devant du corps brun à taches noires ; les parties postérieures noires tachetées de brun. *Jamaïque-Porto Rico.*

TROISIÈME FAMILLE DES AGLYPHODONTES.

LES ACROCHORDIENS.

CARACTÈRES ESSENTIELS. Le corps revêtu de tubercules granulés; enchassés ou sertis dans la peau; sans grandes plaques symétriques sur le vertex; le dessous de la gorge sans grandes écailles; mais à tubercules plus petits. (T. VII, pag. 32.)

I.er GENRE. ACROCHORDE. *ACROCHORDUS.* Hornstedt.

CARACTÈRES. Tubercules arrondis; pas de gastrostèges distinctes; ventre plat.

1. A. De Java, ou douteux. *A. Dubius.* (T. VII, p. 32.)

II.e GENRE. CHERSYDRE. *CHERSYDRUS.* Cuvier.

CARACTÈRES. Corps tuberculeux, comprimé, ventre étroit, tranchant, concave, sans gastrostèges. (T. VII, p. 40.)

1. A bandes, Ch. *Fasciatus.* *Sumatra.*

III.e GENRE. XENODERME. *XENODERMUS.* (ATLAS, pl. LXVIII.) Reinhardt.

CARACTÈRES. Corps arrondi, tuberculeux; grandes gastrostèges; queue longue avec des urostèges, en rang simple.

1. X. De Java. (T. VII, p. 45.) *Javanicus.*

Ces trois genres et ces trois espèces proviennent des Indes orientales.

QUATRIÈME FAMILLE DES AGLYPHODONTES.

LES CALAMARIENS.

Caractères essentiels. Corps très-grêle, arrondi et presque de même grosseur de la tête à la queue. (T. VII, p. 48.)

Neuf genres dans le tableau analytique. (T. VII, p. 53.)

I.er GENRE. OLIGODONTE. *OLIGODON*. Boié.

Caractères. Pas de dents au palais; mais des gastrostèges larges. (Tom. VII, p. 56.)

1. O. Carrelé. *O. Subquadratum*. Gastrostèges à taches noires, carrées. *Java*.

2. O. Sous-ligné. *O. Sublineatum*. Trois raies noires sous le ventre. (Tom. VII, pag. 57.) *Ceylan*.

3. O. Sous-pouctué. *O. Subpunctatum*. Points noirs réguliers sur les flancs. *Malabar*.

4. O. Sous-gris. *O. Subgriseum*. Ventre tout-à-fait gris. *Pondichery*.

II.e GENRE. CALAMAIRE. *CALAMARIA*.

(T. VII, p. 60. Atlas, pl. LXIV.)

Caractères. Ecailles très-lisses, polies; urostèges doubles; museau arrondi; queue obtuse; tête très-petite.

Douze espèces. Tableau analytique, pag. 62.

1. C. De Linné. *C. Linnæi*. Quatre sus-labiales; les premières sous-labiales non réunies; pas de squamme entre les sous-maxillaires. *Java*.

2. C. Versicolor. *C. Versicolor*. Semblable à la précédente, mais une squamme entre les sous-maxillaires. *Pinang*, *Malacca*.

3. C. Parquetée. *Pavimentata*, ou pavrée. Quatre plaques sus-labiales; les premières sous-labiales jointes derrière la mentonnière; angle peu ouvert devant la frontale. *De Java.*

4. C. Quatre-taches. *C. Quadrimaculata.* Comme chez la précédente, mais l'angle que se joint à la frontale, très-ouvert.

5. C. Modeste. *C. Modesta.* Cinq sus-labiales; premières sous-labiales réunies; bords de la frontale égaux. *Java.*

6. C. De Gervais. *C. Gervaisii.* Cinq sus-labiales; les sous-labiales séparées; rostrale un peu rabattue sur le museau. *Java.*

7. C. Bicolore. *C. Bicolor.* Semblable à la précédente; mais la rostrale a un tronc peu allongé. *Ile de Bornéo.*

8. C. De Schlegel. *C. Schlegelii.* Corps court; une squamme entre les inter-maxillaires; premières sous-labiales distinctes; cinq sus-labiales. *De Bornéo.*

9. C. Tête blanche. *C. Leucocephala.* Cinq sus-labiales; première sous-labiales réunies; bords de la frontale inégaux. *Hab.?*

10. C. Vermiforme. *C. Vermiformis.* Corps très-allongé; une squamme entre les inter-maxillaires; sous-labiales séparées; cinq sus-labiales. *Java.*

11. C. De Temminck. *C. Temminctii.* Plaque rostrale très-rabattue sur le museau; pas de squamme entre les inter-maxillaires; cinq sus-labiales. *Sumatra.*

12. C. Lombric. *C. Lumbricoidea.* Tronc très-long; rostrale peu rabattue; cinq sus-labiales; sous labiales non soudées entre elles. *Des Célèbes.*

III.e GENRE. RABDOSOME. *RABDOSOMA.* Nobis.

CARACTÈRES. Queue allongée, pointue et conique; urostèges en double rang. (Tom. VII, pag. 91.)

1. R. Mi-cerclée. *R. Semi-doliatum.* Cinq sus-labiales; pas de squamme aux tempes. *Mexique.*

2. R. Bai. *R. Badium.* Frontale triangulaire; pas de raie sur le dos; queue médiocre. *Cayenne.*

3. R. A collier. *C. Torquatum.* Frontale à six pans, mais les caractères comme le précédent. *Surinam.*

4. R. Grosse-queue. *R. Crassicaudum.* Queue grosse, robuste ; pas de raies sur le dos. *Nouvelle-Grenade.*

5. R. Rayé. *R. Lineatum.* Dos rayé sur toute sa longueur; première nasale plus longue que la seconde. *Java.*

6. R. Longue-queue. *R. Longicaudum.* Queue très-longue; plus de cinq sus-labiales; les nasales égales. *Java.*

IV.e GENRE. HOMALOSOME. Wagler.

CARACTÈRES. Ecailles lisses; urostèges doubles; gastrostèges très-étroites; queue courte, pointue. (T. VII, p. 109.)

1. *H. Lutrix.* Brun rougeâtre; ventre jaune avec une série de taches noires latérales. *Coluber. Arcti-ventris.* Schlegel.

V.e GENRE. RABDION. Nobis.

CARACTÈRES. A gastrostèges larges; corps étroit; écailles lisses; museau arrondi. (Tom. VII, pag. 115.)

1. .R De Forsten. *R. Forstenii.* Pas de tache, ni collier. *Célébes.*

2. R. A Collier. *R. Torquatum.* Un collier jaune. *Macassar.*

VI.e GENRE. ELAPOIDE. *ELAPOIDIS.* Boié.

CARACTÈRES. Ecailles carénées; la tête comme tronquée; le corps rond, épais. (Tom. VII, pag. 122.)

1. E. Brun. *E. Fuscus.* Plus ou moins brun, avec ou sans taches blanches. *De Java.*

VII.e GENRE. ASPIDURE. *ASPIDURA.* Wagler.

CARACTÈRES. Ecailles lisses; urostèges sur un seul rang et très-larges. (Tom. VII, pag. 127.)

A. Scytale. *A. Scytale.* Dos brun avec une série de points noirs; une grande tache noire de chaque côté du cou. *Ceylan.*

VIIIe GENRE. CARPOPHIDE. *CARPOPHIS.* Nobis.

CARACTÈRES. Museau conique, déprimé; urostèges doubles; écailles lisses. (Tom. VII, pag, 131.)

1. C. Agréable. *C. Amœna.* Brun marron en dessus; rouge en dessous. *Amérique du Nord*

2. C. De Harpert. *C. Harpetii.* Gris jaunâtre ou olivâtre, clair-semé de points noirs. *Savannah.*

IXe GENRE. CONOCÉPHALE. *CONOCEPHALUS.* Nobis.

CARACTÈRES. Tête très-petite, conique; écailles carénées; corps grêle. (Tom. VII, pag. 138.)

1. C. Strié. *C. Striatulus.* Gris ou brun de suie en dessus; blanchâtre en dessous. *d'Amérique.*

CINQUIÈME FAMILLE DES AGLYPHODONTES.

LES UPÉROLISSIENS.

CARACTÈRES ESSENTIELS. Serpents aglyphodontes à palais sans dents (T. VII, p. 144.)

I.er GENRE. RHINOPHIS.

(ATLAS, planche LIX, fig. 1.)

CARACTÈRES. Queue conique tronquée garnie d'une corne. (T. VII, p. 154.)

1. R. Philippin. *R. Philippinus.* Corps d'une seule teinte; ventre à taches irrégulières. *Des Philippines.*

2. R. Oxyrhynque. *R. Oxyrhyneus.* Ventre sans taches; dos d'une seule teinte. *Grandes-Indes ?*

3. R. Ponctué. *R. Punctatus.* Dos avec un point noir sur chaque écaille. *Patrie ? de la Guyane ?*

II.e GENRE. UROPELTIS. Cuvier.

(ATLAS, pl. LIX, fig. 2.)

CARACTÈRES. Queue plate, tronquée, à plaque terminale épineuse; écailles lisses. (T. 7, p. 160.)

1. U. des Philippines. Espèce unique. *Des Philippines.*

III.e GENRE. COLUBURE. *COLUBURUS.*

(ATLAS, p. XLIX, fig. 3.)

CARACTÈRES. Queue plate, tronquée, terminée par deux rangées d'écailles carénées et épineuses. (T. VII, p. 165.)

1. C. du Ceylan. *C. Ceylanicus.* Espèce unique. Caractères du genre.

IV.e GENRE. PLECTRURE. *PLECTRURUS.* Nobis.

(ATLAS, pl. LIX, fig. 4 et pl. LXXVI, fig. 2.)

CARACTÈRES. Queue courte, conique, terminée par une plaque hérissée d'épines. (T. VII, p. 167.)

1. *P. de Perrotet.* Espèce unique. *Indes orientales.*

SIXIÈME FAMILLE DES AGLYPHODONTES.

LES PLAGIODONTIENS.

CARACTÈRES ESSENTIELS. Dents sus-maxillaires et palatines à pointes dirigées en dedans, ou de droite à gauche vers la ligne médiane. (T. VII, p. 169.)

GENRE UNIQUE. PLAGIODONTE. *PLAGIODON*.

(ATLAS, pl. LXXVI, fig. 2, tête osseuse.) Nobis.

1. P. Hélène. *P. Helena.* Des lignes très-peu saillantes sur les écailles du dos. Du *Bengale.*

2. P. Queue rouge. *P. Erythrurus.* Les lignes du dos très-saillantes. *Java.*

SEPTIÈME FAMILLE DES AGLYPHODONTES.

LES CORYPHODONTIENS. (T. VII, p. 178.)

CARACTÈRES ESSENTIELS. Crochets lisses, inégaux ; les antérieurs beaucoup plus courts que les suivants, lesquels croissent successivement en longueur.

Un seul genre CORYPHODON, mêmes caractères que ceux de la famille. (T. VII, p. 180.)

1. C. Panthérin. *C. Pantherinus.* Dos brun à taches irrégulières bordées de noir. Du *Brésil.*

2. C. Constricteur. *C. Constrictor.* D'un noir bleuâtre uniforme ; deux plaques labiales sous l'œil. *Amér. sept.*

3. C. de Blumenbach. *C. Blumenbachii.* Des taches étroites irrégulières ; deux sus-labiales sous l'œil. Des *Indes.*

4. C. Korros. *C. Korros.* Corps arrondi, sans taches, sur un fonds brun-jaune. De *Sumatra.*

5. *C. Jaunâtre.* Tronc comprimé en toît et sans taches. De *Java.*

6. C. Gorge-Marbrée. *C. Mento-Varius.* Une seule plaque labiale touchant l'œil. (VII, 187). *Mexique.*

HUITIÈME FAMILLE DES AGLYPHODONTES.

LES ISODONTIENS.

Caractères essentiels. Aglyphodontes dont toutes les dents sont semblables pour la longueur et les intervalles. (T. VII, p. 188. — Table synoptique des huit genres, t. VII, p. 192.)

I.er GENRE. DENDROPHIS.

(Atlas, pl. LXXIX, fig. 1-2-3.)

Caractères. Ecailles du dos polygones, plus grandes sur un seul ou deux rangs longitudinaux. (T. VII, p. 193.)

1. D. Peint. *D. Pictus.* Dos à un seul rang d'écailles plus grandes que celles ordinaires. *Nouvelle-Irlande.*

2. D. Adonis. *D. Adonis.* Comme le précédent; mais très-grand sourcil bombé. *Java.*

3. D. Linéolé. *D. Lineolatus.* Comme le précédent, mais sourcils planes. *Nouvelle-Hollande.*

4. D. Huit lignes. *D. Octolineata.* Ecailles médianes du dos à peine plus grandes. *De la Chine.*

5. D. Vert. *D. Viridis.* Ecailles du dos plus grandes sur deux rangées. *Habitation ?*

II.e GENRE. HERPÉTODRYAS. Boié.

(Atlas, pl. LXVI, fig. 1 à 4.)

Caractères. Corps rond, museau mousse; queue très-longue de moitié du corps. (T. VII, p. 203.)

1. H. Caréné. H. *Carinatus.* Ecailles carénées sur quelques rangées seulement. *Brésil.*

2. H. de Poiteau. Queue aussi longue que le tronc, écailles carénées, point de carènes ni de lignes sur les écailles; dos vert. *Amérique du Nord.*

3. H. Estival. Ecailles carénées; queue plus courte que le tronc.

4. H. Brun. *H. Fuscus.* Ecailles sans carène en rangées paires. *New-York.*

5. H. Flagelliforme. *H. Flagelliformis.* Ecailles sans carène ni ligne; dos brun.

6. H. de Boddaert. Vert en dessus; pas de bandes; écailles lisses par rangées impaires. *Cayenne.*

7. H. de Bernier. Ecailles lisses par rangées impaires ; pas de taches sur la tête. *Ile de France.*

8. H. Quatre-raies. H. *Quadrilineatus.* Six taches jaunes sur la tête. *Cayenne.*

III.e GENRE. GONYOSOME. *GONYOSOMA.* Wagler.

CARACTÈRES. Corps très-long, comprimé, à dos saillant en toît ; ventre plat ; écailles lancéolées lisses.

1. G. Oxycéphale. *G. Oxycephalum.* Une seule espèce. Caractères du genre. (VII, p. 213.) *Asie.*

IV.e GENRE. SPILOTE. *SPILOTES.* Wagler.

CARACTÈRES. Corps comprimé; gastrotèges relevées; écailles du tronc rhomboïdales. (T. VII, p. 218.)

1. S. Variable. *S. Variabilis.* Ecailles carénées ; deux post-oculaires. *Cayenne.*

2. S. Bouche variée. *S. Poecilostoma.* Ecailles carénées; trois plaques post-oculaires. *Brésil.*

3. S. Coraïs. *S. Corais.* Ecailles lisses; queue de la couleur du tronc. (VII, 223.) *Cayenne.*

4. S. Queue noire. *S. Melanurus.* Ecailles lisses; queue noire. *Mexique.*

V.e GENRE. RINECHIS. Michaelles.

CARACTÈRES. Corps rond; museau pointu à plaque rostrale très-épaisse; queue courte; écailles lisses. (T. VII, p. 225.)

1. R. à Echelles. *R. Scalaris.* Une seule espèce. *Italie.*

SOUS-GENRE. PITUOPHIS. (T. VII, p. 232.)

(ATLAS, pl. LXII.)

2. P. Noir-blanc. *R. Melanoleucus.* Huit sus-labiales. (VII, 233.) *Amér. du nord.*

3. P. Mexicain. *R. Mexicanus.* Neuf sus-labiales; rostrale plus haute que large.

3. R. Vertébral. *R. Vertebralis. Pituophis.* De même, mais rostrale plus large que haute. *Californie.*

VI.e GENRE. ÉLAPHE. *ÉLAPHIS.* Nobis.

CARACTÈRES. Corps arrondi: à écailles carénées sur le dos et les flancs; narines latérales sur un museau mousse. (Tome VII, p. 241.)

1. E. Flancs tachetés. *E. Pleurostictus.* Plaque ovale entière; une seule préoculaire; flancs piquetés de noir. *Amér. sud.*

2. E. Réticulé. *E. Reticulatus.* Plaque anale entière ; deux pré et trois post-oculaires. *Patrie?*

3. E. Dione. *E. Dione.* Plaque anale double; nasale unie à la frontale en angle obtus. *P. Tartarie.*

4. E. Quatre raies. *E. Quadri-radiatus.* Anale double; nasales unies aux frontales transversalement; raies dorsales claires. *Italie. France mér.*

5. E. Vergeté ou Rayé. *E. Virgatus.* Raies noires sur le dos; nasales unies en travers aux frontales; deux préoculaires; anale divisée. *Japon.*

6. E. Quatre bandes. *E. Quadrivittatus.* Écailles carénées, dos à deux raies noires ; anale divisée, pré-oculaire unique. *Caroline.*

7. E. de Deppe. *E. Deppei.* Anale entière, une pré-oculaire, flancs non piquetés. *Mexique.*

8. E. Spiloide. *E. Spiloides.* Anale divisée, une pré-oculaire; écailles du dos carénées ; de grandes taches, pas de raies ; tête brune. *Amér. sept.*

9. E. Tête rouge. *E. Rubriceps.* Semblable à la précédente, mais tête rougeâtre.

10. E. d'Holbroock. *E. Holbrookii.* Deux anales, une pré-oculaire; dos à écailles carénées ; ni raies, ni taches. *Etats-Unis.*

11. E. à Gouttelettes. *E. Guttatus.* Dos tacheté ; écailles à petites carènes; deux anales, une seule pré-oculaire. *Amér. du Nord.*

12. E. d'Esculape. *E. Æsculapii.* Deux anales, une pré-ocu-

laire; écailles un peu carénées en arrière; huit sus-labiales. *Italie. France mér.*

13. E. à lunettes. *E. Conspicillatus.* Semblable à l'espèce précédente, mais sept sus-labiales. *Du Japon.*

14. E. Sauromate. *E. Sauromates.* Plaque anale divisée, plusieurs pré-oculaires. *Du Caucase. De Sarmatie.*

II.e SOUS-GENRE. COMPSOSOME. (Tome VII, p. 290.)

CARACTÈRES. Dos un peu caréné, flancs anguleux.

15. E. Radié. *E. Radiatus.* Pré-oculaire unique, Compsosoma. (Nobis). Tête conique distincte du cou. *Java.*

16. E. Sub-radié. *E. Subradiatus.* Raies rompues, Compsosome des Célébes. . . } pré-oculaire double; 9 sus-labiales.

17. E. Queue noire. *E. Melanurus.* Compsosoma. *Manille.* . . . . } 1 pré-oculaire, tête non distinct. du cou.

18. E. Quatre lignes. *E. Quadrilineatus.* Compsosoma. *Du Japon.* . . . . } 2 pré-oculaires, 8 sus-labiales.

VII.e GENRE. ABLABÈS. Nobis.

CARACTÈRES. Corps arrondi, à museau mousse; écailles lisses. (Tome VII, p. 305.)

1. A. Roussâtre. *A. Rufulus.* Dos roux unicolore comme le ventre. *Afrique aust. Cap.*

2. A. Ponctué. *A. Punctatus.* Semblable au précédent, mais trois points noirs sur chaque écaille. *États-Unis d'Amér.*

3. A. Rougeâtre. *A. Purpurans.* Dos à petites taches noires, ainsi que sur le ventre. *Cayenne.*

4. A. Cou-Tacheté. *A. Baliodérus.* Semblable au précédent, mais taches œillées. *Java.*

5. A. Triangle. *A. Triangulum.* Des bandes sur le dos en travers; d'une teinte brune et bordées de noir. *Amér. sept.*

6. A. Quatre lignes. *A. Quadrilineatus.* Dos à bandes en longueur, au nombre de quatre. *Russie mér.*

7. A. Six lignes. *A. Sex lineatus.* Semblable au précédent mais six lignes. *De la Chine.*

7. *bis.* A. à Bandes. *A. Vittatus.* (Tome VII, p. 326.) Quatre raies longitudinales; Tête sans tâches, ventre jaune. *Chine.*

8. A. Dix lignes. *A. Decemlineatus.* Dix bandes longitudinales. *Patrie?*

III.e SOUS-GENRE ENICOGNATHE. (Tome VII, p. 329.)

Caractères. Os de la mâchoire inférieure formés de deux parties dont l'antérieure est très-courte.

1. E. Tête-Noire. *E. Melanocephalus.* Dos sans anneaux; ventre à points noirs. *Guadeloupe.*

2. E. Ventre-Rouge. *E. Rhodogaster.* (Atlas pl. 80, fig. 2.) Pas d'anneaux, ventre à mouchetures. *Madagascar.*

3. E. Deux-Raies. *E. Geminatus.* Deux raies claires en longueur. *Java.*

4. E. Annelé. *E. Annulatus.* Des anneaux en travers du dos et en avant. *Coban. Vera Paz.*

VIII.e GENRE. CALOPISMA. Nobis.

Caractères. Corps rond; queue très-courte et robuste; écailles lisses. Narines rondes au centre d'une plaque. (Tome VII, p. 337.)

1. C. Erythrogramme. *C. Erythrogramme.* Trois longues raies sur le dos. *New-York. Amérique du Nord.*

2. C. Damier. *C. Abacura.* Corps à taches carrées en damier. *Louisiane.*

3. C. Plicatile. *C. Plicatilis.* Une longue raie festonnée sur le dos. *Indes. Ternate.*

IX.e GENRE. TRÉTANORHINE. Nobis.

Caractères. Corps rond, museau mousse, écailles carénées; narines percées au milieu du museau.

1. *T. Variable.* (Tome VII, p. 349.) Caractères du genre. *Patrie ignorée.*

22.*

NEUVIÈME FAMILLE. DES AGLYPHODONTES

LES LYCODONTIENS. (T. VIII, p. 352.)

CARACTÈRES ESSENTIELS. Serpents Aglyphodontes dont les crochets antérieurs sont plus longs que ceux qui suivent, en séries nombreuses et sans espaces vides ; tête plns large que le cou.

QUATRE TRIBUS SOUS-FAMILLES OU GRANDS GENRES SUBDIVISÉS.

1. — BOÉDONIENS. Crochets palatins égaux ; les sous-maxillaires séparés et les sus-maxillaires supérieurs non séparés.

2. — LYCODONIENS. Semblables aux précédents mais les sus-maxillaires séparés.

3. — EUGNATHIENS. Semblables aux précédents mais les sous-maxillaires non séparés par un espace libre.

4. — PARÉASIENS. Les crochets palatins plus longs en avant que ceux qui suivent.

1.° BOEDONIENS. UN SEUL GENRE. BOEDON.

CARACTÈRES. Les cinq premiers crochets sus-maxillaires plus longs et plus courbes ; les sus-maxillaires antérieurs plus longs ; les palatins antérieurs également plus longs. (T. VII, p. 357.)

1. B. unicolor. Point de raies sur la tête; brun rougeâtre ; ventre gris. *Guinée.*

2. B. Quatre raies. *B. Lineatum.* Les raies de la tête se prolongeant sur les flancs. *Du Cap Lao Côte-d'Or.*

3. B. du Cap. *B. Capense.* Quatre raies sur la tête; pas sur les flancs. T. IV, p. 364. *Cafrerie.*

4. B. Rubanné. *B. Lemniscatum.* Trois raies sur la tête ; deux sur les côtés. *Abyssinie.*

2.° LYCODONIENS.

CARACTÈRES. Un espace libre après les crochets sus-maxillaires plus longs ; les crochets palatins tous de même longueur. (T. VII, p. 367.)

PREMIER SOUS-GENRE. LYCODON.

(ATLAS, pl. LXXVI, fig. 3, tête osseuse.)

CARACTÈRES. Urostèges sur deux rangs ; écailles lisses sur le dos. (T. VII, p. 267.)

1. L. Aulique. *L. Aulicum.* Pas de taches sur le tronc ; pas de collier ; des bandes pâles. *Sumatra.*

2. L. à Capuchon. *L. Cucullatum.* Un collier brun comme le vertex sur la nuque. *Nouvelle Guinée.*

3. L. Modeste. *L. Modestum.* Un collier gris ; pas de taches sur le tronc. *Amboine.*

4. L. Livide. *L. Lividum.* Pas de collier ; tronc unicolore. *Pulo Samao. Indes.*

5. L. de Muller. *L. Mulleri.* Taches distinctes brunes sur un fonds gris. *Java.*

6. L. de Napée. *L. Napei.* Taches distinctes blanches sur un fonds brun. T. VII, p. 384.

DEUXIÈME SOUS-GENRE. CYCLOCHORE. Nobis.

CARACTÈRES. Urostèges sur un seul rang : écailles lisses.

1. C. Rayé. *Lineatus.* Ecailles lisses. T. VII, p. 385. *De Manille.*

TROISIÈME SOUS-GENRE. CERCASPIS. Wagler.

CARACTÈRES. Urostèges sur un seul rang : écailles carénées.

1. C. Caréné. *C. Carinata.* Hurria de Schlegel. T. VII, page 389. *Ceylan.*

QUATRIÈME SOUS-GENRE. SPHÉCODES. Nobis.

CARACTÈRES. Urostèges en rang double : écailles carénées.

1. S. Blanc-Brun. *Albo-Fuscus, De Sumatra.* T. VII, p. 394.

CINQUIÈME SOUS-GENRE. OPHITES. Wagler.

CARACTÈRES. Semblables aux précédents ; mais les écailles carénées seulement en arrière.

1. O. ceinturé. *O. Sub-cinctus. Du Bengale.* T. VII, p. 397.

3.° EUGNATHIENS.

CARACTÈRES. Crochets sus-maxillaires antérieurs plus longs que les autres, sans intervalles libres. (T. VII, p. 401.)

PREMIER SOUS-GENRE. EUGNATHE. Nobis.

CARACTÈRES. Toutes les écailles semblables ; narines percées entre deux plaques; flancs arrondis.

1. E. Géométrique. *E. Geometricus.* Caractères du genre. Deux bandes divergentes d'un blanc jaunâtre sur chaque tempe. *Du Cap.*

DEUXIÈME SOUS-GENRE. LYCOPHIDION. Fitzinger.

CARACTÈRES. Toutes les écailles ; lisses narines dans une seule plaque ; urostèges en rang double. (VII, 409 .)

1. L. d'Horstok. *L. Horstokii.* Une tache d'un blanc bleuâtre en arrière de chaque écaille. *Afrique australe. Cafrerie.*

2. L. Demi-Annelé. *L. Semi-Cinctum.* Des bandes roussâtres sur le dos; gastrostèges à bords blanchâtres. *Cap.*

TROISIÈME SOUS-GENRE. ALOPÉCION. Nobis.

CARACTÈRES. Flancs anguleux, écailles lisses.

1. A. Porte-anneaux. *A. Annulifer.* T. VII, p. 416. *Patrie?*

QUATRIÈME SOUS-GENRE. HÉTÉROLÉPIDE. Smith.

CARACTÈRES. Ecailles dorsales hexagonales à double carène.

1. H. bi-caréné. *H. Bi-carinatus.* De M. Smith. *Côte de Guinée.*

2. H. du Cap. *Capensis.* M. Smith. d'un jaune rougeâtre en dessus blanc verdâtre en dessous. *Du Cap.*

CINQUIÈME SOUS-GENRE LAMPROPHIS. Fitzinger.

CARACTÈRES. Ecailles dorsales plus grandes hexagones, mais lisses et brillantes. (T. VII, p. 427.)

1. L. Modeste. *L. Modestus.* Gris uniforme en dessus ; blanc en dessous ; une ligne temporale noire. *Côte de Guinée.*

2. L. Aurore. *L. Aurora.* Une bande jaune le long du dos. *Cap.*

3. L. Non orné. *Inornatus.* Aucune bande ni raies. *Cap.*

4.° PARÉASIENS.

CARACTÈRES. Les crochets palatins antérieurs plus longs; branches des sus-maxillaires courtes et courbées. T. VII; p. 437.

PREMIER SOUS-GENRE. PARÉAS. Wagler.

CARACTÈRES. Urostèges doubles ; crochets sus-maxillaires antérieurs plus courts.

1. P. Caréné. *P. Carinatus.* Ecailles du milieu du dos un peu carénées; deux raies noires de l'œil à la nuque ; des bandes en travers. *Java.*

2. P. Lisse. *P. Lævis.* Ecailles lisses; queue courte. T. VII, p. 442. *Java.*

DEUXIÈME SOUS-GENRE. APLOPELTURA. Nobis.

CARACTÈRES. Urostèges sur un seul rang, comme les gastrostèges. T. VII, p. 444.

1. A. Boa. Des taches roses ou grises sur les flancs. T. VII, p. 444. *Java.*

TROISIÈME SOUS-GENRE. DINODON. Nobis.

CARACTÈRES. Urostèges doubles; deux crochets sus-maxillaires plus longs que les autres et intermédiaires. T. VII, page 417.

1. D. Barré. *D. Cancellatum.* Des bandes transversales rousses sur un fonds noir.

QUATRIÈME SOUS-GENRE. ODONTOMUS. Nobis.

CARACTÈRES. Urostèges doubles ; crochets sus-maxillaires antérieurs plus courts et tranchants. T. VII, p. 450.

1. O. Nymphe. *O. Nympha.* 40 à 50 grandes taches brunes sur le tronc. *Bengale.*

2. O. Sous-annelé. *Subannulatus.* Bandes blanches fourchues à leur extrémité. *Sumatra.*

DIXIÈME FAMILLE DES AGLYPHODONTES.

LES LEPTOGNATHIENS.

CARACTÈRES ESSENTIELS. Serpents Aglyphodontes à tête confondue avec le tronc; à queue pointue; dents palatines distinctes; à mâchoires faibles et minces. (Tom. VII, pag. 456.)

§. I.er 6. Genres à mandibules plates, larges, horizontales. (Tom. VII, pag. 462.)

§. II.e 6. Genres à os sus-maxillaires linéaires verticaux.

§. I.er MANDIBULES PLATES, LARGES ET HORIZONTALES.

I.er GENRE. PÉTALOGNATHE. Nobis.

CARACTÈRES. Os sus-maxillaires très-larges, sur toute leur étendue.

1. P. Nebuleux. *P. Nebulosus.* Le Sibon caractère du genre. SIBON. *Surinam.*

II.e GENRE. DIPSADOMORE. Nobis.

(ATLAS, pl. LXVII.)

CARACTÈRES. Os sus-maxillaires plus dilatés en arrière et les crochets dirigés en dedans. (T. VII, pag. 468.)

1. D. Indien. *D. Indicus.* Une rangée de points blancs d'un coin de la bouche à l'autre, en passant par la nuque. *Sumatra.*

III.e GENRE. LEPTOGNATHE. Nobis.

CARACTÈRES. Os sus-maxillaires en lame étroite; corps comprimé à dos plus épais que le ventre; pointes des crochets dirigées en dedans. (T. VII, p. 478.)

1. L. Pavonin. *L. Pavoninus.* Des taches régulières arrondies sur le dos et les flancs. *Guyane.*

2. L. Court. *L. Brevis.* Des taches régulières allongées en travers. *Mexique.*

3. L. Varié. *L. Variegatus.* Des taches irrégulières sur un fond gris. *Surinam.*

IVe GENRE. COCHLIOPHAGE. Nobis.

CARACTÈRES. Os sus-maxillaire en lame verticale très-mince; palatins courts, non arqués, à crochets nombreux faibles. t. VII, pag. 478.

1. C. à bandes inégales. *C. Inæqui-fasciatus.* Ventre blanc sans taches. *Amér. Sud.*

Ve GENRE. HYDROPS. Wagler.

CARACTÈRES. Sus-maxillaires en lame verticale mince; palatins arqués, à crochets faibles et nombreux. t. VII, p. 482.

1. H. de Martius. *H. Martii.* Corps annelé de brun ou de noir. *Brésil.*

VIe GENRE. RACHIODON.

(ATLAS, pl. LXXXI, fig. 1, 2, et 3.) Jourdan.

CARACTÈRES. Pas de dents sus-maxillaires en avant, graduellement plus allongés en arrière; apophyses sous-épineuses des vertèbres émaillées, pénétrant dans l'œsophage, t. VII, p. 487.

1. R. Rûde. *R. Scaber.* Des taches noires sur un fond roux. *Afrique australe.*

2. R. Abyssinien. *R. Abyssinus.* Ces mêmes taches sur un fond jaune.

3. R. Sans taches. *Immaculatus.* Brun, à ventre blanc. *Cap.*

§. IIe OS SUS-MAXILLAIRES LINÉAIRES ET VERTICAUX.

VIIe GENRE. PLATYPTERYX. Nobis.

CARACTÈRES. Les os ptérygo-palatins excessivement larges, surtout en arrière. tom. VII, p. 500.

1. P. de Perrotet. *P. Perroteti.* Deux bandes brunes latérales; deux sous le ventre; mais réunies sous la queue. *Monts Nilgherrys.*

VIIIe GENRE. STÉNOGNATHE. Nobis.

CARACTÈRES. Os ptérygo-palatins étroits, évasés et écartés en V, à museau pointu, t. VII, pag. 503.

1. S. Modeste. *S. Modestus.* Corps brun, rougeâtre en dessous et sur les côtés. *Java.*

IX.ᵉ GENRE. ISCHNOGNATHE. Nobis.

CARACTÈRES. Ptérygo-palatins étroits; courbés sur eux mêmes et rapprochés en avant. t. VII, p. 506.

1. S. Dekay. *S. Dekayi.* D'un gris olivâtre, une bande jaunâtre sur le dos; des taches noires sur les côtés; gastrostèges ayant chacune deux points noirs. *Amérique du Nord.*

X.ᵉ GENRE. BRACHYORRHOS. Kuhl.

CARACTÈRES. Museau arrondi, sus-maxillaires droits, puis courbés en dehors; les palatins réunis sous le museau, à crochets en dedans. t. VII, p. 510.

1. B. blanc. *B. Albus.* Pas de taches; le corps d'un blanc bleuâtre. *Amboine.*

XI.ᵉ GENRE. STREPTOPHORE. Nobis.

CARACTÈRES. Semblables aux précédents; mais les crochets ptérygo-palatins dirigés en arrière. t. VII, pag. 515.

1. S. de Séba. *S. Sebæ.* De grandes taches noires arrondies sur le tronc. *Mexique.*

2. S. de Droz. *S. Drozii.* Pas de taches; gastrostèges grises; gorge noire. *Nouvelle Orléans.*

3. S. de Langsberg. *S. Langsbergii.* Gastrostèges d'un blanc pur; pas de taches. . *Caracas.*

4. S. deux bandes. *Bifasciatus.* Gastrostèges noires au milieu bordées de blanc. t. VII, pag. 520. *Mexique.*

XII.ᵉ GENRE. STREMMATOGNATHE.

CARACTÈRES. Os sus-maxillaires comme tordus; linéaires, ainsi que les palatins; museau arrondi. t. VII, pag. 521.

1. S. de Catesby. *S. Catesbeyi.* Des bandes noires sur un fond fauve ou blanchâtre. *Surinam, Cayenne.*

ONZIÈME FAMILLE DES AGLYPHODONTES.

LES SYNCRANTÉRIENS.

CARACTÈRES ESSENTIELS. Serpents dont tous les crochets sont lisses, distribués sur une même ligne; mais dont les derniers sont plus longs, non séparés ou sans intervalle libre.

I.er GENRE. LEPTOPHIS. Bell.

CARACTÈRES. Corps très grêle, allongé, à cou plus mince; queue très-longue et effilée: écailles carénées ou non sur le tronc; flancs anguleux. (Tome VII, pag. 528.)

1. L. Queue lisse. *L. Liocercus.* Écailles du dos carénées et non celles de la queue; point de plaque frénale. Le Boiga. *Amér. mér.*

2. L. Méxicain. *L. Mexicanus.* Écailles fortement carénées; point de bandes; huit plaques sus-labiales; trois post-oculaires.

3. L. Émeraude. *L. Smaragdinus.* Écailles fortement carénées sur le dos et la queue; d'un vert brillant uniforme sans bandes. *Afrique.*

4. L. Perlé. *L. Margaritiferus.* Carènes peu saillantes sur les écailles qui portent une tache d'un jaune vif. *New-York.*

5. L. Deux bandes. *L. Bivittatus.* Écailles très-carénées; deux raies noires sur le dos, se prolongeant sur la queue. *Nouv. Grenade.*

6. L. Taches blanches. *L. Albo-maculatus.* Écailles très-carénées; deux séries latérales et parallèles de taches blanches. *Java.*

7. L. Vertébral. *L. Vertebralis.* Écailles très-carénées; une ligne claire sur le milieu du dos, coupée par des points noirs à intervalles égaux. *Manille.*

8. L. à Bandes-latérales. *L. Lateralis.* Écailles presque lisses; une raie jaune sur la longueur des flancs. *Madagascar.*

9. L. de Chenon. *L. Chenonii.* Écailles presque lisses avec de petites taches jaunes snr le milieu de leur bord externe et sur un fond vert. *Afrique.*

10. L. Olivâtre. *L. Olivaceus.* Plaque anale simple; écailles presque lisses, d'un vert olive foncé en dessus. *Des Célèbes.*

II.e GENRE. TROPIDONOTE. *TROPIDONOTUS.* (ATLAS, pl. LXXVI, fig. 4.) Kuhl.

CARACTÈRES. Écailles du dos et le plus souvent celles des flancs, carénées ; queue médiocre. (Tome VII, pag. 549.)

1. T. à Collier. *T. Natrix.* Une sorte de collier jaune ou blanchâtre sur la nuque ; gastrostèges à taches noires. *De France.*

2. T. Vipérin. *T. Viperinus.* D'un gris verdâtre, des taches en lignes brunes ou noires, sinueuses sur le dos ; pas de collier, taches en losanges sur les flancs. *De France.*

3. T. Chersoïde. *T. Chersoïdes.* Deux raies jaunes sur le dos, séparées par une bande noire ; des taches sur les flancs. *Espagne. Alger.*

4. T. Hydre. *T. Hydrus.* D'un brun olive, avec des taches noires en quinconce ; jaune, tacheté de noir sous le ventre. *Russie.*

5. T. à Bandes. *T. Fasciatus.* Carènes très prononcées ; corps épais : queue médiocre ; plaque frénale double, beaucoup de variétés pour les couleurs. (Tome VII, p. 566.)

   1re VARIÉTÉ. *Sépédon* ou Sipedon. *New-York.*
   2.e VARIÉTÉ. Ventre rouge.
   3.e VARIÉTÉ. Noir.
   4.e VARIÉTÉ. Cinq raies. *Quinque lineatus.*

6. T. Pogonias. *T. Pogonias.* Carènes très-saillantes formant des lignes longitudinales ; cinq plaques sous-maxillaires à points tuberculeux. *Amériq. septent.*

7. T. Cyclopion. *T. Cyclopion.* Deux plaques sous-oculaires au-dessus des sus-labiales ; narines ouvertes dans une seule plaque nasale. *Nouv. Orléans.*

8. T. Rûde. *T. Rigidus.* Brun en dessus, jaune dessous ; deux taches noires sur chaque gastrostège formant deux lignes sous le ventre. *Caroline.*

9. T. Lébéris. *T. Leberis.* Cinq bandes sombres ; trois en dessus ; deux en dessous ; deux bandes claires sur les flancs ; corps olive foncé. *Caroline.*

10. T. Bi-ponctué. *T. Bipunctatus. Sirtalis et Ordinatus.* (Tome VII, p. 582.) Deux points jaunes sur le vertex ; plaque anale simple. *Amériq. du nord.*

11. T. Saurite. *T. Saurita.* Dix-neuf rangs d'écailles faiblement carénées; trois plaques post-oculaires; trois lignes longitudinales jaunes. *Amér. du Nord.*

12. T. De Scychelles. *T. Seychellensis.* Ecailles à carènes faibles; point de plaque frénale; une bande blanche, bordée de noir, sur le cou; des taches blanches et brunes sur un fond brun. (Tom. VII, pag. 588.)

13. T. à Triangles. *T. Trianguligerus.* Brun, des taches en triangles sur les flancs; museau long et conique. *Java.*

14. T. Quinconce. *T. Quincunciatus.* Des taches grises ou noires, allongées en quinconce; gastrostèges jaunes, bordées de noir. *Malabar.*

15. T. Vibakari. (Boié.) Ecailles ovales, peu carénées; gastrostèges pâles; marquées chacune d'un point brun allongé. *Japon.*

16. T. Ardoisé. *T. Schistosus.* Gris plombé en dessus; jaune dessous; une seule plaque nasale et une inter-nasale. *Bengale.*

17. T. Spilogastre. *T. Spilogaster.* Gris en dessus, avec des taches noires et des raies plus pâles sur le dos; beaucoup de points noirs sous le ventre. (Tom. VII, pag. 598.) *Manille.*

18. T. Rubanné. *T. Vittatus.* Corps rayé en longueur de trois lignes noires et deux blanches; et des bandes transversales noires en dessous. *Amérique méridionale.*

19. T. Peinturé. *T. Picturatus.* Tête et nuque améthyste, les côtés du cou blancs; le dessus du tronc plombé; gastrostèges jaunes, bordées de rougeâtre, brunâtres vers les flancs. *Nouvelle-Guinée.*

20. T. Demi-bandes. *T. Semicinetus.* Dos cendré à bandes transversales, larges et se touchant; gastrostèges bordées de noir en arrière.

21. T. à Taches régulières. *T. Taxispilotus.* Holbroock. d'un brun rougeâtre clair, avec une triple série de taches carrées, noires, oblongues. *Georgie.*

III.e GENRE. CORONELLE. Laurenti.

CARARTÈRES. Ecailles lisses; museau arrondi, peu allongé; queue médiocre en longueur. (Tom. VII, pag. 607.)

1. C. Lisse. *C. Lævis.* D'un brun jaunâtre ; marbrures noires ; plaque anale double ; rostrale large.

2. C. Bordelaise. *C. Girundica.* Gris cendré, à bandes noires en travers; ventre à taches carrées, noires.

3. C. Grisonne. *C. Cana.* D'un brun rouge, avec quatre rangs de taches œilllées ; rostrale étroite.

4. C. La Chaine. *C. Getulus.* Corps comprimé , anguleux ; une sorte de chapelet de taches jaunes sur les flancs.

5. C. de Say. *C. Sayi.* Une tache blanc de lait sur chaque gastrostèges et sur les urostèges.

6. C. Annelé. *C. Doliata.* D'un beau rouge en dessus ; avec vingt-deux anneaux noirs, séparés par du blanc pur.

7. C. Californienne. *C. Californiana.* D'un noir brun ; deux lougues raies jaunes; dessous de la queue noire.

IV.e GENRE. SIMOTÈS. Nobis.

(Atlas, pl. LXXXII, fig. 1-2-3.)

Caractères. Museau très-court*, comme tronqué; écailles lisses; queue médiocre, pointue; tronc de même grosseur de la tête à l'origine de la queue. (Tom. VII, pag. 624.)

1. S. De Russel. *S. Russelii.* Des bandes noires en travers isolées et bordées de blanc; ventre sans taches. *Manille.*

2. S. Deux-marques *S. Binotatus.* Des bandes en travers sur le dos, réunies deux à deux. *Du Malabar.*

3. S. Trois lignes. *S. Trinotatus.* Trois raies jaunes , une médiane, deux latérales festonnées. (T. VII, p. 636.) *Chine.*

4. S. Bandes-blanches. *S. Albo-cinctus.* Bandes transversales blanches, liserées de noir. *Indes orientales.*

5. S. Huit-raies. *S. Octolineatus.* Corps d'un jaune pâle , avec huit raies d'un brun rougeâtre. (Atlas, pl. 82, n.o 3. *Indes orientales.*

6. S. Trois-lignes. *S. Trilineatus.* Bande dorsale de taches réunies trois à trois. (Tom. VII, p. 631.) *Grandes-Indes.*

7. S. Ecarlate. *S. Coccineus.* Corps rouge, à bandes transversales noires, réunies deux à deux. *Amérique du nord.*

DOUZIÈME FAMILLE DES AGLYPHODONTES.

LES DIACRANTÉRIÉNS.

Caractères essentiels. Serpents dont tous les crochets sont lisses, mais dont les derniers sus-maxillaires sont plus longs et séparés des autres par un intervalle libre. (T. VII, p. 641.)

I.er GENRE. DROMIQUE. Nobis.

Caractères. Tronc et queue allongés ; écailles lisses, carrées, courtes, distribuées également ; tête aussi large que le cou. (T. VII, p. 646.)

1. D. Coureur. *D. Cursor.* Quatre raies jaunes, étroites sur le dos; ventre jaune. *Antilles.*

2. D. Rayé. *D. Lineatus.* Trois raies brunes bordées de noir sur toute la longueur. (T. VII, p. 655.) *Sancta-Cruz.*

3. D. Unicolore. *D. Unicolor.* Dos sans taches; une ligne noire derrière chaque œil. *Patrie ?*

4. D. Des Antilles. *D. Antillensis.* Trois raies sur le tronc, dont la médiane est comme double.

5. D. De Plée. *D. Pleii.* Deux raies seulement sur le tronc et des taches noires. *Martinique.*

6. De Temminck. *D. Temminckii.* Une seule raie très-large au milieu du dos. *Chili.*

7. D. Demi-deuil. *D. Leucomelas.* Des taches jaunes sur un fond noir. *Guadeloupe.*

8. D. Ventre-roux. *Rufiventris.* Des taches noires, distinctes, souvent réunies en arrière ; gastrostèges à taches de rouille. *Brésil.*

9. D. Angulifère. Des taches noires réunies en chevrons anguleux. *Cuba.*

10. D. Triscale. *D. Triscalis.* Quatre raies, puis trois, deux et une qui se termine à la queue. *Patrie ?*

II.e GENRE. PERIOPS. Wagler.

CARACTÈRES. Corps allongé ; dos rond ; écailles des flancs lisses ; tête très-distincte du cou qui est aminci. (T. VII, p. 674.)

1. P. Fer-à-cheval. *P. Hippocrepis.* Plaque anale double ; des taches carrées sur les flancs. *Italie, Espagne, Algérie.*

2. P. A raies parallèles. *P. Parallelus.* Plaque anale simple ; trois séries de taches sur la longueur du tronc. *Egypte.*

III.e GENRE. STÉGONOTE. Nobis.

CARATÈRES. Corps comprimé, à dos saillant ; museau rond ; écailles des flancs lisses, presque aussi larges que longues. (T. VII, 680.)

1. S. De Muller. *S. Mulleri.* D'un brun fauve ; queue plate en dessous et comme triangulaire. *Java.*

IV.e GENRE. ZAMENIS. Wagler.

CARACTÈRES. Corps arrondi ; écailles lisses, lancéolées ; plaques surciliaires dépassant l'orbite ; écusson central étroit. (T. VII, p. 683.)

1. Z. Verte jaune. *Z. Viridiflavus.* Vertex à petites lignes jaunes formant des dessins variés. *France.*

2. Z. A rubans. *Z. Trabalis.* Plaque rostrale saillante sur le front. *Russie.*

3. Z. A bouquets. *Z. Florulentus.* Point de taches sur le cou, ni bandes ; la plaque rostrale non saillante. *Egypte.*

4. Z. De Dahl. *Z. Dahlii.* Des taches œillées sur le cou ; pas de bandes. *Athènes, Perse.*

5. Z. Méxicain. *Z. Mexicanus.* Taches plus foncées sur un fond noirâtre. *Cap, Corientes.*

V.e GENRE. LIOPHIS. Wagler.

CARACTÈRES. Ecailles lisses hexagonales ; tête peu distincte, museau rond ; queue courte. (T. VII, p. 697.)

1. L. Cobel. *L. Cobella.* Dos brun avec des demi-cercles blancs courbés en C. *Guyane, Surinam.*

2. L. De la Reine. *L. Reginæ.* Dos à taches noires, carrées, sur un fond jaune. *Amér. du sud.*

3. L. De Merrem. *L. Merremii.* Dos brun, à taches ovalaires, jaunes. *Amér. mérid.*

4. L. Doubles-anneaux. *L. Bicinctus.* Dos à taches noires, formant des anneaux doubles. *Origine?*

VI.e GENRE. UROMACRE. Nobis.

(ATLAS, pl. LXXVIII, fig. 1-2-3.)

CARACTÈRES. Queue excessivement longue; écailles lissses, en losanges. (T. VII, 719.)

1. U. De Catesby. *U. Castesbyi.* D'un vert bleuâtre, avec une raie blanche sur les flancs, bordée de noir en avant. *Haïti.*

2. U. Nez-pointu. *U. Oxyrhynchus.* Corps violet, chatoyant en avant sur le dos; grisâtre en arrière; ventre bleuâtre. *Sénégal.*

VII.e GENRE. AMPHIESME. Nobis.

CARACTÈRES. Corps allongé; museau arrondi; yeux latéraux, éloignés entre eux; écailles des flancs carénées. (T. VII, p. 724.)

1. A. En robe. *A. Stolatum.* Dos vert foncé, à deux raies jaunes, entrecoupées de bandes noires. *Pondichéry.*

2. A. Panthère. *A. Tigrinum.* Dos vert sans raies; des taches noires irrégulières sur le dos; ventre jaune. *Japon.*

3. A. Cou-rouge. *S. Subminiatum.* Dos vert sans raies; cou rouge; ventre jaune, à lignes de points noirs. *Java.*

4. A. Rouge-noir. *A. Rhodomelas.* Dos rouge; une raie médiane noire; flancs à points noirs. *Java.*

5. A. Tête-jaune. *A. Flaviceps.* Dos vert sans raies; des taches jaunes sur le cou et le derrière de la tête. *Bornéo.*

6. A. Taches dorées. *A. Chrysargos.* Dos vert sans raies; ventre rouge; flancs à taches noires et jaunes dorées. *Java.*

VIII.e GENRE. HELICOPS. Wagler.

(ATLAS, pl. LVIII.)

CARACTÈRES. Ecailles carénées en losange, tronquées en arrière, plus étroites sur les flancs; yeux rapprochés. (VII, 742.)

1. H. Queue-carénée. *H. Carinicaudus.* Ecailles carénées sur le tiers postérieur du tronc. *Brésil.*

2. H. Anguleux. *H. Angulatus.* Toutes les écailles carénées et très-saillantes. *Amér. mérid.*

3. H. De le Prieur. *H. Prieurii.* Toutes les écailles faiblement carénées. (Tome VII, page 750.) *Brésil.*

IX.e GENRE. XENODON. Boié.

(ATLAS, pl. LXXVI, fig. 5.)

CARACTÈRES. Corps allongé ; museau rond ; écailles lisses ; queue médiocre. (T. VII, p. 753.)

1. X. Sévère. *X. Severus.* Plaque anale double ; écailles lisses en rangées obliques ; tête plate et courte. *Amér. du sud.*

2. X. Tête-vergetée. *X. Rabdocephalus.* Anale double ; écailles lisses ; tête allongée. *Surinam.*

3. X. Enfumé. *X. Typhlus.* Plaque anale double ; écailles lisses, peu obliques. *Surinam.*

4. X. Géant. *X. Gigas.* Anale unique ; des plaques sous-orbitaires. *Corrientes.*

5. X. Vert. *X. Viridis.* Anale double ; écailles carénées ; teinte verte uniforme. *Indes.*

X.e GENRE. HÉTÉRODON. Latreille.

(ATLAS, pl. LXIX.)

CARACTÈRES. Museau relevé, obtus, anguleux, caréné ; tête peu distincte du tronc qui est anguleux. (T. VII, p. 764.)

1. H. Large-nez. *H. Platyrhinos.* Ecailles carénées ; dos tacheté de noir. *Amér. sept., Caroline.*

2. H. Noir. *H. Niger.* Ecailles carénées ; dessus du tronc noir, sans taches. *Buénos-Ayres.*

3. H. De Dorbigny. Ecailles lisses ; anale double ; sus-labiale ne touchant pas l'œil. *Paraguay.*

4. H. Mi-cerclé. *Semi-cinctus.* Anale double ; sus-labiales touchant l'œil.

5. H. De Madagascar. Ecailles lisses ; plaque anale unique.

6. H. Diadème. *H. Diadema.* Plaque rostrale épaisse et tranchante, très-développée ; dessin régulier sur la tête ; écailles lisses ; ventre plat, anguleux sur les flancs. *Amér. sept.*

TROISIÈME SOUS-ORDRE.

LES OPISTHOGLYPHES.

CARACTÈRES. Serpents dont les mâchoires supérieures sont garnies de crochets lisses ou sans sillon; mais qui ont en arrière une ou plusieurs dents plus longues et cannelées. (Erpétologie Générale. Tome VII, 781.)

SIX FAMILLES distinguées entre elles par la longueur proportionnelle des dents antérieures ou crochets lisses et d'après la forme et la largeur de la tête et du museau.

1.re FAMILLE. LES OXYCÉPHALIENS.

La tête est étroite en arrière le museau prolongé en pointe et les dents ou crochets presque égaux. (VII, 802.)

2.e FAMILLE. LES STÉNOCÉPHALIENS.

Semblables aux précédents; mais dont le museau n'est pas prolongé. (VII, 828.)

3.e FAMILLE LES ANISODONTIENS.

Les dents ou les crochets antérieurs sont inégaux en force et en longueur. (VII, 870.)

4.e FAMILLE. LES PLATYRHINIENS.

Le Museau est tronqué en travers, la tête large; et les dents à peu près de même longueur. (VII, 941.)

5.e FAMILLE LES SCYTALIENS.

Le museau large est cependant arrondi à son extrémité et les dents à peu près égales. (VII, 988.)

6.e FAMIILE. LES DIPSADIENS.

Le museau est arrondi, porté sur une tête large et dont les crochets antérieurs sont presque aussi longs les uns que les autres. (VII, 1047.)

23.*

PREMIÈRE FAMILLE DES OPISTHOGLYPHES.

LES OXYCÉPHALIENS. (Tom. VII, pag. 797.)

CARACTÈRES ESSENTIELS. Corps très-allongé; tête longue étroite, surtout en avant où le museau est prolongé en pointe conique qui dépasse la mâchoire inférieure.

QUATRE GENRES.

I.er GENRE. XIPHORHYNQUE. *XIPHORYNCUS LANGAHA*. Lacépède.

(ATLAS, pl. LXXI, fig. 1 à 4.)

CARACTÈRES. Un appendice charnu, triangulaire et écailleux au museau; écailles du dos et des flancs carénées; urostèges sur un rang double.

1. X. Porte épée. *X. Ensifera.* Appendice du museau en lâme pointue. *Madagascar.*

2. X. Crête de coq. *X. Crista-galli.* Appendice du museau en crête dentelée. (VII, 806.) *Madagascar.*

II.e GENRE. DRYINE. *DRYINUS*. Merrem.

CARACTÈRES. Museau charnu, court, flexible; écailles lisses. (T. VII, p. 808.)

1. D. Nasique *D. Nasutus.* Tête plus large que le cou; tronc un peu triangulaire; dos comme en carène. *des Indes.* Trois variétés.

III.e GENRE. OXYBÈLE. *OXYBELIS*. Wagler.

CARACTÈRES. Tête longue, étroite et pointue en avant; écailles lisses.

1. O. Argenté. *O. Argenteus.* Corps portant six lignes colorées en long. (VII, 818.) *Cayenne.*

2. O. Brillant. *O. Fulgidus.* Une seule ligne de chaque côté. *du Bengale.*

3. O. Bronzé. *O. Æneus.* D'un brun doré à reflets irisés, piqueté de points noirs. *Brésil.*

4. O. de Lecomte. D'un vert bronzé, à mouchetures noires, plaque rostrale. *du Gabon.*

IV.ᵉ GENRE. TRAGOPS.

Caractères. Museau pointu solide deux ou trois plaques sous-orbitaires.

1. T. Vert. *T. Prasinus.* D'une belle couleur verte ou bleue irisée ; une large bande blanche le long des flancs, bordée d'une ligne jaune. *Indes orientales.*

2. T. Ruban jaune. *T.* (*Xanthozonius.*) Ligne latérale d'un jaune citron sur un fond vert brun, le dessous du corps verdâtre. (Tom. VII, p. 826.) *Cochinchine.*

3. T. Roussâtre. *T. Rufulus.* D'un brun roux, sans bandes latérales ; le dessous blanc. *Sénégal.*

DEUXIÈME FAMILLE DES OPISTHOGLYPHES.

LES STÉNOCÉPHALIENS. (Tom. VII, p. 828.)

CARACTÈRES ESSENTIELS. Corps très-long; tête courte obtuse, confondue avec le tronc qui est plat sous le ventre; queue courte en pointe conique; quatre genres.

I.er GENRE. ELAPOMORPHE. *ELAPOMORPHUS.* Wiegmann.

CARACTÈRES. Corps grêle partout de même grosseur; tête convexe.

1. E. de D'orbigny. *E. Dorbignyi.* Dos rouge, sans raies longitudinales; queue noire. *du Chili.*

2. E. Collier-jaune. ***E. Flavo-torquatus.* Une tache jaune bordée de noire sous la gorge et le cou. *Amér mérid.***

3. E. Tricolore. *E. Tricolor.* Fond de la couleur rouge; le dessus de la teinte noir; un collier blanc, suivi d'une grande tache noire. (VII, 837.) ***Santa-Cruz.***

4. E. à deux lignes. ***E. Bilineatus.* Deux lignes longitudinales** noires; pas de collier. ***Corrientes.***

5. E. Rubanné. ***E. Lemniscatus.* Six bandes longitudinales, trois blanches et trois noires; tout le dessous du ventre noir. *Amér. du Sud.***

6. E. de Blume. *E. Blumii.* Cinq raies noires le long du tronc; gastrostèges blanches. ***du Brésil. — de la Guyane.***

II.e GENRE ÉRYTHROLAMPRE. *ERYTHROLAMPRUS.* Boié. (ATLAS, pl. LXXIV, fig. 1 à 4.)

CARACTÈRES. Le milieu du tronc plus gros; des taches en anneaux transverses; tête confondue avec le tronc; queue conique. (T. VII, p. 845.)

1. E. d'Esculape. ***E. Æsculapii.*** Anneaux larges réguliers à intervalles sans taches. ***Amér. mérid.***

2. E. de Bauperthuis. *E. Bauperthuisi.* Intervalles tachetés entre les anneaux larges, mais réunis en dessous. *Côte ferme.*

3. E. Très-beau. *E. Venustissimus.* Intervalles des anneaux larges tachetés, mais doubles en dessous. *du Brésil.*

4. E. de Milbert. *E. Milberti.* Anneaux étroits réguliers, à intervalles égaux. *New-York.*

5. E. Embrouillé, *E. Intricatus.* Anneaux irrégulièrement joints en dessous. *Patrie?*

III.e GENRE HOMALOCRANE. *HOMALOCRANION.* Nobis.

Caractères. Tête très-plate en dessus ; côtés du ventre anguleux ; corps grêle et de même grosseur au milieu. (T. VII, p. 855).

1. H. Tête plate. *H. Planiceps.* Le dessus du corps d'une même teinte, sans taches ni raies. *Californie.*

2. H. Tête noire. *H. Melanocephalum.* Le dessus du tronc rayé de lignes noires ; dessus de la tête noir. *Philadelphie*

3. H. Demi annelé. *H. Semicinctum.* Dessus du corps noir ; ventre blanc ; dos demi-annelé de blanc. *Colombie.*

4. H. Ceint de noir. *Atrocinctum.* Tout le corps annelé de blanc. *Chili.*

IV.e GENRE. STÉNORHINE. *STENORHINA.* Nobis.

(Atlas, pl. lxx, fig. 1 et 2.)

Caractères. Corps rond à écailles losangiques, gastrostèges déprimées au milieu.

1. S. Ventrale. *S. Ventralis.* Des taches noires en travers du dos; ventre d'un jaune verdâtre, tacheté de noirâtre et coupé longitudinalement par une raie brune. (VII, 867.) *De Coban Haute Vera Paz.*

2. S. de Fréminville. *S. Freminvillei.* Pas de taches sur le dos; ventre d'un rouge de brique. *Du Mexique.*

TROISIÈME FAMILLE DES OPISTHOGLYPHES.

LES ANISODONTIENS. (T. VIII, p. 870.)

CARACTÈRES ESSENTIELS. Les crochets lisses, inégalement distribués et irrégulièrement proportionnés sur les deux mâchoires; souvent avec des espaces libres ou vides.

HUIT GENRES, dont deux n'ont pas de dents à la mâchoire supérieure.

I.er GENRE. BUCÉPHALE. *BUCEPHALUS*. Smith.

CARACTÈRES. Point de crochets au devant de la mâchoire supérieure; les orbites très-grandes occupant la moitié du crâne. T. VII, p. 882.

1. B. Type. B. *Typus*. D'un brun verdâtre en dessus; ventre plus clair; tête très-grosse. *Du Cap*.

II.e GENRE. HÉMIODONTE. *HEMIODONTUS*. Nob.

CARACTÈRES. Point de crochets sus-maxillaires en avant; orbites ordinaires.

1. H. Taches-blanches. H. *Leucobalia*. Dessus du corps noir avec ou sans taches blanches. *Timor. Nouvelle Guinée*.

III.e GENRE. PSAMMOPHIS. Boié.

(ATLAS, pl. LXXVII, fig. 2. Le crâne.)

CARACTÈRES. Crochets antérieurs plus longs en avant et au milieu, séparés par un intervalle. T. VII, p. 887.

1. P. Chapelet. P. *Moniliger*. Dos à raies interrompues; nuque sans taches; ventre ponctué. *Algérie*.

2. P. Porte-croix. P. *Crucifer*. Des raies interrompues sur le dos; nuque marquée d'une croix. *Afrique. Cap*.

3. P. Elégant. P. *Elegans*. Trois raies continues sur le dos. *Sénégal*.

4. P. Pulvérulent. *P. Pulverulentus*. Point de raies sur le dos; queue fort courte. *Java*.

5. P. Ponctué. *P. Punctatus*. Des raies dorsales non continues ; point de tache nuchale ; ventre ponctué. *Egypte*.

6 P. Petits-points. *P. Punctulatus*. Une seule raie dorsale continue : ventre couvert de points noirs. *Arabie*.

6 *bis*. P. de Perrotet. Corps d'un vert brunâtre; écailles bordées de noir. (VII, p. 899.) *Indes orientales*.

IV.ᵉ GENRE. CHORISODONTE. Nobis.

Caractères. Crochets sus-maxillaires antérieurs plus longs et allant en décroissant successivement en arrière.

1. C. de Sibérie. *C. Sibericum*. Deux bandes noires sur la nuque, une sur chaque tempe et trois séries de taches noires sur le dos. (Tome VII, page 902.)

V.ᵉ GENRE. OPÉTIODONTE. Nobis.

Caractères. Les crochets antérieurs des os sus-maxillaires et palatins très-développés et peu courbés; les autres dents en séries continues.

1. O. Dents de chien. *O. Cynodon*. Dos en saillie, à écailles médianes grandes, carénées. (T. VII, 905.) *Java*.

VI.ᵉ GENRE. TARBOPHIDE. *TARBOPHIS*. Fleischmann.

Caractères. Dents antérieures plus longues, courbées à la mâchoire inférieure, suivies d'un petit intervalle libre. (T. VII, p. 911.)

1. T. Vivace. *T. Vivax*. Gris, à taches noires arrondies sur le dos; d'autres sur les flancs; gorge sans taches; mais les gastrostèges tachetées de noir. *De la Morée*.

VII.e GENRE. LYCOGNATHE. *LYCOGNATHUS*. Nobis.

CARACTÈRES. Dents antérieures à peu près égales, mais la quatrième ou la cinquième plus longue que les autres, puis un intervalle libre ou sans dents. (T. VII, p. 916.)

1. L. Bécasse. *L. Scolopax.* De grandes taches noires irrégulières sur le ventre, écailles dorsales médianes plus grandes. *Cayenne. Guyane.*

2. L. Double tache. *L. Geminatus.* Les taches noires du ventre arrondies, réunies deux à deux; ventre à points noirs. *Brésil.*

3. L. Tête-Blanche. L. *Leucocephalus.* Pas de taches noires sur le ventre, ni sur la tête qui est tout à fait blanche. *Brésil.*

4. L. Capuchonné. *L. Cucullatus.* Une grande tache noire sur la nuque, réunie à celles des tempes. *Algérie.*

5. L. Rubanné. *L. Tæniatus.* Pas de tache nuchale; des raies en long sur le tronc, le dessous gris. *Afrique Sept.*

6. L. Maillé. *L. Textilis.* Tronc à mailles croisées régulièrement et comme étoilées. *Algérie.*

VIII.e GENRE. TOMODONTE. *TOMODON.* Nobis.

(ATLAS, pl. LXXIII. *Eudrome.*)

CARACTÈRES. Les premiers crochets tous égaux, longs et tranchants, sans espace libre ou interruption; les dents postérieures cannelées plates et tranchantes. (T. VII, 932.)

1. T. Raie-dorsale. *T. Dorsatum.* Une seule raie sur le tronc dont la teinte est brunâtre. *Brésil.*

2. Quatre raies. *T. Lineatum.* Quatre ou six raies sur le tronc qui est gris. *Du Mexique.*

3. T. Ocellé. *T. Ocellatum.* Pas de raies; mais des taches arrondies. *Du Brésil.*

QUATRIÈME FAMILLE DES OPISTHOGLYPHES.

LES PLATYRHINIENS. (T. VII, p. 941.)

CARACTÈRES ESSENTIELS. Les dents sus-maxillaires postérieures sillonnées et à museau large tronqué carrément.

SEPT GENRES. Dont l'un a des tentacules ou deux prolongements flexibles écailleux sur le museau ; trois, sans tentacules, ont les écailles lisses, et trois les ont carénées ou striées.

I.er GENRE. HYPSIRHINE. *HYPSIRINA*. Wagler.

CARACTÈRES. Point de tentacules, les écailles lisses et les plaques labiales carrées. (T. VII, p. 945.)

1. H. Enhydre. *H. Enhydris.* Point de taches sur le dessus du corps ; huit ou neuf rangs transversaux d'écailles sous la gorge. *De Java.*

2. H. Tachetée. *H. Maculata.* De grandes taches sur le dessus du corps. *De la Chine.*

II.e GENRE. EUROSTE. *EUROSTUS*. Nobis.

(ATLAS, pl. LXXXIV, fig. 1-2-3 et pl. LXXVII, fig. 1. Le crâne).

CARACTÈRES. Les écailles lisses ; plaques labiales allongées; pas de tentacules ; les crochets cannelés sur-courbés. (T. VII, p. 951.)

1. E. de Dussumier. *E. Dussumierii.* Des raies longitudinales sur le dos; ventre blanc avec une rangée médiane de taches noires. *Du Bengale.*

2. E. Plombé. *E. Plombeus.* Point de taches sur le dos; des points noirs sur la ligne médiane du ventre ; une raie noire sous la queue. *Des Célèbes*, *de Java.*

3. E. Alternant. *E. Alternans.* D'un brun rougeâtre, entouré d'anneaux blancs. *Java.*

III.e GENRE. TRIGONURE. *TRIGONURUS*. Nobis.

CARACTÈRES. Queue comme triangulaire, plate sur trois faces; écailles sillonnées ou striées; mais sans carènes. (VII, 959.)

1. T. de Siébold. *T. Sieboldii.* De larges bandes blanchâtres en travers, se confondant avec les mailles d'une chaîne qui règne sur les flancs. *Du Bengale.*

IV.e GENRE. CAMPYLODONTE. *CAMPYLODON.* Nobis.

Caractères. Dents cannelées postérieures comme tordues sur elles mêmes ou présentant une double courbure. (VII, 965.)

1. C. de Prevost. *C. Prevostianum.* D'un gris de plomb bleuâtre; une large bande blanche sur les flancs. *De Manille.*

V.e GENRE. HOMALOPSIDE. *HOMALOPSIS.* Kuhl.

Caractères. Ecailles carénées; museau très-plat, à plaques syncipitales distinctes; yeux petits et narines rapprochées. (T. VII, p. 967.)

1. H. Jouflu. *H. Buccatus.* Des bandes en travers sur le tronc; une tache noire sur le bout du museau et une raie noire étendue de l'œil à l'angle de la bouche. *Java.*

2. H. Taches-blanches. *H. Albomaculatus.* Corps varié de noir et de blanc; dessus de la tête noir; les lèvres blanches tachetées de noir. *De Sumatra.*

3. H. Cinq-bandes. *H. Quinquevittatus.* Cinq bandes longitudinales, trois noires et deux grises. *Province de Peten. Guatemala.*

VI.e GENRE. CERBÈRE. *CERBERUS.* Cuvier.

Caractères. Ecailles carénées; point de plaques pariétales; les syncipitales petites rapprochées du museau. (VII, 977.)

1. C. Boæforme. *C. Boæformis.* Gris avec des bandes noires en travers du dos et de la queue, une raie noire de l'œil au cou. *Du Bengale.*

VII.e GENRE. ERPÉTON. Lacépède.

Caractères. Deux tentacules charnus, couverts d'écailles; queue écailleuse sans urostèges; gastrostèges étroites, à deux petites carènes.

1. E. Tentaculé. *E. Tentaculatum.* Les caractères du genre. L'espèce étant unique. *Patrie ?*

CINQUIÈME FAMILLE DES OPISTHOGLYPHES.

LES SCYTALIENS. (T. VII, p. 988.)

CARACTÈRES. ESSENTIELS. Serpents Opisthoglyphes, à crochets antérieurs lisses, presque égaux en longueur et en force; museau large, souvent retroussé.

SIX GENRES. Dont deux ont les urostèges simples et quatre les ont doubles; variant d'ailleurs par le museau qui est avancé ou rétus.

I.er GENRE. RHINOSIME. *RHINOSIMUS.* Nobis.

(ATLAS, pl. LXXII.)

CARACTÈRES. Urostèges sur un seul rang; museau retroussé; avancé, aplati et obtus, dépassant la mâchoire inférieure.

1. R. de Guérin. *R. Guerinii.* D'un brun cuivreux; plaque pré-oculaire double; les deux premières plaques temporales touchant les post-oculaires. *Bahia.*

II.e GENRE. RHINOSTOME. *RHINOSTOMA.* Fitzing.

CARACTÈRES. Les urostèges doubles; museau retroussé en coin aplati, dépassant la mâchoire. (T. VII, p. 992.)

1. R. Nasu. *R. Nasuum.* Une grande tache en fer à cheval sur le cou; le dessous du corps blanchâtre tacheté de brun. *De la Colombie.*

III.e GENRE. SCYTALE.

CARACTÈRES. Urostéges simples; bout du museau épais, court, arrondi; plaque frénale courte. (Tome VII, p. 996.)

1. S. Couronné. *S. Coronatum.* Corps cendré; tête noire en dessus, entourée d'un cercle blanc. *Amér. du sud.*

2. S. de Neuwied. *S. Neuwiedii.* Point de tache autour de l'occiput. *Bahia.*

IV.e GENRE. BRACHYRUTON. Nobis.

Caractères. Bout du museau épais, court; urostèges doubles; gastrostèges sans carènes; frénale courte. (Tome VII, page 1002.)

1. B. Plombé. *B. Plumbeum.* Pas de noir sur la tête; ni sur le cou; d'une même teinte plombée en dessus et sur les côtés. *De l'Amér. mérid.*

2. B. Clélie. *B. Clœlia.* Nuque et tempes d'un blanc Isabelle; du noir sur la tête et sur le cou. (T. VII, p. 1007.) *Amér. mér.*

3. B. Nuque-jaune. *B. Occipito-luteum.* Le dessus de la tête d'un gris verdâtre; du jaune sur la nuque, mélangé à du gris sur les tempes. *Amér. du sud.*

V.e GENRE. OXYRHOPE. *OXYRHOPUS.*

Caractères. Urostèges sur double rang; gastrostèges sans carènes; museau court, frénale allongée. (T. VII, p. 1041.)

1. O. Trigeminé. *O. Trigeminus.* Des bandes noires distribuées trois par trois sur un fond gris; une grande tache noire sur la tête. *Bahia.*

2. O. ventre-ponctué. *O. Sub-punctatus.* Ventre jaunâtre ponctué de noir; écailles du dos aussi petites que celles des flancs. *Du Brésil.*

3. O. Rhombifère. *O. Rhumbifer.* Des taches noires en losange sur un fond jaunâtre; lavé de rouge et moucheté de noir. *Amér. mérid.*

4. O. Multi-bandes. *O. Multi-fasciatus.* Des bandes noires presque également espacées sur un fond blanc jaunâtre. (Tome VII, p. 1019.) *Du Brésil.*

5. O. Cerclé. *O. Doliatus.* Une grande calotte noire; des bandes noires, complètes en travers, au nombre de trente-six environ. *Du Brésil.*

6. O. le Beau. *O. Formosus.* Tête et cou d'un rouge orangé; une trentaine d'anneaux noirs, alternants avec d'autres d'un jaune verdâtre en avant et d'un rouge vermillon en arrière; les écailles intermédiaires tachetées de noir. (Tome VII, p. 1022.) *Du Brésil.*

*7. O. de Dorbigny. *O. d'Orbignyi.* Des taches losangiques

noires en bandes étroites sur un fond blanchâtre, peut-être rouge, mais moucheté de noir. *Buénos-Ayres.*

8. O. Flancs-barrés. *O. Clathratus.* Dos olivâtre; barres verticales nombreuses sur les flancs; gastrostèges jaunes, couvertes de brun. *Brésil.*

9. O. Bai. *O. Spadiceus.* Corps d'un brun uniforme avec environ quarante-huit bandes blanches lavées de brun ; ventre jaune. *Côte ferme.*

10. O. Sans-taches. *O. Immaculatus.* Tout le corps olivâtre en dessus, safrané en dessous. *Patrie?*

11. O. Bi-pré-oculaire. *O. Bi-præ-ocularis.* La plaque préoculaire partagée transversalement en deux pièces et touchant à la frontale. *De Cayenne.*

12. O. Pétolaire. *O. Petolarius.* Corps d'un brun noirâtre, avec des bandes nombreuses, de petites taches jaunes, alternativement plus étroites, formant des demi-anneaux qui s'élargissent de quatre en quatre. *Surinam.*

13. O. de Séba. *O. Sebæ.* Écailles dorsales plus grandes que les latérales; de grandes taches carrées en travers; le ventre jaune. (Tome VII, p. 1036.)

14. O. Leucocéphale. *O. Leucocephalus.* Tête presque toute blanche, quoique roussâtre au vertex; de grandes taches quadrilatères rouillées. *Patrie?*

15. O. Paré. *O. Præornatus.* Corps long et grêle avec des bandes en travers sur la tête et sur le cou; trois raies noires longitudinales. *Sénégal.*

VIe GENRE CHRYSOPÉLÉE. *CHRYSOPELEA.* Boié.

CARACTÈRES. Urostèges doubles; gastrostèges relevées sur les flancs en ligne saillante et comme formées de trois pièces. (Tome VII, page 1040.)

1. C. Ornée. *C. Ornata.* Écailles lisses; fond de la couleur noire, avec de petites taches d'un jaune doré; quatre ou cinq bandes tranversales jaunes. *De Java.*

2. C. Flancs-rouges. *C. Rhodo-pleuron.* Écailles carénées ; côtés du tronc d'un rouge plus ou moins foncé, le dessous d'une teinte jaune uniforme. *D'Amboine.*

SIXIÈME FAMILLE DES OPISTHOGLYPHES.

LES DIPSADIENS. (T. VII, p. 1047.)

Caractères. Les dents cannelées plus longues, précédées de crochets simples, à peu-près égaux entre eux; tête large en arrière, à museau rond et étroit.

Huit Genres, dont deux ont les urostèges irrégulières qui varient ensuite par le nombre des dents cannelées. Les six autres ont les urostèges régulières et diffèrent entre eux par les narines, les proportions de la tête, du museau et des yeux.

I.er GENRE. TÉLESCOPE. *TELESCOPUS*. Wagler.

Caractères. Les yeux très-grands, proéminents, mais latéraux ; la queue courte et pointue.

1. T. Obtus. *T. Obtusus.* Caractères du genre: à sourcils saillants; une raie noire étendue de l'œil à la commissure postérieure de la bouche. *D'Egypte.*

2. T. Mi-annelé. *T. Semi-annulatus.* Des taches transversales noires de la tête à la queue, et plus larges au milieu du dos. *Afrique du sud.*

II.e GENRE. RHINOBOTHRYE. *RHINOBOTHRIUM*. Wagler.

Caractères. Narines creusées dans un enfoncement triangulaire ; les yeux très-éloignés du museau ; queue longue et grèle. (Tom. VII, pag. 1060.)

1. R. Lentigineux. *R. Lentiginosum.* De larges bandes obliques, séparées entre elles par de larges interstices dentelés. *De la Guyane.*

III.e GENRE. IMANTODÈS. Nobis.

Caractères. Corps excessivement grèle et long ; à tête plus large que le tronc; queue très-longue terminée comme en fil, du tiers de la longueur totale; dos en carène, à écailles héxagones. (Tom. VII, p. 1064.)

1. I. Cencho. *I. Cenchoa.* Soixante grandes taches, ou plus, en losange, bordées de noir. *Mexique.*

IV.ᵉ GENRE. TRIGLYPHODONTE. *TRIGLY-PHODON.* Nobis.

Caractères. Les trois dernières dents sus-maxillaires cannelées, fortes et très-solidement fixées. (T. VII, p. 1069.)

1. T. Anomal. *T. Irregulare.* Des bandes irrégulières obliques qui s'arrêtent au bas des flancs. *Des Célèbes.*

2. T. De Forsten. *T. Forsteni.* Des demi-anneaux en travers, plus étroits sur le dos, comme découpés sur leurs bords et à leurs extrémités. *Habitation ignorée.*

3. T. Bleu. *T. Cyaneum.* Tout le dessus du corps bleu ; le ventre d'un blanc jaunâtre. *Patrie?*

4. T. Jaunâtre. *T. Flavescens.* Le dessus d'un brun fauve ou jaunâtres avec quelques vestiges de taches anguleuses. (T. VII, p. 1082.) *De Macassar.*

5. T. Damier. *T. Tesselatum.* Des taches carrées distribuées en damier ; une raie noire étendue de l'œil à la bouche ; une autre au milieu de la tête. *De Java.*

6. T. Dendrophile. *T. Dendrophilum.* Noir en dessus, à bandes transversales jaunes, au nombre de quarante à soixante, interrompues sur le dos, élargies sur les flancs. *Java.*

7. T. Perlé. *T. Gemmicinctum.* Noir en dessus avec de gros points blancs ou jaunes, formant près de cent bandes en travers. (T. VII, p. 1091.) *De Java.*

8. T. Jaspé. *T. Jaspideum.* Gris en dessus, tacheté de noir, de blane et de jaune, avec des lignes jaunes en réseau. *De Java.*

9. T. De Drapiez. *T. Drapiezii.* D'un gris violacé, avec des bandes transversales noires, et de grandes taches blanches liserées de noir. *Java.*

9 *bis.* T. Brun. *T. Fuscum.* D'un brun verdâtre foncé, sans taches. (T. VII, 1101.) *Guinée.*

V.e GENRE. DRYOPHYLAX. Wagler.

Caractères. Urostèges régulières ; tête peu distincte du tronc; gastrostèges formant une ligne saillante sur les flancs; queue longue et éffilée, (Tom. VII, pag. 1105.)

1. D. Très-vert. *D. Viridissimus.* Bleu ou vert sur le dos, par bandes rapprochées sur un fond vineux ou purpurescent. *Amérique méridionale.*

2. D. D'Olfers. *D. Olfersii.* Une rangée médiane d'écailles jaunâtres ou brunes sur le dos; une raie noire de l'œil à la nuque. *Brésil.*

3. D. Estival. *D. Æstivus.* Ecailles carénées; tête pointue; teinte verte uniforme. *Ile de Sainte-Catherine, Brésil.*

4. D. Rude. *D. Serra.* Corps très-comprimé; dos saillant; ventre à flancs anguleux. *Brésil.*

5. D. De Fréminville. *D. Freminvillei.* Fauve en dessus; écailles lisses; des taches œillées, par paires, sur les trois quarts du dos; d'autres plus petites sur les flancs. *Guyane.*

6. D. De Schott. *D. Schottii.* D'un brun olive en dessus; une tache noire sur chaque écaille; ventre en avant d'un vert jaunâtre. *Amérique du sud.*

7. D. Vermillon. *D. Miniatus.* D'un jaune orangé lavé de rouge, plus ou moins tacheté de noir en arrière. *Madagascar.*

8. D. de Goudot. *D. Goudotii.* Corps très-grêle à queue pointue; des raies obliques noires sur le dos, réunies en une seule sur la queue. *Madagascar.*

9. D. Rayé. D. *Lineatus.* D'un brun olive, avec une ligne dorsale jaune et une autre de la même teinte de chaque côté. (VII, 1124.) Du *Nil blanc.*

10. D. Sans parure. *D. Inornatus.* Cendré, blanchâtre en dessous, avec les plaques du ventre d'un roux foncé; écailles carénées sur le dos, les autres lisses. *Patrie ignorée.*

VI.e GENRE. COELOPELTIS. Wagler.

Caractères. Le crâne concave au-devant des yeux; écailles également concaves sur le dos des adultes. Deux plaques frénales.

1. C. Maillé. C. *Insignitus.* Cinq rangées de taches sur le tronc; menton et lèvres à taches vertes; les écailles distinctes, concaves; museau silloné. De *Barbarie*, d'*Egypte.*

VII.e GENRE. DIPSADE. *DIPSAS.* Boié.

Caractères. Tronc cylindrique plus ou moins comprimé, allongé; écailles lisses; urostèges en rang double; yeux latéraux.

1. D. Triples taches. *D. Trigonatus.* Une suite de bandes transversales sub-losangiques blanches encadrées de noir, distribuées en travers le long du dos. (VII, 1136.) *Malabar, côte de Coromandel.*

2. D. Très-tachetée. *D. Multi-maculata.* Une double série de taches noires rondes ou ovales le long du dos; dix-neuf rangées d'écailles sur la longueur du tronc. De *Java.*

3. D. Annelée. *D. Annulata.* Des taches brunes isolées ou réunies en une large raie flexueuse, le long du dos; un trait brun derrière l'œil; ventre sans taches. *Mexique.*

4. D. Colubrine. *D. Colubrina.* Des espèces de rosaces formant une sorte de réseau à mailles carrées, ou en bandes transversales irrégulières, formées par des groupes d'écailles encadrées de noir. *Madagascar.*

5. de Natterer. *D. Nattereri.* Ecailles carénées d'un brun grisâtre; une ligne latérale plus foncée; ventre et dessous de la queue parsemés de points noirs. Du *Brésil.*

6. D. Très-ponctuée. *D. Punctatissima.* Semblable au précédent, mais les écailles lisses; de petites lignes noires sur le bord des écailles. De *Cayenne.*

7. D. Double frénale. *D. Biscutata.* Corps comprimé; la frénale divisée; deux chevrons emboîtés sur la tête; de grandes taches foncées bordées de blanc en travers. *Mexique.*

8. D. Rhombifère. *D. Rhombeata.* Des taches noires distribuées sur quatre séries dont les deux médianes s'unissent et forment des rhombes sur un fond jaunâtre. *Sud de l'Amér.*

9. D. du Chili. *D. Chilensis.* Trois raies longitudinales blanches,

séparées par des lignes ou des taches noires près des gastrostèges; trois lignes, obliques de l'œil à la nuque.

10. D. de Smith. *D. Smithii.* Tronc cylindrique, d'un brun verdâtre pâle en dessus, avec quatre séries de taches noires ; le ventre d'un gris livide. *Cap de Bonne-Espérance.*

GENRE ANOMAL RANGÉ AVEC LES DIPSAS DÉCRIT EN APPENDICE. (T. VII, p. 1165.)

ANHOLODONTE. *ANHOLODON.* Nobis.

CARACTÈRES. Point de crochets sur le devant des os sus-maxillaires.

1. A. de Mikan. *A. Mikani.* Des bandes noires perpendiculaires sur les flancs, tantôt réunies, tantôt séparées sur le milieu du dos. *Brésil.*

VIII.e GENRE. HÉTÉRURE. *HETERURUS.* Nobis.

CARACTÈRES. Urostèges en partie simples ou non divisées, tandis que les autres sont distribuées sur un double rang. (T. VII, p. 1168.)

1. H. Roussâtre. *H. Rufescens.* Le corps d'un brun roussâtre, sans bandes ni anneaux ; une grande tache d'un bleu noir, en fer à cheval, sur la nuque et les tempes. *Indes-Orientales.*

2. H. de Gaimard. *H. Gaimardii.* Le dessus du tronc à larges bandes noires en travers sur un brun pourpre. De *Madagascar.*

3. H. Bandes-étroites. *H. Arctifasciatus.* Dessus du corps couleur de nankin avec cent trente et une bandes transversales ; écailles du tronc formant 21 séries. *Madagascar.*

5. H. Fer-à-cheval. *H. Hippocrepis.* Le dessus de la tête portant une grande tache blanche en forme de parabole. Espèce douteuse de *Reinhardt. Côte de Guinée.*

QUATRIÈME SECTION OU SOUS-ORDRE DES OPHIDIENS.

LES PROTÉROGLYPHES OU FALLACIFORMES.

CARARACTÈRES ESSENTIELS. Des plaques lisses et le plus souvent un écusson impair sur le vertex; des dents crochues aux deux mâchoires; les os sus-maxillaires portant en avant des dents à venin, cannelés sur toute leur convexité, mais non perforées dans leur longueur et le plus souvent à la suite d'autres crochets simples ou lisses. (Tome VII, p. 1178.)

Deux groupes ou tribus: Les CONOCERQUES et les PLATYCERQUES.

PREMIÈRE TRIBU.

LES CONOCERQUES OU TERRESTRES.

CARACTÈRES. Tête couverte de grandes plaques et la queue qui est constamment ronde et conique. (Tome VII, p. 1187.)

I.er GENRE. ELAPS. (T. VII, p. 1191.) Schneider.

CARACTÈRES. Toutes les écailles du dos et des flancs semblables entre elles; les urostèges en double rangée; os sus-maxillaires ne portant d'autres dents que les crochets venimeux, comme dans les Solénoglyphes, mais pas de fausses narines. *(Tableau synoptique des espèces, page 1207.)*

1. E. Corallin. *E. Corallinus.* Corps à anneaux transversaux; à museau noir; à bandes complètes, séparées les unes des autres, entièrement noires sur un fonds rouge; écailles entuilées lisses; urostèges sur un double rang. (Tome VII, p. 1207.) *Du Brésil.*

2. E. de Marcgrave. *E. Marcgravii.* Semblable au précédent; mais les anneaux ou cercles noirs, rapprochés trois par trois, dont celui du milieu est beaucoup plus large que les autres. (Tome VII, p. 1209.) *De Carthagène en Colombie.*

3. Elaps cerclé. *E. Circinalis.* Semblable aux précédents; mais les anneaux noirs, liserés devant et derrière d'écailles blan-

ches ou rouges, laissant entre eux des intervalles quatre fois plus larges que les bandes transversales. *De la Martinique.*

4. E. Alternant. *E. Alternans.* Corps annelé ; museau noir ; les bandes imcomplètes ou inégales en largeur ; un arrière collier noir et large au-dessus du cou. *Mexique.*

5. E. Gastrodèle. *E. Gastrodelus.* Le dessus du dos noir ; un petit collier jaune ou rouge ; le ventre divisé par de larges anneaux noirs ; le dessous de la queue blanc ou rouge sans taches. (Tome VII, p. 1212.) *Des Antilles.*

6. E. Psyche. *E. Psyche.* Dos presque noir ; annelé de points blancs ; gastrostèges à bandes noires carrées ; un petit collier blanc ou rouge. *De Cayenne.*

7. E. d'Hygie. *E. Hygiæ.* Bout du museau blanc ou rouge ; dessus de la tête tacheté, avec une ligne longitudinale sur l'occiput. (Tome VII, p. 1213.) *Du Cap.*

8. E. Arlequin. *E. Fulvius.* Dessus de la tête d'une même teinte ; dos à anneaux noirs, rapprochés, égaux ; des bandes transversales noires, séparées par des bandes rouges ponctuées de noir. (Tome VII, p. 1215.) *De l'Amé. sept.*

9. E. Galonné. *E. Lemniscatus.* Museau noir en devant ; vertex tacheté avec une bande noire passant d'un œil à l'autre ; corps rouge, divisé par de grands anneaux noirs. (Tome VII, p. 1217.) *Amér. sept.*

10. E. Coulant. *E. Lubricus.* Museau coloré ; une bande noire entre les yeux jusques sur la lèvre supérieure ; deux raies noires formant un angle ouvert en arrière des cercles transverses noirs. (Tome VII, p. 1218.) *Du Cap.*

11. E. Occipital. *E. Occipitalis.* Museau noir ; vertex tacheté à marque noire en travers sur l'occiput. *De Rio-Janeiro et de la Nouv. Holl.*

12. E. Elaps miparti. *E. Semipartitus.* Corps à anneaux transverses, à museau noir ; sommet de la tête d'une même couleur ; les cercles noirs rapprochés, inégaux, plus larges du côté du dos. (VII, 1220.) *Nouvelle Grenade.*

13. E. Croisé. *E. Decussatus.* Corps annelé, à museau noir ; vertex d'une même couleur ; les intervalles entre les anneaux

marqués de petites lignes noires entre-croisées en XX. (VII, 1221.) *Nouvelle Grenade.*

14. E. Distancé. *E. Diastema.* Museau noir; vertex unicolore; les bandes noires, rares, très-distancées, étroites et liserées de blanc, de quatorze à quinze au plus. *Du Mexique.*

15. E. Dos marqué. *E. Epistema.* Museau noir en devant; vertex d'une même couleur ; de grandes taches noires arrondies, bordées de blanc ou de rouge, éloignées les unes des autres. *Du Mexique ?*

16. E. Frontal. *E. Frontalis.* Museau blanc ou rouge; toutes les écailles portant une tache noire; une bande sur le vertex en travers; les anneaux complets, noirs, séparés de trois en trois par des bandes rouges ponctuées de noir. (VII, 1223.) *De l'Amérique méridionale.*

17. E. de Surinam. *E. Surinamensis.* Museau jaune ou rouge; anneaux noirs, réunis trois par trois dont celui du milieu est trois ou quatre fois plus large surtout sur le dos. (VII, 1224.) *De Surinam.*

18. E. Collaire. ou Calligastre. *E. Collaris.* Pourtour du museau blanc ou rouge; dos noir, partagé par petits cercles étroits gris, rouges ou blancs, mais dont les écailles portent des lignes blanches croisées en X. (VII, 1226.) *Manille.*

19. E. Deux points. *E. Bipunctiger.* Pourtour du museau rouge ou blanc ; vertex noir, avec deux points blancs ou rouges bordés de noir simulant ainsi des narines rapprochées. (T. VII, 1227.) origine ? *Des Etats-unis d'Amérique ?*

20. E. Trois lignes. *E. trilineatus.* Corps rayé en long de trois lignes, interrompues sur les flancs par de gros points noirs placés à des intervalles égaux; gastrostèges séparées de trois en trois par du noir et du rouge ou du jaune. *De Padang, côte de Sumatra.*

21. E. Fourchu. *E. Furcatus.* Corps rayé en long, par trois lignes longitudinales jaunes dont celle du milieu se prolonge et se bifurque sur la tête; le dessous du corps comme dans l'espèce précédente. (T. VII, 1228.) *De Java.*

22. Elaps deux cordons. *Elaps bivirgatus.* Corps rayé en long; à ventre rouge ou d'une même couleur sans aucune tache. (T. VII, p. 1230.) *De Java.*

IIe GENRE. PSEUDÉLAPS. Fitzinger.

CARACTÈRES. Corps couvert d'écailles lisses et grandes, égales entre elles; urostèges en rang double; les os sus-maxillaires garnis en arrière de crochets sous-labiaux non cannelés. (T. VII, pag. 1231.)

1. P. De Müller. *P. Mulleri.* Ecailles entuilées très-laches; corps comme strié, légèrement caréné; deux raies larges et parallèles sur les côtés du cou depuis l'œil. (VII, 1233.) *Nouvelle Guinée.*

2. P. Psammophidien. *P. Psammophidius.* Ecailles laches entuilées; corps de couleur bleue ou verte chatoyante, sans raie latérale au cou; queue très-longue en pointe déliée. *Australie.*

3. P. Squamuleux. *P. Squamulosus.* Ecailles du corps entuilées, très-serrées, arrondies; corps très-grêle d'un gris verdâtre, sans raies, ni taches excepté sur les gastrostèges où elles sont même comme effacées. *De la Tasmanie. Nouvelle Hollande.*

IIIe GENRE. FURINE. *FURINA.* Nobis.
(ATLAS, pl. LXXV *bis*, fig. 1, 1 *a* et 2.)

CARACTÈRES. Écailles lisses toutes semblables, non entuilées; corps grêle, cylindrique, de même grosseur de la tête à la queue qui est courte, conique, pointue; des crochets lisses derrière l'os sus-maxillaire.

1. F. Diadème. *F. Diadema.* Corps d'un brun pâle, à écailles réticulées comme maillées; dessus de la tête et du cou noirs, avec une tache blanche en lunule sur la nuque. (Tome VII, 1229.) *Du port Jackson. Nouv. Holl.*

2. F. Deux taches. *F. Bimaculata.* Extrêmité du museau blanche; une tache noire carrée entre les yeux; un collier blanc sur la nuque, derrière lequel on voit une marque noire ronde. (Tome VII, p. 1240.) *De Tasmanie. Nouv Holl.*

3. F. Beau-dos. *F. Calonotus.* Bout du museau noir; une longue raie dorsale noire après un collier blanc, suivi d'une tache noire en écusson, échancré en avant; des points blancs sur la ligne noire de la queue. *De Tasmanie.*

4. F. Tricotée. *F. Textilis.* Corps lombriciforme, plus gros au milieu; divisé par bandes étroites en travers dont celles qui sont blanches sont plus larges et comme formées par une sorte de tricot à fils gris sur un fonds bleuâtre. (Tome VII, p. 1242.) *De l'Australasie.*

IV.e GENRE. TRIMÉRÉSURE. *TRIMERESURUS.* Lacépède.

(ATLAS, pl. LXXV *bis*, n° 2, la queue en dessous.)

CARACTÈRES. Écailles du dos égales entre elles; les urostèges distribuées irrégulièrement en trois séries les unes en rang simple et les autres sur une double rangée.

1. T. Serpentivore. *T. Ophiophagus.* Plaques syncipitales très-développées surtout celles de l'occiput. (T. VII, p. 1245.) *De la Cochinchine.*

2. T. Porphyré. *T. Porphyreus.* D'un brun violâtre foncé, à reflets bleuâtres; gastrostèges blanches bordées de noir et coloriées en rouge en dehors. (Tome VII, page 1247.) *De la Nouv. Hollande.*

V.e GENRE. ALECTO. Wagler.

(ATLAS, pl. LXXVI *bis*, fig. 1, 1 *a* et 2.)

CARACTÈRES. Écailles du tronc égales entr'elles et lisses; toutes les gastrostèges sur une seule rangée. (T. VII, p. 1249.)

1. A. Courtaude. *A. Curta.* Dessus du tronc d'un gris verdâtre uniforme; tête sans taches; des écailles un peu plus grandes sur les flancs; gastrostèges liserées de noir. *Nouv. Holl.*

2. A. Panachée. *A. Variegata.* Le dessus du corps noir, tacheté de blanc; deux bandes jaunes en travers sur le museau; des lignes transversales, inégalement espacées, sur le dos; toutes les gastrostèges mi-parties en travers de blanc et de noir. (T. VII, page 1254.) *Nouv. Holl.*

3. A. Couronnée. *A. Coronata.* Le pourtour de la tête encadré de noir et enveloppant le sommet qui est vert; la lèvre supérieure blanche. (T. VII, p. 1255.) *De la Nouv. Holl.*

4. A. Bongaroïde. *A. Bungaroïdes.* Dessus du tronc d'un brun noir violâtre, partagé régulièrement par des séries transversales d'écailles jaunes, séparées entr'elles, les flancs jaunes; gastrostèges d'une teinte plombée. (Tome VII, p. 1257.) *Nouv. Holl.*

VI.e GENRE. SÉPÉDON. Merrem.

Caractères. Écailles du dos carénées entuilées ainsi que sur les flancs; urostèges distribuées sur deux rangs; vertex à grandes plaques et écusson central; les dents venimeuses antérieures cannelées sans autres crochets sous-labiaux. (T. VII, page 1258.)

1. Espèce unique Sépédon Hémachate. *S. Hemachates.* Caractères du genre. *Du cap de Bonne-Espérance.*

VII. GENRE. CAUSUS. Wagler.

Caractères. Les écailles du dos seulement sont canénées; les urostèges en rang double; plaques sub-mentales très-larges.

1. Espèce unique. C. à Lozanges. *C. Rhombeätus.* Une tache en V, noir sur le vertex. (Tome VII, p. 1263.) *Du Cap.*

VIII.e GENRE. BONGARE. *BUNGARUS.* Daudin.

Caractères. Les écailles de la ligne médiane du dos beaucoup plus grandes et d'une autre forme que les autres; urostèges en rang simple; des crochets simples aux sus-maxillaires en dehors des dents cannelées vénimeuses. (Tom. VII, pag. 1265.)

1. B. Annulaire. *B. Annularis.* Le corps entourant circulairement d'anneaux noirs sur un fond jaune; Tête d'une teinte

bleue noirâtre, avec un collier jaune qui s'avance jusque entre les yeux. (T. VII, p. 1269.) *Java.*

2. B. Demi-anneaux. *B. Semifasciatus.* Le dos marqué de grands demi-cercles larges et bruns ; à ventre blanc ou jaune, sans taches ni bandes. (T. VII, p. 1271.) *Java.*

3. B. Arqué. *B. Arcuatus.* Dessous du corps brun, ou d'un gris terreux foncé, divisé d'espace en espace par des demi-cercles très-étroits d'écailles blanches, réunies parallèlement deux à deux. (T. VII, 1272). *Indes orient., Pondichéry, Malab.*

4. B. Bleu. *B. Cœruleus.* D'un brun violâtre pourpré, avec de petits traits blancs longitudinaux en avant, et ensuite avec des lignes transversales de points blancs. (T. VII, p. 1273.) *Indes Orientales.*

IX. GENRE. NAJA OU SERPENT A COIFFE. Laurenti.

Caractères. Corps cylindrique, un peu plus gros vers le milieu, pouvant se dilater dans la région du cou où les écailles sont espacées, distinctes et plus grandes ; queue conique, longue, pointue ; en trigone ; urostèges en double rang. (Tome VII, p. 1275.)

1. N. Baladine. *N. Tripudians.* Cou très-dilatable, plus pâle en dessous, quelquefois avec des bandes noires transversales, et le plus souvent avec la figure d'une paire de lunettes sur le dessus. (T. VII, p. 1293.)

Beaucoup de variétés habitant les îles de la mer des Indes.

2. N. Haje. Jamais de marque en forme de lunettes sur le devant du dos qui est moins dilatable ; le plus souvent les gastrostèges très-colorées, marquées de bandes transversales. (T. VII, p. 1298.) *Afrique méridionale et orientale.*

SECONDE TRIBU.

PLATYCERQUES. AQUATIQUES. *LATICAUDATI.*

CARACTÈRES ESSENTIELS. Des crochets cannelés en avant des os sus-maxillaires ; tête couverte de grandes plaques ; queue constamment plate et large. (VII, 1307.)

I.er GENRE. PLATURE. *PLATURUS.* Latreille.

CARACTÈRES. Gastrostèges extrêmement distinctes, larges, arrondies et très-lisses ; écailles entuilées ; des crochets cannelés seulement sans autres dents aux os sus-maxillaires. (VII, 1318.)

1. P. à Bandes. *P. Fasciatus.* Corps annelé de bandes alternativement blanches et noires, ces dernières un peu plus larges sur le dos ; tête noire, à museau blanc ; bout de la queue blanche. Plusieurs variétés. *Du Bengale et des îles de la mer des Indes.*

II.e GENRE. AIPYSURE. *AIPYSURUS.* Lacépède. ATLAS, pl. LXXVII *bis*, fig. 1, 2, 3, 4.)

CARACTÈRES. Gastrostèges très-distinctes larges, pliées au milieu et rendant le ventre tranchant comme dentelé. (VII, 1323.)

1. A. Lisse. *A. Lœvis.* D'un gris cendré avec quelques indices de bandes transversales plus blanches ; la plupart des écailles bordées de brun ; une variété est couleur de suie. *De la Nouvelle Hollande.*

III.e GENRE. DISTEIRE. *DEISTEIRA.* Lacépède.

CARACTÈRES. Gastrostèges distinctes, mais étroites et arrondies, garnies chacune de deux carènes ; toutes les autres écailles carénées dans leur centre seulement. (VII, 1329.)

1. D. Cerclée. *D. Doliata.* Corps gris cendré avec des écailles blanches formant des anneaux, mais non complets du côté du dos

où ils sont séparés par une ligne noirâtre, surtout en avant du tronc. De la *Nouv.-Hollande.*

2. D. Préplastronée. *D. Præscutata.* Corps bleuâtre avec des taches dorsales en rhombes; une série de gastrostèges sur le tiers antérieur, chacune avec deux carènes, *Origine ?*

IV.e GENRE. PÉLAMIDE. *PELAMIS.* Daudin.

Caractères. Gastrostèges excessivement étroites ou nulles; corps très-comprimé, à dos épais et ventre en carène tranchant; écailles très-petites, lisses, hexagones en pavé; os sus-maxillaires longs, garnis de beaucoup de crochets non cannelés et moins avancés sur le palais que les ptérygo-maxillaires. (VII, 1333.)

1. P. Bicolore. *P. Bicolor.* Le dessus du corps noir; les flancs et le ventre jaunes, sans taches; des marques noires arrondies et flexueuses sur la queue.

Deux variétés principales la variée, *C. Variegata* et la tachetée *P. Maculata. Des mers des Indes.*

V.e GENRE. ACALYPTE. *ACALYPTUS.* Nobis.

Caractères. Gastrostèges nulles ou en très-petites écailles un peu entuilées; pas d'écusson impair, ni de pariétales sur le vertex, quoique les frontales et les surciliaires soient distinctes.

1. Que nous nommons de Péron, *Peronii*, d'après ce voyageur naturaliste probablement origine d'Australie. (VII, 1339.)

VIe GENRE. HYDROPHIDE. *HYDROPHIS.* Daudin.

Caractères. Corps comprimé; écailles en pavé, carénées ou tuberculées; gastrostèges nulles ou très-petites. (VII, 1341.)

1. H. Ardoisée. *H. Schistosa.* Corps très-comprimé et très-élevé dans sa région moyenne, à museau conique, un peu recourbé;

dos généralement d'un bleu ardoisé; ventre d'une teinte jaune pâle. Beaucoup de variétés. *Des Mers Équatoriales.* Souvent à de grandes distances des côtes.

2. A. Pélamidoïde. *H. Pélamidoïdes.* Corps très-épais; mais comprimé; à museau arrondi, tronqué; à bouche petite à plaque rostrale pointue en dessous et à double échancrure; des taches rhomboïdales, transverses sur le dos et prolongées sur les flancs. Des mêmes Mers que la précédente.

3. H. Hydrophide *Striée. H. Striata.* Tête et cou aussi larges que le tronc sans bandes en travers; gastrostèges doubles en largeur des écailles voisines qui sont légèrement carénées; des taches en rhombes sur le dos. Habite la pleine *Mer du Sud.*

4. H. à Bandes. *H. Fasciatus.* Tête et cou non étranglés, avec des anneaux presque complets sur tout le tronc dont toutes les écailles sont carénées; gastrostèges à peine distinctes, mais indiquées par la trace des deux carènes. De *Java.*

5. H. à Anneaux noirs. *H. Nigro-cinctus.* Tête et cou arrondis, mais pas très-grêles; tronc comprimé, avec des bandes transversales noires, nombreuses et étroites, mais plus larges sur le dos dont le fonds est verdâtre. Des *Mers des Indes.*

6. H. Grêle. *H. Gracilis.* Corps très-grêle et cylindrique en avant et dans son tiers antérieur, large et comprimé au milieu qui est très-elevé; gastrostèges à peine du double de largeur des écailles; tête excessivement petite. Beaucoup de variétés pour les couleurs. De *Pondichéry* et des *Côtes du Malabar.*

7. H. Spirale. *H. Spiralis.* Corps cylindrique en avant; tête à peu près de même grosseur que le cou; des anneaux noirs nombreux, plus larges du côté du ventre où ils sont réunis pour former une bande longitudinale qui règne sur presque toute sa longueur. Des *Mers voisines de Manille.*

8. H. Léprogastre. *H. Leprogaster.* Tête et cou très-grêles, cylindriques, sans taches et d'une même couleur dans son grand tiers antérieur, puis comprimé et très-élevé; écailles octogones enchassées avec un point central plus élevé; les cinq rangées inférieures ont leur saillie centrale verruqueuse et forment une série de tubercules saillants, comme une grosse rape. De *Pondichéry.*

CINQUIÈME SECTION ou SOUS-ORDRE des OPHIDIENS.

Les SOLÉNOGLYPHES ou VIPÉRIFORMES.

Caractères essentiels. Des dents crochues aux deux mâchoires; les os sus-maxillaires très-courts, ne portant que des crochets venimeux protractiles, creusés à la base dans toute leur longueur par un canal s'ouvrant vers la pointe et en devant dans une rainure (T. VII, p. 1359.)

Deux groupes ou tribus : les Vipériens et les Crotaliens.

PREMIÈRE TRIBU.

LES VIPÉRIENS.

Caractères. Point de fossettes lacrymales ou de fausses narines entre les vraies narines et les yeux. (T. VII, p. 1375.)

SIX GENRES.

I.er GENRE. ACANTHOPHIDE. *ACANTHOPHIS*. Daudin.

Caractères. Tête couverte de grandes plaques dans sa moitié antérieure; urostèges en rang simple, remplacées par des écailles entuilées, épineuses; queue terminée par une épine cornée, pointue et courbée comme un aiguillon. (T. VII, p. 1388.) *De la Nouvelle-Hollande.*

1. A. Cerastin. *A. Cerastinus.* Caractères du genre.

II.e GENRE. PELIAS. La petite Vipère. Merrem.

Caractères. Tête couverte de plaques avec un écusson central ; les urostèges sur un double rang. T. VII, p. 1393.)

Une seule espèce. P. Berus. Une ligne foncée brune ou noire et flexueuse sur le dos ; tête à peu près de la même largeur que le cou. *Midi de la France.*

III.e GENRE. VIPÈRE. *VIPERA*. Laurenti.

CARACTÈRES. Tête entièrement revêtue de petites écailles et non de plaques; un étranglement marqué entre le cou et la tête; les urostèges en rang double. (T. VII, 1403.)

1. V. Commune ou Aspic. *V. Aspis vel Præster.* Museau comme tronqué ; tête fort élargie en arrière ; couleurs variables.

2. V. Ammodyte. *V. Ammodytes.* Le museau prolongé en une pointe molle, couverte de petites écailles. *Italie, Sicile.*

3. V. A six cornes. *V. Hexacera.* Six prolongements écailleux, comme cannelés, augmentant successivement de longueur. *Afrique occidentale, Cap.*

IV.e GENRE. ECHIDNÉE. *ECHIDNA*. Merrem.

(ATLAS, pl. LXXIX *bis* et LXXX *bis*.)

CARACTÈRES. Tête couverte de petites écailles sans plaques, ni écussons; narines concaves, situées entre les yeux et non latérales; les urostéges disposées sur une double rangée. (T. VII, p. 1420.)

1. E. Heurtante. *E. Arietans.* Tête en cœur ; une double bande transversale entre les yeux; narines à peau lisse, enfoncées, séparées entre elles par deux plaques ou écailles carrées; ligne du dos marquée de chevrons ouverts en avant. *Cap, Sud de l'Af.*

2. E. du Gabon. *E. Gabonica.* Narines verticales rapprochées; tête en cœur, très-large en arrière; une ligne longitudinale médiane; dos d'un rouge brun velouté avec des taches sinueuses arrondies. *Des côtes du Gabon.*

3. E. Queue-Noire. *E. Melanura.* Corps brun avec trois rangées de taches alternes plus sombres; queue courte, noire à la pointe. *Algérie.*

4. E. Mauritanique. *E. Mauritanica.* Corps brun, des taches ovales brunes sur les flancs ; deux traits noirs en long sur les tempes, dont l'un plus large en passant sous l'œil s'étend sur la nuque. *De l'Algérie.*

5. E. Atropos. *E. Atropos.* Vertex sans bandes transversales ;

les flancs garnis de taches rondes, noires bordées de blanc par séries ; ventre plombé. *Cap de Bonne-Espérance.*

6. E. Elégante. *E. Elegans.* Tête très-triangulaire ; un chevron blanc bordé de noir, comprenant cinq taches noires dont les deux postérieures très-grandes, bordées de noir et liserées de blanc. *Grandes-Indes.*

7. E. Inornée. *E. Inornata.* D'un brun jaunâtre, marbré de brun en dessous; carènes des écailles de la queue très-saillantes. *Du Sud de l'Afrique.*

V.e GENRE. CÉRASTE. *CERASTES.* Wagler.

(Atlas, pl. lxxviii, fig. 3, la tête.)

Caractères. Tête couverte d'écailles dressées sur les orbites et de petites écailles ou tubercules sur le vertex; deux grandes plaques lisses sous la gorge, séparées par le sillon médian. (T. VII, p. 1438.)

1. C. D'Egypte. *C. Ægyptiacus.* Tête excavée, anguleuse, granulée, avec une corne unique, cannelée, anguleuse sur les sourcils.

2. C. De Perse. *C. Persicus.* Tête couverte de petites écailles carénées; crête surciliaire comprimée, à base large formée d'écailles concaves entourant l'orbite.

3. C. A Crêtes. *C. Lophophrys.* Tète bombée en arrière, couverte de petites écailles entuilées ; sourcils surmontés de quatre ou cinq grandes écailles pointues, très-dilatées à la base. *Sud de l'Afrique.*

VI.e GENRE. ÉCHIDE. *ECHIS.* Merrem.

(Atlas, pl. lxxxi *bis*, fig. 1.)

Caractères. Tête écailleuse; urostèges en partie sur un seul rang. (T. VII, p. 1447.)

1. E. Carénée. *E. Carinata.* Six grandes écailles gulaires. *Égypte.*

2. E. A Frein. *E. Frænata.* Deux grandes écailles gulaires. *Égypte.*

DEUXIÈME TRIBU.

LES CROTALIENS.

CARACTÈRES. Museau creusé de fossettes lacrymales ou fausses narines en avant et sous les yeux. (VII, 1451.)

VII.e GENRE. CROTALE.

(ATLAS, pl. LXXXIV *bis*, fig. 1.)

CARACTÈRES. Des fossettes lacrymales très-distinctes; la queue garnie de grelots ou d'étuis cornés très-mobiles.

1. C. Durisse. *C. Durissus.* Tête à une seule paire de lames cornées sur le devant du museau; le reste couvert d'écailles carénées; les labiales supérieures formant une double rangée. Beaucoup de variétés. *De l'Amérique du Nord.*

2. C. Horrible. *C. Horridus.* Point d'écusson sur le vertex; trois rangées de plaques sur le museau. *Amérique du Sud. Brésil.*

3. C. Millet. *C. Miliarius.* Sommet de la tête recouvert de quatre paires de plaques lisses, avec un écusson central. *De l'Amérique du Nord. De l'Orégon.*

VIII.e GENRE. LACHESIS. Daudin.

CARACTÈRES. Des Crotales sans grelots; urostèges simples, au moins en partie. (VII, 1488.)

1. Lachesis muet. *L. Mutus.* Corps comprimé: tête à écailles carénées; deux grandes plaques sus-orbitaires. *Du Brésil.*

IX.e GENRE. TRIGONOCÉPHALE. *TRIGONOCEPHALUS.* Oppel. (ATLAS, pl. LXXXII, fig. 2.)

CARACTÈRES. Forme des Crotales, mais sans grelots; toutes les urostèges doubles; vertex couvert de plaques et d'un écusson impair; écailles carénées. (VII, 1488.)

1. T. Piscivore. *T. Piscivorus.* (VII, 1491.) Vertex à onze plaques dont deux occipitales plus petites. *Des Etats-Unis d'Amér.*

2. *Contortrix.* Neuf plaques sur la tête; les pariétales courtes, presque quadrangulaires. *Du Nord de l'Amérique.*

3. T. Halys. *Idem.* Neuf plaques sur le vertex; les pariétales

allongées débordant les surciliaires; des taches vertes dans un réseau blanc liseré de noir. *De la Tartarie. Environs d'Astracan.*

4. T. De Blomhoff. *Blomhoffii.* Les plaques surciliaires larges et longues ; deux très-grandes pariétales emboitant par leur base l'écusson central et les surciliaires. *Du Japon.*

5. Trigonocéphale Hypnale. *T. Hypnale.* Cinq plaques seulement sur le sommet de la tête; museau pointu recouvert de petites écailles arrondies. (VII, 1496.) *Du Ceylan.*

X.e GENRE. LÉIOLÉPIDE. *LEIOLEPIS.* Nobis.

Caractères. Point de grelots à la queue; les urostèges sur deux rangs; un écusson central au vertex; toutes les écailles lisses. (VII, 1499.)

1. L. Bouche rose. *L. Rhodostoma. De Java.*

XI.e GENRE. BOTHROPS. Wagler.

(Atlas, pl. lxxxii, fig. 1 et 1 *a.*)

Caractères. Point de grelots: urostèges doubles; les plaques surciliaires très-distinctes, lisses et convexes; pas d'écusson central. (VII, 1502.)

1. B. Fer de lance. *B. Lanceolatus.* Ligne du vertex saillantes, à écailles granuleuses distinctes; une large raie noire sur les joues, depuis l'œil jusqu'à l'occiput. *Martinique. Antilles en général.*

2. B. Atroce. *B. Atrox.* Semblable au précédent, mais les écailles carénées en recouvrement. Beaucoup de variétés de couleur. *Du Brésil et de la Martinique.*

3. B. Jararaca. *B. Jararaca.* Point de ligne saillante sur le vertex dont les écailles antérieures sont plus grandes. *Du Brésil.*

4. B. De Castelnau. *B. Castelnaudi.* Vertex à ligne saillante; urostèges simples; queue longue et pointue; dos tacheté. *Amérique du Sud.*

5. B. Alterné. *B. Alternatus.* Vertex à ligne saillante; une bande blanche entre les yeux recourbée vers la nuque; une ligne dorsale blanche, sinueuse; des taches noires carrées. *Amérique mérid.*

6. B. Vert. *B. Viridis.* Ecailles du vertex granuleuses après les plaques lisses; les gulaires étroites, pointues. *Java. Coromandel.*

7. B. Deux raies. *B. Bilineatus.* Corps comprimé; queue très-

25.*

grêle et enroulante. Dos vert avec deux raies longitudinales jaunes sur les flancs. (VII, 1514.) *Du Brésil.*

8. B. Vert-et-Noir. *B. Nigro-marginatus.* Corps d'une couleur verte ; les écailles du dessus de la tête lancéolées, pointues ainsi que celles du dos. *Du Ceylan.*

XII.e GENRE. ATROPOS.

(ATLAS, pl. LXXXIII *bis*, fig. 1, 2, 3, la tête.)

CARACTÈRES. Des fossettes lacrymales; pas de grelots ; ni plaques, ni écusson au vertex, ni plaques surciliaires; les écailles gulaires lisses. (VII, 1517.)

1. A. Pourpre. *A. Puniceus.* Bord surcilier comme crénelé par cinq ou six tubercules saillants; une grande plaque préorbitaire. *De Java.*

2. A. Mexicain. *A. Mexicanus.* Bord sus orbitaire lisse; urostèges en rang simple ; le bord des lévres et le dessous de la gorge sans taches. *De la Vera cruz.*

3. A. De Darwin. *A. Darwinii.* Urostèges sur un double rang; plusieurs des plaques labiales blanches, bordées ou liserées d'un brun rougeâtre.

4. A. De Castelnau. *A. Castelnautii.* Urostèges en rang simple sur une queue très-longue et pointue ; fonds de la peau gris sablé de jaune sur les flancs.

XIIIe GENRE. TROPIDOLAIME. *TROPIDOLŒMUS.* Wagler.

CARACTÈRES. Pas de grelots; urostèges doubles; le vertex entièrement couvert d'écailles carénées, imbriquées, serrées, ainsi que les écailles du dessous de la gorge. (VII, 1522.)

1. T. De Wagler. *T. Wagleri.* Gastrostèges mi-partites de de noir et de jaune pale, parsemées d'écailles vertes sur les flancs; pas de grandes plaques surciliaires. *De Sumatra.*

2. T. De Hombron. *T. Hombronii.* Dessus du corps d'une belle couleur verte brillante ; écailles carénées sur la moitié de leur longueur seulement ; gastrostèges jaunes lavées de vert et bordées de noir en arrière. *Des iles Philippines.*

QUATRIÈME ORDRE.

LES BATRACIENS OU GRENOUILLES.

Caractères essentiels. Corps de forme variée, à peau nue; sans carapace ni écailles, le plus souvent; tête à deux condyles occipitaux, non portée sur un cou plus étroit; pattes variables par leur présence, leur nombre, leurs proportions; à doigts sans ongles, le plus souvent; sternum distinct le plus souvent, jamais uni aux côtes qui sont courtes ou nulles; pas d'organes génitaux mâles, saillants; œufs à coque molle, non calcaire; métamorphoses dans le premier âge.

Trois Sous-Ordres, d'après l'absence, la présence de la queue et le nombre des pattes. (Erpét. génér. T. VIII, p. 53.)

I. PÉROMÈLES.

Corps arrondi, très-allongé, complètement privé de membres; à cloaque ouvert à l'extrémité du tronc; queue excessivement courte ou nulle. (Tom. VIII, pag. 259.)

II. ANOURES.

Corps large, court, déprimé, à peau nue, plissée, non adhérente aux muscles; quatre pattes, les antérieures plus courtes que les postérieures, qui sont plus grosses et dont les métatarses sont allongés; point de queue; ouverture du cloaque ronde, postérieure; œufs à coque molle, réunis; métamorphose très-évidente. (Tome VIII, page 317.)

III. URODÈLES.

Corps arrondi, allongé, à peau nue, adhérente aux muscles; pattes variées en nombre, à peu près égales en longueur, quand il y en a deux paires; une queue longue, à l'origine et au-dessous de laquelle est l'orifice allongé du cloaque; œufs à coque molle, pondus isolément; métamorphose peu apparente. (Tome IX.)

PREMIER SOUS-ORDRE DES BATRACIENS.

FAMILLE UNIQUE DES PÉROMÈLES.

LES OPHIOSOMES OU CÉCILOIDES.

QUATRE GENRES. (Tome VIII, page 259.)

I.er GENRE. CÉCILIE. *CŒCILIA*. Wagler.

(ATLAS, pl. LXXXV, fig. 1 et 2.)

CARACTÈRES ESSENTIELS. Museau creusé d'une fossette au dessous de chaque narine ; tête cylindrique arrondie en avant ; dents du palais et des mâchoires, courtes, un peu courbées ; langue à deux tubercules coniques.

1. C. Lombricoïde. *C. Lumbricoidea.* (VIII, 275.) Queue arrondie, obtuse; corps très-grêle, à plis circulaires; museau large. *Surinam.*

2. C. Ventre-blanc. *C. Albi-Ventris.* Corps assez épais, avec près de cent cinquante anneaux ou plis circulaires. *Surinam.*

3. C. Queue comprimée. *C. Compressicauda.* (VIII, 278.) Corps à demi-anneaux ou plis inférieurs; queue comprimée; à anus terminal. *Cayenne.*

4. C. Museau étroit. *C. Rostrata.* (VIII, 279.) Museau rétréci; corps court à cent vingt-cinq plis circulaires; queue ronde *Seychelles ?*

5. C. Oxyure. *C. Oxyura.* (VIII, 280.) queue pointue arrondie; corps court à plus de cent quatre-vingts plis. *Malabar.*

II.e GENRE. SIPHONOPS. Wagler.

CARACTÈRES ESSENTIELS. Une fossette sur le museau, au devant de l'œil ; langue large, entière, adhérente, creusée en dessous de petits traits enfoncés, vermiculiformes ; dents pointues, courbées.

1. S. Annelé. *S. Annulatus.* (VIII, 282.) Moins de cent plis

ou anneaux complets sur la peau; museau court, épais, arrondi. *Brésil, Cayenne.*

2. S. Mexicain. *S. Mexicanus.* (VIII, 284.) Cent soixante et quelques plis sur la peau, dont les cinquante premiers et les vingt derniers en anneaux. *Méxique.*

III.e GENRE. EPICRIUM. *EPICRIUM.* Wagler.

Caractères essentiels. Museau creusé d'une fossette sous l'œil, près du bord de la lèvre supérieure; corps arrondi plus gros au milieu, à plis circulaires nombreux et serrés; dents grêles et aiguës, couchées en arrière.

1. E. Glutineux. *E. Glutinosum.* (VIII, 286.) Trois cent vingt-cinq plis circulaires complets; queue conique; une bande jaunâtre sur les flancs. *Java, Ceylan.*

IV.e GENRE. RHINATRÉME. *RHINATREMA.* Nob.

(Atlas, pl. lxxxv.)

Caractères essentiels. Point de trous ou d'enfoncements sur le museau; tête déprimée, allongée; museau obtus; dents grêles, aiguës, couchées en arrière; langue veloutée.

1. R. à Deux raies. *R. Bivittatum.* (VIII, 288.) Corps noir en dessus et en dessous; une bande jaune le long des flancs. *Cayenne ?*

SECOND SOUS-ORDRE DES BATRACIENS.

LES ANOURES.

Quatre familles établies d'après l'existence ou l'absence de la langue, puis suivant que la mâchoire supérieure est dentée ou non, et enfin d'après la forme des doigts. D'abord deux groupes.

I. Les PHANÉROGLOSSES. Ou à langue charnue distincte ; divisés en trois familles : les *Raniformes* (t. VIII, p. 491), les *Hylæformes* (t. VIII, p. 640), et les *Bufoniformes* (t. VIII, p. 317.)

II. Les PHRYNAGLOSSES. Qui n'ont pas de langue et qui forment une quatrième famille les *Pipæformes* (t. VIII, p. 640.)

PREMIER GROUPE.

PREMIÈRE FAMILLE DES PHANÉROGLOSSES.

LES RANIFORMES.

CARACTÈRES ESSENTIELS. Langue charnue distincte ; à mâchoire supérieure garnie de dents ; extrémités des doigts non dilatées ou épatées en disques charnus. (T. VIII, p. 317.)

SEIZE GENRES dont deux seulement (I et V) n'ont pas de dents au palais ; cinquante et une espèces dont le seul genre Grenouille en réunit vingt.

I.er GENRE. PSEUDIS. Wagler.

(ATLAS, pl. LXXXVI, fig. 2, langue et dents.)

CARACTÈRES ESSENTIELS. Palais denté ; langue presqu'entière ; crâne couvert par la peau ; paupières simples ; orteils palmés ; doigts libres au nombre de quatre, le premier opposé aux deux suivants.

1. P. de Mérian. *P. Merianæ.* (VIII, 330.) Dessus d'un gris bleuâtre, roussâtre ou blanchâtre, piqueté de brun en dessous ; des raies en zig-zags sur les cuisses. *Surinam.*

II.e GENRE. OXYGLOSSE. *OXYGLOSSUS*. Tschudi.
(ATLAS, pl. LXXXVI, n.o 4, la langue.)

CARACTÈRES ESSENTIELS. Palais non denté; langue rhomboïdale, libre dans sa moitié postérieure; tympan peu distinct; orteils entièrement palmés; quatre doigts tout à fait libres.

1. O. Lime. *O. Lima.* (VIII, 334.) Fauve en dessus; une bande dorsale plus claire; un ruban marron, liseré de blanchâtre, à la face postérieure des cuisses. Du *Bengale*, de *Java.*

III.e GENRE. GRENOUILLE. *RANA*. Linné.
(ATLAS, pl. LXXXVI, n.o 3, langue et dents palatines.)

CARACTÈRES ESSENTIELS. Palais denté; langue à deux languettes en arrière; tympan; orteils plus ou moins palmés; les doigts libres; apophyses transverses de la vertèbre pelvienne non dilatées.

1. G. Cutipore. *R. Cutipora.* (VIII, 338.) Peau du dos lisse; doigts pointus; dents palatines en chevron; corps d'un brun marron en dessus. *Indes orientales.*

2. G. De Leschenault. *R. Leschenaultii.* (VIII, 342.) Peau du dos mamelonée, marbrée de gris-brun et de noirâtre; doigts et orteils pointus. *Pondichéry.*

3. G. Verte. *R. Viridis.* (VIII, 343.) Doigts comme tronqués; deux tubercules au talon; dents du palais en petits groupes; verte en dessus à taches noires. *Europe*, *Asie*, *Afrique.*

4. G. Des Mascareignes. *R. Mascareniensis.* (VIII, 350.) Doigts obtus; un seul tubercule au talon; dents palatines sur deux rangées obliques. *Seychelles.*

5. G. Halecine. *R. Halecina.* (VIII, 352.) Deux cordons glanduleux sur le dos; dents du palais en deux groupes; une tache sur chaque orbite. *Amér. du Nord.*

6. G. Des marais. *R. Palustris.* (VIII, 356.) Quatre cordons glanduleux sur le dos; dents palatines en deux groupes; trois taches en triangle sur la tête. *Amér. du Nord.*

7. G. Rousse. *C. Temporaria.* (VIII, 358.) Tympan de la grandeur de l'œil; une tache noire sur chaque tempe; dos roux tacheté de noir. *Europe.*

8. G. Des bois. *R. Sylvatica.* (VIII, 362.) Semblable à la précédente, mais à tympan plus grand; les renflements ou cordons latéraux jaunes. *Etats-Unis.*

9. G. Du Malabar. *R. Malabarica.* (VIII, 365.) Talon à deux tubercules; dents du palais en chevron; corps lisse, d'un rouge de brique. *Malabar.*

10. G. de Galam. *R. Galamensis.* (VIII, 367.) Orteils à palmure courte; dents du palais en chevron écarté; tache noire prolongée du tympan aux flancs. *Sénégal.*

11. G. Rugueuse. *R. Rugosa.* (VIII, 368.) Corps couvert d'aspérités; dents du palais en chevron ouvert au sommet. *Japon.*

12. G. Mugissante. *R. Mugiens.* (VIII, 370.) Peau lisse, sans renflements; dents du palais en deux groupes; tympan grand. *New-Yorck.*

13. G. Criarde. *R. Clamata.* (VIII, 373.) Dos à renflements longitudinaux; tympan très-grand; dents du palais en groupes. *Caroline.*

14. G. Tigrine. *R. Tigrina.* (VIII, 375.) Des rides surciliaires en travers; dos plissé, sans pustules, ni renflement; dents du palais en chevron. *Indes orientales.*

15. G. Grognante. *R. Grunniens.* (VIII, 380.) Semblable à la précédente; dos lisse fauve; à cuisses marbrées de brun marron. *Amboine.*

16. G. Macrodonte. *R. Macrodon.* (VIII, 382.) Deux apophyses dentiformes à la mâchoire inférieure; bouts des doigts renflés; paupière tuberculeuse. *Java.*

17. G. De Kuhl. *R. Kuhlii.* (VIII, 384.) Tympan peu distinct; deux tubercules dentiformes à la mâchoire inférieure; un tubercule au tarse. *Java.*

18. G. Gorge-Marbrée. *R. Fuscigula.* (VIII, 386.) Deux groupes de dents au palais; dos sans cordons glanduleux, mais des plis en long. *Afrique Australe.*

19. G. De Delalande. *R. Delalandii.* (VIII, 388.) Pattes de

derrière grêles et très-longues; orteils à demi palmés; peau du dos ridée. *Cap de bonne Espérance.*

20. G. à Bandes *R. Fasciata.* (VIII, 389.) Mêmes formes que chez la précédente, mais les orteils palmés à la base seulement. *Cap de bonne Espérance.*

IVe GENRE. CYSTIGNATHE. *CYSTIGNATHUS.* Wagler.

(ATLAS, pl. LXXXVII, fig. 2, la langue et les dents.)

CARACTÈRES ESSENTIELS. Langue presque entière; un tubercule mousse au talon; orteils libres ou sans palmures; dents palatines sur une rangée transversale; apophyses pelviennes non dilatées.

1. C. Ocellé. *C. Ocellatus.* (VIII, 396.) Dents du palais sur deux arcs brisés; orteils bordés d'une membrane; tympan bien distinct. *Amér. méridionale.*

2. C. Galonné. *C. Typhonius.* (VIII, 402.) Caractères du précédent; mais les orteils sans membranes latérales; dos à trois raies blanches en long. *Guyane.*

3. C. Macroglosse. *C. Macroglossus.* (VIII, 405.) Dents au palais sur un seul rang court, à peine interrompu; dos à tubercules arrondis. *Montevideo.*

4. C. Grêle. *C. Gracilis.* (VIII, 406.) Tympan large; dents du palais sur un seul rang allongé, étroit; tympan distinct. *Montevideo.*

5. C. Labyrinthique, *C. Labyrinthicus.* (VIII, 407.) Tympan grand ; dents du palais sur deux rangs simples et arqués ; flancs à grosses glandes. *Brésil.*

6. C. De Péron. *C. Peronii.* (VIII, 409.) Tympan petit, une longue rangée transversale de dents palatines. *Nouv.-Hollande.*

7. C. De Bibron. *C. Bibronii.* (VIII, 410.) Deux petits groupes de dents palatines; une grosse glande sur les flancs ; dos marbré de brun. *Chili.*

8. C. Doigts-noueux. *C. Nodosus.* (VIII, 413). Semblable au précédent; point de glande sur les flancs ; articulations des doigts à renflements. *Chili.*

9. C. Rose. *C. Roseus.* (VIII, 414.) Une rangée transversale interrompue de dents palatines; dos rose, nuancé de brun. *Chili.*

10. C. Georgien. *C. Georgianus.* (VIII, 416.) Tympan petit; deux petits groupes de dents palatines; langue entière ; orteils libres. *Nouvelle-Hollande, Port du Roi Georges.*

11. C. Du Sénégal. *C. Senegalensis.* (VIII. 418.) Mêmes caractères que le précédent, mais la langue échancrée. *Sénégal.*

V.e GENRE. LÉIUPÈRE. *LEIUPERUS.* Nobis.

Caractères essentiels. Palais non denté; langue ovale, entière; orteils réunis à leur base seulement; tarse à un tubercule.

1. L. Marbré. *L. Marmoratus.* (VIII, 421.) Dessus du corps grisâtre, marbré de brun foncé; une raie brune de l'œil au museau. *Amérique du sud.*

VIe GENRE. DISCOGLOSSE. *DISCOGLOSSUS.* Otth.

Caractères essentiels. Un rang de dents palatines; langue rhomboïdale; tympan caché ; cinq doigts libres dont un rudimentaire; apophyses pelviennes dilatées en palettes triangulaires.

1. D. Peint. D. *Pictus.* (VIII, 425.) Corps marbré de gris, de brun et de roussâtre. *Grèce, Sicile, Sardaigne.*

VII.e GENRE. CÉRATOPHRYS. Boié.

Caractères essentiels. Tête fort grosse, creusée et relevée de saillie; paupières prolongées en pointe comme une corne; langue cordiforme; dents palatines en groupes.

1. C. A bouclier. *C. Dorsata.* (VIII, 431.) Bouclier dorsal en forme de trèfle; une très-courte membrane à la base des orteils. *Amérique du nord.*

2. C. De Boié *C. Boyei.* (VIII, 437.) Pas de bouclier dorsal; orteils palmés à la base ; une crête renflée entre les yeux. *Brésil.*

3. C. De Daudin. *C. Daudinii.* (VIII, 440.) Pas de bouclier dorsal; orteils palmés dans presque toute leur longueur; point d'arètes entre les yeux. *Amér. mérid.*

VIII.ᵉ GENRE. PYXICÉPHALE. *PYXICEPHALUS.* Tschudi.

(Atlas, lxxxvii, n.° 1 *a*, langue, n.° 6, pied.)

Caractères essentiels. Palais denté; un disque dur, tranchant, corné au talon; doigts non réunis par une membrane; orteils demi-palmés; un tympan; tête très-grosse.

1. P. Arrosé. *P. Aspersus.* (VIII, 444.) D'un vert bouteille foncé en dessus, piqueté de taches blanchâtres, et une ligne dorsale blanche. *Afrique australe.*

2. P. Delalande. *P. Delalandii.* (VIII, 445.) Corps d'un fond grisâtre, à grandes marbrures noires et deux ou trois raies blanches. *Afrique australe.*

3. P. Américain. *P. Americanus.* (VIII, 446.) Dessus du corps d'un brun roux, nuancé de plus foncé; une raie blanche. *Buénos-Ayres.*

IX.ᵉ GENRE. CALYPTOCÉPHALE. *CALYPTOCEPHALUS.* Nobis.

Caractères essentiels. Crâne osseux, à surface rugueuse; langue ovalaire libre, entière; un tympan distinct; dents longues, grèles, pointues.

1. C. De Gay. *C. Gayi.* (VIII, 450.) D'un brun fauve ou olivâtre en dessus, nuancé de teintes plus foncées. *Chili.*

X.ᵉ GENRE. CYCLORAMPHE. *CYCLORAMPHUS.* Tschudi.

Atlas, pl. lxxxvi, langue et dents du palais.)

Caractères essentiels. Tympan caché; dents palatines en deux groupes; orteils palmés; langue presqu'entière; tête courte, fortement arrondie en devant.

1. C. Fuligineux. C. *Fuliginosus* (VIII, 454.) Une glande arrondie, aplatie sur chaque flanc ; peau lisse, d'un brun de suie ; le dessous piqueté de blanc. *Brésil.*

2. C. Marbré. C. *Marmoratus.* (VIII, 455.) Point de glande sur les flancs ni aucun renflement, excepté sur la paume de la patte antérieure. *Chili.*

XI.e GENRE. MEGALOPHRYS. *MEGALOPHRYS.* Kuhl.

Caractères essentiels. Tête très-déprimée ainsi que le corps ; paupière supérieure prolongée en pointe ; bouche très-fendue ; tympan petit, peu distinct ; mâchoire inférieure à symphise tuberculeuse.

1. M. Montagnard. *M. Montana.* (VIII, 458.) Dessus du corps olivâtre ; une tache triangulaire en Y sur la tête de couleur noire. *Java.*

XII.e GENRE. PÉLODYTE. *PELODYTES.* Fitzinger.

Caractères essentiels. Tympan distinct ; dents palatines distribuées en deux groupes ; langue à peine échancrée ; orteils déprimés plus ou moins palmés ; apophyses pelviennes transverses dilatées en palettes triangulaires.

1. P. Ponctué. *P. Punctatus.* (VIII, 463.) Dessus du corps gris, à taches d'un beau vert et quelques autres noirâtres. *Environs de Paris, France.*

XIII.e GENRE. ALYTES. *ALYTES.* Wagler.

Caractères essentiels. Langue arrondie, entière, adhérente, sillonnée en long ; un rang transverse de dents palatines ; tympan distinct ; orteils à demi palmés ; un tubercule aux tarses ; apophyses pelviennes dilatées.

1. A. Accoucheur. *A. Obstetricans.* (VIII, 467.) D'un gris roussâtre ou olivâtre semé de petites taches brunes. *Europe, environs de Paris.*

XIV.e GENRE. SCAPHIOPE. *SCAPHIOPUS.* Holbrook.

Caractères essentiels. Un disque dur, corné, tranchant au talon ; tous les doigts et les orteils palmés et déprimés; dessus de la tête rugueux ; paupière inférieure plus longue que la supérieure.

1. S. Solitaire. *S. Solitarius.* (VIII, 473.) Une parotide en dessus du tympan ; dos brun olivâtre ; une bande jaune latérale. *Etats-Unis.*

XV.e GENRE. PÉLOBATE. *PELOBATES.* Wagler.

Caractères essentiels. Les mêmes que ceux du genre précédent, mais tympan caché ; un sac vocal sous-gulaire chez les mâles ; les doigts antérieurs libres.

1. P. Brun. *P. Fuscus.* (VIII, 477.) Crâne fortement renflé sur sa longueur ; éperons bruns ou jaunâtres. *Allemagne, France.*

2. P. Cultripède. *P. Cultripes.* (VIII, 483.) Crâne parfaitement plane, éperons noirs. *Espagne, Midi de la France.*

XVI.e GENRE. SONNEUR. *BOMBINATOR.* Wagler.

Caractères essentiels. Pas de tympan distinct ; langue entière, adhérente ; quatre doigts libres ; orteils unis par une membrane ; apophyses pelviennes dilatées en palettes.

1. S. Ventre couleur de feu. *B. Igneus.* (VIII, 487.) D'un brun olivâtre en dessus, orangé en dessous avec des marbrures bleues noirâtres. *Europe tempérée.*

DEUXIÈME FAMILLE DES PHANÉROGLOSSES.

LES HYLÆFORMES.

Caractères essentiels. Langue charnue, distincte ; à mâchoire supérieure garnie de dents ; à extrémités des doigts et des orteils élargies, dilatées en disque. (Tom. VIII, pag. 491.)

Dix-huit genres et soixante-quatre espèces, distinguées d'abord d'après les orteils palmés ou non, ensuite par la présence ou l'absence des dents palatines, et par les formes de la langue.

I.er GENRE. LITORIE. *LITORIA*. Tschudi.
(Atlas, pl. lxxxviii, n.° 2, patte postérieure.)

Caractères essentiels. Disques terminaux des doigts très-petits ; langue entière ; deux groupes de dents palatines ; doigts unis à leur base ; orteils à demi-palmés ; apophyses pelviennes en palettes triangulaires.

1. L. De Freycinet. *L. Freycineti.* (VIII, 504.) Langue subtriangulaire ; dents du palais en rangée transversale *P. Jackson.*

1. *bis.* L. Ponctuée. *L. Punctata.* (A. Duméril. Catal. p. 149.) Point de tubercules apparents; narines situées entre l'œil et le bout du museau ; orteils presqu'entièrement palmés. De *Sydney, Nouv.-Hollande.*

1. *ter.* L. Marbrée. *L. Marmorata.* (A. Duméril. Mém. p. 150.) Peau couverte de tubercules ; la tête large ; dos marbré de noir. *Nouv.-Hollandé.*

2. L. Américaine. *L. Americana.* (VIII, 506.) Langue subrhomboïdale ; dents palatines en chevron ouvert en devant. *Nouvelle-Orléans.*

II.e GENRE. ACRIS. *ACRIS*. Nobis.

Caractères essentiels. Langue cordiforme, libre en arrière; deux groupes de dents palatines; doigts libres à disques petits; orteils palmés; apophyses pelviennes non dilatées.

1. A. Gryllon. *A. Gryllus.* (VIII, 507.) Orteils très-palmés; tympan à peine distinct; une tache noire triangulaire sur le vertex. *Amér. Nord.*

1. *bis.* Acris de Pickering. *A. Pickeringii.* Holbrook, *Hylodes.* Herp. North. Amer. t. IV, p. 135, pl. XXXIV. (A. Duméril, p. 153. Mém. sur les Hylæformes.)

2. A. Nègre. *A. Nigrita.* (VIII, 509.) Orteils à palmure courte; tympan distinct; une ligne dorsale d'un brun plus foncé. *Géorgie.*

2. *bis.* Acris orné. A. Ornatus. *Cystignathus.* Holbrook, t. IV, p. 103, pl. XXV. (A. Duméril. Catal. p. 153. *Amér. sept.*

III.e GENRE. LIMNODYTE. *LIMNODYTES.* Nobis. (Atlas, pl. LXXXVIII, fig. 1.)

Caractères essentiels. Orteils palmés; palais denté; langue fourchue; doigts tout-à-fait libres; tympan visible; apophyses pelviennes non dilatées en palettes.

1. L. Rouge. *L. Erythræus.* (VIII, 511.) Dos brun, orné d'une raie blanche de chaque côté et quelquefois une médiane; bords de la bouche blancs. *Java.*

2. L. Chalconote. *L. Chalconotus.* (VIII, 513.) Toutes les parties supérieures brunes; un large cordon glanduleux sur les côtés du dos. *Java.*

2. *bis.* L. Madecasse. *L. Madagascariensis.* (A. Duméril. Mém. p. 155.) Des glandules à la face interne des cuisses; point de cordons glanduleux sur les flancs; une raie ou ligne blanche sur le milieu du dos; une tache noire sur le frein et sur les tempes.

3. L. De Waigiou. *L. Waigiensis.* (VIII, 514.) Les cordons glanduleux du dos très-étroits; reins et cuisses à petits tubercules. *Ile de Waigiou.*

IV.e GENRE. POLYPÉDATE. *POLYPEDATES.* Tschudi.

Caractères essentiels. Orteils complètement palmés; langue fourchue; palais denté; tympan distinct; doigts un peu unis à leur base; apophyses pelviennes non dilatées.

1. P. De Goudot. *P. Goudotii.* (VIII, 517.) Un rang de dents

palatines en travers du bord postérieur des narines; tympan très-grand. *Madagascar*.

2. P. Moustaches blanches. *P. Leucomystax*. (VIII, 519.) Crâne lisse; dents du palais en chevron ouvert en devant; mâchoire bordée de blanc. *Pondichéry*.

2. *bis*. P. Lugubre. *P. Lugubris*. (A. Duméril. Catal. p. 157.) Crâne lisse ; dents palatines en chevron entre les arriére-narines ; ventre sans glandules en dessous ; le dessus du corps d'un brun verdâtre, moucheté de blanc sur la tête et sur les flancs. *Madagascar*.

2. *ter*. P. Moustaches blanches. *P. Tephræomystax*. (A. Duméril. Catal. p. 158.) Semblable au précédent, mais de grosses glandes sous le ventre ; jaunâtre en dessus avec de petites taches noires. De *Madagascar*.

3. P. Tête rugueuse. *P. Rugosus*. (VIII, 520.) Crâne à surface rugueuse; dents du palais en chevron; dessus du corps lisse. *Java*.

4. P. De Bürger. *P. Burgerii*. (VIII, 521.) Un rang tranversal de dents palatines au devant des narines; dessus du corps tuberculeux. *Japon*.

V.e GENRE. IXALE. *IXALUS*. Nobis.

Caractères essentiels. Pas de dents au palais ; langue oblongue, libre, fourchue en arrière; tympan distinct; quatre doigts libres ; orteils palmés seulement à leur base.

1. I. A bandeau d'or. *I. Aurifasciatus*. (VIII, 523.) Tête courte ; yeux grands, saillants, avec un bandeau jaune d'or en travers du vertex noir. *Java*.

VI.e GENRE. EUCNÉMIDE. *EUCNEMIS*. Tschudi.

Caractères essentiels. Langue cordiforme, échancrée en arrière; pas de dents au palais; doigts membraneux à la base; orteils palmés; une série de petites bandes aux angles de la bouche.

1. E. Des Seychelles. *E. Seychellensis*. (VIII, 327.) Tympan

visible quoique petit; yeux saillants; bout du museau tronqué. *Seychelles.*

2. E. De Madagascar. *E. Madagascariensis.* (VIII, 528.) Tympan caché; langue rhomboïdale; yeux grands, saillants, museau tronqué au bout. *Madagascar.*

3. E. Vert-jaune. *E. Viridiflavus.* Tympan caché; langue en cœur; yeux saillants; vert en dessus, jaune en dessous. *Abyssinie.*

4. E. De Horstook. *E. Horstookii.* (VIII, 529.) Langue cordiforme; yeux non saillants; tête allongée; museau pointu. *Cap de Bonne-Espérance.*

VI.e GENRE *bis.* HYLAMBATE.

(A. Duméril. Catal. p. 162. Ann. des Sciences natur. 3.e série, Zoolog. pl. XIX, p. 162.)

Caractères. Langue cordiforme, libre en arrière; deux groupes de dents palatines; tympan peu distinct; doigts libres; orteils palmés à la base.

1. H. Marbré. *H. Marmoratus.* D'un brun jaunâtre en dessus, avec des taches ovalaires noires liserées de blanc. *De Zanzibar, Côte orientale d'Afrique.*

VIIe GENRE RHACOPHORE. *RHACOPHORUS.* Kuhl.

(Atlas, pl. LXXXIX, fig. *a*, un des pieds.)

Caractères essentiels. Une rangée transverse de dents palatines; doigts très-plats, à disques fort dilatés, et à membrane natatoire très-large, ainsi qu'aux orteils; une crête à l'avant-bras et au tarse.

1. R. De Reinwardt. *R. Reinwardtii.* (VIII, 332.) Vert en dessus ou brune et violette; jaunâtre en dessous. *Java, Malabar.*

VIII.e GENRE. TRACHYCÉPHALE. *TRACHYCEPHALUS.* Tschudi.

Caractères essentiels. Tête toute osseuse, hérissée d'aspérités; langue épaisse; dents palatines en travers; mains palmées à la base; orteils palmés; apophyses pelviennes en palettes triangulaires.

26.*

1. T. Géographique. *T. Geographicus.* (VIII, 536.) Stries rayonnantes en saillie sur la tête; une petite membrane entre les deux premiers doigts. *Brésil.*

2. T. Marbré. *T. Marmoratus.* (VIII, 538.) Les deux premiers doigts séparés entièrement; des bandes noires sur le dessus des pattes. *Cuba.*

3. T. De Saint-Domingue. *T. Dominicensis.* (VIII, 540.) Surface de la tête finement granuleuse; les doigts réunis par une membrane. *Saint-Domingue.*

IX.e GENRE. RAINE OU RAINETTE. *HYLA.* Laurenti.

Caractères essentiels. Langue entière, ou peu échancrée et peu libre; dents palatines; tête couverte d'une peau molle; orteils palmés; disques très-dilatés; apophyses pelviennes en palettes.

Les trente-quatre espèces rapportées à ce genre se distinguent entre elles par les doigts antérieurs qui sont ou ne sont pas palmés; cette palmure est plus ou moins complète; le corps est lisse ou verruqueux; les yeux, les paupiéres et les couleurs fournissent les autres caractères différentiels.

1. R. Patte-d'oie. *H. Palmata.* (VIII, 544.) Doigts palmés dans la moitié; orteils dans la totalité de leur longueur; dos lisse; yeux saillants. *Brésil, Cayenne.*

2. R. Feuille-morte. *H. Xerophylla.* (VIII, 549.) Mêmes formes que la précédente; mais langue peu échancrée; tympan petit; doigts très-peu palmés. *Cayenne.*

3. R. Levaillant. *H. Levaillantii.* (VIII, 550.) Troisième orteil à deux phalanges libres; tympan grand, circulaire; tête courte, large, aplatie. *Surinam.*

4. R. De Doumerc. *H. Doumercii.* (VIII, 551.) Langue ovale, entière, adhérente; violette en dessus; jaunâtre en dessous. *Surinam.*

5. R. Ponctuée. *H. Punctata.* (VIII, 552.) Paupières tendues; tympan petit; orteils membraneux jusqu'à la pénultième phalange. *Brésil.*

6. R. De Leprieur. *H. Leprieurii.* (VIII, 553.) Régions frénales très-concaves; dents palatines sur deux rangs en demi-cercles. *Amérique méridionale.*

7. R. Bordée de blanc. *H. Albo-marginata.* (VIII, 555.) Dessus du corps lisse; yeux grands saillants à paupières laches ; une bordure blanche aux flancs. *Brésil.*

8. R. De Langsdorff. *H. Langsdorffii.* (VIII, 557.) Dessus du corps verruqueux ; museau anguleux ; dents du palais en séries arquées. *Brésil.*

9. R. Cynocéphale. *H. Cynocephala.* (VIII, 558.) Doigts non palmés ; mais les orteils presque entièrement; dos lisse; tête tuberculeuse. *Guyane.*

10. R. Réticulaire. *H. Venulosa.* (VIII, 560.) *La fluteuse*, dos verruqueux; museau anguleux; dents palatines en séries droites. *Brésil.*

11. R. Vermiculée. *H. Vermiculata.* (VIII, 563.) Dents du palais serrées en ligne transversale; peau lisse, sans pli ; yeux peu saillants. *Amér. méridionale.*

12. R. De Daudin. *H. Daudinii.* (VIII, 564.) Museau anguleux ; gorge tuberculeuse; dos lisse ; yeux saillants; un repli de peau sous la poitrine. *Mexique.*

13. R. Naine. *H. Pumila.* (VIII, 565.) Museau anguleux ; gorge lisse ; dos uni d'une teinte vineuse ; un rang transversal de dents au palais. *Brésil.*

14. R. Versicolore. *H. Versicolor.* (VIII, 566.) Dos mamelonné; yeux saillants; langue échancrée; de grandes marbrures sur un fond cendré. *Amér. du Nord.*

15. R. De Péron. *H. Peronii.* (VIII, 569.) Dos uni, museau arrondi; yeux saillants; dents sur une rangée interrompue placées entre les arrière narines. *Nouvelle Hollande.*

16. R. Marbrée. *H. Marmorata.* (VIII, 571.) Dos verruqueux; museau arrondi ; doigts et orteils excessivement palmés. *Amér. méridionale.*

17. R. Brune. *H. Fusca.* (VIII, 573.) Dos lisse ainsi que le vertex ; tympan petit; dents du palais en deux groupes; un pli sous la poitrine. *Patrie ? inconnue.*

18. R. Cuisses marbrées. *H. Zebra.* (VIII, 575.) Dos lisse, le dessus du crâne glanduleux; cuisses zébrées de noir et de blanc. *Buenos-Ayres.*

19. R. Demi-deuil. *H. Leucomelas.* (VIII, 576.) Dos gris, piqueté de noir lisse; tête déprimée ; à tempes noires; derrière des cuisses noir. *Montevideo.*

20. R. Bleue. *Cyanea.* (VIII, 577.) Dos bleu, ou verdâtre ou violâtre, ainsi que toutes les parties supérieures des membres et la gorge; blanc en dessous. *Nouvelle Hollande.*

20. *bis.* R. De Morelet. *H. Moreletii.* A. Duméril, mém. sur les Hylæformes page 169, d'un gris violet clair en dessus; les quatre pattes palmées ; les yeux plus grands que le tympan; tête courte et large. *Vera paz. De Guatamala.*

21. R. De Jervis. *H. Jervisiensis.* (VIII, 580.) Mêmes formes que la précédente; mais dents palatines en groupe; d'une teinte grise blanchâtre. *Nouvelle Hollande.*

22. R. Verte. *H. Viridis.* (VIII, 581.) Dos vert; corps court, membres grêles à doigts et orteils roses, le dessous blanc; ligne des flancs noire. *Europe. France.*

23. R. Flancs rayés. *H. Lateralis.* (VIII, 587.) Une raie blanche jaunâtre le long des flancs et des bords de la jambe. *Amérique septentrionale.*

24. R. Gentille. *H. Pulchella.* (VIII, 588.) Pareille à la précédente mais corps d'un brun bleuâtre en dessus; les aines et les cuisses tachetées de noir. *Amér. du Sud.*

25. R. Squirelle. *H. Squirella.* (VIII, 589.) Dos gris, marbré de blanc; membrane inter-digitale excessivement courte; dos lisse ou peu mamelonné. *Amér. Nord.*

26. R. Rouge. *H. Rubra.* (VIII, 592.) Doigts non palmés; mais les orteils presque en entier; dos lisse ainsi que la tête; pas de glande au dessus du tympan. *Brésil.*

27. R. De Lesueur. *H. Suerii.* (VIII, 595.) Une glande au dessus du tympan; une autre au coin de la bouche; d'ailleurs les caractères précédents. *Du port Jackson, Nouvelle Hollande.*

28. R. d'Ewing. *H. Ewingii.* (VIII, 597.) Dos rugueux par un semis de petits tubercules; doigts non palmés; mais les orteils en totalité. *Terre de Van diemen.*

29. R. A bourse. *H. Marsupiata.* (VIII, 598.) Orteils palmés à leur base seulement ; doigts réunis à leur base ; une poche sur la région lobaire. *Pérou.* Consultez le mémoire sur les Hylæformes de A. Duméril, pag. 173. (ATLAS, XCVIII.)

30. Crocopode. *H. Crocopus.* (VIII, 600.) Doigts non palmés; les orteils à leur base seulement; ventre et membres jaune orangé. *Nouvelle Hollande.*

31. R. De Jackson. *H. Jacksonii.* (VIII, 602.) Dos rugueux par un cordon glanduleux ; doigts non palmés ; mais les orteils presque en entier. *Nouvelle Hollande.*

32. R. Beuglante. *H. Boans.* (VIII, 604.) Tête allongée ; yeux très-grands ; orteils presque entièrement palmés ; lombes très-étroites. *Surinam.*

33. R. Leucophylle. *H. Leucophylla.* (VIII. 607.) Yeux à peine saillants ; le dessus du corps lisse; de grandes plaques ovales à la poitrine. *Surinam.*

34. R. Orangée. *H. Aurantiaca.* (VIII, 610.) Une langue très-grosse remplissant toute la bouche; tête petite à museau pointu; dos bombé. *Amér. mérid. ?*

X.e GENRE. MICRHYLE. *MICRHYLA.* Tschudi.

CARACTÈRES ESSENTIELS. Orteils palmés ; pas de dents au palais ; langue longue, étroite, en forme de ruban, libre dans sa moitié postérieure ; apophyses pelviennes en palettes triangulaires.

1. M. Agathine. *M. Agathina.* (VIII, 614.) Une tache brune en travers du vertex et une autre plus large sur le dos et les reins. *Java.*

XI.e GENRE. CORNUFÈRE. *CORNUFERA.* Tschudi.

CARACTÈRES ESSENTIELS. Orteils palmés seulement à leur base ; des dents sur le vomer et les palatins ; langue grande, arrondie, échancrée en arrière ; apophyses pelviennes non dilatées.

1. C. Unicolore. *C. Unicolor.* (VIII, 617.) Un tubercule conique en dessus de chaque œil ; brune en dessus et en dessous. *Nouv.-Guinée.*

2. C. Dorsal. *C. Dorsalis.* Espèce décrite par A. Duméril. (Mém. surles Hylæformes, p. 174.) Tête allongée à museau effilé ; tympan à cordon glanduleux ; une raie blanche le long du dos et sur le bord supérieur des membres postérieurs. De *Java.*

XII.e GENRE. HYLODE. *HYLODES.* Fitzinger. (ATLAS, pl. LXXXIX, fig. 2, la langue et les dents.)

CARACTÈRES ESSENTIELS. Orteils libres ou non palmés, ni bordés de membranes ; des dents palatines seulement et pas de vomériennes; doigts grêles, arrondis, peu épatés à leur extrémité.

1. H. de la Martinique. *H. Martinensis.* (VIII, 620.) Museau tronqué obtus ; dos lisse ; une raie noire au-dessus du tympan. *Martinique.*

2. H. Oxyrhinque. *H. Oxyrhincus.* (VIII, 622.) Museau pointu ; langue longue; dents palatines par rangs en zig-zags très-étendus. *Patrie?*

3. H. de Ricord. *H. Ricordii.* (VIII, 623.) Langue arrondie aux deux bouts, plus large en arrière ; les dents palatines comme au précédent. *Cuba.*

3. *bis.* H. Ridé. *H. Corrugatus.* (A. Duméril. Catal. p. 170.) Corps garni sur le dos de verrues et de cordons glanduleux ; bouts des doigts très-épatés en disques. De *Java.*

4. H. Rayé. *H. Lineatus.* (VIII, 625.) Museau tronqué ; dents palatines en chevron à branches cintrées en dehors. *Cayenne.*

4. *bis.* de Viti. *H. Vitianus.* (A. Duméril. Catal. p. 177.) Le dessous du dos lisse ; tympan plus haut que long ; bouts des doigts très-dilatés et plats. Des *Iles Viti*, *Archip. indien.*

4. *ter.* H. Large-tête. *H. Laticeps.* (A. Duméril. Catal. p. 178.) Tête très-large, à museau obtus arrondi, à tympan plus haut que long ; flancs sillonés. *Yucatan*, *Am. cent.* (ATLAS, XCIX.)

XIII.e GENRE. PHYLLOMÉDUSE. *PHYLLOMEDUSA*. Wagler.

(Atlas, pl. xc, fig. 2, la main, le pied, la langue et les dents.)

Caractères essentiels. Orteils non palmés ni bordés de membranes; le premier doigt et les deux premiers orteils opposables les uns aux autres; apophyses pelviennes élargies en palettes.

1. P. Bicolore. *Phy. Bicolor.* (VIII, 629.) Le dessus bleu; les cuisses et les régions latérales tachetées de blanc. *Brésil*, *Cayenne.*

XIV.e GENRE. ELOSIE. *ELOSIA*. Tschudi.

Caractères essentiels. Orteils palmés à leur base seulement; des dents vomériennes; langue épaisse, entière, adhérente; apophyses transverses pelviennes non élargies en palettes.

1. E. Grand-nez. *E. Nasuta.* (VIII, 633.) Dos marbré de brun sur un fond d'une teinte plus claire. *Brésil.*

XV.e GENRE. CROSSODACTYLE. *CROSSODACTYLUS*. Nobis.

Caractères essentiels. Orteils libres ou non adhérents les uns aux autres, mais aplatis et élargis par une membrane flottante; pas de dents au palais; apophyses pelviennes non dilatées.

1. C. de Gaudichaud. *C. Gaudichaudii.* (VIII, 635.) Dos olivâtre; dessus des jambes zébré de noir. *Brésil.*

XVI.e GENRE. PHYLLOBATE. *PHYLLOBATES*. Nobis.

Caractères essentiels. Orteils libres, non bordés de membranes; palais non denté; tympan visible, apophyses transverses non dilatées.

1. P. Bicolore. *P. Bicolor.* (VIII, 638.) D'un fauve blanchâtre en dessus; d'un brun foncé en dessous. *Cuba.*

TROISIÈME FAMILLE DES PHANÉROGLOSSES.

LES BUFONIFORMES.

CARACTÈRES ESSENTIELS. Langue charnue distincte : mâchoire supérieure toujours non dentée ; n'ayant pas le plus souvent de dents au palais, ni la langue échancrée. (T. VIII, p. 640.)

Douze genres sont rapportés à cette famille deux (1-7) ont l'extrémité des doigts un peu dilatés comme ceux des Hylæformes. La plupart ont le tympan caché : un seul l'a distinct et apparent (4) chez les autres la forme du museau (2), un bouclier dorsal (6), les orteils libres (9-11) ou palmés, au nombre de quatre (3-12) ou de cinq (5-8-10.)

I.er GENRE. DENDROBATE. *DENDROBATES.* Wagler. (ATLAS, pl. XC, fig. 1.)

CARACTÈRES ESSENTIELS. Bouts des doigts un peu dilatés en disques ; tympan apparent ; pas de parotides ; apophyses transverses de la vertèbre pelvienne non dilatées.

1. D. Tinctorial. *D. Tinctorius.* (VIII, 652.) Premier doigt plus court que le second; dos tout à fait lisse, noir avec une tache blanche sur la tête et des raies blanches latérales. *Cayenne.*

2. D. Sombre. *D. Obscurus.* (VIII, 653.) Premier doigt aussi long que le second; dos mamelonné; flancs avec un pli glanduleux. *Patrie?*

3. D. Peint. *D. Pictus.* (VIII, 656.) Premier doigt aussi long que le second ; dos peu granuleux brun ; gorge et flancs noirs. *Chili.*

II.e GENRE. RHINODERME. *RHINODERMA.* Nobis.

CARACTÈRES ESSENTIELS. Bouts des doigts simples ; tympan caché ; museau terminé par un prolongement de la peau, pas de parotides ; apophyses pelviennes en palettes.

1. R. de Darwin. *R. Darwinii.* (VIII, 659.) Dos gris ; parties inférieures tachetées de noir et de blanc. *Chili.*

III.e GENRE. ATÉLOPE. *ATELOPUS*. Nobis.

CARACTÈRES ESSENTIEES. Bouts des doigts simples ; tympan caché ; quatre orteils seulement réunis, par une membrane, le cinquième étant caché : apophyses transverses pelviennes dilatées.

1. A. Jaunâtre. *A. Flavescens.* (VIII, 661.) Premier doigt beaucoup plus court que le second ; jaunâtre en dessus, tacheté de brun. *Amérique méridionale.*

IV.e GENRE. CRAPAUD. *BUFO*. Laurenti.

(ATLAS, pl. XCI, fig. 1, bouche, langue et dents.)

CARACTÈRES ESSENTIELS. Tympan toujours apparent ; bouts des doigts non dilatés ; langue entière, libre en arrière ; des parotides ; apophyses transverses pelviennes un peu élargies.

1. C. Ensanglanté. *B. Cruentatus.* (VIII, 665.) Corps mince élancé ; museau rétréci, tronqué ; quatre parotides ; taches rouges. *Java.*

2. C. de Leschenault. *B. Leschenaultii.* (VIII, 666.) Orteils très-peu palmés ; peau de la tête épaisse, lisse ; grosses parotides. *Cayenne.*

3. C. Apre. *B. Asper.* (VIII, 668.) Peau du vertex mince ; crâne renflé entre l'orbite et la parotide ; Dos à tubercules épineux. *Java.*

4. C. Commun. *B. Vulgaris.* (VIII, 670.) Peau épaisse sur sur le crâne ; parotides ovales de l'œil à l'aisselle ; orteils demi-palmés ; dos tuberculeux. *Europe.*

5. C. du Chili. *B. Chilensis.* (VIII, 678.) Parotides courtes à peu près triangulaires, à grands pores ; une tache noire sur l'oreille, s'étendant sur les flancs. *Chili.*

6. C. Vert. *B. Viridis.* (VIII, 681.) ou *Calamite.* Dos gris à lignes sinueuses et taches vertes ; le plus souvent une ligne dorsale jaune. *Toute l'Europe.*

7. C. Panthérin. *B. Pantherinus.* (VIII, 687.) Semblable au précédent ; mais pas de grosse glande sur les jambes ; une série de taches ovales noires sur le dos. *Asie. Afrique.*

8. C. Criard. *B. Musicus.* (VIII, 689.) Corps trapu ; bouche énorme ; tête large à deux crètes longitudinales, arrondies, à peau mince, adhérente. *Amérique du nord.*

9. C. Américain. *B. Americanus.* (VIII, 695.) Semblable au précédent, mais les crêtes du crâne et la bouche moins développées. *Amérique du nord.*

10. C. De Dorbigny. *B. Dorbignyi.* (VIII, 697.) Tête fortement arquée ; bords de la bouche saillants ; une ligne dorsale jaune sur un fond vert. *Montevideo.*

11. C. Rude. *B. Scaber.* (VIII, 699.) Peau du crâne très-mince, d'un tiers plus large au moins en arrière qu'il n'est long ; bords de la bouche et du tympan, noirs. *Indes orientales.*

12. C. Elevé. *B. Isos.* (VIII, 702.) Semblable au précédent, mais les orteils entièrement palmés, et le museau légèrement échancré au dessus de la bouche. *Bengale.*

13. C. Agua. *B. Agua.* (VIII, 703.) Parotides énormes ; orteils à demi-palmés ; crêtes surciliaires en arcs ; museau obtus ; de grosses pustules dorsales. *Amérique du sud.*

14. C. A oreilles-noires. *B. Melanotis.* (VIII, 710.) Pareil au précédent ; parotides médiocres, alongées, en travers ; tubercules du dos petits, inégaux. *Cayenne, Brésil.*

15. C. Peltocéphale. *B. Peltocephalus.* (VIII, 712.) Parotides sub-triangulaires ; os de la tête presque à nu, vermiculés ; bords surciliés déchiquetés. *Cuba.*

16. C. A deux-arêtes. *B. Biporcatus.* (VIII, 714.) Deux crêtes droites sur le crâne ; un chevron à angle saillant en devant sur le chanfrein. *Java.*

17. C. Goitreux. *B. Strumosus.* (VIII, 716.) Museau pointu ; arètes surciliaires peu prononcées ; Crâne presque à nu ; yeux grands, dirigés en devant. *Brésil.*

18. C. Perlé. *B. Margaritifer.* (VIII, 718.) Museau pointu ; deux lames osseuses, arquées, presque aussi hautes que la tête ; parotides petites ; peau lâche. *Brésil.*

V.e GENRE. PHRYNISQUE. *PHRYNISCUS*. Wiegmann. (T. VIII, p. 722. ATLAS, pl. C.)

CARACTÈRES ESSENTIELS. Bouts des doigts non dilatés ; tympan caché ; pas de parotides ; museau arrondi ; quatre doigts libres, le troisième plus long ; talons à deux petits tubercules arrondis.

1. P. Noirâtre. *P. Nigricans*. Dos granuleux à petites épines; orteils à moitié palmés ; pas de crêtes surciliaires. *Monte-Video.*

2. P. Austral. *P. Australis*. Dos lisse avec quelques verrues latérales ; olivâtre en dessus; blanc sous le ventre avec des vermiculations brunes.

2 *bis*. P. Espèce nouvelle. P. Front-Blanc. *P. Albifrons.*

VI.e GENRE. BRACHYCÉPHALE. *BRACHYCEPHALUS*. Fitzinger.

CARACTÈRES ESSENTIELS. Un bouclier osseux sur le milieu du dos ; pas de dents au palais : tympan caché ; pas de parotides. (T. VIII, p. 729.)

1. B. Porte-Selle. *B. Ephippium*. Dos fauve ou orangé avec une tache brune ou noire. C'est une des plus petites espèces de la Famille. *Du Brésil et de la Guyane.*

VIIe GENRE. HYLÆDACTYLE. *HYLÆDACTYLUS*. Tschudi.

CARACTÈRES ESSENTIELS. Extrémités des doigts dilatées ; tympan caché ; dents palatines ; deux tubercules mousses sous l'articulation tarso-métatarsienne.

1. H. Tacheté. *H. Balcatus*. Brun en dessus ; plus pâle en dessous, avec des taches et des lignes plus foncées ; une tache blanche sous les aines et les cuisses. *De Java.*

VIII.e GENRE. PLECTROPE. *PLECTROPUS.* Nobis. (T. VIII, 736.)

CARACTÈRES ESSENTIELS. Bouts des doigts non dilatés; museau arrondi; dos nu; cinq orteils palmés; de gros tubercules au talon; palais non denté.

1. P. Peint. *P. Pictus.* Premier doigt plus court que le second; dos brun, nuancé de noirâtre; gorge brune. *Manille.*

IXe GENRE. ENGYSTOME. *ENGYSTOMA.* Tschudi.

CARACTÈRES ESSENTIELS. Bouts des doigts non dilatés; point de tympan, ni de bouclier dorsal; orteils libres, longs et grêles; des tubercules mous aux talons.

1. E. Ovale. *E. Ovale.* Un seul tubercule au talon; museau en angle aigu; peau lisse; une raie blanche derrière et en dedans des cuisses. *Buénos-Ayres.*

2. E. de la Caroline. *E. Carolinense.* Talon à un seul tubercule; pas de raie blanche en dedans des cuisses; la peau lisse; gorge et flancs piquetés de blanc.

3. E. Rugueux. *E. Rugosum.* Un seul tubercule aux talons; peau rugueuse; dos d'un brun marron. *Amér. Sept.*

4. E. Petit-OEil. *E. Microps.* Museau en angle très-aigu; yeux extrêmement petits. *Du Brésil.*

5. E. Orné. *E. Ornatum.* Talons à deux tubercules; museau comme tronqué; taches orangées avec des taches et deux larges bandes brunes. *Du Malabar.*

X.e GENRE. UPÉRODONTE. *UPERODON.* Nobis.

CARACTÈRES ESSENTIELS. Palais denté; les cinq orteils palmés, à talons tuberculés; tête peu distincte du tronc; bouche petite; pas de parotides.

1. U. Marbré. *U. Marmoratum.* Dos olivâtre marbré de brun et convexe ; cuisses comme confondues dans la peau du ventre. *Montavalle. Péninsule, Inde.*

XI.ᵉ GENRE. BRÉVICEPS. Merrem.
(Erpét., t. VIII, p. 752.)

CARACTÈRES ESSENTIELS. Orteils complètement libres, courts et gros; bouts des doigts non dilatés; ni tympan, ni dents palatines ; bras et cuisses peu distinctes du tronc à leur base.

1. B. Bossu. *B. Gibbosus.* Dos brun, granuleux avec une longue bande fauve, dentelée sur les bords ; une tache noire sous l'œil. *Du Cap.*

XII.ᵉ RHINOPHRYNE. *RHINOPHRYNUS.* Nobis.
(ATLAS, pl. XCI, fig. 2 et 2 *a*.)

CARACTÈRES ESSENTIELS. Tête très-petite ; quatre orteils palmés ; pas de dents palatines ; membres très-courts et très-épais ; peau très-lâche.

1. R. Raie-Dorsale. *R. Dorsalis.* Dos brun, coupé par une raie jaune dans sa longueur, depuis le bout du museau jusqu'au coccyx. *Véra-Cruz.*

DEUXIÈME GROUPE.

QUATRIÈME FAMILLE. LES PHRYNAGLOSSES.

LES PIPÆFORMES.

(Erpét. Génér. T. VIII, p. 762.)

CARACTÈRES ESSENTIELS. Batraciens sans queue; privés de de langue charnue et mobile; une seule ouverture au fonds et au milieu du palais pour les conduits gutturaux de l'oreille.

Une seule Famille composée de deux genres dont chacun ne comprend jusqu'ici qu'une seule espèce, l'une du Cap et l'autre de la Guyane et du Brésil.

I.er GENRE. DACTYLÈTHRE. *DACTYLETHRA.* Cuvier.

(ATLAS. Planche XCII, fig. 1 et 1 a.)

CARACTÈRES Tête aplatie, à museau arrondi; des dents à la mâchoire supérieure; mais pas au palais; pas de tympan apparent pour l'oreille; pas de parotides; quatre doigts pointus, effilés, complétement libres; cinq orteils entièrement et largement palmés, dont trois sont terminés par de petits étuis de corne qui les recouvre comme un dé à coudre.

1. Seule espèce. Le Dactylèthre. du Cap. *D. Capensis.* Le caractère du genre; de plus les yeux verticaux, à paupière supérieure très-courte; l'inférieure seule mobile; pattes antérieures faibles et courtes; les postérieures longues et fortes, mais ne dépassant pas l'étendue du tronc. *De l'Afrique cent. Cap de Bonne-Espérance.*

II.ᵉ GENRE. PIPA ou TÉDON. *PIPA*. Laurenti.

(Atlas. Planche XCII, fig. 2 a et 2 b.)

Caractères. Tête courte, large, très-aplatie, triangulaire; pas de dents à la mâchoire supérieure ni au palais; mâchoires tout à fait lisses et plates; tronc rectangulaire terminé par un angle obtus en avant portant les deux narines tubuleuses; les yeux très-petits, sans paupières apparentes; les membres comme ceux du Dactylèthre; les doigts très-allongés, grêles, effilés, terminés par quatre petites pointes cylindriques et bifides; pattes postérieures très-courtes dans les régions de la cuisse et du tarse; les orteils liés entre eux par une large membrane.

1. Seule espèce. Le Pipa ou Tédon d'Amérique. *P. Americana.* Un petit barbillon ou prolongement libre de la peau de chaque côté de la mandibule et un autre appendice sur la jonction des mâchoires; la peau du dos est rugueuse, à grains solides enchassés.

Ce genre présente une anomalie très-remarquable dans son mode de reproduction. Le mâle féconde les œufs à mesure qu'ils sortent du corps de la femelle et les place sur le dos de la mère dont la peau se gonfle et présente des cellules ou des alvéoles dans lesquelles les germes se développent et subissent intérieurement toutes les premières métamorphoses, de sorte que les jeunes Pipas en sortent avec leurs quatre membres bien constitués.

TROISIÈME SOUS-ORDRE DES BATRACIENS :

LES URODÈLES.

Deux tribus sont établies dans cet ordre, suivant qu'on distingue sur les parties latérales du cou des fentes ou des ouvertures qui servent à la sortie de l'eau destinée à la respiration branchiale, ou quand il ne reste plus que des traces de ces orifices. Ces derniers sont les Atrétodères. Ils constituent la famille des Salamandrides. Les espèces qui conservent pendant toute la vie des fentes collaires forment deux familles. Dans l'une, les branchies, si elles existent, ne paraissent pas au dehors, ce sont les Trématodères Amphiumides ; dans la troisième famille ces lames sont toujours apparentes au dehors et sont visibles pendant toute la durée de la vie de ces Batraciens. Ce sont les Trématodères Protéides.

DIVISION DES URODÈLES. (T. IX, p. 35.)

I. Salamandrides. Point de fentes sur les côtés du cou.

II. Protéides. Des branchies apparentes de chaque côté de la tête.

III. Amphiumides. Des fentes collaires sans branchies apparentes

PREMIÈRE FAMILLE DES URODÈLES.

LES ATRÉTODÈRES OU SALAMANDRIDES.

(T. IX, p. 36. Seize genres.)

I.er GENRE. SALAMANDRE. *SALAMANDRA.* Wurffbain.

(T. IX, p. 49. Atlas, pl. xciii, fig. 2, langue et dents.)

Caractères essentiels. Quatre doigts antérieurs; cinq derrière; queue arrondie, conique; dents palatines en deux séries longitudinales arquées; langue libre sur ses bords et en arrière des parotides ou glandes temporales.

1. S. Terrestre. *S. Maculosa.* (T. IX, p. 52.) Corps noir; verruqueux à grandes taches jaunes ; de grosses parotides jaunes percées de pores, flancs garnis de tubérosités crypteuses. *De France et de toute l'Europe.*

2. S. de Corse? *S. Corsica?* (Savi.) Semblable à la précédente mais les dents palatines formant deux lignes longitudinales parallèles. (T. IX, p. 61.) Un seul individu observé en *Corse.*

3. S. Noire. *S. Atra.* (IX, 62.) Toute noire, sans aucune tache; des tubercules ou papilles saillantes sur les flancs. Des *Alpes.*

4. S. Opaque? *S. Opaca ?* (VII, 67.) Corps lisse, noire, avec des taches plus pâles en dessous ; queue des trois quarts de la longueur du corps ; parotides peu distinctes. De *New-York*, *Gravenhorst.*

II.e GENRE. SALAMANDRINE. *SALAMANDRINA.* Fitzinger.

(Atlas, pl. xciv, fig. 2, t. IX, p. 68.)

Caractères essentiels. Quatre doigts et quatre orteils seulement ; queue longue, conique, à légère saillie dorsale ; dents palatines en série longitudinale fourchue en arrière; langue libre dans sa moitié postérieure.

1. S. à Lunettes. *S. Perspicillata.* Corps noir en dessus, excepté sur la tête où se voit une raie d'un jaune roux courbée en arc et à extrémités arrondies ; le dessous du ventre blanchâtre avec des taches noires dont le milieu, ainsi que celui de la queue sont d'un rouge de sang. D'*Italie.*

III.e GENRE. PLEURODÈLE. *PLEURODELES.* Michaelles. (T. IX, p. 71.)

Caractères essentiels. Des côtes courtes, mais apparentes en dehors sur les flancs qui en sont percés par leurs extrémités libres: queue longue; comprimée; langue petite, arrondie, adhérente seulement en avant ; dents palatines en deux séries longitudinales parallèles.

27.*

1. P. de Waltl. *P. Waltlii.* Corps gris cendré sans points noirs saillants. Cette espèce du midi de *l'Europe. Espagne. Portugal.*

2. P. Chagriné. *P. Exasperatus.* Ressemble à l'espèce précédente, mais il a le corps parsemé de points gris saillants.

IV.e GENRE. BRADYBATE. *BRADYBATES.* Tschudi. (T. IX, p. 75.)

Caractères essentiels. Corps court, à pattes très-courtes, à doigts libres; queue courte; des côtes courtes apparentes; langue petite, fixée de toutes parts; dents palatinès en petit nombre.

1. B. Ventru. *B. Ventricosus.* (Tschudi.) Une seule espèce d'Espagne. C'est peut-être un Pleurodèle en jeune âge?

V.e GENRE. CYLINDROSOME. *CYLINDROSOMA.* Tschudi.

Caractères essentiels. Corps cylindrique, à peau lisse; tronc à plis latéraux, transverses; queue très-longue, un peu comprimée; tête grosse et plate; dents palatines formant deux lignes allongées. (Tom. IX, pag. 76.)

1. C. A longue-queue. *C. Longicaudatum.* (Green.) Dessus du corps d'un blanc jaunâtre soufré, avec des points et des taches noires; le dessous du corps d'un jaune très-pâle, sans taches, (pag. 78.) *New-Jersey.*

2. C. Gutto-rubanné. *C. Guttolineatum.* (Holbrook.) Jaune de paille, une ligne dorsale noire, fourchue en avant; une bande noire sur les flancs, formée de taches carrées, marquées chacune d'un point blanc; ventre à point noir. *Amér. sept.*

3. C. glutineux. *C. Glutinosum.* (Green.) Corps d'un noir foncé ou d'un bleu noirâtre; peau très-lisse, pointillée sur les flancs et les côtés de la queue par de petites taches blanches, arrondies, très-rapprochées vers le ventre. *Savanah.*

4. C. à Oreilles. *C. Auriculatum.* (Holbrook.) Corps d'un brun foncé, avec une tache d'un rouge brun à la place des oreilles ; et une rangée de taches arrondies de même couleur, le long des flancs. *Georgie.*

VI.e GENRE. PLÉTHODONTE. *PLETHODON.* (Tom. IX, pag. 84.) Tschudi.

Caractères. Queue tout-à-fait arrondie, conique jusqu'à la pointe; dents palatines en travers, les sphénoïdales rapprochées, serrées, formant un triangle plus large vers la gorge; narines internes s'ouvrant au devant de la rangée transversale des dents. *Trois espèces de l'Amérique du nord.*

1. P. Varioleux. *P. Variolosum.* Corps noir ou gris foncé. piqueté de points blancs inégaux; les flancs et la queue marqués de grandes taches blanches; le dessous de la queue blanchâtre. *Comté de Crawfort.*

2. P. Brun. *P. Fuscum.* Ardoisé et piqueté de brun en dessus; dessous plus claire; treize ou quatorze lignes costales brunâtres; doigts grêles, courts, coniques; queue conique, un peu plus épaisse dans le sens vertical. *Amérique septentrionale.*

3. P. Dos-rouge. *P. Erythronotum.* Brun, avec une large raie rougeâtre sur le dos, depuis la nuque jusqu'au premier cinquième de la queue, bordée d'un brun foncé ; gris, piqueté de noir en dessous. *Philadelphie.*

VII.e GENRE. BOLITOGLOSSE. *BOLITOGLOSSA.* Nobis.

Caractères essentiels. Langue en champignon, formant en dessus un disque arrondi, supporté par un pédicule grêle et protractile; deux rangées de dents palatines, l'une en travers, l'autre en longueur ; narines internes s'ouvrant au devant de la première série; doigts distincts, courts ou longs, mais non palmés. (T. IX, p. 88.)

1. B. Rouge. *B. Rubra.* Corps rouge ou d'un jaune fauve en

dessus avec un grand nombre de points noirs ; mais le dessous sans taches ni points ; doigts longs, distincts. *Amér. sept.*

2. B. A deux-lignes. *B. Bilineata.* Brun, à deux longues bandes plus claires se réunissant sur la queue ; dessous du tronc bariolé de lignes et de taches noires; doigts distincts, longs. *Caroline du sud.*

3. B. Mexicain. *B. Mexicana.* Noir, avec de grandes taches blanchâtres ou peut-être rouges, variant pour la forme et l'étendue ; queue grosse à la base, arrondie dans les quatre cinquièmes avec de grands plis transverses; doigts courts épatés. *D'Oaxaca au Mexique.*

VIII.e GENRE. ELLIPSOGLOSSE. *ELLIPSOGLOSSA.* (Atl., pl. ci, fig. 5, l'intérieur de la bouche.) Nobis.

Caractères essentiels. Langue oblongue, entière, libre, ovale, plissée sur sa longueur; dents palatines en séries longitudinales, écartées et courbées en arc en devant, réunies en V en arrière ; deux parotides aplaties. (T. IX, p. 97.)

1. E. A taches. *E. Nœvia.* (Schlegel.) Gris ardoisé bleuâtre, avec des taches plus claires, comme marbrées sur les flancs ; toute la peau lisse sur le dos et sur le ventre *Japon.*

2. E. Nébuleuse. *E. Nebulosa.* (Schlegel.) Corps ramassé dans la région du tronc d'un jaune brunâtre avec des marbrures très-fines; queue très-comprimée, garnie sur ses tranches supérieure et inférieure d'une ligne jaune. *Japon.*

IX.e GENRE. AMBYSTOME. *AMBYSTOMA.* Tschudi. (Atlas, pl. ci, fig. 5, les dents et cou, fig. 1.)

Caractères essentiels. Dents palatines formant une série en travers courbée en arc à flèches ——; orifices internes des narines placés en avant de cette ligne ; des parotides longues, peu saillantes avec un sillon longitudinal qui semble prolonger la commissure des mâchoires ; peau lisse avec des lignes enfoncées en travers sur les flancs ; queue courte, grosse à la base et comprimée à sa terminaison. — *(Urodèles de l'Amérique du Nord*, t. IX, p. 102.)

1. A. Argus. *A. Argus.* D'un noir plombé ou rougeâtre en dessus, marqué de taches jaunes ou bleuâtres (qui blanchissent dans l'alcool), distribuées par paires; plus pâle et sans taches sous le ventre; de petits points bleus disséminés sur les flancs. *Amériq. septent.*

2. A. Noir. *A. Nigrum.* Green. Tout à fait noir en dessus et sans taches; plus pâle et teinté de rougeâtre sous le ventre; flancs piquetés de blanc; queue arrondie à la base, comprimée ensuite.

3. A. à Bandes. *A. Fasciatum.* Harlan. Dos noir à taches anguleuses, transversales grises ou d'un bleu clair.

4. A. Tigré. *A. Tigrinum.* Dos noir, à taches rondes irrégulières jaunes, comme transversales sur la queue; ventre d'un gris foncé avec des taches jaunes; le dessous des pattes jaune.

5. A. Taupe. *A. Talpoïdeum.* Holbrook. Tout à fait noir ou bleu foncé sans taches, à flancs plissés.

6. A. à taches carrées. *A. Quadri-maculatum.* Dos brun à bandes de taches rouges carrées de chaque côté, distribuées par paires, formant une longue bande sur les trois quarts de la queue.

7. A. Saumoné. *A. Salmoneum.* Storer. Dos brun à raie large foncée sans taches; flancs à quelques bandes effacées ou plus plus claires; ventre d'une teinte plus pâle.

X.e GENRE. GÉOTRITON. *GEOTRITON.*

(T. IX, p. 111. ATLAS, pl. CII, fi. 1.) Ch. Bonaparte.

CARACTÈRES ESSENTIELS. Langue en champignon comme dans les Bolitoglosses; une série de dents palatines transversales, en arrière des orifices internes des narines; deux autres séries de dents sphénoïdales en longueur; yeux saillants; pas de parotides visibles; doigts et orteils légèrement palmés à la base; peau lisse.

1. G. de Savi. *G. Fuscus.* Gené. Brun avec des lignes rou-

geâtres presque effacées, cendré en dessous avec de petits points blancs ; queue un peu plus courte que le tronc , grosse à la base et presque ronde; doigts courts, un peu palmés et déprimés. *Sardaigne*, les *Appenins.*

XI.e GENRE. ONYCHODACTYLE. *ONYCHODACTYLUS.* (T. IX, p. 113.) Tschudi.

(Atlas, pl. xciii, fig. 1, tête, bouche et doigts.)

Caractères essentiels. Dents palatines formant une série transversale sinueuse en forme d'M majuscule ; parotide peu saillante, avec un sillon longitudinal ; queue très-longue, arrondie dans ses trois quarts vers la base; doigts libres terminés à leur extrémité libre simulant un ongle noir.

1. O. de Schlegel. *O. Schlegii.* Du *Japon.*

XII.e GENRE. DESMODACTYLE. *DESMODACTYLUS.* (T. IX, p. 117.) Nobis.

Caractères essentiels. Quatre doigts seulement à toutes les pattes, réunis entre eux à la base par une membrane; dents palatines nombreuses, formant plusieurs séries; langue adhérente de toutes parts; peau sans verrues; à queue comprimée mais arrondie et étranglée à la base.

1. D. Ecussonné. *D. Scutatus.* Peau comme partagée en compartiments simulant des écussons d'un brun foncé, avec des taches noires irrégulières sous la gorge , les flancs et la queue. *Amériq. septent.*

XIII.e GENRE. TRITON. *TRITON.* Laurenti.

(Atlas, pl. cvi, fig. 1.)

Caractères essentiels. Cinq orteils; flancs arrondis; queue très-comprimée ; ventre plat; langue fixée en arrière. (Tome IX, page 121.)

1. T. à crête. *T. Cristatus.* (Laurenti.) Corps rugueux à points

saillants; ventre à taches noires sur un fond d'un jaune foncé orangé. *De France.*

2. T. Marbré. *T. Marmoratus.* Cette espèce diffère peu de la précédente qui est d'un tiers plus forte ; le dessous du ventre est noir; mais il y a un très-grand nombre de variétés. *De France.*

3. T. Des Pyrénées. *T. Pyrenæceus.* Peau rugueuse à points saillants ; dos à larges raies découpées ; ventre sans taches.

4. T. Petite crête. *T. Subcristatus.* Corps rugueux à points saillants ; dos noir sans taches ; ventre à taches noires sur un fond rougeâtre. *De France.*

5. T. Ponctué. *T. Punctatus.* (Latreille.) Peau lisse ou non rugueuse ; ventre jaune, marqué de taches noires régulières; cinq lignes noires sur la partie supérieure de la tête.

6. T. à bandes. *T. Vittatus.* (Gray.) Corps d'un gris clair, à gros points noirs distribués en longueur; une grande bande jaune ou rougeâtre bordée de noir, s'étendant depuis les aisselles jusques sur les deux tiers des côtés de la queue.

7. T. Des Alpes. *T. Alpestris.* (Laurenti.) Dos cendré avec des points noirs sur les flancs ; une bande très-claire et blanche sur les côtés; ventre rouge cerise pendant la vie.

8. T. Abdominal (femelle) ou Palmipède (mâle). *T. Abdominalis. Palmipes.* Dos jaune granuleux, avec deux lignes saillantes parallèles à l'échine ; ventre d'un jaune orangé. (T. IX, p. 148.) *De France.*

9. Triton rugeux. (p. 151.)
10. Triton cendré.
11. Triton recourbé.
12. Triton de Bibron.
13. Triton multi-ponctué.
14. Triton à points latéraux.
15. Triton symétrique.
16. Triton dorsal.
17. Triton de Haldesman.

Ces neuf dernières espèces n'ont pas été assez étudiées pour entrer dans le travail général, quoiqu'elles soient indiquées dans l'ouvrage.

XIV.e GENRE. EUPROCTE. *EUPROCTUS*. Gené. (T. IX, p. 157.)

Caractères essentiels. Langue n'adhérant que par devant; dents palatines formant deux lignes longitudinales un peu écartées derrière; peau rugueuse; queue comprimée, pointue, plus longue que le tronc; doigts libres, allongés, arrondis.

1. E. De Rusconi. *E. Rusconii.* (Gené.) Corps d'un brun olivâtre à traits noirs en dessus; d'un gris blanchâtre en dessous, avec des points et des taches noires. *De Barbarie, d'Algérie.*

XV.e GENRE. XIPHONURE. *XIPHONURUS*. (T. IX, p. 161.) Tschudi.

Caractères essentiels. Queue longue, comprimée en forme de sabre; pattes grosses et fortes à doigts très-développés; peau granuleuse; dents palatines en une rangée transversale; tête grosse, à museau arrondi.

1. X. De Jefferson. *X. Jeffersonii.* Semblables aux Plagiodontes; mais ils en diffèrent par les téguments rugueux et par la forme singulière de la queue. *Amér. Sept. Canansbury.*

XVI.e GENRE. TRITOMÉGAS. *TRITOMEGAS*. (T. IX, p. 163.) Nobis.

Caractères essentiels. Grandeur énorme; corps très-déprimé, avec un repli sur les flancs; tête plus large que le tronc; deux arcades de dents à la mâchoire supérieure; narines rapprochées au devant du museau; yeux petits; queue courte comprimée, à crête.

1. T. De Sieboldt. *T. Sieboldtii.* Une seule du Japon vivant à Leyde.

DEUXIÈME FAMILLE DES URODÈLES.

LES TRÉMATODÈRES PROTÉÏDES OU PÉRENNIBRANCHES.

(T. IX, p. 174.)

CARACTÈRES ESSENTIELS. Batraciens ayant une queue, des membres, des trous ou des fentes sur les côtés du cou et de plus des lames branchiales flottantes au dehors sous forme de panaches.

QUATRE GENRES. Deux à corps allongé anguiforme avec deux ou quatre pattes les Sirènes et les Protées. Deux genres à corps court ramassé variant par le nombre des orteils qui sont de quatre dans les Ménobranches et de cinq dans les Sirédons.

I.er GENRE. SIRÉDON. OU AXOLOTL.

(ATLAS, pl. XCV, fig. 1, la bouche.)

CARACTÈRES ESSENTIELS. Corps épais, ramassé, déprimé; queue comprimée peu distincte ; quatre pattes courtes à quatre doigts devant, cinq derrière; trois houppes branchiales externes. (T. IX, p. 176)

1. S. de Humboldt. *A. Humboldtii.* *Du Mexique.*

2. S. de Harlan. *S. Harlani.* (Atlas, pl. 95, fig. 1.) *De l'Amérique Sept. Lac Eriès.*

II.e GENRE. MÉNOBRANCHE. *MENOBRANCHUS.* Harlan.

(ATLAS, pl. XCV, fig. 2, la tête vue de profil.)

CARACTÈRES ESSENTIELS. Des Tritons; mais avec les branchies persistantes. (T. IX, p. 183.)

1. M. Latéral. *M. Lateralis.* Quatre doigts aux quatre pattes. *Amér. Sept.*

III.e GENRE. PROTÉE. *PROTEUS.* Laurenti.
(Atlas, pl. xciv, fig. 2, la bouche.)

Caractères essentiels. Corps anguiforme lisse à yeux cachés; quatre pattes grêles dont les paires sont très-distantes, à trois doigts devant et à deux derrière seulement.

1. P. Anguillard. *P. Anguinus.* (T. IX, p. 185.) *De la Carniole.*

IV.e et dernier GENRE. SIRÈNE. *SIREN.* Linné.
(T. IX, p. 191. Atlas, pl. xcvi, fig. 1.)

Caractères essentiels. Corps anguiforme très-allongé. Deux pattes antérieures seulement à quatre doigts; trois houppes de branchies persistantes de chaque côté.

1. S. Lacertine. *S. Lacertina. Amérique du nord.*

TROISIÈME ET DERNIÈRE FAMILLE DES URODÈLES.

LES TRÉMATODÈRES AMPHIUMIDES OU PÉROBRANCHES.

(T. IX, p. 199.)

CARACTÈRES ESSENTIELS. Batraciens ayant une queue et dont le cou offre des fentes ou des trous latéraux sans aucunes apparences de branchies extérieures.

I.er GENRE. AMPHIUME. *AMPHIUMA.* Garden.

(T. IX, p. 201. ATLAS, pl. XCVI, fig. 3 et pl. CVIII.)

CARACTÈRES ESSENTIELS. Corps anguiforme vingt fois au moins aussi long qne large ; queue comprimée: quatre pattes rudimentaires, courtes, très-distantes entre elles à doigts peu nombreux et peu développés; des dents aux gencives et au palais.

1. A. Pénétrant. *A. Means.* Deux doigts à chacune des pattes.
2. A. Trois doigts. *A. Tridactylum. Amérique du Nord.*

II.e GENRE. MÉNOPOME. *MENOPOMA.* Harlan.

(T. IX, p. 205. ATLAS, pl. CXIV, fig. 1, la bouche.)

CARACTÈRES ESSENTIELS. Corps aplati à quatre pattes courtes; une saillie de la peau sur les flancs depuis les lèvres jusqu'aux aînes; pattes bien conformées à quatre doigts distincts en avant et pattes postérieures élargies, membraneuses, à cinq orteils plus courts.

1. M. Des Alléghanis. *M. Alleghanensis. Des monts Alléghanis. De l'Ohio.*

Plus un *Appendice* sur la LÉPIDOSIRÈNE. T. IX, p. 208.

TABLE ALPHABÉTIQUE

DES NOMS

D'ORDRES, DE FAMILLES ET DE GENRES,

ADOPTÉS OU NON (1),

COMPRIS DANS CE NEUVIÈME VOLUME.

(1) Ces derniers noms sont imprimés en caractères italiques.

TABLE ALPHABÉTIQUE

GÉNÉRALE

DES NOMS DE TOUS LES ORDRES, SOUS-ORDRES, TRIBUS, FAMILLES ET GENRES DES REPTILES

DÉCRITS DANS LES NEUF VOLUMES DE CETTE ERPÉTOLOGIE.

A

NOTA. — Les Noms en Capitales sont ceux des grandes Divisions, les autres sont ceux des Genres.

Les lettres C. indique les Chéloniens ou Tortues.

— S. Les Sauriens ou Lézardins.

— O. Les Ophidiens ou Serpents.

— B. A. Batraciens Anoures, sans queue.

— B. U. Batraciens Urodèles, ayant une queue.

— B. P. Batraciens Péromèles, sans membres.

28.

Amiens. — Imp. de DUVAL et HERMENT, place Périgord, 3.

ERPÉTOLOGIE

GÉNÉRALE

OU

HISTOIRE NATURELLE

COMPLÈTE

DES REPTILES,

PAR A.-M.-C. DUMÉRIL,

MEMBRE DE L'INSTITUT, PROFESSEUR DE LA FACULTÉ DE MÉDECINE, PROFESSEUR ET ADMINISTRATEUR DU MUSÉUM D'HISTOIRE NATURELLE, ETC.

EN COLLABORATION AVEC SES AIDES NATURALISTES AU MUSÉUM,

FEU G. BIBRON,

PROFESSEUR D'HISTOIRE NATURELLE A L'ÉCOLE PRIMAIRE SUPÉRIEURE DE LA VILLE DE PARIS;

ET A. DUMÉRIL.

PROFESSEUR AGRÉGÉ DE LA FACULTÉ DE MÉDECINE POUR L'ANATOMIE ET LA PHYSIOLOGIE.

ATLAS

RENFERMANT 120 PLANCHES GRAVÉES SUR ACIER.

PARIS.

LIBRAIRIE ENCYCLOPÉDIQUE DE RORET,

RUE HAUTEFEUILLE, 12.

—

1854.

EXPLICATION MÉTHODIQUE

DES 120 PLANCHES FORMANT L'ATLAS

DE

L'ERPÉTOLOGIE GÉNÉRALE.

I, Généralités relatives à l'Organisation des Reptiles.

1.° CHÉLONIENS.

PLANCHE I.

Squelette de *Cistude d'Europe* ou *Commune* . . T. II p. 220
1. Tête de la même vue en arrière . . . . T. I, p. 25
2. Id. vue de profil . . . . id.
3. Id. vue en dessus . . . . id.
4. Id. vue en dessous. . . . . . . id.

PLANCHE II.

Squelette de *Chélonée Caouane* . . . . T. II, p. 552
1. Tête de la même vue de profil . . . . T, I, p. 25

PLANCHE III.

Carapace, Sternum et Bassin de *Chéloniens*.
1. Carapace de Tortue Potamite ou Fluviatile, (Trionyx), *Cryptopode chagriné*. T. I, p. 29, 368 et T. II, p. 501
2. Sternum du même Cryptopode.
3. Id. de Tortue de mer ou Thalasssite, (Chélonée) . . . . T. I, p. 376 et 377
4. Sternum de Cistude.

Les lettres suivantes indiquent les différentes pièces dont ces plastrons se composent, et d'après la nomenclature de Etienne Geoffroy Saint-Hilaire.

a, Entosternal, (pièce impaire).
bb, Episternal, (pièces paires).
cc, Hyosternal, (id.).
dd, Hyposternal, (id.).
ee, Xiphisternal, (id.).

5. Partie postérieure d'une Carapace de *Chélyde Matamata* (Tortue de marais ou Elodite Pleurodère . . . . T. I, p. 37 et 378
a, Plastron ; *b*, Ischion; *c*, Ilion; *d*, Pubis ; *e*, Cavité cotyloïde pour l'articulation avec le fémur.

2.° SAURIENS.

PLANCHE IV.

Squelette de *Caïman à museau de Brochet*. (Voyez, en outre, pl. 25 et 26). . . . . T. III, p. 75

1. Sternum et son prolongement abdominal avec ses cartilages . . . . T. I, p. 30

PLANCHE V.

1. Squelette de *Lézard vert* . . . . T. V, p. 210
2. Id. de *Dragon frangé* . . . . T. IV, p. 448
   a, Les côtes qui soutiennent la peau formant ce que l'on nomme les aîles. T. I, p. 27 et. . T. II, p. 607
3. La tête du Dragon vue en dessus . . . . . T. IV, p. 448

PLANCHE VI.

1. Squelette du *Caméléon ordinaire* . . . . . T. III, p. 204

2 et 3. Tête du *Caméléon à nez fourchu*, dépouillée des parties molles, vue de profil et en dessus. (Voyez, en outre, pl. 27, fig. 3) . . . . . . T. III, p. 233

PLANCHE VII.

Squelette, Sternums et Bassins de *Sauriens Serpentiformes* ou *Urobènes* . . . . . . T. II, p. 610

1. *Chirote cannelé*. (Squelette entier) . . . . T. V, p. 474
2. Sternum du même . . . . T. V, p. 473
3. Id. de Bipède (*Ophiode strié*) . . . . T. V, p. 788
4. Id. de *Pseudope* de *Pallas* ou *Sheltopusik*. T. V, p. 417
5. Id. d'*Ophisaure ventral* . . . . . . T. V, p. 423
6. Id. d'*Orvet fragile* ou *commun* . . . . T. V, p. 793

Sur chacune de ces pièces, les lettres suivantes indiquent :

a, le sternum ; *bb*, les clavicules ; *cc*, les os coracoïdiens ; *dd*, les omoplates.

7. Bassin de Bipède (*Ophiode strié*) . . . . . T. V, p. 788
8. Id. de *Pseudope* de *Pallas* ou *Sheltopusik*. T. V, p. 417
9. Id. d'*Ophisaure ventral* . . . . T. V, p. 423
10. Id. d'*Orvet fragile* ou *commun* . . . . . T. V, p. 793

Sur chacune de ces pièces, les lettres suivantes indiquent :

a, la colonne vertébrale; *bb*, les os du bassin; *c*, l'avant-dernière côte à laquelle le bassin est attaché par l'une de ses extrémités; *dd*, les membres postérieurs en rudiment.

3.° OPHIDIENS.

PLANCHE VIII.

1. Squelette de *Couleuvre à collier*. T. VI, p. 76 et T. VII, p. 555

2 et 3. Vertèbre dorsale de la même, vue par ses faces antérieure et postérieure. T. I, p. 23 et T. VI, p. 77

4, 5 et 6. Rudiment de membres postérieurs de *Boa* et de *Rouleau*. . . . . T. VI, p. 84 et 364

Voyez, en outre, les planches LXXV, LXXVI, LXXVII et LXXVIII représentant la tête dépouillée de ses parties molles et le système dentaire des types des principales familles de l'ordre des *Ophidiens*.

4.° BATRACIENS ANOURES.

PLANCHE IX.

1. Squelette de *Grenouille commune* . . T. VIII, p. 62 et 343
   a, le sternum de la même.
2. Squelette de *Dactylèthre du Cap.* (Voyez, en outre, pl. XCII, fig. 1 et 1 *a*.) . . . . T.VIII, p.765
   b, le sternum du même.

5.° BATRACIENS URODÈLES.

PLANCHE X.

1. Squelette de *Salamandre tachetée, commune* ou *terrestre* . . . . T. VIII, p. 91 et T. IX, p. 52
2. Squelette de *Sirène Lacertine*. T. VIII, p. 95 et T. IX, p. 193
3. La tête, les premières vertèbres et les bras de la même, au double de leur grandeur naturelle, vus de profil . . . .

4 et 5. Vertèbre dorsale, vue en arrière et en avant . . . . T. I, p. 24

Voyez, en outre, les planches CI, CII et planche CVII, fig. 2, représentant la tête dépouillée de ses parties molles et le système dentaire des types d'un certain nombre de genres du sous-ordre des *Batraciens Urodèles*.

II. Étude zoologique des Reptiles.

1.° CHÉLONIENS OU TORTUES EN GÉNÉRAL.

PLANCHE XI.

Exemples de Carapaces de Chéloniens pour indiquer les nombres différents de plaques cornées qui les recouvrent, la position relative de ces plaques, suivant les espèces et les noms par lesquels on les désigne.

A. *Cistude d'Europe.* (Voyez, en outre, pl. I). T. II, p. 220
B. *Tortue bordée* . . . . T. II, p. 37
C. *Chélonée caouane* . . . . T. II, p. 552
D. *Pentonyx du Cap* . . . . T. II, p. 390
E. *Tortue actinode*. . . . . T. II, p. 66
F. *Chélodine de Maximilien* . . . . T. II, p. 449

Les mêmes numéros se rapportent sur chaque figure aux parties semblables.

1 à 5. Plaques vertébrales ou médianes du disque.

6 à 9. Plaques costales ou latérales du disque.

6 *a*. Plaque costale additionnelle ou supplémentaire. On ne la voit que sur la carapace des deux espèces de Thalassites dites Chélonées caouanes, qui ont ainsi quinze plaques au disque et non pas treize seulement, comme tous les autres Chéloniens.

10 à 22. Plaques du limbe ou marginales, et en particulier :

10. Plaque nuchale; elle manque dans certaines espèces.

11. Plaque caudale ou sus-caudale, tantôt unique, tantôt double.
12. Plaques marginales antérieures ou margino-collaires.
13 et 14. Plaques margino-brachiales.
15 à 19. Plaques margino-latérales.
20 à 22. Plaques margino-fémorales.

PLANCHE XII.

Plastrons de différents Chéloniens destinés à faire connaître les différences qu'on y remarque relativement au nombre et à la disposition des plaques.

A. *Cinosterne scorpioïde* . . . . T. II, p. 363
B. *Emyde caspienne* . . . . T. II, p. 235
C. *Chélonée caouane* . . . . T. II, p. 532
D. *Chélodine de la Nouvelle-Hollande* . . . T. II, p. 443
E. *Emyde à lignes concentriques*. . . . . T. II, p. 261
F. *Platémyde radiolée*. . . . . T. II, p. 412

1. Plaque gulaire simple ou double, suivant les genres et même les espèces.
1 *a*. Plaque inter-gulaire. Elle ne se rencontre que chez certaines espèces et elle est alors située soit en avant, soit en arrière des plaques gulaires.
2. Plaques humérales.
3. id. pectorales.
4. id. abdominales.
5. id. fémorales.
6. id. anales.
7. id. axillaires.
8. id. inguinales.
9 à 13. Plaques sterno-latérales. On ne les trouve que chez les Thalassites.

I.re FAMILLE. CHERSITES OU CHÉLONIENS TERRESTRES.

PLANCHE XIII.

1. *Tortue sillonnée ;* 1 *a*, son sternum tronqué . T. II, p. 74
2 et 2 *a*. *Pyxide arachnoïde*, vue en dessus et en dessous . . . . T. II, p. 156
Le texte indique, par erreur, pl. XIV, fig. 1.

PLANCHE XIV.

1 et 1 *a*. *Homopode aréolé*, vu en dessus et en dessous. . . . . T. II, p. 146
Le texte indique, par erreur, pl. XIII, fig. 2 et 3.
2. *Cinixys de Home ;* 2 *a*, son sternum. . . . T. II, p. 161

II.e FAMILLE. ÉLODITES OU TORTUES PALUDINES.

I.re SOUS-FAMILLE. CRYPTODÈRES.

PLANCHE XV.

1. *Emyde ocellée ;* 1 *a*, son sternum . . . . . T. II, p. 329
2. *Cistude d'Amboine ;* 2 *a*, son sternum . . . . T. II, p. 215

PLANCHE XXIV.

1. *Chélonée de Dussumier*, (du groupe des Chélonées caouanes) ; 1 *a*, la tête vue de profil. . T. II, p. 557
   Cette figure n'a pas été citée dans le texte.
2. *Sphargis luth*; 2 *a*, le sternum; 2 *b*, tête d'un jeune individu . . . . T. II, p. 560

2.° SAURIENS OU LÉZARDS.

I.re FAMILLE. CROCODILIENS OU ASPIDIOTES.

PLANCHE XXV.

Têtes de *Caïman à museau de Brochet*, vues en dessus et de profil; 1 et 2, dans l'âge moyen; 3 et 4, dans le jeune âge. (Voyez, en outre, planche IV, pour le squelette). . . . . T. III, p. 75

PLANCHE XXVI.

1. *Caïman à museau de Brochet;* 1 *a*, la tête et le cou du même, vus en dessus. . . . . T. III, p. 75
2. *Gavial du Gange*. Profil de la tête . . . . . . T. III, p. 134
   La planche XXV et la fig. 1 de la planche XXVI n'ont pas été citées dans le texte.

II.e FAMILLE. CAMÉLÉONIENS OU CHÉLOPODES.

PLANCHE XXVII.

1. *Caméléon verruqueux* . . . . T. III, p. 210
2. Tête et langue du *Caméléon du Sénégal* . . . T. III, p. 221
3. Tête du *Caméléon à nez fourchu*, vue en dessus. T. III, p. 233

III.e FAMILLE. GECKOTIENS OU ASCALABOTES.

PLANCHE XXVIII.

1. *Platydactyle des Seychelles*; 1 *a*, l'un des doigts vu en dessous. . . . . T. III, p. 310
2. *Platydactyle Cépédien*. La main entière et 2 *a*, l'un des doigts vu en dessous. . . . . T. III, p. 301
3. *Platydactyle d'Egypte*. La main entière et 3 *a*, l'un des doigts vu en dessous . . . . T. III, p. 322
4. *Platydactyle à gouttelettes*. La main entière et 4 *a*, l'un des doigts vu en dessous . . . . . . T. III, p. 328
5. *Platydactyle homalocéphale*. La main entière et 5 *a*, l'un des doigts vu en dessous. (Voyez, en outre, planche XXIX) . . . . T. III, p. 339
6. *Platydactyle de Leach*. La main entière et 6 *a*, l'un des doigts vu en dessous. . . . . T. III, p. 315
7. *Hémidactyle Oualien*. La main entière et 7 *a*, l'un des doigts vu en dessous. . . . . T. III, p. 350
8. *Hémidactyle à écailles trièdres*. La main entière et 8 *a*, l'un des doigts vu en dessous . . . . T. III, p. 356
   Les figures 2, 3, 6 et 8 de cette planche XXVIII n'ont pas été citées dans le texte.

PLANCHE XXIX.

1. *Platydactyle homalocéphale*; 1 *a*, extrémité du tronc et origine de la queue en dessous. (Voyez, en outre, pl. XXVIII, fig. 5, pour la conformation de la main et des doigts en particulier . . . . T. III, p. 339

PLANCHE XXX.

1. *Hémidactyle de Péron;* 1 *a* et 1 *b*, la tête vue en dessus et en dessous. . . . . T. III, p. 352
2. *Hémidactyle bordé*; 2 *a* et 2 *b*, la tête vue de profil et en dessous . . . . T. III, p. 370

PLANCHE XXXI.

1. *Ptyodactyle rayé;* 1 *a*, la tête vue en dessous; 1 *b* et 1 *c*, les pattes postérieures vues en dessous. T. III, p. 384

PLANCHE XXXII.

1. *Phyllodactyle strophure* amplifié: 1 *a*, le même dessiné au trait, de grandeur naturelle; 1 *b*, la tête amplifiée et vue de profil. . . . . T. III, p. 397
2. *Sphériodactyle bizarre* amplifié; 2 *a*, le même dessiné au trait et de grandeur naturelle; 2 *b*, la tête amplifiée et vue en dessus; 2 *c* et 2 *d*, l'une des pattes antérieures et l'une des postérieures; 2 *e*, les écailles. Ces détails sont représentés plus grands que nature . . . . T. III, p. 406

   La figure 2 et les détails ne sont pas cités dans le texte.

PLANCHE XXXIII.

1. *Gymnodactyle de Milius*; 1 *a*, l'un des doigts vu en dessous. . . . . T. III, p. 430
2. *Platydactyle théconyx*. La main entière; 2 *a*, l'un des doigts vu en dessous. . . . . . . T. III, p. 306
3. *Ptyodactyle d'Hasselquist*. La main entière; 3 *a*, l'un des doigts vu en dessous . . . . . T. III, p. 378
4. *Ptyodactyle frangé*. La main entière; 4 *a*, l'un des doigts vu en dessous . . . . T. III, p. 381
5. *Phyllodactyle porphyré*. La main entière; 5 *a*, l'un des doigts vu en dessous. . . . . . . T. III, p. 393
6. *Gymnodactyle rude*. La main entière; 6 *a*, l'un des doigts vu en dessous . . . . T. III, p. 421

   Cette figure n'est pas citée dans le texte.
7. *Gymnodactyle gentil*. La main entière; 7 *a* et 7 *b*, l'un des doigts vu en dessous et de profil . T. III, p. 423

   Cette figure n'est pas citée dans le texte relatif à ce Gymnodactyle et, par erreur, il en est fait mention dans l'article du *Phyllodactyle gentil*, p. 397.
8. *Sténodactyle tacheté*. La main entière; 8 *a*, l'un des doigts vu en dessous. (Voyez, en outre, planche XXXIV, fig. 2.). . . . . T. III, p. 434

PLANCHE XXXIV.

1. *Gymnodactyle marbré;* 1 *a*, bout de l'un des doigts et l'ongle très-amplifiés . . . . . . T. III, p. 426
Cette figure n'est pas indiquée dans le texte.
2. *Sténodactyle tacheté.* (Voyez, en outre, planche XXXIII, fig. 8.) . . . . T. III, p. 434

IV.° FAMILLE. VARANIENS OU PLATYNOTES.

PLANCHE XXXV.

1. *Varan de Bell* . . . . T. III, p. 493
2. *Varan nébuleux*; la tête et 3, les écailles dorsales. . . . . T. III, p. 483
4. *Varan du Nil.* Ecailles dorsales . . . . . T. III, p. 476
5. *Varan de Picquot* . . . . T. III, p. 485

PLANCHE XXXVI.

1. *Héloderme hérissé;* 1 *a*, la tête vue en dessus . T. III, p. 499

V.° FAMILLE. IGUANIENS OU EUNOTES.

I.re SOUS-FAMILLE. PLEURODONTES.

PLANCHE. XXXVII.

1. *Urostrophe de Vautier*. . . . , ... T. IV, p. 78
2. *Norops doré*, et la tête grossie vue en dessus . T. IV. p. 82
Cette planche n'est pas mentionnée dans le texte.

PLANCHE XXXVIII.

1. *Aloponote de Ricord* . . . . T. IV, p. 190
Le texte renvoie, par erreur, à la pl. XXXVII.

PLANCHE XXXIX.

1. *Léiosaure de Bell;* 1 *a*, la tête vue de profil. T. IV, p. 242
2. *Proctotrète signifère* . . . . T. IV, p. 288
Cette planche n'est pas mentionnée dans le texte.

PLANCHE XXXIX *bis*.

1. *Trachycycle marbré*. . . . . T. IV, p. 336
2. *Tropidogastre de Blainville;* 2 *a*, ses écailles dorsales grossies et 2 *b*, les écailles ventrales également grossies . . . . T. IV, p. 330
Cette planche n'est pas citée dans le texte.

Voyez, pour compléter les Iguaniens Pleurodontes, la planche XLIV, représentant l'*Holotropide de Lherminier*, t. IV, p. 261.

II.° SOUS-FAMILLE. ACRODONTES.

PLANCHE XL.

1. *Istiure de Lesueur;* 1 *a*, écailles grossies . . T. IV, p. 384

PLANCHE XLI.

1. *Lophyre tigré* . . . . T. IV. p. 421

PLANCHE XLI *bis*.

1. *Grammatophore de Decrès ;* 1 *a*, la tête vue de profil ; 1 *b*, le dessous des cuisses ; 1 *c*, écailles dorsales grossies . . . . T. IV, p. 472
2. *Agame épineux*. . . . . T. IV. p. 502 et non pas, p. 499, comme la planche l'indique par erreur.

Cette planche n'est pas mentionnée dans le texte.

PLANCHE XLII.

1. *Phrynocéphale à oreilles* : 1 *a*, la tête vue de profil ; 1 *b*, les écailles carénées . . . . . T. IV, p. 524

Le texte renvoie, par erreur, à la planche XL.

2. *Doryphore azuré* . . . . T. IV, p. 371

PLANCHE XLIII.

1. *Léiolépide tacheté* . . . . T. IV. p. 465
2. *Anolis à écharpe*. La main ; 3 le pied vu en dessus et 4 vu en dessous. . . . . T. IV, p. 157

Ces figures 2, 3 et 4 qui ne sont pas indiquées dans le texte, se rapportent à un *Iguanien Pleurodonte.*

PLANCHE XLIV.

1. *Holotropide de Lherminier* . . . . T. IV, p. 259

Cet Iguanien appartient à la sous-famille des *Pleurodontes*

PLANCHE XLV.

1. *Chlamydosaure de King* . . . . T. IV, p. 441

PLANCHE XLVI.

1. *Lophyre dilophe*, sous le nom de *Tiaris*. . . T. IV, p. 419

VIe VIIe ET VIIIe FAMILLES. — LACERTIENS OU AUTOSAURES. — CHALCIDIENS OU CYCLOSAURES. — SCINCOÏDIENS OU LÉPIDOSAURES.

PLANCHE XLVII.

1. *Gerrhosaure à deux bandes* (Chalcidien).

1 *a* et 1 *b*, la tête vue en dessus et en dessous. T. V, p. 375

PLANCHE XLVIII.

1. *Lézard de Delalande* (Lacertien).

2. La tête vue en dessus ; 3 le cou vu en dessous. . . . . T. V, p. 241

PLANCHE XLIX.

1. *Neusticure à deux carènes* (Lacertien).
2. Dessous de la tête et du cou ; 3 la tête de profil, avec la bouche ouverte pour montrer la langue ; 4 dessous des cuisses . . . . T. V, p. 64

La planche renvoie, par erreur, au tome IV.

PLANCHE L.

1. *Tropidolopisme de Duméril*, sous le nom de *Scinque de Duméril*. (Scincoïdien de la Sous-Famille des *Saurophthalmes*). . . . . T. V, p. 745

1 *a*, la tête vue en dessus

PLANCHE LI.

1. *Aporomère piqueté de jaune* (Lacertien).

a, la tête en dessus et *b*, de profil; *c*, ouverture de la narine; *d*, face inférieure des cuisses; *e*, écailles dorsales . . . . T. V, p. 72

Cette planche n'est pas indiquée dans le texte.

PLANCHE LII.

1. *Grand Améiva* (Lacertien) . . . . T. V, p. 117

a, la tête en dessus; *b*, la tête et le cou en dessous; *c*, face inférieure des cuisses et de l'origine de la queue; *d*, deux pores fémoraux grossis.

Cette planche n'est pas citée dans le texte.

PLANCHE LIII.

1. *Ophiops élégant* (Lacertien) . . . . T. V, p. 257

1 *a*, la tête de profil et 1 *b*, vue en dessus ; 1 *c*, gorge et dessous de la mâchoire inférieure ; 1 *d*, face inférieure des cuisses; 1 *e*, dessous d'un doigt postérieur, dans le but de montrer les carènes de sa face inférieure, qui constituent l'un des caractères essentiels d'un certain nombre des Lacertiens appartenant au groupe des Pristidactyles.

2. *Erémias linéo-ocellé*. Tête de profil . . . . T. V, p. 314
3. *Erémias à points rouges*. Tête de profil . . . T. V, p. 297

Cette planche n'est pas citée dans le texte.

PLANCHE LIV.

1. *Scapteire grammique*. (Lacertien) . . . . . T. V, p. 283

1 *a*, la tête de profil; 1 *b*, dessous de la tête et du cou; 1 *c* et 1 *d*, doigts antérieurs et postérieurs grossis pour montrer leur dentelures latérales, qui constituent l'un des caractères essentiels d'un certain nombre des Lacertiens du groupe des Pristidactyles.

2. Pied d'*Acanthodactyle* (Lacertien) appartenant

au même groupe des Pristidactyles à doigts carénés sur leurs faces latérales . . . . . . T. V, p. 265

3. Pied de *Lézard vert*, pour montrer la disposition des doigts qui n'ont ni carène inférieure, ni dentelures latérales dans le groupe des Lacertiens Léiodactyles . . . . T. V, p. 210

PLANCHE LV.

1. *Hystérope de la Nouvelle-Hollande.* (Scincoïdien de la sous-famille des Ophiophthalmes). . T. V, p. 828

   1 *a*, la tête vue en dessus ; 1 *b*, extrémité du tronc, origine de la queue et membres postérieurs.

PLANCHE LVI.

1. *Tribolonote de la Nouvelle-Guinée.* (Chalcidien) ; *a*, la tête en dessus et *b*, de profil, avec la bouche ouverte, pour montrer la langue . . T. V, p. 366

PLANCHE LVII.

1. *Tropidophore de la Cochinchine.* (Scincoïdien de la sous-famille des Saurophthalmes) ; 1 *a*, la tête de profil, avec la bouche ouverte, pour montrer la langue ; 1 *b*, la tête vue en dessus. . T. V, p. 556
2. *Diploglosse de la Sagra.* (Scincoïdien de la sous-famille des Saurophthalmes). Tête de profil, avec la bouche ouverte, pour montrer la langue . . . . T. V, p. 602
3. *Sphénops bridé.* (Scincoïdien de la sous-famille des Saurophthalmes). La tête de profil . . . T. V, p. 578
4. *Scinque officinal* ou des *Pharmacies.* (Scincoïdien de la sous-famille des Saurophthalmes). La main vue en dessus. . . . . T. V, p. 564

PLANCHE LVIII.

1. *Acontias peintade.* (Scincoïdien de la sous-famille des Saurophthalmes) ; *a*, la tête vue de profil ; *b*, la bouche ouverte, pour montrer la langue ; *c*, plaques céphaliques . . . . . . T. V, p. 802

3.° OPHIDIENS OU SERPENTS.

PREMIER SOUS-ORDRE :

OPOTÉRODONTES DITS SCOLÉCOPHIDES.

Une seule planche est consacrée à ce premier sous-ordre, c'est la 60.° ; on en trouvera l'explication après celle de la 59.°

DEUXIÈME SOUS-ORDRE :

AGLYPHODONTES DITS AZÉMIOPHIDES.

PLANCHE LIX.

Tête et queue de chacune des espèces des quatre genres de la famille des *Upérolissiens.* (Voyez, en outre, pl. LXXVI, fig. 1, pour la disposition du système dentaire) . . . . T. VII, p. 150

1 et 1 *a*. *Rhinophis des Philippines* . . . . . T. VII, p. 154

2 et 2 *a*. *Uropeltis des Philippines*. . . . . . T. VII, p. 161

3 et 3 *a*. *Colobure de Ceylan*. . . . . T. VII, p. 164

4 et 4 *a*. *Plectrure de Perrotet* . . . . T. VII, p. 167

PLANCHE LX.

Cette planche se rapporte au premier sous-ordre des Ophidiens, les *Opotérodontes*. (Voyez, en outre, pl. LXXV, fig. 1, 1 *a* et 2, 2 *a*, pour la disposition du système dentaire des *Epanodontiens* ou *Typhlopiens* proprement dits et des *Catodoniens* . . . . T. VI, p. 228 et 331

1. *Typhlops réticulé*; 2, 3 et 4 la tête vue en dessus, en dessous et de profil; 5, dessous de l'extrémité postérieure du corps. . . . . . . T. VI, p. 282

Les neuf planches suivantes, LXI-LXIX se rapportent au deuxième sous-ordre ou celui des *Aglyphodontes* ou *Azémiophides*. Il faut y joindre, pour compléter la série de figures relatives à ce sous-ordre, les cinq planches LXXIX-LXXXIII et de plus, pour la disposition du système dentaire, les fig. 3 et 4 de la pl. LXXV et la pl. LXXVI.

PLANCHE LXI.

1. *Python de Séba*. (Famille des *Holodontiens*); 2, 3 et 4, la tête vue en dessus, en dessous et de profil; 5, œil, avec les plaques dont il est entouré. . . . . T. VI, p. 400

PLANCHE LXII.

1. *Pituophis Mexicain*, représenté sous la dénomination provisoire de *Anasime Mexicain*, qui n'a pas été conservée, (famille des *Isodontiens*). T. VII, p. 236

2, 3 et 4, la tête vue en dessus, en dessous et de profil; 5 et 6, pointe de la queue vue en dessus et en dessous.

PLANCHE LXIII.

1. *Xénoderme Javanais*; (famille des *Achrocordiens*); 2 et 3, la tête vue en dessus et en dessous; 4, écailles du tronc. . . . . T. VII, p. 45

PLANCHE LXIV.

1. *Calamaire de Linné*. (Famille des *Calamariens*); 2 et 3, la tête vue en dessus et en dessous; 4, extrémité postérieure du corps vue en dessous T. VII, p. 63

PLANCHE LXV.

1. *Calopisme abacure*, représenté sous la dénomination provisoire de *Hydrops abacure* (Famille

côté droit vus par-dessous, pour montrer la disposition du système dentaire. . . . . T. VII, p. 991

PLANCHE LXXIII.

1. *Tomodonte quatre-raies*, représenté sous la dénomination provisoire de *Eudrome flancs-linéolés* (Famille des *Anisodontiens*) ; 2, 3 et 4, la tête vue en dessus, en dessous et de profil. T. VII, p. 936

PLANCHE LXXIV.

1. *Erythrolampre très-beau* (Famille des *Sténocéphaliens*) ; 2, 3 et 4, la tête vue en dessus, en dessous et de profil. . . . . T. VII, p. 851

Les quatre planches suivantes : LXXV à LXXVIII, représentent les principales dispositions du système dentaire dans les cinq sous-ordres ou grandes divisions de l'ordre des *Ophidiens*.

OPOTÉRODONTES ET AGLYPHODONTES.

PLANCHE LXXV.

1. *Typhlops réticulé* ; 1 *a*, machoire inférieure. (Voyez en outre, planche LX.) . . . . T. VI. p. 282
2. *Sténostome deux-raies* ; 2 *a*, mâchoire inférieure . . . . T. VI, p. 331
3. *Python molure* . . . . T. VI, p. 417
4. *Xiphosome canin* . . . . T. VI, p. 540

Cette planche n'est pas citée dans le texte.

AGLYPHODONTES.

PLANCHES LXXVI.

1. *Plectrure de Perrotet* (Voyez, en outre, pl. LIX, fig. 4 et 4 *a*, pour la conformation de la tête et de la queue des Upérolissiens) . . . . . . T. VII, p. 167
2. *Plagiodonte Hélène* (Plagiodontiens) . . . T. VII, p. 170
3. *Lycodon aulique* (Lycodontiens) . . . . . . T. VII, p. 369
4. *Tropidonote vipérin* (Syncrantériens). . . . T. VII, p. 560
5. *Xénodon géant* (Diacrantériens) . . . . . . T. VII, p. 761

OPISTHOGLYPHES ET PROTÉROGLYPHES.

PLANCHE LXXVII.

1. *Euroste de Dussumier* (Platyrhiniens). Voyez, en outre, pl. LXXXIV, pour l'animal entier . . T. VII, p. 951
2. *Psammophis ponctué* (Anisodontiens). . . . T. VII, p. 896
3. *Bongare demi-anneaux* (Conocerques). . . T. VII, p. 1271
4. *Naja-Baladine* (Conocerques). . . . . . . T. VII, p. 1293

PROTÉROGLYPHES ET SOLÉNOGLYPHES.

PLANCHE LXXVIII.

1. *Hydrophide pélamidoïde* (Platycerques) ; 1 *a*, os maxillaire supérieur, palatin, ptérygoïdien et transverse du côté droit vus par dessous, pour montrer la disposition du système dentaire T. VII, p. 1345

2. *Crotale durisse* (Crotaliens). Voyez, en outre, la fig. 1 de la planche LXXXIV *bis*, qui représente la tête couverte de téguments; 3, la tête du même vue de profil . . . . T. VII, p. 1465

Les cinq planches suivantes: LXXIX à LXXXIII, complètent avec les neuf planches LXI à LXIX, et avec les figures 3 et 4 de la planche LXXV et toute la planche LXXVI, la série des figures relatives aux *Ophidiens* du deuxième sous-ordre ou *Aglyphodontes.*

PLANCHE LXXIX.

1. *Dendrophide vert.* (Isodontiens); 1 *a*, portion du tronc vue en dessus. . . . . T. VII, p. 202
2. *Dendrophide Adonis*, (l'écailiure). . . . . T. VII, p. 199
3. *Id.* *à huit raies*, (id.) . . . . T. VII, p. 201

PLANCHE LXXX.

1. *Enicognathe annelé.* (Isodontiens). . . . . T. VII, p. 335
2. *Id.* *ventre-rouge.* (id.) la tête et 3, la mâchoire inférieure . . . . T. VII, p. 332
4. *Tretanorhine variable.* (Isodontiens); la tête vue en dessus. . . . . T. VII, p. 348

PLANCHE LXXXI.

1. *Rachiodon d'Abyssinie.* (Leptognathiens); 2, la tête vue en dessus . . . . T. VII, p. 496
2. *Rachiodon rude*; portion dentée de la colonne vertébrale. . . . . T. VII, p. 491

PLANCHE LXXXII.

1. *Simotès à bandes blanches.* (Syncrantériens) . T. VII, p. 633
2. *Simotès écarlate*; la tête vue en dessus . . . T. VII, p. 637
3. *Simotès à huit lignes*; la tête vue en dessus . T. VII, p. 634

PLANCHE LXXXIII.

1. *Uromacre oxyrhynque.* (Diacrantériens); 2, la tête du même vue en dessus. . . . . T. VII, p. 722
3. *Uromacre de Catesby*; la tête vue en dessus. . T. VII, p. 721

La planche suivante complète, avec les cinq planches LXX-LXXIV et avec les fig. 1 et 2 de la pl. LXXVII, la série des figures relatives aux *Ophidiens* du troisième sous-ordre ou *Opisthoglyphes.*

PLANCHE LXXXIV.

1. *Euroste de Dussumier.* (Platyrhiniens); 1 *a*, la tête vue en dessus . . . . T. VII, p. 953

Voyez, en outre, pour la disposition du système dentaire, pl. LXXVII, fig. 1.

2. *Euroste plombé*; la tête . . . . T. VII, p. 955

2.

QUATRIÈME SOUS-ORDRE.

PROTÉROGLYPHES DITS APISTOPHIDES.

FAMILLE DES CONOCERQUES.

PLANCHE LXXV *bis*.

1. *Furine beau-dos*; 1 *a*, la tête vue en dessus . T. VII, p. 1241
2. *Triméresure porphyré*, la queue vue en dessous . . . . T. VII, p. 1247

PLANCHE LXXVI *bis*.

1. *Alecto panachée*; 1 *a*, la tête vue en dessus. . T. VII, p. 1254
2. *Alecto couronnée*; la tête vue en dessus . . T. VII, p. 1255

Cette planche n'est pas indiquée dans le texte.

FAMILLE DES PLATYCERQUES.

PLANCHE LXXVII *bis*.

1. *Aypisure fuligineux*; 2, la tête vue en dessus; 3, portion du tronc vue en dessous . . . . T. VII, p. 1327
4. *Aipysure lisse*; la tête vue en dessus . . . T. VII, p. 1326

CINQUIÈME SOUS-ORDRE.

SOLÉNOGLYPHES DITS THANATOPHIDES.

FAMILLE DES VIPÉRIENS.

PLANCHE LXXVIII *bis*.

Têtes des Vipériens cornus.

1. *Vipère ammodyte* . . . . T. VII, p. 1414
2. *Id. hexacère* . . . . T. VII, p. 1416
3. *Céraste d'Egypte* . . . . T. VII, p. 1440
4. *Id. lophophrys* . . . . T. VII, p. 1444
5. *Id. de Perse* . . . . T. VII, p. 1443

PLANCHE LXXIX *bis*.

1. *Echidnée heurtante* . . . . T. VII, p. 1425

Têtes des deux Vipères communes de France.

2. *Pelias berus*. (La petite Vipère) . . . . . T. VII, p. 1395
3. *Vipère commune* ou *Aspic* . . . . T. VII, p. 1406

PLANCHE LXXX *bis*.

1. *Échidnée du Gabon*; 2 et 3, la tête vue en dessus et en dessous . . . . T. VII, p. 1428

PLANCHE LXXXI *bis*.

1. *Échide à frein*; 2, la tête vue en dessous . . T. VII, p. 1449
3. *Échide carénée*, la tête vue en dessous . . . T. VII, p. 1448

FAMILLE DES CROTALIENS.

PLANCHE LXXXII *bis*.

1. *Bothrops alterné*; 1 *a*, la tête vue de profil. . T. VII, p. 1512

   Le texte, par erreur, indique la pl. LXXXII.
2. *Trigonocéphale piscivore* (la tête vue en des-

PLANCHE LXXXIII *bis*.

PLANCHE LXXXIV *bis*.

Têtes de *Crotales* vues en dessus.

4.° BATRACIENS OU GRENOUILLES ET SALAMANDRES.

PREMIER SOUS-ORDRE.

PÉROMÈLES OU BATRACIENS SANS MEMBRES.

FAMILLE UNIQUE. OPHIOSOMES OU CÉCILOÏDES.

PLANCHE LXXXV.

DEUXIÈME SOUS-ORDRE.

ANOURES OU BATRACIENS SANS QUEUE.

I.re FAMILLE. RANIFORMES OU GRENOUILLES.

PLANCHE LXXXVI.

PLANCHE LXXXVII.

1. *Pyxicéphale de Delalande;* 1 *a*, la bouche ouverte, pour montrer la langue et les dents; 1 *b*, l'un des pieds vu en dessous . . . . . T. VIII, p. 445
2. *Cystignathe de Bibron*, sous le nom provisoire de *Pleurodème* de Bibron ; 2 *a*, la bouche ouverte, pour montrer la langue et les dents. T. VIII, p. 410
3. *Cycloramphe fuligineux*, la bouche ouverte, pour montrer la langue et les dents . . . . T. VIII, p. 454
4. *Cystignathe ocellé*, la bouche ouverte pour montrer la langue et les dents . . . . . T. VIII, p. 396

Voyez, en outre, pour compléter la série des figures relatives à la famille des *Raniformes*, la planche XCVII.

IIe FAMILLE. HYLÆFORMES OU RAINETTES.

PLANCHE LXXXVIII.

1. *Limnodyte rouge*, sous le nom provisoire de *Ranhyle rouge* ; 1 *a*, l'une des mains vue en dessous . . . . T. VIII, p. 511
2. *Litorie de Freycinet:* 2 *a*, l'une des pattes postérieures. . . . . T. VIII, p. 504

PLANCHE LXXXIX.

1. *Rhacophore de Reinwardt;* 1 *a*, l'un des pieds vu en dessous . . . . T. VIII, p. 532
2. *Hylode de la Martinique*, sous le nom de *Hylode de Saint-Domingue ;* 2 *a*, la bouche ouverte, pour montrer la langue et les dents. T. VIII, p. 620

PLANCHE XC.

1 et 1 *a*. *Dendrobate à tapirer*, variété figurée sous le nom provisoire de *Hylaplésie de Cocteau* vue en dessus et en dessous . . . . . T. VIII, p. 652

2. *Phylloméduse bicolore*, la tête vue de profil, avec la bouche ouverte, pour montrer la langue ; 2 *a*, la même vue de face, pour montrer les dents palatines ; 2 *b*, l'une des mains ; 2 *c*, l'un des pieds vu en dessous . . . . T. VIII, p. 629

Voyez, en outre, pour compléter la série des figures relatives à la famille des *Hylæformes*, les planches XCVIII et XCIX.

IIIe FAMILLE. BUFONIFORMES OU CRAPAUDS.

PLANCHE XCI.

1. *Crapaud de Leschenault* ; 1 *a*, la bouche ouverte, pour montrer la langue ; on constate sur cette figure l'absence des dents maxillaires et palatines . . . . T. VIII, p. 666
2. *Rhinophryne à raie dorsale ;* 2 *a*, l'un des pieds vu en dessous . . . . T. VIII, p. 758

Voyez, en outre, pour compléter la série des

figures relatives à la famille des *Bufoniformes*, la planche c.

IVe FAMILLE DES PIPÆFORMES OU BATRACIENS ANOURES PHRYNAGLOSSES.

PLANCHE XCII.

1. *Dactylèthre du Cap ;* 1 *a*, la bouche ouverte. T. VIII, p. 765
2. *Pipa américain*, la tète vue en dessus ; 2 *a*, l'une des pattes de devant ; 2 *b*, l'une des pattes postérieures . . . . T. VIII, p. 773

TROISIÈME SOUS-ORDRE.

URODÈLES OU BATRACIENS A QUEUE.

PREMIÈRE SECTION : ATRÉTODÈRES.

Ire FAMILLE. SALAMANDRIDES.

PLANCHE XCIII.

1. *Onychodactyle de Schlegel ;* 1 *a*, la tètê vue de profil ; 1 *b*, la bouche ouverte, pour montrer la langue et les dents ; 1 *c*, extrémité de deux doigts grossie, pour mieux montrer les ongles. . . . . T. IX, p. 114
2. *Géotriton brun* ou *de Savi*, la bouche ouverte pour montrer la langue et les dents . . . . T. IX, p. 85
   Voyez, en outre, une meilleure représentation de ce système dentaire, pl. CII, fig. 1.
3. *Salamandre tachetée*, la bouche ouverte, pour montrer la langue et les dents. . . . . . T. IX, p. 52
   Voyez, en outre, pour une meilleure représentation de ce système dentaire, pl. CI, fig. 1.
4. *Ambystome à bandes*, sous le nom fautif de *Amblystome*, la bouche ouverte, pour montrer la langue et les dents . . . . T. IX, p. 107
   Voyez, en outre, pour une meilleure représentation de ce système dentaire, pl. CI, fig. 6.

PLANCHE XCIV.

La première figure se rapporte à la troisième famille ; 2 *Salamandrine à lunettes ;* 2 *a*, la bouche ouverte, pour montrer la langue et les dents . . . . T. IX, p. 69

3. *Triton à crète*, la bouche ouverte, pour montrer la langue et les dents . . . . T. IX, p. 131
   Voyez, en outre, pour une meilleure représentation de ce système dentaire, la pl. CII, fig. 2 et 3.
4. *Pléthodonte brun*, la bouche ouverte, pour montrer la langue et les dents. . . . . . T. IX, p. 85
   Voyez, en outre, pour une meilleure représentation du système dentaire, pl. CI, fig. 3.
   Voyez aussi, pour compléter la série des figures relatives à cette famille, les sept planches CI à CVII.

DEUXIÈME SECTION : TRÉMATODÈRES.

II.e FAMILLE. PROTÉÏDES OU PHANÉROBRANCHES.

PLANCHE XCV.

1. *Sirédon ou Axolotl de Harlan ;* 1 *a*, la bouche ouverte . . . . T. XI, p. 181
2. *Ménobranche latéral*, la partie antérieure de l'animal vue de profil ; 2 *a* la bouche ouverte. T. IX, p. 184

PLANCHE XCVI.

1. *Sirène lacertine*, jeune âge, figurée sous le nom de *Sirène striée* ; 1 *a*, la tête et la partie antérieure du corps vues de profil. . . . . T. IX, p. 193
2. *Protée anguillard*, la tête vue de profil ; 2 *a*, la bouche ouverte, pour montrer la langue et les dents . . . . T. IX, p. 186
3. La troisième figure se rapporte à la troisième famille.

III.e FAMILLE AMPHIUMIDES OU PÉROBRANCHES.

Il faut rapporter ici la première figure de la planche XCIV, laquelle représente :

1. *Ménopome des monts Alleghanys* et 1 *a*, la bouche ouverte pour montrer la langue et les dents . . . . T. IX, p. 205

Il faut, de plus, rapporter ici la troisième figure de la planche XCVI, laquelle représente la bouche de l'*Amphiume*, ouverte pour montrer la langue et les dents. . . . . T. IX, p. 203

Voyez, en outre, pour compléter la série des figures relatives à la famille des *Amphiumides*, la pl. CVIII.

La planche suivante se rapporte à la première famille du sous-ordre des *Anoures*, celle des *Raniformes*.

PLANCHE XCVII.

1. *Scaphiope solitaire* ; 1 *a*, la bouche ouverte ; 1 *b*, l'un des pieds . . . . T.VIII, p. 473
2. *Pélobate brun*, l'un des pieds . . . . . T.VIII, p. 477
3. id. *cultripède*, l'un des pieds . . . . T.VIII, p. 483

Cette planche n'est pas indiquée dans le texte.

Voyez, en outre, pour compléter la série des figures relatives à la famille des *Raniformes*, les pl. LXXXVI et LXXXVII.

Les deux planches suivantes se rapportent à la famille des *Hylæformes* et avec les planches LXXXVIII, LXXXIX et CX, elles complètent la série des figures relatives à cette famille.

PLANCHE XCVIII.

1. *Rainette à bourse mâle ;* 2, la femelle qui porte la poche ou bourse cutanée. . . . . T.VIII, p. 598

Cette planche n'est pas indiquée dans le texte.

PLANCHE XCIX.

1. *Hylode large-tête.* Espèce non décrite dans l'erpétologie générale, mais dans un mémoire de A. Duméril sur la famille des *Hylæformes*, (*Ann. des Sciences nat.*, 3.e série, t. XIX, p. 135 et suivantes.)
2. Le tronc vu en dessous, pour montrer le disque cutané; 3, la bouche ouverte, pour montrer la langue et les dents; 4, la main vue en dessous.

La planche suivante se rapporte à la famille des *Bufoniformes* et avec la planche XCI, elle complète la série des figures relatives à cette famille.

PLANCHE C.

1. *Phrynisque noirâtre* . . . . T. VIII, p. 723
2. id. *austral* . . . . T. VIII, p. 725
3. id. *tête blanche*. . . . .
4. Variété du *Phrynisque austral.*

Ces deux dernières figures représentent des Batraciens qui ne sont pas décrits dans l'Erpétologie, où l'on ne trouve pas, d'ailleurs, l'indication des deux premières figures.

Les sept planches suivantes se rapportent à la section des *Batraciens Urodèles Trématodères*, et en particulier à la première famille, celle des *Salamandrides*. Elles complètent, avec les planches XCIII et XCIV, la série des figures relatives à cette famille.

PLANCHE CI.

Têtes de Batraciens Urodèles dépouillées de leurs parties molles.

1. *Salamandre terrestre* ou *tachetée* . . . . . T. IX, p. 52
2. *Pleurodèle de Waltl.* . . . . T. IX, p. 72

Voyez, en outre, la planche CIII, représentant l'animal entier.

3. *Pléthodonte brun* . . . . T. IX, p. 85
4. *Bolitoglosse Mexicain* . . . . T. IX, p. 94

Voyez, en outre, la planche CIV représentant l'animal entier et une variété.

5. *Ellipsoglosse à taches* . . . . T. IX, p. 99
6. *Ambystome à bandes*. . . . . T. IX, p. 107

Voyez, en outre, la planche CV, où est représentée une variété de cette espèce.

PLANCHE CII.

Têtes de Batraciens Urodèles, dépouillées de leurs parties molles.

1. *Géotriton brun ou de Savi* . . . . T. IX, p. 112

2 et 3. *Triton à crête*, en dessous et en dessus. . T. IX, p. 131

4. *Triton poncticulé*. . . . . T. IX, p. 152

Voyez, en outre, une représentation de l'animal entier, pl. CVI, fig. 3.

5 et 6. *Euprocte de Poiret*, en dessous et en dessus T. IX, p. 160

Voyez, en outre, une représentation de l'animal entier, pl. CVII, fig. 1.

PLANCHE CIII.

1. *Pleurodèle de Waltl* . . . . T. IX, p. 72
   Voyez, en outre, pour le système dentaire, pl. CI, fig. 2.
2. *Salamandre de Corse;* la bouche ouverte, pour montrer les dents . . . . T. IX, p. 61

PLANCHE CIV.

1. *Bolitoglosse Mexicain;* 1 *a* et 1 *b*, le pied et la main; 2, variété du même . . . . T. IX, p. 94
   Voyez, en outre, pour le système dentaire de ce dernier, pl. CI, fig. 4.

PLANCHE CV.

1. *Ambystome à bandes.* Variété. . . . . . . T. IX, p. 107

PLANCHE CVI.

1. *Triton marbré*. . . . . T. IX, p. 135
2. *Triton recourbé* . . . . T. IX, p. 151
3. *Triton poncticulé*. . . . . T. IX, p. 152
   Voyez, en outre, pour le système dentaire, pl. CII, fig. 4.

PLANCHE CVII.

1. *Euprocte de Poiret*; 1 *a* et 1 *b*, la main et le pied . . . . T. IX, p. 160
   Voyez, en outre, pour le système dentaire, pl. CII, fig. 5 et 6.
2. *Triton symétrique*; la tête dépouillée de ses parties molles et vue en dessus. . . . . . T. IX, p. 155
   La planche suivante, avec la 1.re figure de la pl. XCIV et avec la 3.e figure de la pl. XCVI, complète la série des figures relatives à la 3.e famille des *Batraciens Urodèles*, celle des *Amphiumides* ou *Pérobranches.*

PLANCHE CVIII.

1. *Amphiume pénétrante* ou à *deux doigts;* 1 *a*, la tête vue de profil; 1 *b*, le cloaque. . . . . T. IX, p. 203
2. *Amphiume à trois doigts;* la tête vue en dessus et 2 *a*, vue de profil . . . . T. IX, p. 203

Amiens. — Imp. de DUVAL et HERMENT, place Périgord, 3.

F. Bocourt del. et sculp.

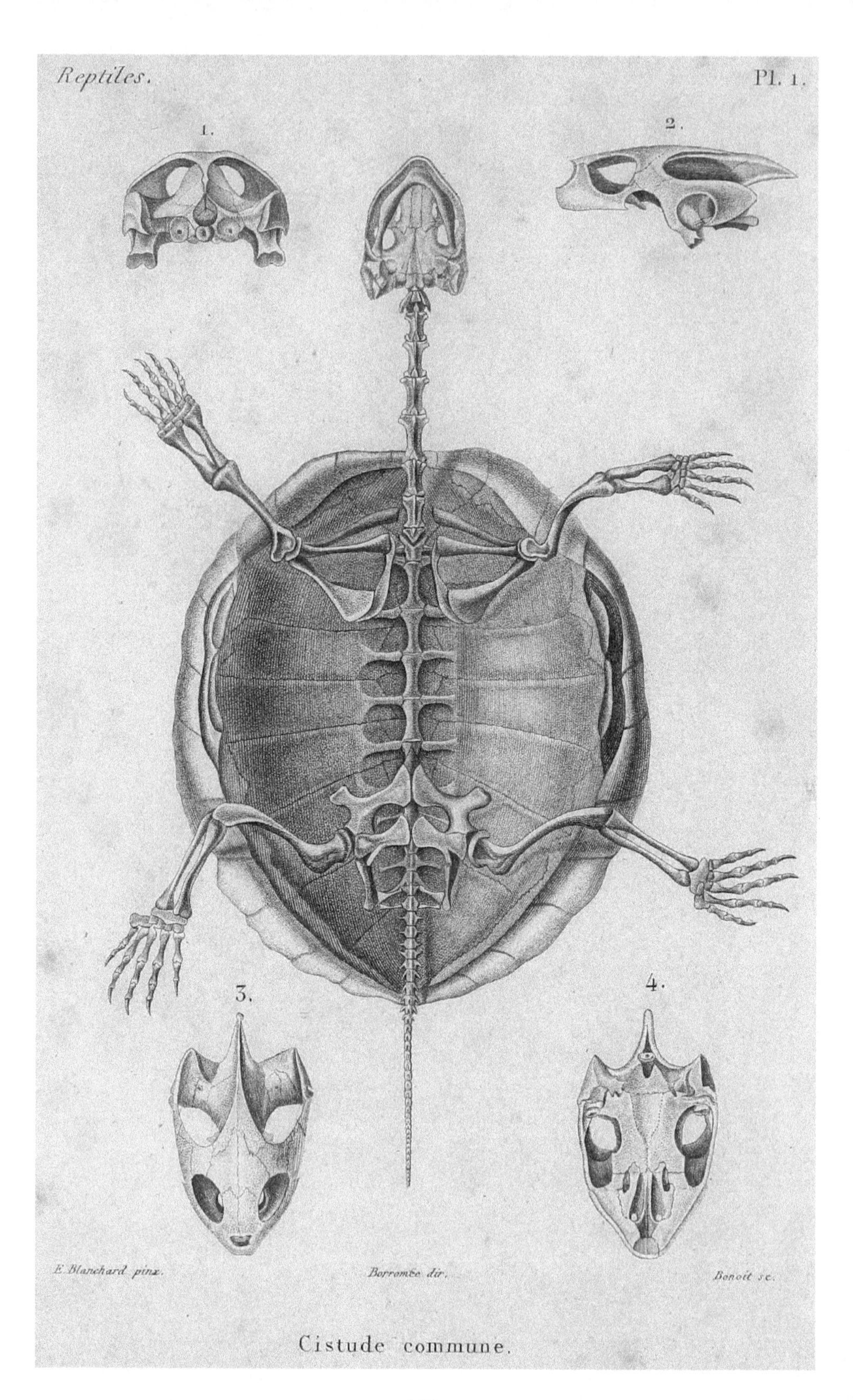
Reptiles.
Pl. 1.
1.
2.
3.
4.
E. Blanchard pinx.
Borromée dir.
Benoît sc.
Cistude commune.

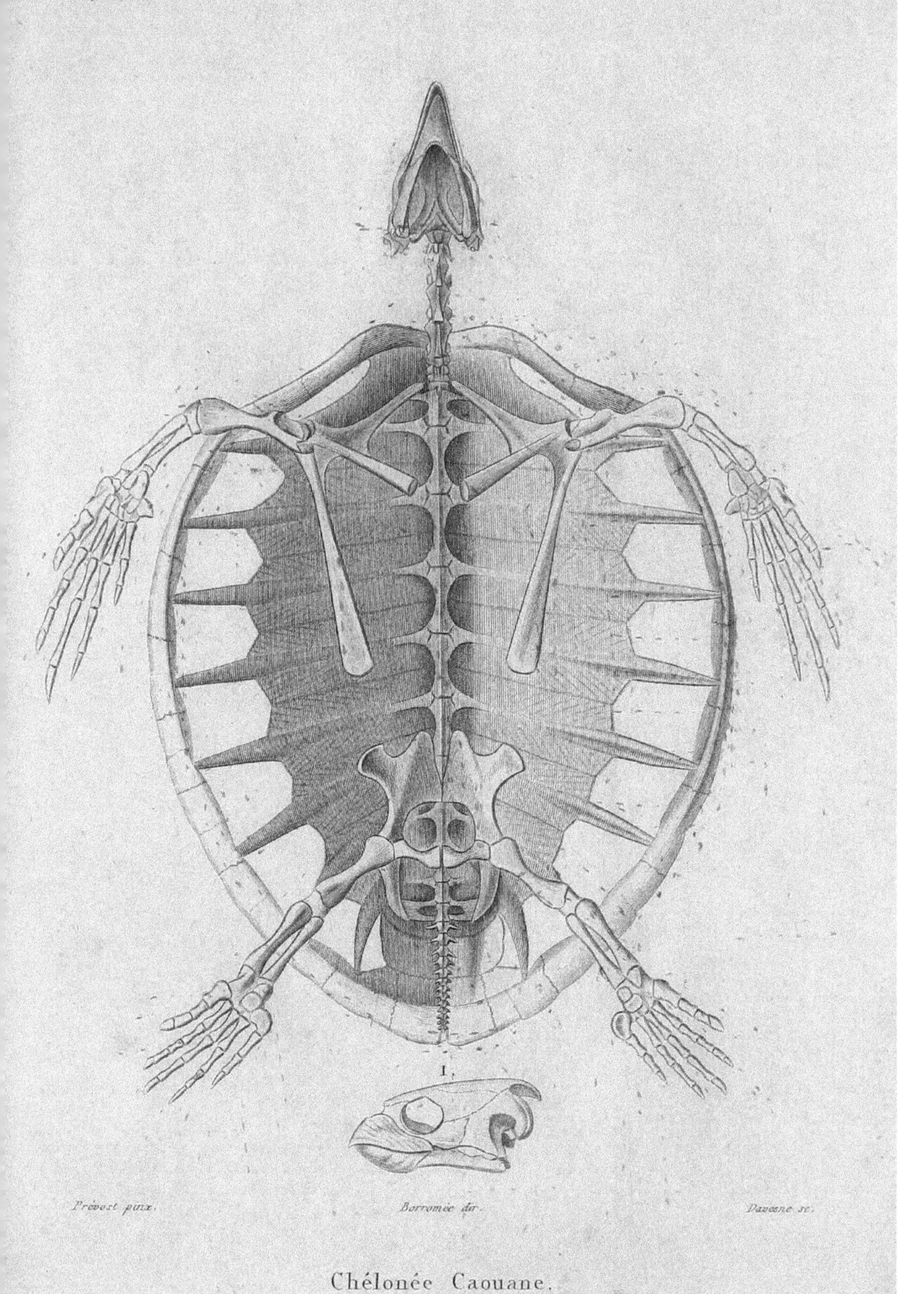

Chélonée Caouane.

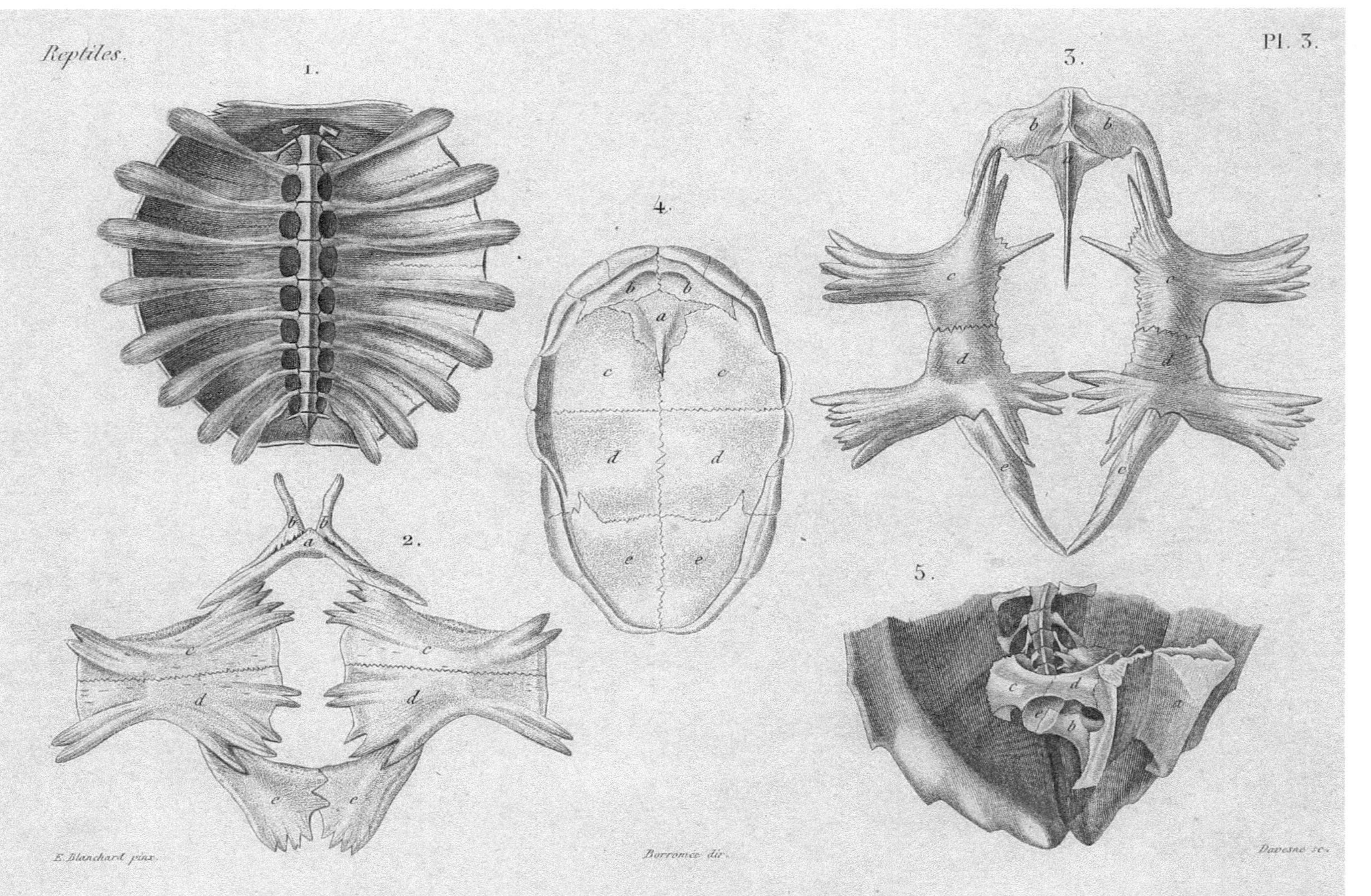

Carapace, Sternums et Bassin de Chéloniens.

E. Blanchard del. *Borromée dir.* *Mme Fournier sc.*

Caïman à Museau de Brochet.

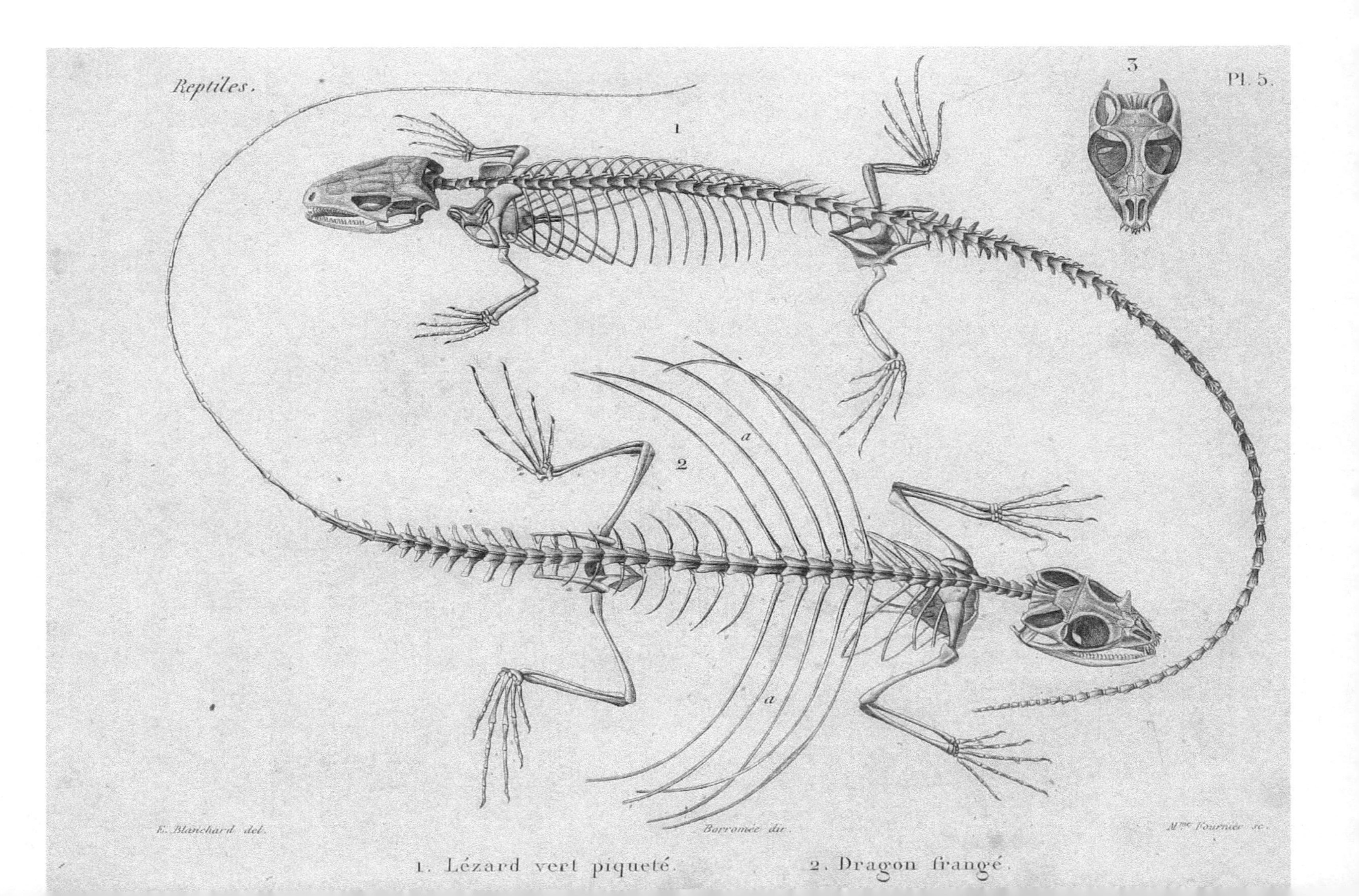

1. Lézard vert piqueté. 2. Dragon frangé.

2.

1.

3.

Prévost del. *Borromée dir.* *Breton sc.*

Caméléon ordinaire et têtes du Caméléon nez fourchu.

E. Blanchard pinx. *Borromée dir.* *Davesne sc.*

Squelette, Sternums et Bassins de Sauriens urobènes.

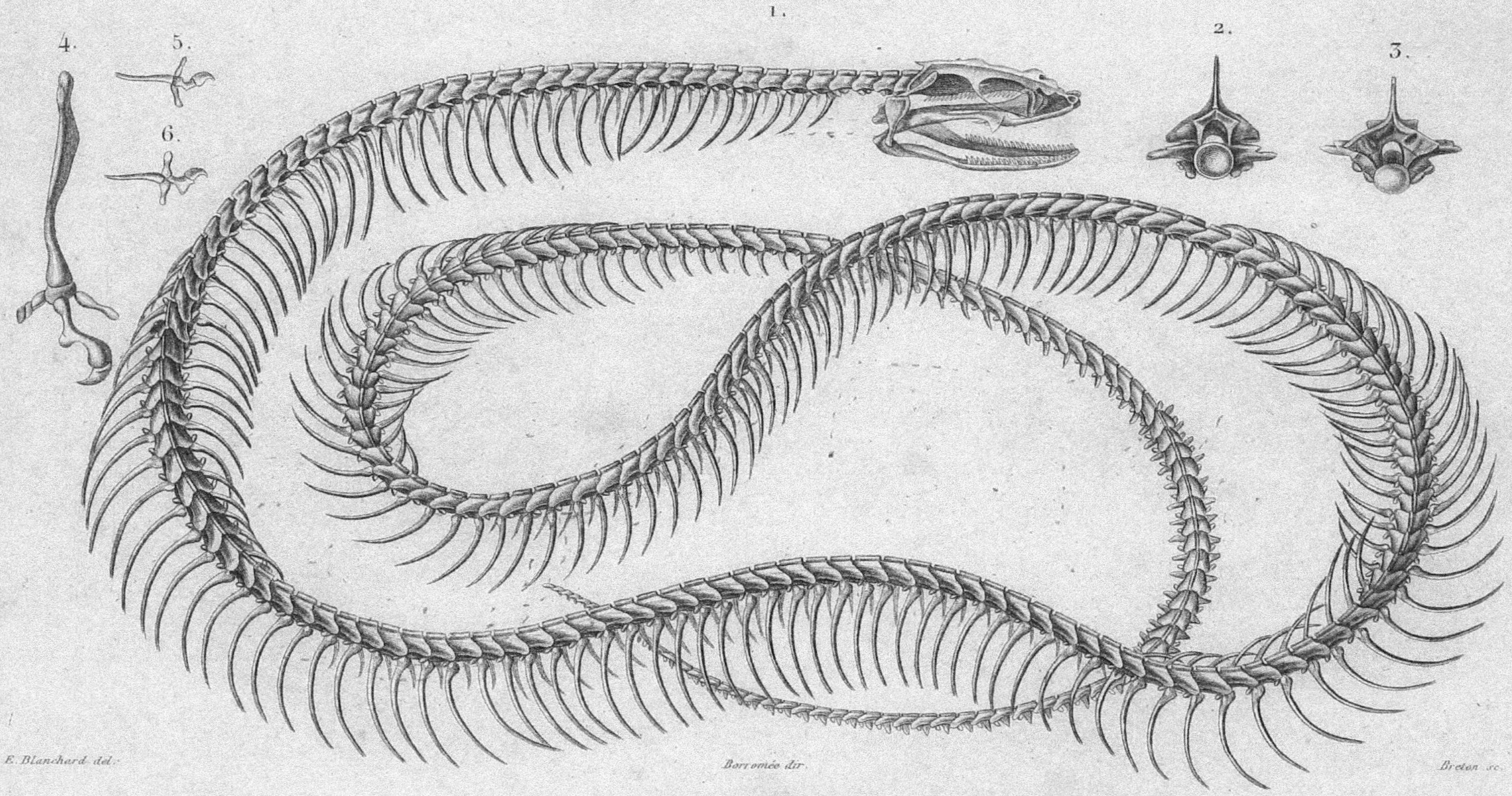

1.

2.

3.

4.

5.

6.

E. Blanchard del.

Borromée dir.

Breton sc.

Couleuvre à collier et membres postérieurs d'ophidiens.

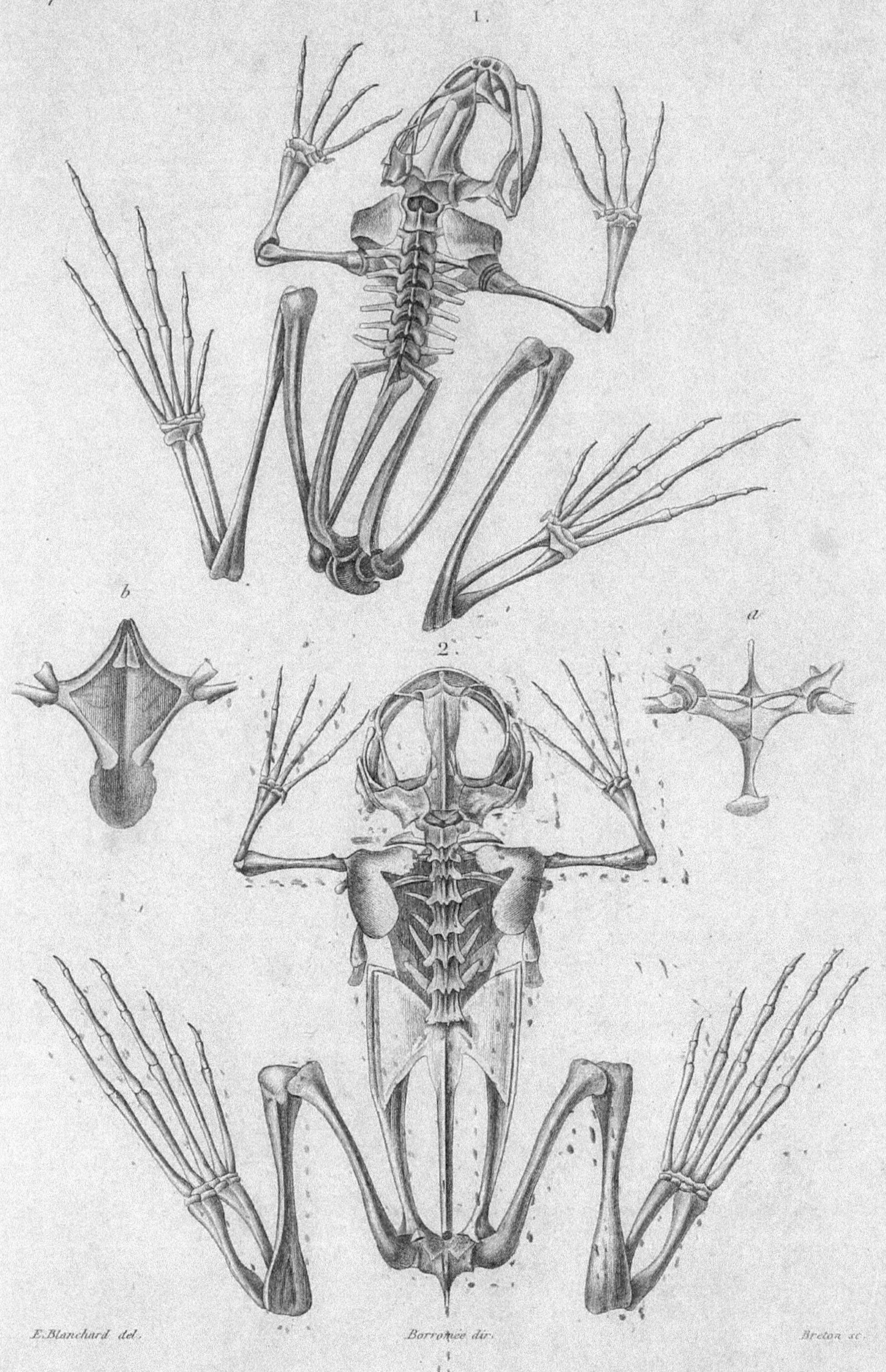

1. Grenouille commune. 2. Dactylèthre de Delalande.

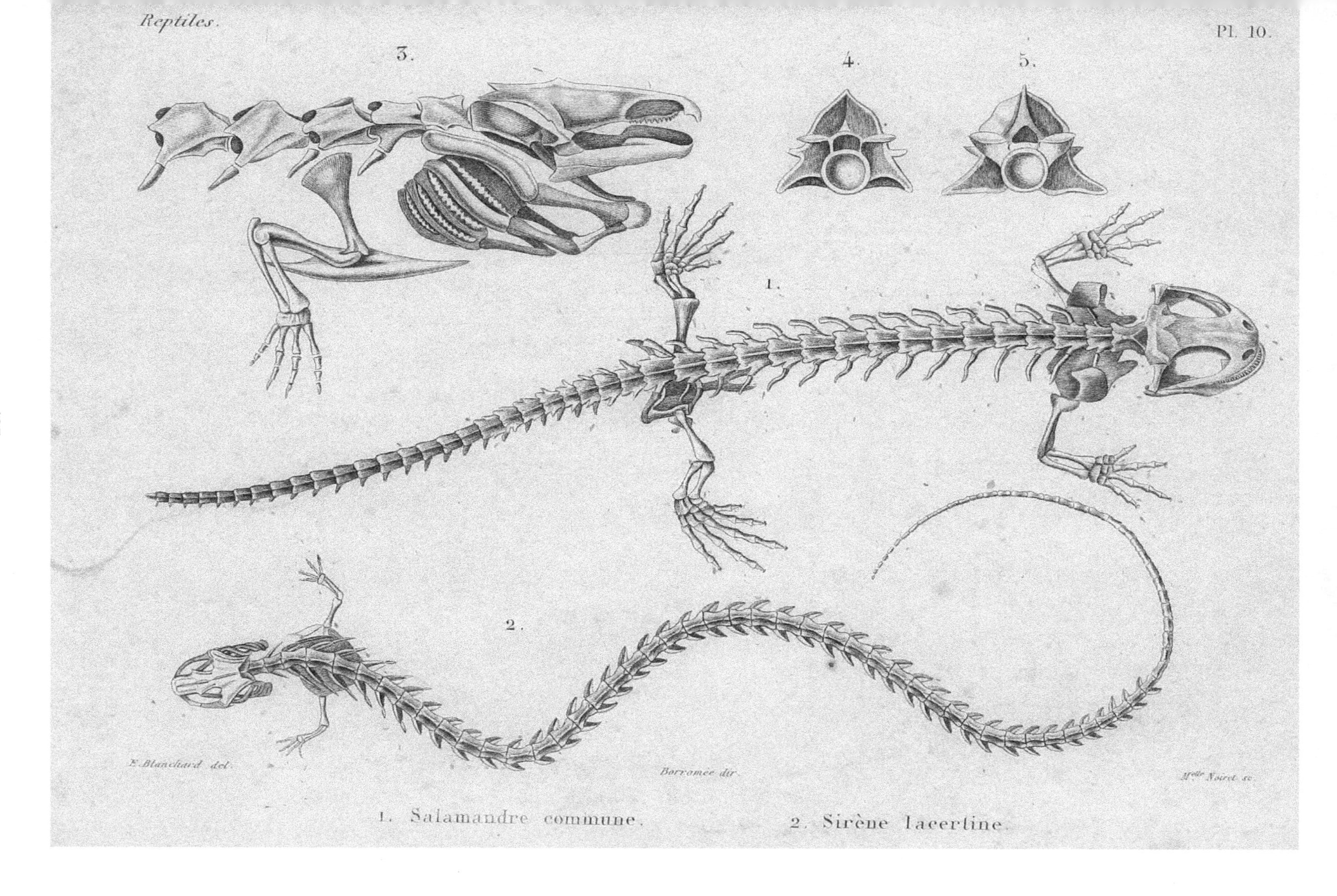
Reptiles.
Pl. 10.
3.
4.
5.
1.
2.
E. Blanchard del.
Borromée dir.
1. Salamandre commune.
2. Sirène lacertine.

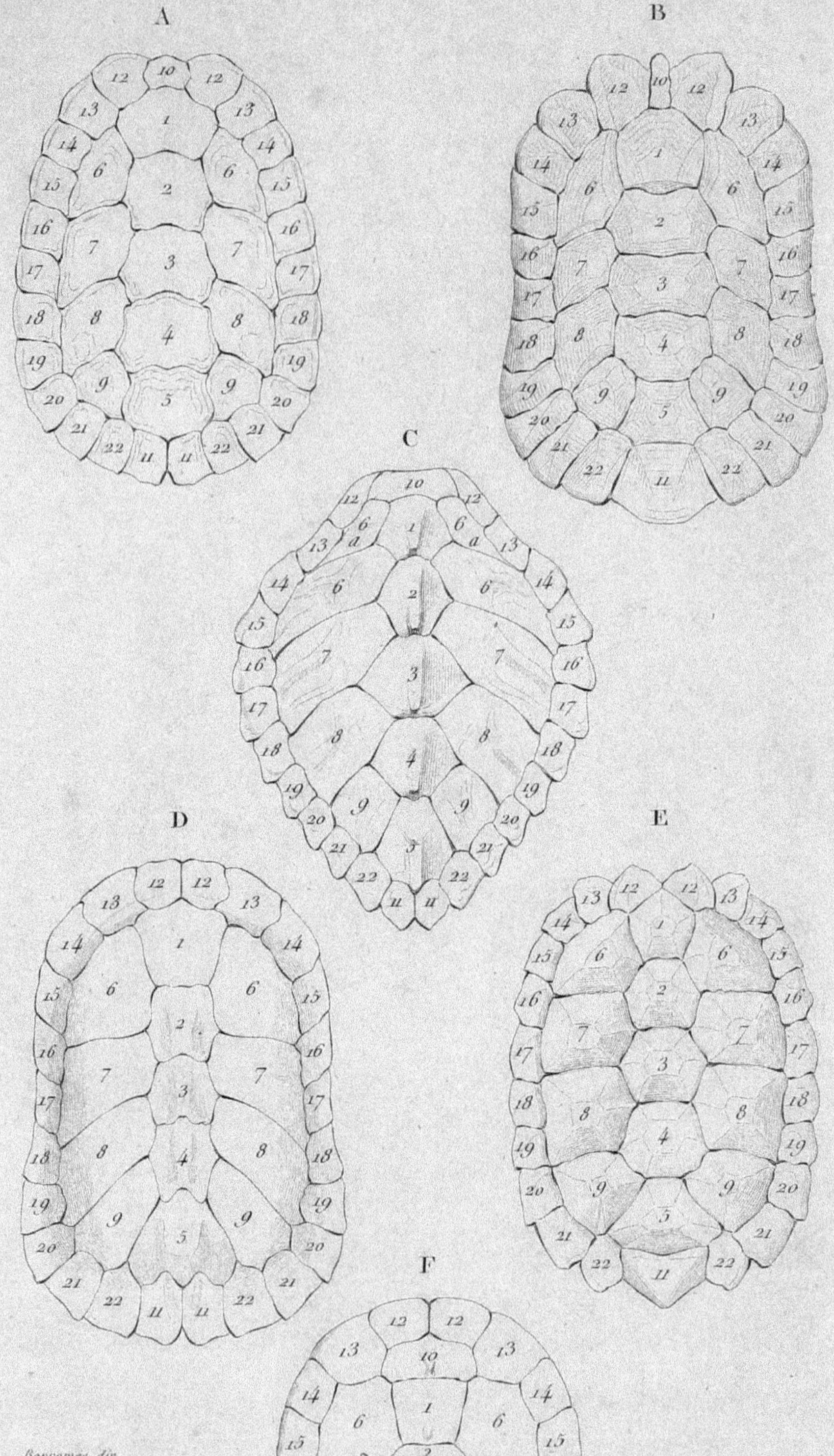

Borromée dir.

CARAPACES de

A Emyde d'Europe.
B Tortue bordée.
C Chelonée Caouane.
D Pentonyx du Cap.
E Tortue Actinode.
F Chélodine de Maximilien.

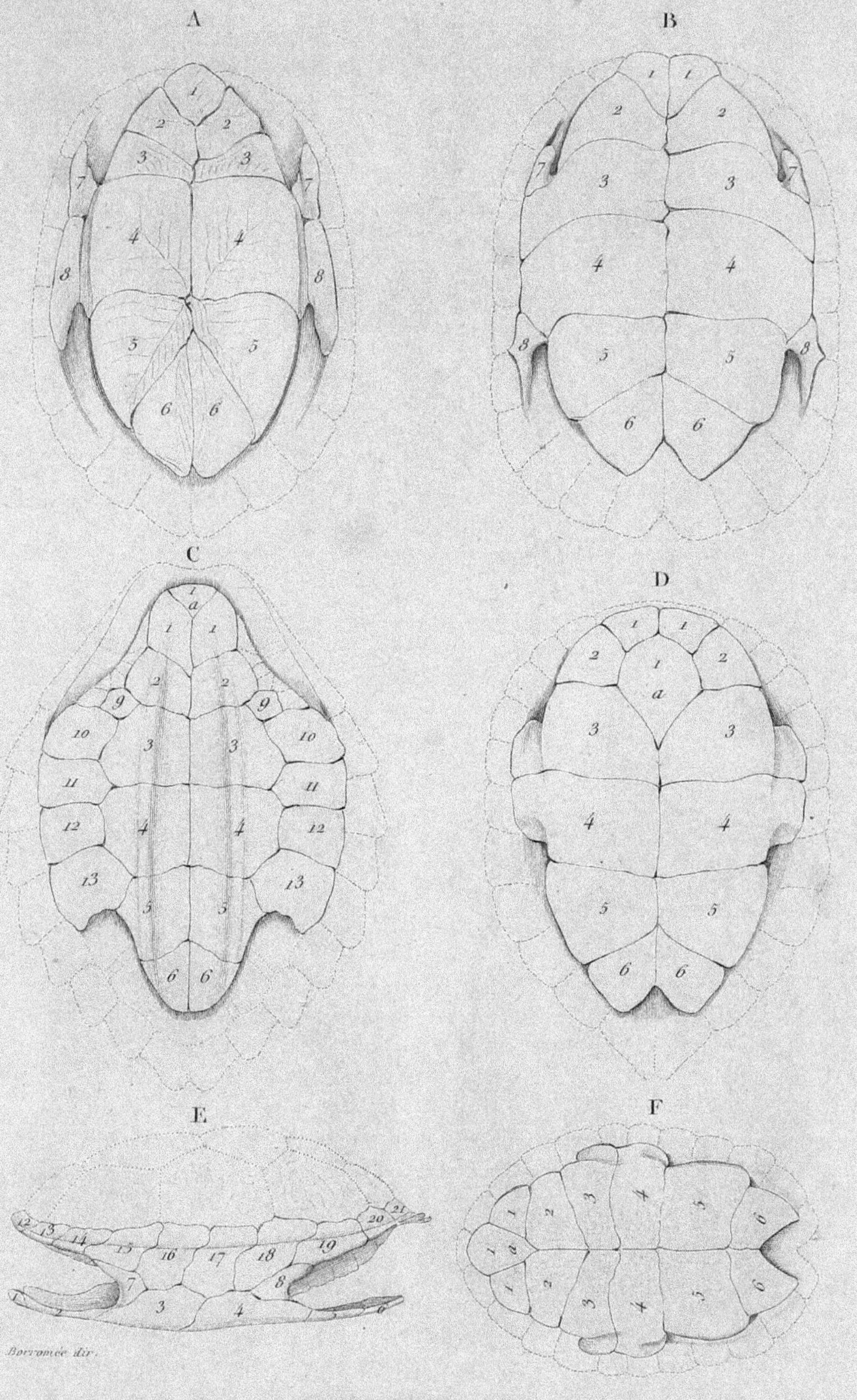

PLASTRONS de

A Cinosterne Scorpioïde. D Chélodine de la Nouvelle Hollande.
B Emyde d'Europe. E Emyde concentrique.
C Chélonée Caouane. F Platemyde Radiolée.

1. Tortue sillonnée. *Testudo sulcata. N.º 7, pag. 74, 2.º Volume.*

1 *a.* son Sternum tronqué.

2. Pyxide arachnoïde. *Pyxis arachnoides. N.º 1, pag. 156, 2.º Vol.*

2 *a.* la même vue en dessous.

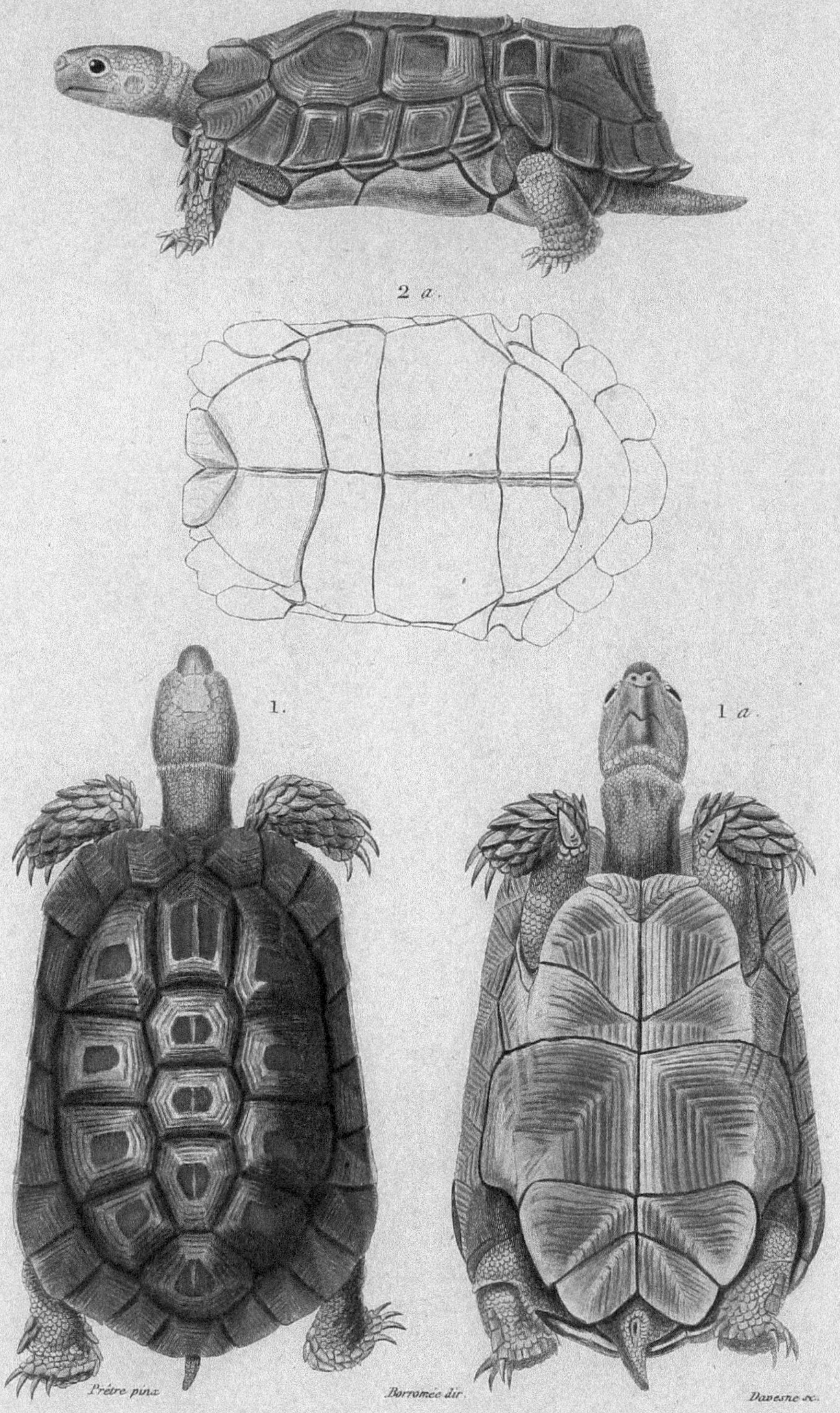

Prêtre pinx. *Borromée dir.* *Davesne sc.*

1. Homopode aréolé. *Homopus areolatus. N.° 1, pag. 146, 2.e Vol.*

1 *a*. le même vu en dessous.

2. Cinixys de home. *Cinixys homeana. N.° 1, pag. 161, 2.e Volume.*

2 *a*. son Sternum.

1.

1 *a*. 2 *a*.

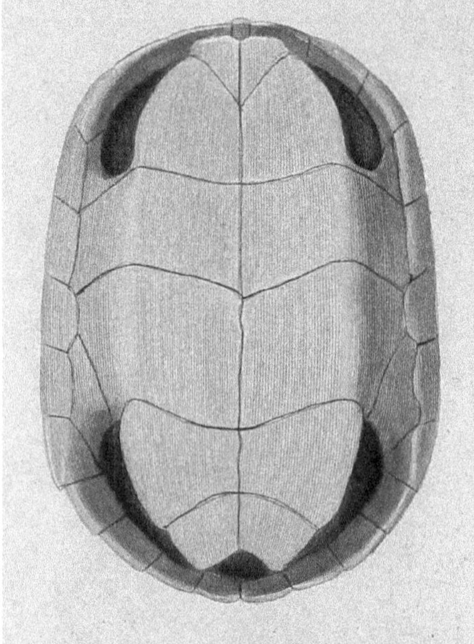

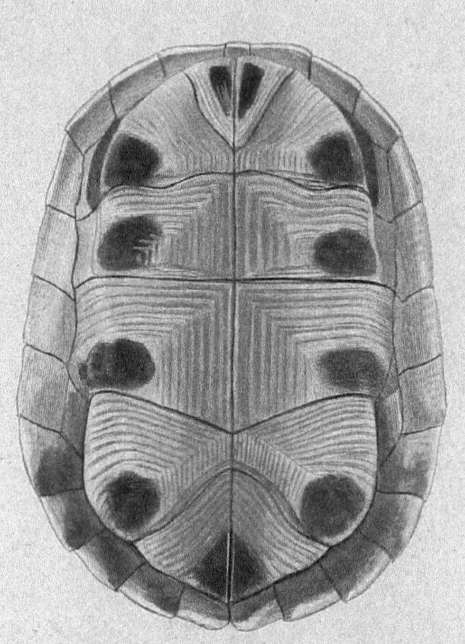

2.

Prêtre pinx. *Borromée dir.* *Davesne sc.*

1. Emyde ocellée. *Emys ocellata. N.° 32, pag. 329. 2.e Volume.*

1 *a*. son Sternum.

2. Cistude d'Amboine. *Cistuda amboinensis. N.° 2, pag. 215, 2.e Vol.*

2 *a*. son Sternum.

1.

1. Tétronyx de Lesson. *Tom. 2, pag. 338, N° 1.*

1 *a*. son Sternum.

2. Platysterne mégacéphale. *Tom. 2, pag. 344, N° 1.*

2 *a*. son Sternum.

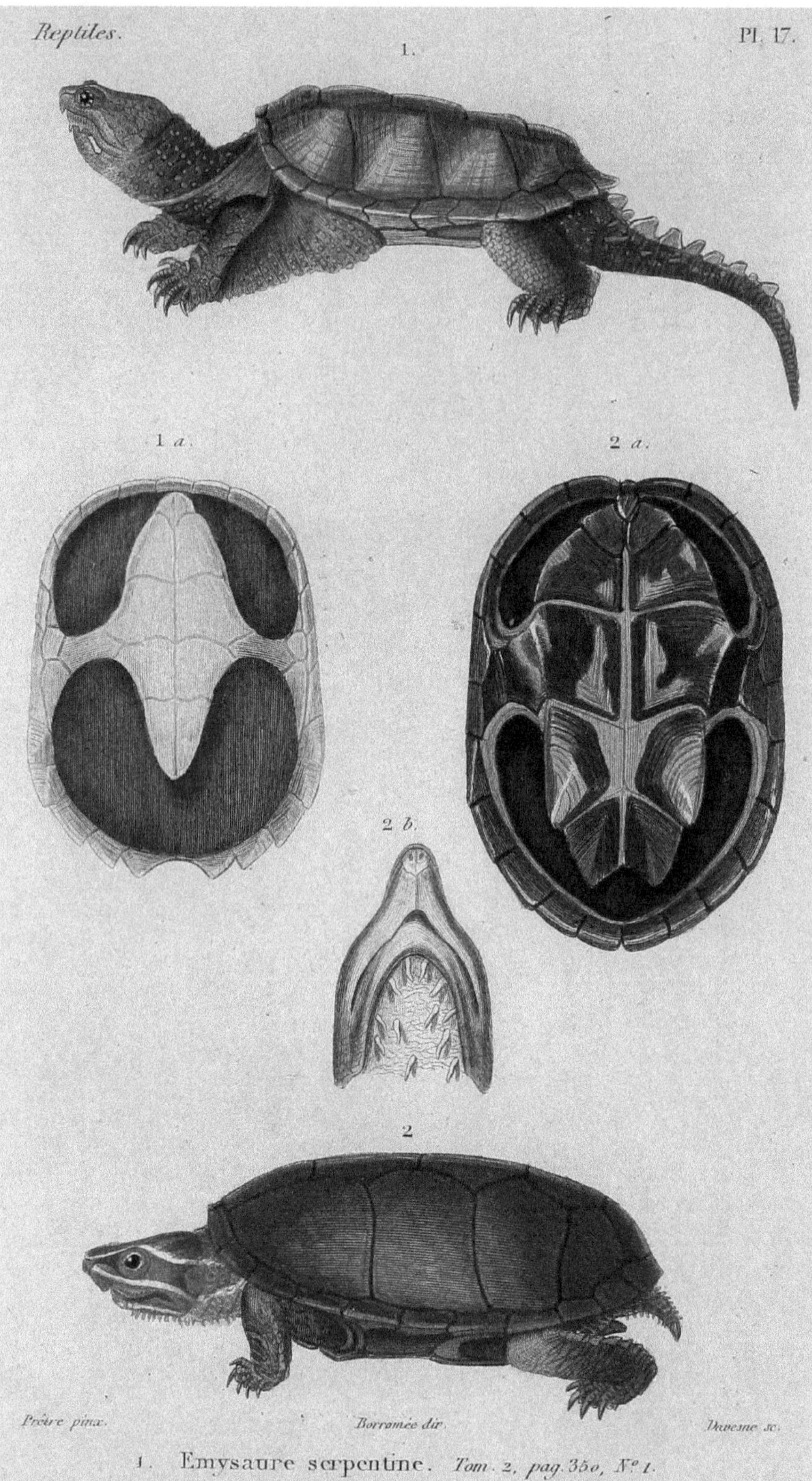

Prêtre pinx. *Borromée dir.* *Duvesne sc.*

1. Emysaure serpentine. *Tom. 2, pag. 350, N.° 1.*

1 *a*. son Sternum.

2. Staurotype musqué. *Tom. 2, pag. 358, N.° 2.*

2 *a*. son Sternum. 2 *b*. sa tête vue en dessous.

1.

1 *a*.

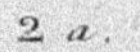

2 *a*.

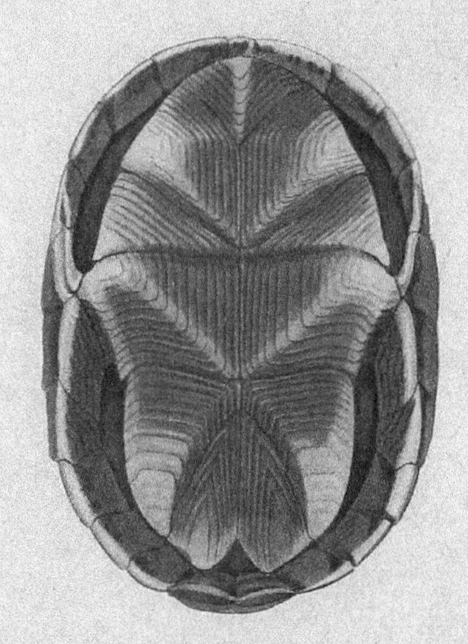

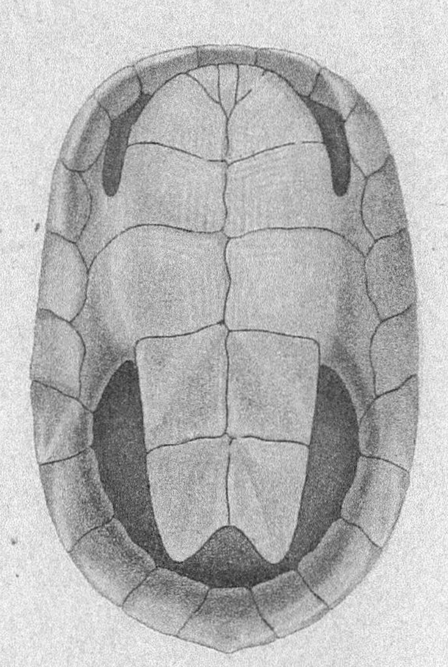

2.

Prêtre pinx. *Borromée dir.* *Forget sc.*

1. Cinosterne de Pensylvanie. *Tom. 2, pag. 367, N° 2.*

1 *a*. son Sternum.

2. Peltocéphale tracaxa. *Tom. 2, pag. 378, N° 1.*

2 *a*. son Sternum.

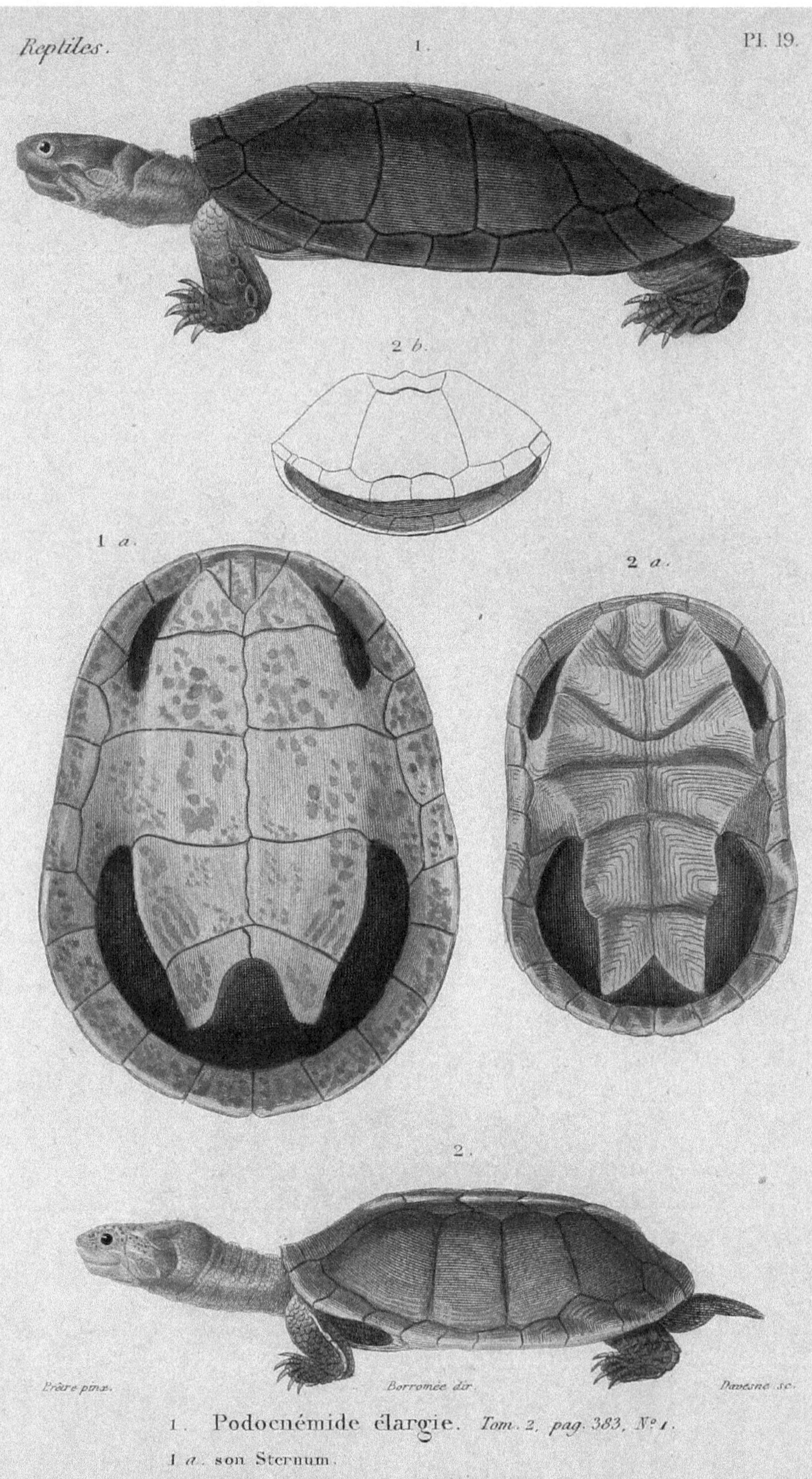

1. Podocnémide élargie. *Tom. 2, pag. 383, N.° 1.*

1 *a.* son Sternum.

2. Pentonyx du Cap. *Tom. 2, pag. 390, N.° 1.*

2 *a.* son Sternum. 2 *b.* la Carapace vue en avant

1.

1 *a*.

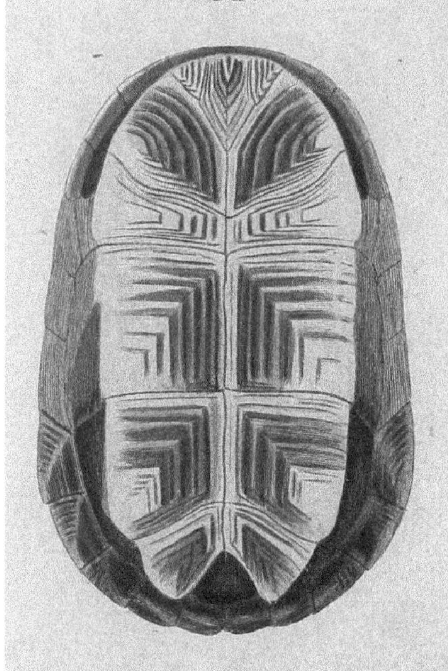

2 *a*.

2.

Prêtre pinx. *Borromée dir.* *Davesne sc.*

1. Sternothère marron. *Sternotherus castaneus. N.º 3, pag. 401, 2.e Vol.*

1 *a*. son Sternum.

2. Platémyde bossue. *Platemys gibba. N.º 4, pag. 416, 2.e Volume.*

2 *a*. son Sternum.

1.

1 *a*. 2 *a*.

2.

Prêtre pinx. *Borromée dir.* *Davesne sc.*

1. Chélyde matamata *(jeune.)* *Tom. 2, pag. 455, N°1.*

1 *a*. son Sternum.

2. Chélodine de la nouvelle Hollande. *Tom. 2, pag. 443, N°1.*

2 *a*. son Sternum.

1. Gymnopode spinifere. *Tom. 2, pag. 477, N.° 1.*

1 *a*. son Sternum.

2. Cryptopode chagriné. *Tom. 2. pag. 501, N.° 1.*

2 *a*. son Sternum.

1.

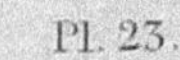

2.

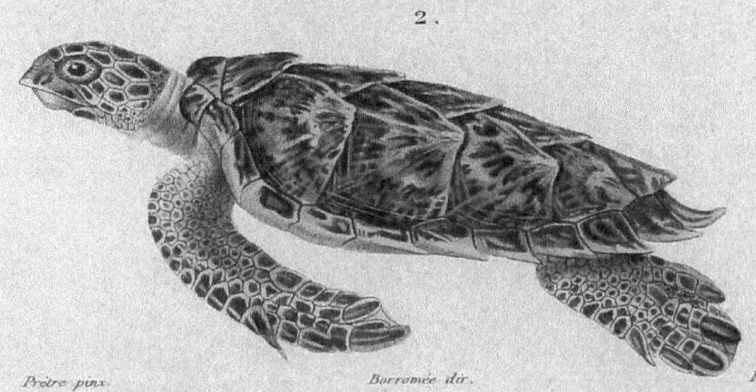

Prêtre pinx. *Borromée dir.* *Forget sc.*

1. Chélonée marbrée. *Tom. 2, pag. 546, N.° 4.*

1 *a*. la tête vue en dessus.

2. Chélonée imbriquée. *Tom. 2, pag. 547, N.° 5.*

2 *a*. son Sternum. 2 *b*. tête vue en dessus.

1. Chélonée de Dussumier. *Tom. 2, pag. 557, N.° 7.*

1 *a*. la tête vue de profil.

2. Sphargis Luth. *Tom. 2, pag. 560, N.° 1.*

2 *a*. son Sternum. 2 *b*. tête d'un jeune individu.

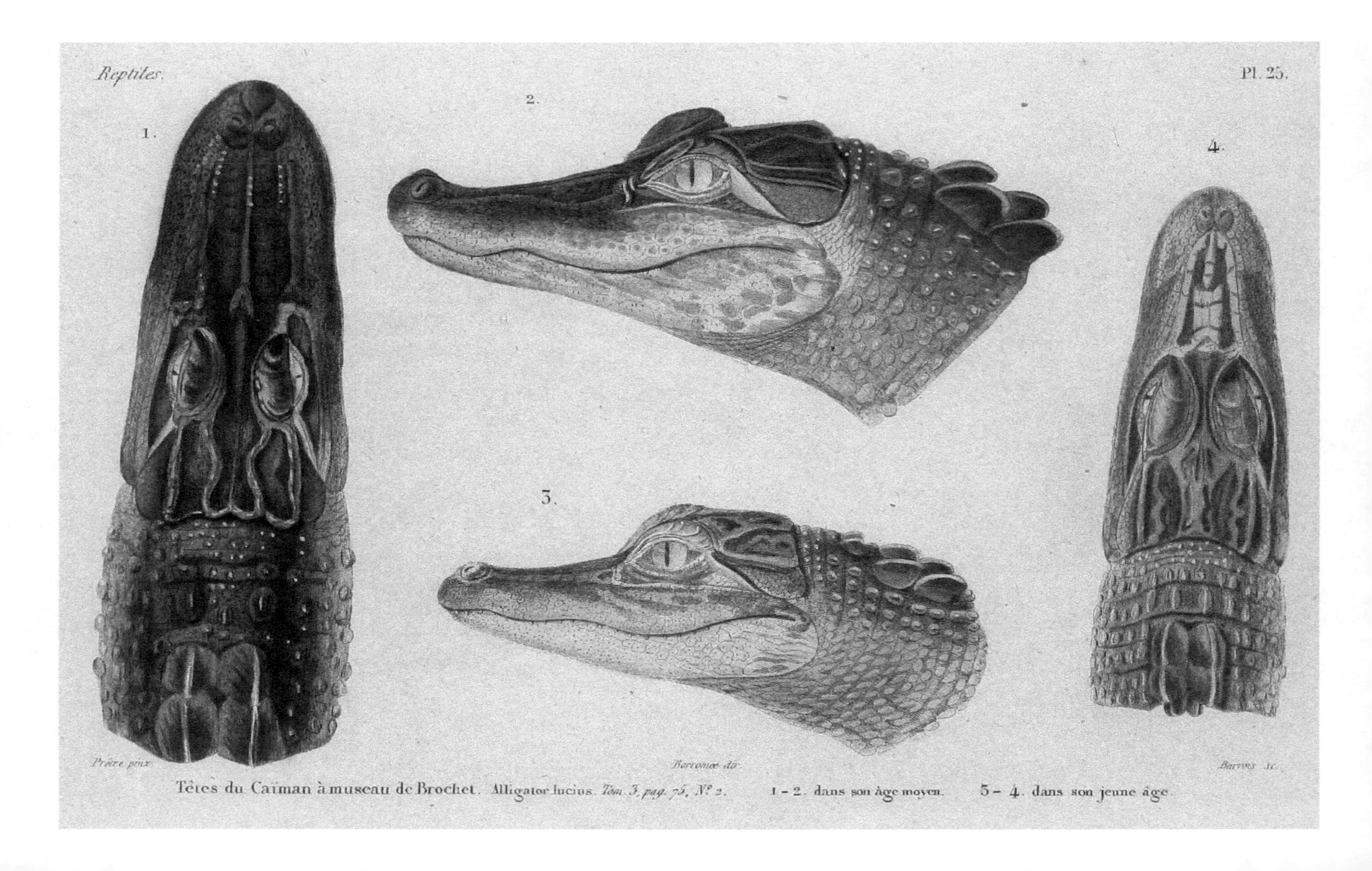

Têtes du Caïman à museau de Brochet. Alligator lucius. Tom. 3, pag. 75, N° 2. 1 - 2. dans son âge moyen. 3 - 4. dans son jeune âge.

1. Caïman à museau de Brochet. Alligator lucius. *Tom. 3, pag. 75, N°2.* 1 a. La tête et le cou du même vus en dessus.
2. Gavial du Gange (Profil de la tête du) Gavialis Gangeticus. *Tom. 3, pag. 134, N°1.*

1. Caméléon verruqueux. Chamæleo verrucosus, *Tom. 3, pag. 210, N.° 2.* 2. Caméléon du Sénégal. (Tête et Langue du) Chamæleo Senegalensis, *Tom. 3, pag. 221, N.° 7.* 3. Caméléon à nez fourchu. (Tête du) Chamæleo bifidus. *Tom. 3, pag. 233, N.° 13.*

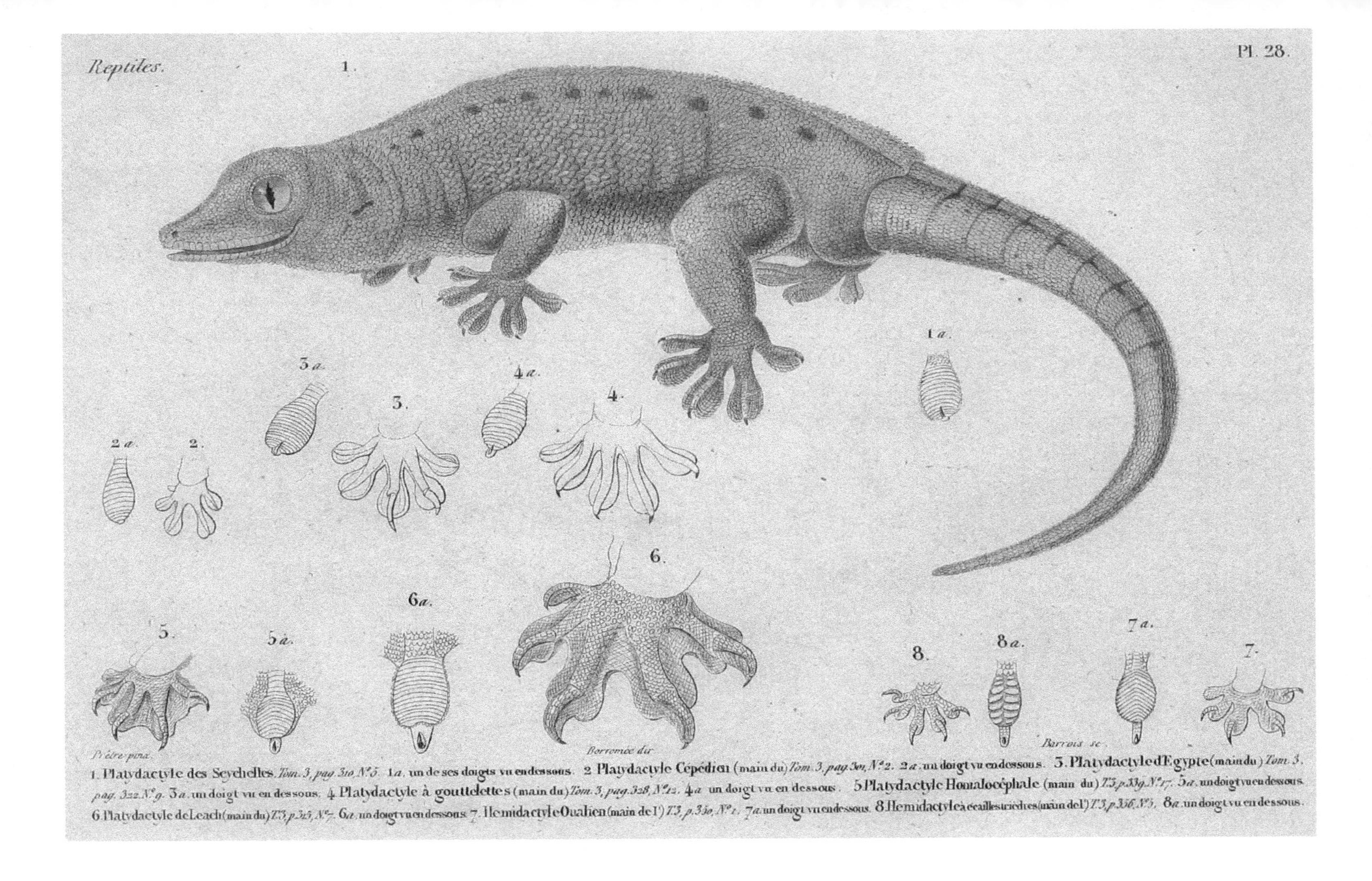

1. Platydactyle des Seychelles. *Tom. 3, pag. 310, N.° 5.* 1 a. un de ses doigts vu en dessous. 2. Platydactyle Cépédien (main du) *Tom. 3, pag. 301, N.° 2.* 2 a. un doigt vu en dessous. 3. Platydactyle d'Egypte (main du) *Tom. 3, pag. 322, N.° 9.* 3 a. un doigt vu en dessous. 4. Platydactyle à gouttelettes (main du) *Tom. 3, pag. 328, N.° 12.* 4 a. un doigt vu en dessous. 5. Platydactyle Homalocéphale (main du) *T. 3, p. 339, N.° 17.* 5 a. un doigt vu en dessous. 6. Platydactyle de Leach (main du) *T. 3, p. 325, N.° 7.* 6 a. un doigt vu en dessous. 7. Hemidactyle Oualien (main de l') *T. 3, p. 350, N.° 1.* 7 a. un doigt vu en dessous. 8. Hemidactyle à écailles triedres (main de l') *T. 3, p. 356, N.° 5.* 8 a. un doigt vu en dessous.

1. Platydactyle Homalocéphale. *Tome III, pag. 339. N.o 17.* 1 *a.* Extrémité du tronc et origine de la queue en dessous.

1. Hémidactyle de Péron. *Tome III, pag. 352, N° 2.* 1 *a*. Le trait de la tête en dessus. 1 *b*. La même en dessous.

2. Hémidactyle bordé. *Tome III, pag. 370, N° 14.* 2 *a*. Sa tête de profil. 2 *b*. La même en dessous.

– 1. Ptyodactyle rayé. *Tome III, pag. 384, N°3.* 1 *a*. Sa tête vue en dessus. 1 *b* et 1 *c*. Les pattes antérieures et postérieures en dessous.

1. Phyllodactyle Strophure. *Tome III, pag. 397, N.º 6.* 1 *a.* Le trait de grand.r nat.le 1 *b.* La tête vue de profil et grossie.

2. Sphériodactyle bizarre. *T. III, p. 406. N.º 3.* 2 *a.* Le trait de grand.r nat.le 2 *b.* La tête vue en dessus. 2 *c.* 2 *d.* Pattes ant. et post. 2 *e.* Les Écailles.

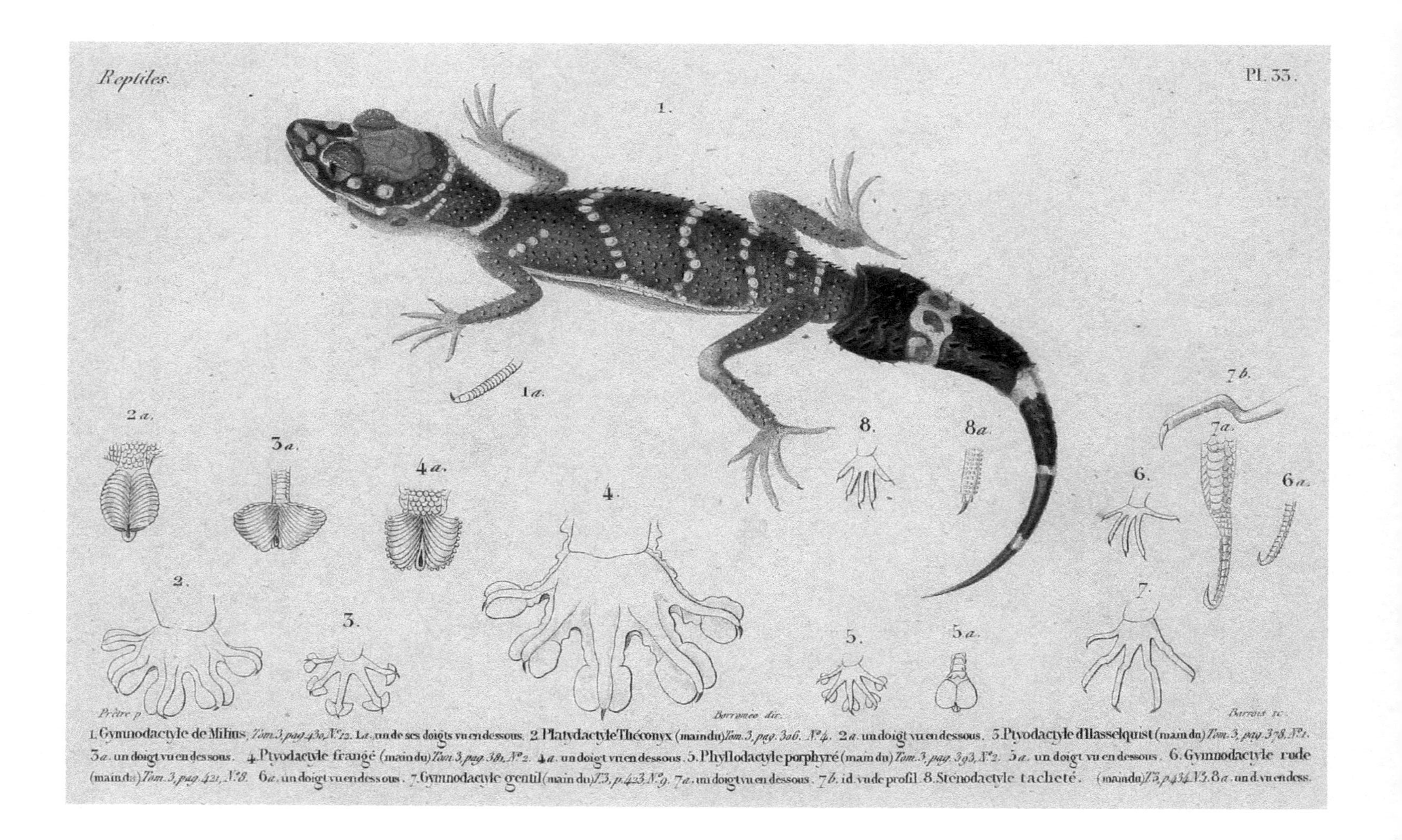
Reptiles.
Pl. 33.
1.
1a.
2a.
3a.
4a.
2.
3.
4.
5.
5a.
6.
6a.
7.
7a.
7b.
8.
8a.
Prêtre p.
Borromée dir.
Barrois sc.
1. Gymnodactyle de Milius, Tom. 3, pag. 430, N.° 12. 1a. un de ses doigts vu en dessous. 2. Platydactyle Théconyx (main du) Tom. 3, pag. 306, N.° 4. 2a. un doigt vu en dessous. 3. Ptyodactyle d'Hasselquist (main du) Tom. 3, pag. 378, N.° 1. 3a. un doigt vu en dessous. 4. Ptyodactyle frangé (main du) Tom. 3, pag. 381, N.° 2. 4a. un doigt vu en dessous. 5. Phyllodactyle porphyré (main du) Tom. 3, pag. 393, N.° 2. 5a. un doigt vu en dessous. 6. Gymnodactyle rude (main du) Tom. 3, pag. 421, N.° 8. 6a. un doigt vu en dessous. 7. Gymnodactyle gentil (main du) T. 3, p. 423, N.° 9. 7a. un doigt vu en dessous. 7b. id. vu de profil. 8. Sténodactyle tacheté. (main du) T. 3, p. 434, N.° 1. 8a. un d. vu en dess.

1. Gymnodactyle marbré. *Tome III. pag. 426. N°10.* 2. Sténodactyle tacheté. *Tome III. pag. 434. N°4.*

1 a. Bout du doigt et ongle du N°1.

1. Varan de Bell. Varanus Bellii. *Tom. 3, pag. 493. N.° 10.* 2. Varan nébuleux. (Tête du) Varanus nebulosus. *Tom. 3, pag. 483. N.° 5.* 3. Ecailles dorsales du même. 4. Ecailles dorsales du Varan du Nil.
5. Ecailles dorsales du Varan de Picquot.

1. Héloderme hérissé. *Tome III, page 499, N.° 1.* 1.*a*. Sa tête vue en dessus.

Reptiles.
Pl. 37.
1.
2.
Prêtre del.
Mougeot sc.
1. Urostrophe de Vautier, Tome IV, pag. 78.
2. Norops doré, Tome IV, pag. 80.

Aloponote de Ricord.

1. Léiosaure de Bell, *Tome IV, pag. 242.* 1a. Sa tête, de profil. 2. Proctotrète signifère, *Tome IV, pag. 288.*

1. Trachycycle marbré. *Tome IV, pag. 356.* 2. Tropidogastre de Blainville. *Tome IV, pag. 330.* 2 a. Ses écailles dorsales grossies. 2 b. Ses écailles ventrales gros.[ies]

1. Istiure de Le Sueur. *Tome IV, page 384, N° 2.* 1 a. Ses Ecailles grossies.

Lophyre tigré. *Tome IV, page 421. N° 4*

1 b.

1.

1 c

2.

1 a.

Prêtre del.

Corbié sc.

1. Grammatophore de Decrès, *Tome IV. pag. 472.* 1 *a*. La tête, de profil. 1 *b*. Dessous des cuisses. 1 *c*. Ecailles dorsales grossies. 2. Agame épineux, *Tome IV. pag. 499.*

1. **Phrynocéphale à oreilles.** *T. IV. pag. 524 N.° 4.* 1 *a.* Sa tête de profil. 1 *b.* Les Ecailles carénées.

2. Doryphore azuré. *Tome IV. page 371. N.° 1.*

Reptiles.
Pl. 43.
1.
2.
3.
4.
Prêtre p.
Bor. dir.
Barrois & Lecouturier s.
1. Leiolepis tacheté. Leiolepis guttatus. Tom. 4.
2. Anolis à écharpe (Main de l') Anolis equestris. Tom. 4.
3. Pied du même vu en dessus.
4. Pied du même vu en dessous.

Holotropide de l'Herminier. Holotropis Herminieri. Tom. 4.

Reptiles.
Pl. 45.
Prêtre pinx.
Borromée dir.
Chlamydosaure de King. Chlamydosaurus Kingii. Tom 4.

Tiaris dilophe. Tiaris dilophus, Tom. 4.

1. Gerrhosaure à deux bandes. Gherrosaurus bifasciatus. 1 a. La Tête vue en dessus. 1 b. La Tête vue en dessous.

1 Lézard de Delalande. Lacerta Delalandii. Tom. 4. 2. La Tête vue en dessus. 3. Le Cou vu en dessous.

1. Neusticure à deux carènes, *Tome IV, pag. 64.* 2. Dessous de la tête et du cou. 3. La tête de profil, avec la bouche ouverte pour montrer la langue. 4. Dessous des cuisses.

1. Scinque de Duméril. *Tome V, page* *N°* 1 *a*. Sa tête vue par dessus.

1. Aporomère piqueté de jaune *Tome V, Pag. 72.* *a.* La tête en dessus. *b.* La même de profil. *c.* Ouverture de la narine. *d.* Face inférieure des cuisses. *e.* Ecailles dorsales.

Reptiles.
Pl. 52.
1.
a.
b.
c.
d.
Pr. p.
Mougeot sc.
1. Le grand Ameiva Tome V. Pag. 117. a. La tête en dessus b. La tête et le cou en dessous. c. Face inférieure des cuisses et de l'origine de la queue. d. Deux pores fémoraux grossis.

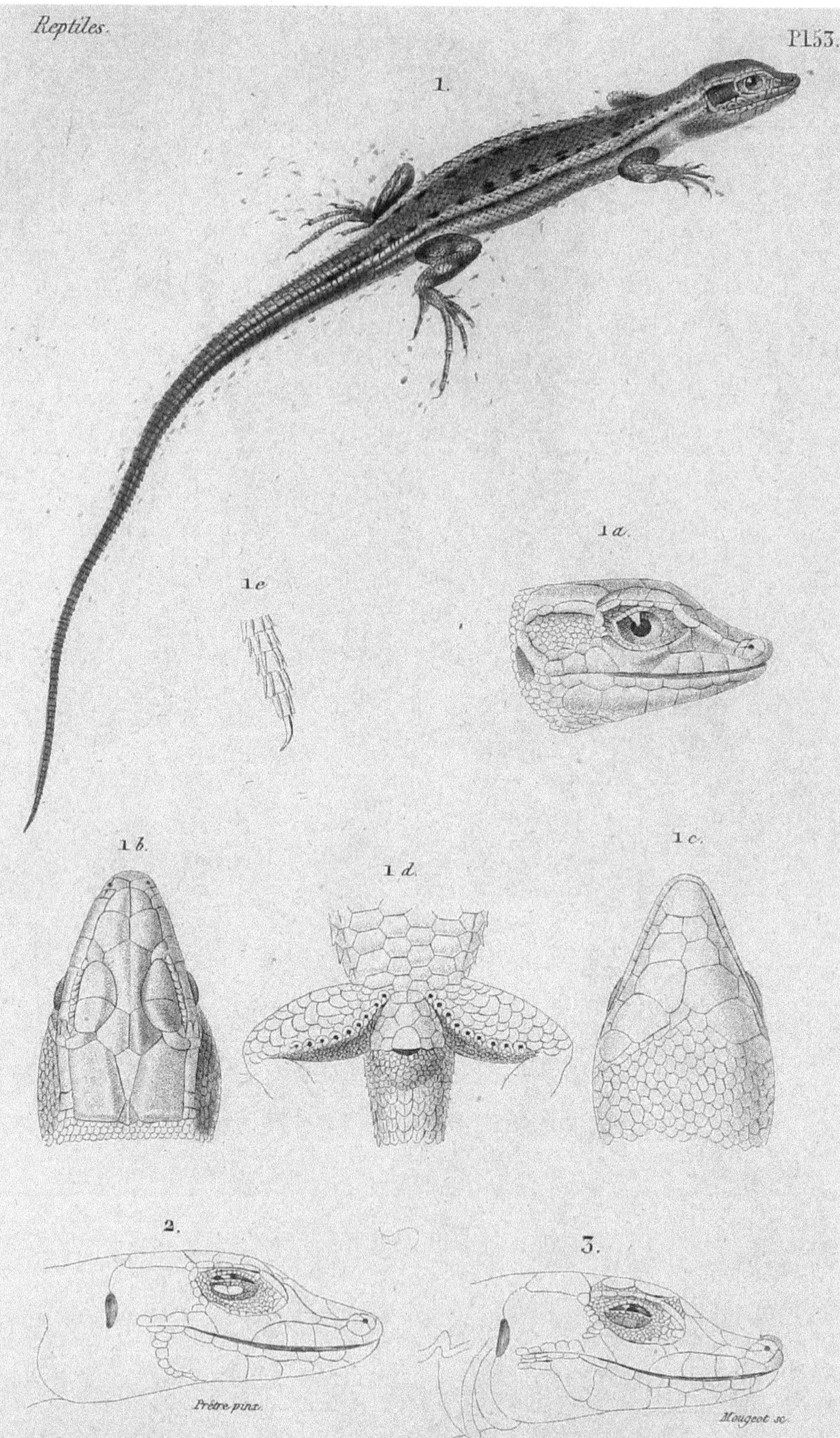

1. Ophisops élégant *Tome V, Pag.* 1 *a*. Sa tête de profil. 1 *b*. La même en dessus. 1 *c*. Gorge et dessous de la mâchoire infre 1 *d*. Face infre des cuisses. 1 *e*. Dessous d'un doigt postérieur. 2. Tête de profil de l'Eremias lineo-ocellé *Tome V, Pag.* 3. Tête de profil de l'Eremias à points rouges *Tom. V, P.*

1. Scapteire grammique. 1 *a*. Sa tête de profil. 1 *b*. Dessous de la tête et du cou. 1 *c*. Doigts antérieurs grossis.
1 *d*. Doigts postérieurs grossis. 2. Pied d'Acanthodactyle. 3. Pied de Lézard vert.

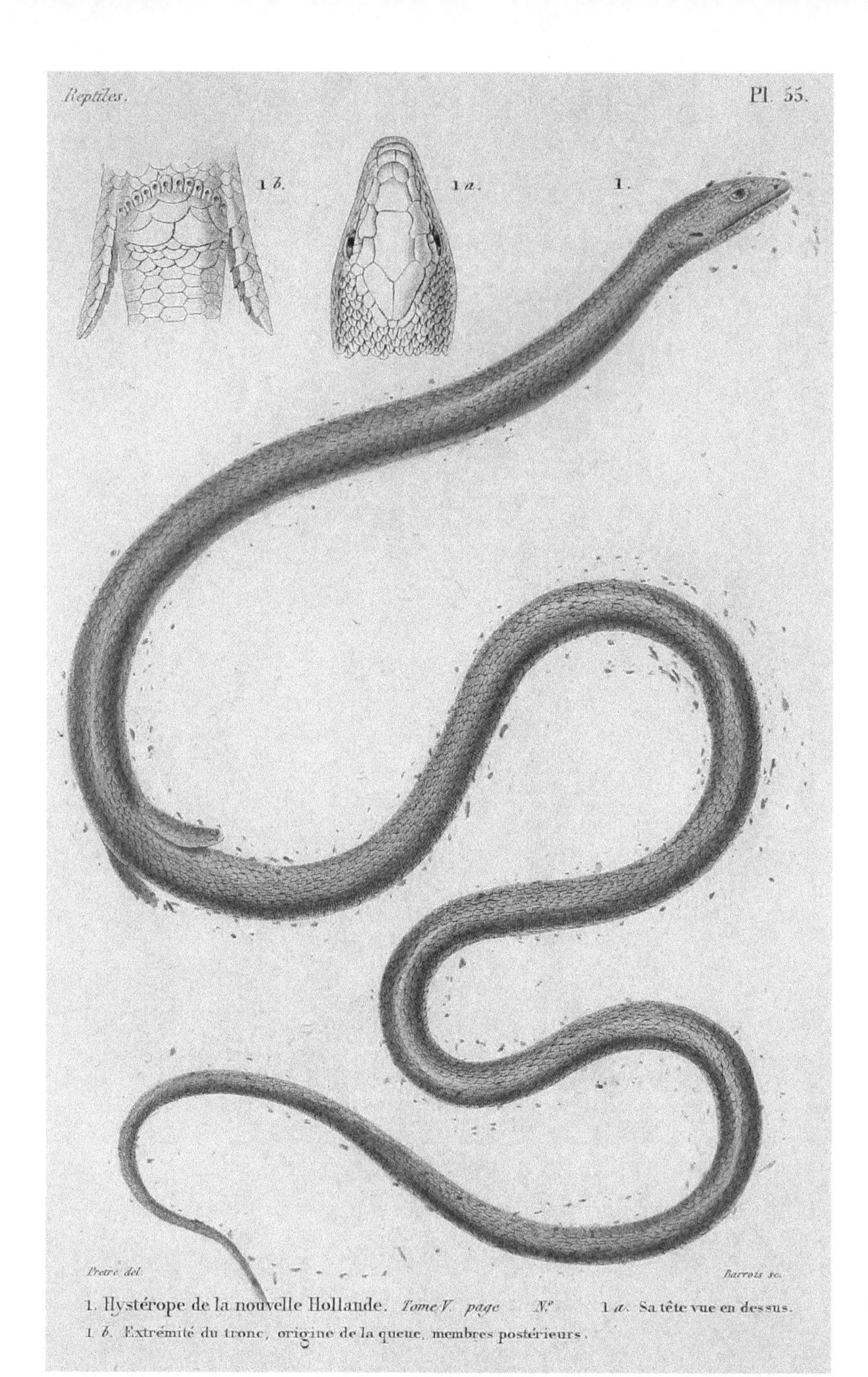

1. Hystérope de la nouvelle Hollande. *Tome V. page N.º* 1 *a.* Sa tête vue en dessus.
1 *b.* Extrémité du tronc, origine de la queue, membres postérieurs.

1. Tribolonote de la nouvelle Guinée. a. La tête en dessus. b. La même de profil avec la bouche ouverte pour montrer la langue.

1. Tropidophore de la Cochinchine. 1 a. Sa tête de profil avec la bouche ouverte pour montrer la langue. 1 b. La même vue en dessus. 2. Tête de Diploglosse de la Sagra, de profil avec la bouche ouverte pour montrer la langue. 3. Tête de Sphénops bridé, de profil. 4. Main de Scinque officinal, vue en dessus.

1. Acontias peintade. *a*. Sa tête vue de profil. *b*. La bouche ouverte, pour montrer la langue. *c*. Plaques céphaliques.

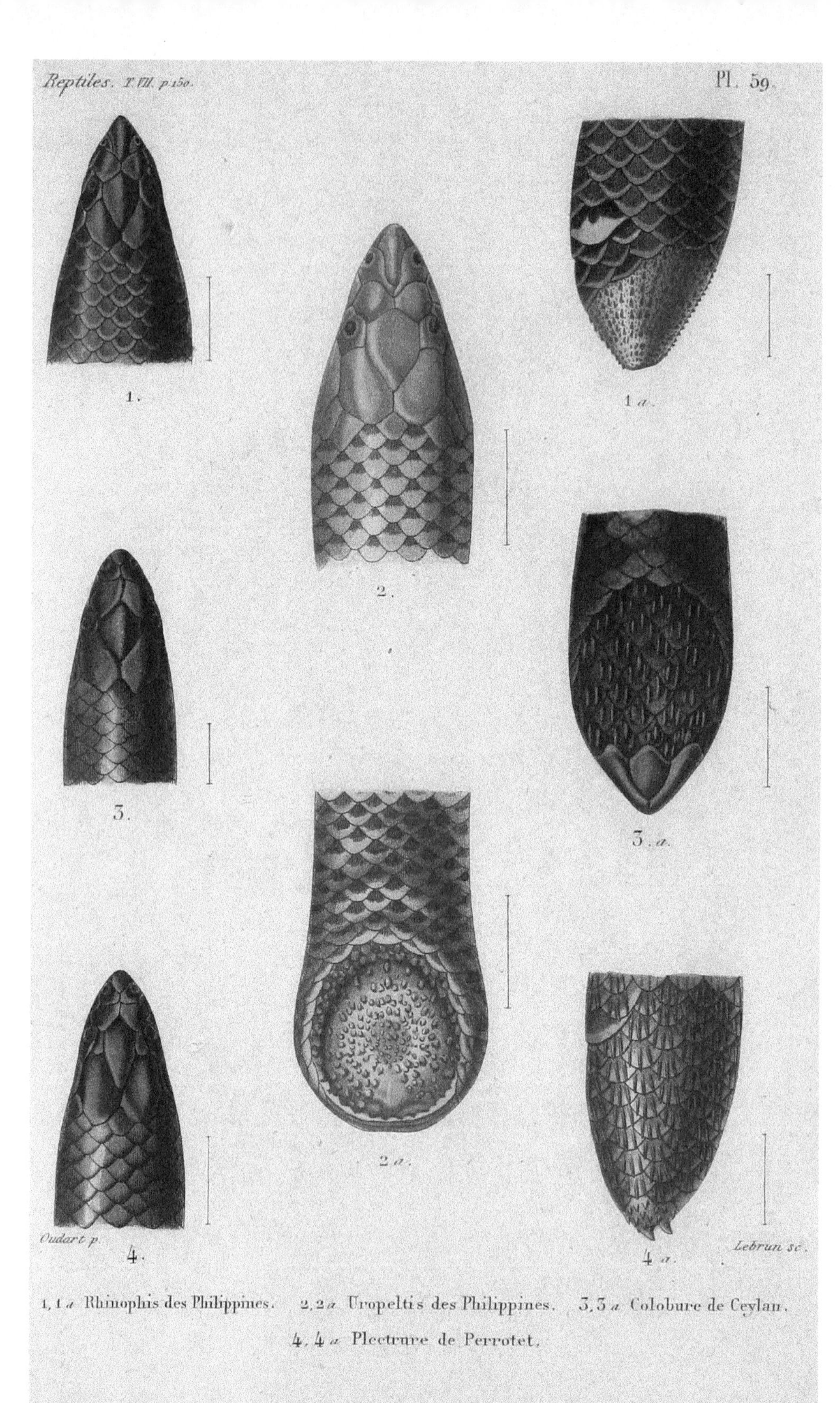

1, 1 a Rhinophis des Philippines. 2, 2 a Uropeltis des Philippines. 3, 3 a Colobure de Ceylan. 4, 4 a Plectrure de Perrotet.

Roret imp. r. Hautefeuille 22. Paris.

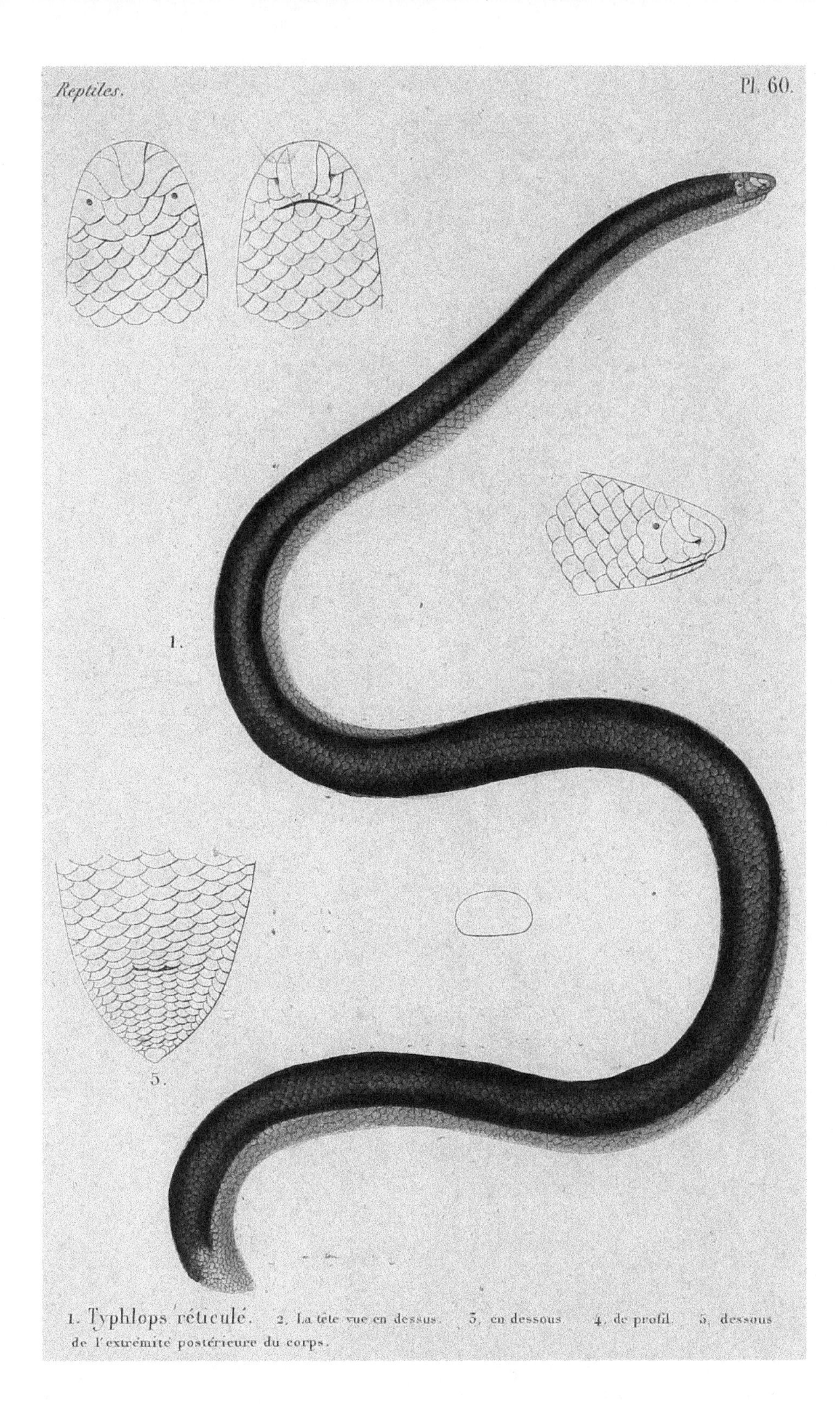

1. Typhlops réticulé. 2. La tête vue en dessus. 3. en dessous. 4. de profil. 5. dessous de l'extrémité postérieure du corps.

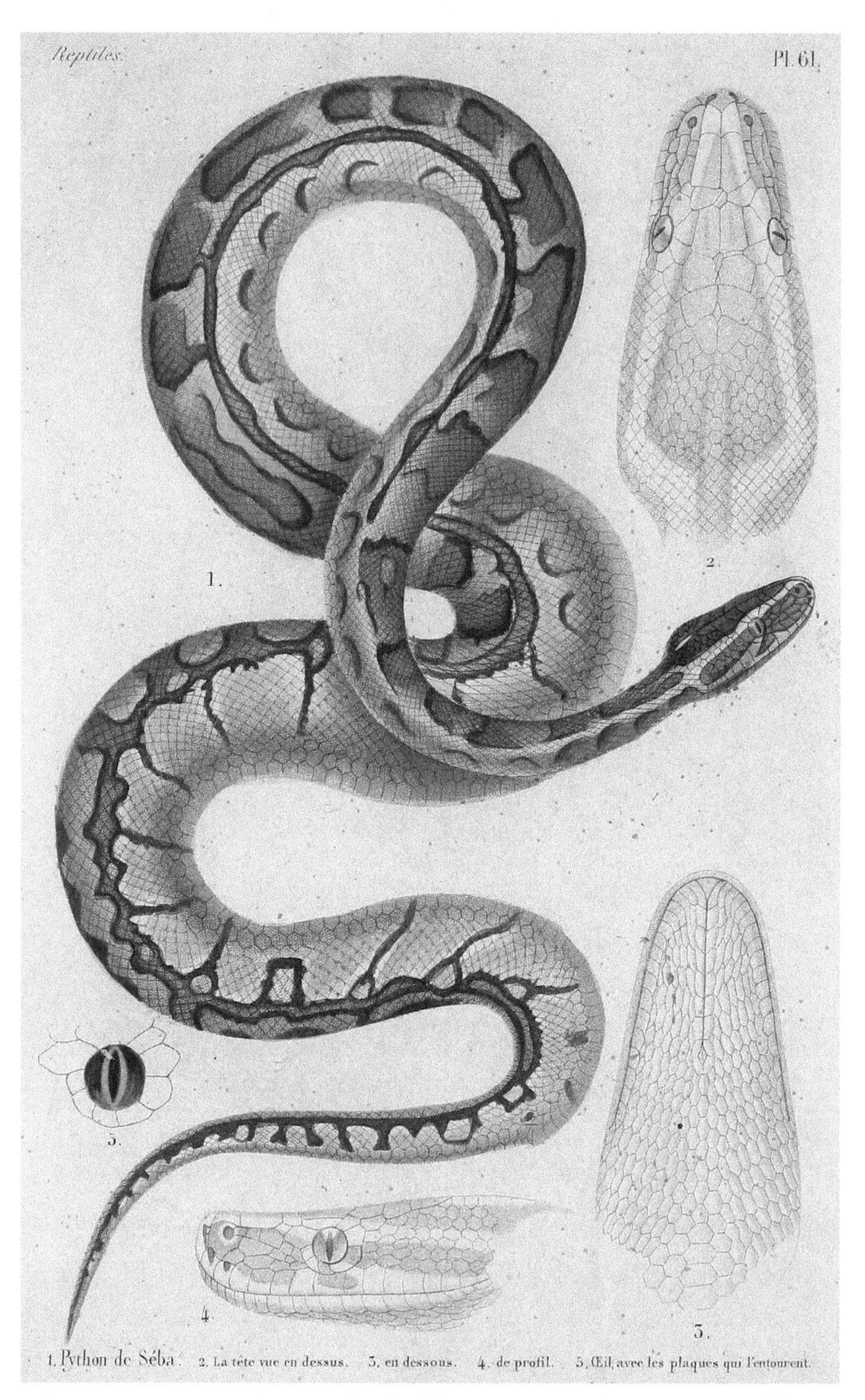

1. Python de Séba. 2. La tête vue en dessus. 3. en dessous. 4. de profil. 5. Œil, avec les plaques qui l'entourent.

1. Anasime méxicain. 2. La tête vue en dessus. 3. en dessous. 4. de profil. 5. pointe de la queue vue en dessus. 6. en dessous.

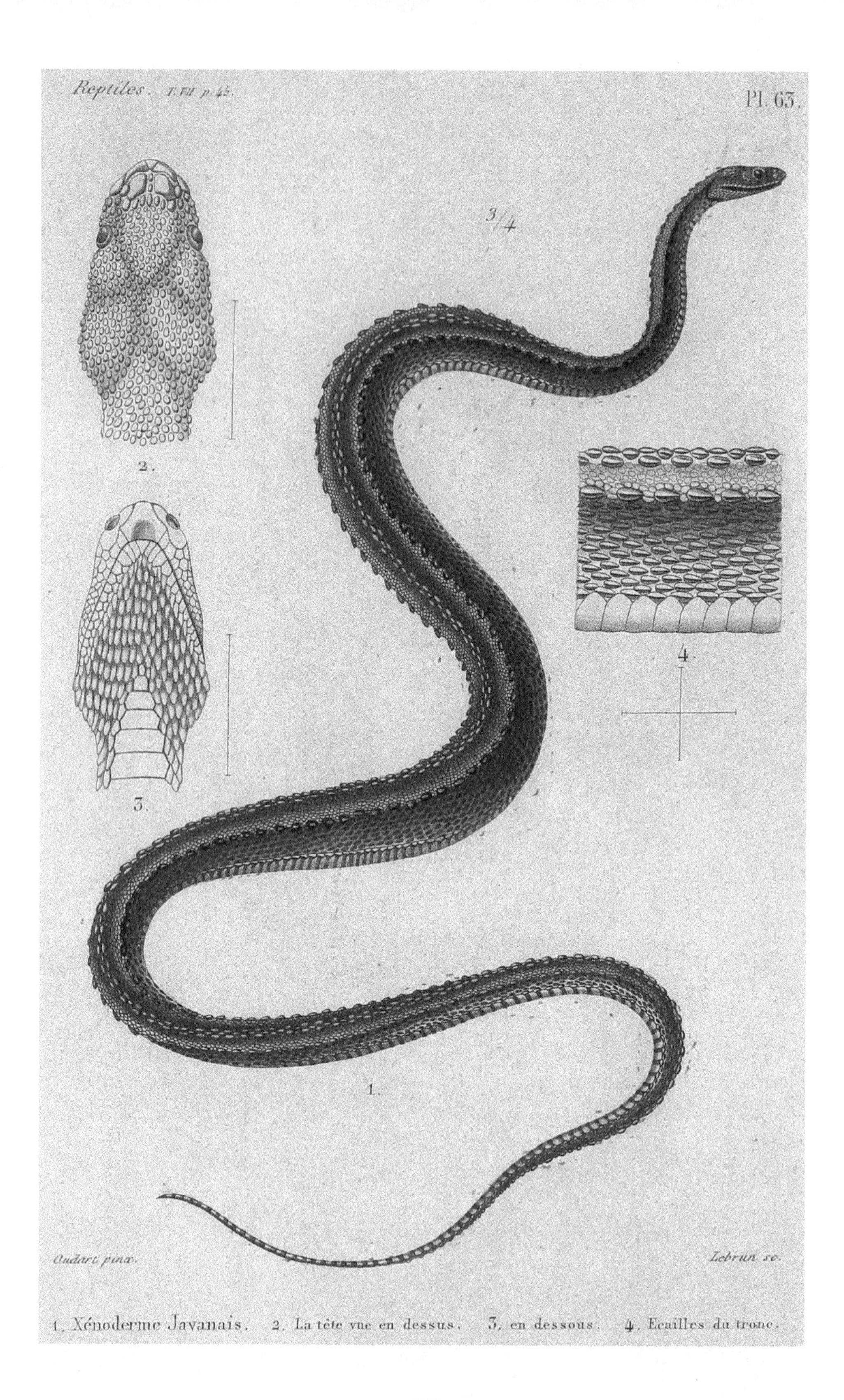

1. Xénoderme Javanais. 2. La tête vue en dessus. 3. en dessous. 4. Ecailles du tronc.

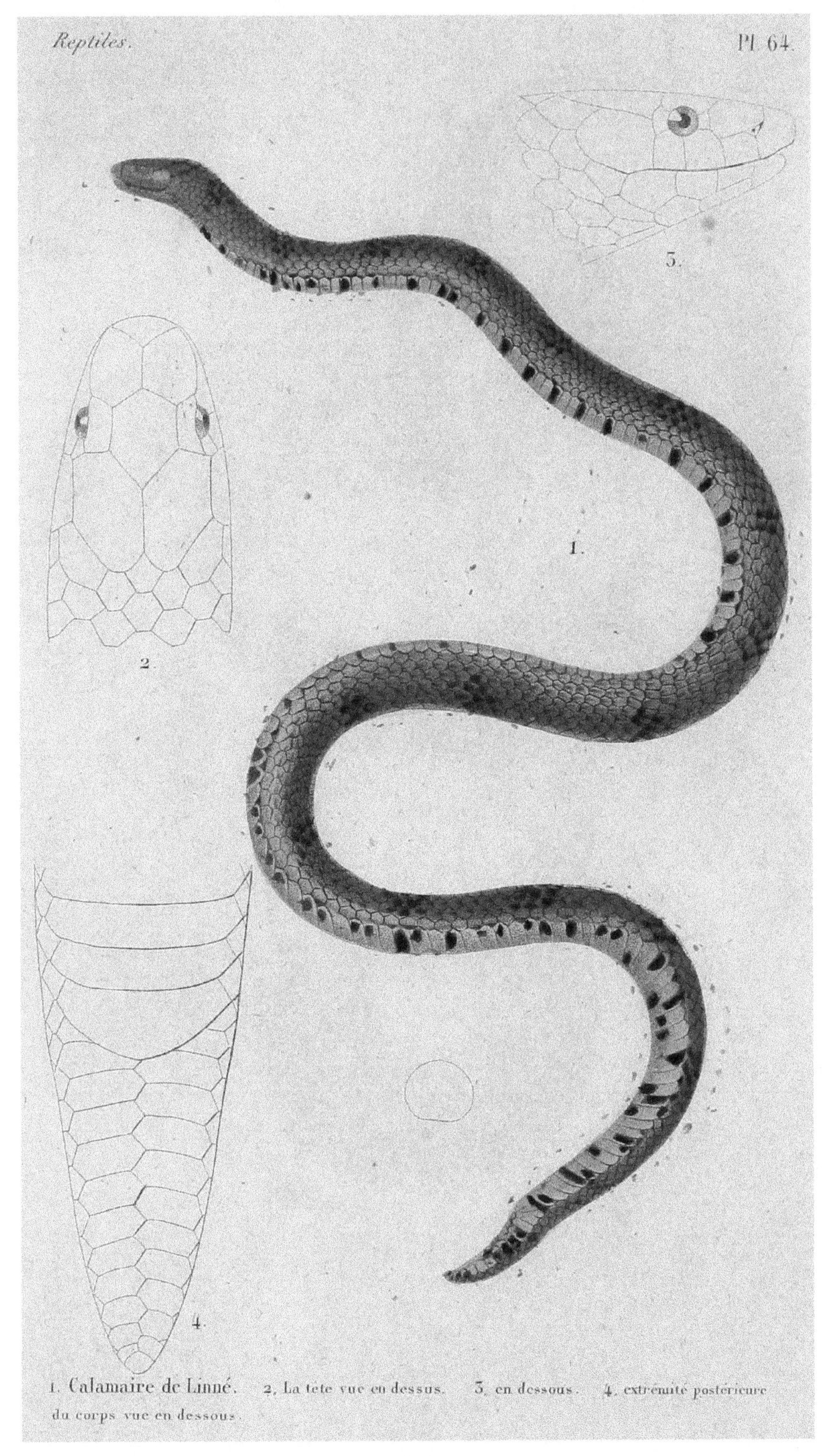

1. Calamaire de Linné. 2. La tête vue en dessus. 3. en dessous. 4. extrémité postérieure du corps vue en dessous.

1, Hydrops abacure. 2, La tête vue en dessus. 3, en dessous. 4, de profil.

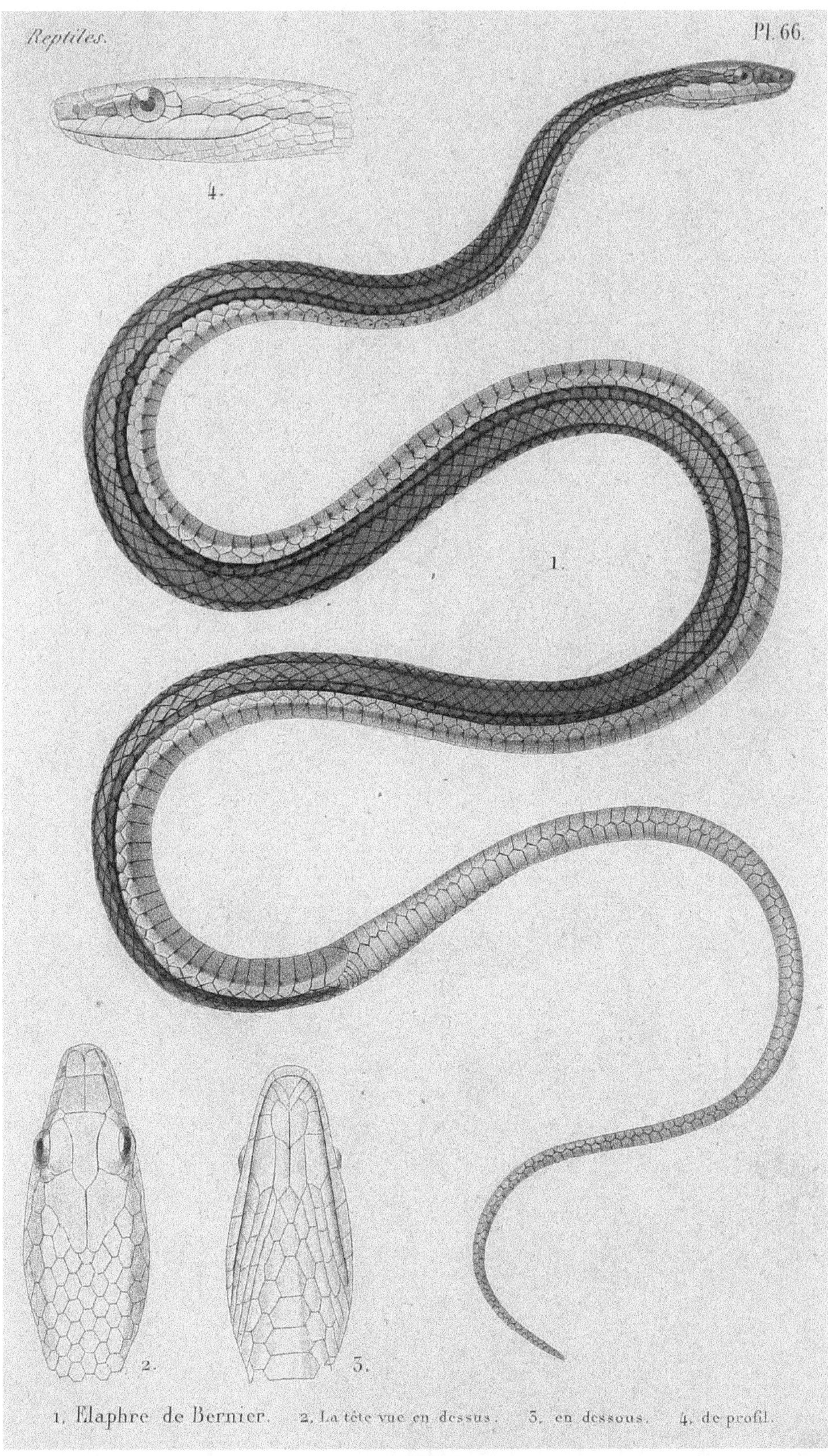

1, Elaphre de Bernier. 2, La tête vue en dessus. 3, en dessous. 4, de profil.

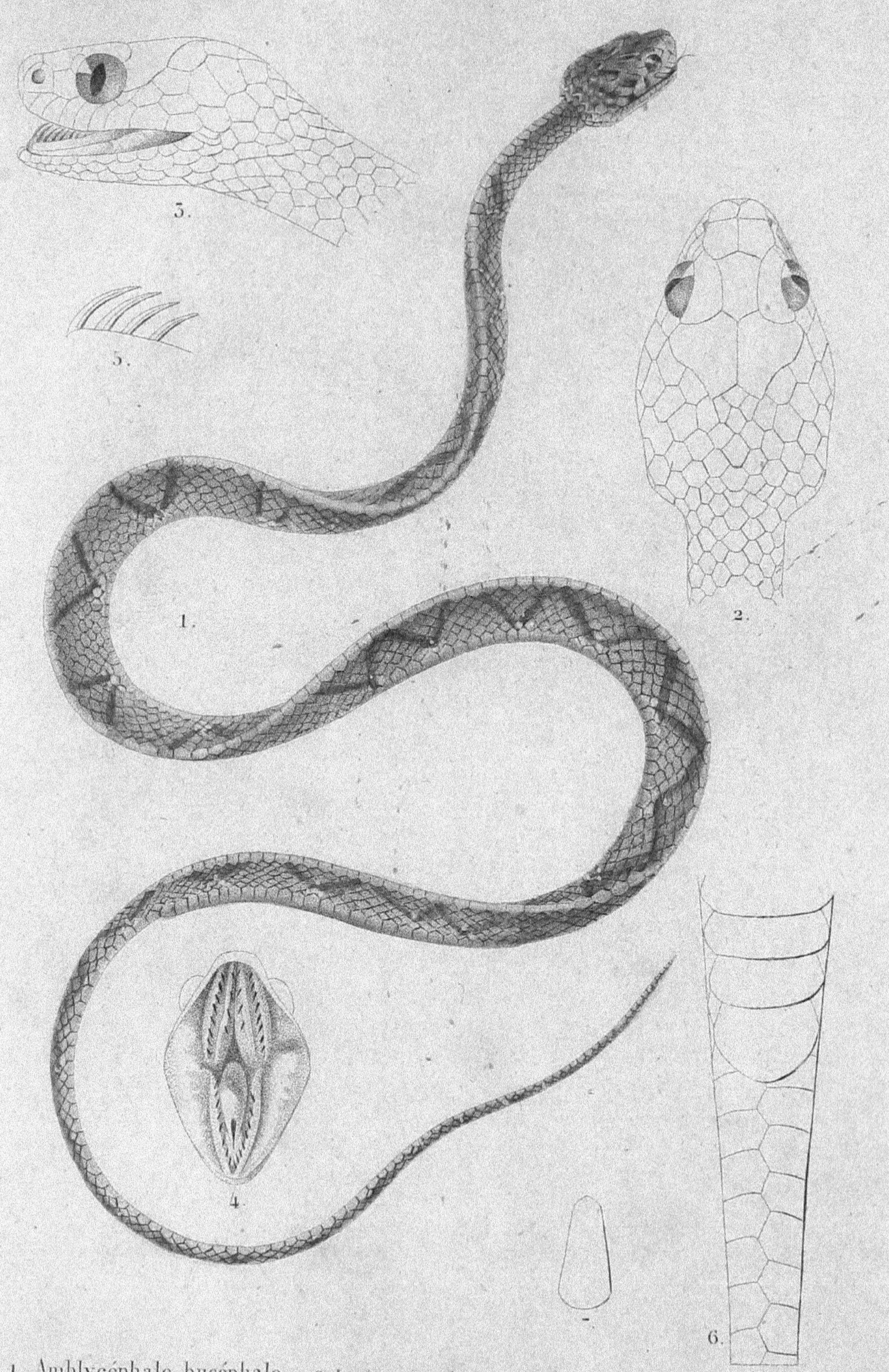

1. Amblycéphale bucéphale. 2, La tête vue en dessus. 3, de profil. 4, La bouche ouverte. 5, Dents sous-maxillaires. 6, Région anale et face inférieure de l'origine de la queue. 7. Coupe transversale du tronc.

1. Uranops sévere. 2. La tête vue en dessus. 3. en dessous. 4. de profil.

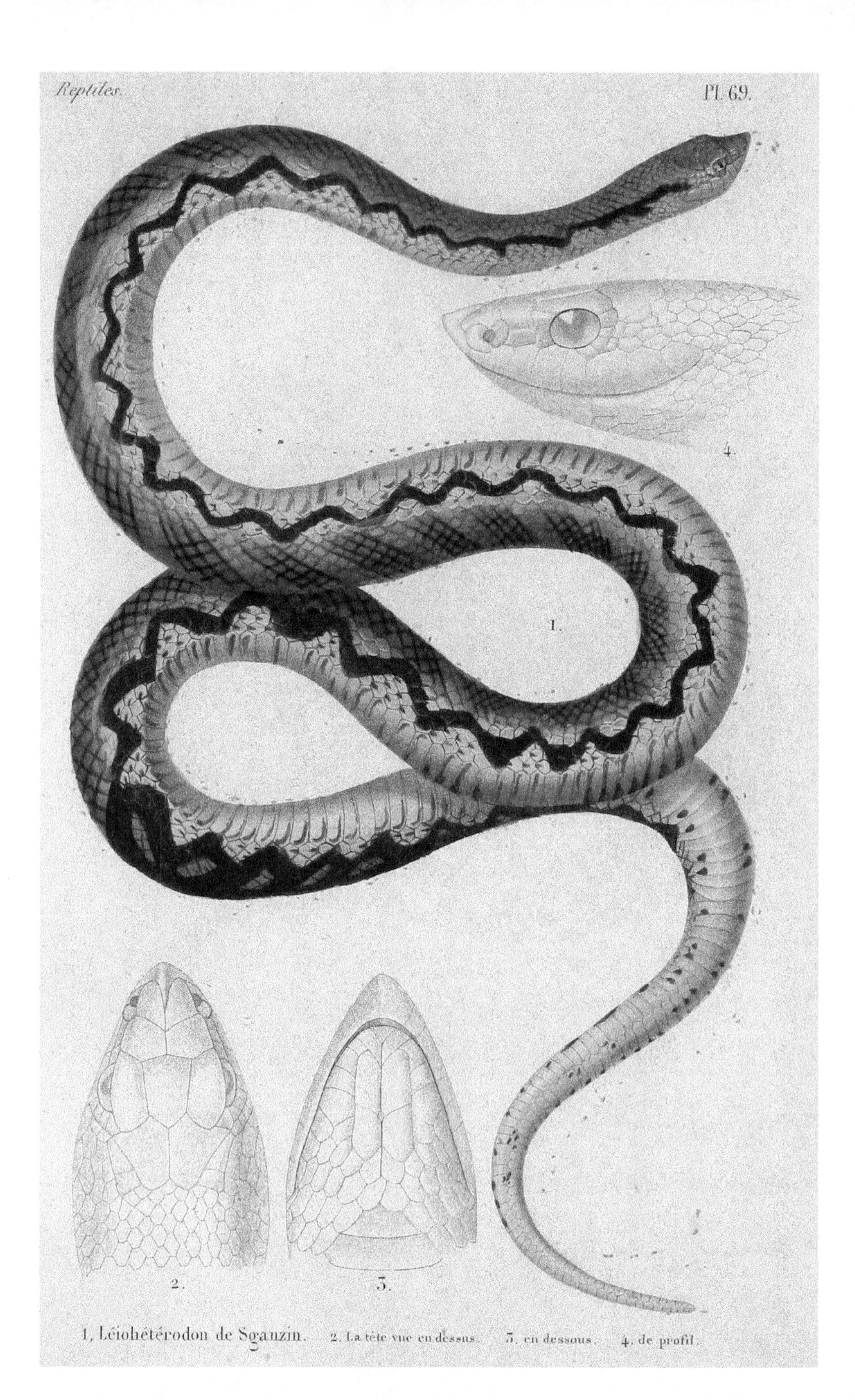

1, Léiohétérodon de Sganzin. 2. La tête vue en dessus. 3. en dessous. 4. de profil.

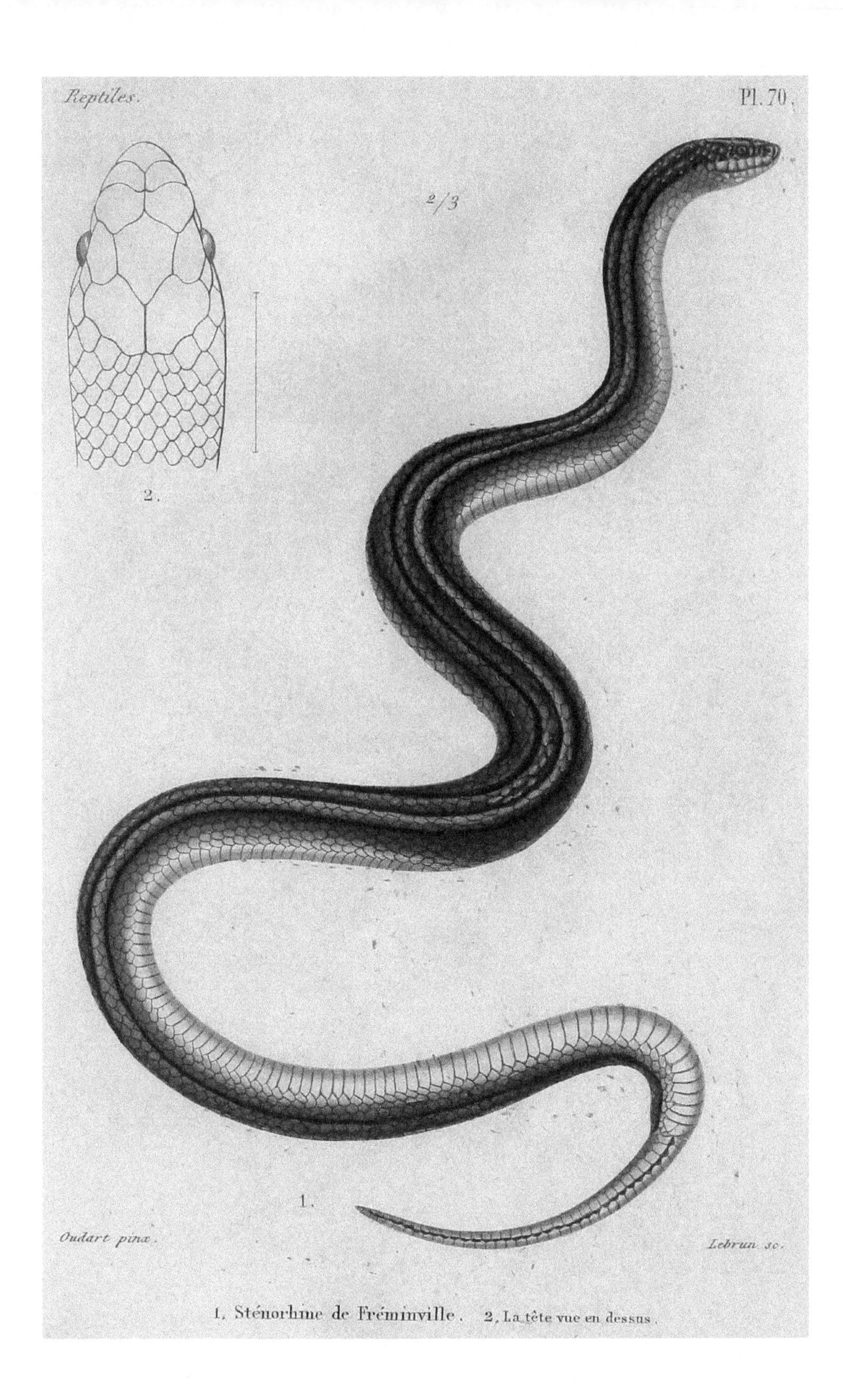

1. Sténorhine de Fréminville. 2. La tête vue en dessus.

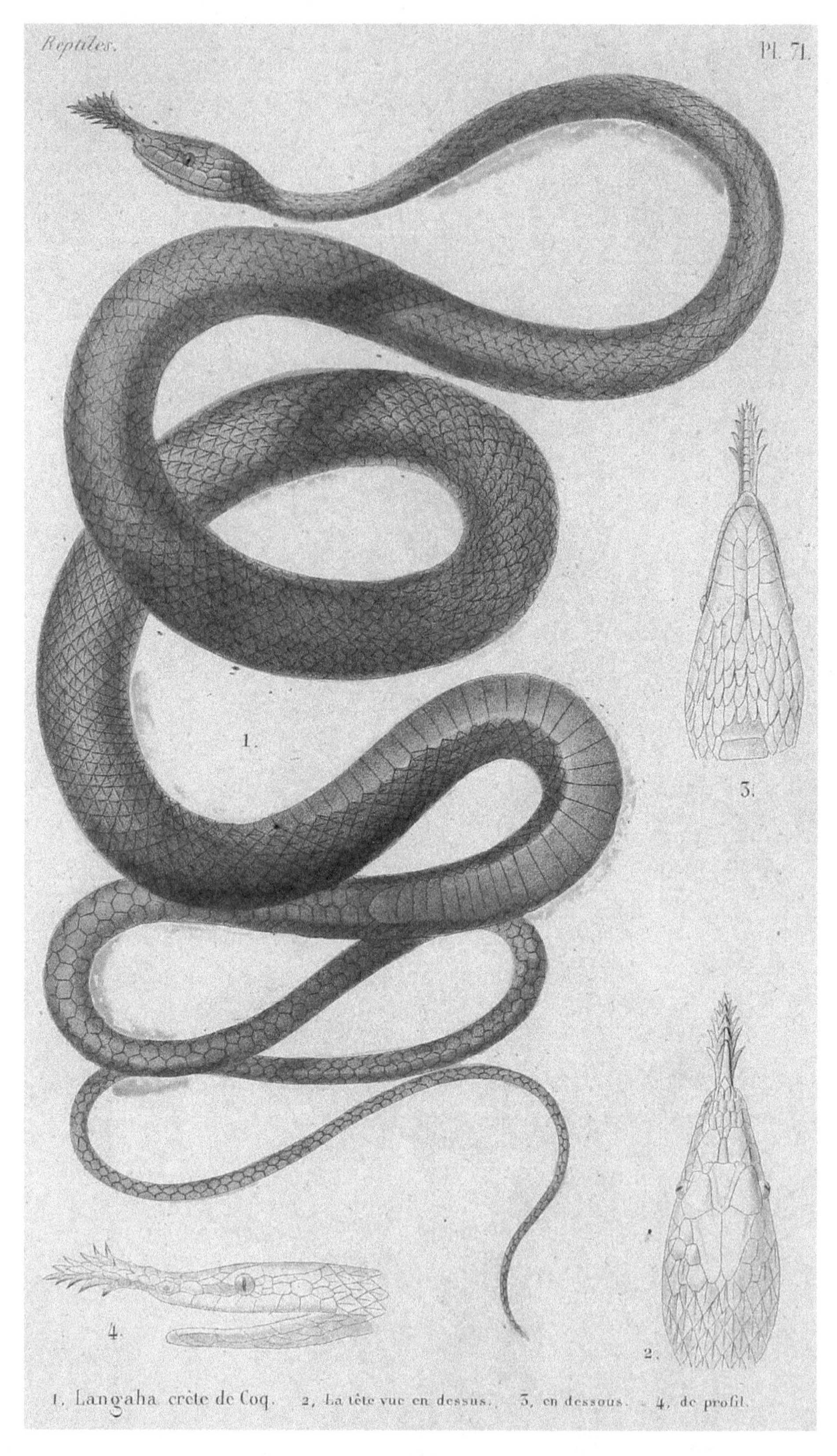

1. Langaha crête de Coq. 2, La tête vue en dessus. 3, en dessous. 4, de profil.

1, Rhinosime de Guérin. 2, La tête vue de profil. 3, Portion de la machoire supérieure.

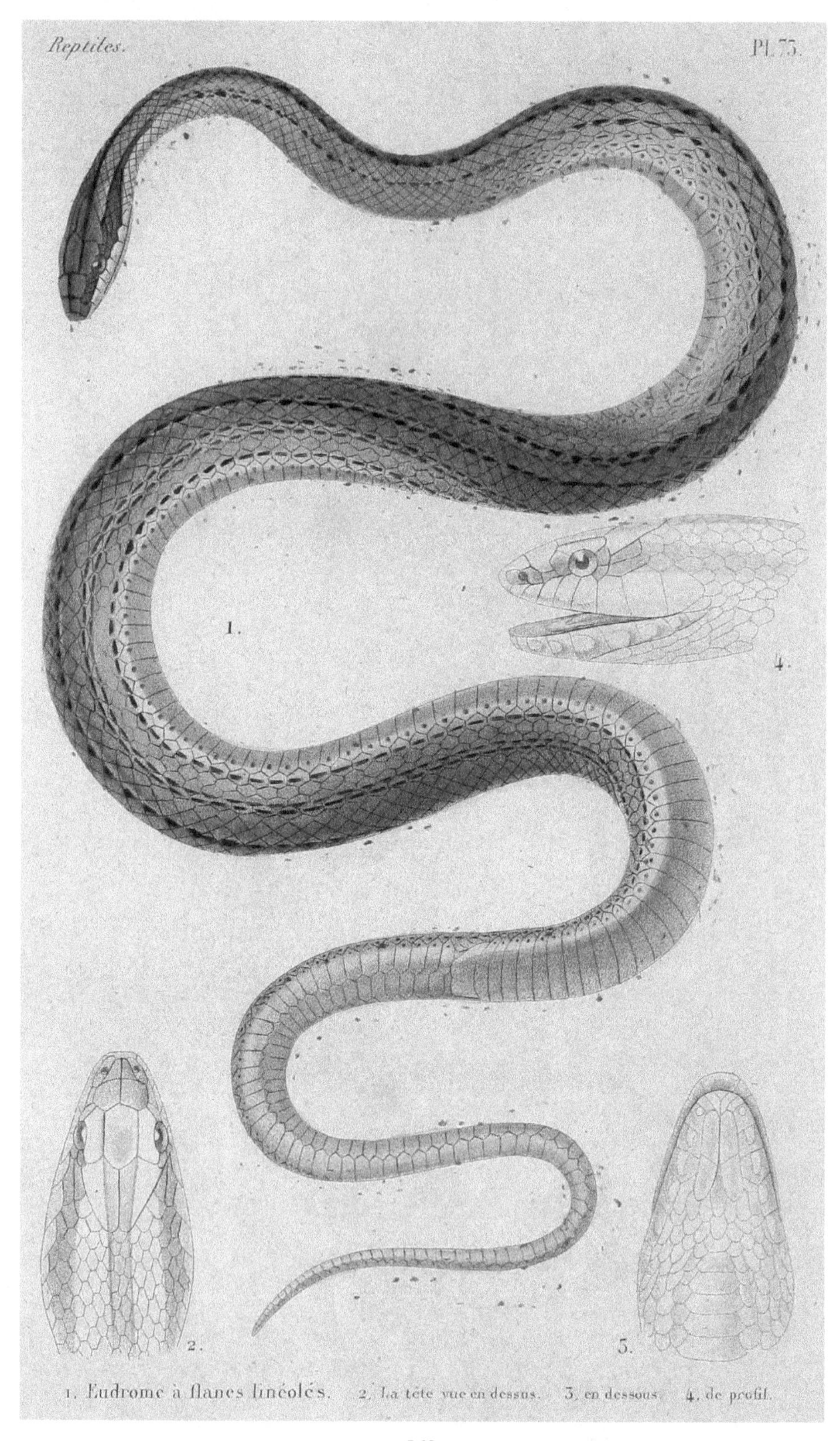

1. Eudrome à flancs linéolés. 2. La tête vue en dessus. 3. en dessous. 4. de profil.

1, Erythrolampre venustissime. 2, La tête vue en dessus. 3, en dessous. 4, de profil.

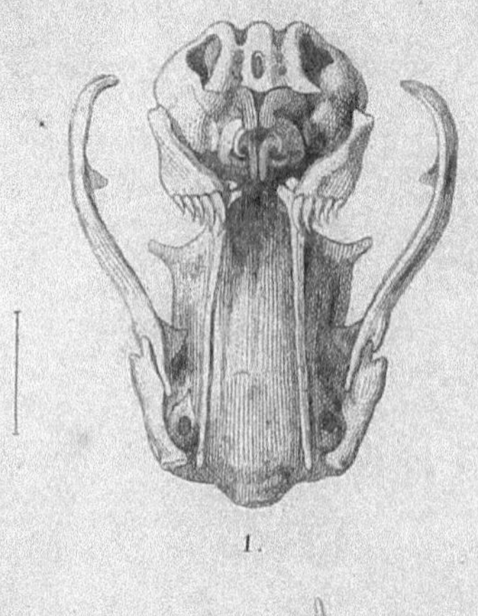

1.

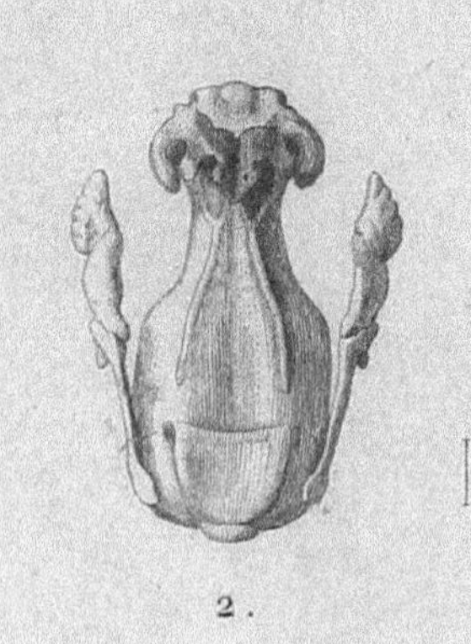

2.

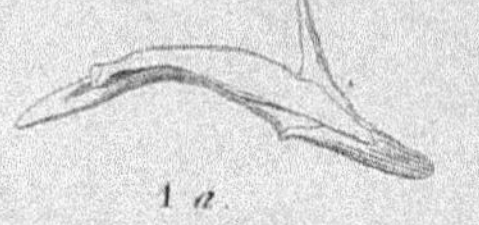

1 *a*.

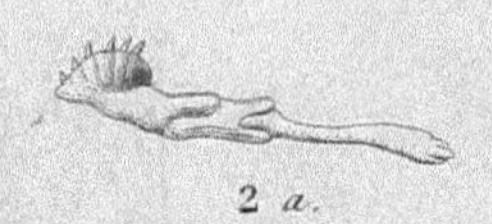

2 *a*.

AGLYPHODONTES.

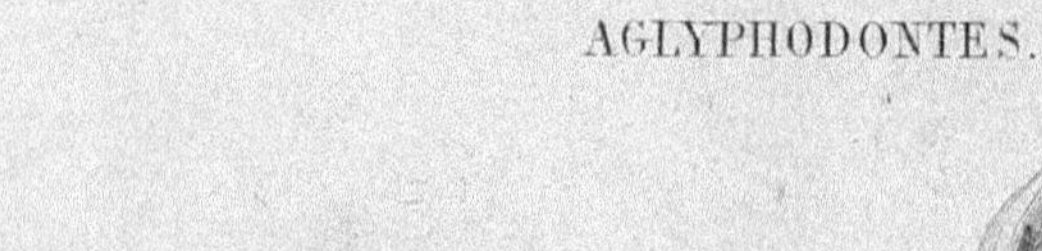

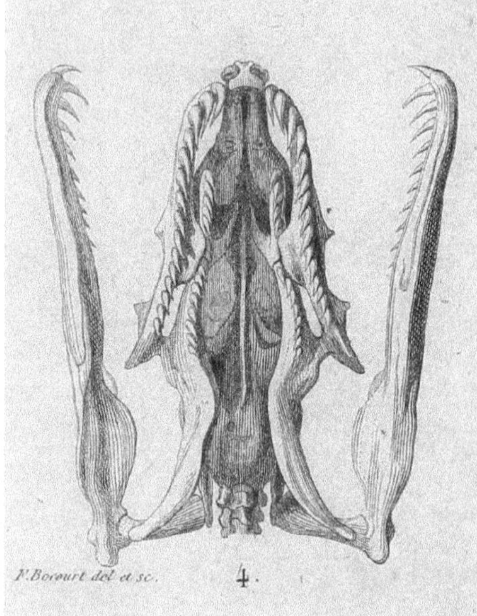

4.

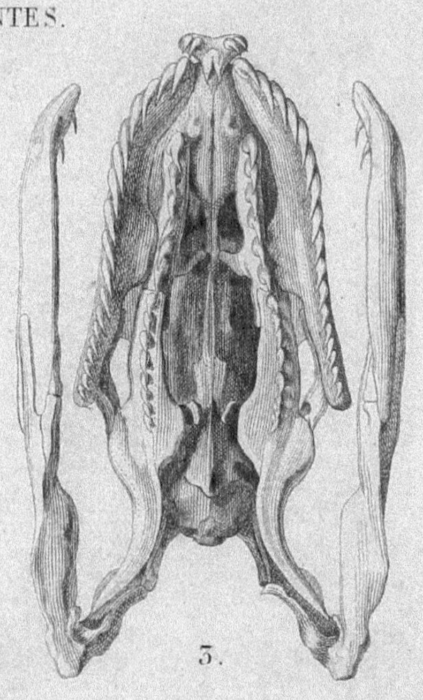

3.

F. Bocourt del. et sc.

1, Typhlops réticulé; 1 *a*, Machoire inférieure; 2, Sténostome deux-raies; 2 *a*, Machoire inférieure; 3, Python molure; 4, Xiphosome canin.

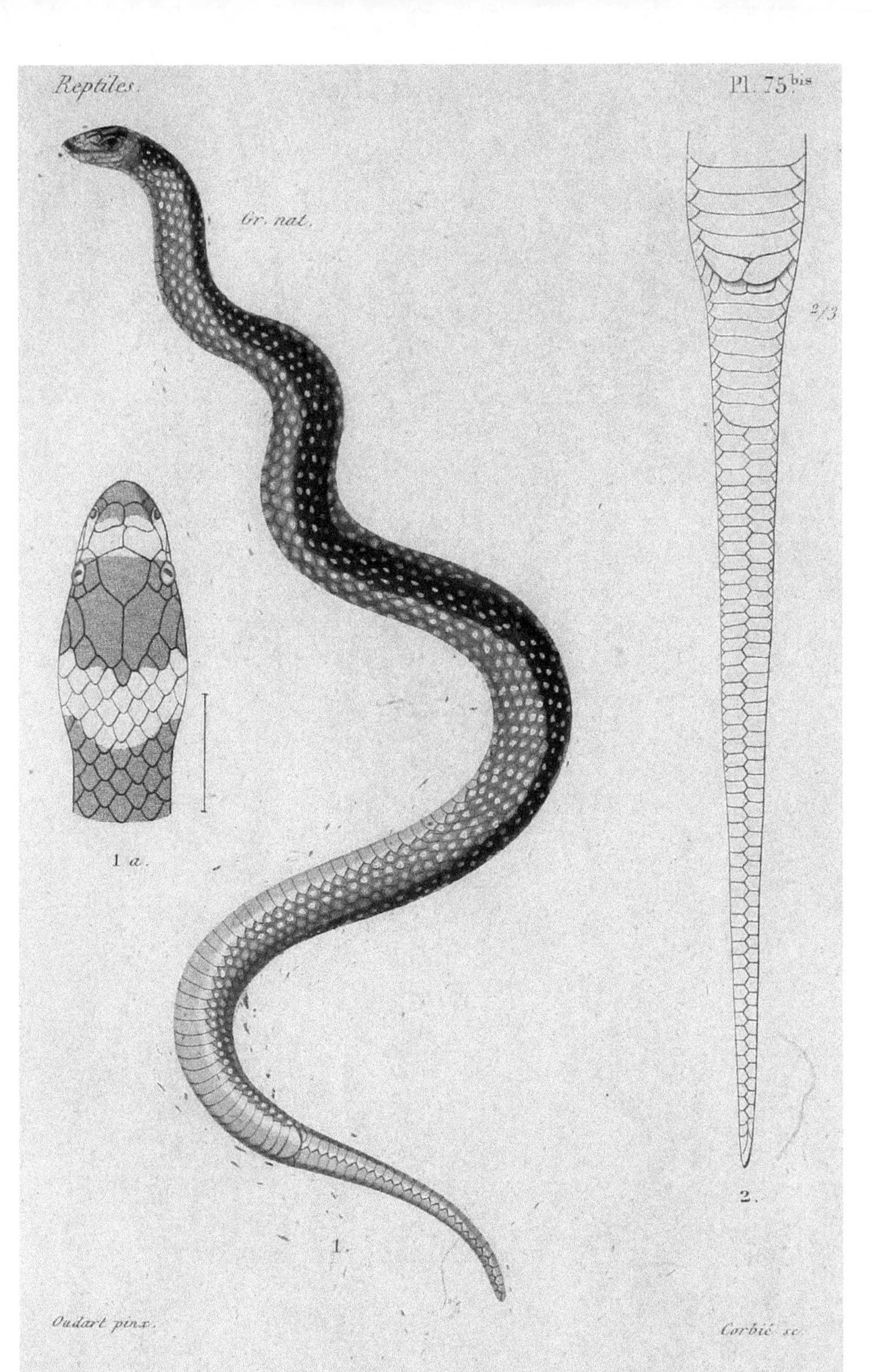

1. Furine beau-dos. 1 a. Tête de la même vue en dessus.

2. Queue du Triméresure porphyré vue en dessous.

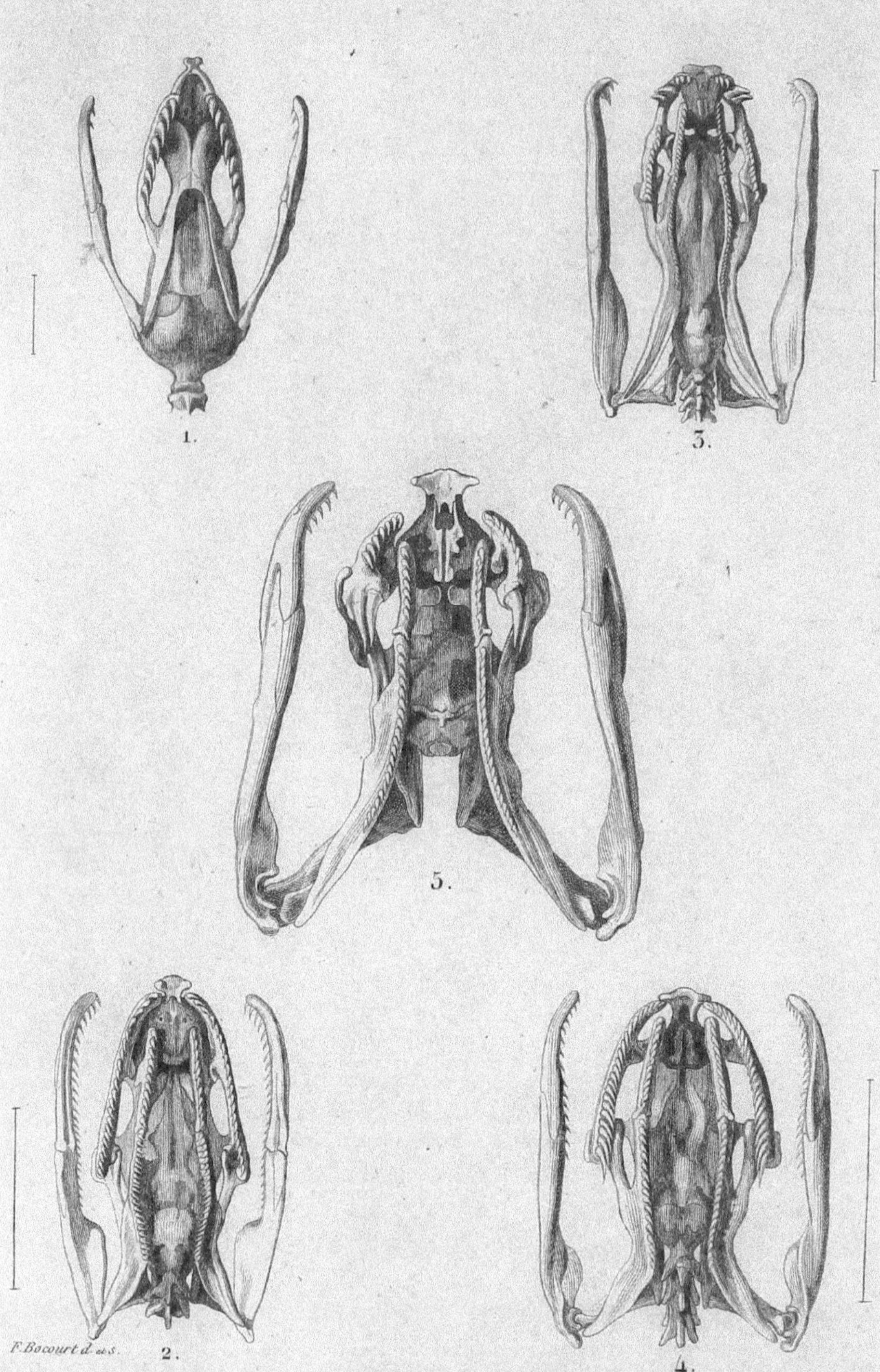

1, Plectrure de Perrotet ; 2, Plagiodonte Hélène ; 3, Lycodon aulique ; 4, Tropidonote vipérin ; 5, Xénodon géant.

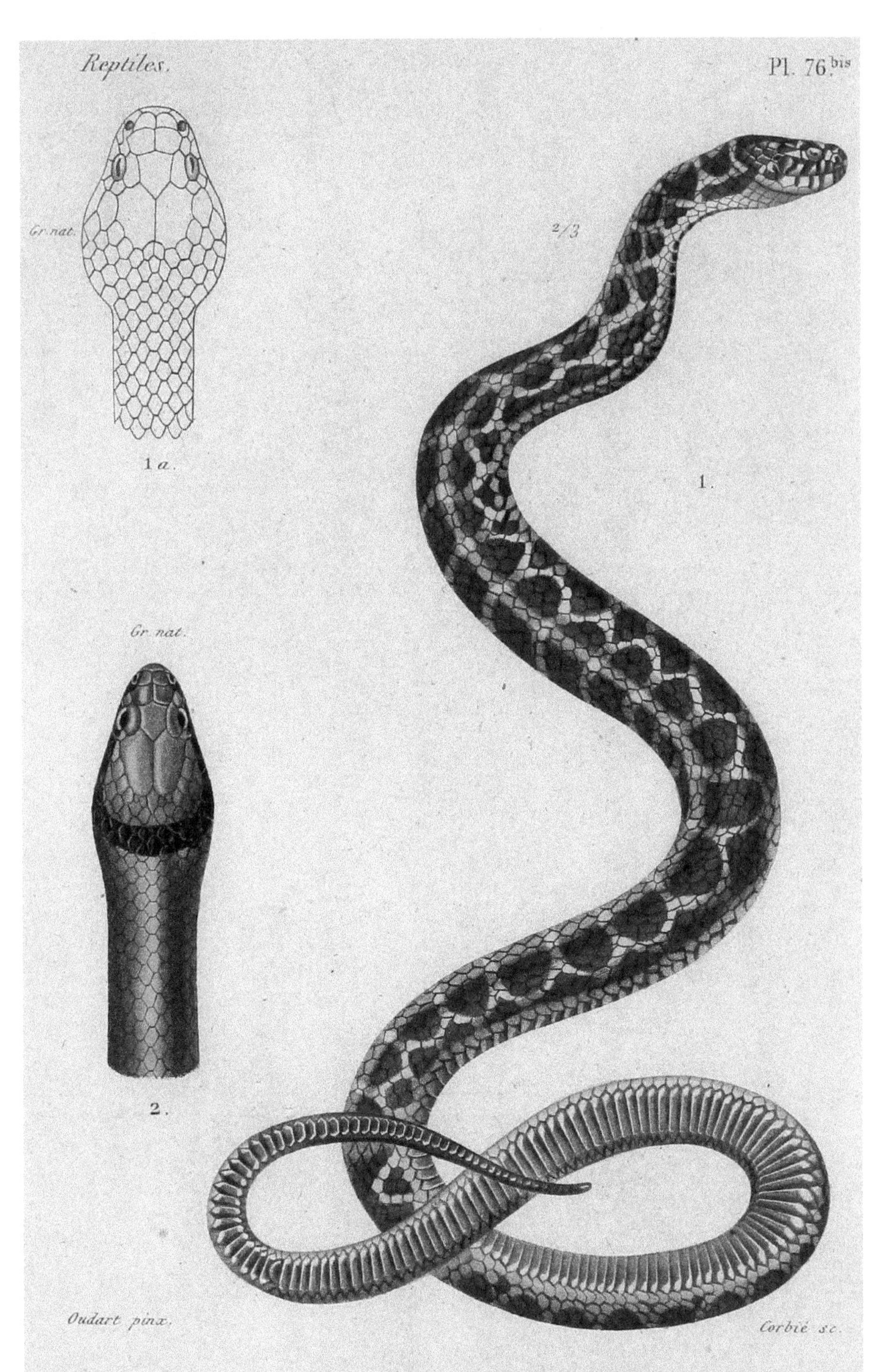

1. Alecto panachée. 1 a. Tête du même vue en dessus.

2. Tête de l'Alceto couronnée.

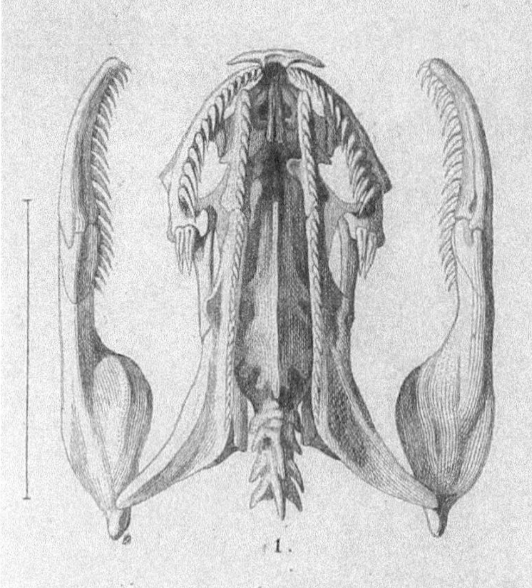

1.

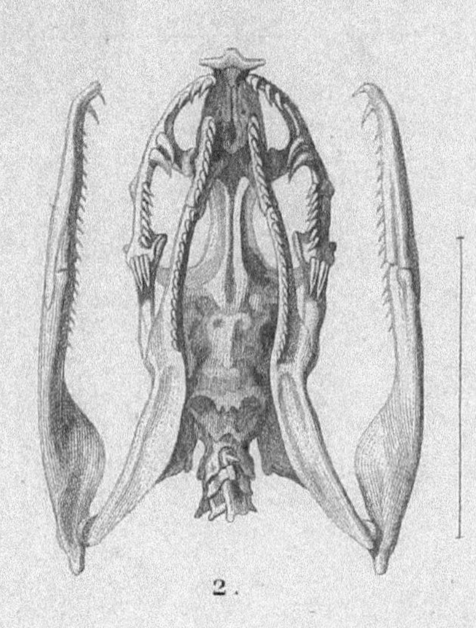

2.

PROTÉROGLYPHES.

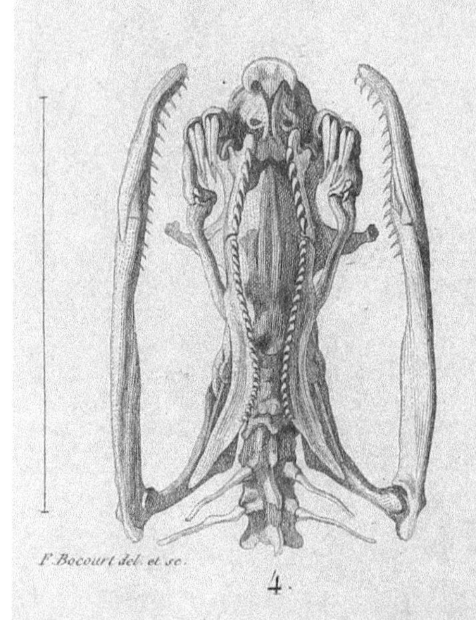

F. Bocourt del. et sc.

4.

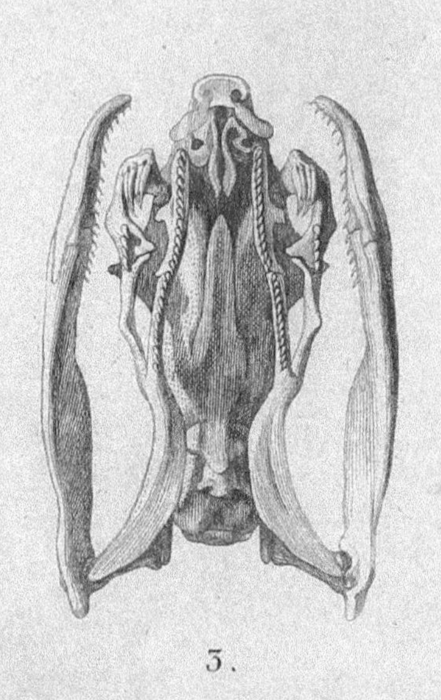

3.

1, Euroste de Dussumier; 2, Psammophis ponctué; 3, Bongare demi-anneaux; 4, Naja baladine.

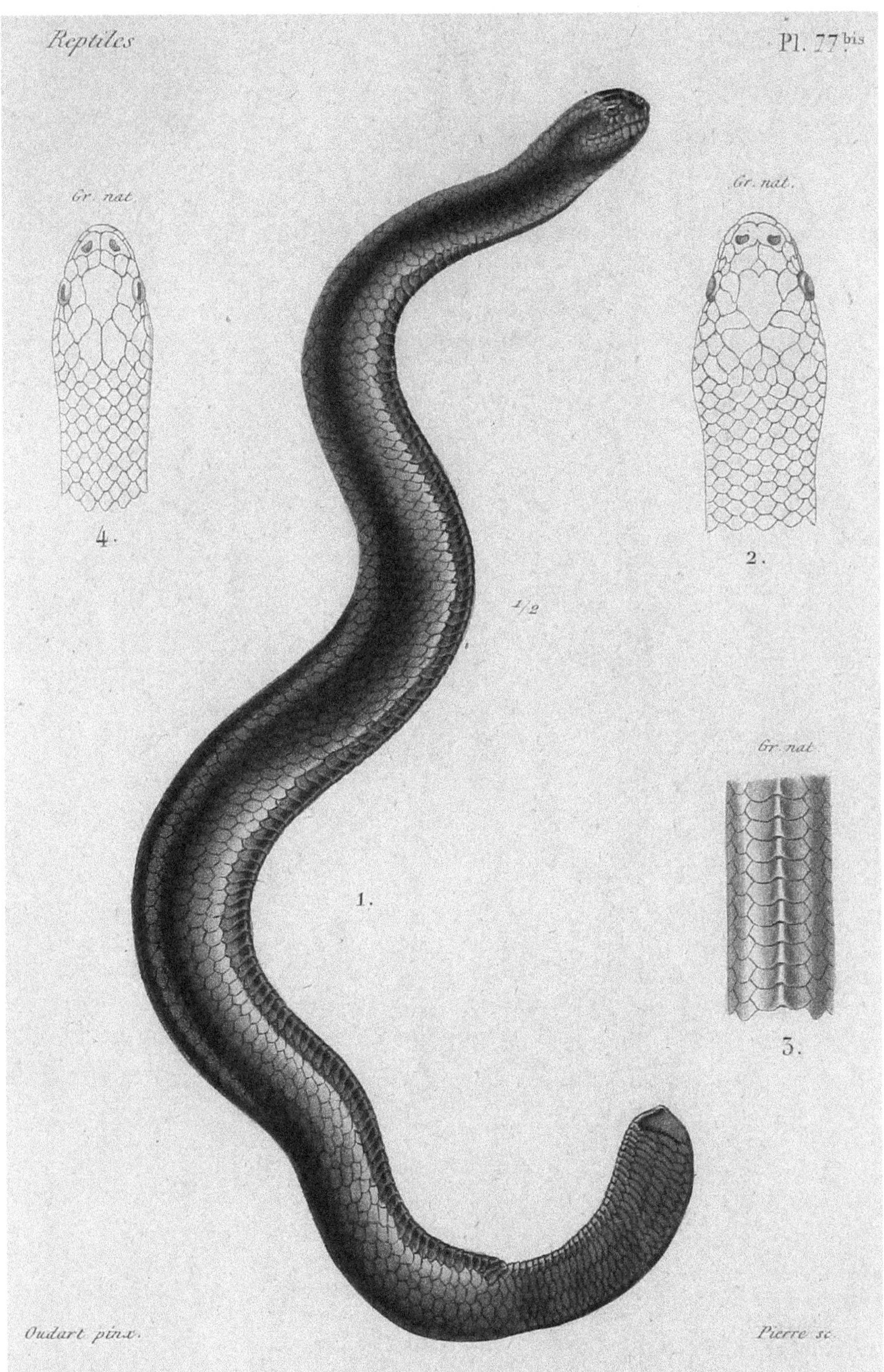

1. Aipysure fuligineux. 2. La tête vue en dessus. 3. Portion du tronc du même vue en dessous. 4. Tête de l'Aipysure lisse vue en dessus.

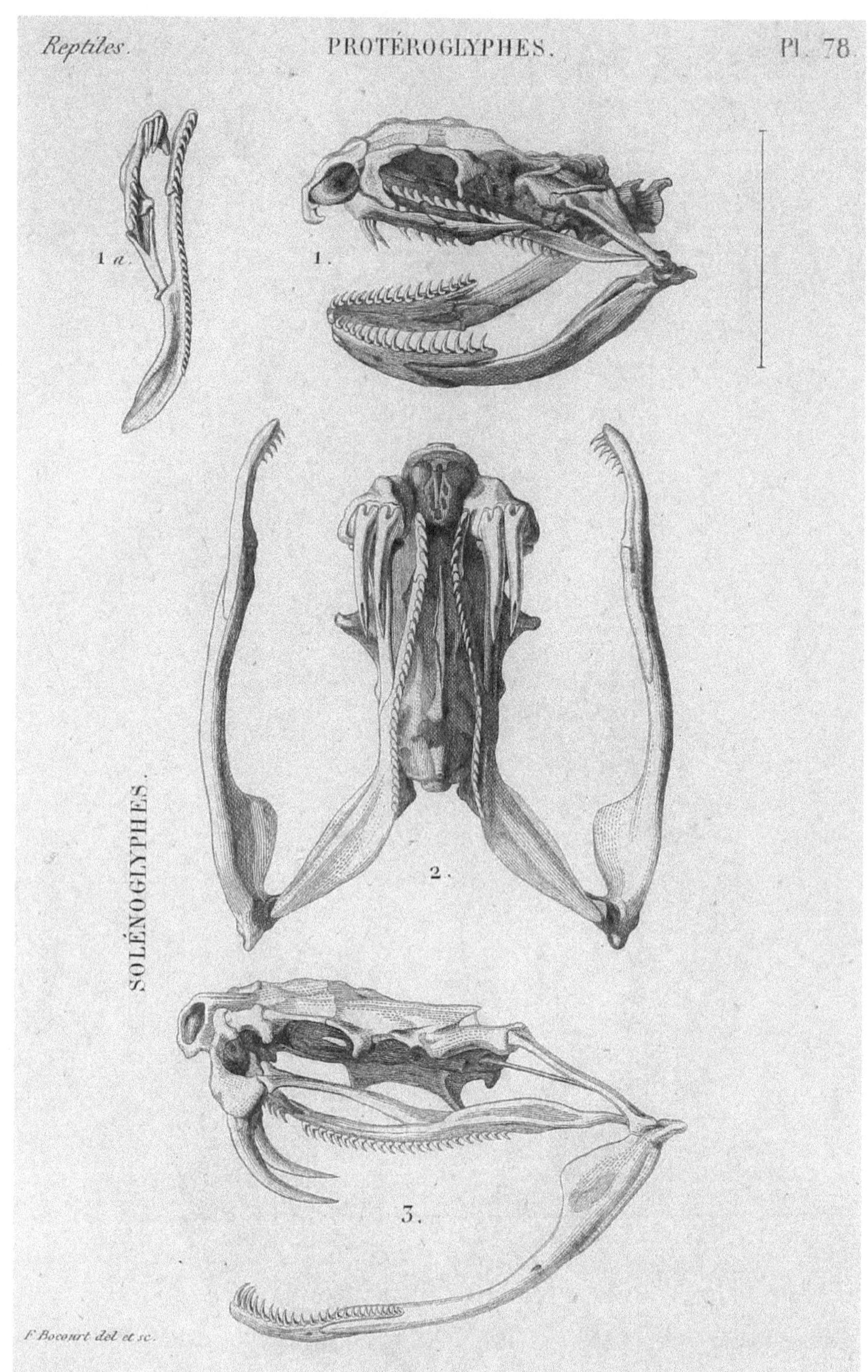

1, Hydrophis pelamidoïde; 1 *a*, Portion droite de la machoire supérieure; 2, Crotale durisse; 3, La même de profil.

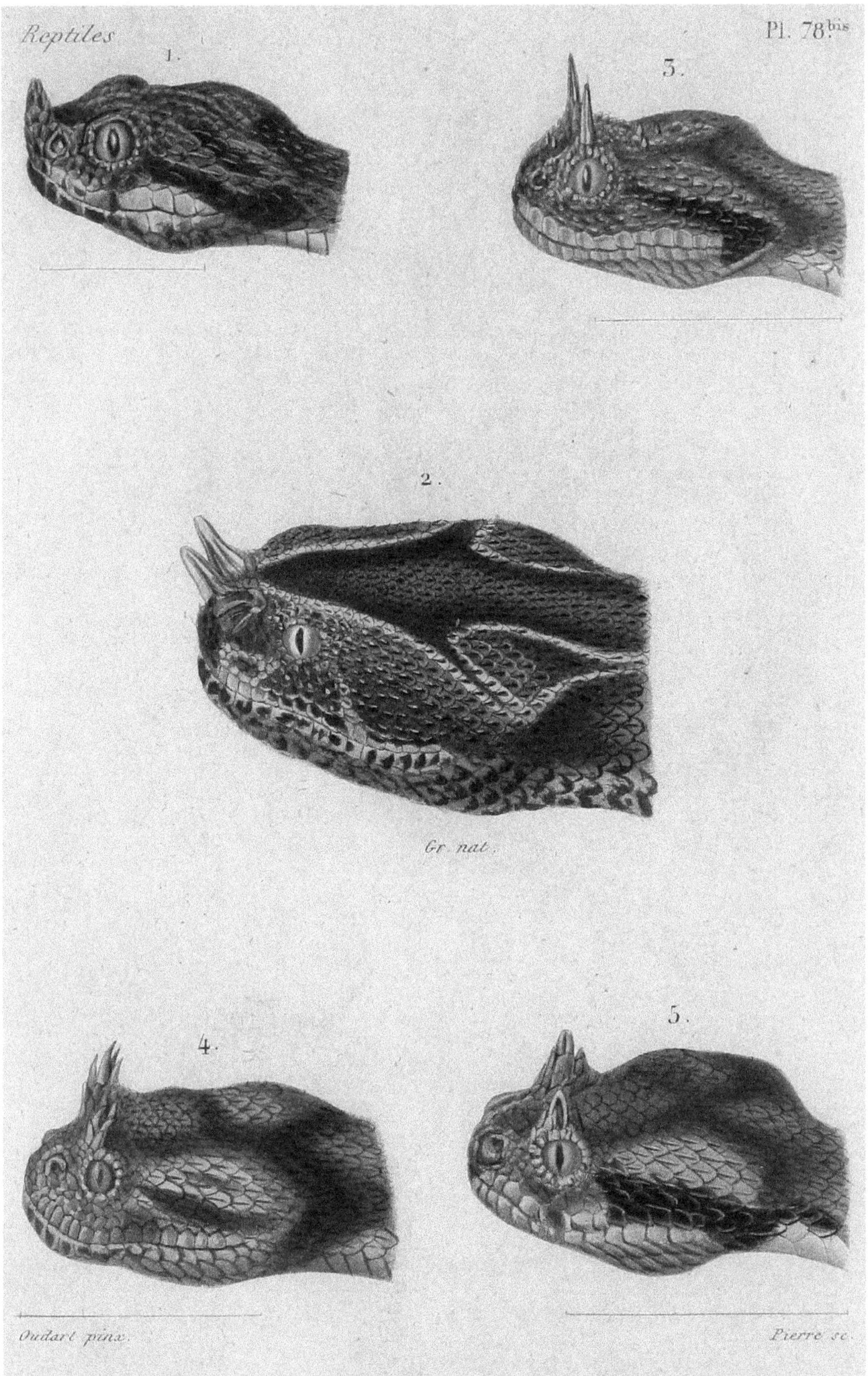

1. Vipère ammodyte. 2. Vipère hexacère. 3. Céraste d'Egypte.
4. Céraste lophophrys. 5. Céraste de Perse.

1, Dendrophide vert. 1 *a*, Portion du tronc du même vue en dessus. 2, du Dendrophide Adonis.
3, du Dendrophide à huit raies.

Les détails sont de gr. nat.

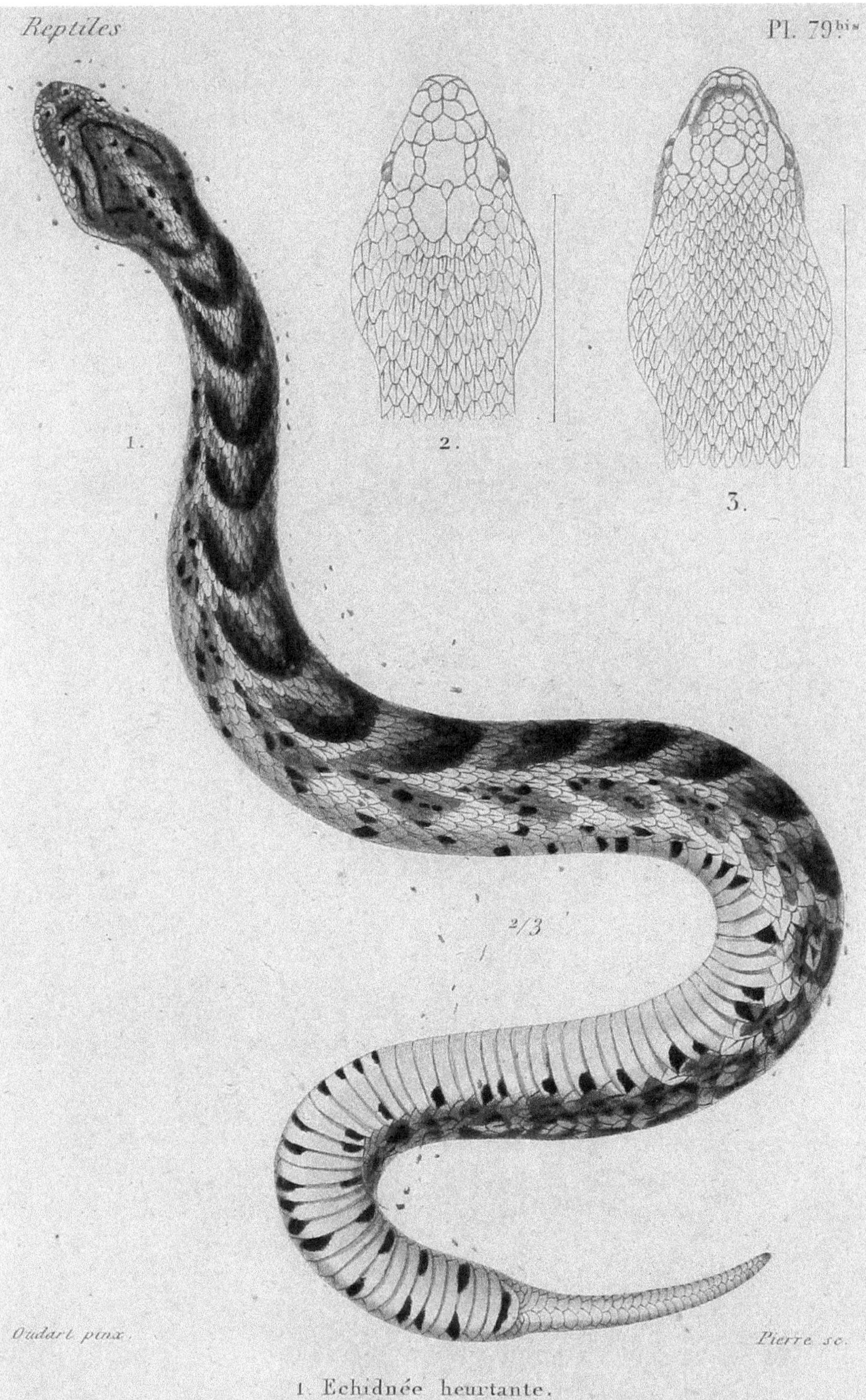

1. Echidnée heurtante.

Têtes des deux Vipères communes de France.

2. Pelias berus. 3. Vipera aspis.

1, Enicognathe annelé. 2, Tête de l'Enicognathe à ventre rouge. 3, La machoire inférieure du même.
4, Tête du Trétanorhine variable.

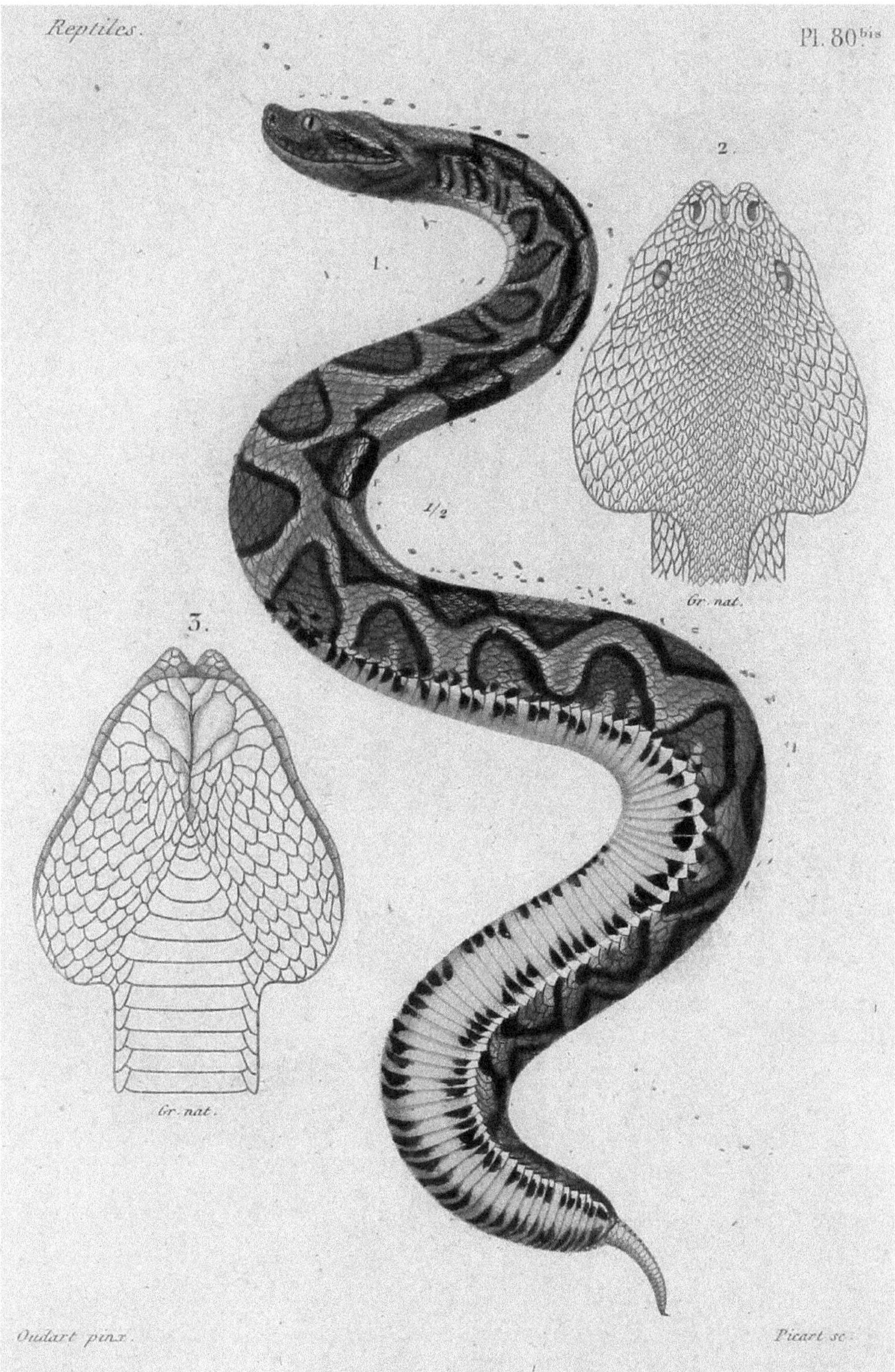

1. Echidnée du Gabon. 2 et 3. Tête de la même vue en dessus et en dessous.

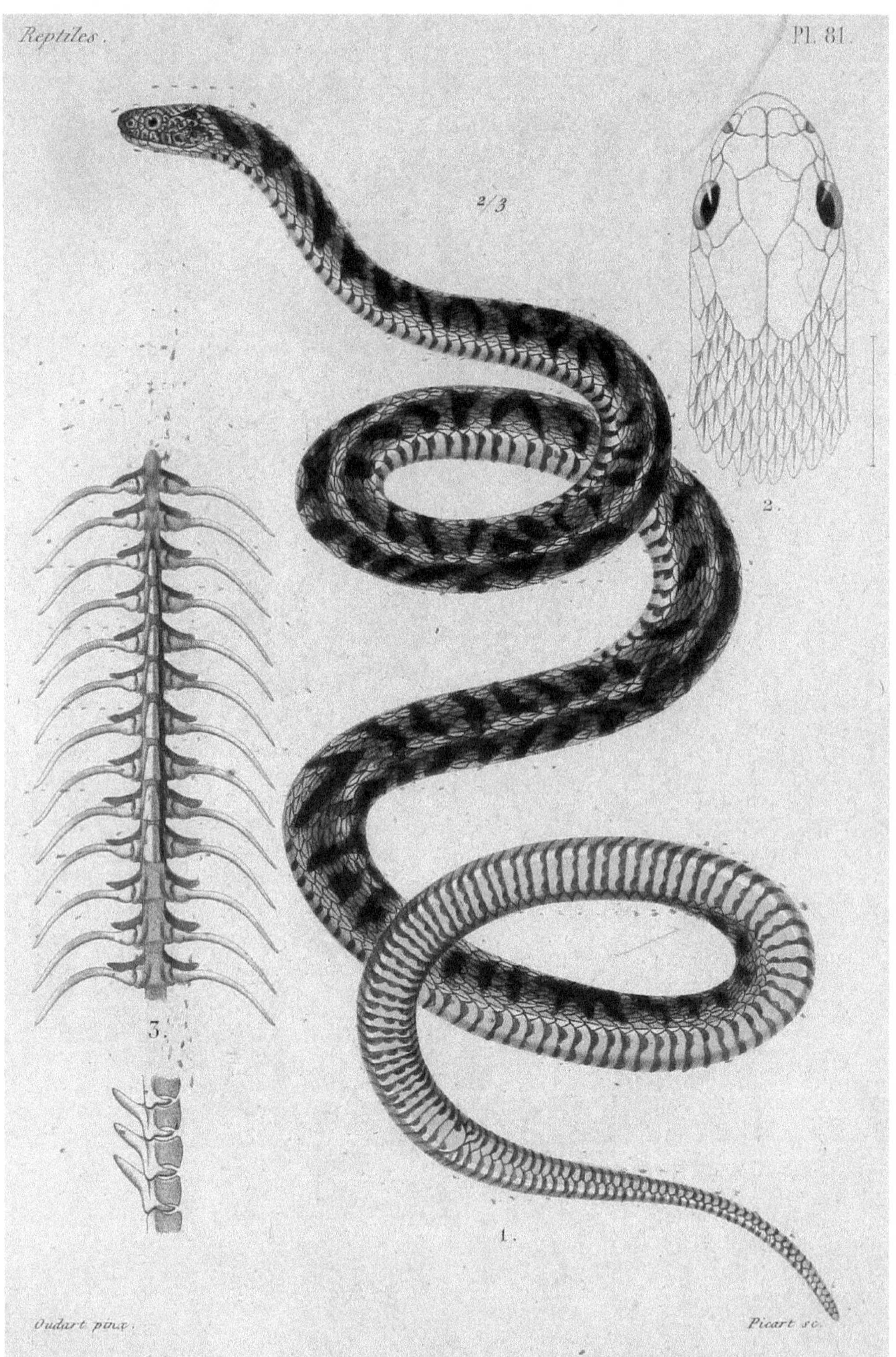

1. Rachiodon d'Abyssinie. 2 La tête vue en dessus. 3, Portion dentée de la colonne vertébrale du Rachiodon rude.

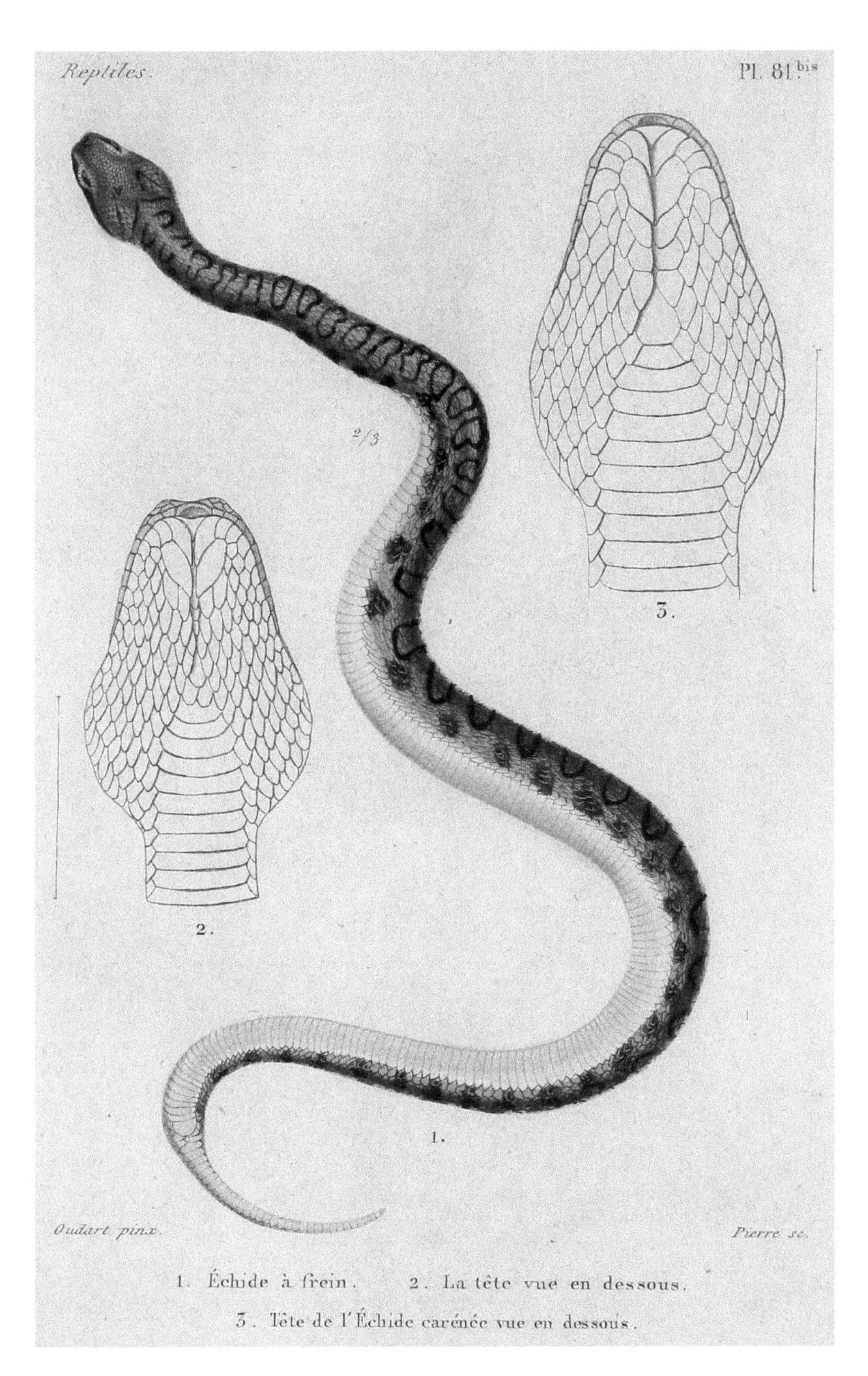

1. Échide à frein. 2. La tête vue en dessous.
3. Tête de l'Échide carénée vue en dessous.

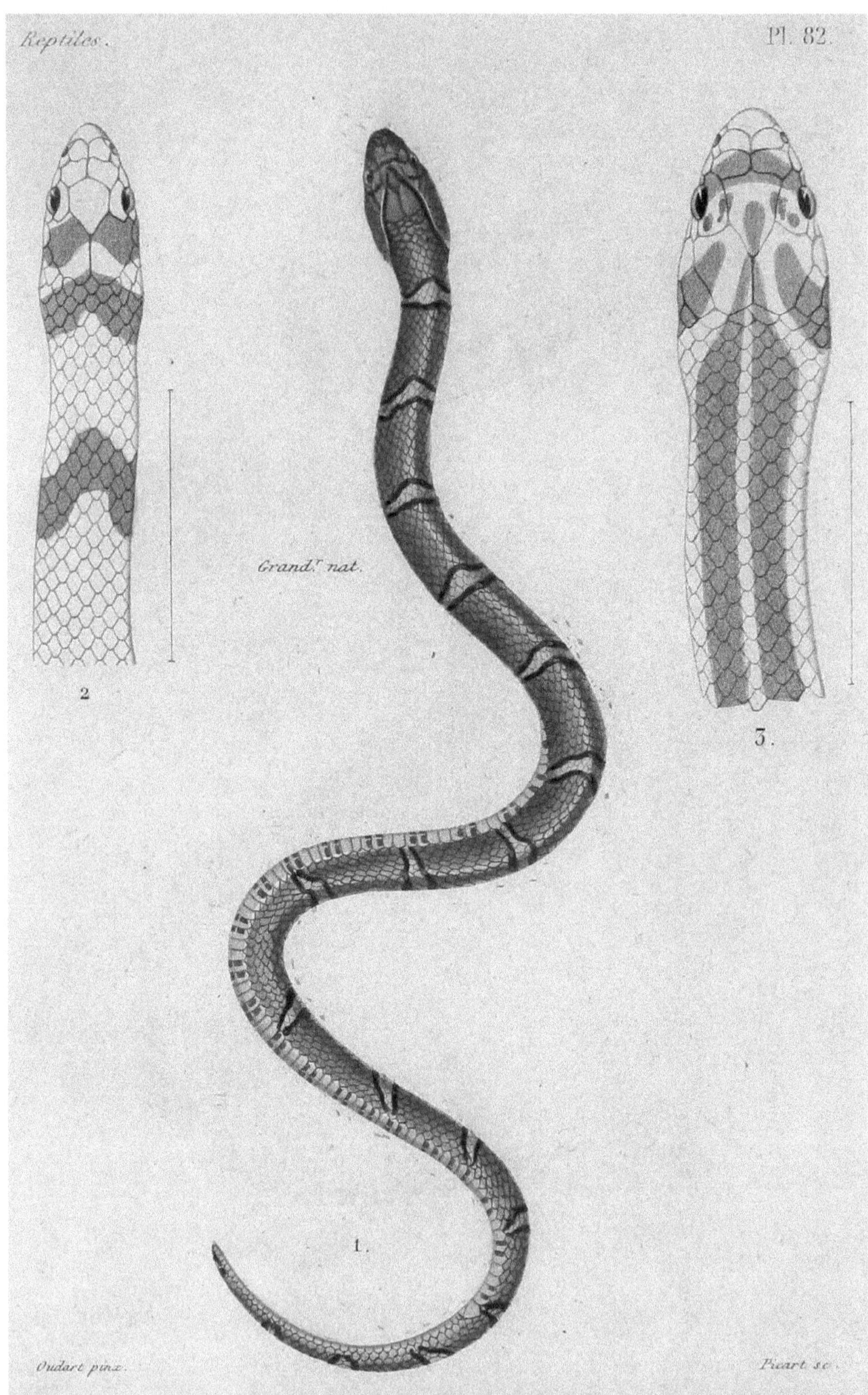

1 Simote à bandes blanches. 2, Tête du Simote écarlate vue en dessus. 3, du Simote à huit lignes.

Les détails sont du double de la gr. nat.

1. Bothrops alterné. 1 a. La Tête du même vue de profil.

2. Tête du Trigonocéphale cenchris.

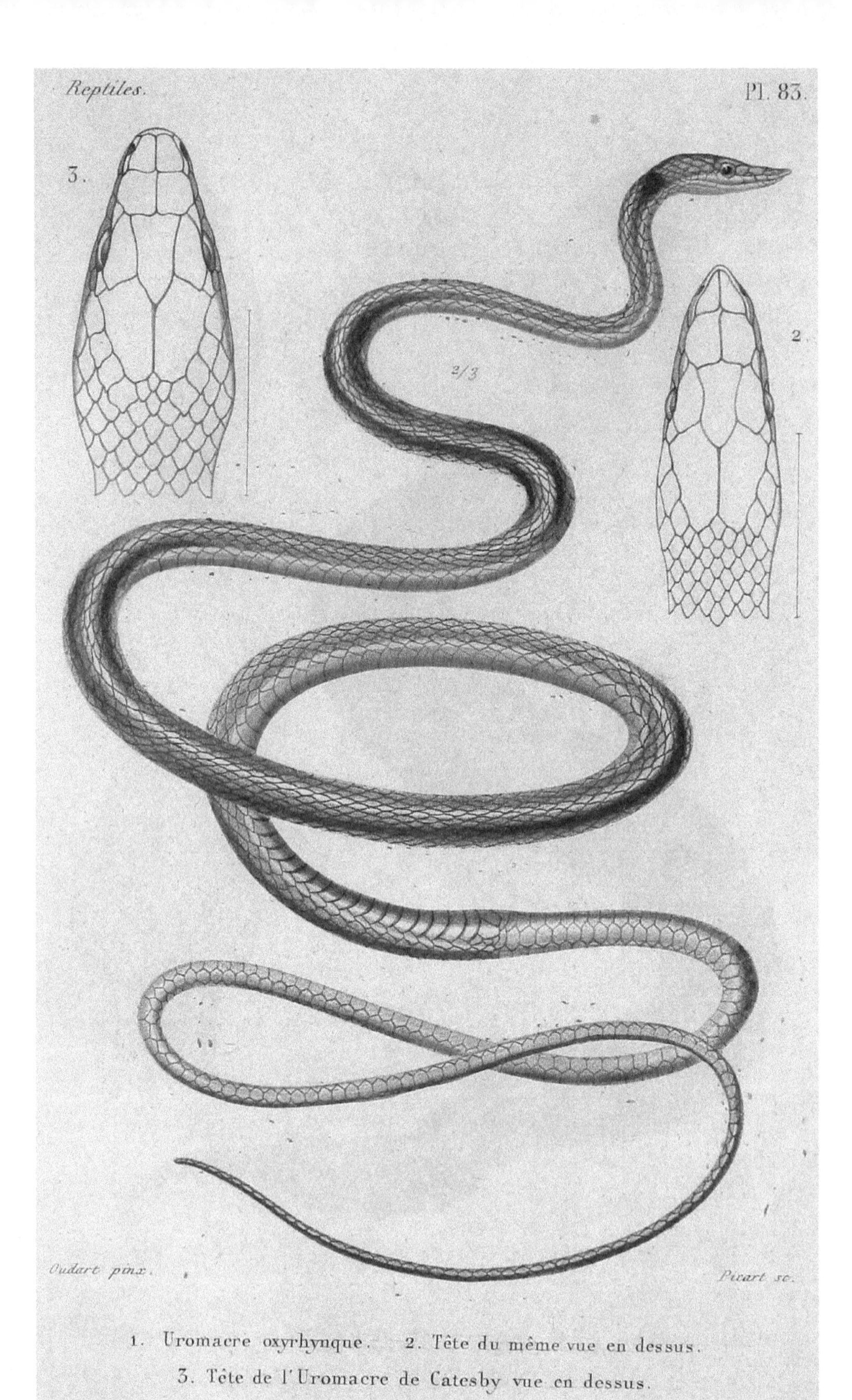

1. Uromacre oxyrhynque. 2. Tête du même vue en dessus.
3. Tête de l'Uromacre de Catesby vue en dessus.

1. Atropos méxicain. 2. Tête du même vue en dessus. 3. Tête de l'Atropos pourpre.

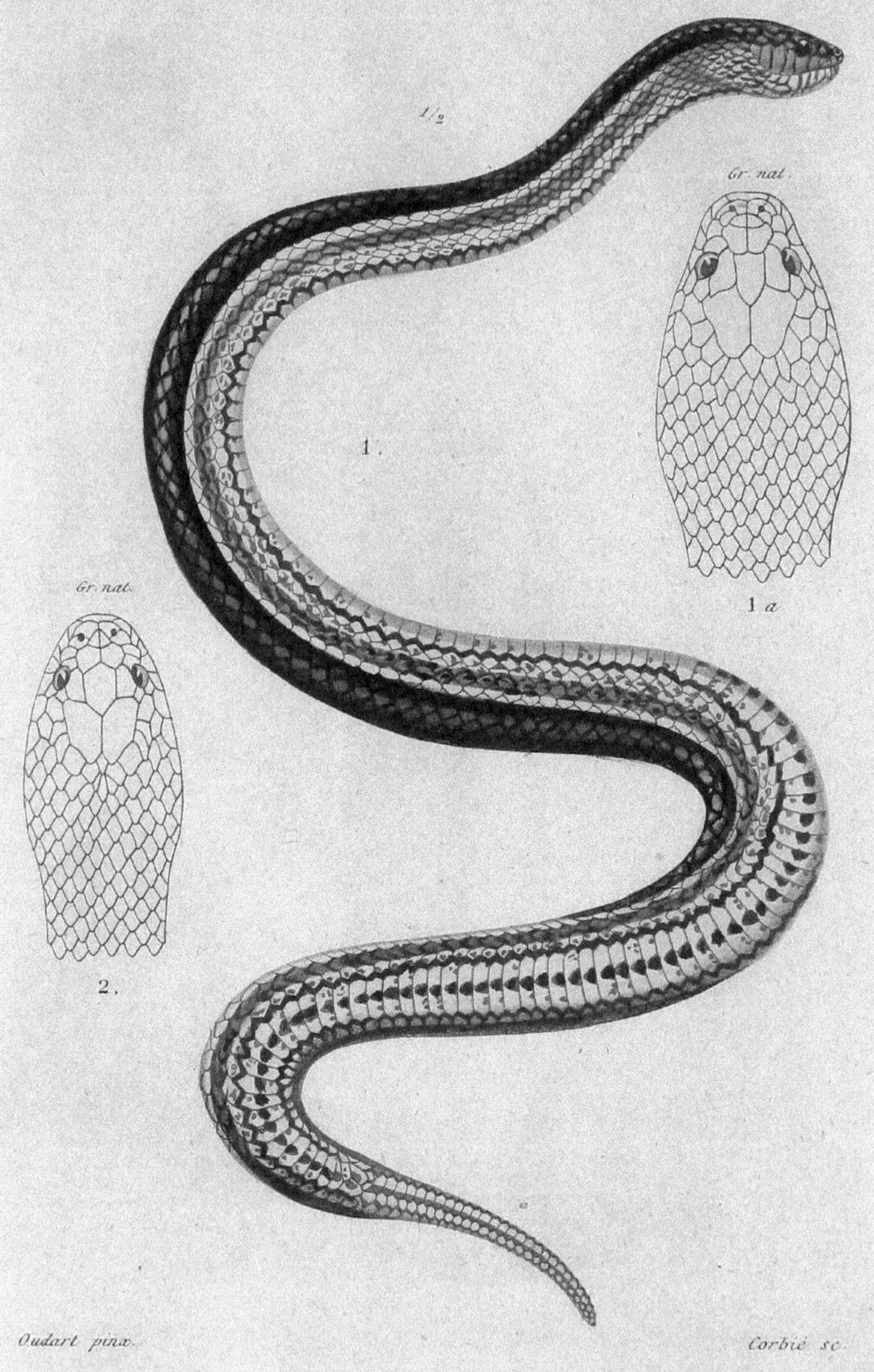

1. Euroste de Dussumier. 1 a. La Tête vue en dessus.

2. Tête de l'Euroste plombé.

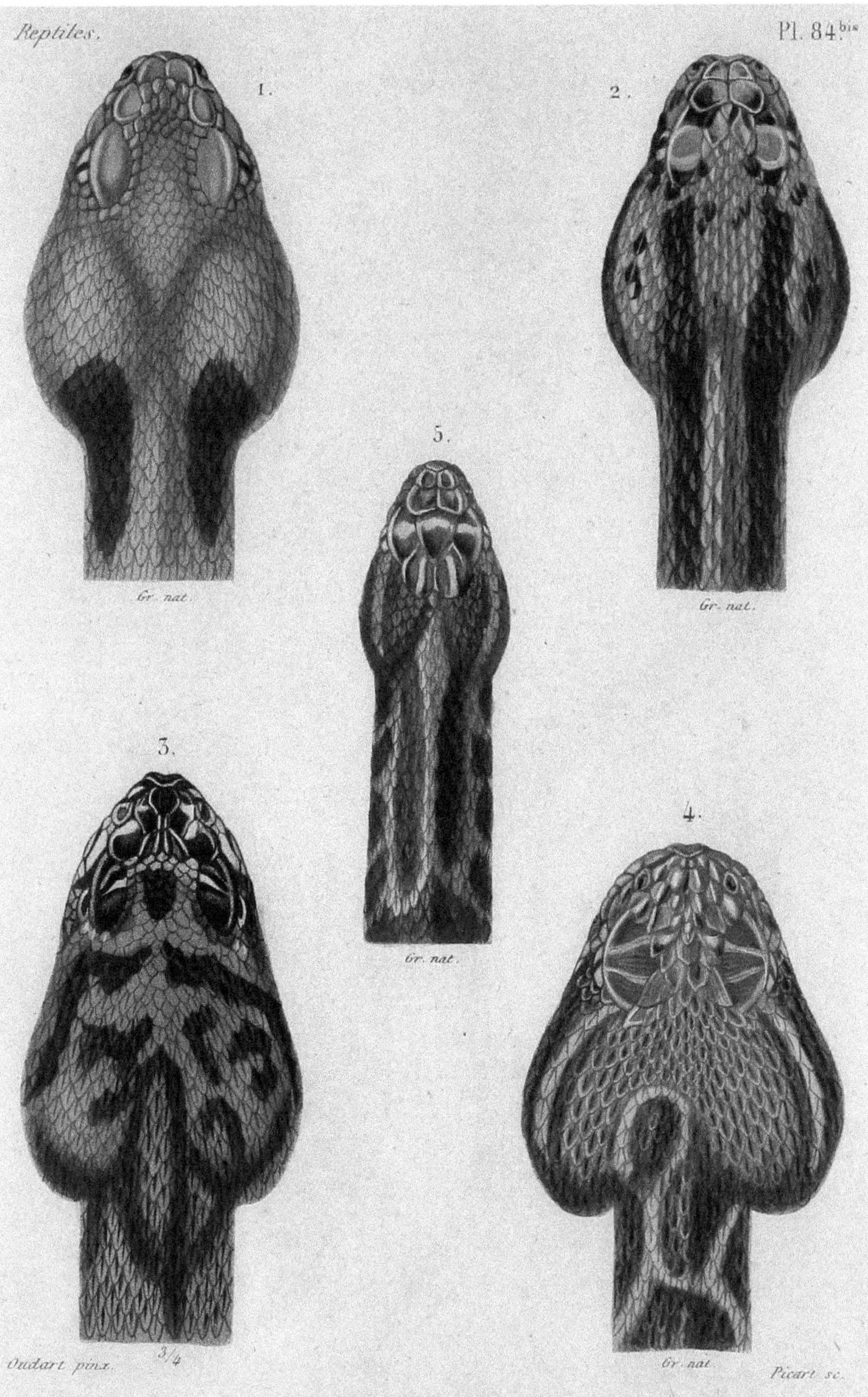

Têtes de Crotales.

1. C. Durisse. 2 C. horrible. 3. C. rhombifère ou Diamant.
4. C. à taches confluentes. 5. C. à triples taches.

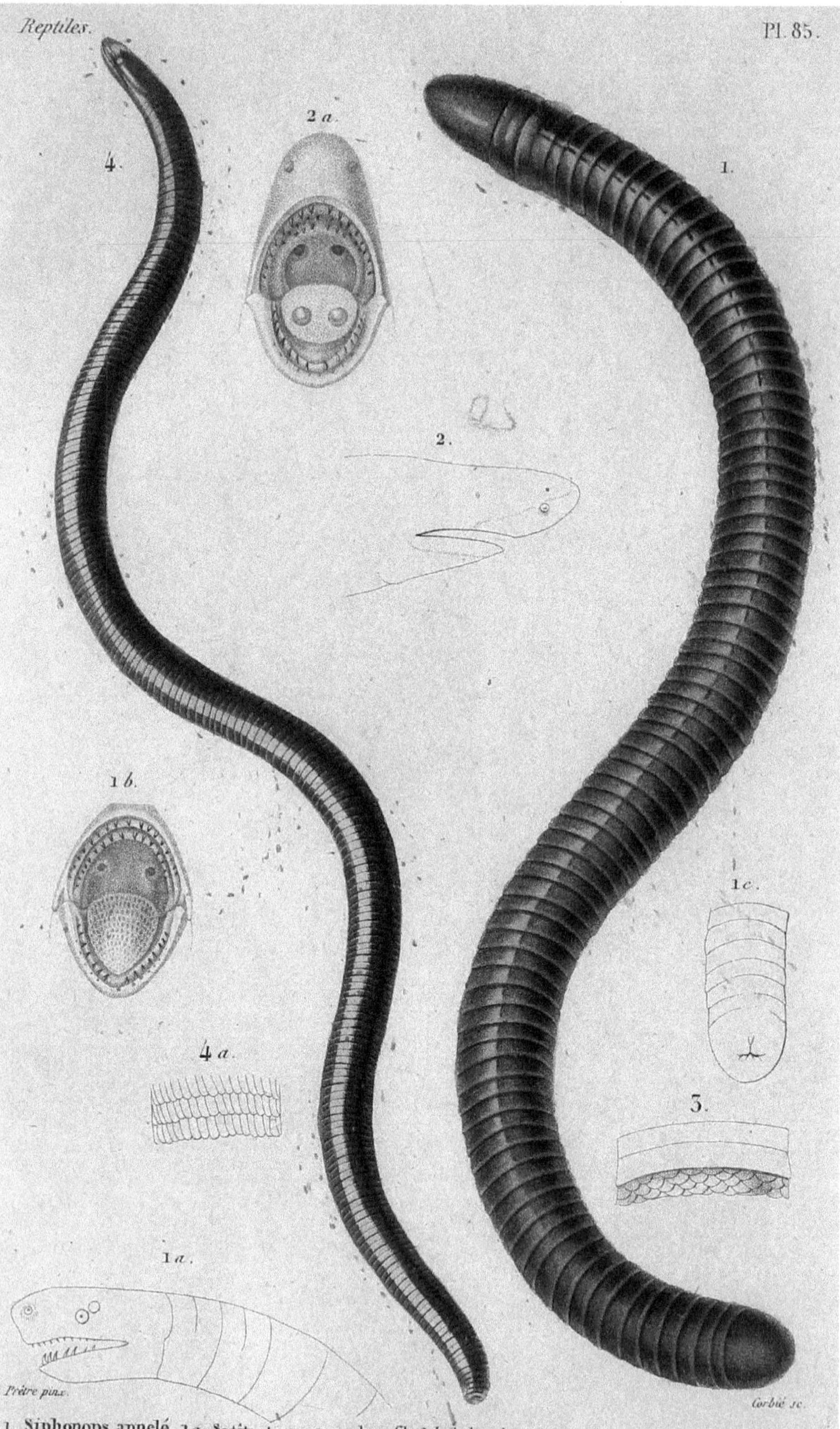

1. Siphonops annelé. 1 *a*. Sa tête et son cou vus de profil. 1 *b*. Sa bouche ouverte pour montrer la langue, les dents et les orifices internes des narines. 1 *c*. L'extrémité terminale de son corps vue en dessous. 2. Tête de Cécilie lombricoïde vue de profil. 2 *a*. Sa bouche ouverte pour montrer la langue, les dents et les orifices internes des narines. 3. Ecailles de Cécilie à ventre blanc. 4. Rhinatrème à deux bandes. 4 *a*. Ses écailles.

Reptiles. Pl. 86.

1. Grenouille du Malabar. 1 a. Sa bouche ouverte pour montrer la langue et les dents. 2. Bouche de Pseudis de Mérian ouverte pour montrer la langue et les dents. 3. Bouche de Strongylope à bandes, ouverte pour montrer la langue et les dents. 4. Bouche d'Oxyglosse lime, ouverte pour montrer la langue. 5. Expérience de Svammerdam expliquée *Tome VIII, Pag. 102.*

1. Pyxicéphale de Delalande. 1 a. Sa bouche ouverte pour montrer la langue et les dents. 1 b. Son pied vu en dessous.
2. Pleurodème de Bibron. 2 a. Sa bouche ouverte pour montrer la langue et les dents.
3. Bouche de Cycloramphe fuligineux ouverte pour montrer la langue et les dents.
4. Bouche de Cystignathe ocellé ouverte pour montrer la langue et les dents.

1. Ranhyle rouge. 1 a. Sa main vue en dessous. 2. Litorie de Freycinet. 2 a. Une de ses pattes postérieures.

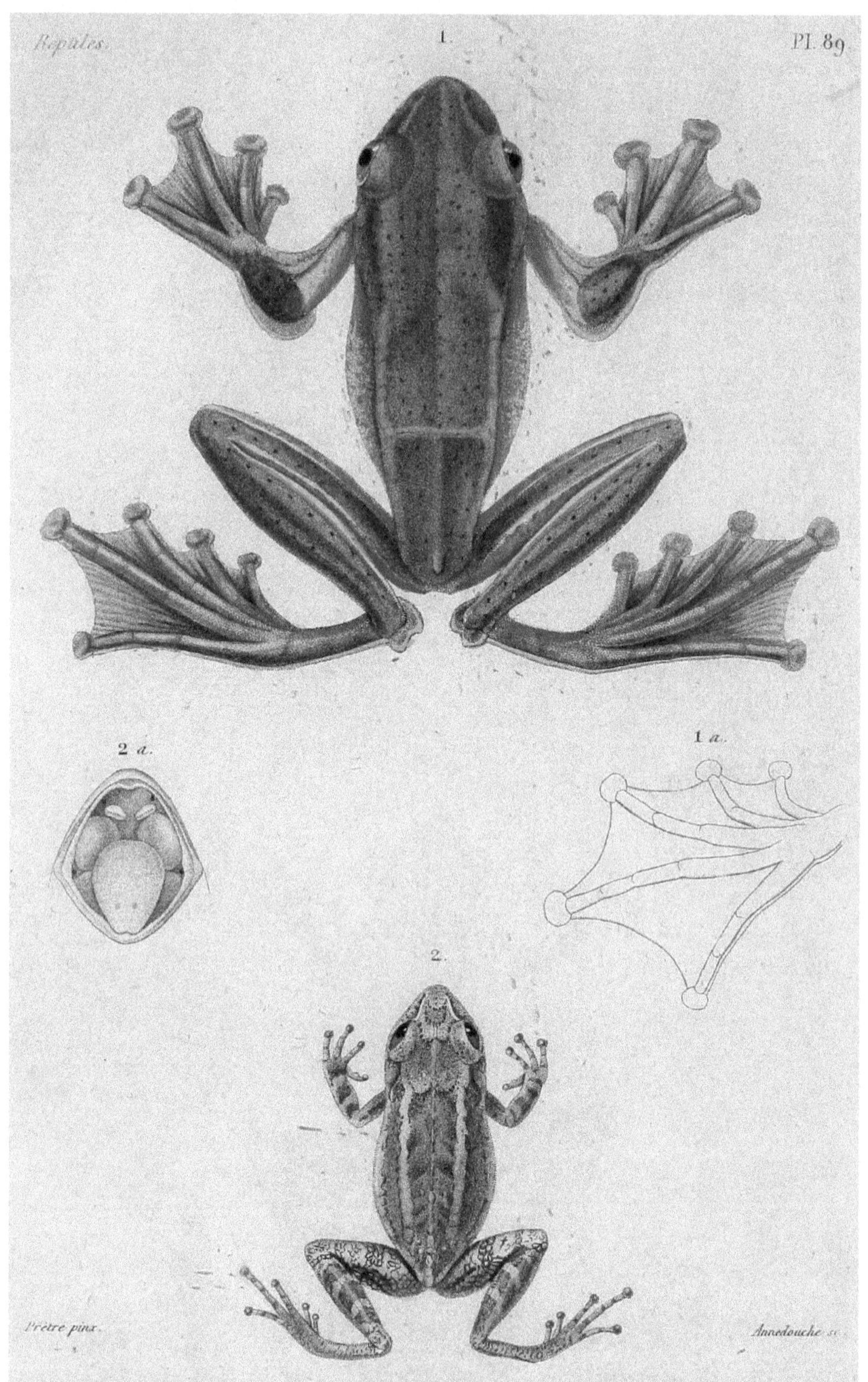

1. Rhacophore de Reinwardt. 1 *a*. Un de ses pieds vu en dessous. 2. Hylode de S.t Domingue.
2 *a*. Sa bouche ouverte pour montrer la langue et les dents.

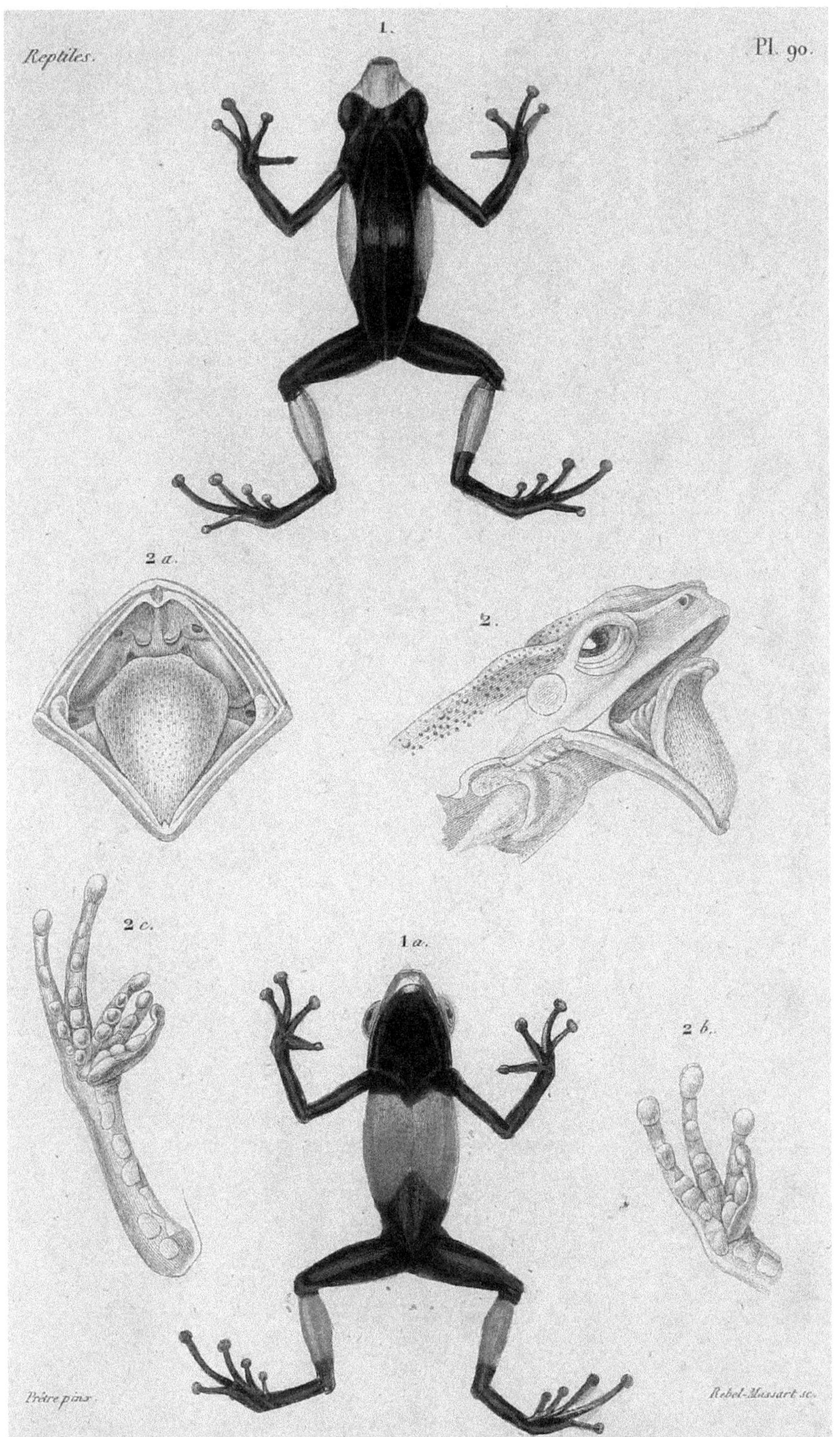

1. Hylaplésie de Cocteau. 1 a. La même en dessous. 2. Tête de Phylloméduse vue de profil avec la bouche ouverte pour montrer la langue. 2 a. Bouche de la même ouverte pour montrer les dents palatines. 2 b. Main, 2 c. Pied de la même vus en dessous.

1. Crapaud de Leschenault. 1 a. Sa bouche ouverte pour montrer la langue. 2. Rhinophryne à raie dorsale.
2 a. Son pied vu en dessous.

1. Dactylèthre du Cap. 1 a. Sa bouche ouverte. 2. Tête de Pipa vue en dessus. 2 a. Une de ses pattes de devant. 2 b. Une de ses pattes postérieures.

1. Onychodactyle de Schlegel. 1 *a*. Sa tête vue de profil. 1 *b*. Sa bouche ouverte pour montrer la langue et les dents. 1 *c*. Extrémité des doigts grossie pour mieux montrer les ongles. 2. Bouche de Pseudotriton brun, ouverte pour montrer la langue et les dents. 2 *a*. Sa tête et la langue vues de profil. 3. Bouche de la Salamandre tache^{ée} ouverte pour montrer la langue et les dents. 4. Bouche d'Amblystome à bandes, ouv^{te} p^{r} montrer la langue et les dents.

1. Ménopome des monts Alleghanis. 1 a. Sa bouche ouverte pour montrer la langue et les dents. 2. Salamandrine à lunettes. 2 a. Sa bouche ouverte pour montrer la langue et les dents. 3. Bouche de Triton à crète, ouverte pour montrer la langue et les dents. 4. Bouche de Pléthodonte ouverte pour montrer la langue et les dents.

1. Siredon. 1 a. Sa bouche ouverte. 2. Tête de Menobranche latéral vue de profil. 2 a. Sa bouche ouverte.

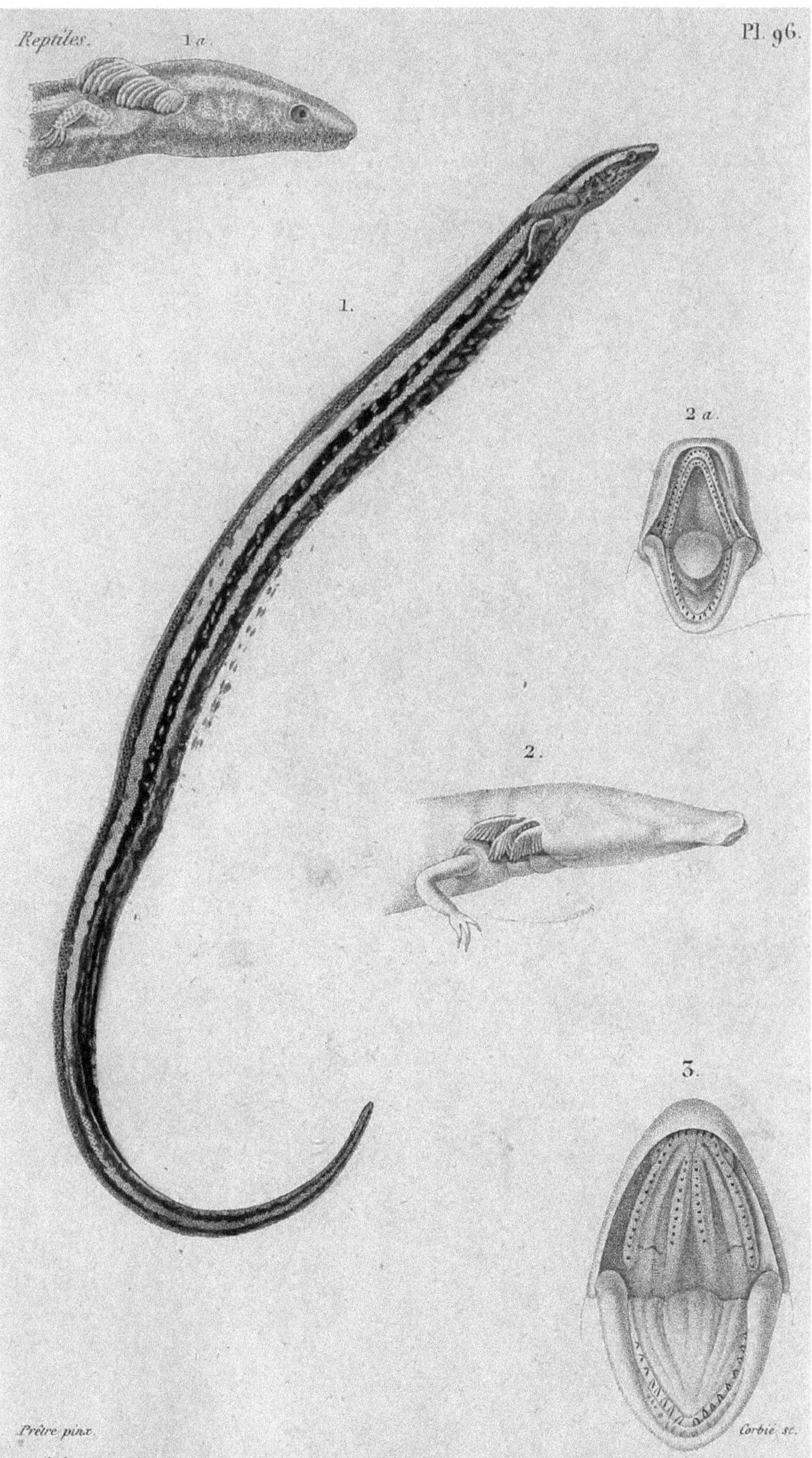

1. **Sirène striée.** 1 *a.* Sa tête vue de profil. 2. **Tête de Protée** vue de profil. 2 *a.* Sa bouche ouverte pour montrer la langue et les dents. 3. **Bouche d'Amphiume** ouverte pour montrer la langue et les dents.

1, Scaphiope solitaire; 1 a, La bouche ouverte; 1 b, L'un des pieds; 2, L'un des pieds du Pélobate brun; 3, L'un des pieds du Pélobate cultripède.

Imp. de Roret, r. Hautefeuille, 12.

1, Rainette à bourse mâle; 2, La femelle qui porte la poche dorsale ou bourse cutanée.

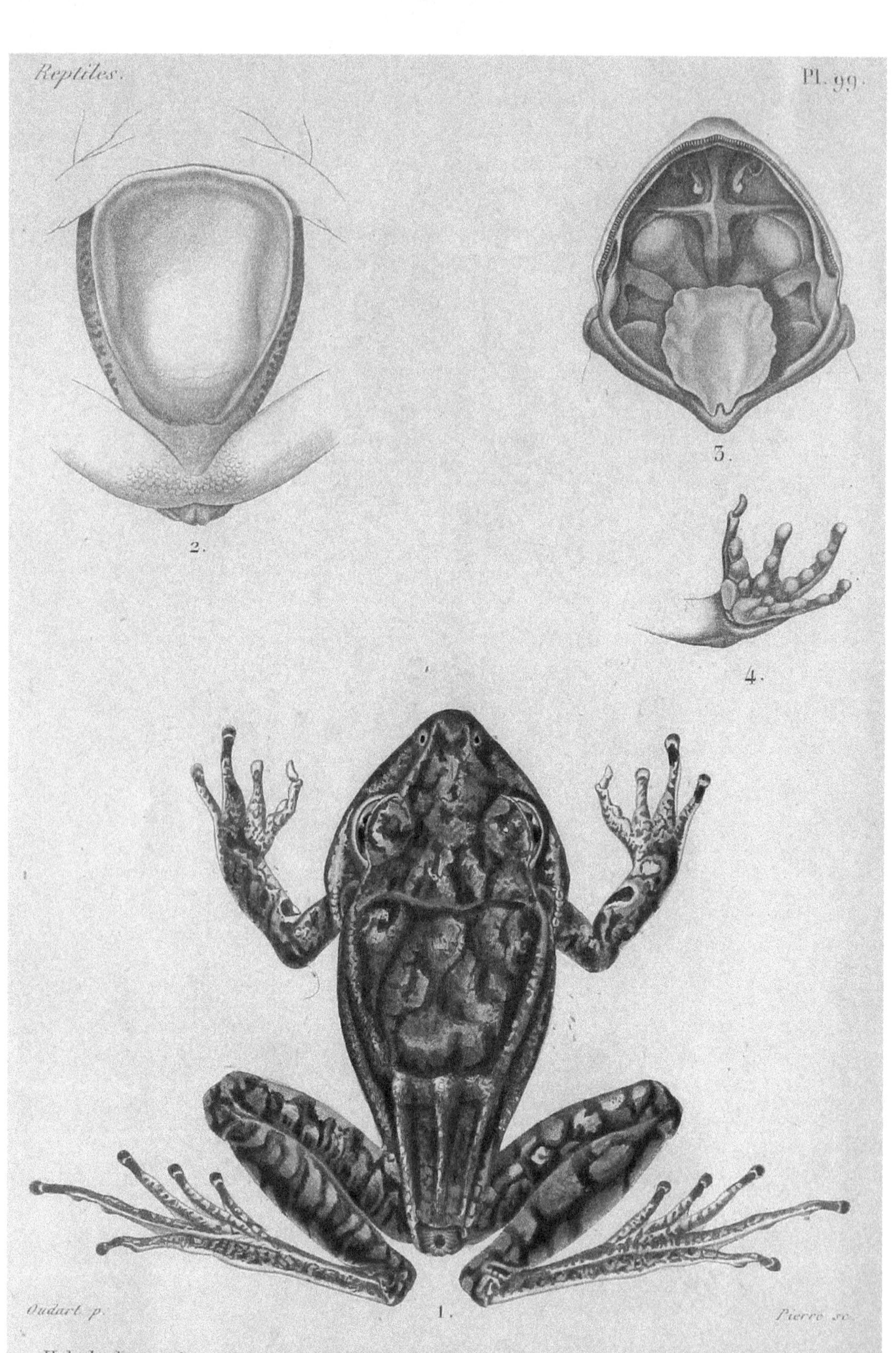

1, Hylode large-tête. *(Ann. des Sc. nat. T. XIX, 3e Série.)* 2, Le tronc vu en dessous, pour montrer le disque cutané de l'abdomen; 3, La bouche ouverte pour montrer la langue et les dents; 4, La main vue en dessous.

1.

2.

3.

4.

Oudart p. *Corbié sc.*

1, Phrynisque noirâtre; 2, Phrynisque austral; 3 Phrynisque front-blanc; 4, Variété du Phrynisque austral.

1.

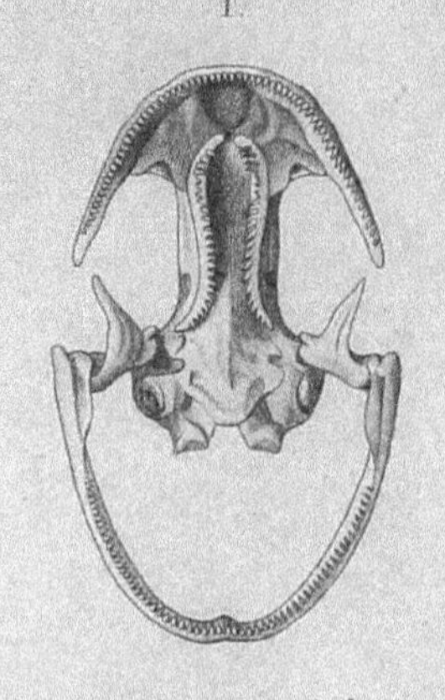

2.

4.

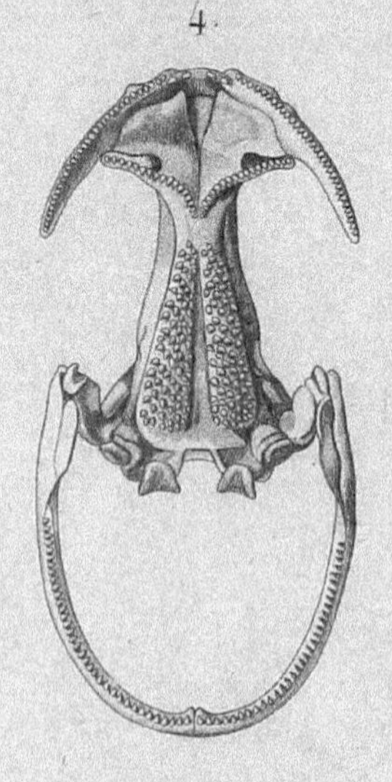

3.

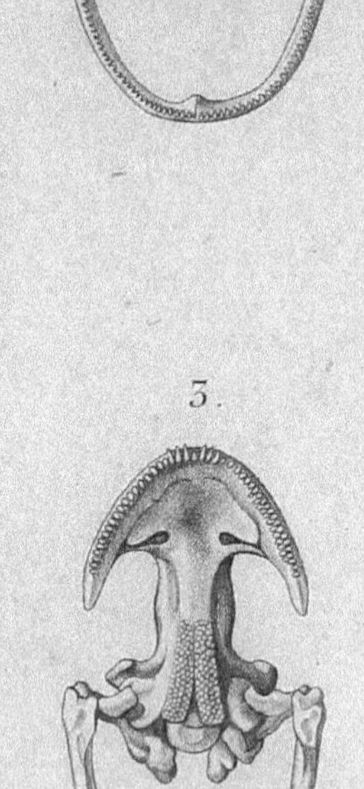

5.

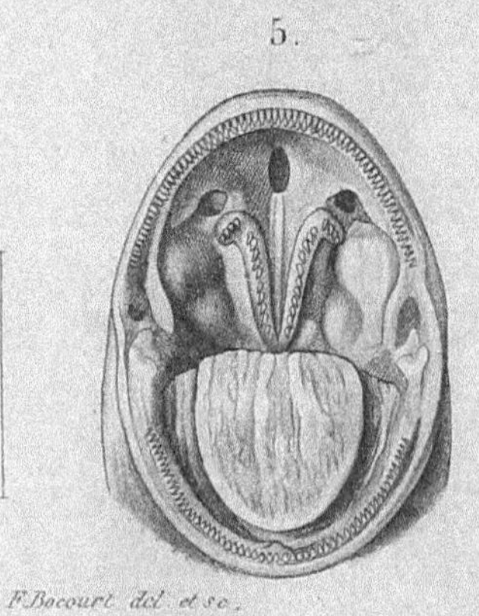

6.

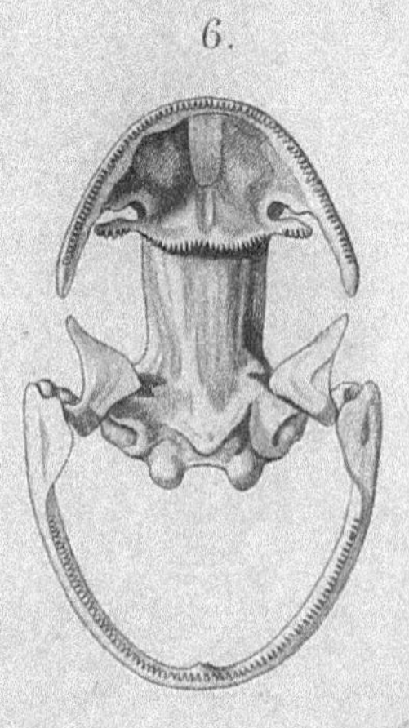

F. Bocourt del. et sc.

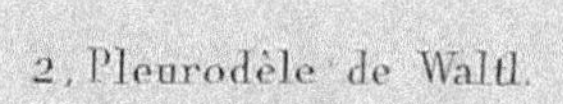

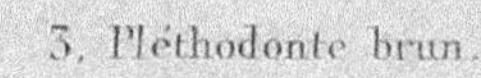

1, Salamandre terrestre. 2, Pleurodèle de Waltl. 3, Pléthodonte brun.

4, Bolitoglosse mexicain. 5, Ellipsoglosse à taches 6, Ambystome à bandes.

1.

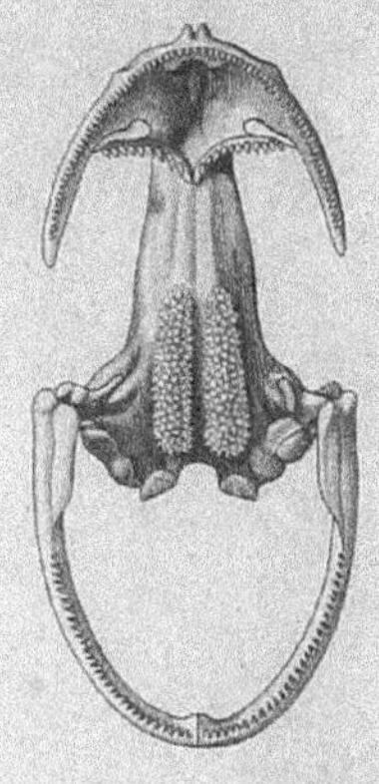

2.

3.

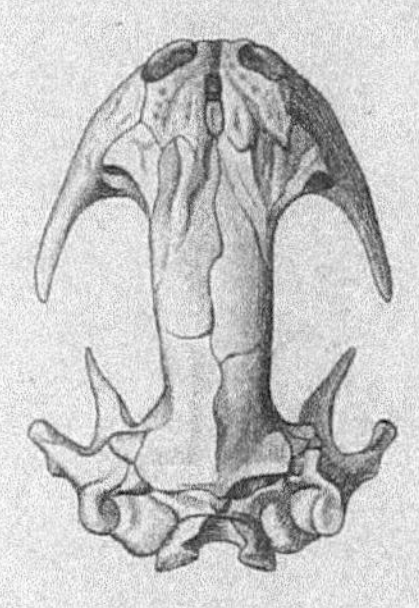

4.

5.

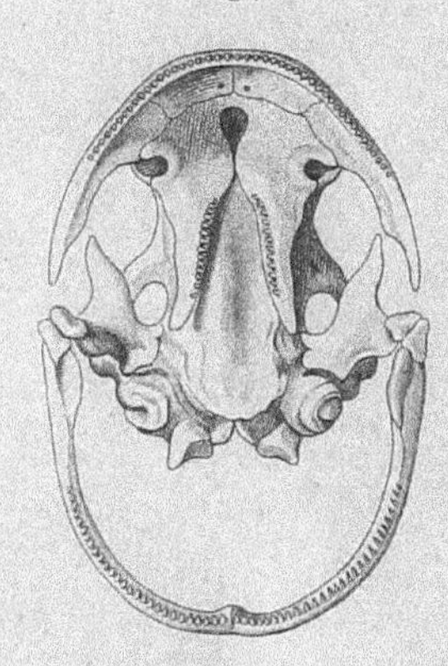

6.

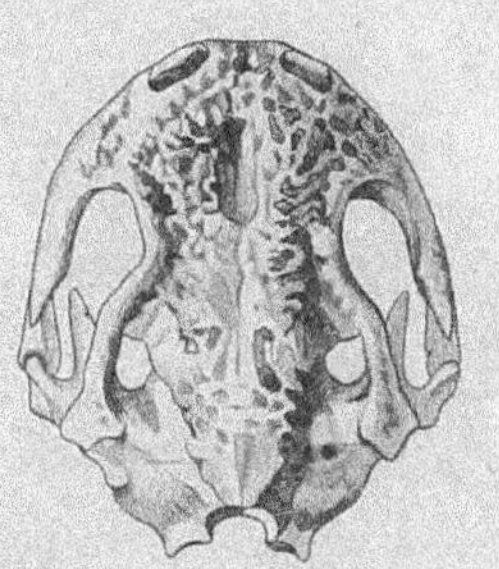

F. Bocourt del. et sc.

1, Géotriton brun. 2 et 3, Triton à crête, (en dessous et en dessus.)

4, Triton ponctieulé. 5 et 6, Euprocte de Poiret, (en dessous et en dessus.)

1. Pleurodèle de Waltl; 2. Bouche de la Salamandre de Corse ouverte pour montrer la langue et les dents.

1, Bolitoglosse méxicain; 1 a et 1 b, Le pied et la main. 2, Variété du même.

Oudart p. *Pierre sc.*

Ambystome à bandes. (variété.)

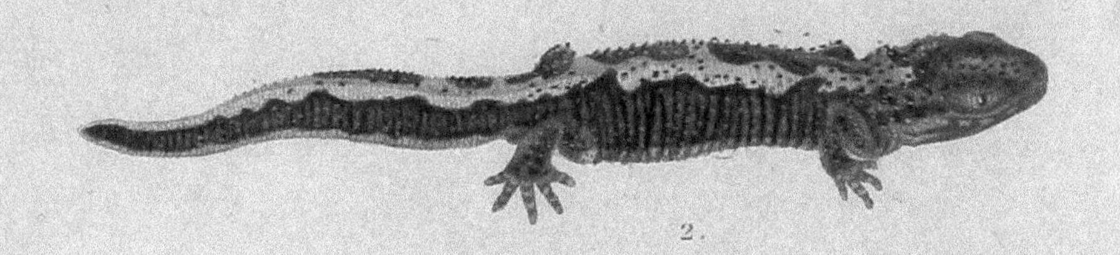

2.

3.

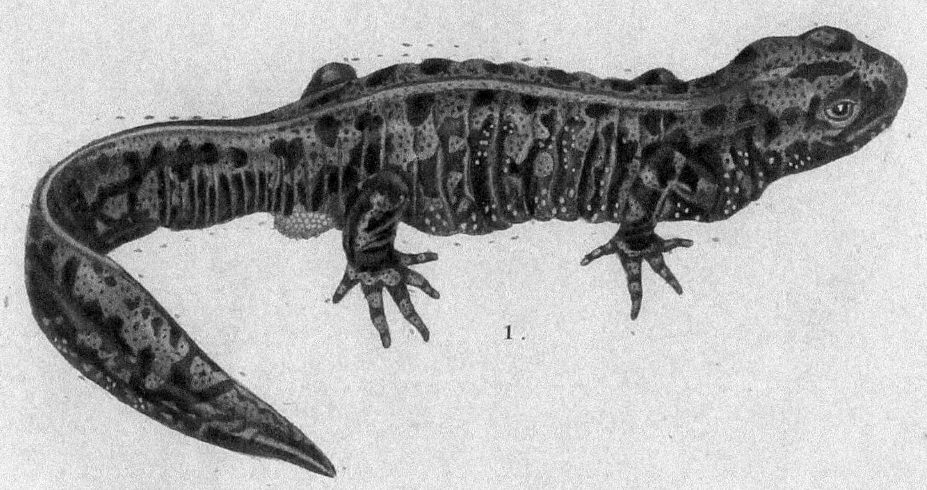

1.

Oudart p. *Pierre sc.*

1. Triton marbré. 2. Triton recourbé. 3. Triton poncticulé.

1, Euproete de Poiret; 1a et 1 b, La main et le pied. 2, Tête du Triton symétrique vue en dessus.

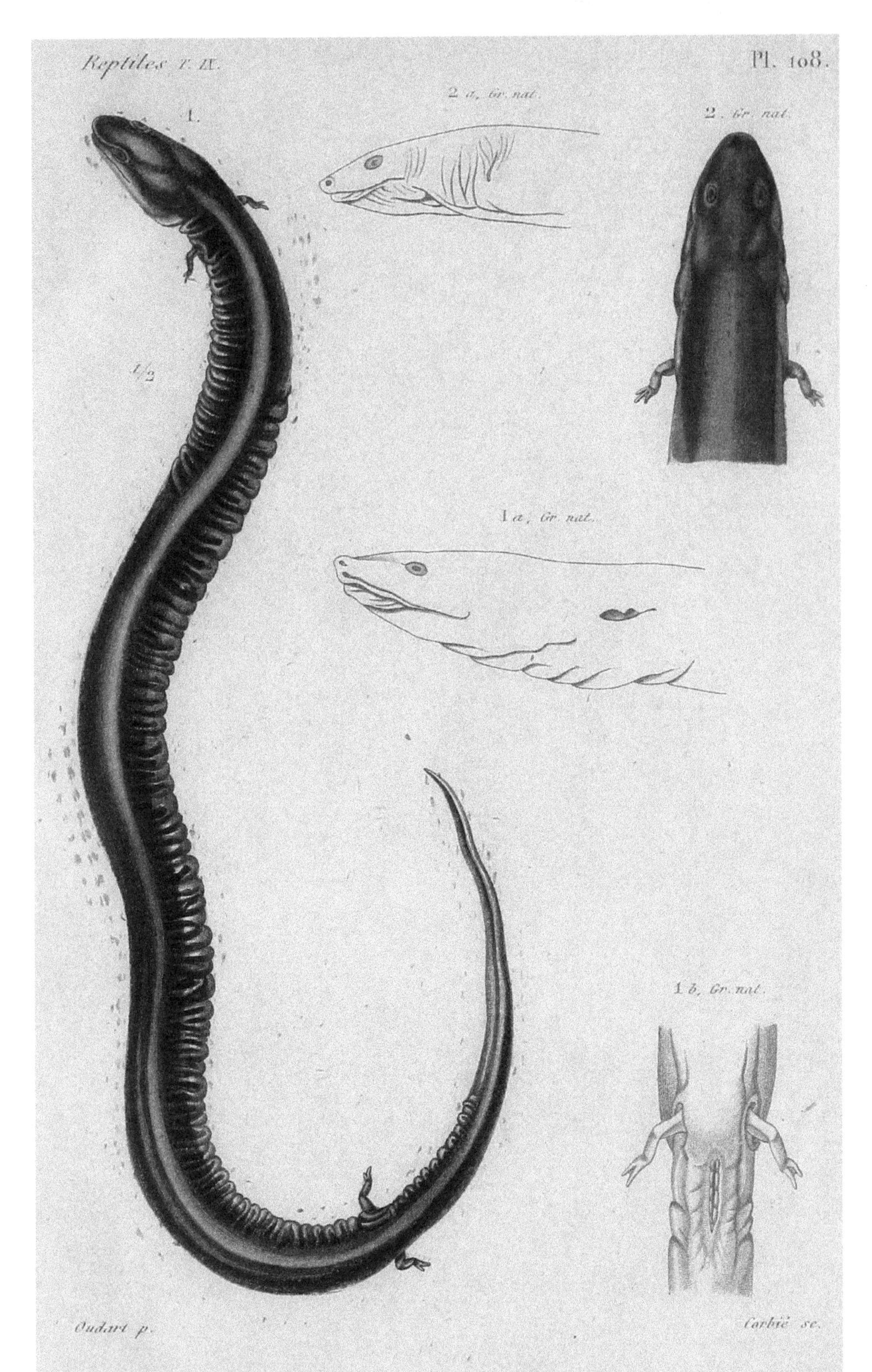

1 Amphiume pénétrante ou didactyle. 1 a, La tête de profil; 1 b, cloaque;

2, Tête de l'Amphiume tridactyle vue en dessus; 2 a, La même vue de profil.